凝煉知識品味閱讀

程式邏輯訓練從 App Inventor 2 中文版範例開始

第二版

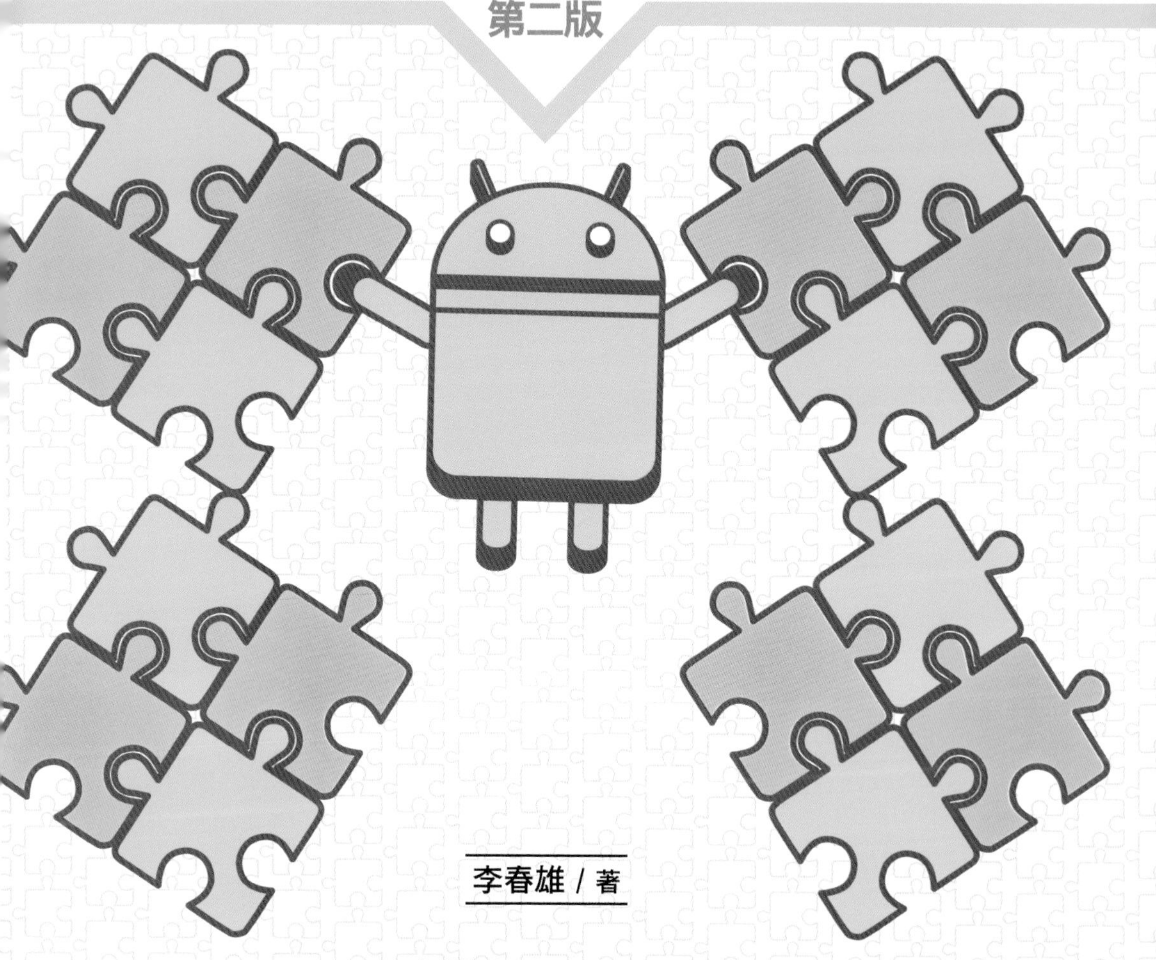

李春雄 / 著

五南圖書出版公司 印行

序

我們時常聽到有人說：「我數學不好，所以我不會寫程式」。其實並非如此。因爲數學必須要同時兼具「邏輯思考」及「運算」。但是，寫程式卻是著重在「邏輯思考」，而「運算」部分就交給電腦的CPU來處理了，其中「邏輯思考」我們又可稱它爲「程式邏輯」，而在「程式設計」課程中，它就是一種「演算法」。

有鑑於此，在本書中，筆者利用主題導向式來訓練學生的基本運用範例之外，再加上完整的「流程圖」導引讀者的「邏輯思考」，讓讀者對於App Inventor 2圖控程式設計能夠更有系統的學習。

◎本書的學習目標：

☑培養讀者具備程式設計的概念及實作，以讓讀者能自行設計更有彈性的應用程式（例如：數學上重複性及複雜性的計算）。

☑在設計程式的過程中，培養將邏輯思考模式轉化成電腦語言的能力，並且獲得自我成就感。

◎本書內容：

這本書共有十二個章節如下：

第一章　程式邏輯訓練導論

第二章　資料運算的應用

第三章　流程控制的應用

第四章　清單（陣列）的應用

第五章　程序（副程式）的應用

第六章　多媒體的應用

第七章　繪圖及動畫的應用

第八章　感測器的應用

第九章　社交的應用

第十章　資料儲存的應用

第十一章　通信連接的應用

第十二章　樂高機器人的應用

以上章節筆者都利用圖解說明、循序漸進的表達方式，引導讀者有效的學習程式設計。

在此特別感謝各位讀者對本著作的支持與愛戴，筆者才疏學淺，有誤之處。請各位資訊先進不吝指教。

李春雄（Leech@csu.edu.tw）

2023.8.8

於　正修科技大學　資管系

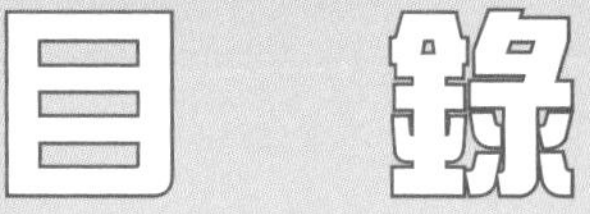

目錄

Chapter 5 程序（副程式）的應用 / 169

Chapter 6 多媒體的應用 / 211

Chapter 7 繪圖及動畫的應用 / 259

Chapter 8 感測器的應用 / 317

Chapter 1

程式邏輯訓練導論

本章學習目標

1. 讓讀者瞭解「程式邏輯及演算法」定義及設計原則。
2. 讓讀者瞭解「演算法與程式的差異」。

本章內容

1-1 何謂程式邏輯？

【引言】

我們時常聽到有人說：「我數學不好」，所以，我就不會寫程式。其實答案是「不一定」的。因爲數學必須要同時兼具「邏輯思考」及「運算」。但是，寫程式著重在「邏輯思考」，而「運算」部分就交給電腦的CPU來處理了，其中「邏輯思考」我們又可稱它爲「程式邏輯」，而在「程式設計」課程中，它就是一種「演算法」。

【演算法的定義】

在韋氏辭典中定義爲：「在有限步驟內解決數學問題的程序」。

我們可以把演算法（Algorithm）定義成：「解決問題的方法」。

【特性】

1. 利用「邏輯方式」來描述「解決問題」的步驟。
2. 利用「文字、流程圖或虛擬碼」方式來撰寫流程。
3. 撰寫方式「與程式語言」的選擇「無關」。

【實例】

請寫出「製作一個蛋糕」的演算法。

步驟一：準備三顆雞蛋、一包麵粉及一瓶鮮奶。

步驟二：將三顆雞蛋、一包麵粉及一瓶鮮奶等三項食材，先倒入鍋子中，然後，再進行攪拌。

步驟三：再將攪拌後的食材，從鍋子倒到模型器中。

步驟四：最後，放入烤箱，並且設定10分鐘的加熱時間，即可完成一個蛋糕。完成之後，如下圖所示。

【動畫圖解】

步驟一：準備雞蛋、麵粉及鮮奶 	步驟二：攪拌 
步驟三：倒入模型器中 	步驟四：設定烤箱加熱時間，即可完成一個蛋糕。 

1-2 撰寫演算法的原則

【引言】

演算法是由有限的步驟組成，因此，如果依照這些步驟執行，一定可以解決某一特定的問題。所以，撰寫演算法必須遵守五點原則。

【演算法五點原則】

1. 輸入（Input）：不一定要有輸入。可能沒有，也可能是多個資料輸入。

例如(1)：取得系統目前的時間，不須要輸入，只要寫一行now()函數，就可以輸出系統時間。

例如(2)：求某數爲奇偶數時，則必須先要有一個整數輸入，才能進行判斷。

【實例】製作蛋糕的方法

在我們前面所介紹製作蛋糕的例子中，必須要輸入多項食材，例如，要放入「雞蛋、麵粉及鮮奶」等食材。如下圖所示。

【圖解說明】

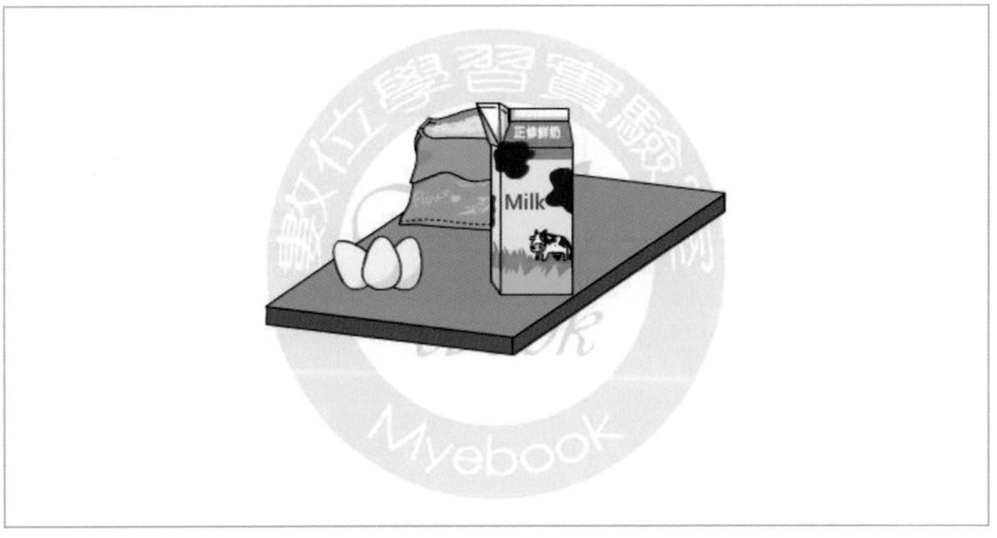

2. 輸出（Output）：至少一個輸出。

例如：在電腦中，處理資料的基本過程有三個步驟：

輸入	→	處理	→	輸出
（原始資料）		（程式）		（有用的資訊）

所以，使用電腦來為我們處理資料時，有可能是系統自動接收到一個訊號，來當作輸入資料，但是系統至少會輸出一項讓使用者參考的有用資訊。

【實例】製作蛋糕的方法

在輸入多項食材之後，最後一定至少會「輸出」一個蛋糕。

【圖解說明】

3. 明確性（Definiteness）：每一行指令都必須明確，不可模稜兩可。

例如(1)：判斷某一數值是否為偶數。

首先我們試著用下列文字來加以描述：

❶ 輸入一個正整數。
❷ 做「餘除運算」是否為0。
❸ 為0即為偶數。

以上描述看來似乎正確，但是從演算法觀點來看，其中的第2點並不符合「明確性」，因它並未說明「餘除運算」是如何運算，容易造成混淆與不解。我們應

該改寫爲：

❶ 輸入一個正整數N。

❷ 如果N除以2，其餘數爲0。

❸ 則其N爲偶數。

例如(2)：「用功的學生才能領獎學金」就不具有明確性，因爲每一個人對用功的定義可能不盡相同，而如果改爲「成績90以上的學生才能領獎學金」就是具有明確性，因爲90分是一個比較客觀的定義。

【實例】製作蛋糕的方法

製作蛋糕時，要加入多少的麵粉與雞蛋及要加熱多久，必須明確，不可模稜兩可。

【圖解說明】

4. 有限性（Finiteness）：演算法不能有無窮迴路，必須能終止執行，亦即必須在有限的步驟內完成。

由於演算法並非是眞正可以執行的程式，而是設計者所推演出解決問題的步驟，因此，必須在有限的步驟內要完成解決問題的程序，例如上述判斷某數爲奇偶數的演算法。但是，眞正的程式是可以有無窮迴路的動作。

例如：Windows 作業系統除非系統關機或當機，否則它會永遠執行一個「等待

迴圈」，來等待使用者從鍵盤或其他的輸入設備輸入。

【實例】製作蛋糕的方法

製作蛋糕時，必須在有限的步驟內完成。

【圖解說明】

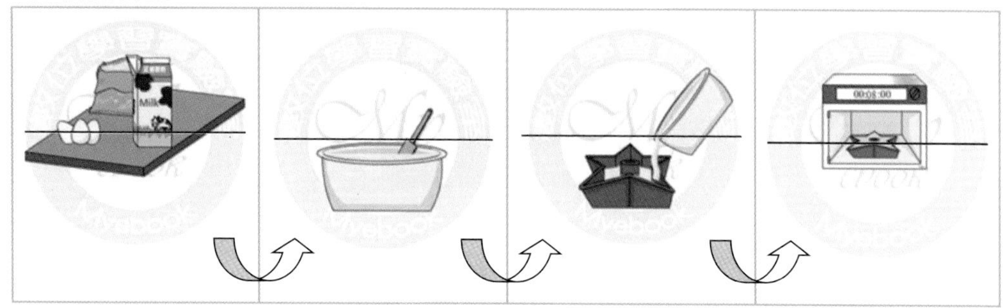

5. 正確性（Correctness）：既然演算法是解決問題的方法，因此，正確性是最基本的要求。

例如：以下判斷某數爲奇偶數的演算法，雖然符合「明確性」，但是「不正確」，因爲N除以2，其餘數爲0，則N應該爲「偶數」，而非「奇數」。

❶ 輸入一個正整數N。

❷ 如果N除以2，其餘數爲0。

❸ 則其N爲~~奇數~~。→應該改爲「偶數」

【實例】製作蛋糕的方法

例如製作蛋糕時，製作出來的蛋糕，必須要符合使用者的需求。

【動畫圖解】

1-3 描述演算法的方法

基本上，我們在撰寫演算法時，有三種方法可以使用。

第一種：利用文字敘述

第二種：利用流程圖（在程式設計課程中，最常被使用）

第三種：利用虛擬碼

一、文字敘述

【定義】

是指利用文字來加以描述解決問題的步驟，但是會比較不精確，因此，一般較不常用。

【撰寫方式】

採用口語化的文字敘述來加以描述。

【缺點】

在於冗長且較不精確，在撰寫、閱讀、會意時可能會有誤差。

【例如】

請利用「文字敘述」來描述，使用者登入帳號與密碼時，系統檢查的過程。

【解答】

步驟一：輸入使用者帳號與密碼

步驟二：系統自動檢查是否正確

二、流程圖（Flowchart）

【定義】

利用圖形方式來表達欲解決問題的步驟。

【優點】

1. 協助程式設計者設計出周詳的程式。
2. 可增加程式的可讀性。
3. 對於初學者而言可幫助奠定良好的程式設計基礎。

【繪圖的思維】

1. 分析要「輸入」那些原始資料。
2. 將輸入的資料加以「處理」。
3. 分析要「輸出」那些資訊報表。

【繪圖的原則】

1. 流程圖必須使用標準符號，便於閱讀和分析。如下表【流程圖常用的符號表】所示。
2. 流程圖中的文字力求簡潔、扼要，而且明確可行。
3. 繪製方向應由上而下，由左至右。
4. 流程線條避免太長或交叉，可多用連接符號。

【流程圖常用的符號表】

符號	名稱	意義	實例說明
	開始 / 結束符號	表示流程圖的起點或終點，每一個流程圖只有一個起點，但可以有一個以上的終點。	開始 結束
	輸入 / 輸出符號	表示資料的輸入或輸出。	輸入成績 Score
	處理符號	表示程式正在執行。	Aver=(Chi_Score +Eng_Score)/2
	決策符號	表示條件式是否成立與否。	是 Aver>60 否
	迴圈符號	固定次數或前測試迴路及後測試迴路。	For x=1 to 10
	連結符號	表示流程圖的出口或入口的連接點。	A A
	流向符號	表示程式所執行的方向。	
	顯示符號	表示顯示輸出的結果到螢幕	顯示平均成績
	文件符號	表示輸出結果到文件中	輸出文件
	預定處理符號	表示已定義的副程式	副程式

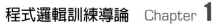

符號	名稱	意義	實例說明
─[	註解符號	此符號可對程式加一些說明	─[註解內容

【題目】

請利用「流程圖」來描述使用者登入帳號與密碼時，系統檢查的過程。

【解答】

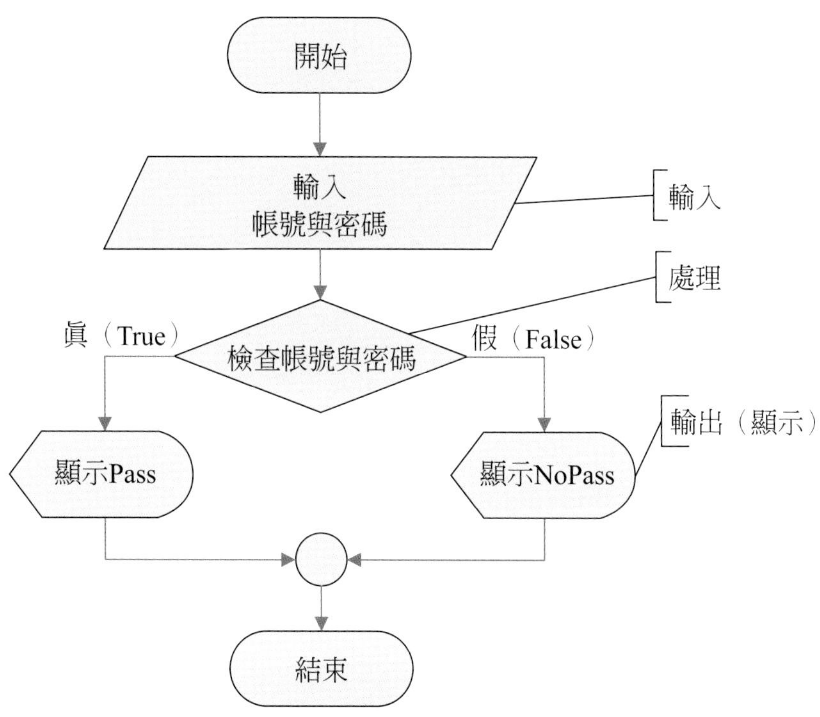

三、虛擬碼（Pseudo Code）

【定義】

利用文字中摻雜程式語言，來描述解題步驟與方法。

【優點】

兼具「文字描述」及「流程圖」的優點。

【例子1】

請利用「虛擬碼（Pseudo Code）」敘述使用者登入帳號與密碼時，系統檢查的過程。

【解答】

```
(1) Input: UserName, Password
(2) IF (UserName And Password) ALL True
        Output: You Can Pass!
    Else
        Output: You Can not Pass!
```

註 虛擬碼是無法被執行的指令，它只是用來說明程式處理的流程。

【例子2】

請撰寫「虛擬碼」來描述1+2+3+…+10的計算過程。

【解答】

```
(1) 設Count=1,Total=0;
(2) Total=Total+Count;
(3) Count=Count+1;
(4) 若Count <=10 則回步驟(2)
(5) 印出Total
```

【例子3】

請撰寫「虛擬碼」來描述10!=1×2×3×…×10的計算過程。

【解答】

(1) 設i=1, Result=1;

(2) Result = Result *i;

(3) i=i+1;

(4) 若i<=10 則回步驟(2)

(5) 印出Result

註 Result的初值設定為1，否則會產生錯誤的結果。

【延伸學習】

基本上，我們在撰寫演算法時，除了上述探討的三種方法之外，我們也可以利用「數學式表示法」。因此，數學式在轉換成程式語言中的運算式時，極爲相近。例如：

1. 計算圓面積與周長

數學式	程式語言中的運算式
圓面積 = πR^2	A = 3.14*R^2
圓周長 = $2\pi R$	A = 2*3.14*R

2. 轉換攝氏(C)爲華氏(F)

數學式	程式語言中的運算式
F = 9/5C + 32	F = 9/5*C + 32

1-4 程式設計概念

基本上，我們在開發一個「資訊系統」時，並非直接撰寫程式，而是必須要先經過一連串的步驟，而「撰寫程式」其實只是其中一個步驟。因此，我們要開始程式設計時，一定要進行下面五個步驟。

【圖解】

需求分析	繪製流程圖	撰寫程式	上機測試	撰寫說明書

說明

步驟1. 分析所要解決的問題（需求）

(1)先了解使用者的問題及需求。

(2)確定要「輸入」哪些資料。

(3)確定要「輸出」哪些資訊報表。

【動畫圖解】

步驟2. 設計解題的步驟（流程圖）

根據使用者的需求，著手撰寫演算法以解決問題，它可以利用文字敘述、流程圖或虛擬碼來表示解決問題的步驟。

【動畫圖解】

步驟3. 編寫程式（程式碼）

選擇適當的程式語言，將演算法的步驟寫成一個完整的程式。

【動畫圖解】

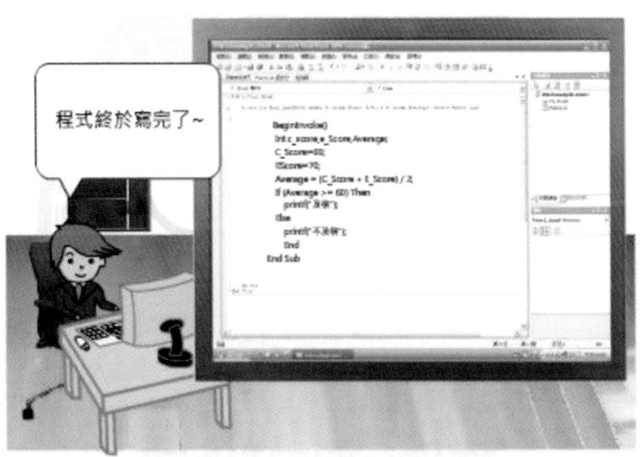

步驟4. 上機測試、偵測錯誤（測試）

一個有用性、易用性的程式，必須要經過多次的測試，若有錯誤，立即更正，直到正確無誤爲止。

【動畫圖解】

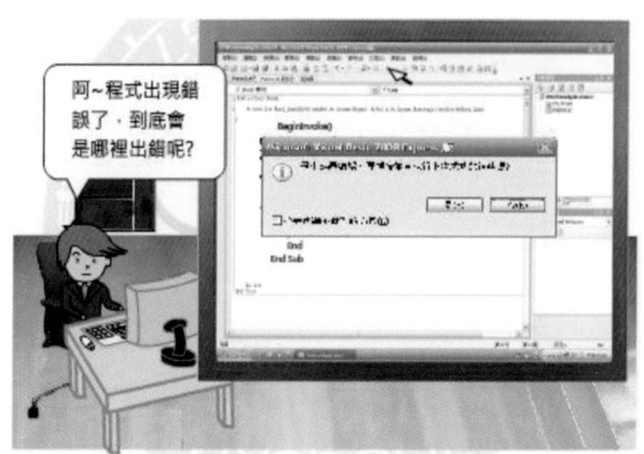

步驟5. 編寫程式說明書（可執行）

一個功能強而完整的程式，使用者就會願意使用，因此必須有使用說明書，以便於別人使用或日後的維護；一般而言，在程式書面資料中，一般包括有下列三項：

(1)程式的功能、輸入需求及輸出格式。

(2)演算法或程式流程圖。

(3)測試結果或數據。

【動畫圖解】

〔實例〕計算國文與英文的平均成績，並依照平均成績來求顯示「及格」與「不及格」。

【解答】

步驟1. 分析所要解決的問題（需求）

依照題意，我們將分成兩種不同的等級

(1)及格：60（含）以上。

(2)不及格：60以下。

步驟2. 設計解題的步驟（演算法）

畫出整合問題的「流程圖」及「虛擬碼」。

(1)流程圖

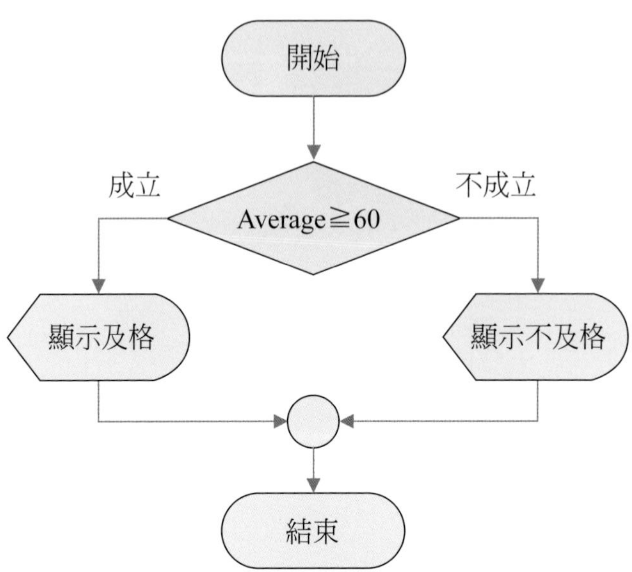

(2)虛擬碼

```
Procedure Method( )
  Begin
    int C_Score, E_Score, Average;
    C_Score=60;
    E_Score=70;
    Average = (C_Score + E_Score) / 2;
    if (Average >= 60)
         printf("及格");
    else
         printf ("不及格");
  End
End Procedure
```

(3)編寫程式（程式碼）

C語言

```
01 main( )
02 {
03     int C_Score, E_Score, Average;
04     C_Score=60;
05     E_Score=70;
06     Average = (C_Score + E_Score) / 2;
07     if (Average >= 60)
08         printf("及格");
09     else
10         printf ("不及格");
11     system("PAUSE");
12     return 0;
13 }
```

【程式解析】

❶ 行號03～05：宣告3個科目變數，並設定初值

❷ 行號06：計算2科的「平均成績」

❸ 行號07～10：判斷「平均成績」是否大於60分，如果是的話，則顯示「及格」，否則，顯示「不及格」。

步驟4. 上機測試、偵測錯誤（偵錯）

對每一個程式模組進行測試及除錯，直到沒有錯誤爲止。

當使用者輸入國文爲60分，英文爲61分時，是否可以計算出平均成績爲60.5，如果沒有則必須要進行除錯，亦即要將Average的資料型態改爲float（浮點數）

1-4.1 演算法與程式的差異？

一、演算法

1. 以「人」爲主，亦即「任何人都可以閱讀的程式碼」。
2. 強調「可讀性」。

二、程式

1. 以「電腦」爲主。
2. 強調執行結果的「正確性」、「執行效率」及「可維護性」。
3. 程式「不一定要滿足」演算法中的「有限性」之要求。

   例如：電腦主機上的作業系統，除非當機，否則會永遠在等待迴路。所以「程式」違反了「演算法」應遵守五大原則之「有限性」。

【程式的特性】

1. 可以實際被執行。
2. 利用程式語言的規範，來眞實的解決問題。
3. 可以利用不同程式語言來解決相同的問題。

1-4.2 為什麼要撰寫程式？

您知道，我們爲什麼要花那麼多時間來撰寫程式呢？

你、我可能都不是非常的了解。接下來，我們就來說明「爲什麼要撰寫程式」，其實在資訊科學的領域中，撰寫程式的主要目的就是快速來幫助人類解決「複雜的問題」。

【概念圖】

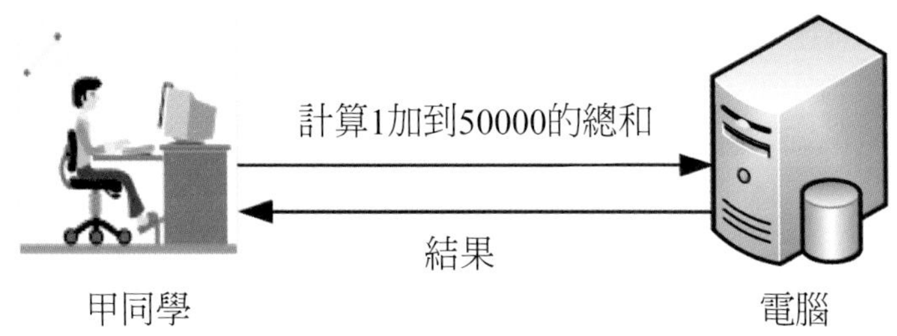

因此，我們可以從以下兩個例子的說明。

【例子1】

小華說：嗨！小明，請你幫我計算1加到10的總和。

小明說：1加到10，太簡單了，大家都會！

在這個例子中，或許你會認爲這簡單的問題，你我都會算，何必寫程式呢？

【例子2】

小華說：那小明請你再幫我計算1加到50000。

此時小明說：這太困難了，我無法馬上計算出結果。

但是，我可以「撰寫程式」來計算。

因此，我們可以從以上兩個例子中，清楚得知，「程式語言」是用來幫忙人類「解決複雜的問題」。

1-4.3 一個好程式需要滿足條件

基本上，一個好程式需要滿足的條件有以下三點：

第一點：正確性

第二點：效率性

第三點：可維護性

一、正確性（Correctness）

【定義】

正確性是一個好程式最基本的要求。

【示意圖】

【例如】設計一個判斷某一數值是否為「偶數」的程式

❶ 輸入：一個正整數N。

❷ 處理：如果N除以2，其餘數為0，則N就是~~奇數~~。→改為「偶數」

❸ 輸出：N為~~奇數~~。→改為「偶數」

說明

上面的程式處理過程中，由於程式不正確，所以產生錯誤的結果。

二、效率性（Performance）

【引言】

當我們撰寫一個可以正確地執行程式之後，接下來就是要再考慮到程式的執行效率，也就是程式眞正執行時所必須要花費的時間。

【定義】

是指程式眞正執行時所必須要花費的時間。

【示意圖】

【直覺的作法】

程式執行時間 =「結束時間」減掉「開始時間」

但是，實務上有可能因為程式編譯的過程或是電腦設備的差異使得效率分析會因電腦的軟硬體不同而有不同的結果。

【定義】

是指程式真正執行時所必須要花費的時間。

【一般評估執行時間的方法】

是依程式碼所被執行的「總次數」來計算。亦即所謂的「頻率次數」，當「頻率次數愈高」時，代表所需的「執行時間愈長」。

【例如】請計算下列程式中變數Count被執行的次數為何？

I.單一敘述	II.單層迴圈敘述	III.雙層迴圈敘述

Count=Count+1;	for (i=1; i <= n; i++)
	    Count=Count+1;
		for (i=1; i <= n; i++)
		    for(j=1; j<=n; j++)
		        Count=Count+1;

1次	n次	n^2次

說明

(1)在上圖 I 中，Count=Count+1; 敘述被執行1次。

(2)在上圖 II 中，Count=Count+1; 敘述被執行n次。

(3)在上圖III中，Count=Count+1; 敘述被執行n^2次。

若n=10時，則敘述Count=Count+1;之執行次數分別是：1,10,100之級數增加。

三、可維護性（Maintainable）

【引言】

一個好的程式，不只需要有效率地被正確地執行之外，也必須要考慮程式的可讀性、及未來修改和擴充性，這屬於程式設計方法和風格的問題，例如：使用模組化來設計程式和加上完整程式註解的說明。

【定義】

是指在撰寫完成一套程式之後，它是可以很容易的讓自己或他人修改。

【示意圖】

【三種技巧】

要如何讓程式具有可維護性呢？那就必須在撰寫程式時，使用以下三種技巧：

第一種技巧就是「縮排」。

第二種技巧就是加入「註解」。

第三種技巧就是「變數及函數名稱的命名」要有意義。

（一）縮排技巧

【定義】

它是撰寫程式時，最基本撰寫技巧。

【目的】

1. 了解整個程式碼的邏輯性
2. 了解區塊群組的概念。

【優點】

易於閱讀及除錯。

【示意圖】

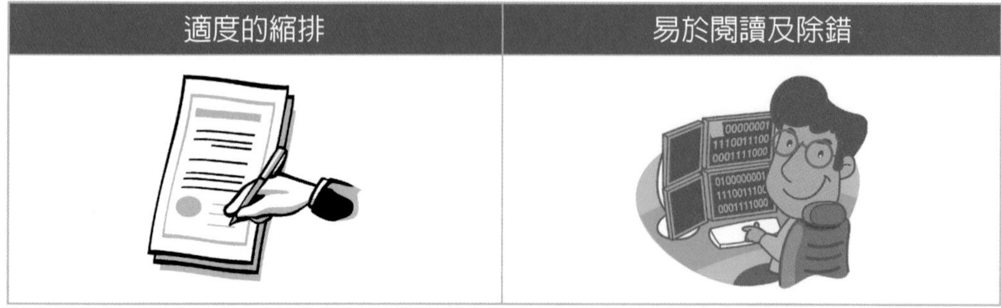

【比較「縮排」與「未縮排」的情況】

❶使用「縮排」技巧（外迴圈、內迴圈）

```
int i, j;
for (i = 1; i <= 9; i++)
{
    for (j = 1; j <= 9; j++)
    {
        //程式區塊
    }
}
```

❷未使用「縮排」技巧

```
int i, j;
for (i = 1; i <= 9; i++)
{
for (j = 1; j <= 9; j++)
{
//程式區塊
}
}
```

說明

有縮排的程式碼，易於閱讀及除錯。

（二）註解技巧

【定義】

它是一種「非執行的敘述」亦即是給人看的，而電腦不會去執行它。

【功能】

是用來說明某一段程式碼的作用與目的。

【示意圖】

適度的註解	助於程式的維護

【註解的方式】

基本上，註解的方式有二種：

1. 使用單引號「'」的使用時機：可以寫在程式碼的後面或單獨一行註解。
2. 使用REM的使用時機：只能寫成單獨一行註解。

例如：設計一個求圓面積與圓周長的程式。

```
Private Sub Button1_Click(……) Handles Button1.Click
        REM ===設計一個求圓面積與圓周長的程式===
        REM 宣告變數
        Dim A As Single                 '宣告「圓面積」變數
        Dim L As Single                 '宣告「圓周長」變數
        Dim R As Integer                '宣告「半徑」變數
        Const PI As Single = 3.14       '宣告「圓周率」爲.14的常數
        R = 3                           '初值設定
        REM 處理
        A = PI * R ^ 2                  '計算圓面積
        L = 2 * PI * R                  '計算圓周長
        REM 輸出
        MsgBox("圓面積=" & A & vbNewLine & "圓周長=" & L)
End Sub
```

註 在程式中加入「註解」時，註解的文字會自動變成綠色字。

（三）有意義的變數命名

【目的】

提高程式的可讀性，以利爾後的除錯。

【示意圖】

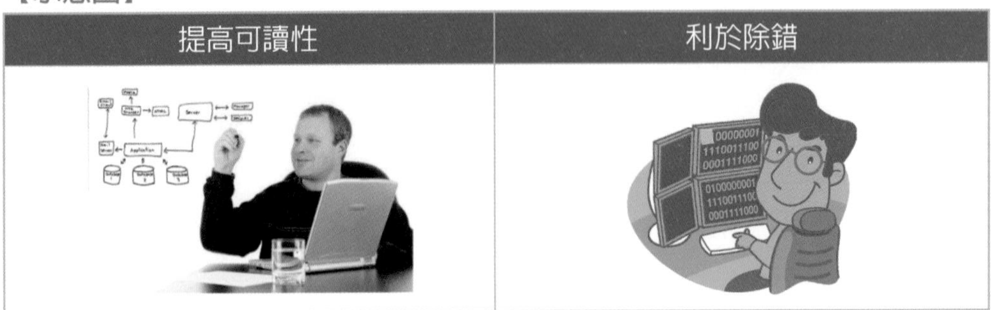

【方法】

1. 變數名稱的命名最好具有意義的，並且與該程式有關係的。

   例如：Stu_Name(代表學生姓名)，Stu_No(代表學生學號)

2. 如果想不出變數名稱的英文字母時，最好在命名時，適時的在變數之後加以註解。

   例如：Dim Start_X AS Integer ' 宣告X的開始座標

Chapter 2

資料運算的應用

本章學習目標

1. 讓讀者瞭解「資料各種運算」方式及運用方法。
2. 讓讀者瞭解「循序結構」使用時機與運用方法。

本章學習內容

2-1 四則運算（基本題）App

2-2 四則運算（進階題）App

2-3 公尺與英呎的轉換（基本題）App

2-4 公尺與英呎的轉換（進階題）App

2-5 攝氏轉換成華氏App

2-6 一元二次方程式App

2-7 國際匯率換算App

2-8 幾何圖形面積計算App

2-9 家庭電費計算App

2-10 測量BMI體質指數App

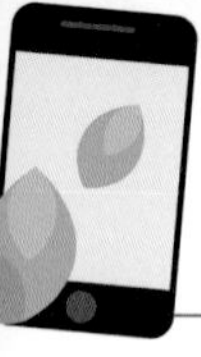

2-1 四則運算（基本題）App

【分析】

(1)輸入：「人工輸入」兩個數值，分別爲A,B

(2)處理：A,B兩個數值，進行「四則運算」〈加、減、乘、除〉

(3)輸出：運算結果

【流程圖】

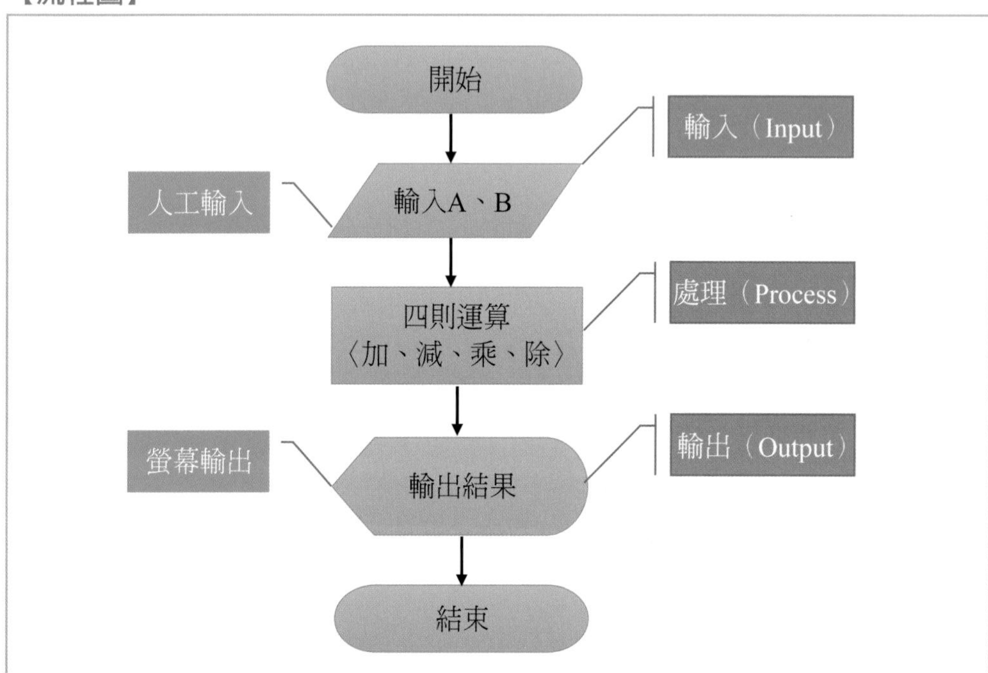

說明

電腦在處理資料時是依循三個步驟：輸入（Input）、處理（Process）及輸出（Output），簡稱爲IPO。因此，各位同學在繪製流程圖時，只要依照IPO的程序，就可以輕易完成流程圖。

【介面設計】

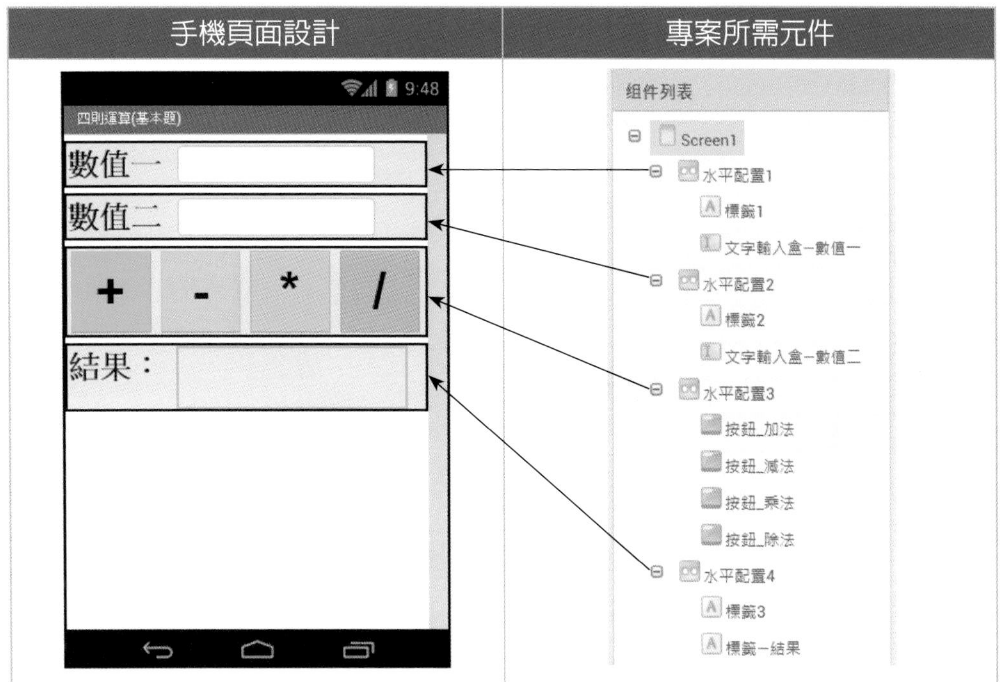

【程式設計】

1. 宣告變數

拼圖程式	檔案名稱：ch2_Q1_Math.aia

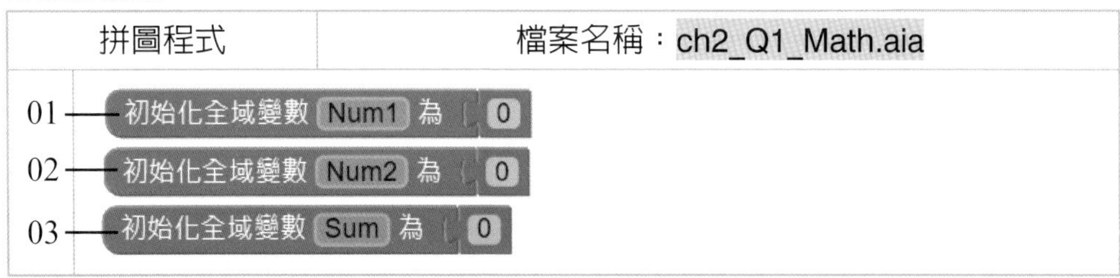

說明

行號01：宣告Num1為全域性變數，初值設定為0，其目的用來記錄使用者輸入的「數值一」。

行號02：宣告Num2為全域性變數，初值設定為0，其目的用來記錄使用者輸入的

「數值二」。

行號03：宣告Sum爲全域性變數，初值設定爲0，其目的用來記錄使用者輸入的Num1與Num2之運算結果。

2. 加法運算

拼圖程式	檔案名稱：ch2_Q1_Math.aia

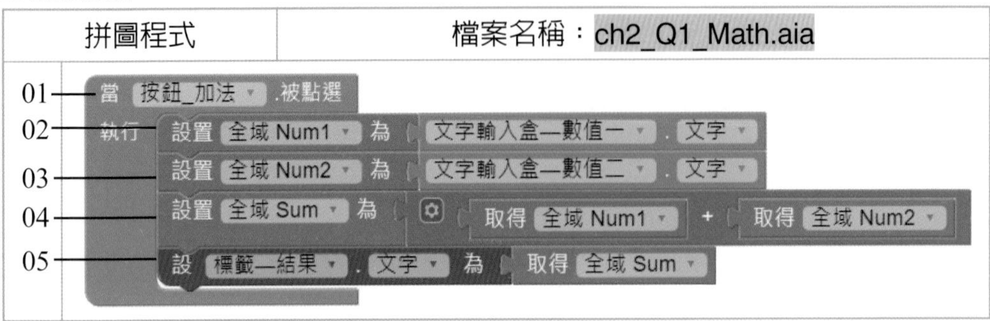

說明

行號01：當按下「加法」鈕時，就會觸發被點選事件。

行號02：將輸入的數值一指定給Num1變數。

行號03：將輸入的數值二指定給Num2變數。

行號04：將Num1與Num2之運算結果，指定給Sum變數。

行號05：將運算結果Sum顯示到螢幕上。

3. 減法運算

拼圖程式	檔案名稱：ch2_Q1_Math.aia

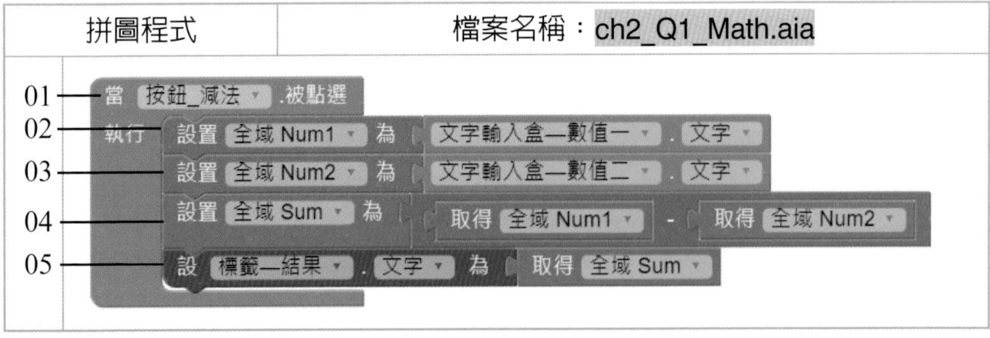

說明

同上。

4. 乘法運算

拼圖程式	檔案名稱：ch2_Q1_Math.aia
01 02 03 04 05	當 按鈕_乘法 .被點選 執行 設置 全域 Num1 為 文字輸入盒—數值一 . 文字 設置 全域 Num2 為 文字輸入盒—數值二 . 文字 設置 全域 Sum 為 取得 全域 Num1 × 取得 全域 Num2 設 標籤—結果 . 文字 為 取得 全域 Sum

說明

同上。

5. 除法運算

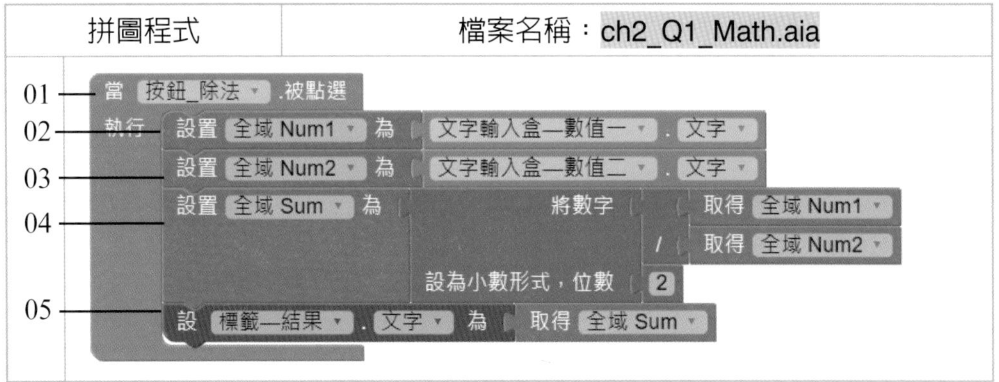

說明

行號01～03：同上。

行號04：兩數相除之後的結果，取到小數第2位。

行號05：將運算結果Sum顯示到螢幕上。

【執行結果】

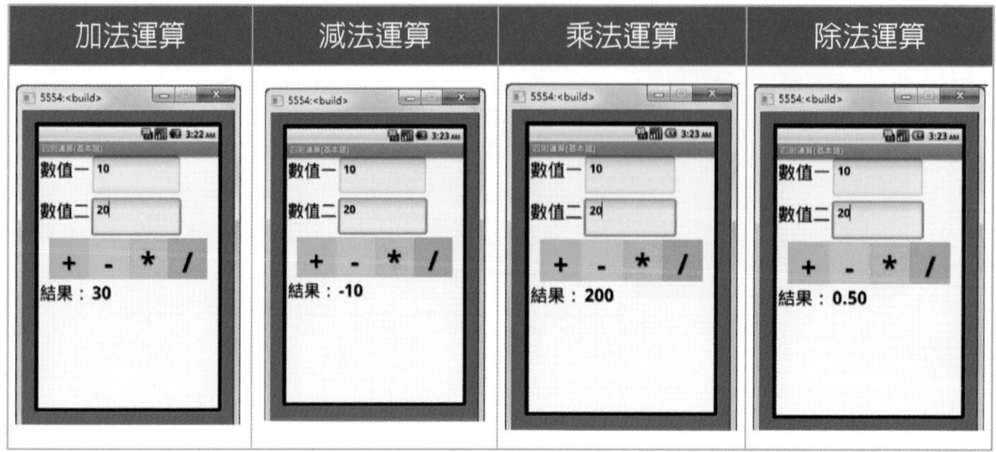

2-2 四則運算（進階題）App

【分析】

(1)輸入：「隨機產生」兩個數值，分別爲A,B

(2)處理：❶A,B兩個數值，進行「四則運算」〈加、減、乘、除〉

❷透過「文字語音轉換器」文字轉成語音元件

(3)輸出：「語音唸出」運算結果

【流程圖】

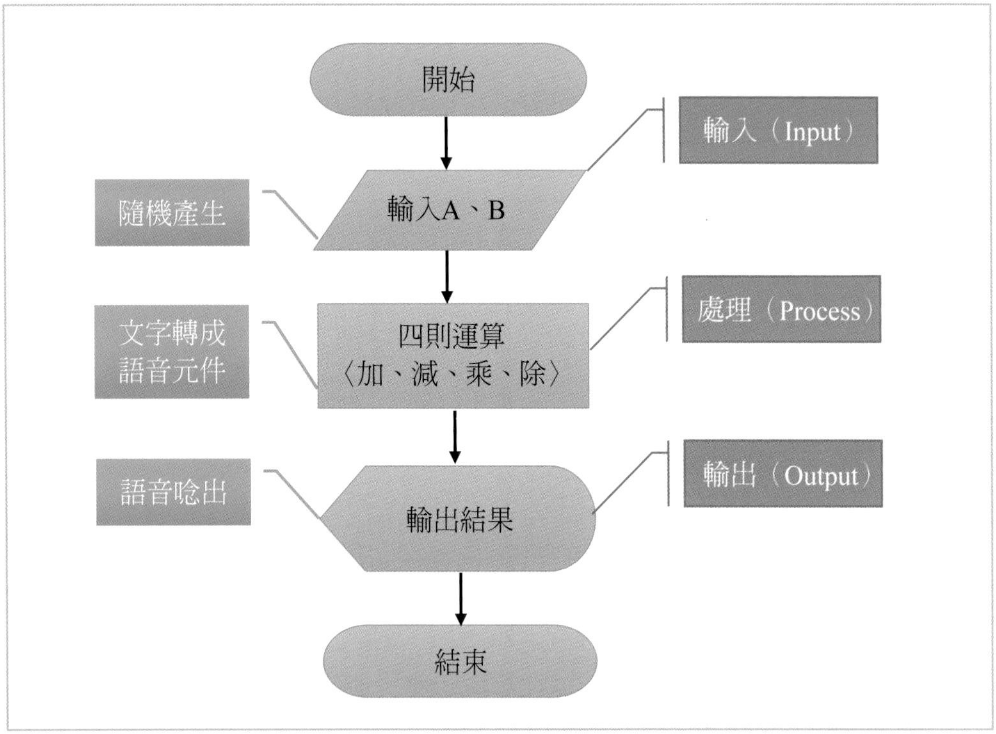

開始
輸入(Input)
隨機產生
輸入A、B
處理(Process)
文字轉成
語音元件
四則運算
〈加、減、乘、除〉
輸出(Output)
語音唸出
輸出結果
結束

【介面設計】

手機頁面設計	專案所需元件
四則運算(隨機+語音)使用副程式寫法 個位數 十位數 百位數 數值一 數值二 + - * / 結果： 非可视组件 文字語音轉換器1	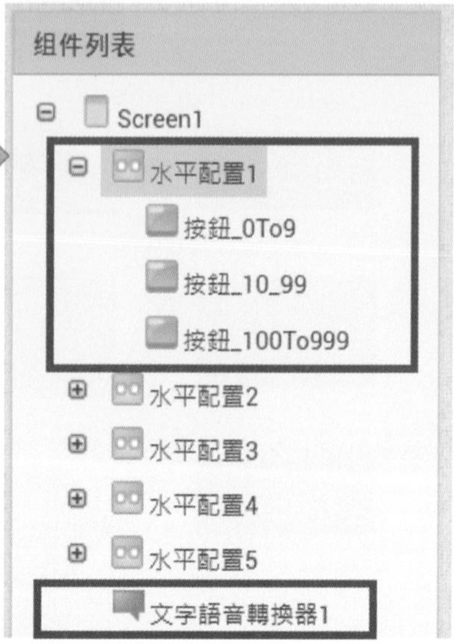 组件列表 Screen1 水平配置1 按鈕_0To9 按鈕_10_99 按鈕_100To999 水平配置2 水平配置3 水平配置4 水平配置5 文字語音轉換器1

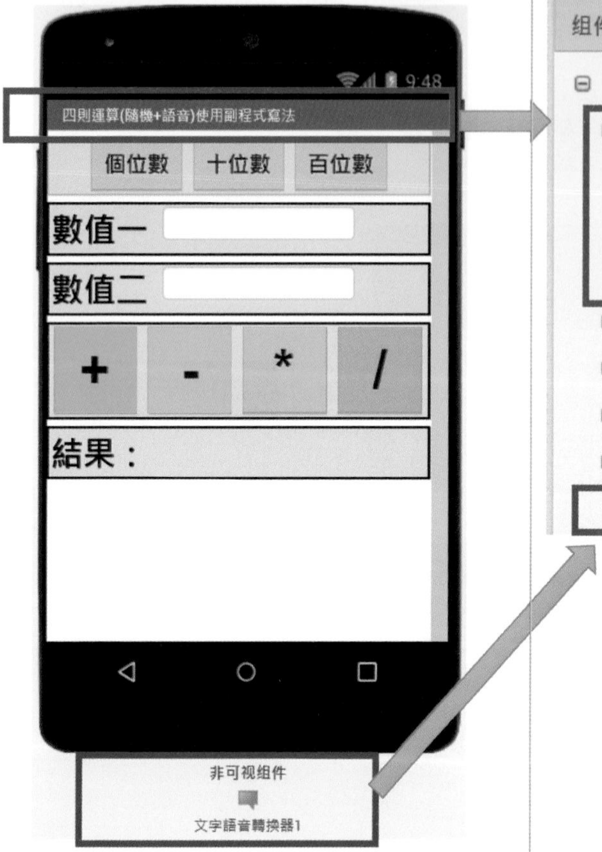

說明

❶ 加入「個位數」、「十位數」及「百位數」三個按鈕元件

❷ 增加一個「文字語音轉換器」元件

【關鍵程式拼圖】

1. 隨機產生「個位數」、「十位數」及「百位數」亂數值

拼圖程式	檔案名稱：ch2_Q2_MathRandSpeech.aia

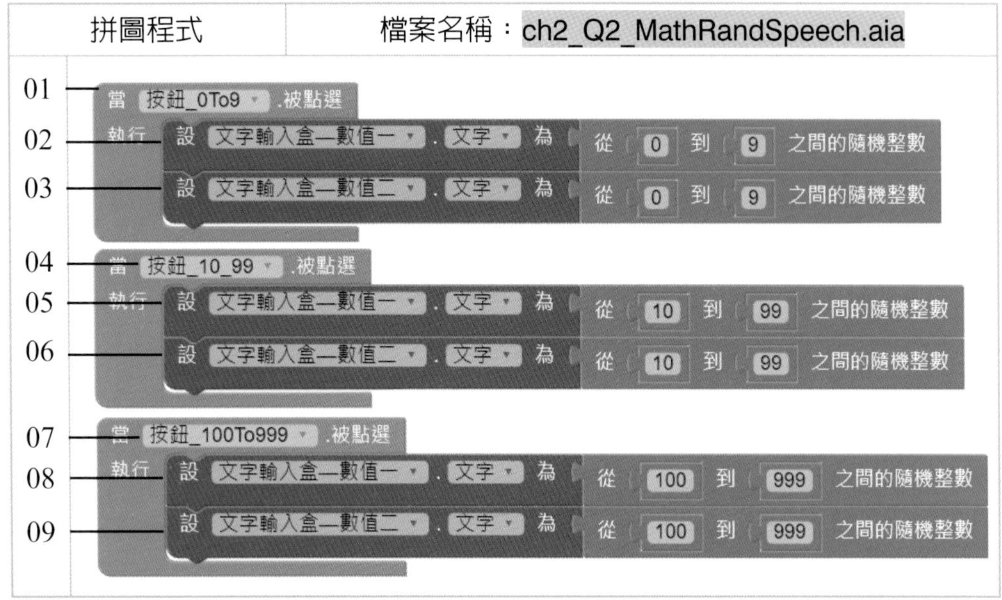

說明

行號01：當按下「個位數」鈕時，就會觸發被點選事件。

行號02～03：利用隨機整數拼圖函式來隨機產生0～9的亂數值。

行號04：當按下「十位數」鈕時，就會觸發被點選事件。

行號05～06：利用隨機整數拼圖函式來隨機產生10～99的亂數值。

行號07：當按下「百位數」鈕時，就會觸發被點選事件。

行號08～09：利用隨機整數拼圖函式來隨機產生100～999的亂數值。

2. 定義「ProSpeech」副程式

拼圖程式	檔案名稱：ch2_Q2_MathRandSpeech.aia

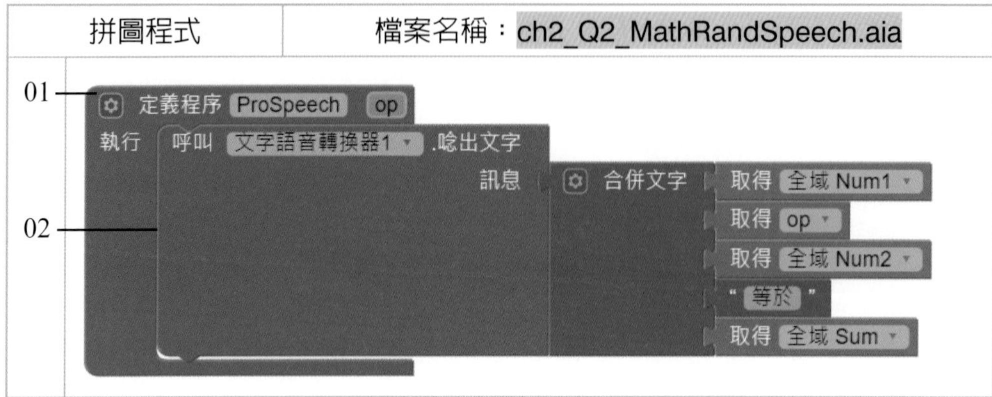

說明

行號01：定義「ProSpeech」副程式，其目的用來「語音唸出」隨機產生的兩個數值及四則運算結果。其中，op參數代表「加、減、乘、除」的運算子。

行號02：透過「文字語音轉換器」元件，來將文字轉成語音唸出。

3. 加法運算

拼圖程式	檔案名稱：ch2_Q2_MathRandSpeech.aia

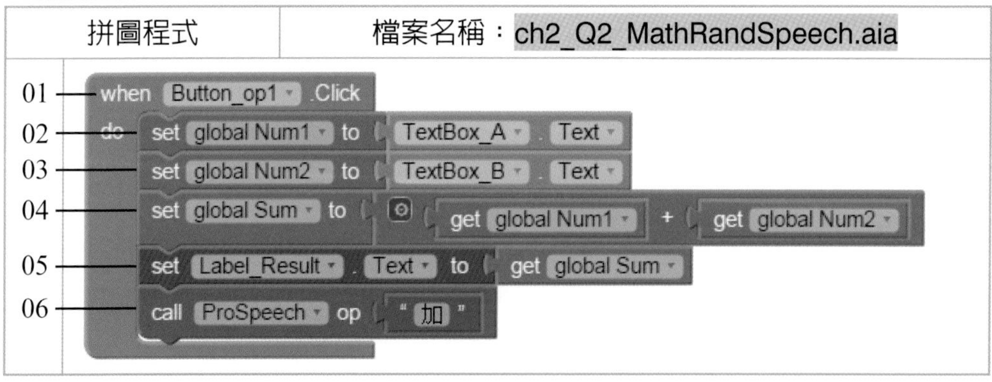

說明

行號01～05：同上。

行號06：呼叫「ProSpeech」副程式，並傳遞op參數值。

註 減法、乘法及除法的作法，與「加法運算」相同，不同點為傳遞不同的參數值。

2-3 公尺與英呎的轉換（基本題）App

【分析】

(1)輸入：公尺（M）

(2)處理：轉換公式1M = 3.28F，代表1公尺（M）= 3.28英呎（F）

(3)輸出：英呎（F）

【流程圖】

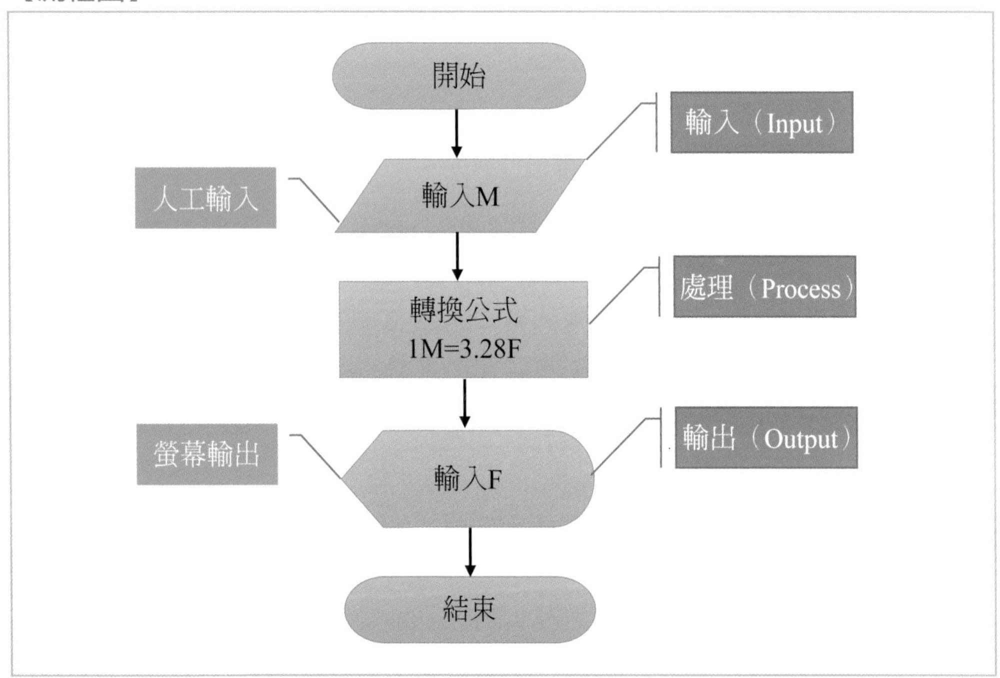

【介面設計】

手機頁面設計	專案所需元件

【程式設計】

拼圖程式	檔案名稱：ch2_Q3_MeterToFoot_V1.aia

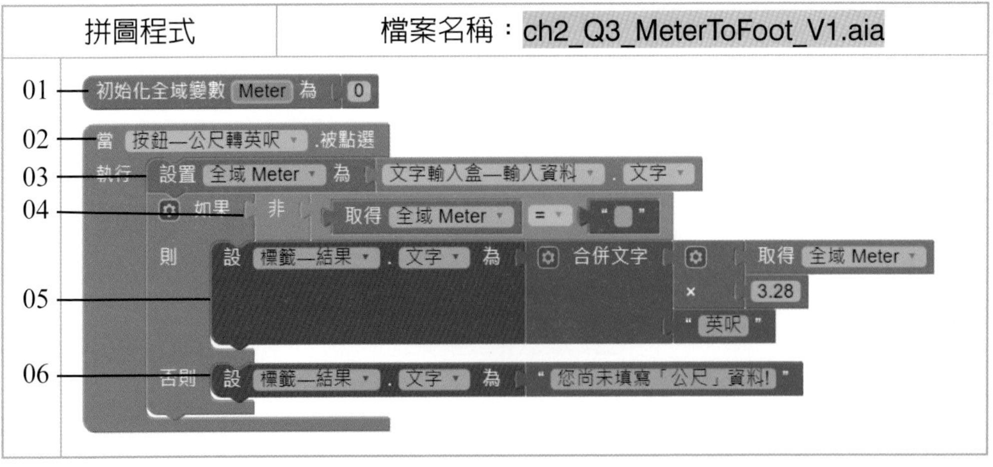

說明

行號01：宣告Meter為全域性變數，初值設定為0，其目的用來記錄使用者輸入的「公尺」。

行號02：當按下「公尺轉英呎」鈕時，就會觸發被點選事件。

行號03：將使用者輸入的「公尺」指定給文字方塊。

行號04～05：判斷使用者是否有填寫「公尺」資料。如果有，就會執行「公尺與英呎的轉換」程序，並顯示結果到螢幕上。

行號06：如果沒有填入，則會顯示「您尚未填寫「公尺」資料!」

【執行結果】

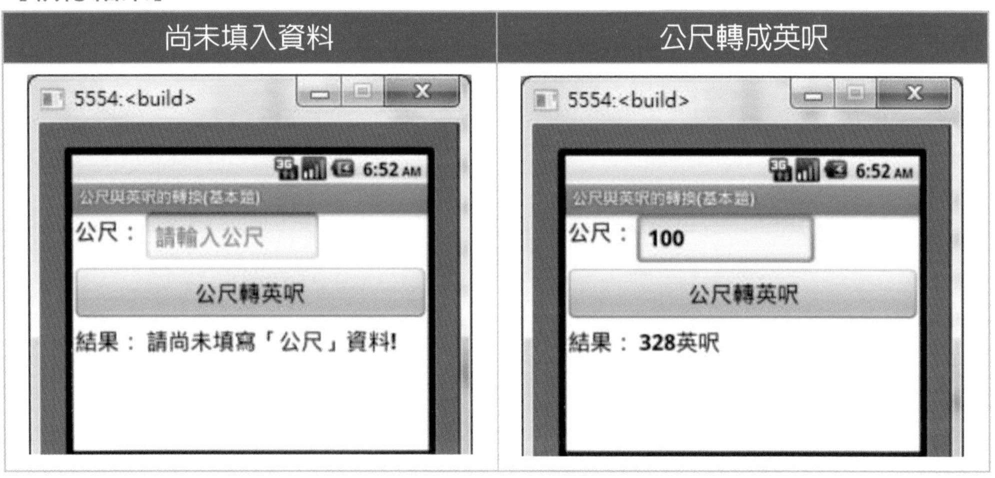

2-4 公尺與英呎的轉換（進階題）App

【分析】

(1)輸入：公尺（M）或英呎（F）

(2)處理：❶公尺轉英呎，公式1M = 3.28F，代表1公尺 = 3.28英呎

❷英呎轉公尺，公式1F = 0.3048M，代表1英呎 = 0.3048公尺

(3)輸出：英呎（F）或公尺（M）

【流程圖】

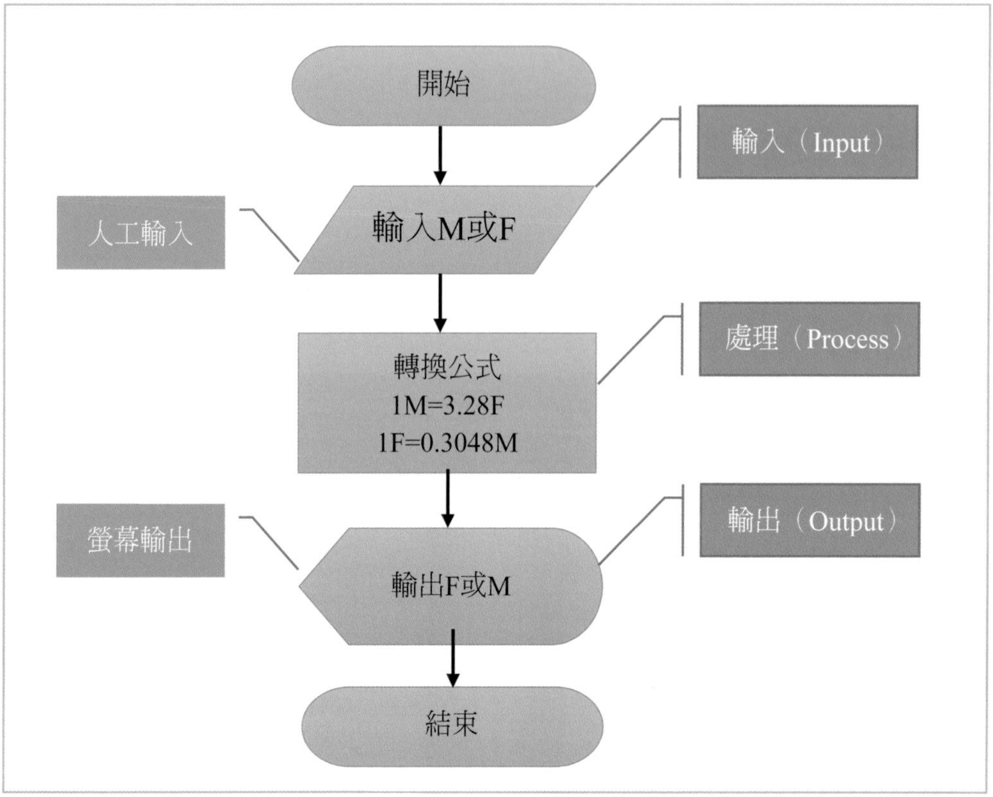

開始

輸入（Input）

人工輸入

輸入M或F

處理（Process）

轉換公式
1M=3.28F
1F=0.3048M

螢幕輸出

輸出（Output）

輸出F或M

結束

【介面設計】

【程式設計】

1. 宣告及頁面初始化

拼圖程式	檔案名稱：ch2_Q4_MeterToFoot_V2.aia

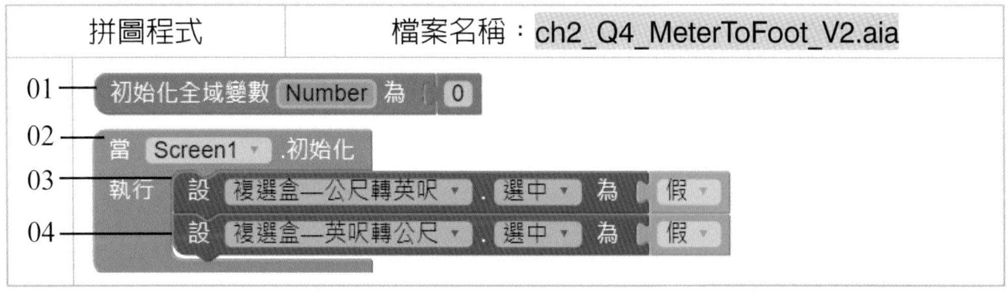

說明

行號01：宣告Number爲全域性變數，初值設定爲0，其目的用來記錄使用者輸入的「長度資料」。

行號02：Screen1頁面初始化。

行號03：設定「公尺轉英呎」複選方塊元件爲「尚未啓用」狀態。

行號04：設定「英呎轉公尺」複選方塊元件爲「尚未啓用」狀態。

2. 撰寫「公尺轉英呎」複選方塊之程式

拼圖程式	檔案名稱：ch2_Q4_MeterToFoot_V2.aia

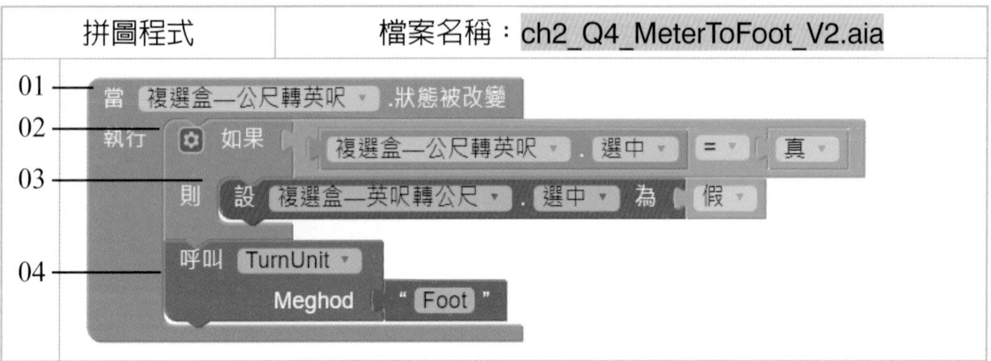

說明

行號01：當「公尺轉英呎」複選方塊被「改變」時，就會觸發狀態被改變事件。

行號02～03：如果「公尺轉英呎」複選方塊被「勾選」時，就會設定另一個複選方塊「英呎轉公尺」爲「尚未啓用」狀態

行號04：呼叫「TurnUnit」副程式，並傳遞參數Foot，其目的用來將「公尺轉英呎」。

3. 撰寫「英呎轉公尺」複選方塊之程式

拼圖程式	檔案名稱：ch2_Q4_MeterToFoot_V2.aia

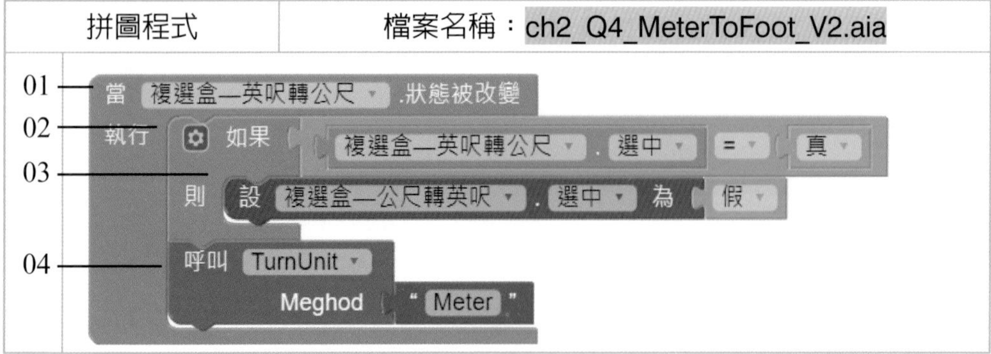

說明

行號01：當「英呎轉公尺」複選方塊被「改變」時，就會觸發狀態被改變事件。

行號02～03：如果「英呎轉公尺」複選方塊被「勾選」時，就會設定另一個複選方塊「公尺轉英呎」爲「尚未啓用」狀態

行號04：呼叫「TurnUnit」副程式，並傳遞參數Meter，其目的用來將「英呎轉公尺」。

4. 定義「TurnUnit」副程式

拼圖程式	檔案名稱：ch2_Q4_MeterToFoot_V2.aia

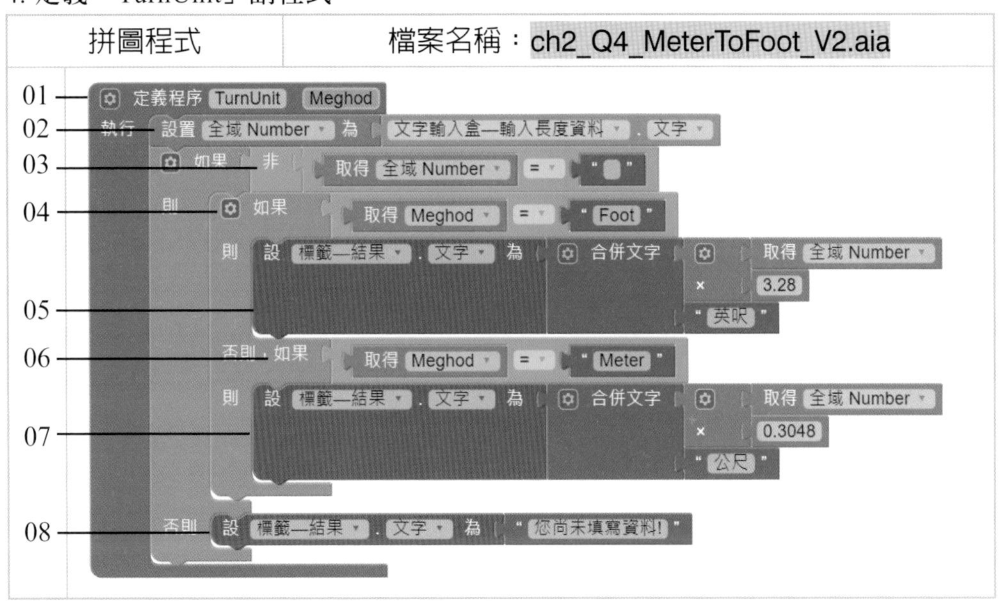

說明

行號01：定義「TurnUnit」副程式。其目的用來將「公尺轉英呎」或「英呎轉公尺」。

行號02：將使用者輸入的「長度資料」指定給Number變數。

行號04～05：判斷使用者是否要轉換成「英呎」。如果是，就會執行「公尺轉成英呎的公式」，並顯示結果到螢幕上。

行號06～07：判斷使用者是否要轉換成「公尺」。如果是，就會執行「英呎轉成公尺的公式」，並顯示結果到螢幕上。

行號03與08：如果沒有填入，則會顯示「您尚未填寫資料!」

【執行結果】

2-5 攝氏轉換成華氏App

【分析】

(1)輸入：攝氏C

(2)處理：F = (9 / 5) * C + 32

(3)輸出：華氏F

【流程圖】

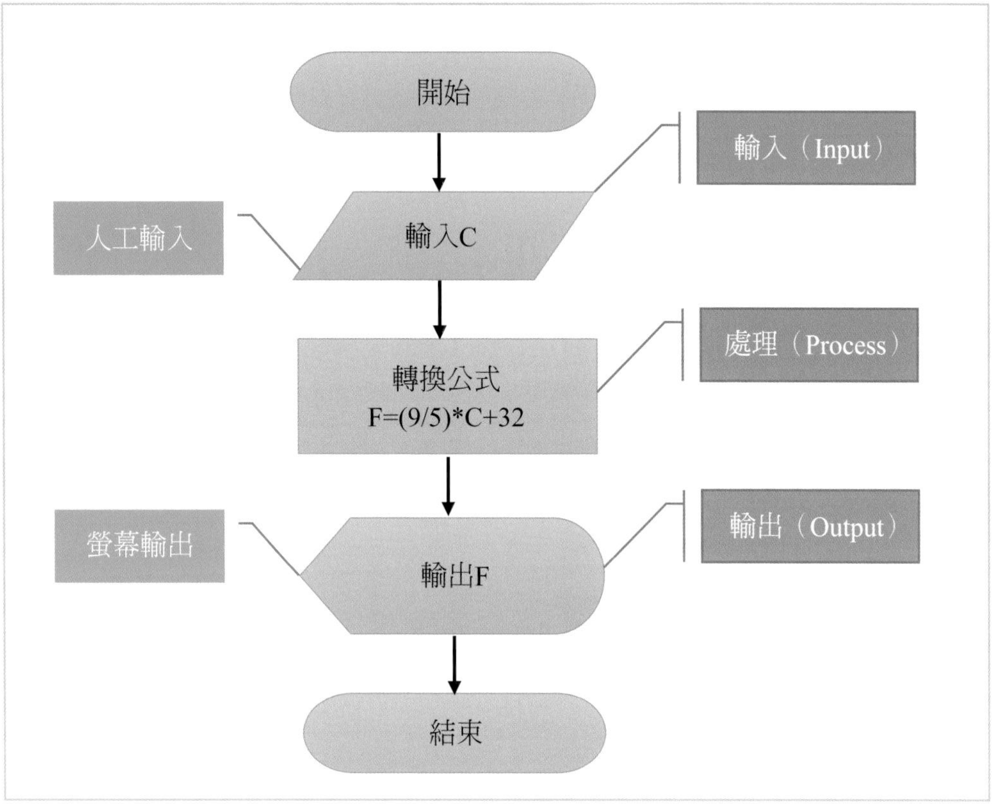

開始
輸入（Input）
人工輸入
輸入C
轉換公式
F=(9/5)*C+32
處理（Process）
螢幕輸出
輸出F
輸出（Output）
結束

【介面設計】

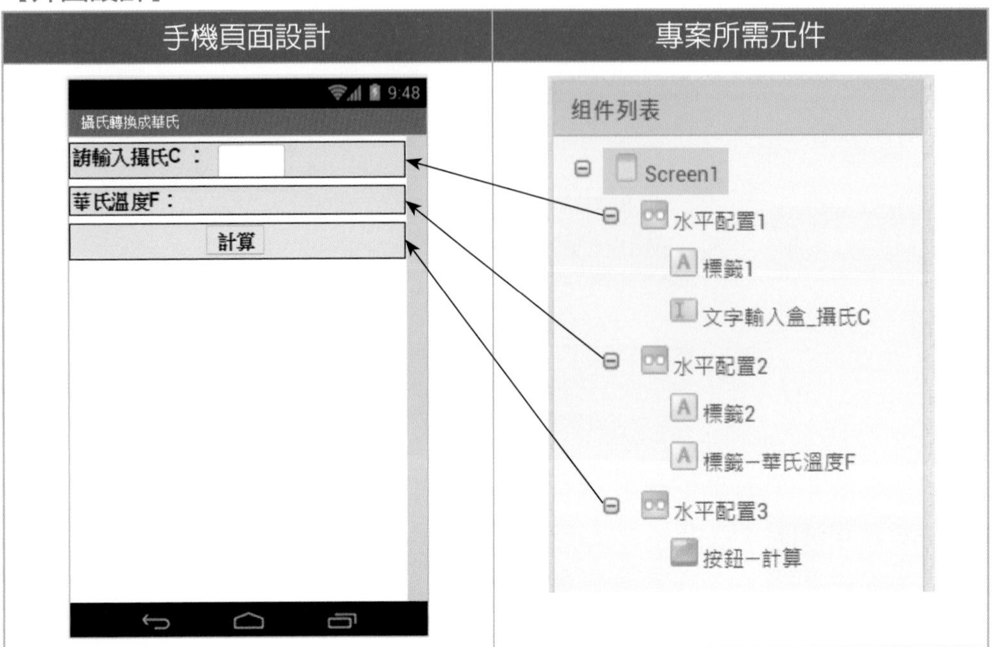

【程式設計】

1. 宣告變數

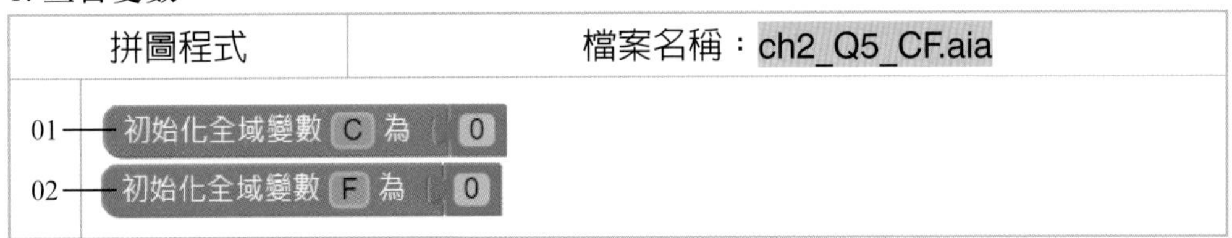

拼圖程式	檔案名稱：ch2_Q5_CF.aia
01	初始化全域變數 C 為 0
02	初始化全域變數 F 為 0

說明

行號01：宣告C爲全域性變數，初值設定爲0，其目的用來記錄使用者輸入的「攝氏C」。

行號02：宣告F爲全域性變數，初值設定爲0，其目的用來記錄攝氏C轉換後的「華氏F」。

2. 撰寫「攝氏C轉換華氏F」之程式

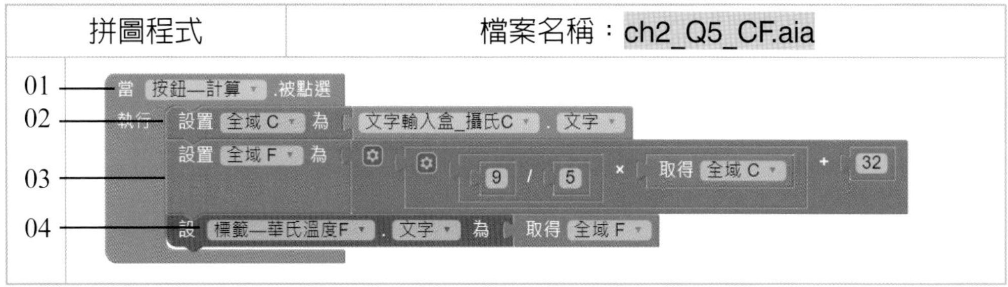

說明

行號01：當「計算」鈕被「按下」時，就會觸發被點選事件。

行號02：將使用者輸入的「攝氏C」指定給變數C。

行號03：轉換公式F = (9 / 5) * C + 32

行號04：將轉換後的華氏F顯示到螢幕上。

【執行結果】

2-6 一元二次方程式App

說明

是指含有一個未知數（X），並且未知數（X）的最高次數是二次的多項式方程。

【分析】

(1)輸入：未知數X

(2)處理：$Y = X^2 + 2X + 1$

(3)輸出：結果Y

【流程圖】

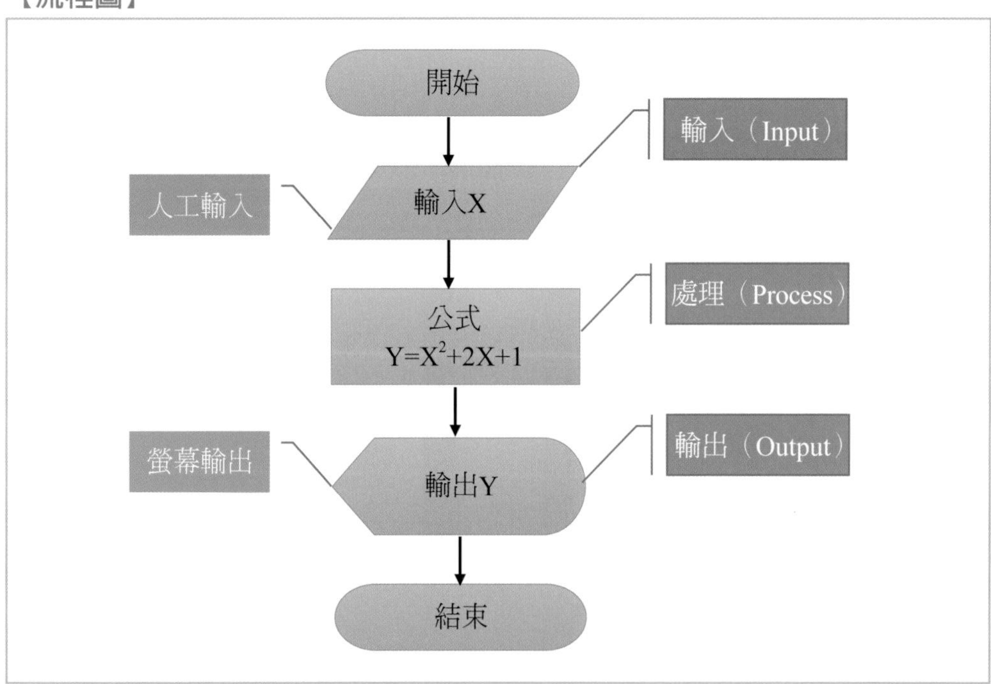

【介面設計】

手機頁面設計	專案所需元件
9:48 計算一元二次方程式 請輸入X值： 結果： 計算	組件列表 Screen1 水平配置1 標籤1 文字輸入盒—X 水平配置2 標籤2 標籤—結果 水平配置3 按鈕—計算

【程式設計】

1. 宣告變數

拼圖程式	檔案名稱：ch2_Q6_X2.aia

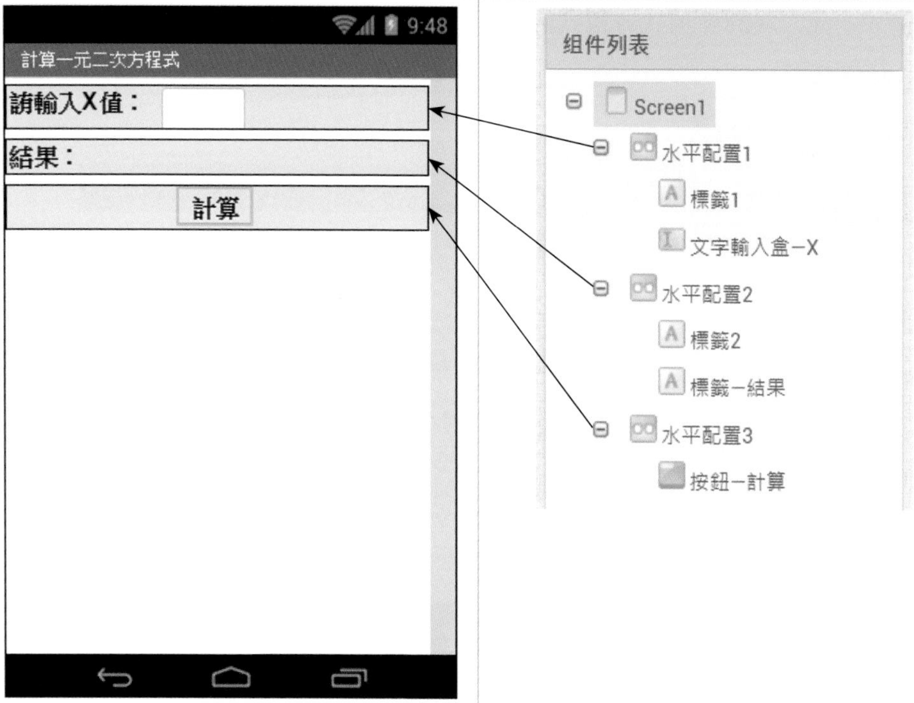

01
初始化全域變數 X 為 0
02
初始化全域變數 Y 為 0

說明

行號01：宣告X爲全域性變數，初值設定爲0，其目的用來記錄使用者輸入的「X值」。

行號02：宣告Y為全域性變數，初值設定為0，其目的用來記錄一元二次的多項式方程的計算結果。

2. 撰寫「一元二次的多項式方程式」之程式

拼圖程式	檔案名稱：ch2_Q6_X2.aia
	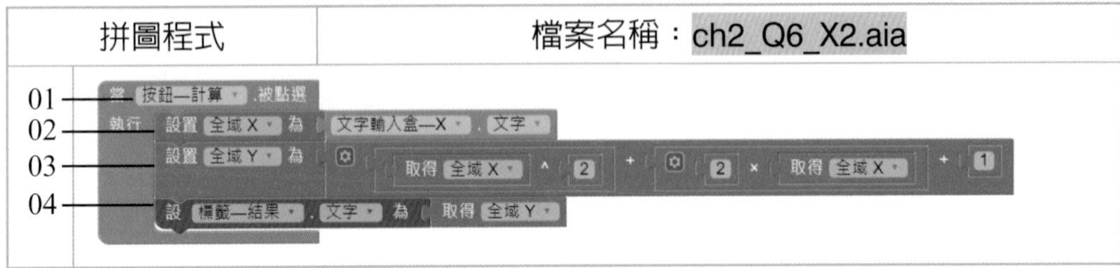

說明

行號01：當「計算」鈕被「按下」時，就會觸發被點選事件。

行號02：將使用者輸入的「X值」指定給變數X。

行號03：轉換公式$Y = X^2 + 2X + 1$

行號04：將轉換後的結果Y顯示到螢幕上。

【執行結果】

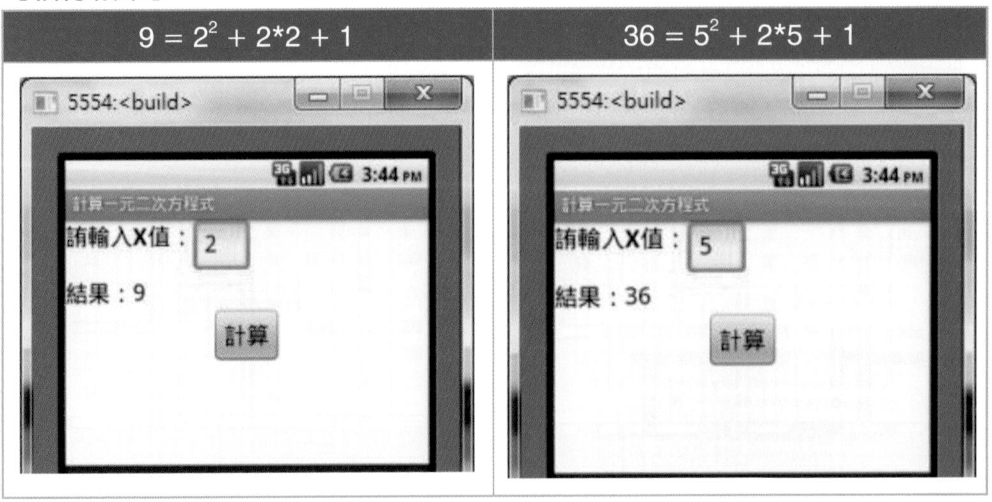

2-7 國際匯率換算App

【分析】

(1)輸入：台幣金額（NT）及選擇各國匯率（Rate）

(2)處理：台幣轉成國際幣值Money = NT/Rate

(3)輸出：國際幣值（Money）

【流程圖】

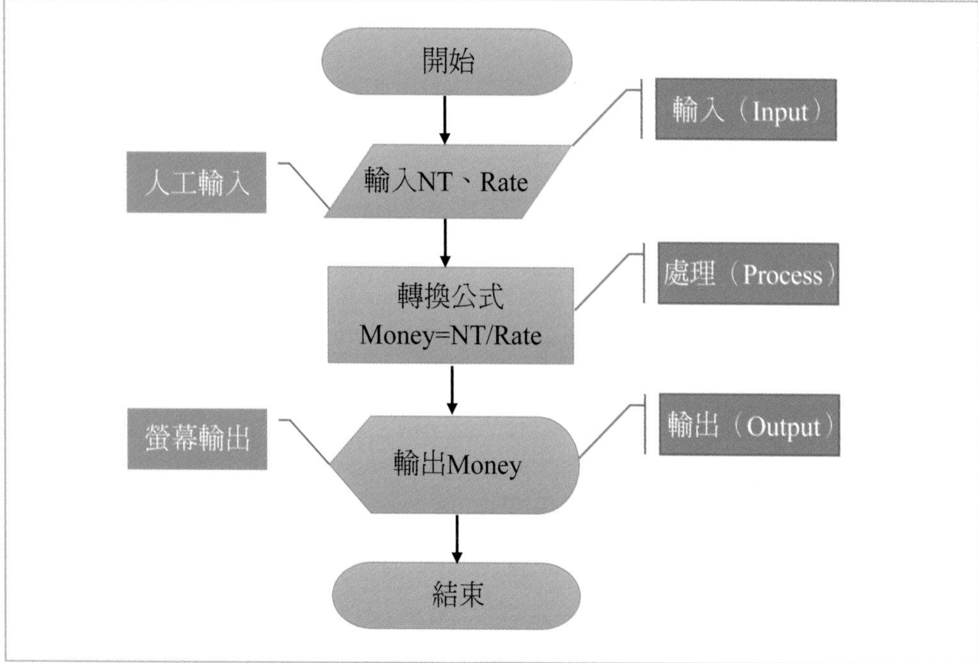

【介面設計】

手機頁面設計
專案所需元件
9:48
國際匯率換算App
台幣(NT)
匯率(Rate)
add items
匯率換算
國際幣值(Money)
组件列表
Screen1
水平配置1
標籤1
文字輸入盒－台幣NT
水平配置2
標籤2
下拉式選單－匯率
按鈕－匯率換算
水平配置3
標籤3
標籤－結果

【程式設計】

1.宣告變數及頁面初始化

拼圖程式
檔案名稱：ch2_Q7_Rate.aia
01 初始化全域變數 NT 為 0
02 初始化全域變數 Rate 為 0
03 初始化全域變數 ListRate 為 建立清單 " 日幣 " " 人民幣 " " 美金 "
04 初始化全域變數 Money 為 0
05 當 Screen1 .初始化
執行 設 下拉式選單—匯率 . 元素 為 取得 全域 ListRate

說明

行號01：宣告NT爲全域性變數，初值設定爲0，其目的用來記錄使用者輸入的「台幣（NT）」。

行號02：宣告Rate爲全域性變數，初值設定爲0，其目的用來記錄使用者選擇的各國的貨幣轉成「匯率（Rate）」。

行號03：宣告ListRate爲清單陣列，初值設定三個國家的貨幣名稱，其目的用來記錄使用者選擇的各國的貨幣轉成「匯率（Rate）」。

行號04：宣告Money爲全域性變數，初值設定爲0，其目的用來記錄台幣轉換成其他國家的幣值，亦即經過匯率換算後的「國際幣值（Money）」。

行號05：當「頁面初始化」時，載入三個國家的貨幣名稱到ListRate爲清單陣列中。

2. 撰寫「取得各國的貨幣匯率值」之程式

拼圖程式	檔案名稱：ch2_Q7_Rate.aia
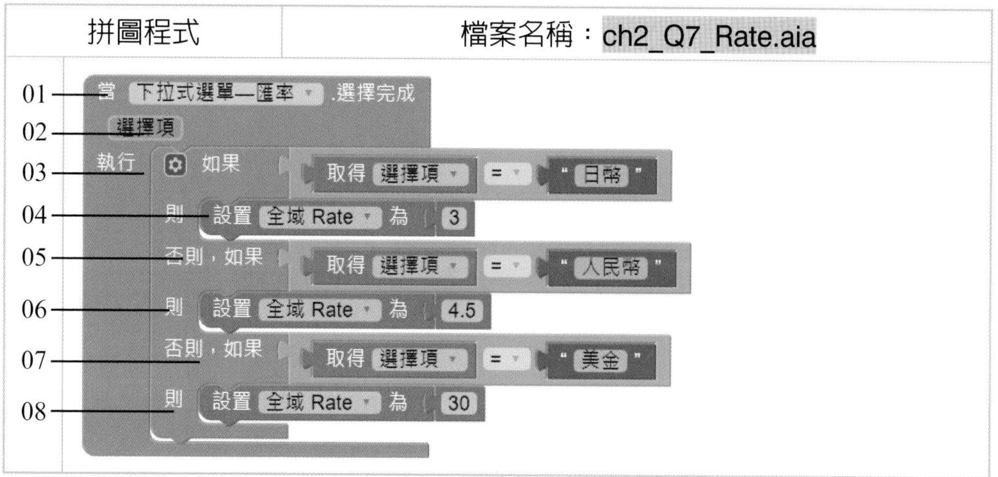	

說明

行號01：當使用者從下拉清單中選擇某一國家的貨幣之後，就會觸發選擇完成事件。

行號02：此時，在下拉清單中選擇的國家貨幣名稱，回傳值指定給選擇項參數。

行號03～04：如果使用者選擇「日幣」時，匯率（Rate）設定爲3。

行號05～06：如果使用者選擇「人民幣」時，匯率（Rate）設定爲4.5。

行號07～08：如果使用者選擇「美金」時，匯率（Rate）設定爲30。

3. 撰寫「匯率換算」鈕之程式

拼圖程式	檔案名稱：ch2_Q7_Rate.aia

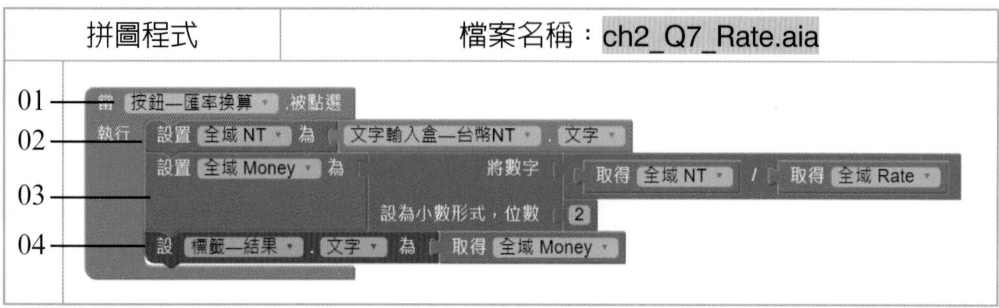

說明

行號01：當「匯率換算」鈕「按下」時，就會觸發被點選事件。

行號02：將使用者輸入的「台幣NT」指定給變數NT。

行號03：台幣轉成國際幣值Money = NT/ Rate

行號04：將轉換後的國際幣值（Money）顯示到螢幕上。

【執行結果】

2-8 幾何圖形面積計算App

【分析】

(1)輸入：選擇圖形樣式及相關長度

❶ 圓形→輸入半徑R

❷ 正方形→輸入邊長L

❸ 長方形→輸入長（L）及寬（W）

❹ 三角形→輸入底（B）及高（H）

❺ 梯形→輸入上底（Up）、下底（Down）及高（H）

(2)處理：

❶ 圓形面積公式：3.14 * R^2。

❷ 正方形面積公式：L^2。

❸ 長方形面積公式：L * W。

❹ 三角形面積公式：(B * H) / 2。

❺ 梯形面積公式：((U + D) * H) / 2。

(3)輸出：幾何圖形面積

【流程圖】

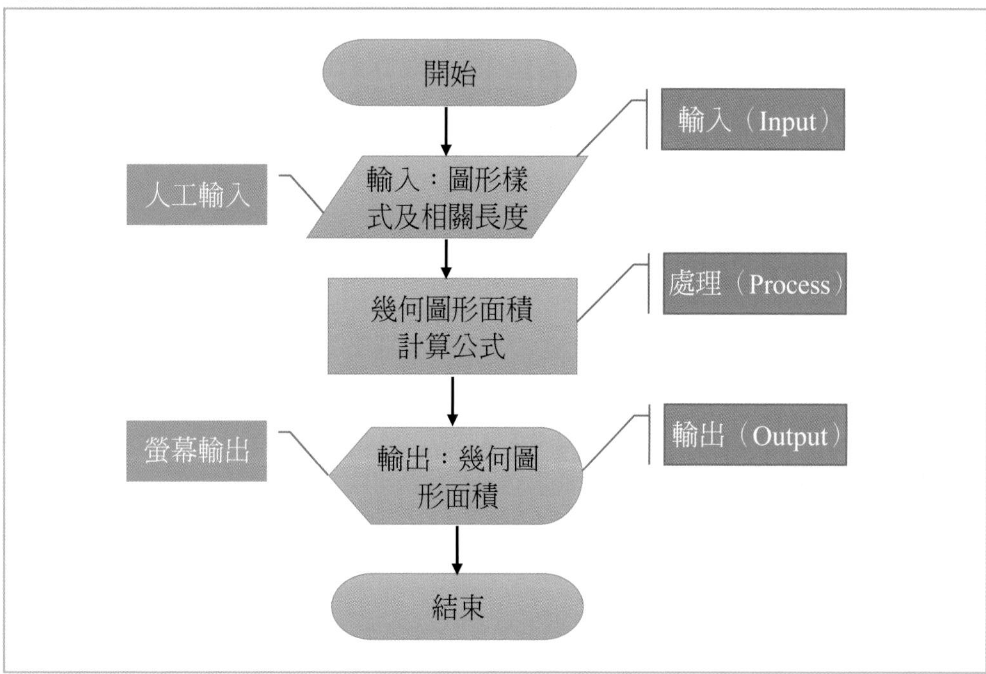

【介面設計】

手機頁面設計	專案所需元件
 9:48 幾何圖形面積計算App 圖形樣式(G)： Spinner新增 上底(Up)： 下底(Down)： 高(H)： 計算面積 非可视组件 對話框1	组件列表 Screen1 水平配置1 標籤1 下拉式選單－圖形樣 水平配置2 標籤－Len1 文字輸入盒_Len1 水平配置3 標籤－Len2 文字輸入盒_Len2 水平配置4 標籤－Len3 文字輸入盒_Len3 水平配置5 按鈕－計算面積 水平配置6 標籤_圖形

【關鍵程式】

1. 宣告變數及頁面初始化

拼圖程式	檔案名稱：ch2_Q8_Area.aia
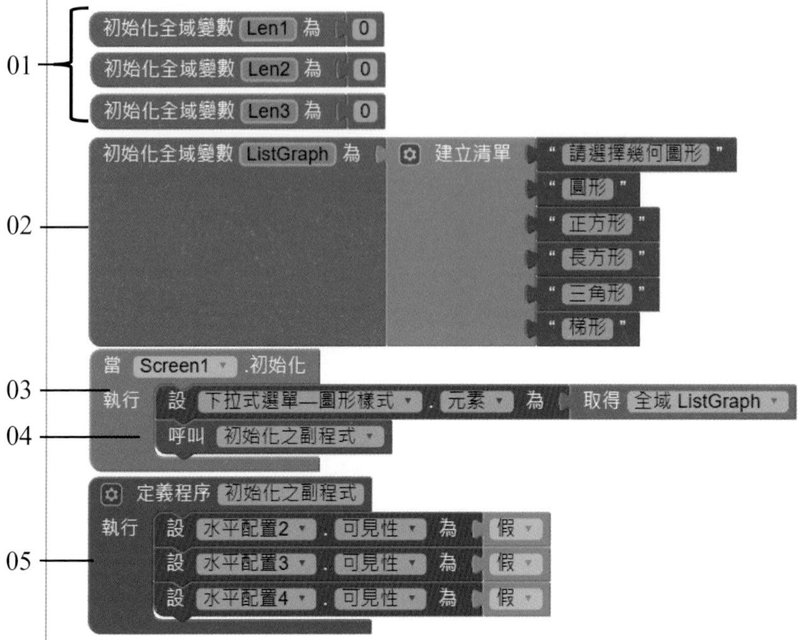 01	初始化全域變數 Len1 為 0 初始化全域變數 Len2 為 0 初始化全域變數 Len3 為 0
02	初始化全域變數 ListGraph 為 建立清單 "請選擇幾何圖形" "圓形" "正方形" "長方形" "三角形" "梯形"
03	當 Screen1 .初始化 執行 設 下拉式選單—圖形樣式 . 元素 為 取得 全域 ListGraph
04	呼叫 初始化之副程式
05	定義程序 初始化之副程式 執行 設 水平配置2 . 可見性 為 假 設 水平配置3 . 可見性 為 假 設 水平配置4 . 可見性 為 假

說明

行號01：宣告Len1,Len2,Len3三個變數，初值設定為0，其目的用來記錄各種不同圖形的長度。

行號02：宣告ListGraph為清單陣列，其目的用來記錄各種圖形名稱，提供使用者選擇。

行號03～04：頁面初始化時，將ListGraph清單陣列的元素載入到下接式清單中，並呼叫「初始化之副程式」。

行號05：定義「初始化之副程式」，用來將輸入長度的文字框先隱藏。

2. 撰寫「取得各種幾何圖形」之程式

拼圖程式	檔案名稱：ch2_Q8_Area.aia

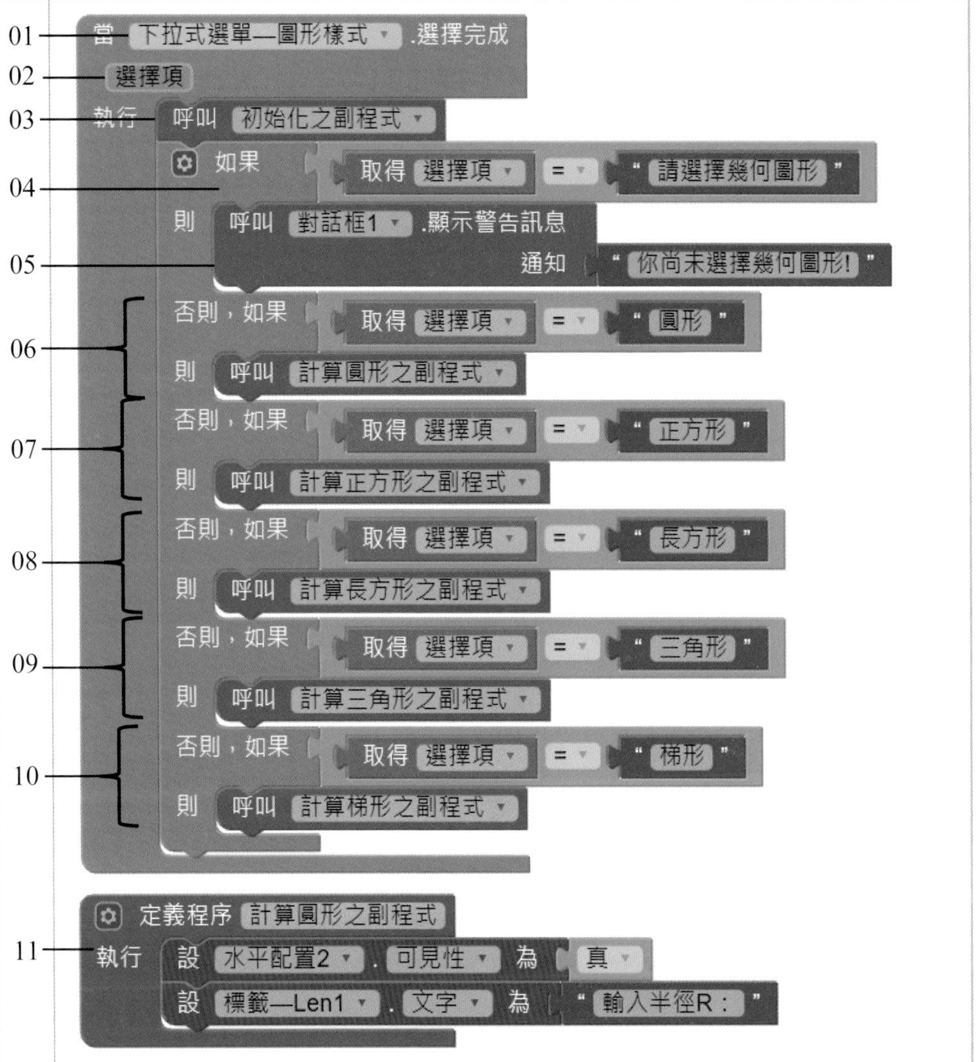

```
01 當 下拉式選單—圖形樣式 .選擇完成
02   選擇項
03 執行 呼叫 初始化之副程式
04      如果 取得 選擇項 = "請選擇幾何圖形"
05      則 呼叫 對話框1 .顯示警告訊息
             通知 "你尚未選擇幾何圖形!"
06      否則，如果 取得 選擇項 = "圓形"
        則 呼叫 計算圓形之副程式
07      否則，如果 取得 選擇項 = "正方形"
        則 呼叫 計算正方形之副程式
08      否則，如果 取得 選擇項 = "長方形"
        則 呼叫 計算長方形之副程式
09      否則，如果 取得 選擇項 = "三角形"
        則 呼叫 計算三角形之副程式
10      否則，如果 取得 選擇項 = "梯形"
        則 呼叫 計算梯形之副程式

   定義程序 計算圓形之副程式
11 執行 設 水平配置2 . 可見性 為 真
        設 標籤—Len1 . 文字 為 "輸入半徑R："
```

說明

行號01：當使用者從下拉清單中選擇某一種幾何圖形之後，就會觸發選擇完成事件。

行號02：此時，在下拉清單中選擇的幾何圖形名稱，回傳值指定給選擇項參數。

行號03：呼叫「初始化之副程式」，用來將輸入長度的文字方塊先隱藏。

行號04～05：如果使用者尚未選擇時，就會顯示「你尚未選擇幾何圖形!」。

行號06：如果使用者選擇「圓形」時，就會顯示「輸入半徑R：」文字方塊。

行號07：如果使用者選擇「正方形」時，就會顯示「輸入邊長L：」文字方塊。

行號08：如果使用者選擇「長方形」時，就會顯示「輸入長（L）與寬（W）：」文字方塊。

行號09：如果使用者選擇「三角形」時，就會顯示「輸入底（B）與高（H）：」文字方塊。

行號10：如果使用者選擇「梯形」時，就會顯示「輸入上底（Up）、下底（Down）及高（H）：」文字方塊。

行號11：定義顯示「圓形」的「輸入半徑R：」文字方塊之副程式。

註 其餘四個副程式皆與「圓形」類似，在此略過。

3. 定義「計算面積之副程式」

拼圖程式	檔案名稱：ch2_Q8_Area.aia
01 02	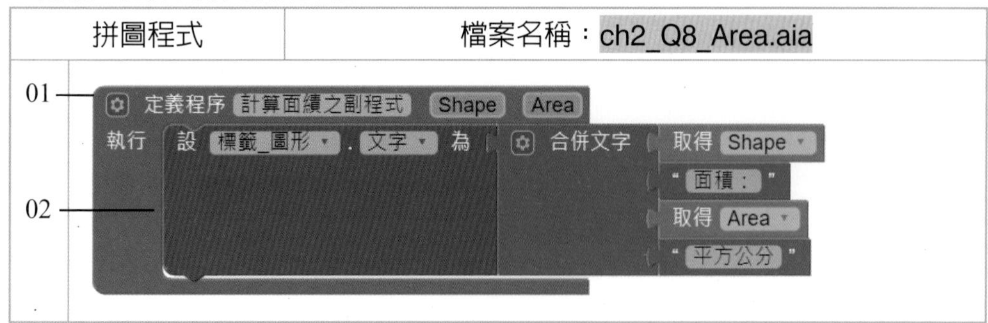

說明

行號01：定義「計算面積之副程式」。

行號02：顯示各種不同幾何圖形的名稱及面積大小。

4. 撰寫「計算面積」鈕之程式

拼圖程式	檔案名稱：ch2_Q8_Area.aia
01	當 按鈕—計算面積 .被點選 執行
02	如果 下拉式選單—圖形樣式 . 選中項 = "圓形" 則
03	設置 全域 Len1 為 文字輸入盒_Len1 . 文字
04	呼叫 計算面積之副程式 Shape "圓形" Area 3.14 × 取得 全域 Len1 ^ 2
05	……

說明

行號01：當使用者按下「計算面積」鈕時，就會觸發被點選事件。

行號02～04：判斷使用者是否選擇「圓形」，如果是呼叫「計算面積之副程式」，並傳遞Share與Area參數。

註 行號05以後的四種不同的圖形，其作法與行號02～04相同。在此略過。

【執行結果】

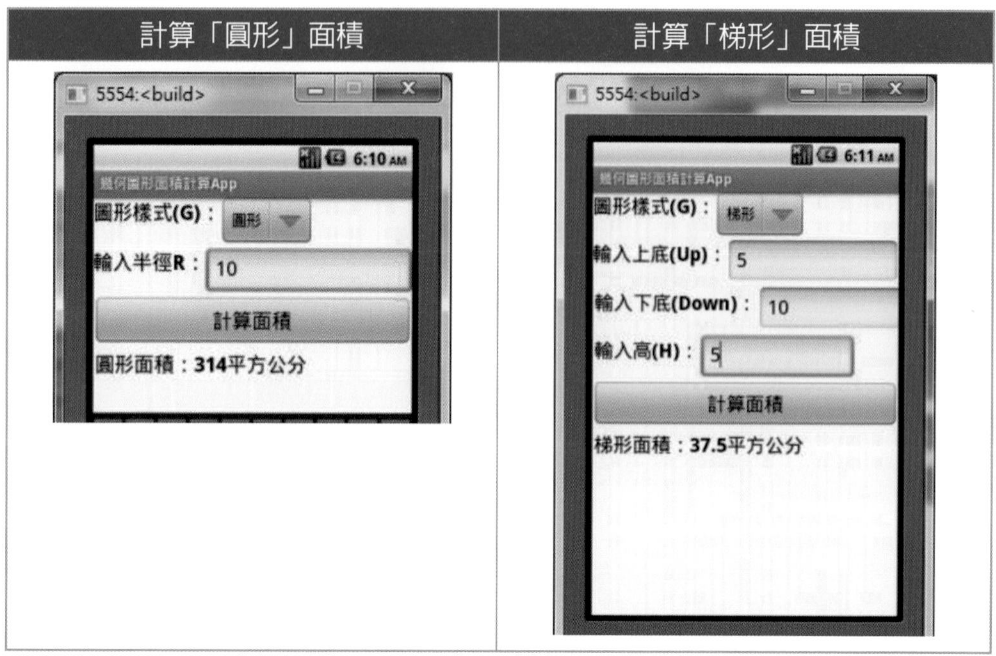

2-9 家庭電費計算App

【分析】

(1)輸入：瓦數（W），每天使用時數（H），每度電費（F）

(2)處理：總電費公式 = W*H*30（每月30天）*F

(3)輸出：總電費（NT）

【流程圖】

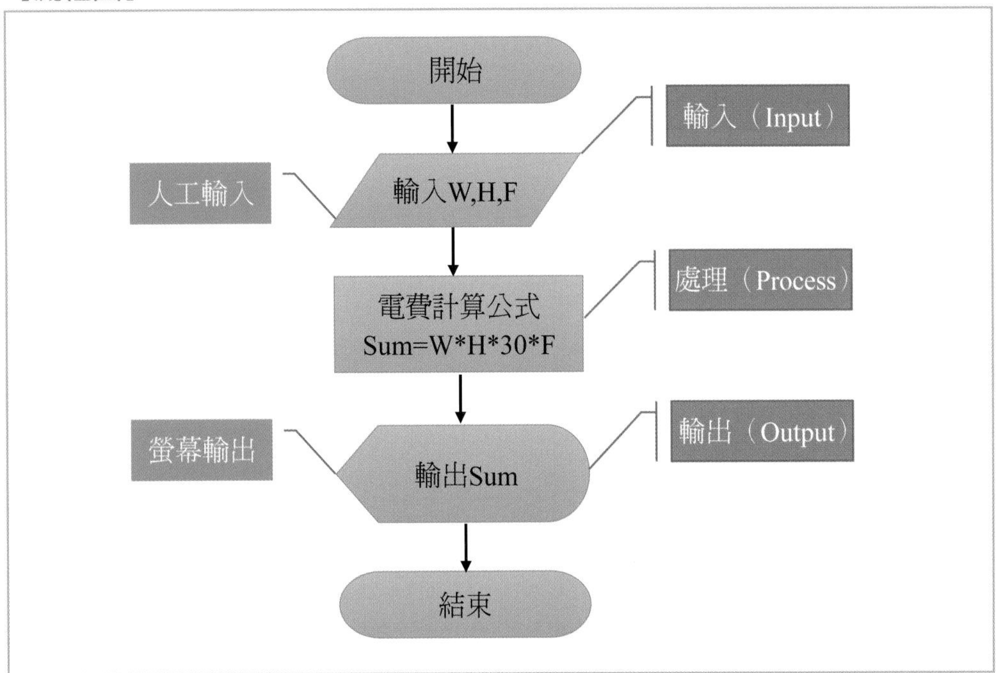
開始
輸入（Input）
人工輸入
輸入W,H,F
處理（Process）
電費計算公式
Sum=W*H*30*F
螢幕輸出
輸出（Output）
輸出Sum
結束

【介面設計】

手機頁面設計	專案所需元件
9:48 家庭電費計算App 瓦數(W)： 每天使用時數(H)： 每度電費(F)： 計算家庭電費 總電費(NT)： [假設每月以30天來計算]	组件列表 Screen1 水平配置1 標籤1 文字輸入盒_W 水平配置2 標籤2 文字輸入盒_H 水平配置3 標籤3 文字輸入盒_F 水平配置4 按鈕_計算 水平配置5 標籤4 標籤_結果 標籤5

【程式設計】

拼圖程式	檔案名稱：ch2_Q9_Electricity.aia

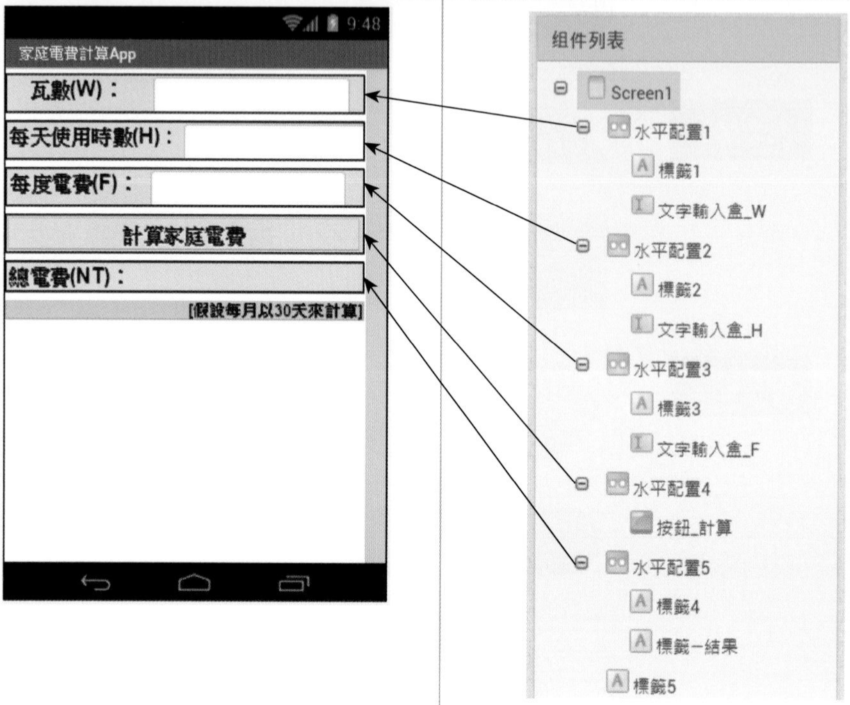

01 初始化全域變數 W 為 0
02 初始化全域變數 H 為 0
03 初始化全域變數 F 為 0
04 初始化全域變數 Sum 為 0

拼圖程式	檔案名稱：ch2_Q9_Electricity.aia
	當 按鈕_計算 .被點選 執行 05 設置 全域 W 為 文字輸入盒_W . 文字 06 設置 全域 H 為 文字輸入盒_H . 文字 07 設置 全域 F 為 文字輸入盒_F . 文字 08 設置 全域 Sum 為 取得 全域 W × 取得 全域 H × 30 × 取得 全域 F 09 設 標籤—結果 . 文字 為 取得 全域 Sum

說明

行號01：宣告W爲全域性變數，初値設定爲0，其目的用來記錄使用者輸入的「瓦數（W）」。

行號02：宣告H爲全域性變數，初値設定爲0，其目的用來記錄使用者輸入的「每天使用時數（H）」。

行號03：宣告F爲全域性變數，初値設定爲0，其目的用來記錄使用者輸入的「每度電費（F）」。

行號04：宣告Sum爲全域性變數，初値設定爲0，其目的用來記錄總電費（NT）。

行號05～07：將使用者輸入的瓦數（W）、每天使用時數（H）及每度電費（F）指定到變數中。

行號08：總電費公式 = W*H*30（每月30天）*F

行號09：顯示總電費（NT）到螢幕上。

【執行結果】

低用戶	高用戶
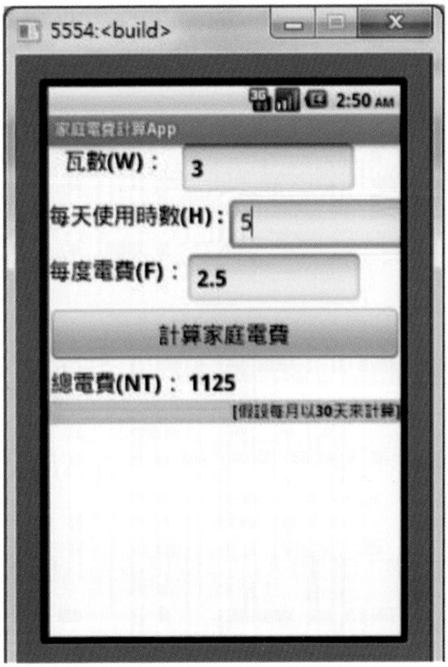 5554:<build> 2:50 AM 家庭電費計算App 瓦數(W)： 3 每天使用時數(H)： 5 每度電費(F)： 2.5 計算家庭電費 總電費(NT)： 1125 [假設每月以30天來計算]	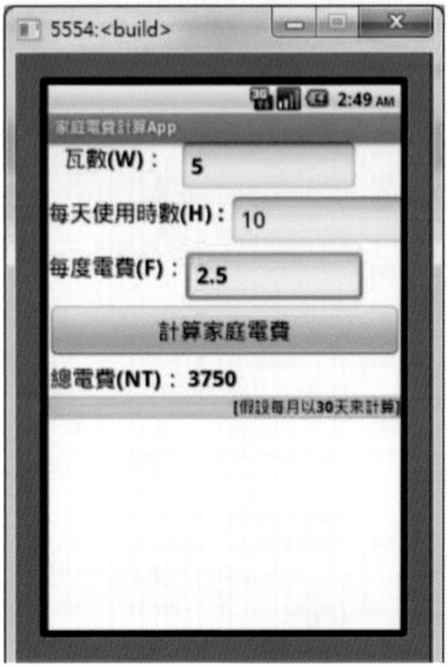 5554:<build> 2:49 AM 家庭電費計算App 瓦數(W)： 5 每天使用時數(H)： 10 每度電費(F)： 2.5 計算家庭電費 總電費(NT)： 3750 [假設每月以30天來計算]

2-10 測量BMI體質指數App

體質指數BMI（Body Mass Index）是常用在評估人體肥胖程度的一種指標，其計算公式為體重除以身高的平方：

BMI = 體重（公斤）／（身高*身高）（公尺^2）

【分析】

(1)輸入：kg , m

(2)處理：BMI = 體重（kg）/ 身高（m^2）

(3)輸出：體重「正常」、「過輕」或「過重」

	男生	女生
體重「正常」	20≦BMI≦25	18≦BMI≦22
體重「過輕」	BMI < 20	BMI < 18
體重「過重」	BMI > 25	BMI > 22

【流程圖】

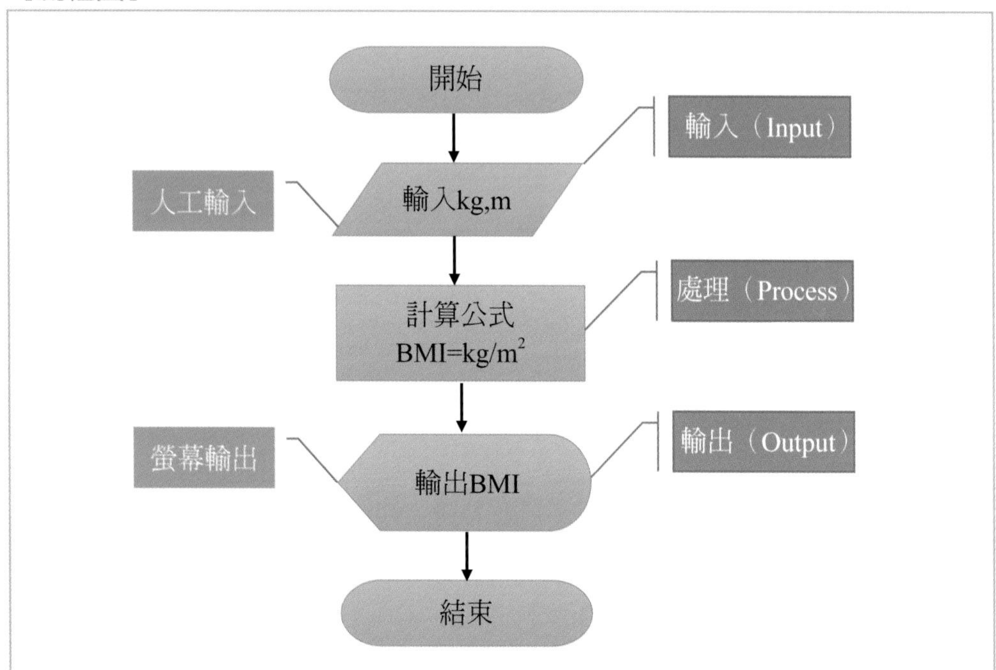

【介面設計】

手機頁面設計	專案所需元件
9:48 測量BMI體質指數App 性別：□男性 □女性 身高(cm) 體重(kg) 計算 公佈結果：	组件列表 Screen1 水平配置1 標籤1 複選盒_男生 複選盒_女生 水平配置2 標籤2 文字輸入盒－身高 水平配置3 標籤3 文字輸入盒－體重 按鈕_計算 水平配置4 標籤4 標籤－結果 圖像1

【程式設計】

1. 宣告變數

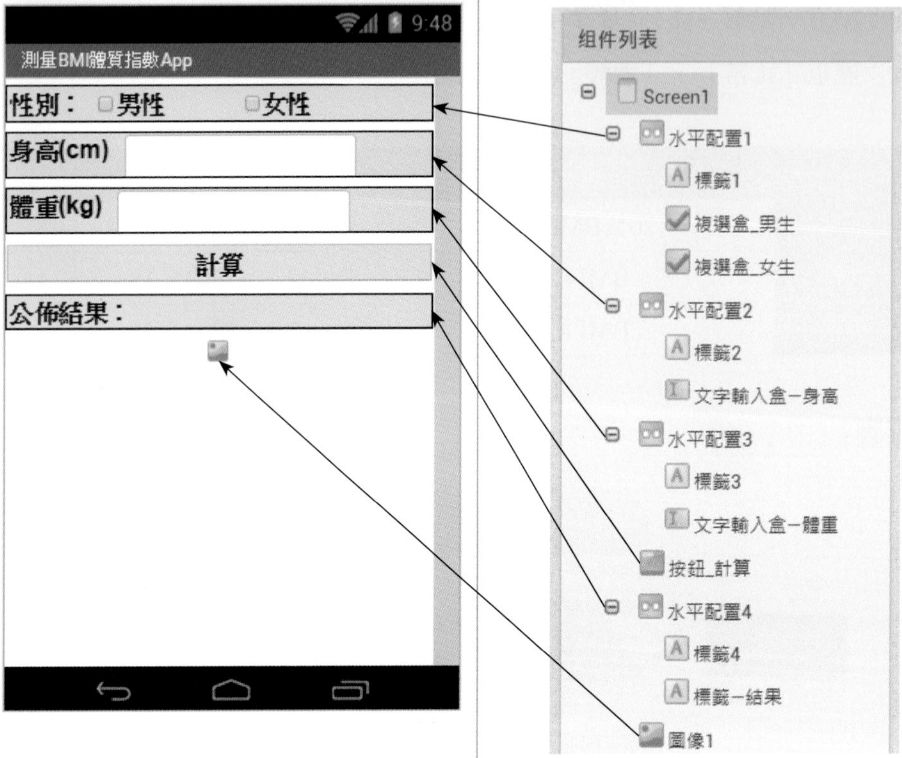

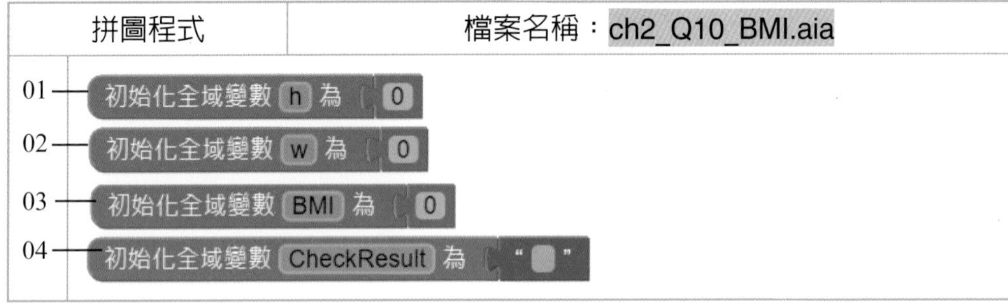
拼圖程式
檔案名稱：ch2_Q10_BMI.aia
01 初始化全域變數 h 為 0
02 初始化全域變數 w 為 0
03 初始化全域變數 BMI 為 0
04 初始化全域變數 CheckResult 為 " "

說明

行號01：分別宣告h,w,BMI爲全域性變數，初值皆設定爲0，其目的用來記錄使用者輸入的「身高（h）、體重（w）」及BMI值。

行號02：宣告CheckResult變數爲空字串，其目的用來記錄BMI的體重狀態（正常、過輕或過重）。

2. 勾選「男生或女生」程式

拼圖程式	檔案名稱：ch2_Q10_BMI.aia

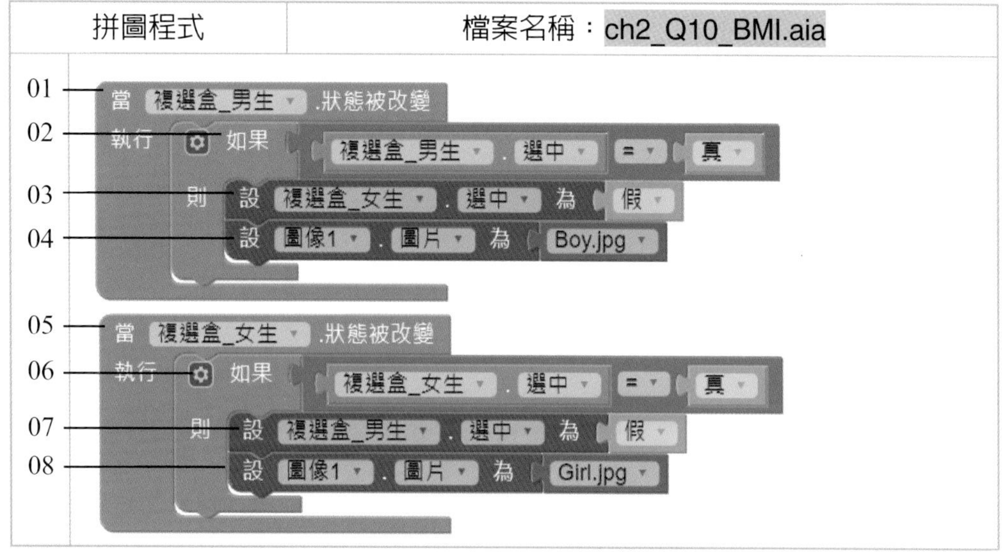

說明

行號01：當使用者改變「男性」核取方塊的狀態時，就會觸發狀態被改變事件。

行號02～04：如果使用者勾選「男性」核取方塊，就會設定「女性」核取方塊爲「假」，並且載入「男生的照片」。

行號05：當使用者改變「女性」核取方塊的狀態時，就會觸發狀態被改變事件。

行號06～08：如果使用者勾選「女性」核取方塊，就會設定「男性」核取方塊爲「假」，並且載入「女生的照片」。

3. 定義「BMI」副程式

拼圖程式	檔案名稱：ch2_Q10_BMI.aia

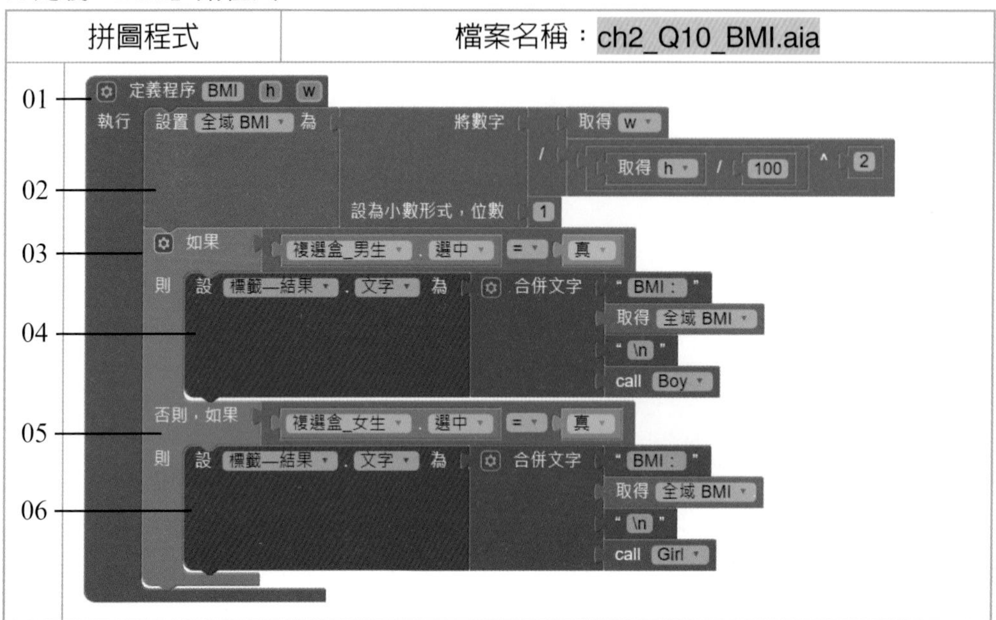

說明

行號01：定義「BMI」副程式。

行號02：計算「BMI」的值，其公式：BMI = 體重（公斤）／（身高*身高）（公尺^2），並取到小數點第1位。

行號03～04：如果目前「男性」被勾選時，就會顯示男生的BMI值及相關的訊息。

行號05～06：如果目前「女性」被勾選時，就會顯示男生的BMI值及相關的訊息。

4. 定義「Boy」副程式

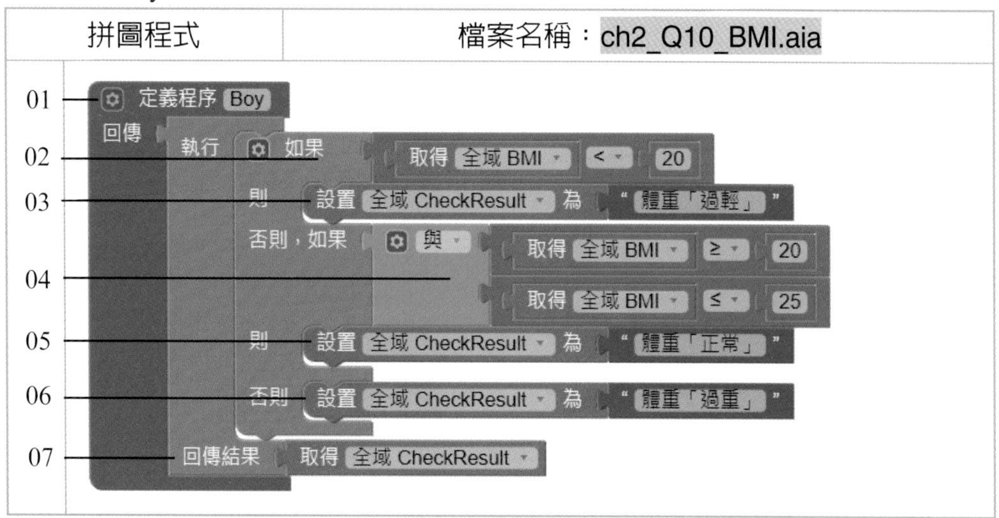

說明

行號01：定義「Boy」副程式。其目的用來回傳不同的BMI值所對映的狀態訊息。

行號02～03：如果BMI <20時，就會設定狀態訊息為「體重過輕」。

行號04～05：如果20≦BMI≦25時，就會設定狀態訊息為「體重正常」。

行號06：如果BMI >25時，就會設定狀態訊息為「體重過重」。

行號07：回傳狀態訊息。

註 「Girl」副程式與「Boy」副程式的程式說明相似，在此就略過。

【執行結果】

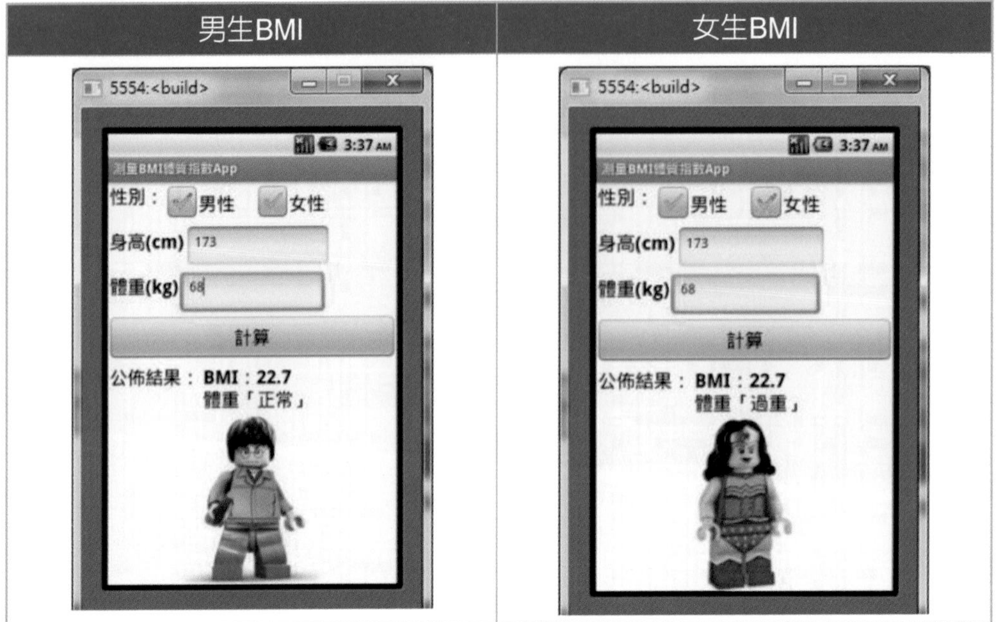
男生BMI
5554:<build>
3:37 AM
測量BMI體質指數App
性別：
男性
女性
身高(cm)
173
體重(kg)
68
計算
公佈結果：
BMI：22.7
體重「正常」
女生BMI
5554:<build>
3:37 AM
測量BMI體質指數App
性別：
男性
女性
身高(cm)
173
體重(kg)
68
計算
公佈結果：
BMI：22.7
體重「過重」

Chapter 3

流程控制的應用

本章學習目標

1. 讓讀者瞭解「流程控制」方式及運用方法。
2. 讓讀者瞭解「選擇結構與迴圈結構」的使用時機與運用方法。

本章學習內容

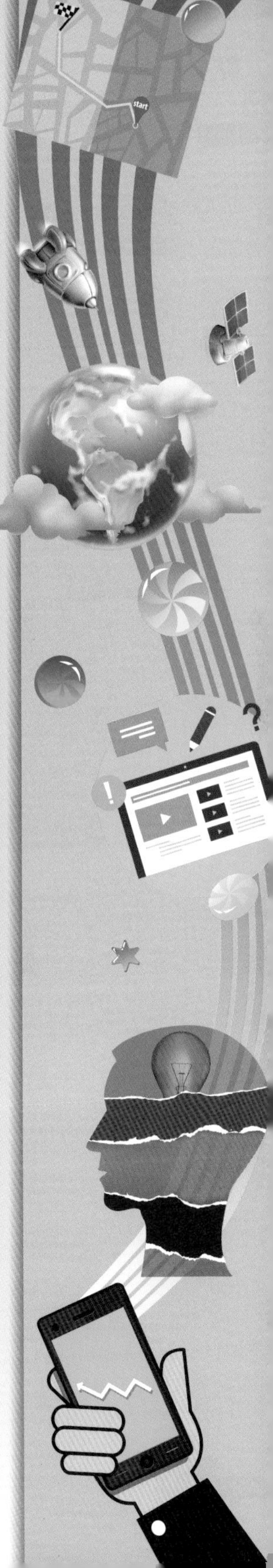

3-1 成績處理（基本題）App

【分析】

(1)輸入：兩科成績A,B

(2)處理：❶ 計算出平均成績（Average）

❷ 判斷平均成績是否及格大於等於60

(3)輸出：❶ 如果大於等於60，則輸出「及格」

❷ 否則，就會輸出「不及格」

【流程圖】

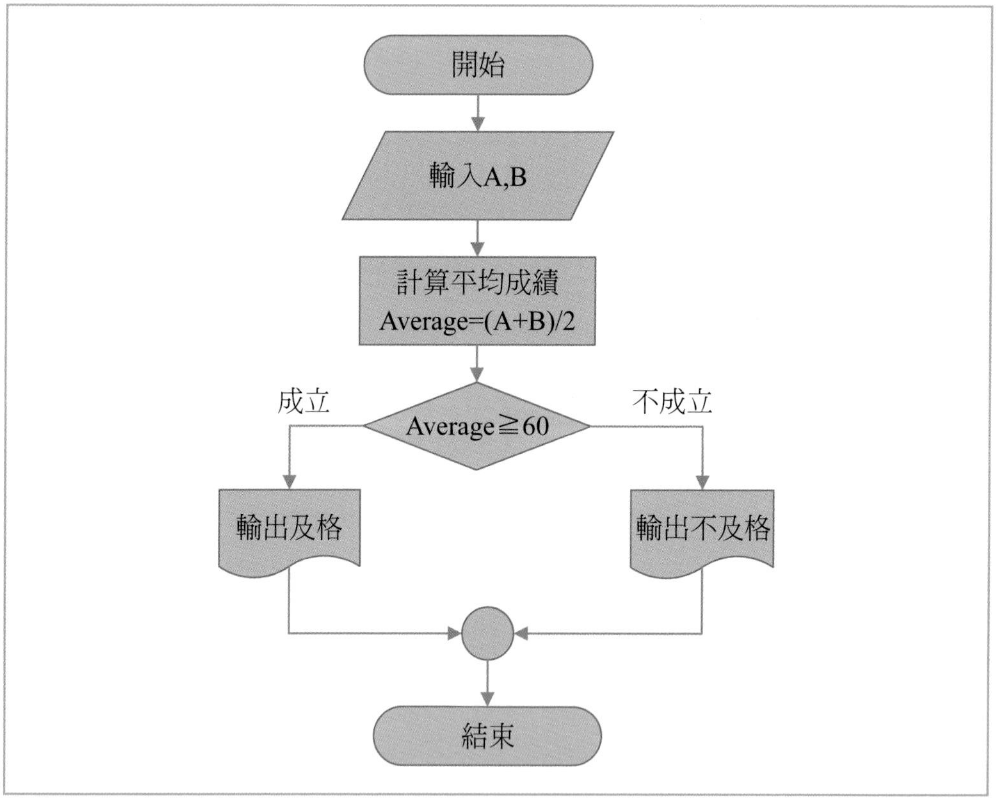

開始

輸入A,B

計算平均成績
Average=(A+B)/2

Average≧60

成立

輸出及格

不成立

輸出不及格

結束

【介面設計】

手機頁面設計	專案所需元件
成績處理(基本題)App 第一科成績A： 第二科成績B： 計算成績 公佈結果：	組件列表 Screen1 水平配置1 標籤1 文字輸入盒-第一科成績 水平配置2 標籤2 文字輸入盒-第二科成績 水平配置3 按鈕_計算 水平配置4 標籤3 標籤-結果

【程式設計】

1. 宣告變數

拼圖程式	檔案名稱：ch3_Q1_ScoreDP_V1.aia

01 初始化全域變數 ScoreA 為 0
02 初始化全域變數 ScoreB 為 0
03 初始化全域變數 Average 為 0

說明

行號01～03：宣告ScoreA,SocreB及Average三個全域性變數，初值皆設定爲0，其目的用來記錄使用者輸入的「第一科成績，第二科成績」及按下「計算成績」後的平均成績。

2. 計算成績之程式

拼圖程式	檔案名稱：ch3_Q1_ScoreDP_V1.aia

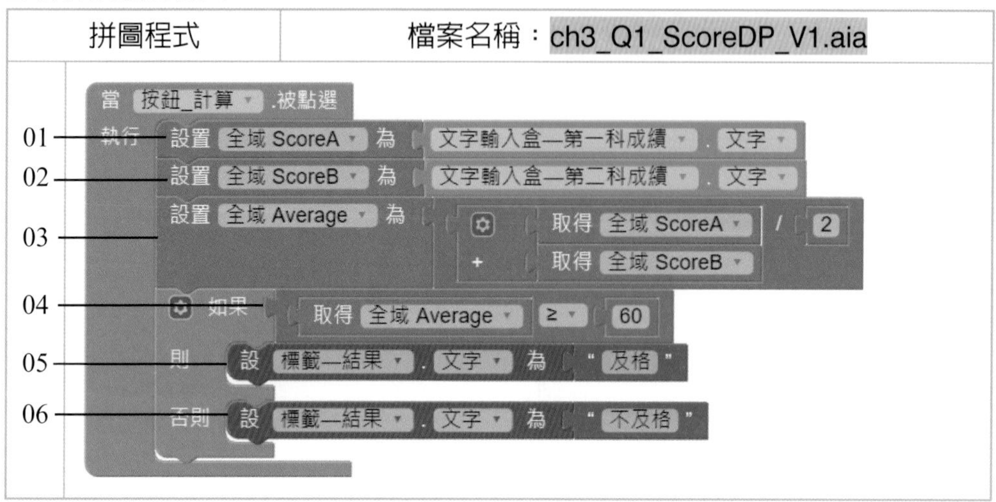

說明

行號01～02：將使用者輸入的兩科成績，分別指定給ScoreA與SocreB兩個變數。

行號03：計算兩科成績之平均成績。

行號04～06：如果平均成績大於等於60，則輸出「及格」。否則，就會輸出「不及格」。

【執行結果】

不及格	及格

3-2 成績處理（進階題）App

【分析】

(1)輸入：隨機產生三科成績A,B,C

(2)處理：利用「邏輯運算」來判斷三科成績是否同時及格。

(3)輸出：❶ 如果皆大於等於60，則輸出「All Pass!」

❷ 否則，就會輸出「Not All Pass!」

【流程圖】

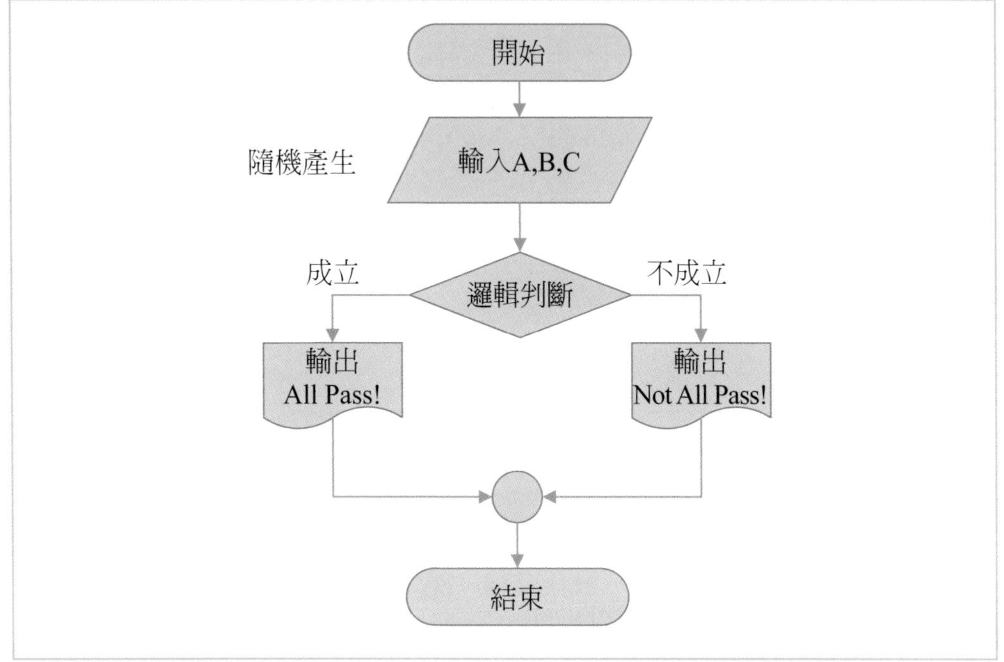

【介面設計】

手機頁面設計	專案所需元件
 9:48 成績處理(進階題)App 隨機產生三科成績 第一科成績A： 第二科成績B： 第三科成績C： 計算成績 公佈結果：	組件列表 Screen1 水平配置1 按鈕－隨機產生三科成績 水平配置2 標籤1 文字輸入盒－第一科成績 水平配置3 標籤2 文字輸入盒－第二科成績 水平配置4 標籤3 文字輸入盒－第三科成績 水平配置5 按鈕_計算 水平配置6 標籤4 標籤－結果

【程式設計】

1. 宣告變數

拼圖程式	檔案名稱：ch3_Q2_ScoreDP_V2.aia
01	初始化全域變數 ScoreA 為 0
02	初始化全域變數 ScoreB 為 0
03	初始化全域變數 ScoreC 為 0

說明

行號01～03：宣告ScoreA,SocreB及Average三個全域性變數，初值皆設定爲0，其

目的用來記錄使用者輸入的「第一科成績，第二科成績」及按下「計算成績」後的平均成績。

2.「隨機產生三科成績」之程式

拼圖程式	檔案名稱：ch3_Q2_ScoreDP_V2.aia
01	當 按鈕—隨機產生三科成績 .被點選
02	執行 設 文字輸入盒—第一科成績 . 文字 為 從 50 到 100 之間的隨機整數 設 文字輸入盒—第二科成績 . 文字 為 從 50 到 100 之間的隨機整數 設 文字輸入盒—第三科成績 . 文字 為 從 50 到 100 之間的隨機整數

說明

行號01～02：利用隨機整數來「隨機產生三科成績」，其成績範圍設定50～100分之間。

3. 計算成績之程式

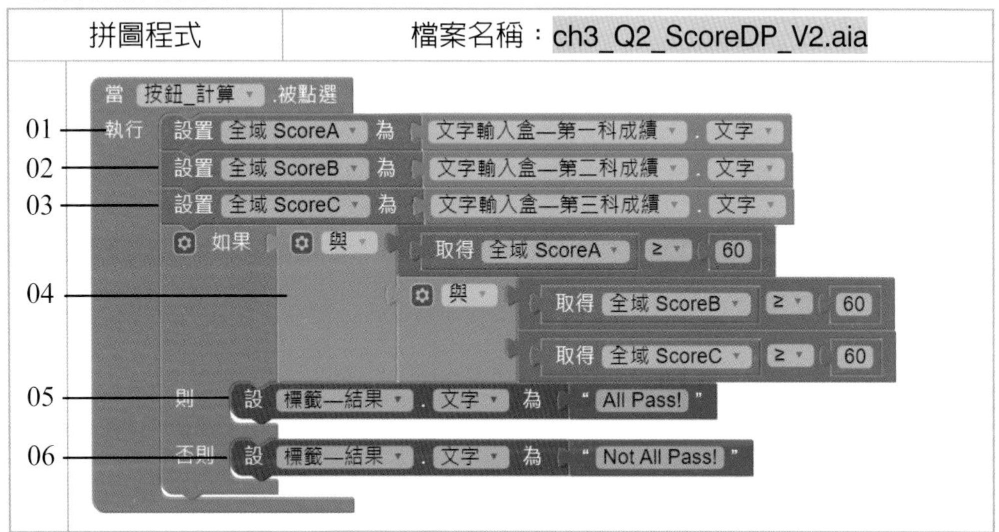

說明

行號01～03：將使用者輸入的三科成績，分別指定給ScoreA、SocreB及ScoreC三個變數。

行號04：利用「邏輯運算」來判斷三科成績是否同時及格。

行號05～06：如果皆大於等於60，則輸出「All Pass!」，否則，就會輸出「Not All Pass!」。

【執行結果】

Not All Pass!	All Pass!
 5554:<build> 9:38 AM 成績處理(進階題)App 隨機產生三科成績 第一科成績A： 50 第二科成績B： 93 第三科成績C： 54 計算成績 公佈結果： Not All Pass!	 5554:<build> 9:39 AM 成績處理(進階題)App 隨機產生三科成績 第一科成績A： 93 第二科成績B： 85 第三科成績C： 95 計算成績 公佈結果： All Pass!

3-3 奇偶數（基本題）App

【分析】

(1)輸入：一個正整數N

(2)處理：如果N除以2取餘數，是否等於0。

(3)輸出：❶ 如果等於0，則輸出「偶數」

❷ 否則，就會輸出「奇數」

【流程圖】

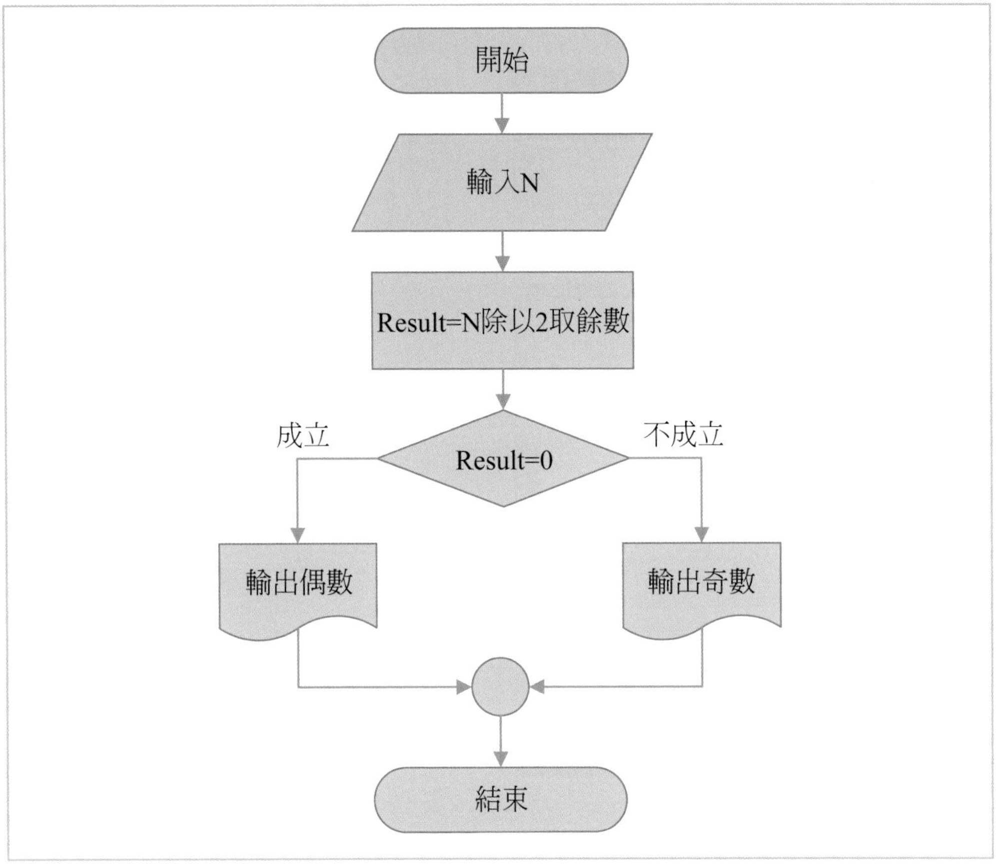

開始

輸入N

Result=N除以2取餘數

Result=0

成立

不成立

輸出偶數

輸出奇數

結束

【介面設計】

手機頁面設計	專案所需元件
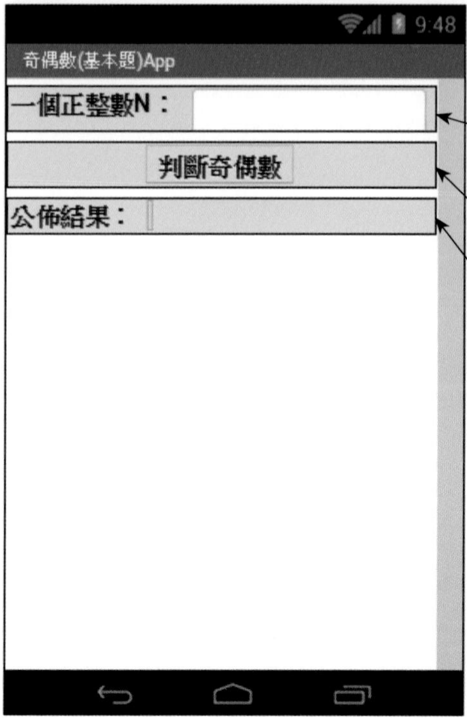 9:48 奇偶數(基本題)App 一個正整數N： 判斷奇偶數 公佈結果：	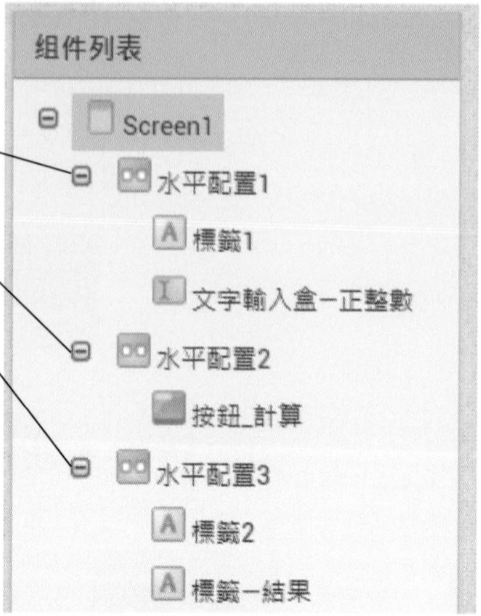 組件列表 Screen1 水平配置1 標籤1 文字輸入盒－正整數 水平配置2 按鈕_計算 水平配置3 標籤2 標籤－結果

【程式設計】

拼圖程式	檔案名稱：ch3_Q3_OddEven_V1.aia

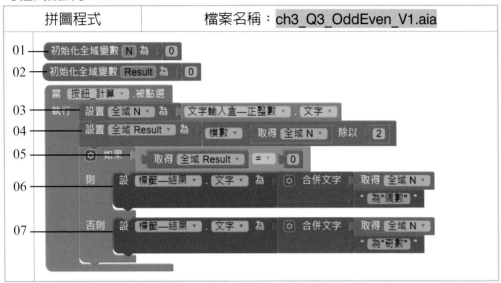

```
01 初始化全域變數 N 為 0
02 初始化全域變數 Result 為 0
   當 按鈕_計算 .被點選
   執行
03   設置 全域 N 為 文字輸入盒—正整數 . 文字
04   設置 全域 Result 為 模數 取得 全域 N 除以 2
05   如果 取得 全域 Result = 0
06   則 設 標籤—結果 . 文字 為 合併文字 取得 全域 N
                                       " 為"偶數" "
07   否則 設 標籤—結果 . 文字 為 合併文字 取得 全域 N
                                       " 為"奇數" "
```

說明

行號01～02：宣告N及Result兩個全域性變數，初值皆設定爲0，其目的用來記錄使用者輸入的正整數N及N除以2取餘數的結果。

行號03：將使用者輸入的正整數指定給變數N。

行號04：將N除以2取餘數的結果指定給變數Result。

行號05～07：如果餘數等於0，則輸出「N爲偶數」，否則，就會輸出「N爲奇數」。

【執行結果】

3-4 奇偶數（進階題）App

【分析】

(1)輸入：一個正整數N

(2)處理：判斷1,2,3,...,N的奇、偶數的個數。

(3)輸出：輸出「偶數」及「奇數」的個數

【流程圖】

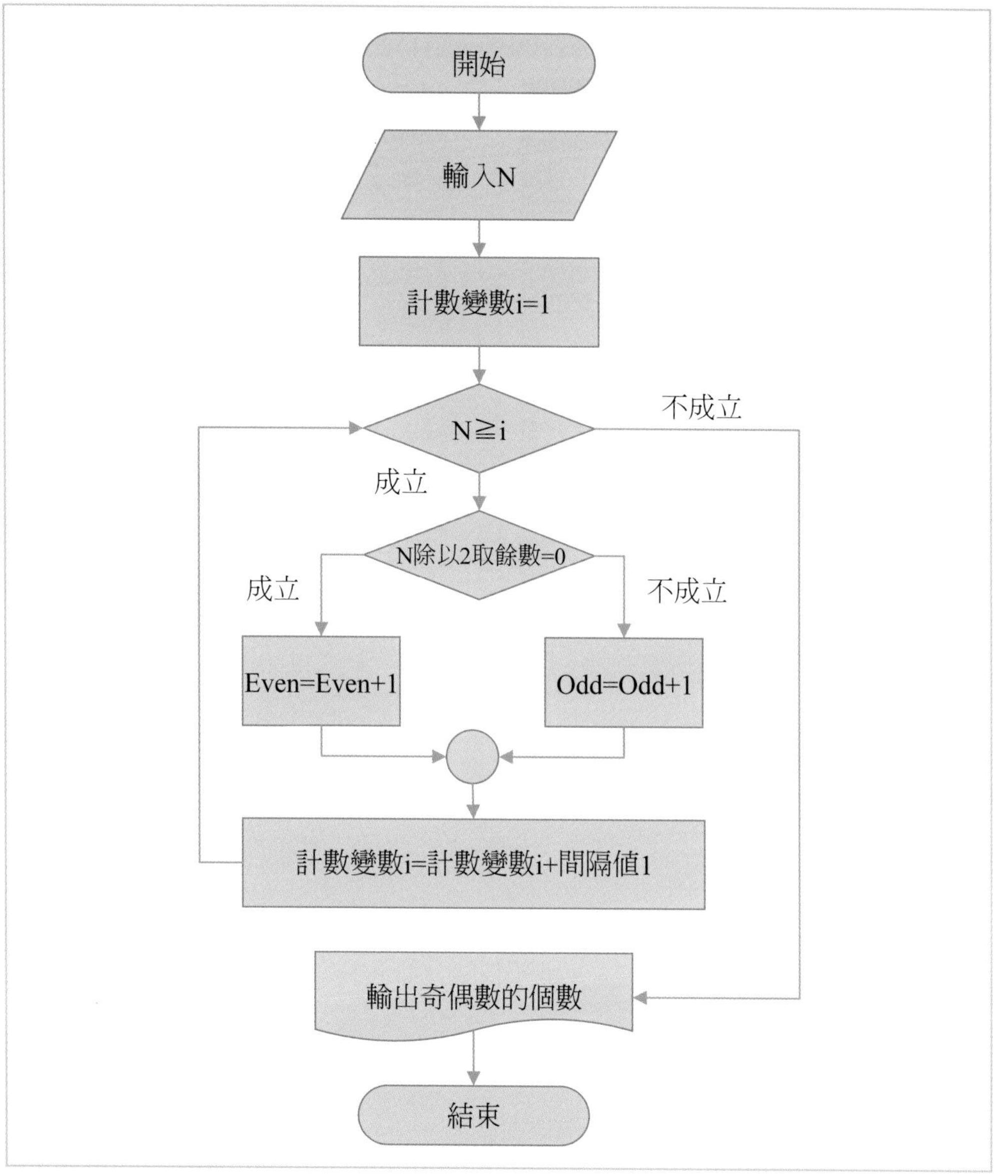

開始

輸入N

計數變數i=1

N≧i

不成立

成立

N除以2取餘數=0

成立

不成立

Even=Even+1

Odd=Odd+1

計數變數i=計數變數i+間隔值1

輸出奇偶數的個數

結束

【介面設計】

手機頁面設計	專案所需元件
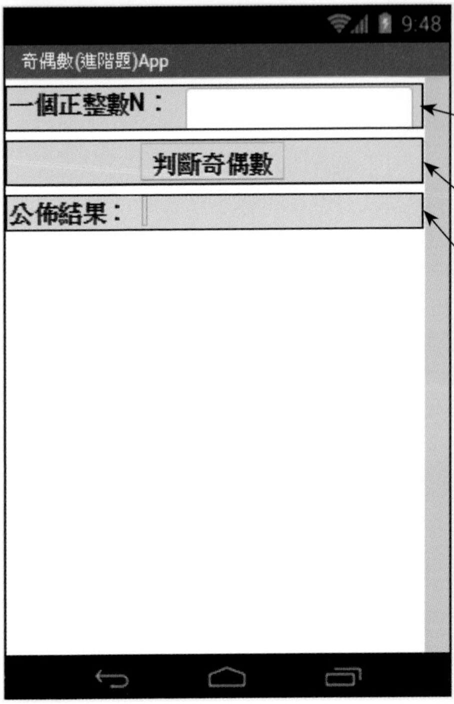 9:48 奇偶數(進階題)App 一個正整數N： 判斷奇偶數 公佈結果：	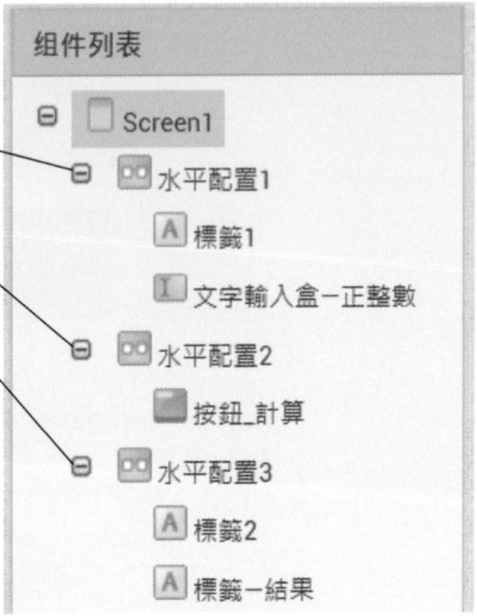 組件列表 Screen1 水平配置1 標籤1 文字輸入盒一正整數 水平配置2 按鈕_計算 水平配置3 標籤2 標籤一結果

【程式設計】

1. 宣告變數及定義「SetClear」副程式

拼圖程式	檔案名稱：ch3_Q4_OddEven_V2.aia

01 初始化全域變數 N 為 0
02 初始化全域變數 Result 為 0
03 初始化全域變數 OddCount 為 0
04 初始化全域變數 EvenCount 為 0
05 定義程序 SetClear
執行
06 設 標籤—結果 . 文字 為 " "
07 設置 全域 OddCount 為 0
08 設置 全域 EvenCount 為 0

說明

行號01～04：宣告N、Result、OddCount及EvenCount四個全域性變數，初值皆設定爲0，其目的用來記錄使用者輸入的正整數N、N除以2取餘數的結果、奇數及偶數的個數。

行號05～08：定義「SetClear」副程式及設定相關變數的初值。

2. 判斷奇偶數的個數

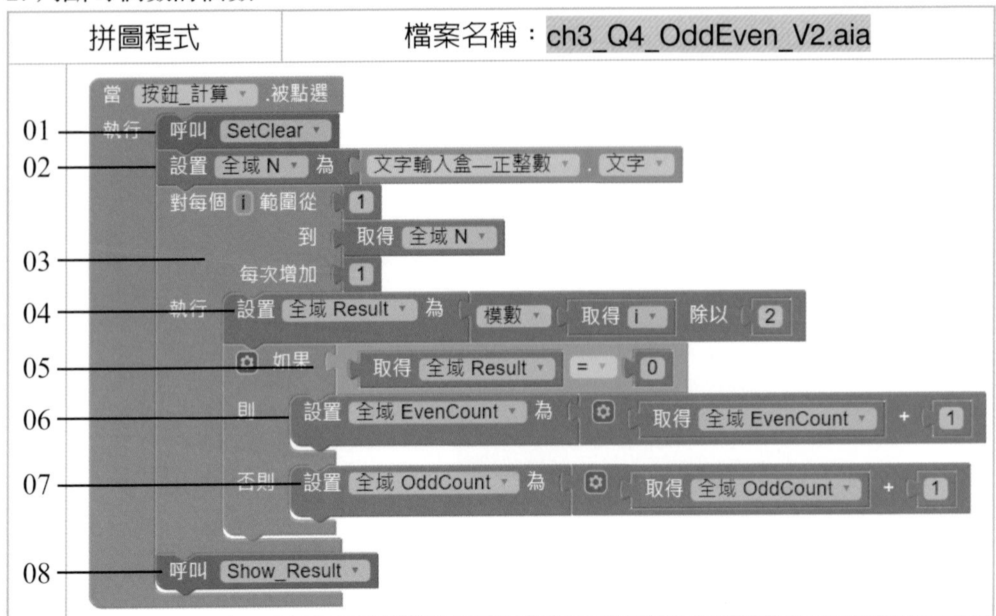

說明

行號01：呼叫「SetClear」副程式，其目的用來設定相關變數的初值。

行號02：將使用者輸入的正整數指定給變數N。

行號03：利用迴圈來循序執行1～N

行號04：將N除以2取餘數的結果指定給變數Result。

行號05～07：如果餘數等於0，則EvenCount自動加一，否則，OddCount自動加一。

行號08：呼叫「Show_Result」副程式，其目的用來顯示奇、偶數的個數。

3. 定義「Show_Result」副程式

拼圖程式	檔案名稱：ch3_Q4_OddEven_V2.aia

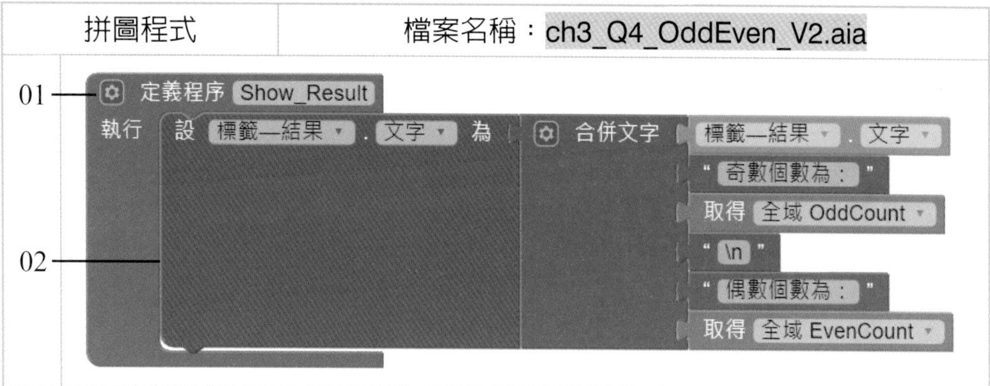

說明

行號01：定義「Show_Result」副程式。

行號02：用來顯示奇、偶數的個數。

【執行結果】

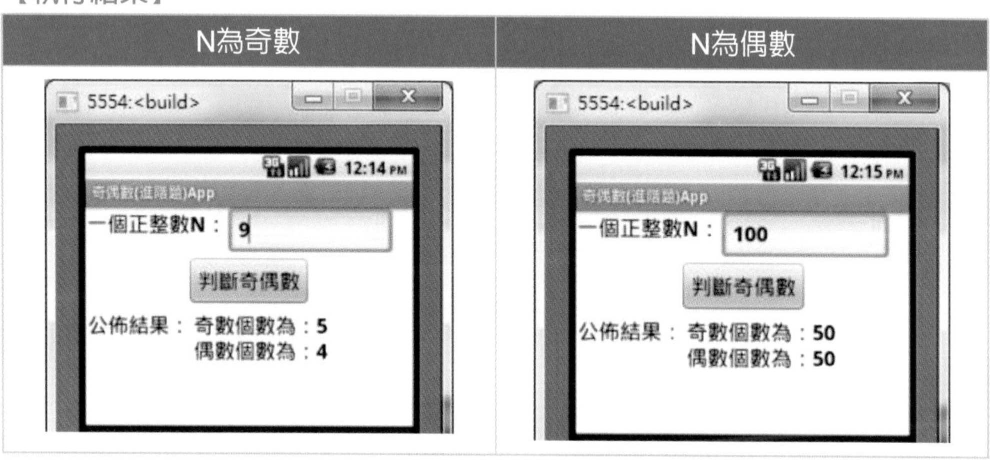

3-5 求最小值App

【分析】

(1)輸入：隨機產生三個數值，分別爲A,B,C

(2)處理：❶ 設定第一個數字A爲最小值

❷ 如果Min > B，則Min = B

❸ 如果Min > C，則Min = C

(3)輸出：顯示Min，即爲最小值

【流程圖】

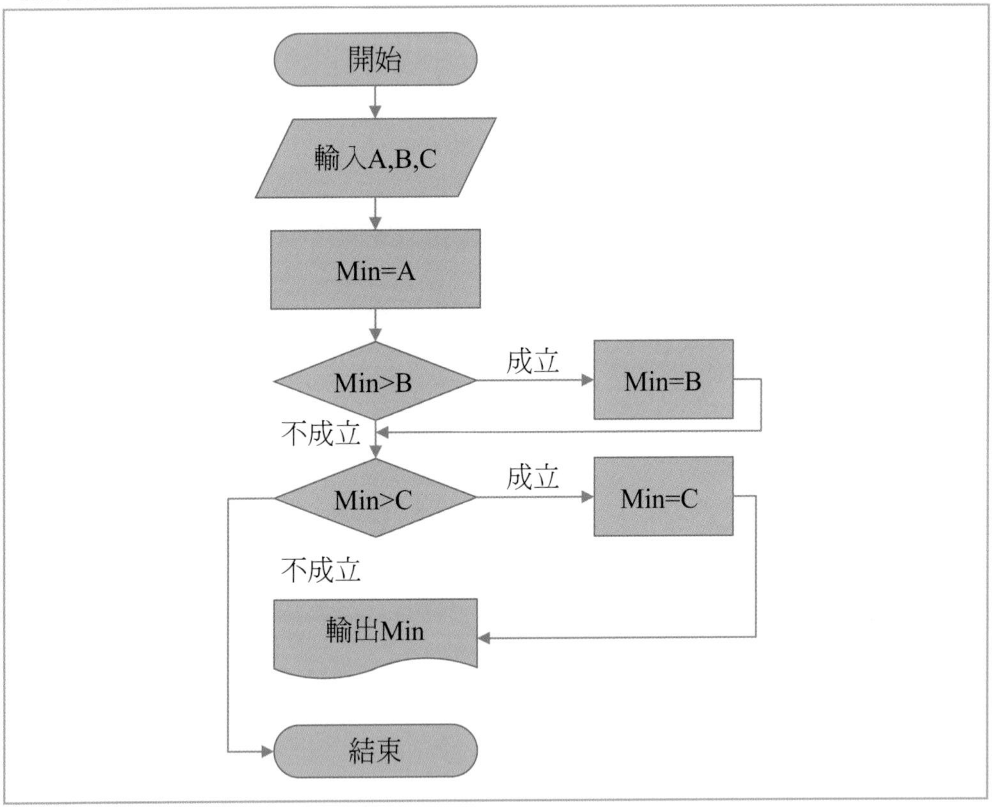

開始

輸入A,B,C

Min=A

Min>B

成立

Min=B

不成立

Min>C

成立

Min=C

不成立

輸出Min

結束

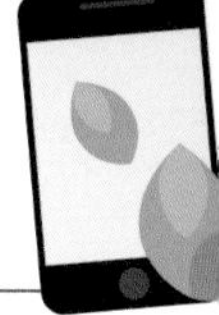

【介面設計】

手機頁面設計	專案所需元件

9:48
求最小值App
隨機產生三個數值
第一個數字A：
第二個數字B：
第三個數字C：
取最小值
結果：
組件列表
Screen1
水平配置1
按鈕_隨機產生三個數值
水平配置2
標籤1
文字輸入盒－數字A
水平配置3
標籤2
文字輸入盒－數字B
水平配置4
標籤3
文字輸入盒－數字C
水平配置5
按鈕_計算
水平配置6
標籤4
標籤－結果

【程式設計】

1. 宣告變數

拼圖程式	檔案名稱：ch3_Q5_GetMin.aia

01
02
03
04

初始化全域變數 A 為 0
初始化全域變數 B 為 0
初始化全域變數 C 為 0
初始化全域變數 Min 為 0

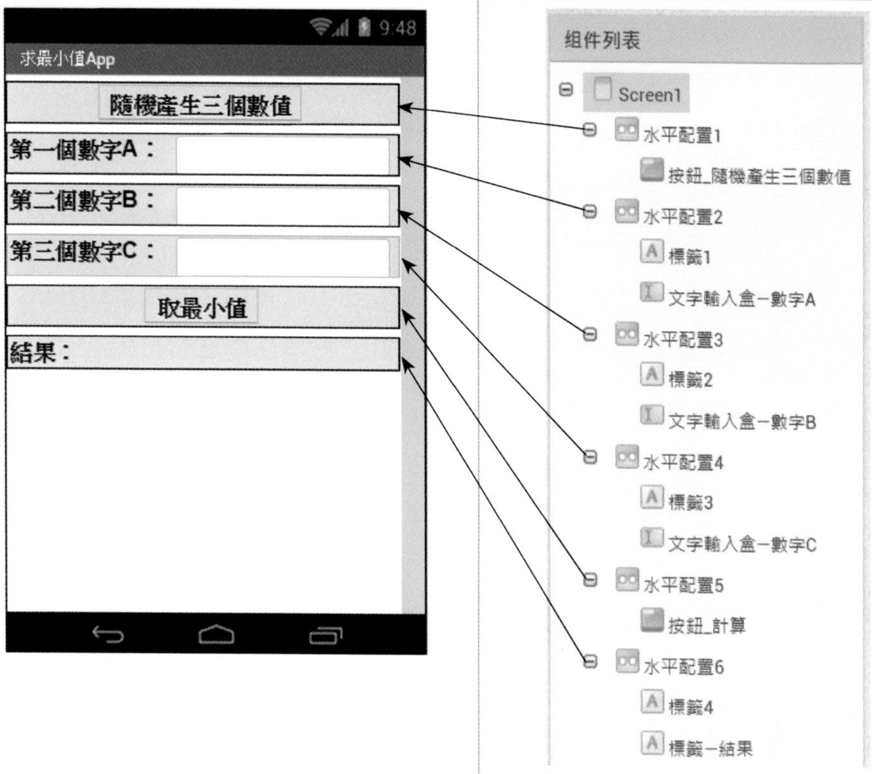

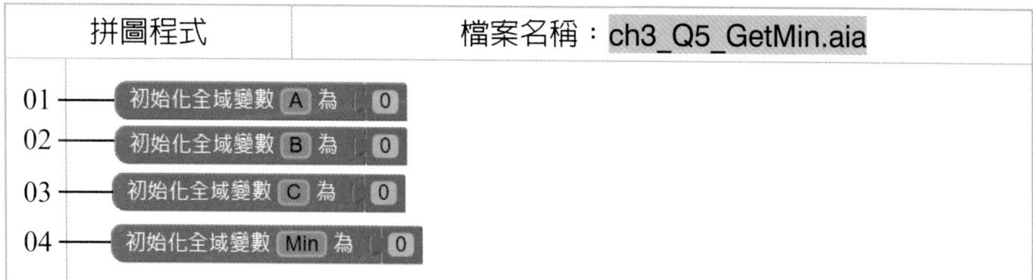

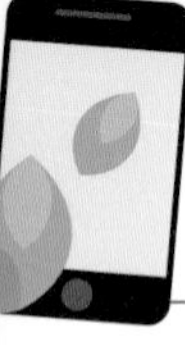

說明

行號01～04：宣告A、B、C及Min四個全域性變數，初值皆設定爲0，其目的用來記錄隨機產生3個正整數及最小值Min。

2. 「隨機產生三個數字」之程式

拼圖程式	檔案名稱：ch3_Q5_GetMin.aia

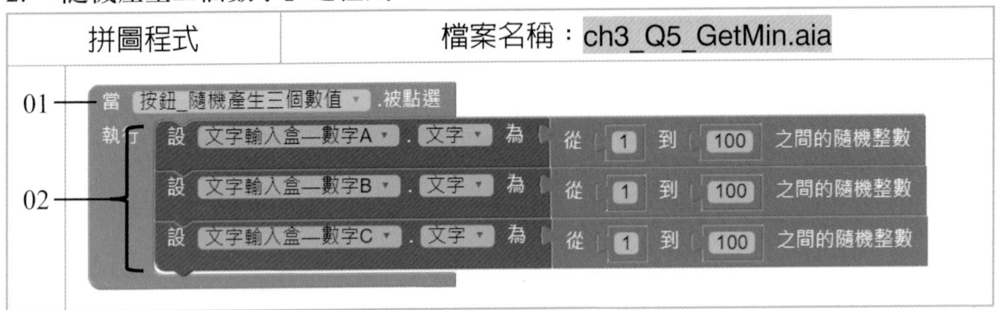

說明

行號01～02：利用隨機整數來「隨機產生三個數字」，其成績範圍設定1～100分之間。

3. 取最小值之程式

拼圖程式	檔案名稱：ch3_Q2_ScoreDP_V2.aia

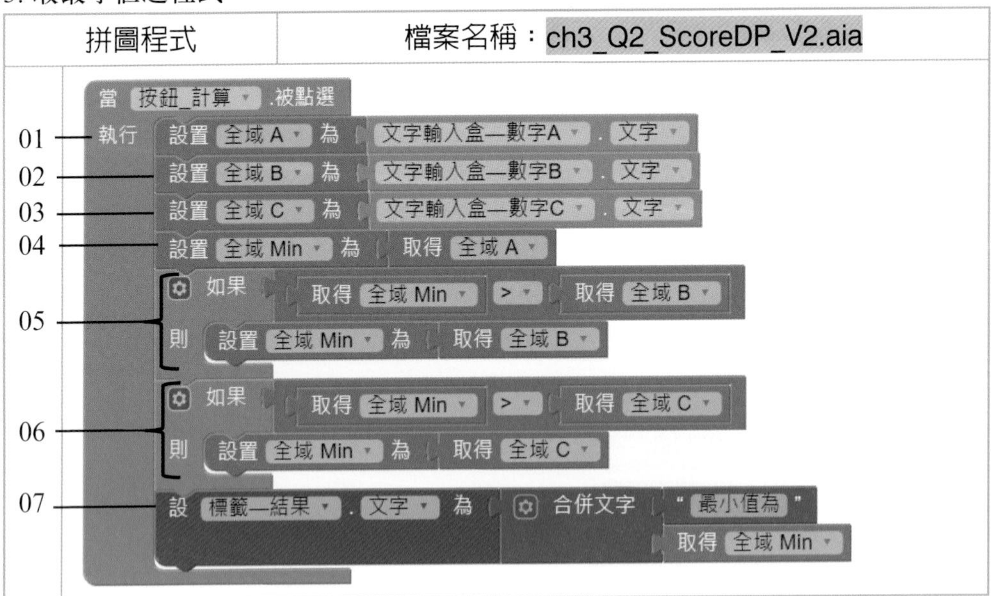

說明

行號01～03：將隨機產生的三個數字，分別指定給A、B及C三個變數。

行號04：先假設A爲最小值，因此，令Min = A

行號05：判斷Min > B，若成立則令Min = B

行號06：判斷Min > C，若成立則令Min = C

行號07：顯示Min，即爲最小值

【執行結果】

3-6 求絕對值較大者App

【分析】

(1)輸入：隨機產生二個數值，分別爲A,B

(2)處理：❶ 如果$A < 0$，則$A = -A$

如果$B < 0$，則$B = -B$

❷ 判斷$A > B$，若成立則$Max = A$

否則$Max = B$

(3)輸出：顯示Max，即為最大值

【流程圖】

開始

輸入A,B

A<0

B<0

成立

A=-A

成立

B=-B

A>B

成立

Max=A

不成立

Max=B

輸出Max

結束

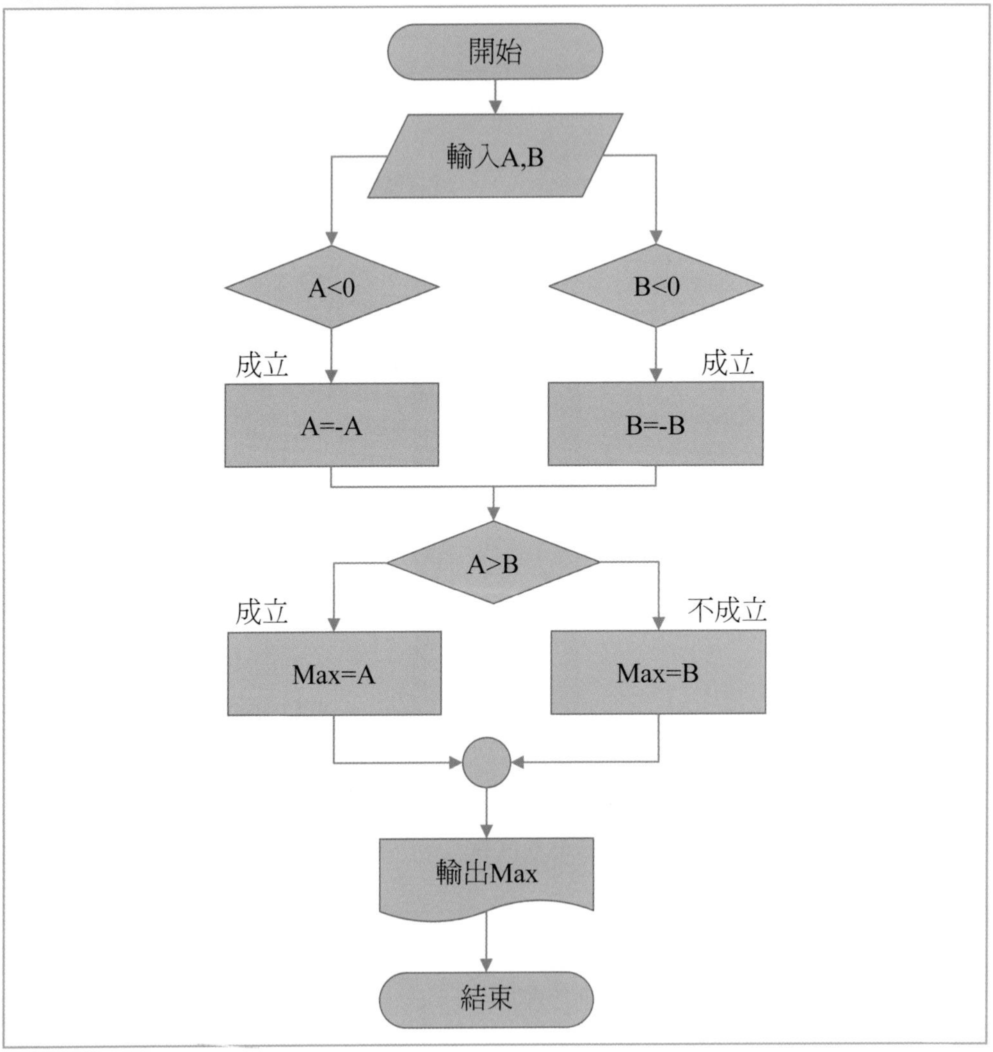

【介面設計】

手機頁面設計	專案所需元件
9:48 求絕對值較大者App 隨機產生兩個數值 第一個數字A： 第二個數字B： 取絕對值較大值 結果：	組件列表 Screen1 水平配置1 按鈕_隨機產生兩個數值 水平配置2 標籤1 文字輸入盒-數字A 水平配置3 標籤2 文字輸入盒-數字B 水平配置4 按鈕_取絕對值較大值 水平配置5 標籤3 標籤-結果

【程式設計】

1. 宣告變數

拼圖程式	檔案名稱：ch3_Q6_GetAbsMax.aia

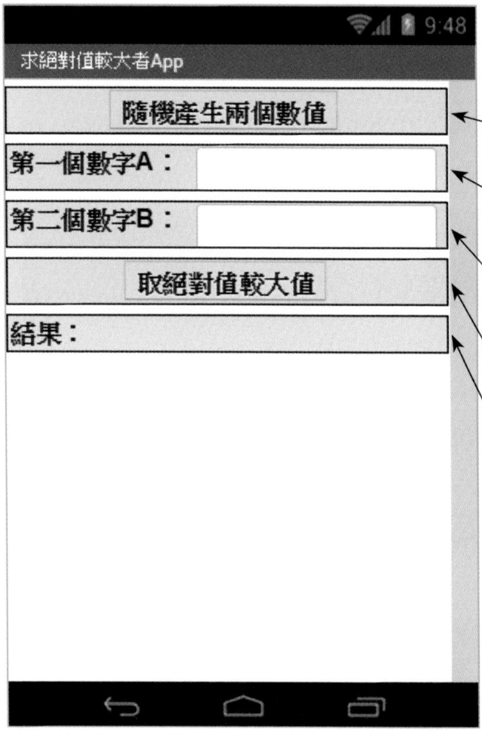

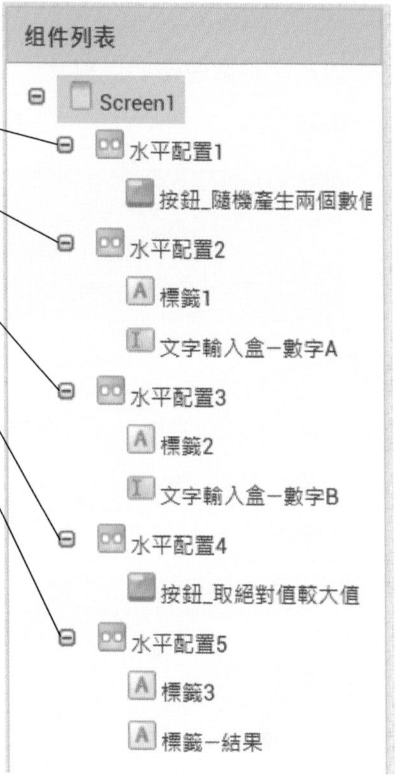

01
初始化全域變數 A 為 0
02
初始化全域變數 B 為 0
03
初始化全域變數 Max 為 0

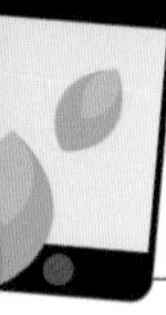

說明

行號01～03：宣告A、B及Max三個全域性變數，初值皆設定為0，其目的用來記錄隨機產生2個正整數及最大值Max。

2. 「隨機產生兩個數字」之程式

拼圖程式	檔案名稱：ch3_Q6_GetAbsMax.aia

當 按鈕_隨機產生兩個數值 .被點選
01
執行 設 文字輸入盒—數字A . 文字 為 從 -100 到 100 之間的隨機整數
02
設 文字輸入盒—數字B . 文字 為 從 -100 到 100 之間的隨機整數

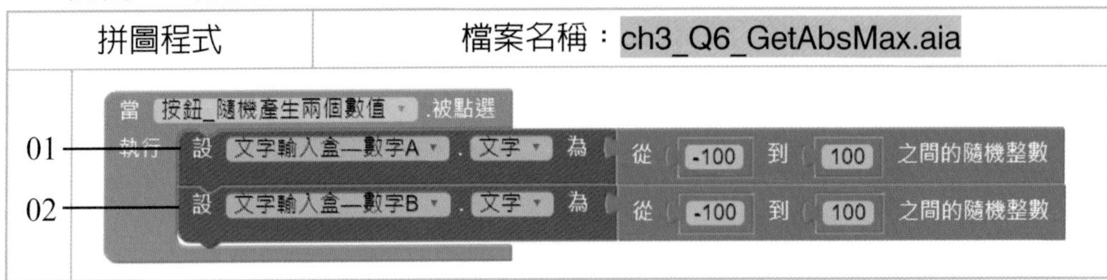

說明

行號01～02：利用隨機整數來「隨機產生兩個數字」，其範圍設定-100～100分之間。

3. 取絕對值較大值之程式

拼圖程式	檔案名稱：ch3_Q6_GetAbsMax.aia

當 按鈕_取絕對值較大值 .被點選
01
執行 設置 全域 A 為 文字輸入盒—數字A . 文字
02
設置 全域 B 為 文字輸入盒—數字B . 文字
03
如果 取得 全域 A < 0
04
則 設置 全域 A 為 -1 × 取得 全域 A
05
如果 取得 全域 B < 0
06
則 設置 全域 B 為 -1 × 取得 全域 B
07
如果 取得 全域 A > 取得 全域 B
08
則 設置 全域 Max 為 取得 全域 A
09
否則 設置 全域 Max 為 取得 全域 B
10
設 標籤—結果 . 文字 為 合併文字 " 最大值為 "
取得 全域 Max

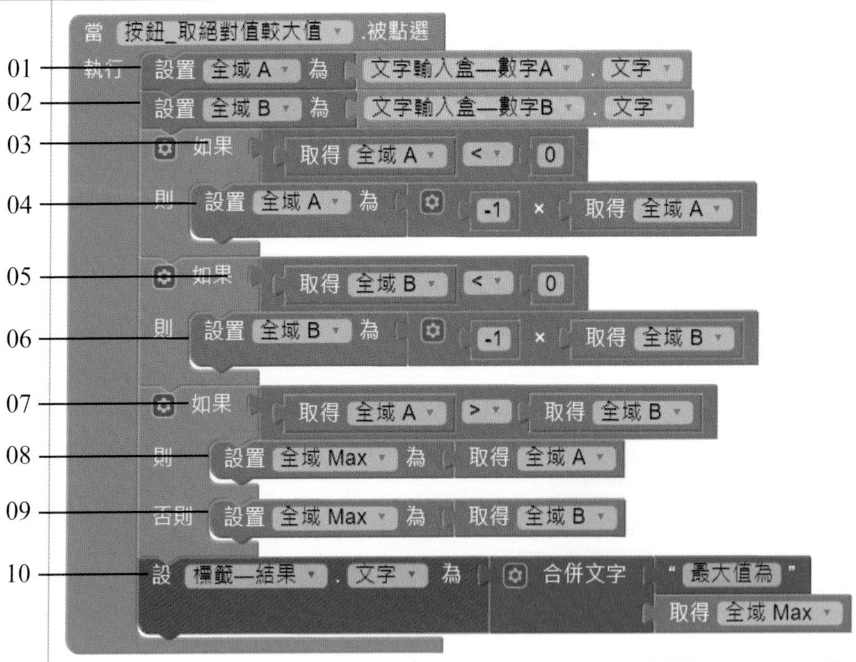

說明

行號01～02：將隨機產生的二個數字，分別指定給A及B二個變數。

行號03～04：如果A < 0，則A = -A。

行號05～06：如果B < 0，則B = -B。

行號07～09：判斷A > B，若成立則Max = A，否則Max = B。

行號10：顯示最大值Max。

【執行結果】

3-7 剪刀石頭布App

【分析】

(1)輸入：1～3之任一個數值。

(2)處理：利用判斷式來判斷使用者輸入的數值。

❶ 輸入1：產生剪刀

❷ 輸入2：產生石頭

❸ 輸入3：產生布

(3)輸出：剪刀、石頭及布的任一個情況。

【流程圖】

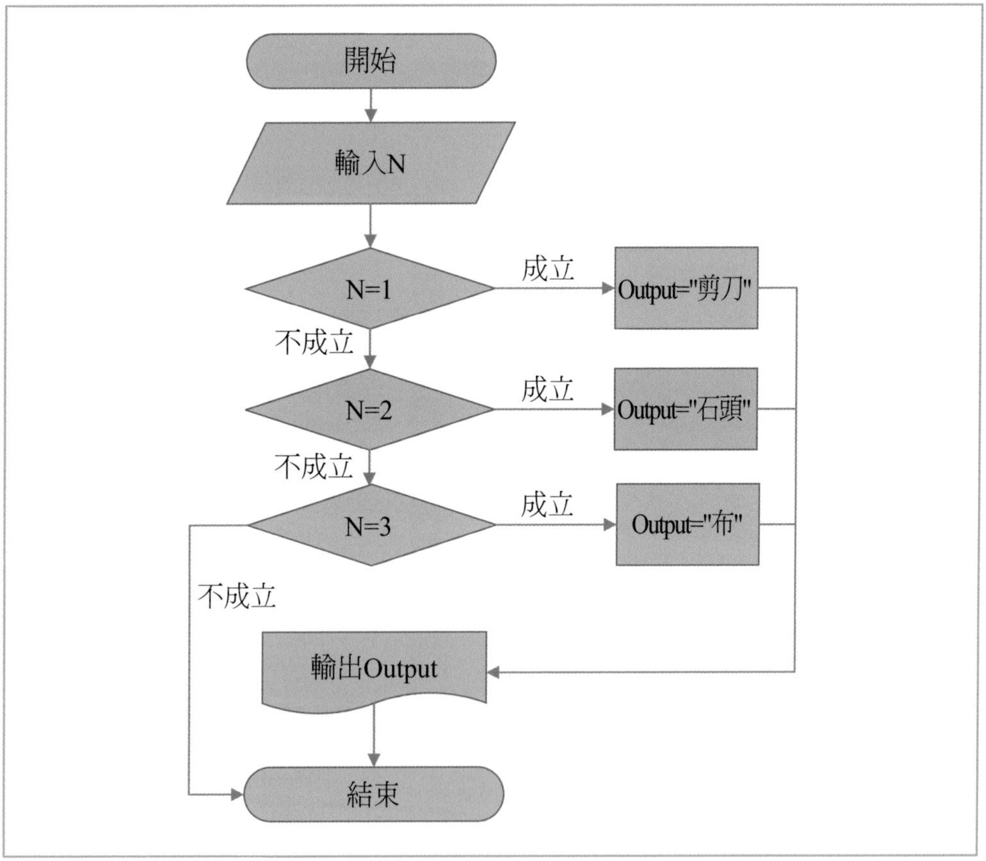

開始

輸入N

N=1

成立

Output="剪刀"

不成立

N=2

成立

Output="石頭"

不成立

N=3

成立

Output="布"

不成立

輸出Output

結束

【介面設計】

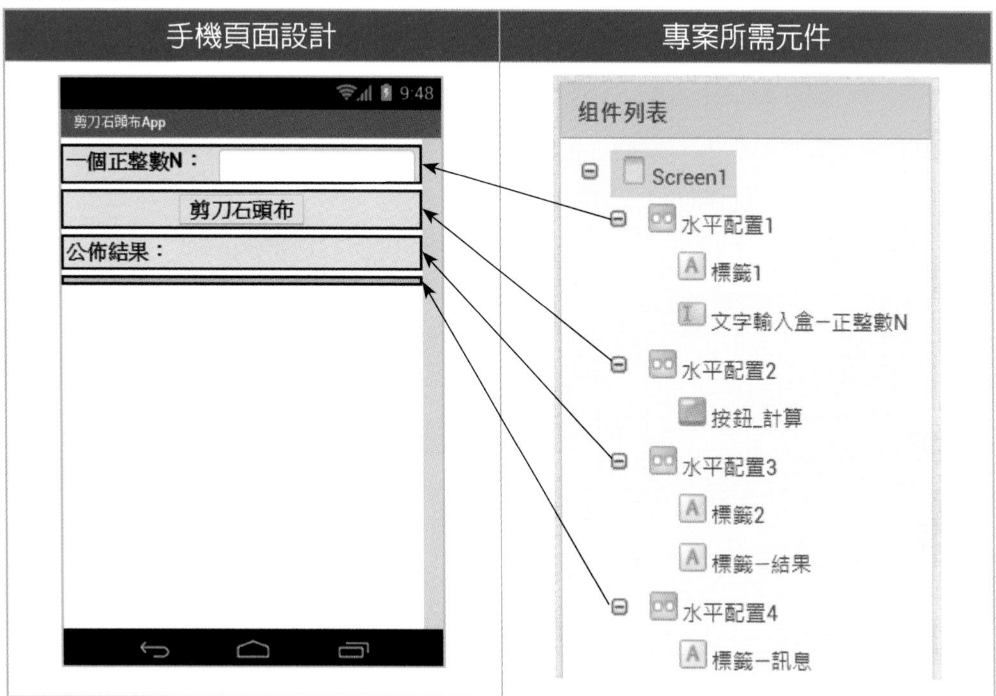

【程式設計】

1. 宣告變數及頁面初始化程式

拼圖程式	檔案名稱：ch3_Q7_Mora.aia

01 初始化全域變數 N 為 0

02 初始化全域變數 Output 為 " "

03 當 Screen1 .初始化
執行 設 標籤—訊息 . 文字 為 合併文字 "【規則】"
" \n "
" 1：產生剪刀 "
" \n "
" 2：產生石頭 "
" \n "
" 3：產生布 "

說明

行號01～02：宣告N及Output兩個全域性變數，初值設定為0及空字串，其目的用來記錄使用者輸入的數字及欲輸出的字串。

行號03：用來顯示「剪刀石頭布」的對映規則。其中「\n」代表「換行」之意。

2. 數字對映的「剪刀石頭布」之程式

拼圖程式　檔案名稱：ch3_Q7_Mora.aia

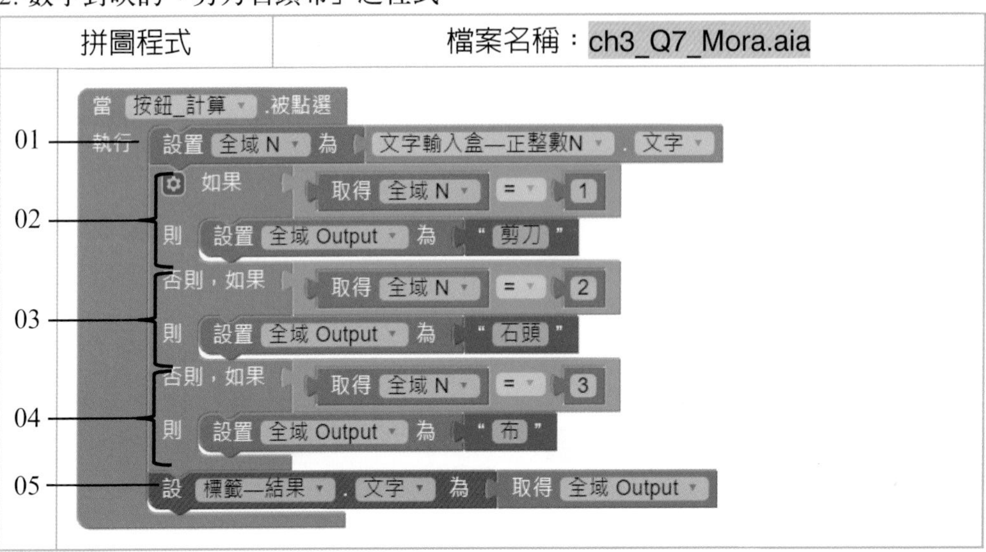

說明

行號01：將使用者輸入的正整數指定給變數N。

行號02：判斷使用者輸入的數值，如果輸入1，Output字串變數就會設定為「剪刀」。

行號03：如果輸入2，Output字串變數就會設定為「石頭」。

行號04：如果輸入3，Output字串變數就會設定為「布」。

行號05：最後，將Output字串變數的內容顯示到螢幕上。

【執行結果】

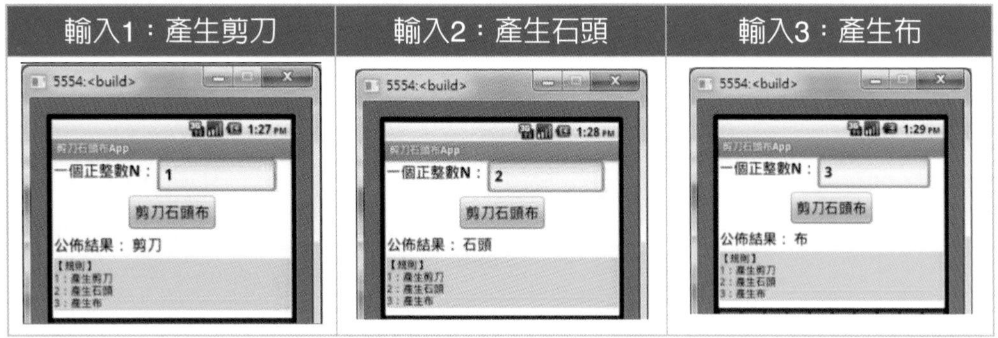

3-8 訂書籍系統App

請設計一個程式，假設雄雄書局所賣的AppInventor電腦書籍，其定價500元，有下面各種折扣方式：

1～5本書　　不打折

6～10本書　　照定價打9折

10本書以上　　照定價打8折

試設計一個程式，能輸入訂書量，計算出總售價。

【分析】

(1)輸入：訂書量

(2)處理：依照已知條件進行計算

(3)輸出：總售價

【流程圖】

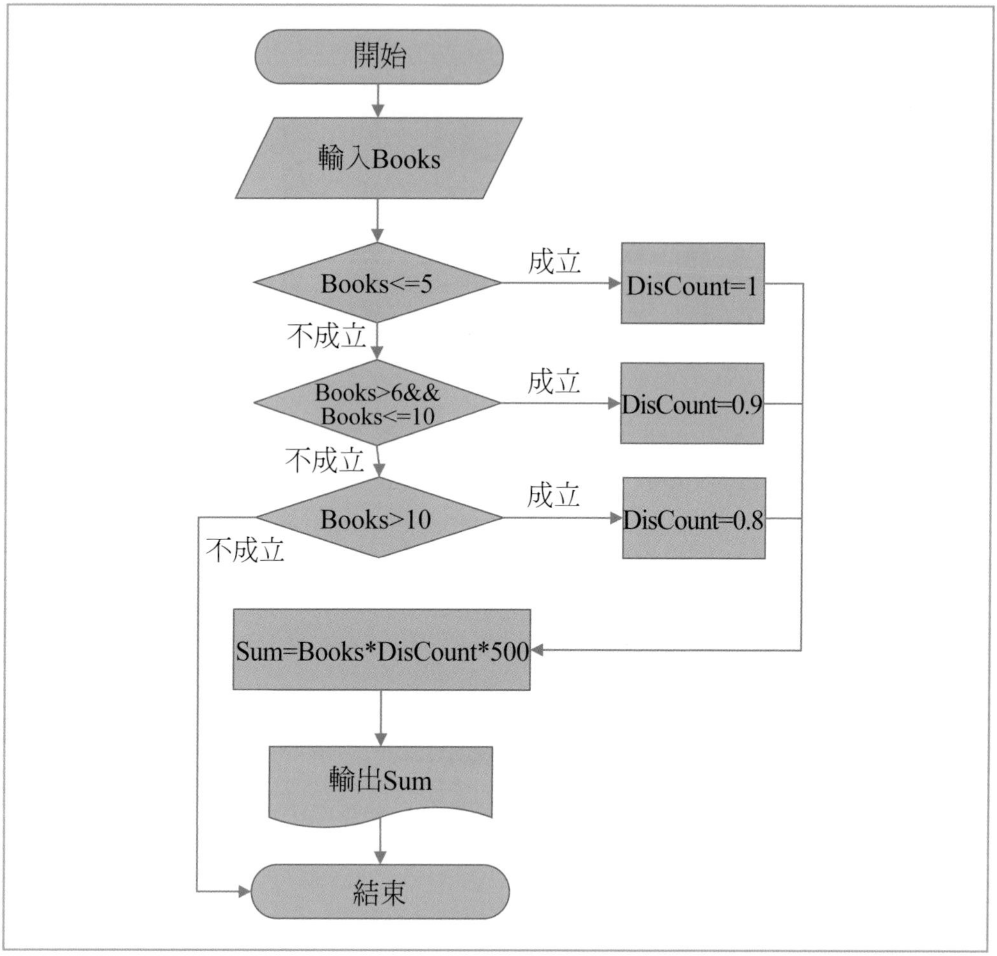

開始

輸入Books

Books<=5

成立

DisCount=1

不成立

Books>6&&
Books<=10

成立

DisCount=0.9

不成立

Books>10

成立

DisCount=0.8

不成立

Sum=Books*DisCount*500

輸出Sum

結束

【介面設計】

手機頁面設計	專案所需元件
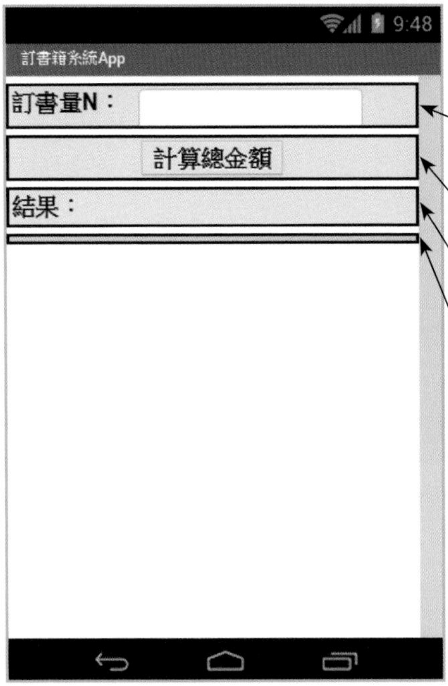 9:48 訂書籍系統App 訂書量N： 計算總金額 結果：	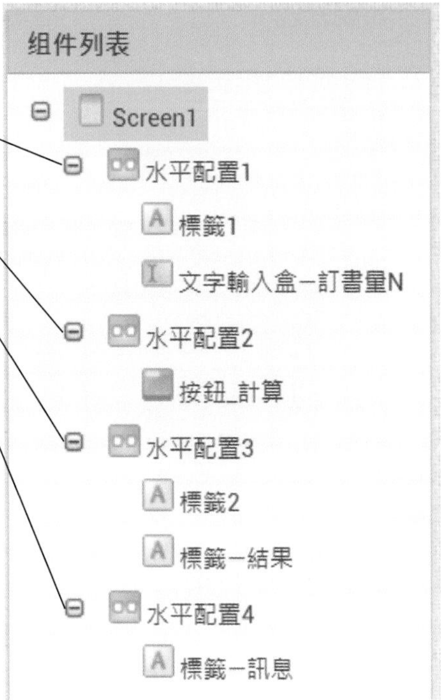 組件列表 Screen1 水平配置1 標籤1 文字輸入盒_訂書量N 水平配置2 按鈕_計算 水平配置3 標籤2 標籤_結果 水平配置4 標籤_訊息

【程式設計】

1. 宣告變數及頁面初始化程式

拼圖程式	檔案名稱：ch3_Q8_OrderBooks.aia

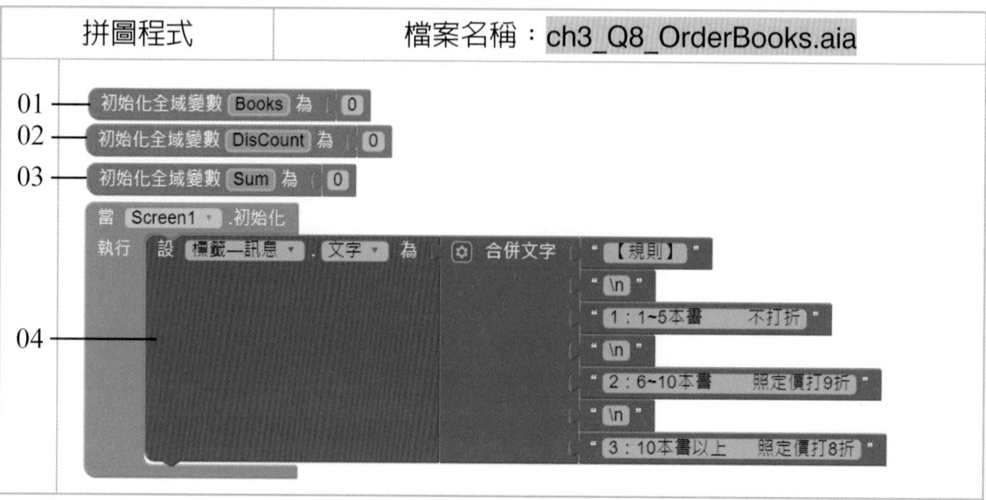

說明

行號01～03：宣告Books, DisCount及Sum三個全域性變數，初值皆設定爲0，其目的用來記錄使用者輸入的訂書量、折扣數及總金額。

行號04：用來顯示「折扣規則」。其中「\n」代表「換行」之意。

2. 數字對映的「剪刀石頭布」之程式

拼圖程式	檔案名稱：ch3_Q8_OrderBooks.aia

當 按鈕_計算 .被點選

01 執行 設置 全域 Books 為 文字輸入盒—訂書量N . 文字

02 如果 取得 全域 Books ≤ 5
則 設置 全域 DisCount 為 1

03 否則，如果 取得 全域 Books ≥ 6 與 取得 全域 Books ≤ 10
則 設置 全域 DisCount 為 0.9

04 否則 設置 全域 DisCount 為 0.8

05 設置 全域 Sum 為 取得 全域 Books × 取得 全域 DisCount × 500
設 標籤—結果 . 文字 為 取得 全域 Sum

說明

行號01：將使用者輸入的正整數指定給變數Books。

行號02：判斷使用者輸入的訂書量，如果輸入1～5本書，則折扣數設定為1，亦即不打折。

行號03：如果輸入6～10本書，則折扣數設定為0.9，亦即打9折。

行號04：否則就是10本書以上，折扣數設定為0.8，亦即打8折。

行號05：最後，計算總金額，並顯示到螢幕上。

【執行結果】

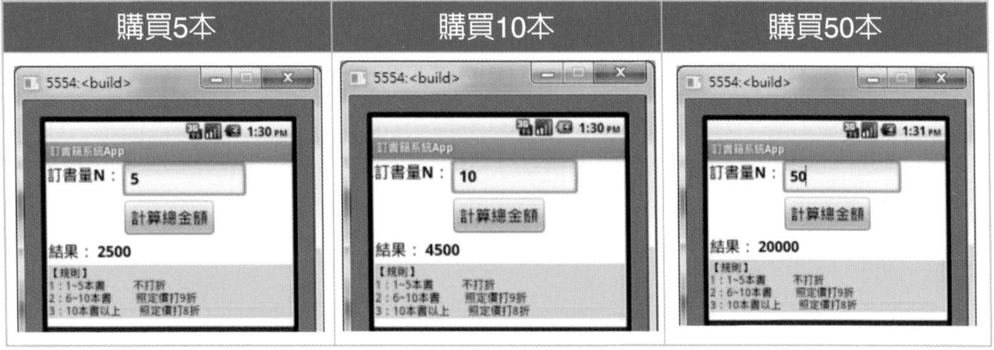

3-9 最大公因數App

請設計一個程式，可以求兩個數值的最大公因數。

【分析】

(1)輸入：兩個數值A,B

(2)處理：利用「輾轉相除法」，求最大公因數。其概念如下所示：

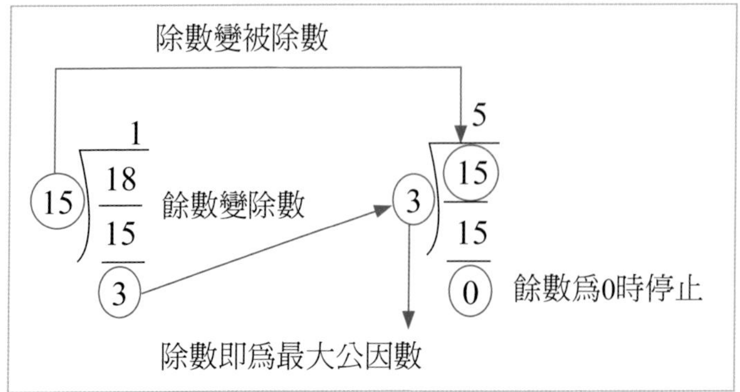

說明：由上面可歸納三個重點

① 每一回合之分母就是下一回合之分子。

② 每一回合之餘數就是下一回合之分母。

③ 當餘數爲零時，分母即爲最大公因數。

(3)輸出：最大公因數

【流程圖】

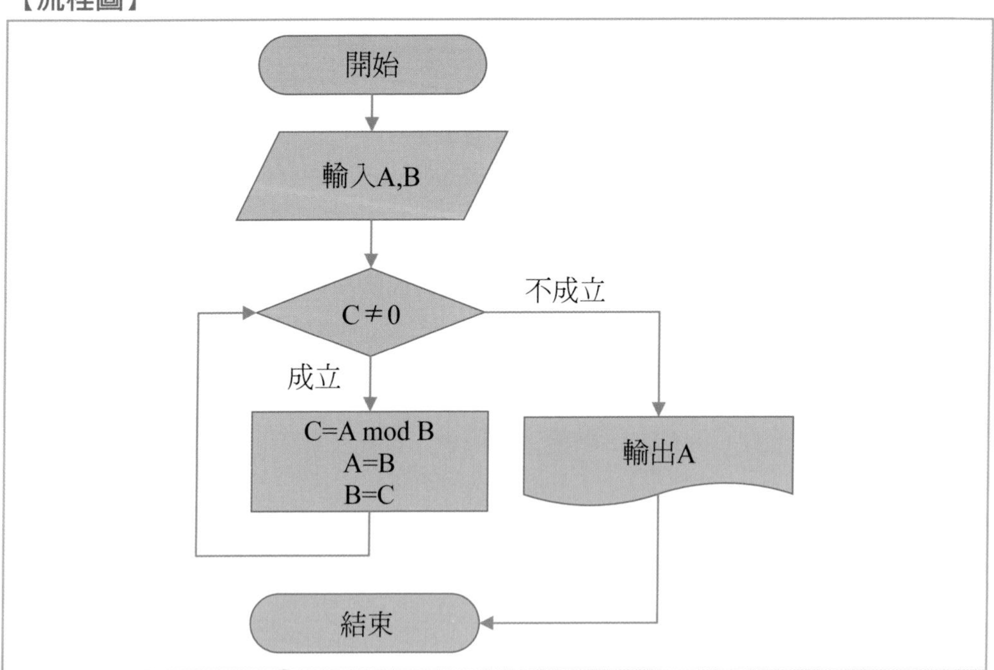

【介面設計】

手機頁面設計	專案所需元件
9:48 最大公因數App 隨機產生兩個數值 第一個數字A： 第二個數字B： 最大公因數 結果：	组件列表 Screen1 水平配置1 按鈕_隨機產生兩個數值 水平配置2 標籤1 文字輸入盒_數字A 水平配置3 標籤2 文字輸入盒_數字B 水平配置4 按鈕_最大公因數 按鈕_最小公倍數 水平配置5 標籤3 標籤一結果

【程式設計】

1. 宣告變數

拼圖程式	檔案名稱：ch3_Q9_GCF.aia

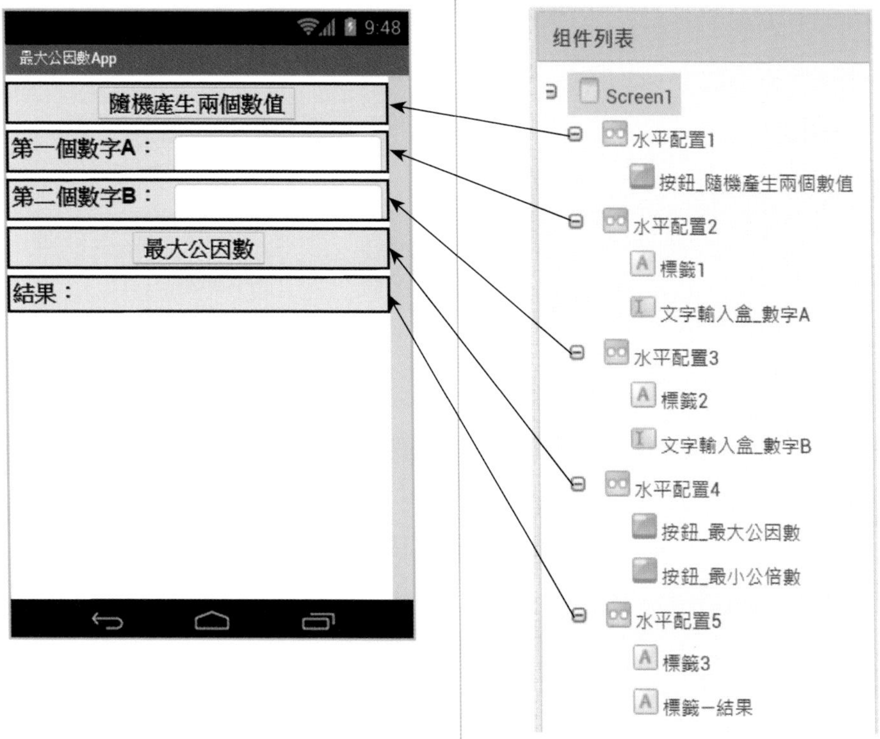

01
初始化全域變數 A 為 0
02
初始化全域變數 B 為 0
03
初始化全域變數 C 為 0

說明

行號01～03：宣告A,B,C三個全域性變數，初值皆設定為0，其目的用來記錄使用者輸入的分子、分母及餘數。

2.「隨機產生兩個數字」之程式

拼圖程式	檔案名稱：ch3_Q9_GCF.aia

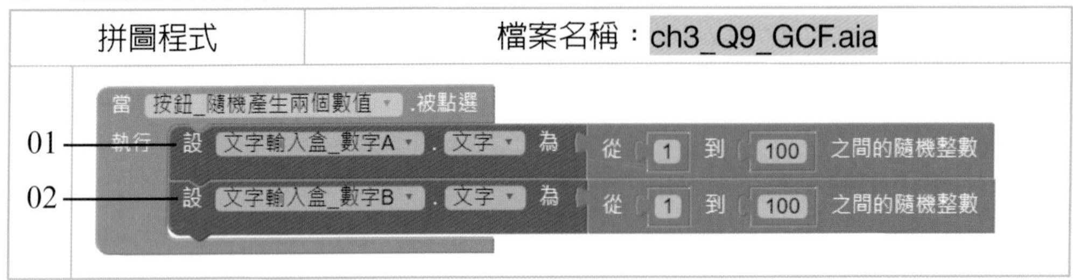

說明

行號01～02：利用隨機整數來「隨機產生兩個數字」，其範圍設定1～100之間。

3.「求最大公因數」之程式

拼圖程式	檔案名稱：ch3_Q9_GCF.aia

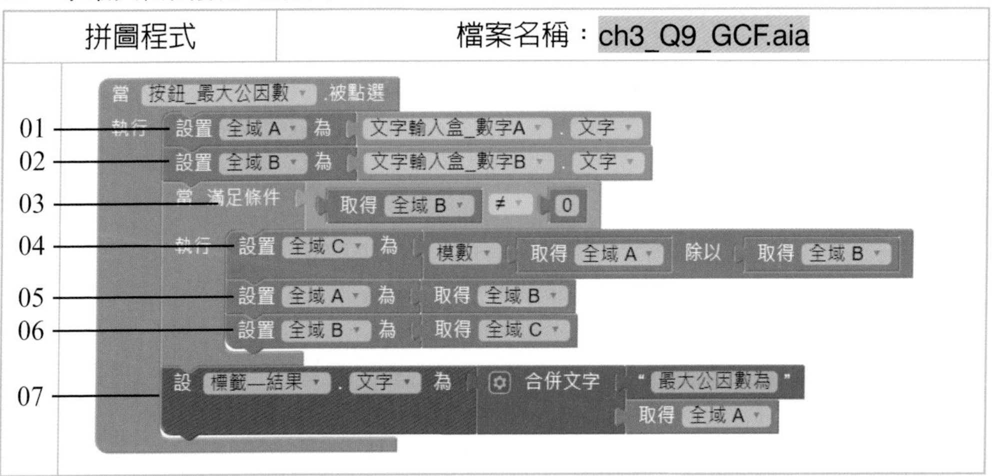

說明

行號01～02：將使用者輸入的A,B兩個數值，分別指定給A,B變數，亦即分子與分母。

行號03～06：當分母不為0時，就會利用「輾轉相除法」，亦即

① 每一回合之分母就是下一回合之分子。

② 每一回合之餘數就是下一回合之分母。

③ 當餘數爲零時，分母即爲最大公因數。

行號07：最後，A就是最大公因數。

【執行結果】

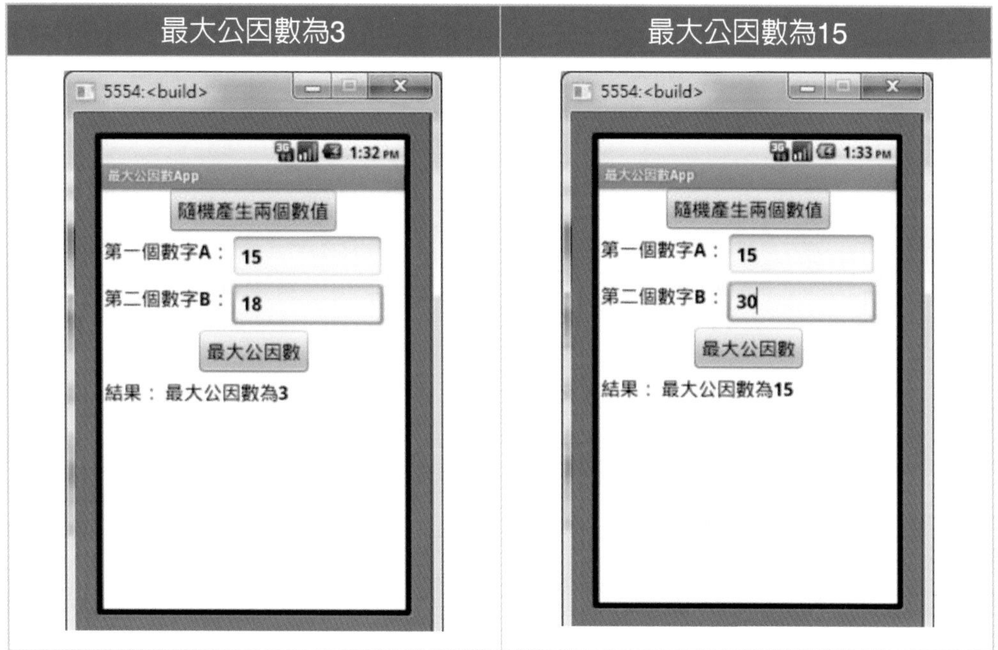

【延伸範例】

最小公倍數App的程式，參考附書光碟：ch3_Q9_GCF_V2.aia

3-10 質數計算App

說明

質數是指除了1或本身以外的數，皆不能被整除該數。

【分析】

(1)輸入：一個正整數N

(2)處理：❶ 以for迴圈將N分別除以1到N

❷ 計算整除的個數，若個數爲2（1及本身），則此數爲質數。

(3)輸出：是否爲質數

【流程圖】

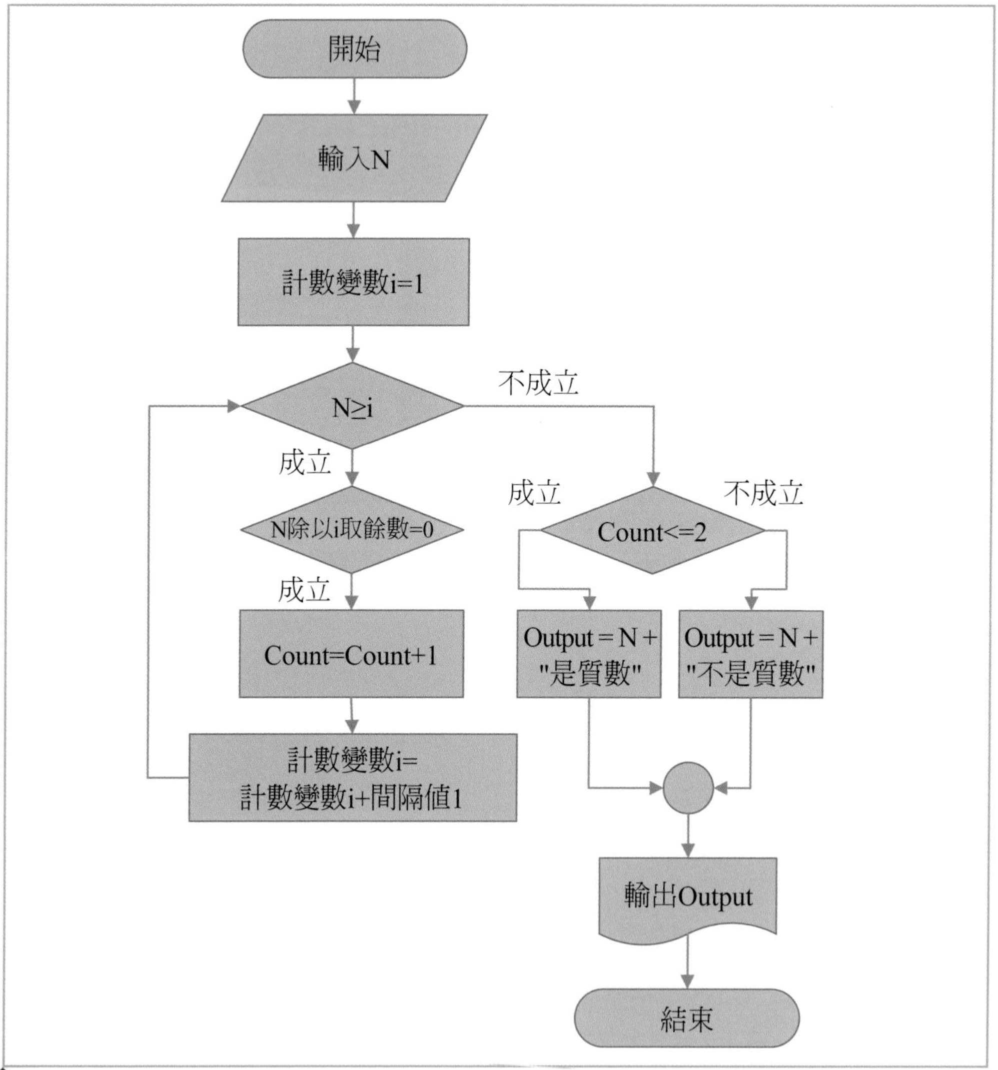

開始

輸入N

計數變數i=1

N≥i

不成立

成立

N除以i取餘數=0

成立

Count=Count+1

計數變數i=
計數變數i+間隔值1

成立

Count<=2

不成立

Output = N +
"是質數"

Output = N +
"不是質數"

輸出Output

結束

【介面設計】

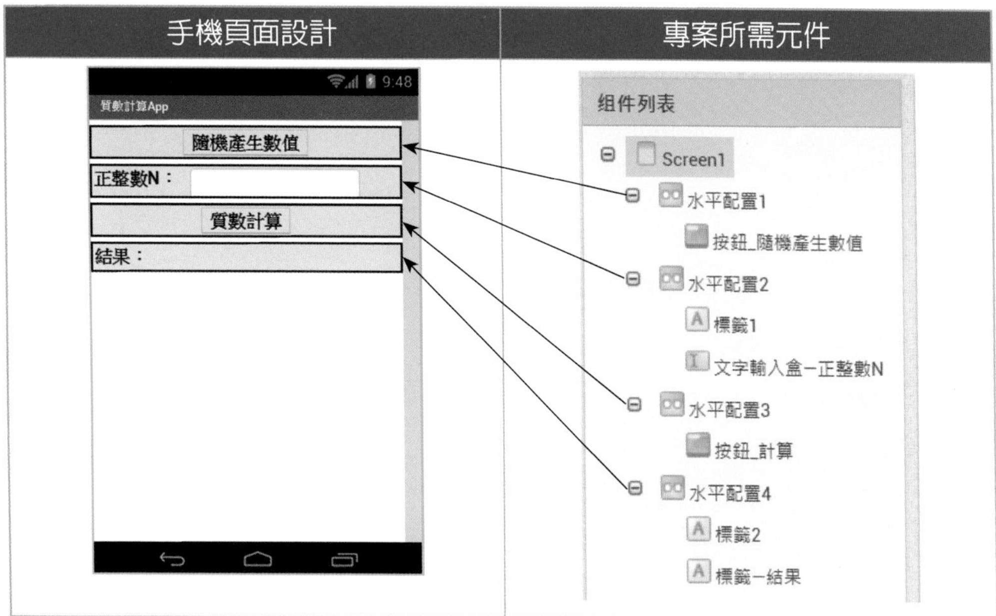

【程式設計】

1. 宣告變數

拼圖程式	檔案名稱：ch3_Q10_Prime.aia

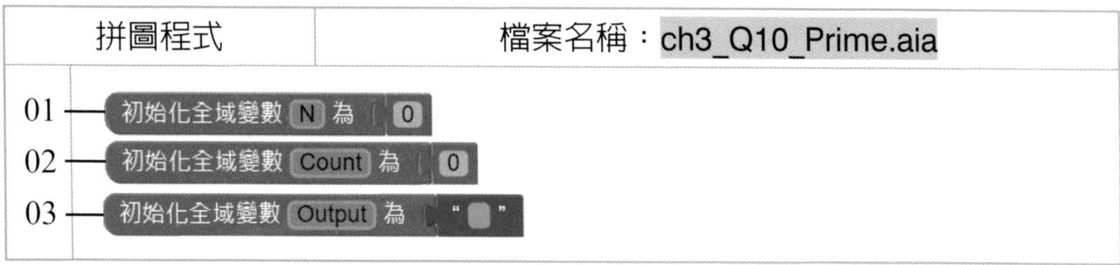

說明

行號01～03：宣告N, Count及Output三個全域性變數，初值設定為0及空字串，其目的用來記錄使用者輸入的正整數、整除的個數及輸出結果字串。

2.「隨機產生一個數字」之程式

拼圖程式	檔案名稱：ch3_Q10_Prime.aia
	當 按鈕_隨機產生數值 .被點選
01	執行 設 文字輸入盒—正整數N . 文字 為 從 1 到 100 之間的隨機整數

說明

行號01：利用隨機整數來「隨機產生一個數字」，其範圍設定1～100之間。

3.「質數計算」之程式

拼圖程式	檔案名稱：ch3_Q10_Prime.aia
	當 按鈕_計算 .被點選
01	執行 設置 全域 Count 為 0
02	設置 全域 N 為 文字輸入盒—正整數N . 文字
03	對每個 i 範圍從 1 到 取得 全域 N 每次增加 1
04	執行 如果 模數 取得 全域 N 除以 取得 i = 0
05	則 設置 全域 Count 為 取得 全域 Count + 1
06	如果 取得 全域 Count ≤ 2
07	則 設置 全域 Output 為 合併文字 取得 全域 N " 是質數 "
08	否則 設置 全域 Output 為 合併文字 取得 全域 N " 不是質數 "
09	設 標籤—結果 . 文字 為 取得 全域 Output

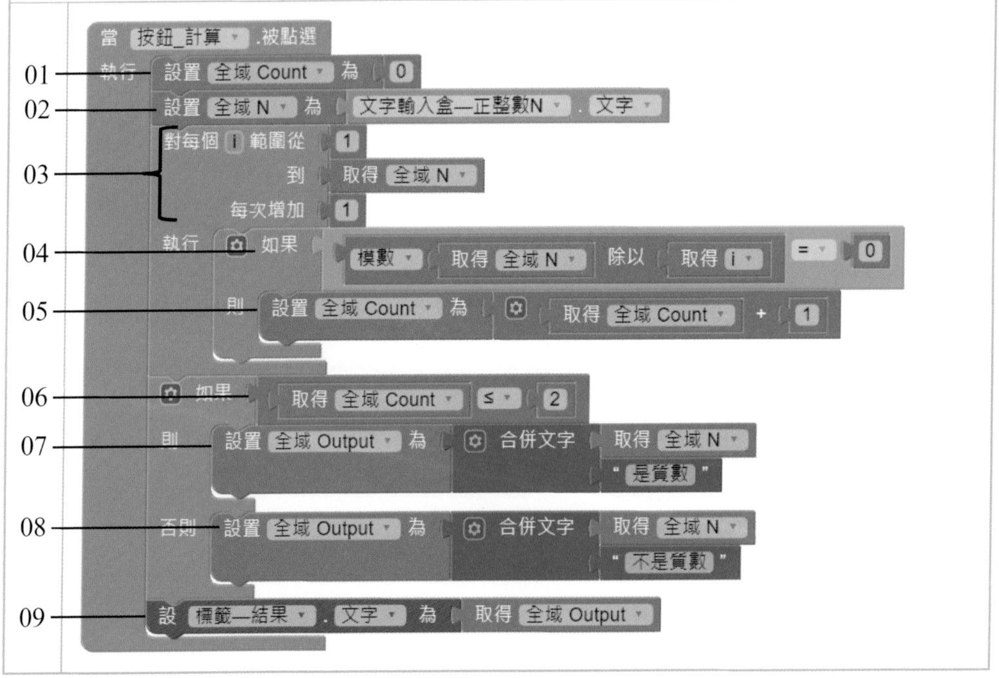

說明

行號01：設定Count變數設定為0。

行號02：將使用者輸入的數字指定給N變數。

行號03～05：利用for迴圈將N分別除以1到N，如果整除時，則Count計數器每次加一。

行號06～07：如果Count計數器等於2（1及本身），則此數為質數。

行號08：如果Count計數器大於2，就不是質數。

行號09：最後，顯示結果到螢幕上。

【執行結果】

【延伸範例】

找因數及找出1～N質數的程式，請參考附書光碟：ch3_Q10_Prime_V2.aia

Chapter 4

清單（陣列）的應用

本章學習目標

1. 讓讀者瞭解變數與清單（或稱陣列）在記憶體中的表示方式。
2. 說明清單資料結構配合迴圈演算法來提高程式的執行效率。

本章學習內容

- 4-1　統計及格科目數App
- 4-2　成績排名次APP程式
- 4-3　二維清單陣列的元素相加App
- 4-4　氣泡排序法App
- 4-5　循序搜尋法App
- 4-6　點餐系統App
- 4-7　投擲骰子App
- 4-8　隨堂抽籤App
- 4-9　《終極密碼》遊戲App
- 4-10　1A2B猜數字遊戲App

4-1 統計及格科目數App

【分析】

(1)輸入：隨意輸入五科成績。例如：50,60,80,90,55

(2)處理：❶ 請輸入的成績，根據「,」分割到陣列中

❷ 利用迴圈將陣列中的成績統計及格科目數

(3)輸出：顯示及格科目數

【流程圖】

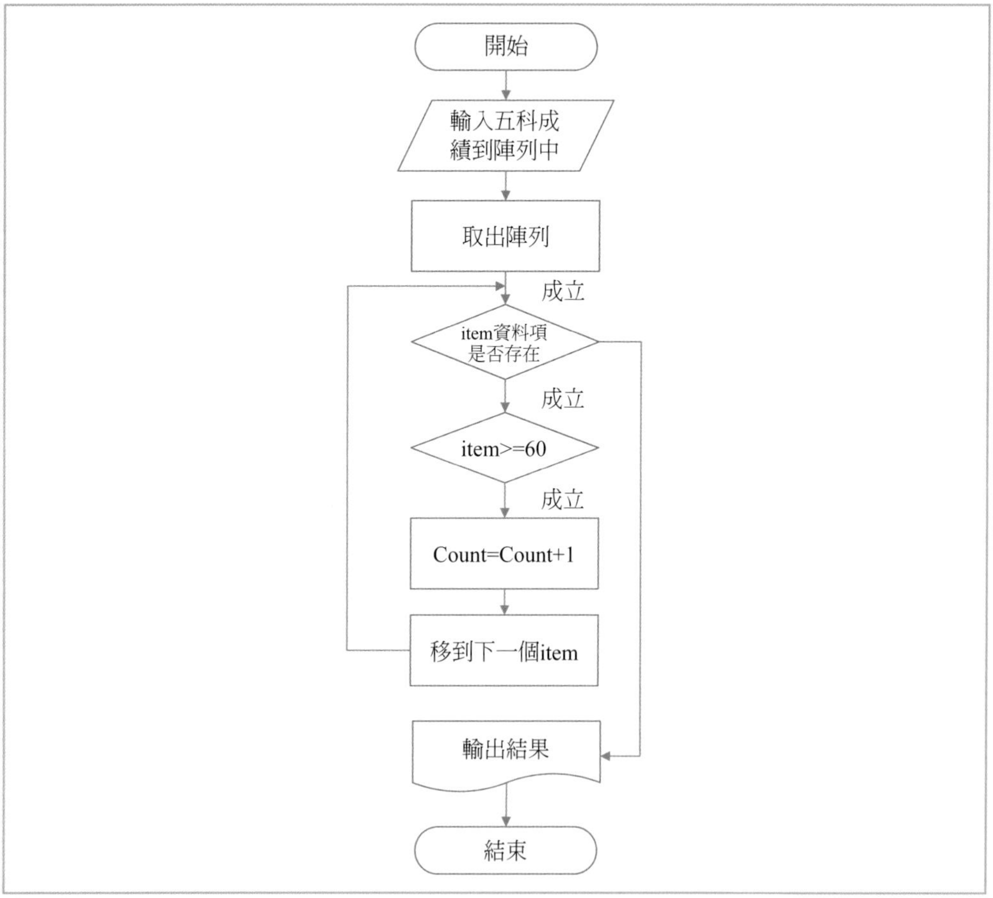

開始 → 輸入五科成績到陣列中 → 取出陣列 → item資料項是否存在（成立）→ item>=60（成立）→ Count=Count+1 → 移到下一個item → 回到 item資料項是否存在；item資料項不存在時 → 輸出結果 → 結束

【介面設計】

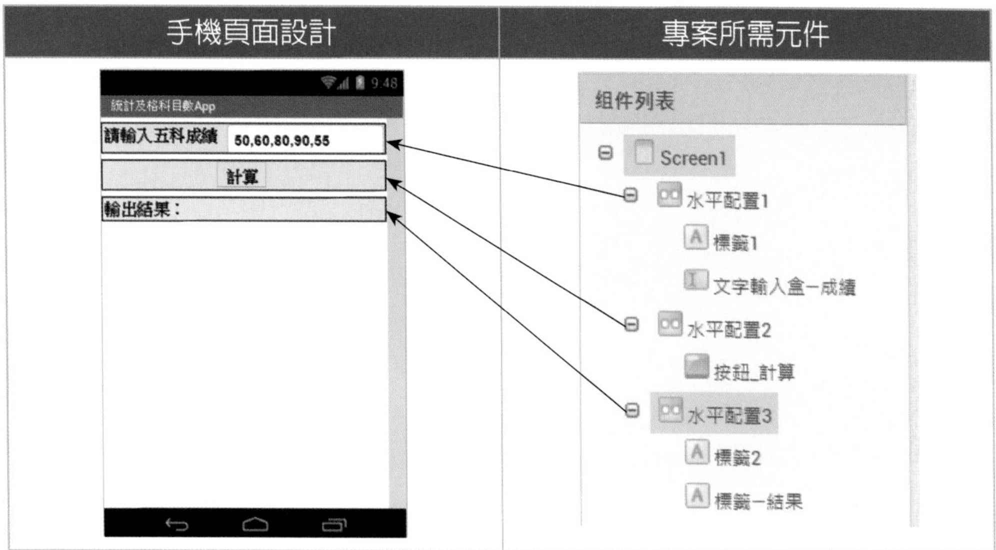

【程式設計】

1. 宣告變數

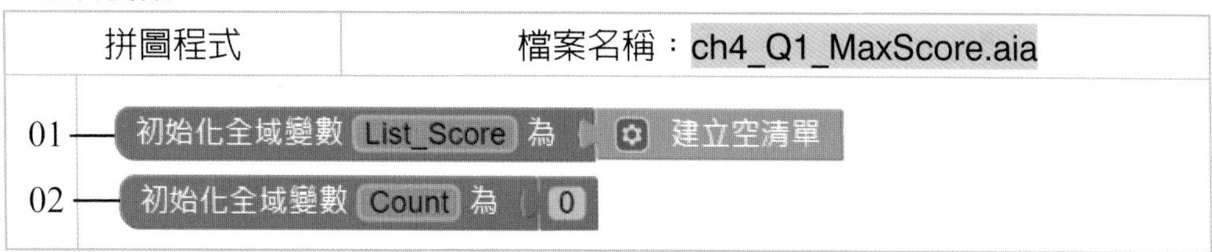

拼圖程式	檔案名稱：ch4_Q1_MaxScore.aia
01	初始化全域變數 List_Score 為 建立空清單
02	初始化全域變數 Count 為 0

說明

行號01：宣告List_Score空的清單陣列，其目的用來記錄使用者輸入的五科成績。

行號02：宣告Count爲全域性變數，預設值爲0，其目的用來記錄及格科目數。

2. 計算成績之程式

拼圖程式	檔案名稱：ch4_Q1_MaxScore.aia

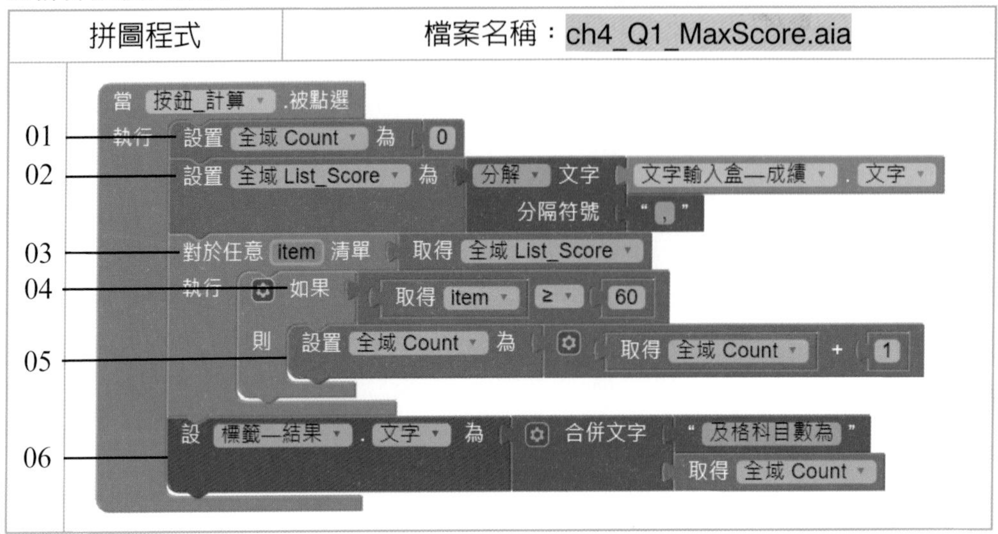

說明

行號01：設定Count變數爲0。

行號02：將使用者輸入的成績，根據「,」分割到陣列中。

行號03～05：利用迴圈將陣列中的成績統計及格科目數。

行號06：顯示及格科目數。

【執行結果】

4-2 成績排名次APP程式

依照成績的高低排名次（同分時也可以使用）。

【分析】

(1)輸入：隨意輸入五位同學成績

(2)處理：❶先設定每個人都是第1名

❷以第1筆資料爲基準點，往右比較，小於基準點加1，大於或等於基準點則不動

(3)輸出：流水號，成績及排名

【演算法】

```
Procedure OrderScore(int A[], int n)
 begin
  for (i=1; i< =n; i++)         //排序n個回合
   {
    for (j =2; j <=n; j++)   //從第2個元素開始掃瞄
     if (A[i] < A[j])         //判斷右邊元素是否大於左邊元素
       B[i]= B[i]+1           //較小者，名次+1
   }
  end
End Procedure
```

【介面設計】

同第一題。

【程式設計】

1. 宣告變數

拼圖程式	檔案名稱：ch4_Q2_ScoreOrder.aia

01 初始化全域變數 List_Score 為 建立空清單
02 初始化全域變數 List_RecordScoreOrder 為 建立空清單
03 初始化全域變數 Num 為 5
04 初始化全域變數 output 為 " "

說明

行號01～02：宣告List_Score與List_RecordScoreOrder爲空的清單陣列，其目的用來記錄隨意輸入五位同學成績及五位同學的排名。

行號03～04：宣告Num與output爲變數，預設值分別爲5及空字串，其目的用來記錄五位同學及輸出的字串。

2. 定義「RecordScoreOrder」副程式，用來設定每個人都是第1名

拼圖程式	檔案名稱：ch4_Q2_ScoreOrder.aia

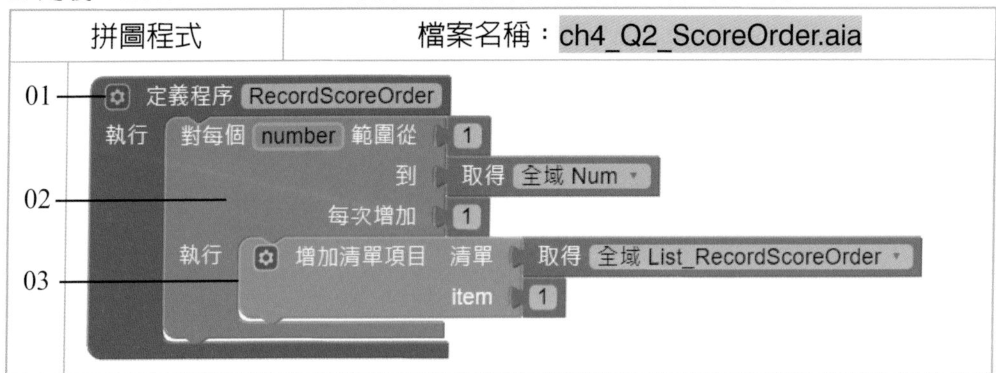

01 定義程序 RecordScoreOrder
執行 對每個 number 範圍從 1
到 取得 全域 Num
02 每次增加 1
執行 增加清單項目 清單 取得 全域 List_RecordScoreOrder
03 item 1

說明

行號01：定義「RecordScoreOrder」副程式。

行號02～03：利用迴圈來先設定每個人都是第1名。

3. 定義「SetEmpty」副程式，更新每個人都是第1名

拼圖程式	檔案名稱：ch4_Q2_ScoreOrder.aia
01	定義程序 SetEmpty
02	執行 對每個 number 範圍從 1 到 取得 全域 Num 每次增加 1
03	執行 將清單 取得 全域 List_RecordScoreOrder 中索引值為 取得 number 的清單項目取代為 1

說明

行號01：定義「SetEmpty」副程式。

行號02～03：利用迴圈來更新每個人都是第1名。

4. 定義「ShowScoreOrder」副程式，用來顯示排序後的結果

拼圖程式	檔案名稱：ch4_Q2_ScoreOrder.aia
01	定義程序 ShowScoreOrder
02	執行 設置 全域 output 為 " 流水號　成績　排名\n "
03	對每個 number 範圍從 1 到 取得 全域 Num 每次增加 1
04	執行 設置 全域 output 為 合併文字 取得 全域 output / " 第 " / 取得 number / " 位 " / 選擇清單 取得 全域 List_Score 中索引值為 取得 number 的清單項目 / "　" / 選擇清單 取得 全域 List_RecordScoreOrder 中索引值為 取得 number 的清單項目 / " \n "

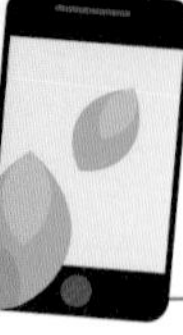

說明

行號01：定義「ShowScoreOrder」副程式。

行號02：用來顯示排序後的「標頭欄位」，分別為「流水號 成績 排名」。

行號03～04：利用迴圈來顯示每個同學的成績及排名次。

5. 撰寫「排名次」程式

拼圖程式	檔案名稱：ch4_Q2_ScoreOrder.aia

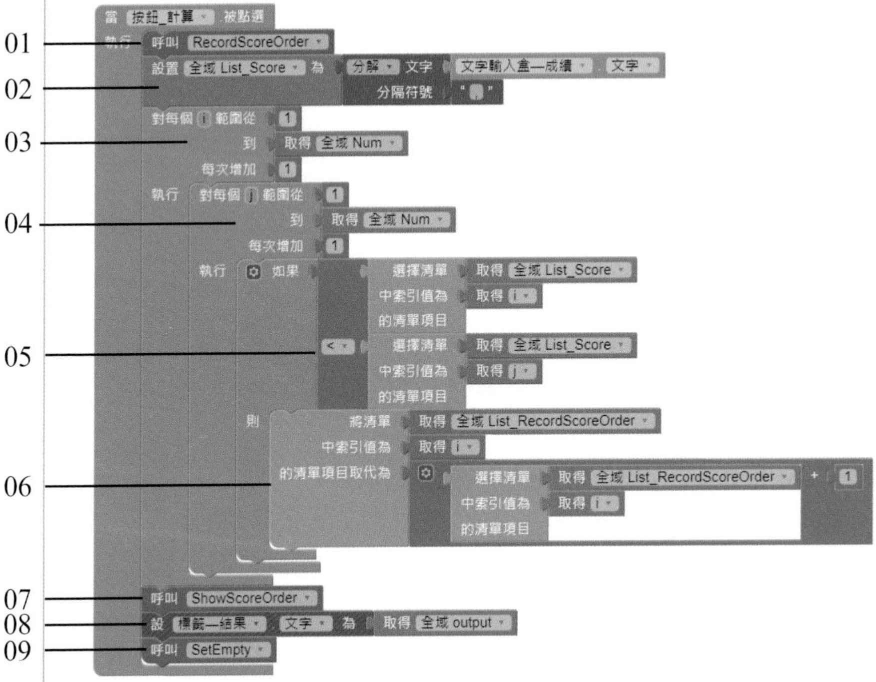

```
   當 按鈕_計算 被點選
   執行
01   呼叫 RecordScoreOrder
02   設置 全域 List_Score 為 分解 文字 文字輸入盒—成績 . 文字
                               分隔符號 ","
03   對每個 i 範圍從 1
               到 取得 全域 Num
           每次增加 1
04   執行 對每個 j 範圍從 1
                   到 取得 全域 Num
               每次增加 1
05        執行 如果    選擇清單 取得 全域 List_Score
                    中索引值為 取得 i
                    的清單項目
               <    選擇清單 取得 全域 List_Score
                    中索引值為 取得 j
                    的清單項目
06             則 將清單 取得 全域 List_RecordScoreOrder
                  中索引值為 取得 i
                  的清單項目取代為  選擇清單 取得 全域 List_RecordScoreOrder  + 1
                                   中索引值為 取得 i
                                   的清單項目
07   呼叫 ShowScoreOrder
08   設 標籤—結果 . 文字 為 取得 全域 output
09   呼叫 SetEmpty
```

說明

行號01：呼叫「RecordScoreOrder」副程式。

行號02：將使用者輸入的成績，根據「,」分割到List_Score陣列中。

行號03～06：利用巢狀迴圈來將List_Score陣列中的成績進行排序，以第1筆資料為基準點，往右比較，小於基準點加1，大於或等於基準點則不動

行號07：呼叫「ShowScoreOrder」副程式。

行號08：顯示排序後的「流水號，成績及排名」。

行號09：呼叫「SetEmpty」副程式。

【執行結果】

沒有同分的情況	有同分的情況
 5554:<build> 12:18 PM 成績排名次APP程式 請輸入五位同學成績 50,60,80,90,55 排名次 流水號 成績 排名 第1位 50 5 第2位 60 3 第3位 80 2 第4位 90 1 第5位 55 4	 5554:<build> 12:18 PM 成績排名次APP程式 請輸入五位同學成績 50,60,80,90,50 排名次 流水號 成績 排名 第1位 50 4 第2位 60 3 第3位 80 2 第4位 90 1 第5位 50 4

4-3 二維清單陣列的元素相加App

【分析】

(1)輸入：A矩陣的2*2數字資料

(2)處理：A矩陣內的元素相加

(3)輸出：元素相加總合

【演算法】

```
Procedure OrderScore(int A[][], int m, int n)
  begin
    for (i=1; i< =n; i++)          //共有n列
      {
        for (j =1; j <=m; j++)    //共有m行
         Sum=Sum+A[i][j]        //元素相加
      }
   end
End Procedure
```

【介面設計】

手機頁面設計	專案所需元件
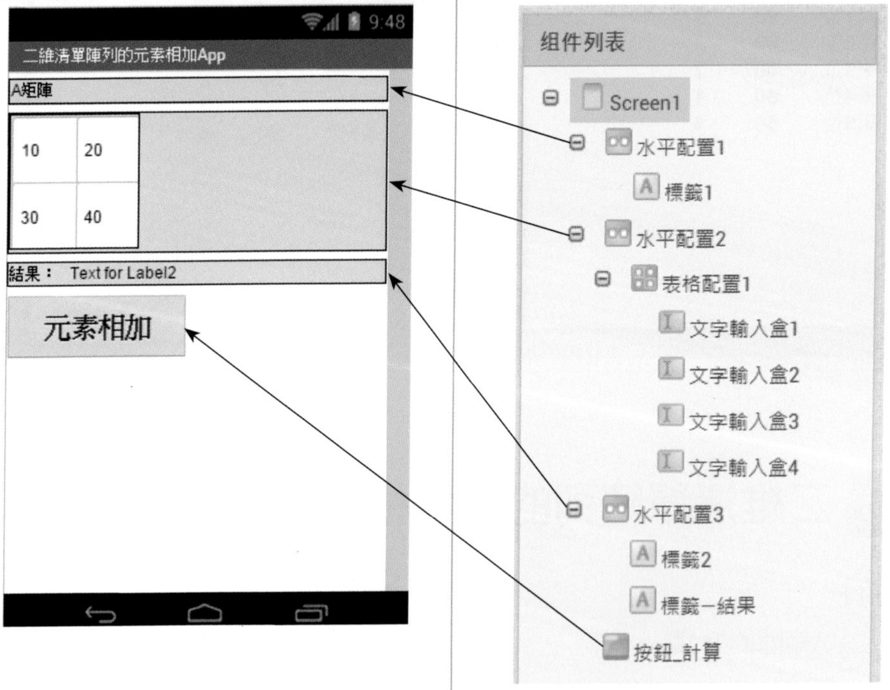 9:48 二維清單陣列的元素相加App A矩陣 10 20 30 40 結果： Text for Label2 元素相加	组件列表 Screen1 水平配置1 標籤1 水平配置2 表格配置1 文字輸入盒1 文字輸入盒2 文字輸入盒3 文字輸入盒4 水平配置3 標籤2 標籤_結果 按鈕_計算

【程式設計】

1. 宣告變數

拼圖程式	檔案名稱：ch4_Q3_TwoArray.aia

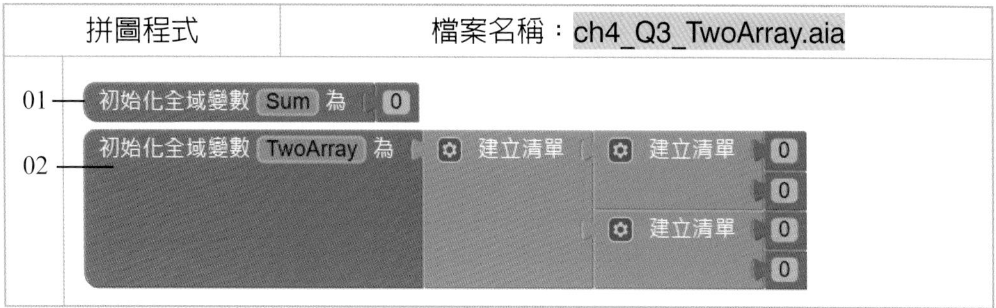

說明

行號01：宣告Sum為全域性變數，初值設為0，其目的用來記錄元素相加總合。

行號02：宣告TwoArray為二維的清單陣列，其維度2×2，並且初值皆設為0。

2. 定義「SetValue」副程式

拼圖程式	檔案名稱：ch4_Q3_TwoArray.aia

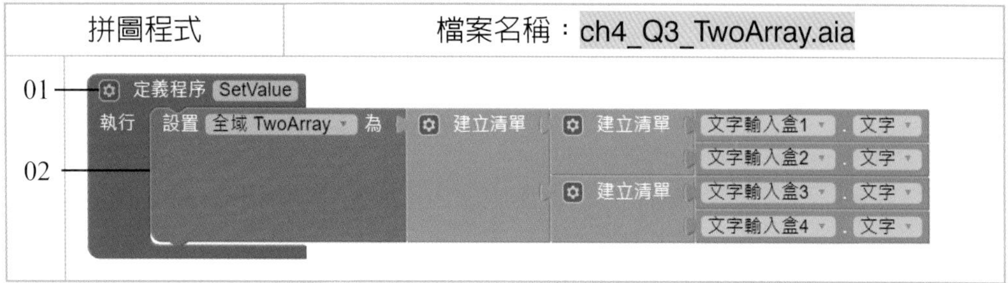

說明

行號01：定義「SetValue」副程式。其目的用來設定使用者輸入的二維陣列的內容。

行號02：將使用者輸入的二維陣列的內容指定給TwoArray清單陣列。

3. 撰寫「元素相加」之程式

拼圖程式	檔案名稱：ch4_Q3_TwoArray.aia
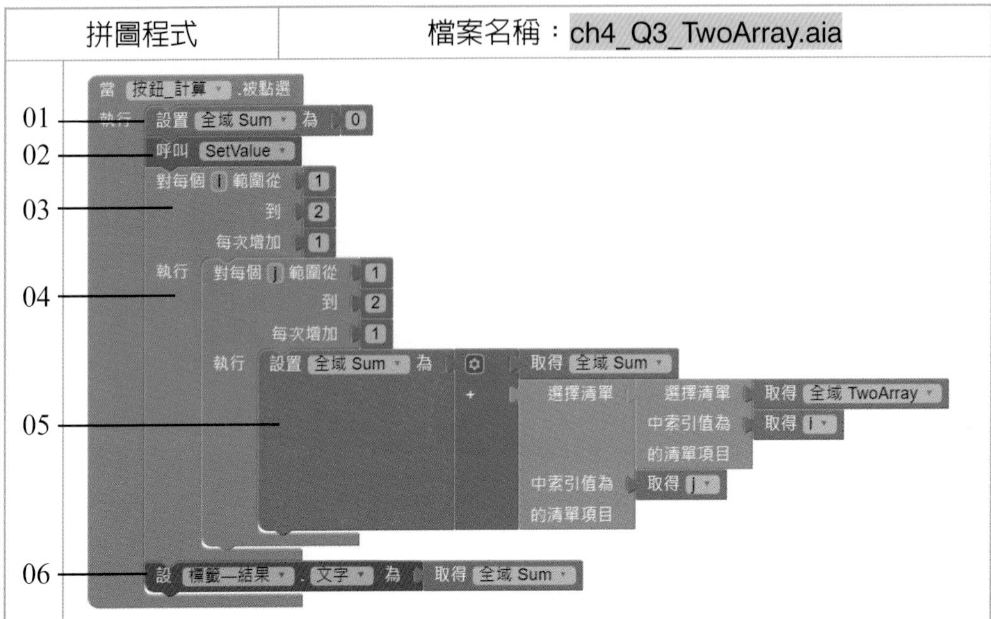	

說明

行號01：設定Sum變數爲0。

行號02：呼叫「SetValue」副程式，用來取得使用者輸入的二維陣列的內容。

行號03～05：利用巢狀迴圈來將二維陣列的內容相同。

行號06：顯示元素相加總合

【執行結果】

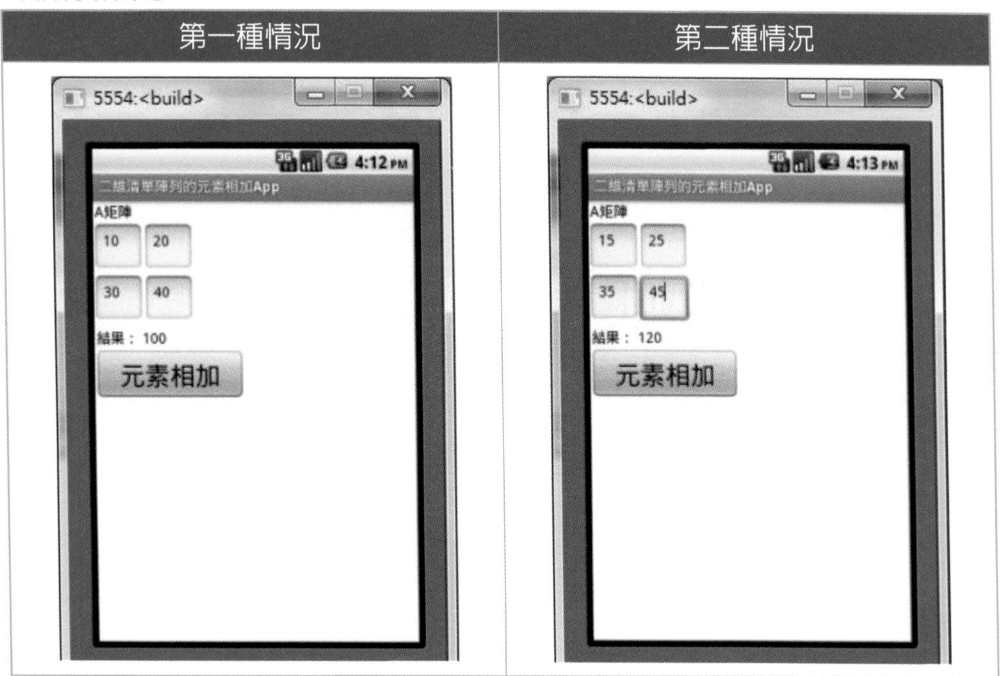

4-4 氣泡排序法App

說明

將兩個相鄰的資料相互做比較，若比較時發現次序不對，則將兩資料互換，依次由上往下比，而結果則會依次由下往上浮起，猶如氣泡一般。

【分析】

(1)輸入：隨機產生5個亂數

(2)處理：氣泡排序法（由大到小）

(3)輸出：顯示排名次及成績

【氣泡排序法的演算法】

```
Procedure BubSort(int A[], int n)
  begin
   for (i=1; i< n-1; i++)          //排序n-1個回合
     {
       for (j =i+1; j <=n; j++)    //從第2個元素開始掃瞄
        if (A[j] > A[i])           //判斷右邊元素是否大於左邊元素
          {                        // A[j] 與 A[i]交換
            Temp = A[i];
            A[i] = A[j];
            A[j] = Temp;
          }
     }
  end
End Procedure
```

【介面設計】

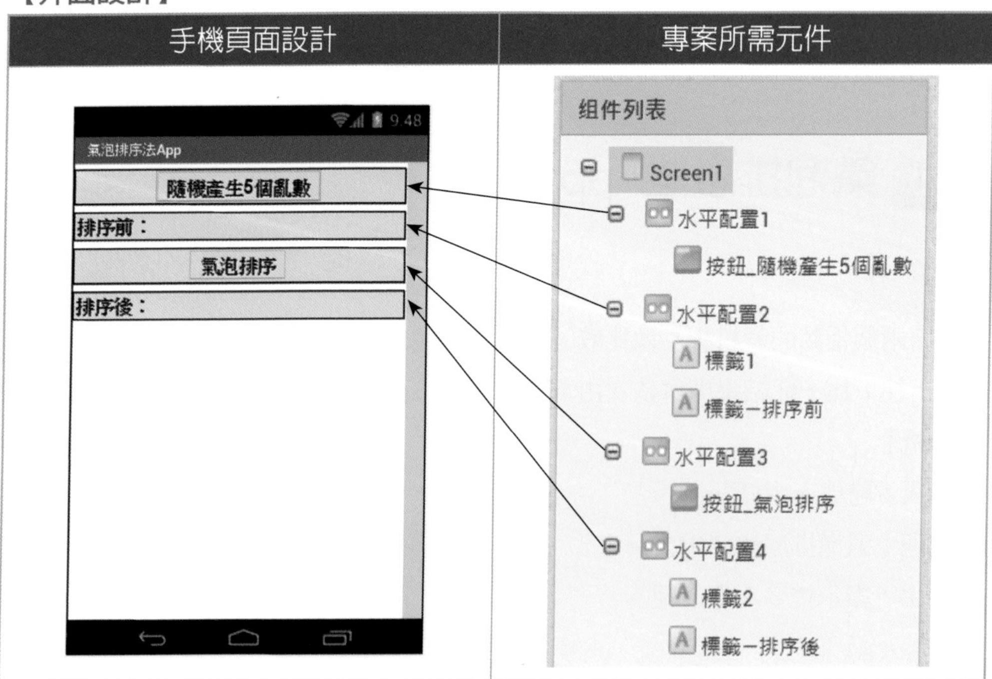

【程式設計】

1. 宣告變數

拼圖程式	檔案名稱：ch4_Q4_BubbleSort.aia

```
01 初始化全域變數 Output 為 " "
02 初始化全域變數 ListRand 為 建立空清單
03 初始化全域變數 Temp 為 0
```

說明

行號01：宣告Output爲空字串變數，其目的用來記錄排序後的結果。

行號02：宣告ListRand爲空的清單陣列，其目的用來記錄隨機產生的亂數值。

行號03：宣告Temp爲全域性變數，其目的用來記錄兩數交換時的暫存資料。

2. 定義「CreateRandList」副程式

拼圖程式	檔案名稱：ch4_Q4_BubbleSort.aia

```
01 定義程序 CreateRandList
   執行
02   對每個 i 範圍從 1
             到 5
         每次增加 1
03   執行 增加清單項目 清單 取得 全域 ListRand
                     item 從 50 到 99 之間的隨機整數
```

說明

行號01：定義「CreateRandList」副程式。

行號02～03：用來隨機產生5亂數值到ListRand清單陣列中，其範圍爲50～99。

3. 隨機產生5個亂數之程式「排序前」

拼圖程式	檔案名稱：ch4_Q4_BubbleSort.aia

```
   當 按鈕_隨機產生5個亂數 .被點選
01 執行 設置 全域 ListRand 為 建立空清單
02      設置 全域 Output 為 " "
03      設置 全域 Temp 為 0
04      呼叫 CreateRandList
05      設 標籤_排序前 . 文字 為 清單轉CSV列 清單 取得 全域 ListRand
```

說明

行號01～03：變數初始化，分別設定爲空清單、空字串及0。

行號04：呼叫「CreateRandList」副程式。

行號05：排序前將顯示ListRand清單陣列內容，並顯成csv格式來呈現。

4. 氣泡排序法之程式

拼圖程式	檔案名稱：ch4_Q4_BubbleSort.aia

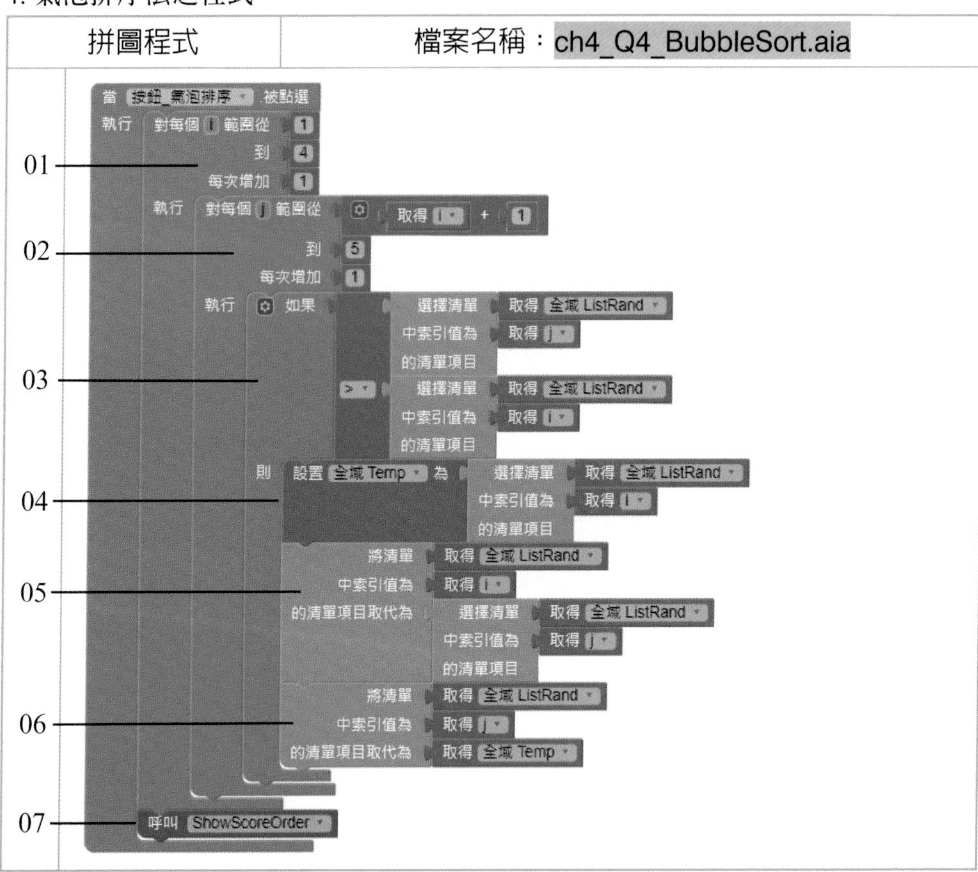

說明

行號01：進行排序n-1個回合。

行號02：從第2個元素開始掃瞄。

行號03：判斷右邊元素是否大於左邊元素。

行號04～06：A[j]與A[i]交換

行號07：呼叫「ShowScoreOrder」副程式，其目的用來顯示排序後的結果。

5. 定義「ShowScoreOrder」副程式「排序後」

拼圖程式	檔案名稱：ch4_Q4_BubbleSort.aia

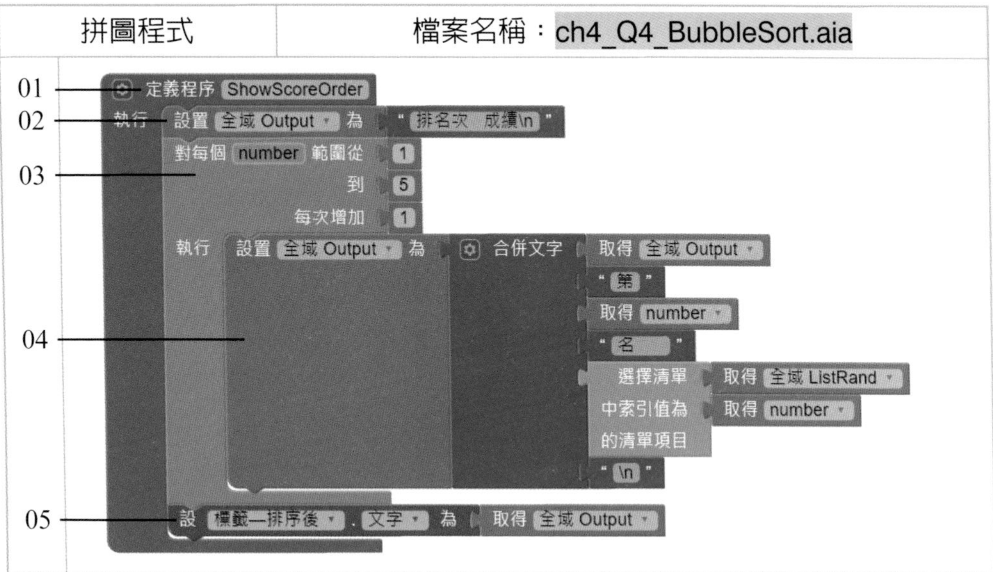

說明

行號01：定義「ShowScoreOrder」副程式「排序後」

行號02：用來顯示排序後的「標頭欄位」，分別爲「排名次 成績」。

行號03～04：利用迴圈來顯示每個同學的排名次及成績。

行號05：最後，再顯示排序後的結果。

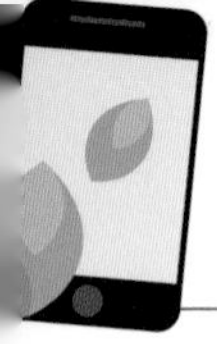

【執行結果】

4-5 循序搜尋法App

說明

又稱爲線性搜尋（Linear Search），它是指從第一個資料項開始依序取出與「鍵値Key」相互比較，直到找出所要的元素或所有資料均已找完爲止。

【分析】

(1)輸入：隨機產生5個亂數

(2)處理：循序搜尋法

(3)輸出：顯示欲查詢的「數字」在陣列中的位置

【演算法】

```
Procedure sequential_search(int list[], int n, int key)
 Begin
  for (i = 0; i < n; i++)     //從頭到尾拜訪一次
   if (list[i] == key)        //比對陣列內的資料是否等於欲搜尋的條件
    return i+1;               //若找到符合條件的資料，就傳回其索引
   return(-1);                //若找不到符合條件的資料，就傳回 -1
 End
End Procedure
```

【作法】

list[0]	list[1]	list[2]	list[3]	list[4]	......	list[n-1]
90	80	40	50	65	......	77

→

欲找鍵值key=50　　　A[3]=key　∴在第四個位置找到鍵值key

【介面設計】

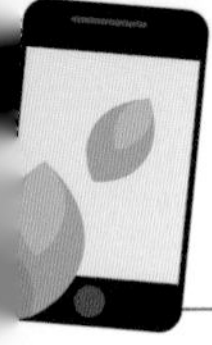

【程式設計】

1. 宣告變數

拼圖程式	檔案名稱：ch4_Q5_SequentialSearch.aia

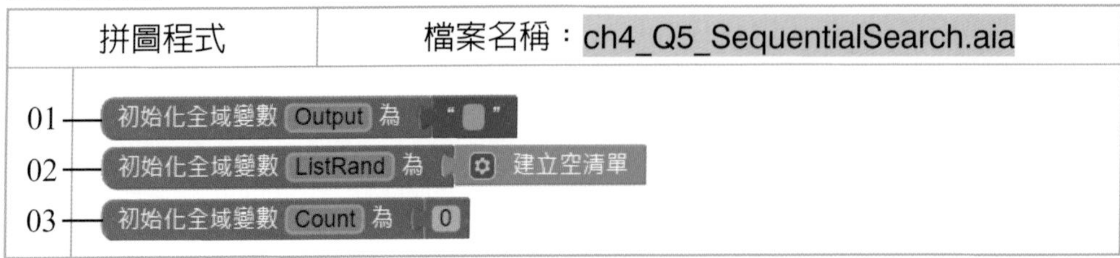

01 初始化全域變數 Output 為 " "
02 初始化全域變數 ListRand 為 建立空清單
03 初始化全域變數 Count 為 0

說明

行號01：宣告Output爲空字串變數，其目的用來記錄排序後的結果。

行號02：宣告ListRand爲空的清單陣列，其目的用來記錄隨機產生的亂數值。

行號03：宣告Count爲全域性變數，其目的用來記錄欲查詢的「數字」在陣列中的位置。

2. 定義「CreateRandList」副程式

拼圖程式	檔案名稱：ch4_Q5_SequentialSearch.aia

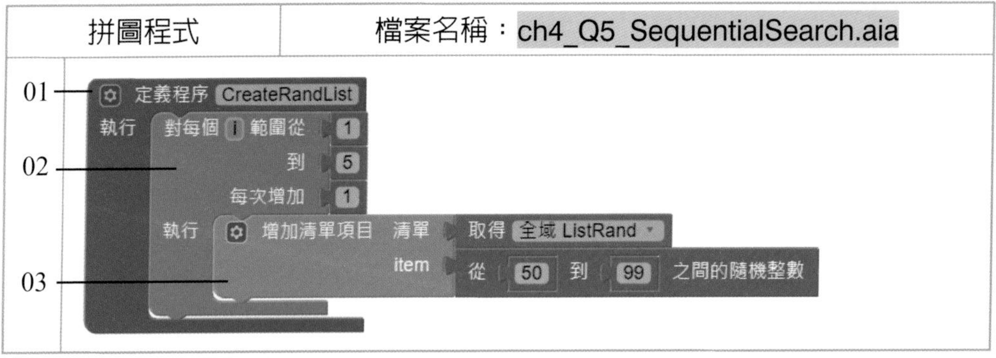

01 定義程序 CreateRandList
執行 對每個 i 範圍從 1
02 到 5
每次增加 1
執行 增加清單項目 清單 取得 全域 ListRand
03 item 從 50 到 99 之間的隨機整數

說明

行號01：定義「CreateRandList」副程式。

行號02～03：用來隨機產生5亂數值到ListRand清單陣列中，其範圍爲50～99。

3. 隨機產生5個亂數之程式

拼圖程式	檔案名稱：ch4_Q5_SequentialSearch.aia

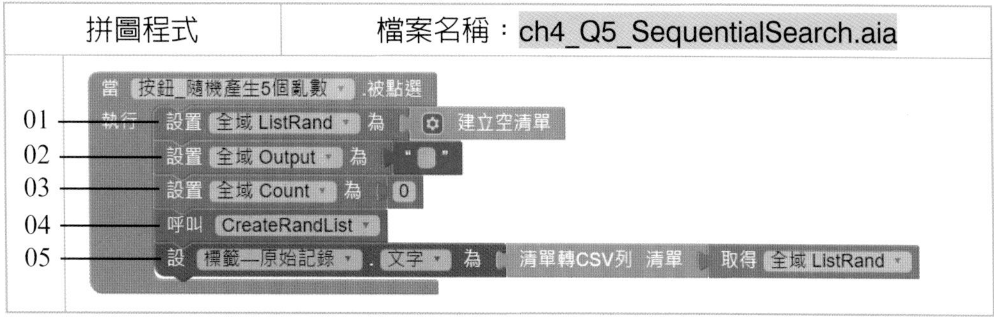

說明

行號01～03：變數初始化，分別設定爲空清單、空字串及0。

行號04：呼叫「CreateRandList」副程式。

行號05：循序搜尋前將顯示ListRand清單陣列內容，並顯成csv格式來呈現。

4. 彈出使用者欲查詢的數字之對話方塊

拼圖程式	檔案名稱：ch4_Q5_SequentialSearch.aia

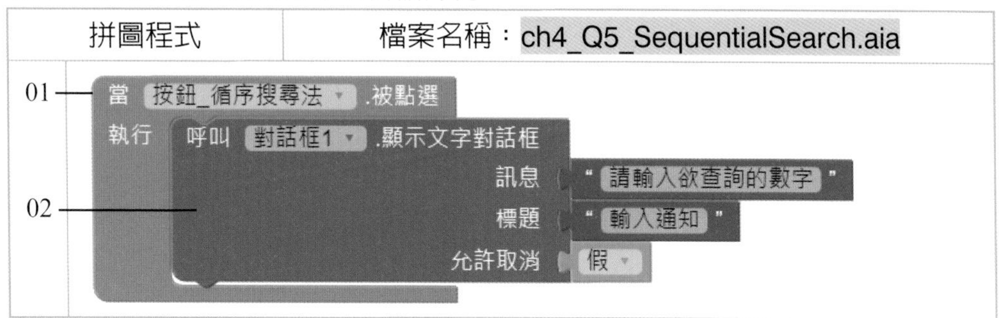

說明

行號01～02：當使用者按下「循序搜尋法」鈕時，就會自動彈出使用者欲查詢的數字之對話方塊。

5. 循序搜尋法

拼圖程式	檔案名稱：ch4_Q5_SequentialSearch.aia

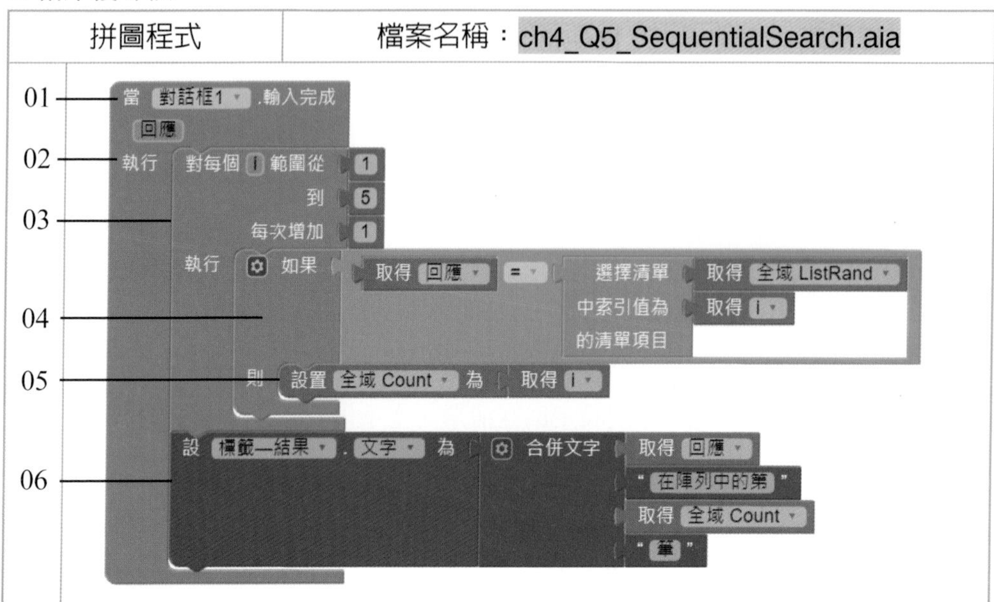

說明

行號01～02：當使用者輸入欲查詢的數字之後，對話框元件的「輸入完成」事件就會被觸發。並且將回傳值指定給回應參數。

行號03～04：利用迴圈從第一個資料項開始依序取出與「回應」相互比較，直到找出所要的元素或所有資料均已找完爲止。

行號05：當找到時，會記錄它在陣列的位置，並指定給Count。

行號06：顯示欲查詢的數字在陣列中的第幾筆。

【執行結果】

第一種情況	第二種情況
 5554:<build> 1:26 PM 循序搜尋法App 隨機產生5個亂數 原始記錄： "62","93","73","71","82" 循序搜尋法 結果： 93在陣列中的第2筆	 5554:<build> 1:26 PM 循序搜尋法App 隨機產生5個亂數 原始記錄： "62","93","73","71","82" 循序搜尋法 結果： 71在陣列中的第4筆

4-6 點餐系統App

【分析】

(1)輸入：點「主餐」或「飲料」

(2)處理：合併各式主餐或各式飲料

(3)輸出：顯示主餐或飲料的明細

【流程圖】

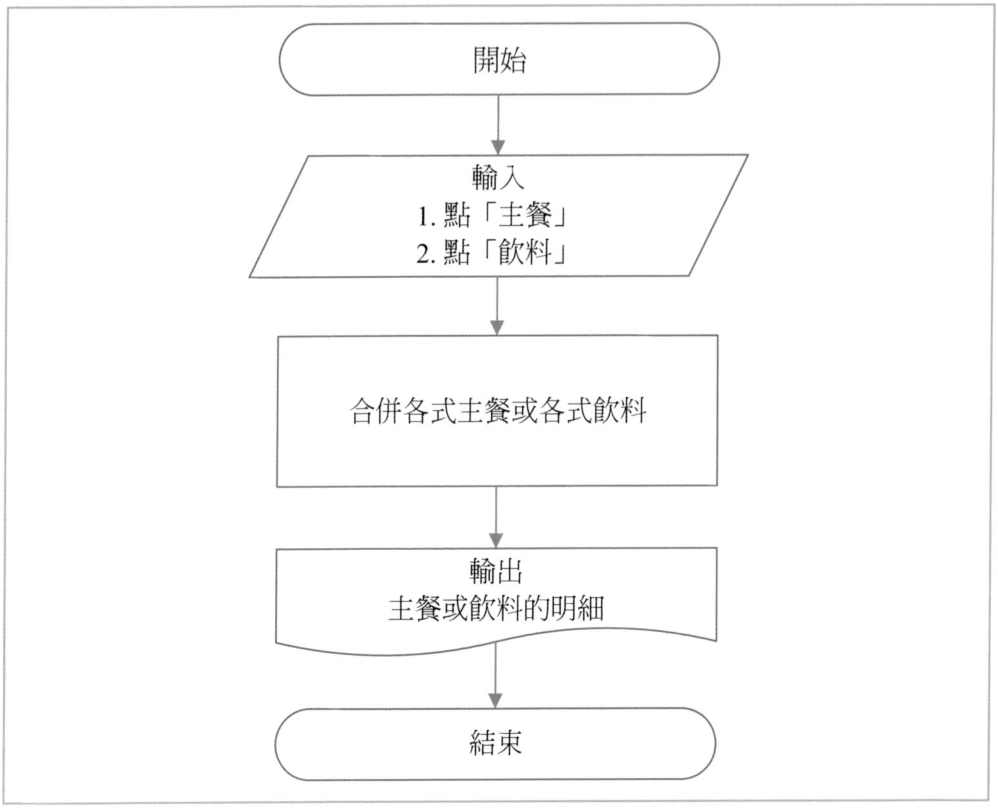

開始

↓

輸入
1. 點「主餐」
2. 點「飲料」

↓

合併各式主餐或各式飲料

↓

輸出
主餐或飲料的明細

↓

結束

【介面設計】

手機頁面設計	專案所需元件
9:48 點餐系統App 歡迎使用「點餐系統App」 進入點餐系統 ===您的點餐明細=== 主餐 飲料 Label_Main Label_Drink 清除	组件列表 Screen1 水平配置1 標籤1 水平配置2 清單選擇器—點餐 標籤2 水平配置3 標籤3 水平配置4 表格配置1 標籤4 標籤5 標籤_主餐 標籤_飲料 水平配置5 按鈕_清除

【程式設計】

1. 宣告變數

拼圖程式	檔案名稱：ch4_Q6_TwoMenu.aia

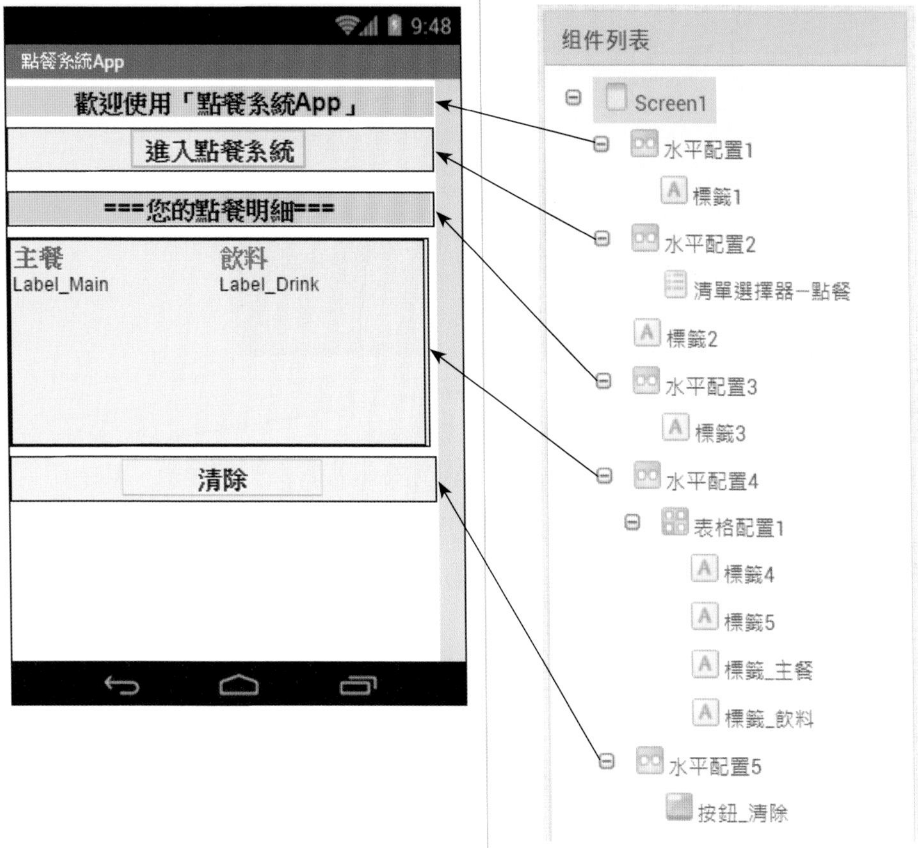

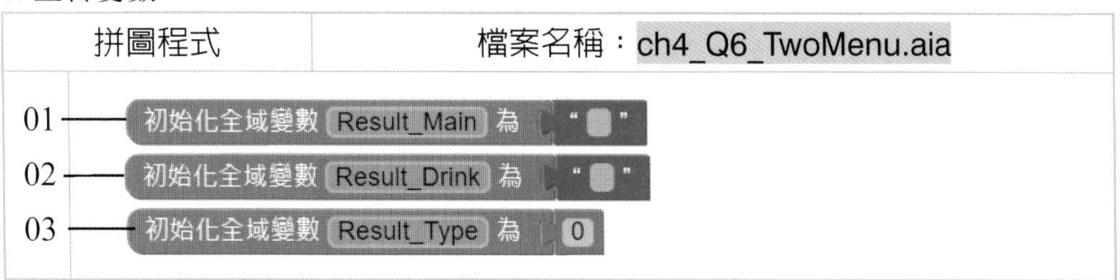
01
初始化全域變數 Result_Main 為 " "
02
初始化全域變數 Result_Drink 為 " "
03
初始化全域變數 Result_Type 為 0

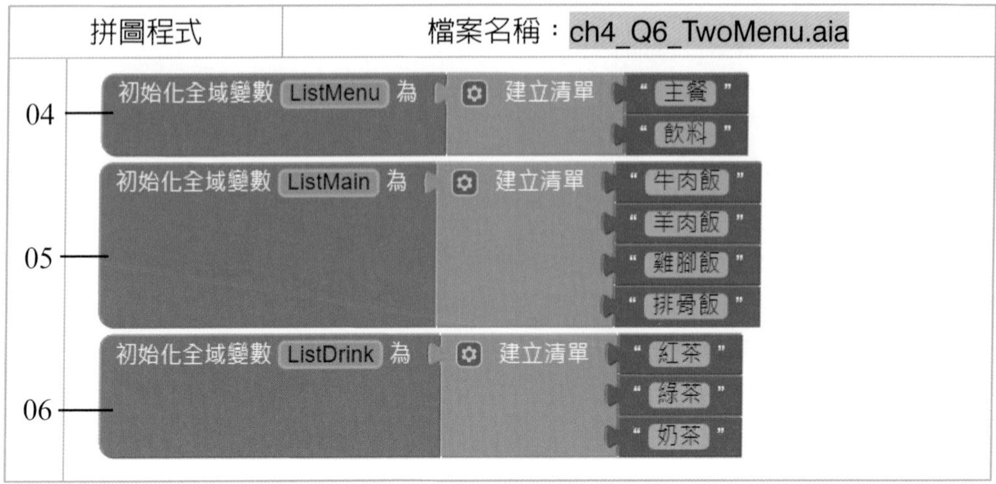
拼圖程式
檔案名稱：ch4_Q6_TwoMenu.aia
04
初始化全域變數 ListMenu 為 建立清單 "主餐" "飲料"
05
初始化全域變數 ListMain 為 建立清單 "牛肉飯" "羊肉飯" "雞腳飯" "排骨飯"
06
初始化全域變數 ListDrink 為 建立清單 "紅茶" "綠茶" "奶茶"

說明

行號01～03：宣告Result_Main, Result_Drink及Result_Type三個變數，其中前兩項設定為空字串，第三項設初值為0。

行號04～06：宣告ListMenu, ListMain及ListDrink三個清單陣列，並設定初始值。

2. 撰寫「進入點餐系統」鈕程式

拼圖程式	檔案名稱：ch4_Q6_TwoMenu.aia
01	當 清單選擇器—點餐 .選擇完成
02	執行 如果 "主餐" = 清單選擇器—點餐 . 選中項
03	則 設置 全域 Result_Type 為 1
04	設 清單選擇器—點餐 . 元素 為 取得 全域 ListMain
05	呼叫 清單選擇器—點餐 .開啟選取器
06	否則，如果 "飲料" = 清單選擇器—點餐 . 選中項
07	則 設置 全域 Result_Type 為 2
08	設 清單選擇器—點餐 . 元素 為 取得 全域 ListDrink
09	呼叫 清單選擇器—點餐 .開啟選取器
10	否則 呼叫 Check_Type
11	設 清單選擇器—點餐 . 元素 為 取得 全域 ListMenu

說明

行號01：當使用者點「進入點餐系統」鈕時，就會顯示Menu讓使用者來點選「主餐或飲料」。

行號02～05：如果使用者點「主餐」時，設定Result_Type=1，並且將「主餐」的相關明細載入到選項中，提供使用者再點選。

行號06～09：如果使用者點「飲料」時，設定Result_Type=2，並且將「飲料」的相關明細載入到選項中，提供使用者再點選。

行號10：呼叫「Check_Type」副程式，其目的用來顯示使用者各別點餐內容。

行號11：顯示Menu讓使用者來點選「主餐或飲料」。

3. 定義「Check_Type」副程式

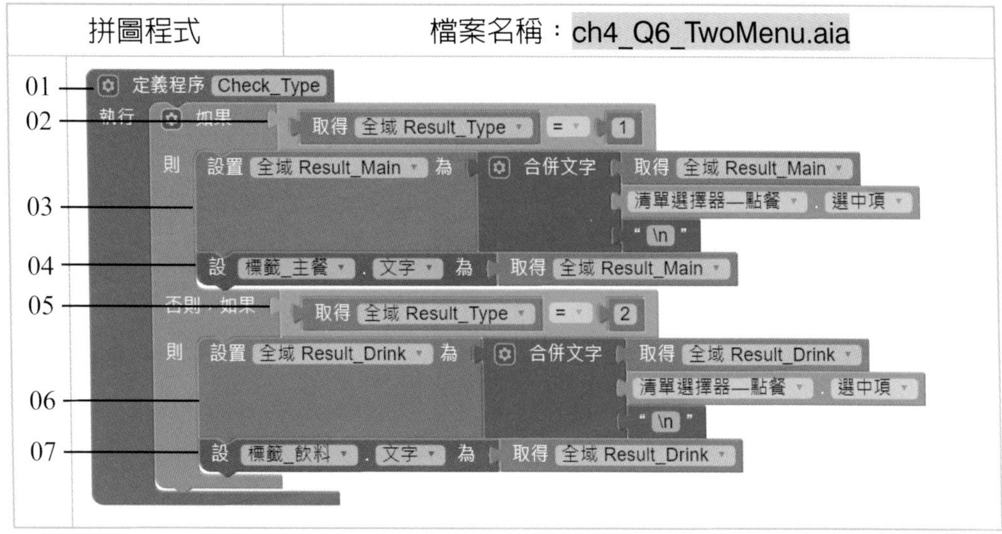

說明

行號01：定義「Check_Type」副程式，其目的用來顯示使用者各別點餐內容。

行號02～04：如果剛才點「主餐」就會顯示主餐的相關明細。

行號05～07：如果剛才點「飲料」就會顯示飲料的相關明細。

4. 撰寫「清除」鈕之程式

拼圖程式	檔案名稱：ch4_Q6_TwoMenu.aia

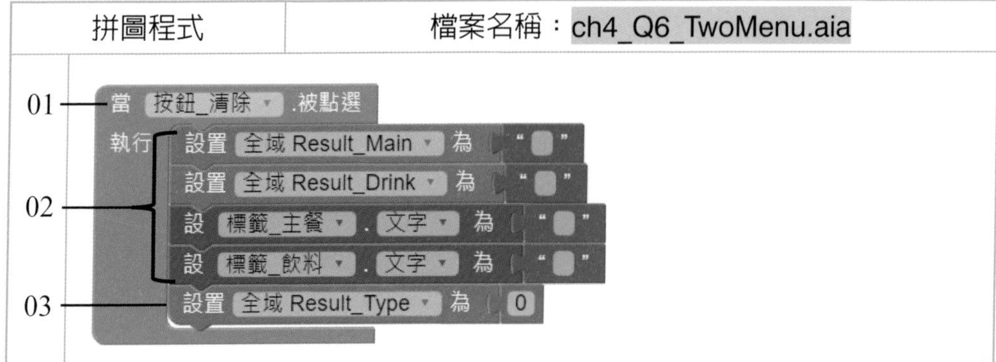
01
當 按鈕_清除 .被點選
執行 設置 全域 Result_Main 為 " "
設置 全域 Result_Drink 為 " "
02
設 標籤_主餐 . 文字 為 " "
設 標籤_飲料 . 文字 為 " "
03
設置 全域 Result_Type 為 0

說明

行號01～03：相關變數進行初始化。

【執行結果】

點餐選項	點餐後的明細
5554:<build> 1:21 AM MIT AI2 Companion 紅茶 綠茶 奶茶	5554:<build> 1:22 AM 點餐系統App 歡迎使用「點餐系統App」 進入點餐系統 ===您的點餐明細=== 主餐 飲料 牛肉飯 紅茶 羊肉飯 綠茶 清除

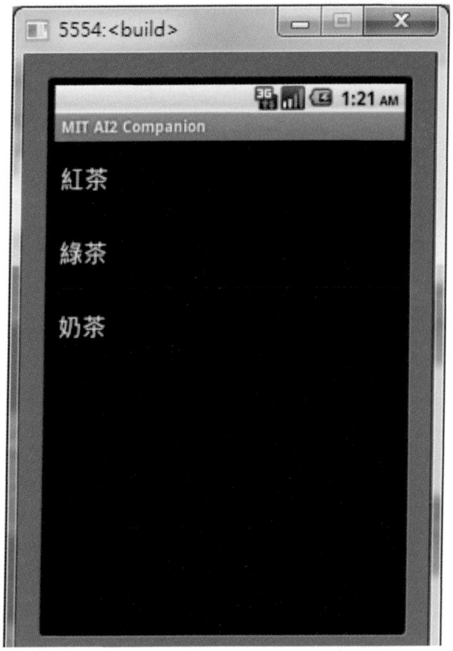

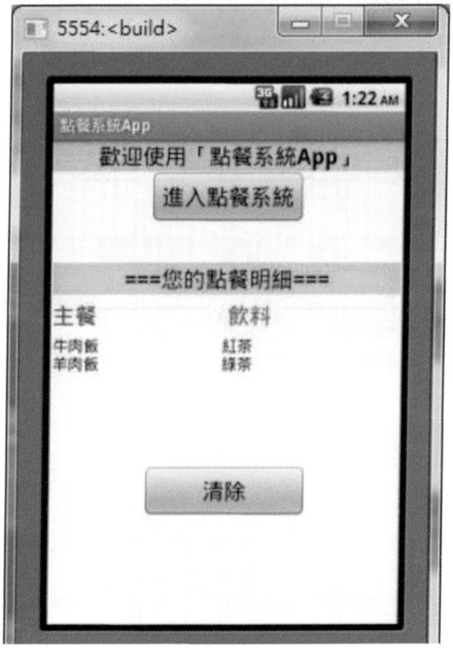

4-7 投擲骰子App

說明

設計一支投擲N次的骰子App，可以讓使用者看到每一個點出現不同的次數。

【分析】

(1)輸入：投擲N次

(2)處理：❶隨機產生不同骰子點數圖片（1～6之間）

❷統計各點出現的次數

(3)輸出：各點出現的次數及動態顯示投擲骰子的過程。

【流程圖】

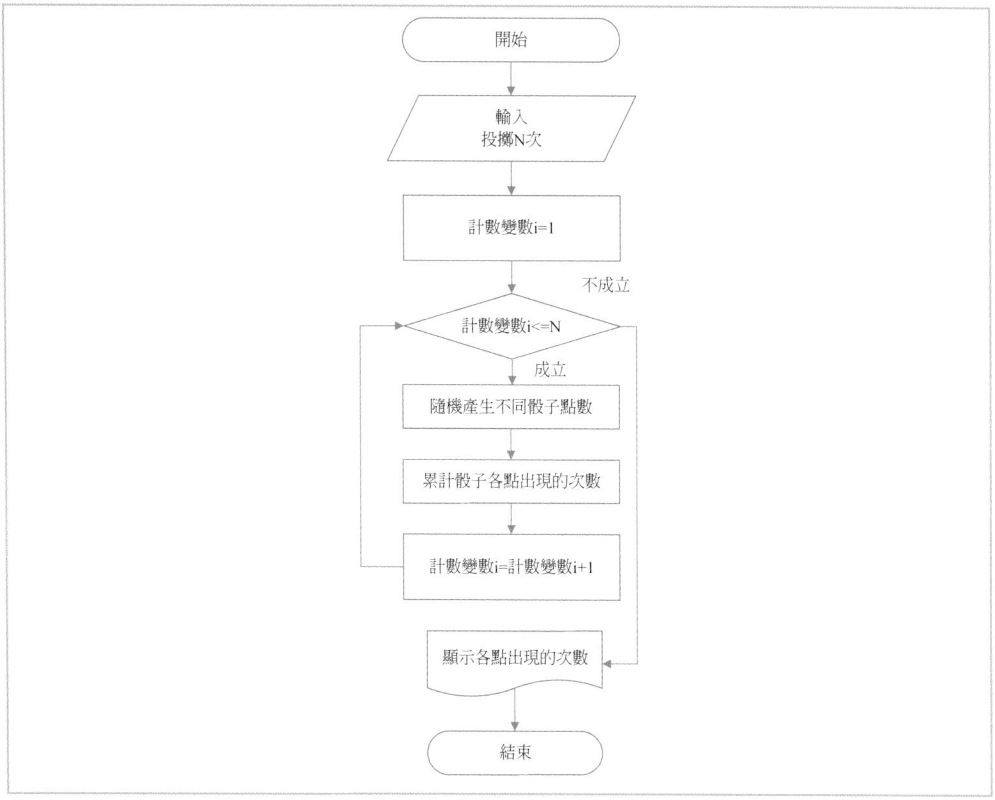

開始

輸入
投擲N次

計數變數i=1

計數變數i<=N（不成立 → 顯示各點出現的次數；成立 ↓）

隨機產生不同骰子點數

累計骰子各點出現的次數

計數變數i=計數變數i+1（→ 返回 計數變數i<=N）

顯示各點出現的次數

結束

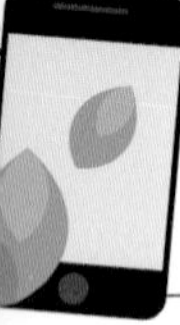

【介面設計】

手機頁面設計	專案所需元件
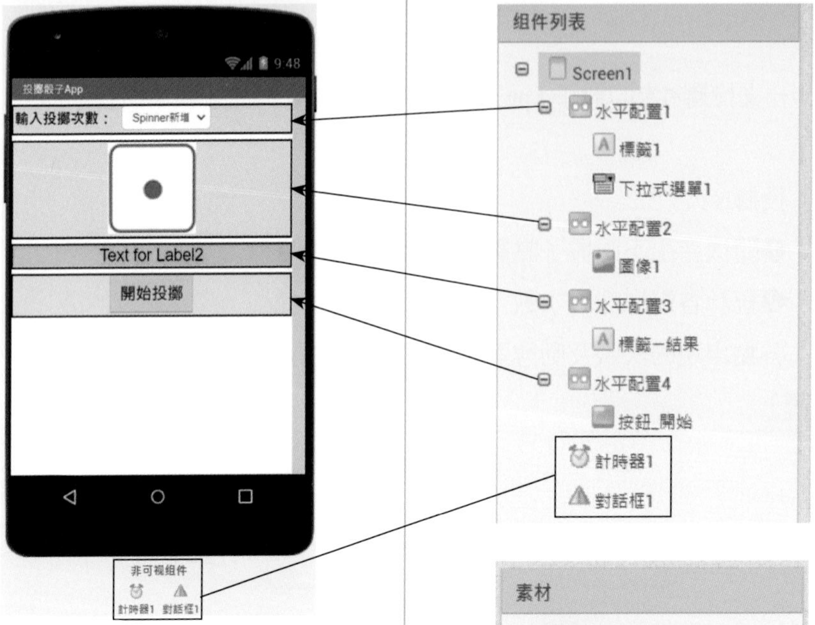 9:48 投擲骰子App 輸入投擲次數： Spinner新增 Text for Label2 開始投擲 非可視組件 計時器1 對話框1	 組件列表 Screen1 水平配置1 標籤1 下拉式選單1 水平配置2 圖像1 水平配置3 標籤-結果 水平配置4 按鈕_開始 計時器1 對話框1 素材 Pic_1.png Pic_2.png Pic_3.png Pic_4.png Pic_5.png Pic_6.png 上傳文件...

【程式設計】

1. 宣告變數

拼圖程式	檔案名稱：ch4_Q7_RollDice.aia

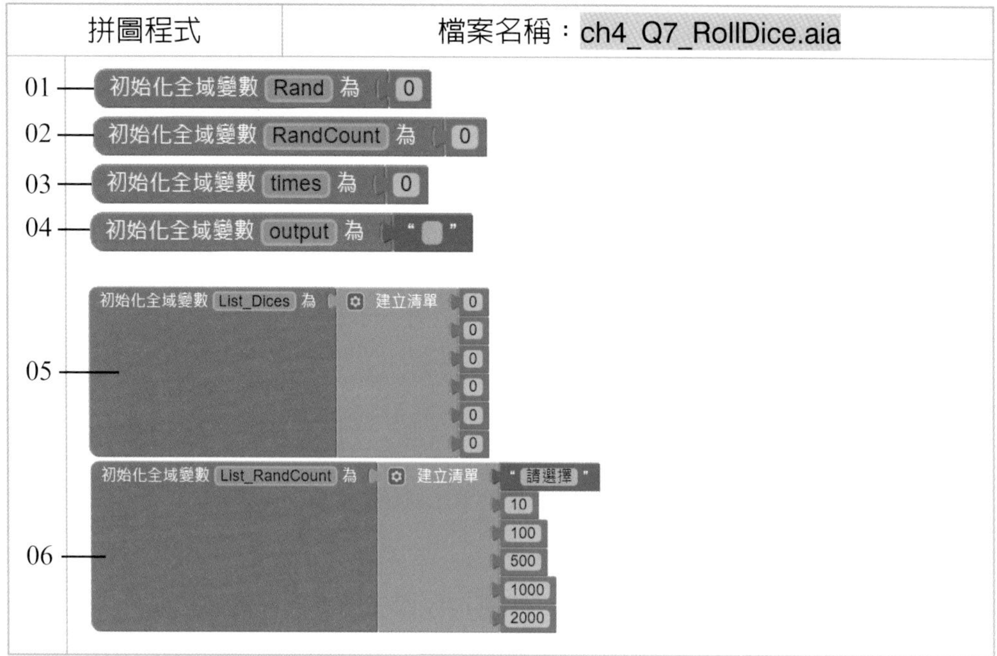
01
初始化全域變數 Rand 為 0
02
初始化全域變數 RandCount 為 0
03
初始化全域變數 times 為 0
04
初始化全域變數 output 為 " "
05
初始化全域變數 List_Dices 為 建立清單 0 0 0 0 0 0
06
初始化全域變數 List_RandCount 為 建立清單 " 請選擇 " 10 100 500 1000 2000

說明

行號01～04：宣告四個全域性變數，其中目的分別如下：

Rand變數：用來記錄每次投擲骰子的點數。

RandCount變數：用來記錄使用者輸入投擲骰子的總次數。

times變數：用來記錄目前正投擲骰子第幾次。

output變數：用來顯示記錄各點出現的次數及相關資訊。

行號05：宣告List_Dices爲清單陣列，初始值設爲0。其目的用來記錄投擲骰子之後，各點出現的次數。

行號06：宣告List_RandCount爲清單陣列。其目的用來顯示下拉式清單，讓使用者選擇欲投擲骰子的次數。

2. 頁面初始化及選擇下拉式清單

拼圖程式	檔案名稱：ch4_Q7_RollDice.aia

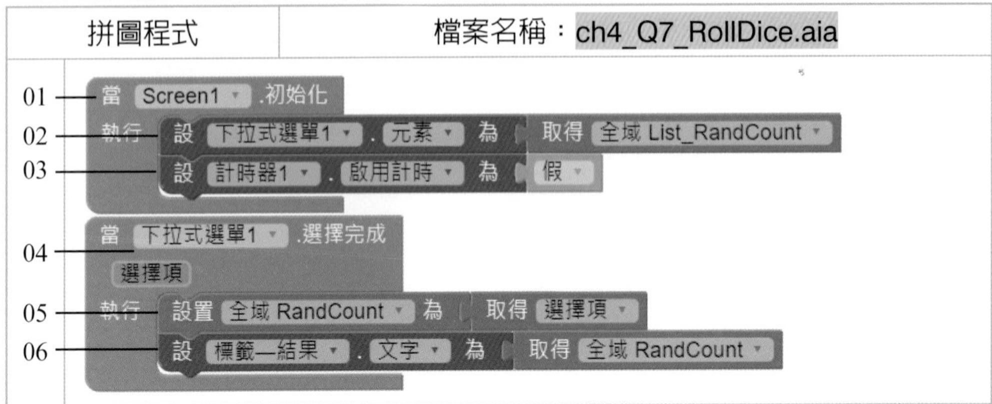

說明

行號01：頁面初始化。

行號02：將投擲次數的各種選項，載入到「物件清單」中。

行號03：計時器元件，設定為關閉狀態。

行號04：當使用者利用下拉式選單元件來選擇投擲次數之後，就會自動觸發選擇完成事件。

行號05～06：將選擇投擲次數指定給RandCount變數，並顯示在螢幕上。

3. 定義「SetEmpty」副程式

拼圖程式	檔案名稱：ch4_Q7_RollDice.aia

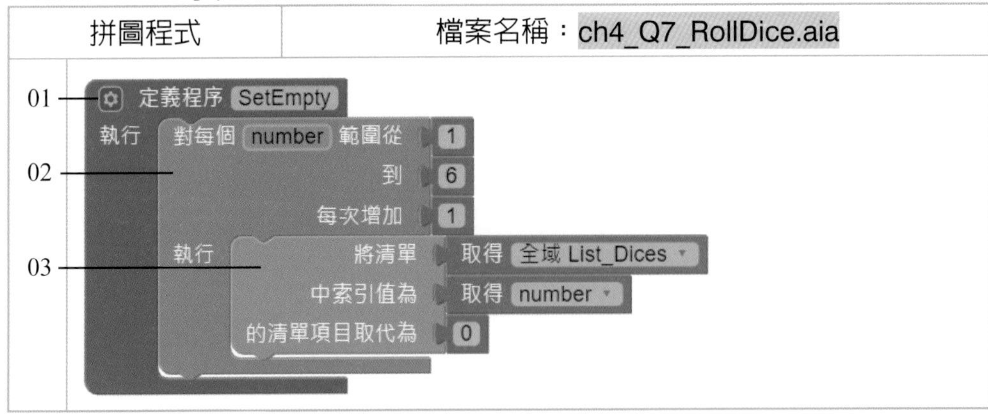

說明

行號01：定義「SetEmpty」副程式。

行號02～03：利用迴圈來設定List_Dises清單陣列之元素內容皆為0。

4. 撰寫「開始投擲」鈕的程式

拼圖程式	檔案名稱：ch4_Q7_RollDice.aia

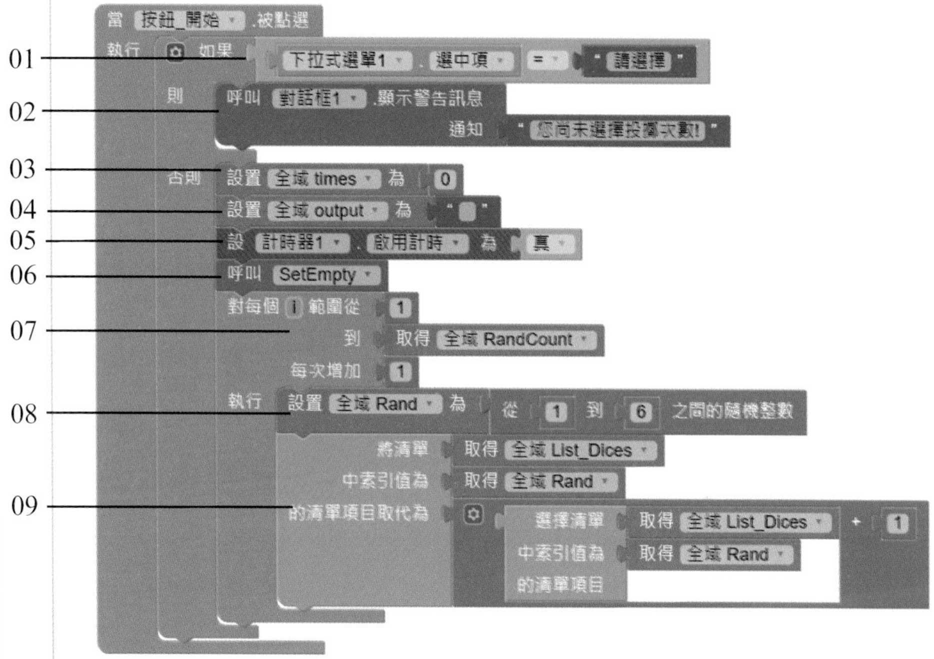

```
   當 按鈕_開始 .被點選
   執行
01   如果 下拉式選單1 . 選中項 = "請選擇"
02   則 呼叫 對話框1 .顯示警告訊息
          通知 "您尚未選擇投擲次數!"
03   否則 設置 全域 times 為 0
04        設置 全域 output 為 " "
05        設 計時器1 . 啟用計時 為 真
06        呼叫 SetEmpty
07        對每個 i 範圍從 1
               到 取得 全域 RandCount
               每次增加 1
08        執行 設置 全域 Rand 為 從 1 到 6 之間的隨機整數
               將清單 取得 全域 List_Dices
               中索引值為 取得 全域 Rand
09             的清單項目取代為 選擇清單 取得 全域 List_Dices
                               中索引值為 取得 全域 Rand
                               的清單項目 + 1
```

說明

行號01～02：當使用者尚未選擇投擲次數，按下「開始投擲」鈕時，就會出現「您尚未選擇投擲次數!」。

行號03～04：設定times變數值為0，並且output變數為空字串。

行號05：Clock時鐘元件，設定為開啓狀態。

行號06：呼叫「SetEmpty」副程式，用來設定List_Dises清單陣列之元素內容皆為0。

行號07～08：利用迴圈來投擲使用者設定的次數，並且1～6來隨機產生不同的值。

行號09：用來累計投擲骰子各點出現的次數。

5. 撰寫「開始投擲」鈕的程式

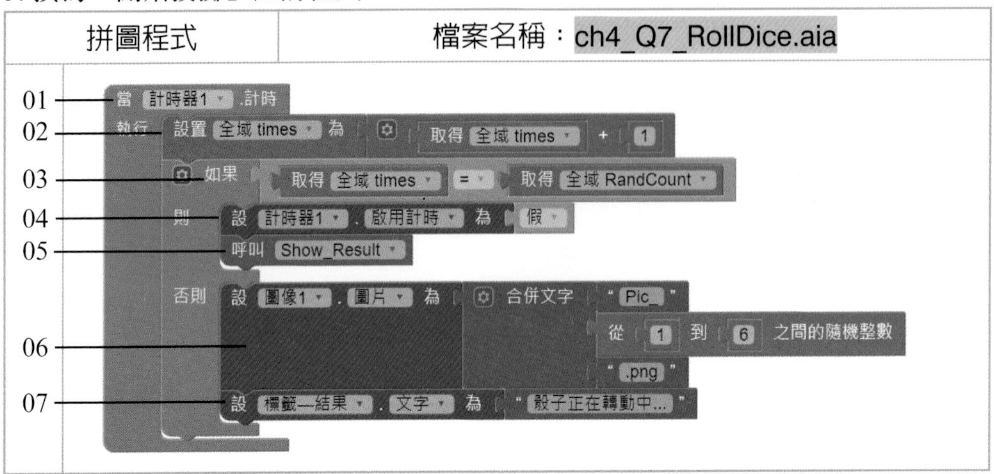

說明

行號01：當Clock時鐘元件被開啓時，就會觸發計時器的事件

行號02：利用times變數來記錄目前投擲骰子的次數，每一秒計記一次。

行號03～04：如果「目前投擲骰子的次數」等於「使用者設定的次數」時，Clock時鐘元件，設定爲關閉狀態。亦即停止骰子轉動。

行號05：呼叫「Show_Result」副程式，其目的用來顯示各點出現的次數。

行號06～07：如果尚未達到「使用者設定的次數」時，則骰子就會繼續轉動。

6. 定義「Show_Result」副程式

拼圖程式	檔案名稱：ch4_Q7_RollDice.aia
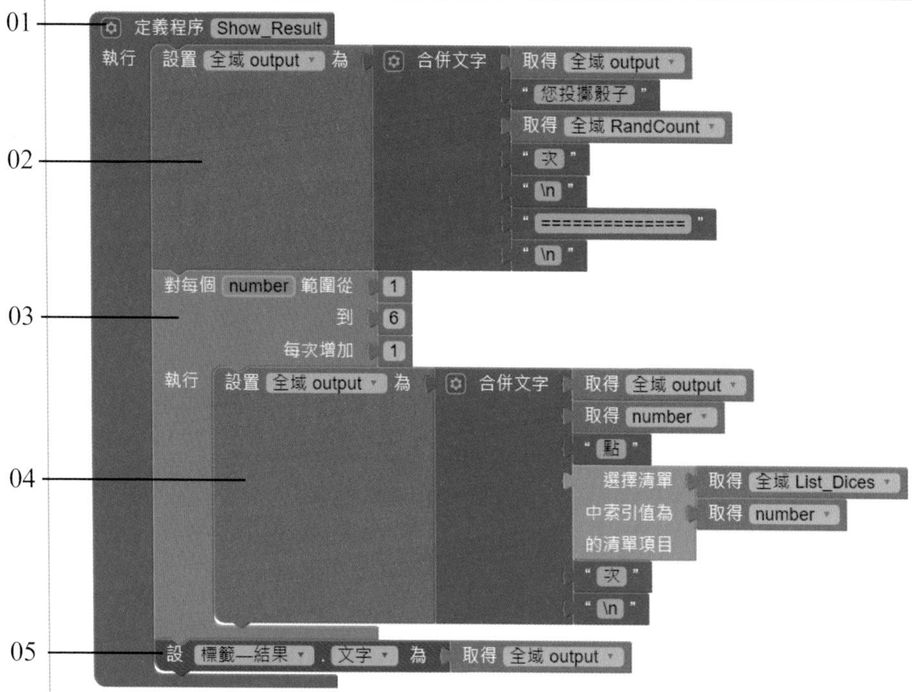 01 02 03 04 05	定義程序 Show_Result 執行 設置 全域 output 為 合併文字 取得 全域 output "您投擲骰子" 取得 全域 RandCount "次" "\n" "==============" "\n" 對每個 number 範圍從 1 到 6 每次增加 1 執行 設置 全域 output 為 合併文字 取得 全域 output 取得 number "點" 選擇清單 取得 全域 List_Dices 中索引值為 取得 number 的清單項目 "次" "\n" 設 標籤—結果 . 文字 為 取得 全域 output

說明

行號01：定義「Show_Result」副程式，其目的用來顯示各點出現的次數的程式。

行號02：用來顯示「您投擲骰子XX次」及「=================」等標頭資訊。

行號03～05：利用迴圈來顯示各點出現的次數，最後，再將輸出資訊顯示到螢幕上。

【執行結果】

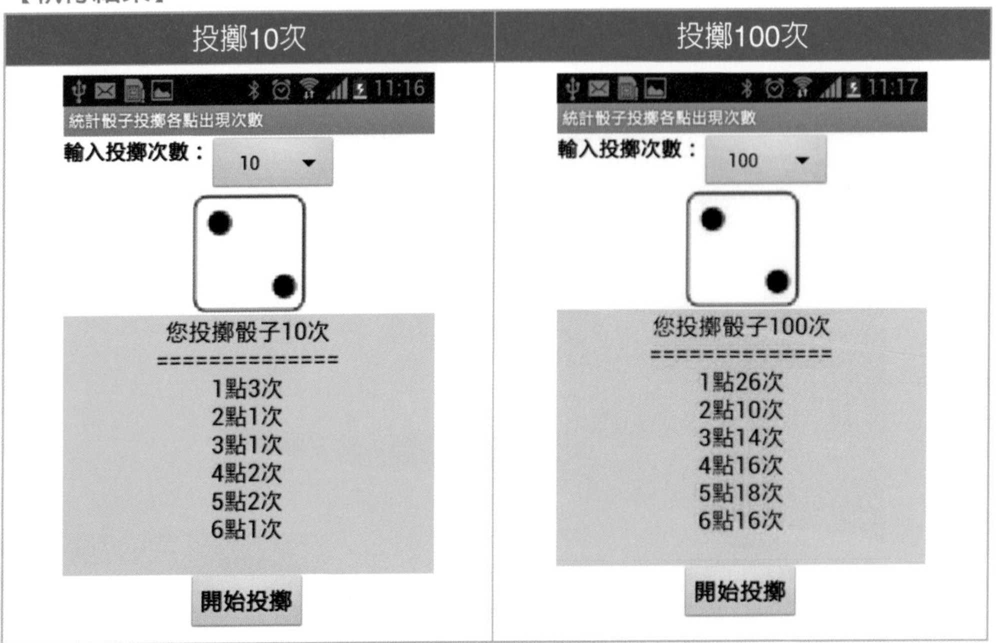

4-8 隨堂抽籤App

【分析】

(1)輸入：總人數、抽出N支籤

(2)處理：❶隨機產生N支籤

❷如果有重複時，則必須要重抽，直到全部皆不重複爲止。

(3)輸出：顯示N支不重複的籤。

【流程圖】

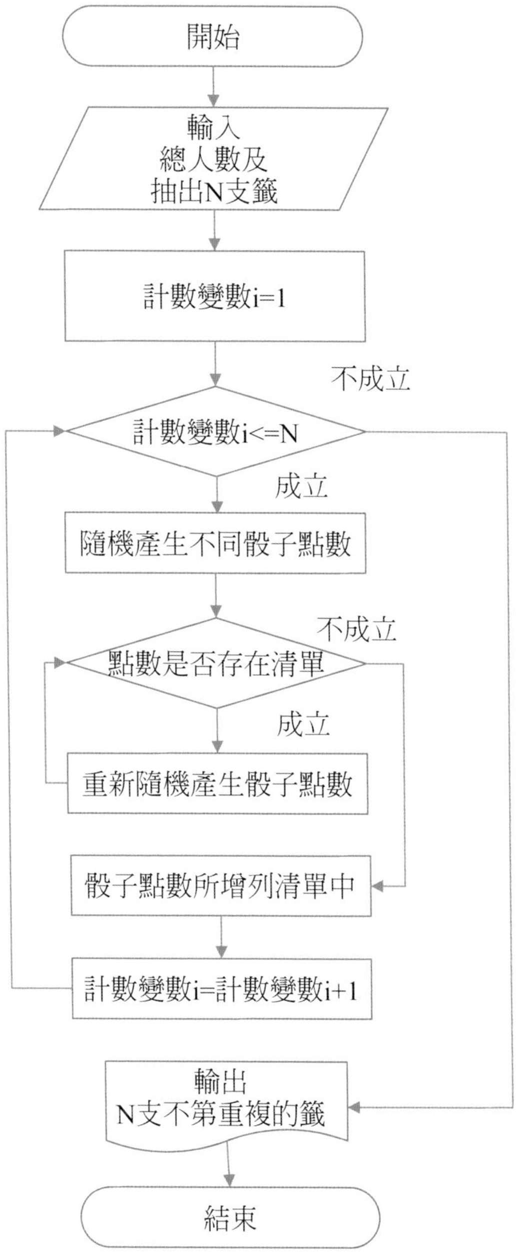

開始
↓
輸入
總人數及
抽出N支籤
↓
計數變數i=1
↓
計數變數i<=N（不成立 → 輸出N支不第重複的籤）
↓ 成立
隨機產生不同骰子點數
↓
點數是否存在清單（不成立 → 骰子點數所增列清單中）
↓ 成立
重新隨機產生骰子點數（→ 點數是否存在清單）
↓
骰子點數所增列清單中
↓
計數變數i=計數變數i+1（→ 計數變數i<=N）

輸出
N支不第重複的籤
↓
結束

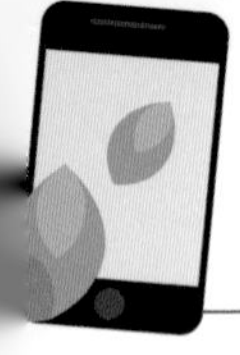

【介面設計】

手機頁面設計	專案所需元件
9:48 隨堂抽籤App 座號(總人數) 50 抽出 10 支 抽籤 ===抽出結果===	組件列表 Screen1 水平配置1 標籤1 文字輸入盒－總人數 水平配置2 標籤2 文字輸入盒－抽出數 標籤3 按鈕_抽籤 水平配置3 標籤4 水平配置4 標籤－結果

【程式設計】

1. 宣告變數

拼圖程式	檔案名稱：ch4_Q8_Ballot.aia

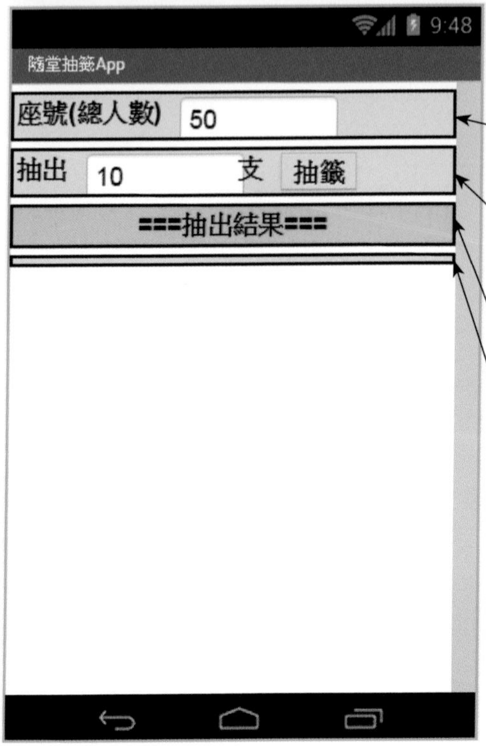

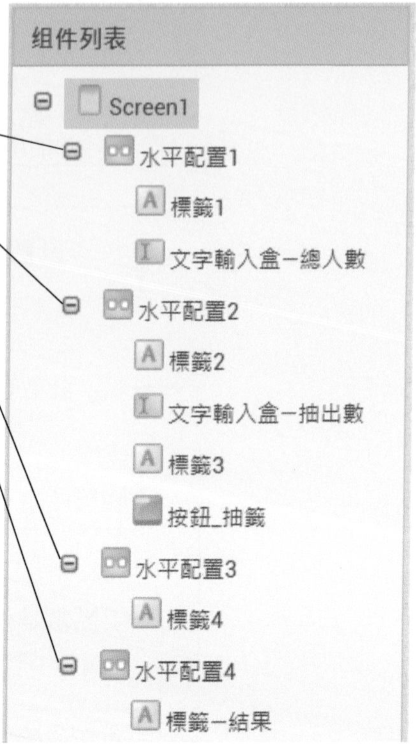

01
初始化全域變數 ListBallot 為 建立空清單
02
初始化全域變數 Rand 為 0

說明

行號01：宣告ListBallot為清單陣列，初始值為空陣列。其目的用來記錄不重複的籤。

行號02：宣告Rand變數初始值爲0。其目的用來記錄每一次隨機亂數值。

2. 撰寫「抽籤」鈕之程式

拼圖程式	檔案名稱：ch4_Q8_Ballot.aia

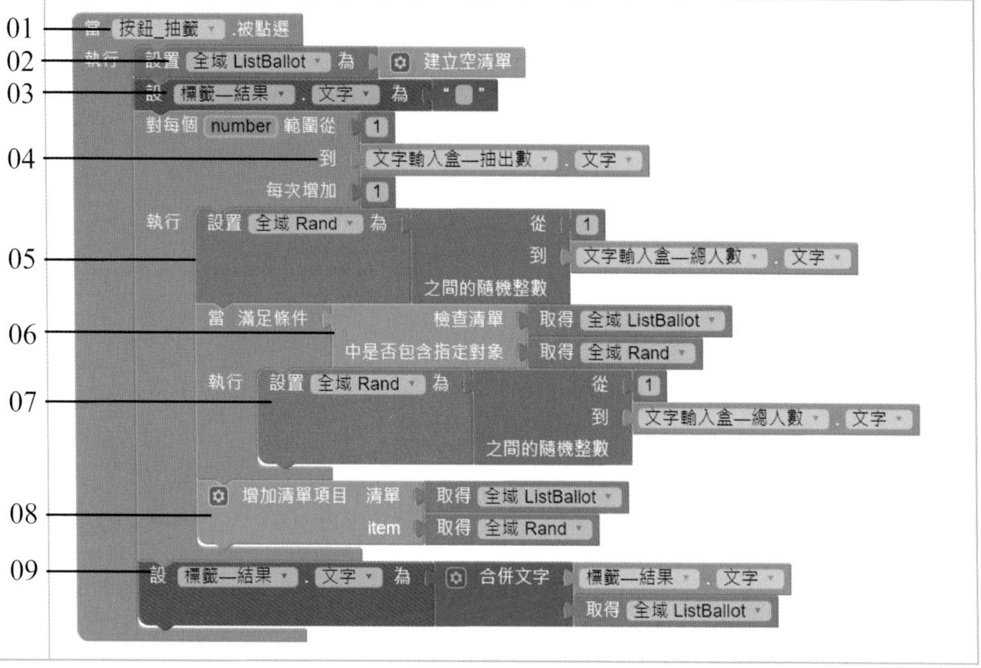

```
01 當 按鈕_抽籤 .被點選
02 執行 設置 全域 ListBallot 為 建立空清單
03 設 標籤—結果 . 文字 為 " "
   對每個 number 範圍從 1
04   到 文字輸入盒—抽出數 . 文字
     每次增加 1
   執行 設置 全域 Rand 為 從 1
05     到 文字輸入盒—總人數 . 文字
       之間的隨機整數
06   當 滿足條件 檢查清單 取得 全域 ListBallot
       中是否包含指定對象 取得 全域 Rand
07   執行 設置 全域 Rand 為 從 1
       到 文字輸入盒—總人數 . 文字
       之間的隨機整數
08   增加清單項目 清單 取得 全域 ListBallot
       item 取得 全域 Rand
09 設 標籤—結果 . 文字 為 合併文字 標籤—結果 . 文字
     取得 全域 ListBallot
```

說明

行號01：當使用者按下「抽籤」鈕時，就會觸發Click事件。

行號02：設定ListBallot清單陣列爲空陣列。

行號03：設定Rand變數值爲0。

行號04～05：利用迴圈來抽出指定支數的籤，其範圍爲1～Finial。

行號06～07：重複判斷目前抽出的籤是否已經被抽出，如果是的話，則必須要重抽。直到抽出N支不重複的籤爲止。

行號08～09：如果是不重複的籤就會被加入到ListBallot清單陣列中，最後，在顯示在螢幕上。

【執行結果】

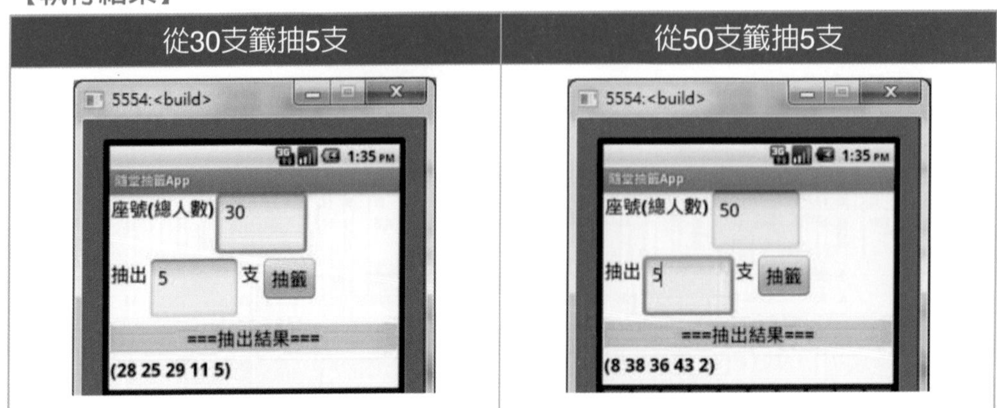

4-9 《終極密碼》遊戲App

【分析】

(1)輸入：使用者隨機挑選一個數值（1～100之間）

(2)處理：❶判斷您隨機挑選的數值是否與系統自動產生亂數相同

❷如果猜錯，則系統會依照你猜的數字來縮小範圍，直至你猜中為止

(3)輸出：猜中時的總次數

【演算法】

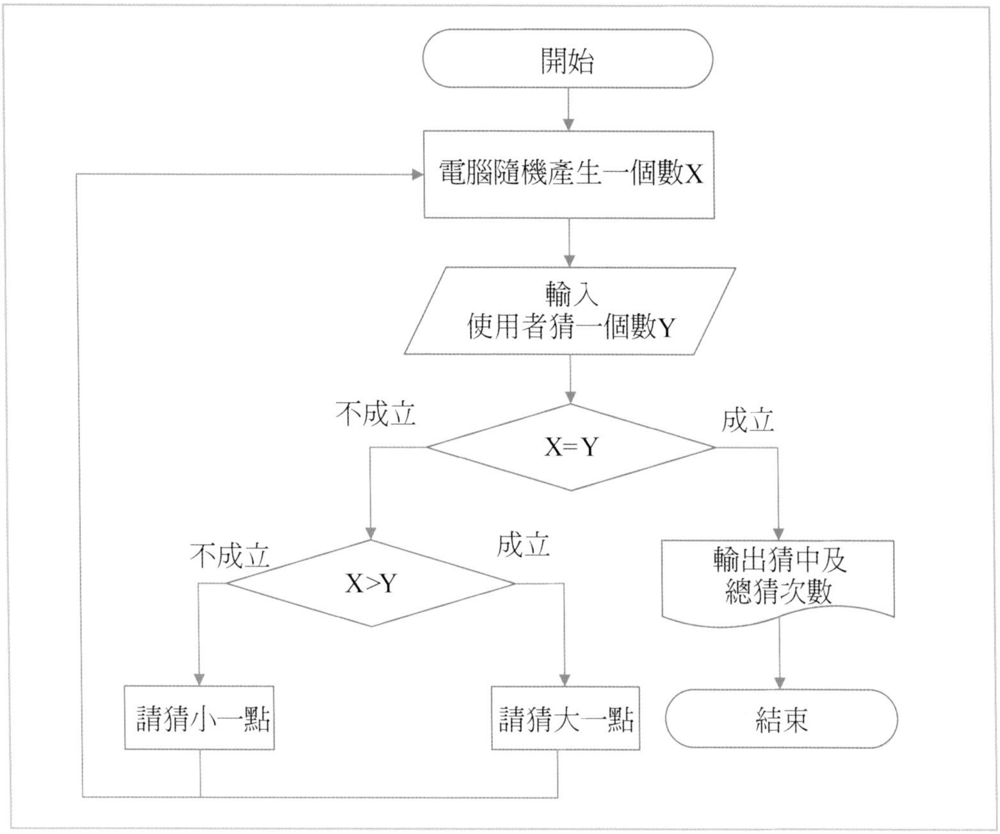

開始
電腦隨機產生一個數X
輸入
使用者猜一個數Y
不成立
X=Y
成立
不成立
X>Y
成立
輸出猜中及
總猜次數
請猜小一點
請猜大一點
結束

【介面設計】

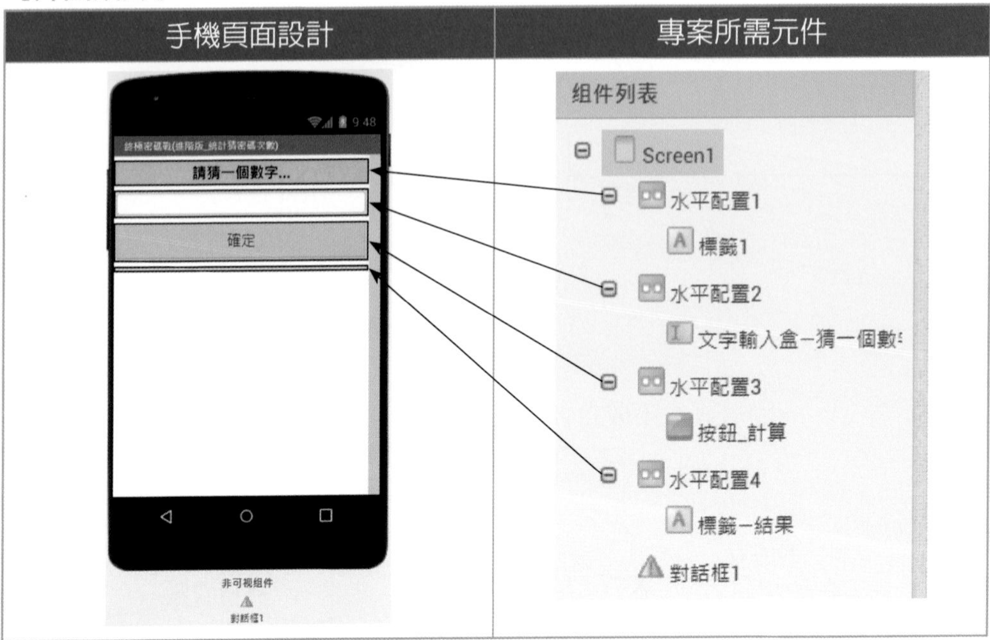

【程式設計】

1. 宣告及定義「確定」鈕的程式

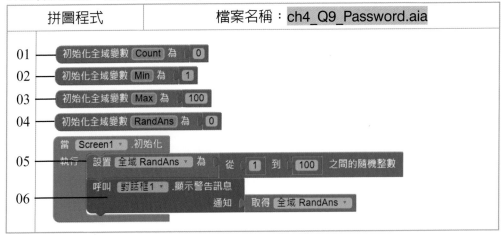

拼圖程式	檔案名稱：ch4_Q9_Password.aia
01	初始化全域變數 Count 為 0
02	初始化全域變數 Min 為 1
03	初始化全域變數 Max 為 100
04	初始化全域變數 RandAns 為 0
05	當 Screen1 .初始化 執行 設置 全域 RandAns 為 從 1 到 100 之間的隨機整數
06	呼叫 對話框1 .顯示警告訊息 通知 取得 全域 RandAns

拼圖程式	檔案名稱：ch4_Q9_Password.aia
	當 按鈕_計算 .被點選 執行 如果 或 或 文字輸入盒—猜一個數字 . 文字 = " " 07 文字輸入盒—猜一個數字 . 文字 < 取得 全域 Min 文字輸入盒—猜一個數字 . 文字 > 取得 全域 Max 則 設 標籤—結果 . 文字 為 合併文字 " 輸入錯誤,\n請輸入範圍在 " 取得 全域 Min " ~ " 08 取得 全域 Max " 內的數字 " 09 設置 全域 Count 為 取得 全域 Count + 1 10 否則 呼叫 CheckAns

說明

行號01：宣告變數Count爲全域性變數，初值設定爲0，其目的是用來儲存使用者猜終極密碼的次數。

行號02～03：宣告變數Min與Max爲全域性變數，初值皆設定爲0，其目的是用來儲存終極密碼的範圍（Min～Max）。

行號04：宣告變數RandAns爲全域性變數，初值設定爲0，其目的是用來儲存「終極密碼」的數字。

行號05：利用變數RandAns來儲存終極密碼的值（1～100）

行號06：利用對話框元件來顯示終極密碼的值。==>本功能只提供給設計者使用。以便快速測試。

行號07：用來檢查使用者是否有猜數字或符合終極密碼的範圍（Min～Max）

行號08：如果未符合輸入的規則，就會在螢幕上顯示「輸入錯誤,請猜Min～Max範圍內的數字」。

行號09：利用Count計數變數用來記錄「猜終極密碼的總次數」

行號10：如果符合輸入的規則，則呼叫「CheckAns」副程式，來檢查是否有猜中。

2. 定義檢查是否有猜中的「CheckAns」副程式

拼圖程式	檔案名稱：ch4_Q9_Password.aia

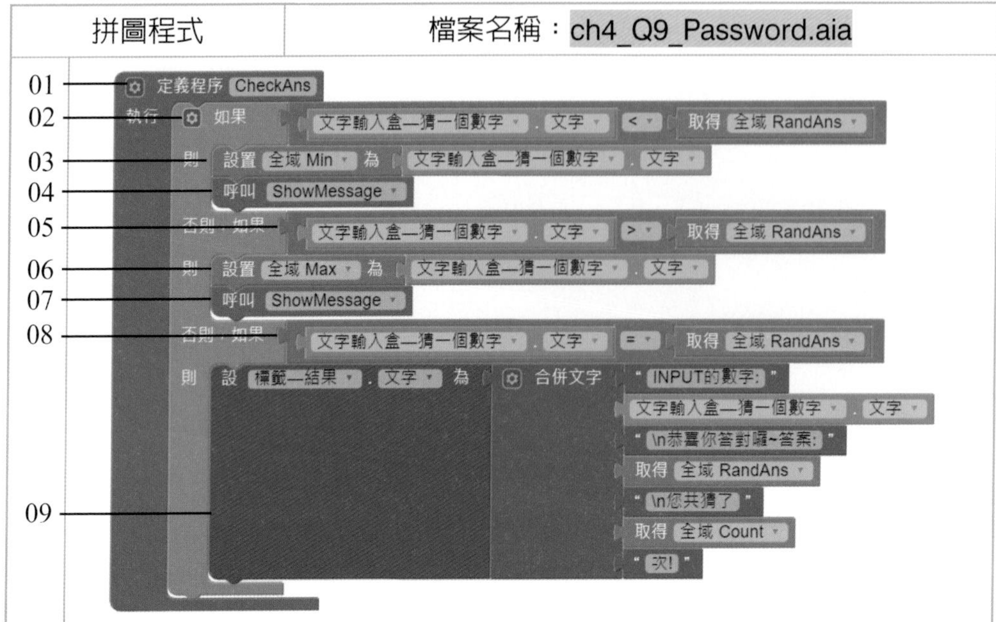

說明

行號01：定義檢查是否有猜中的「CheckAns」副程式。

行號02～03：如果「猜數字」小於「終極密碼」，則Min是就你猜的數字。

行號04：呼叫顯示「猜錯終極密碼」的相關訊息。

行號05～06：如果「猜數字」大於「終極密碼」，則Max是就你猜的數字。

行號07：呼叫顯示「猜錯終極密碼」的相關訊息。

行號08～09：如果「猜數字」等於「終極密碼」，則顯示「猜對終極密碼」的相關訊息。

3. 定義顯示「猜錯終極密碼」的相關訊息「ShowMessage」副程式

拼圖程式	檔案名稱：ch4_Q9_Password.aia

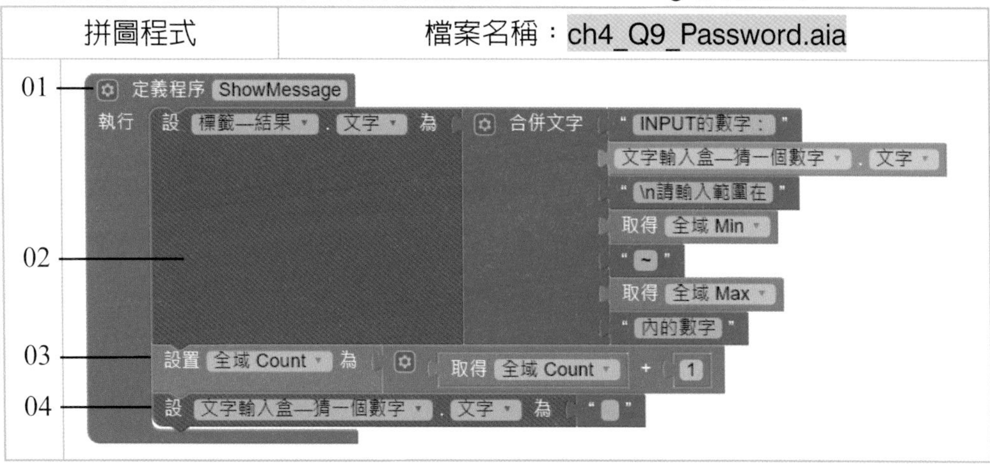

說明

行號01：定義顯示「猜錯終極密碼」的相關訊息「ShowMessage」副程式

行號02：在螢幕上顯示「猜錯終極密碼」的相關訊息。

行號03～04：利用Count計數變數用來記錄「猜終極密碼的總次數」，並清空使用者猜的數字。

【執行結果】

尚未猜數字	輸出結果（猜錯與猜對）

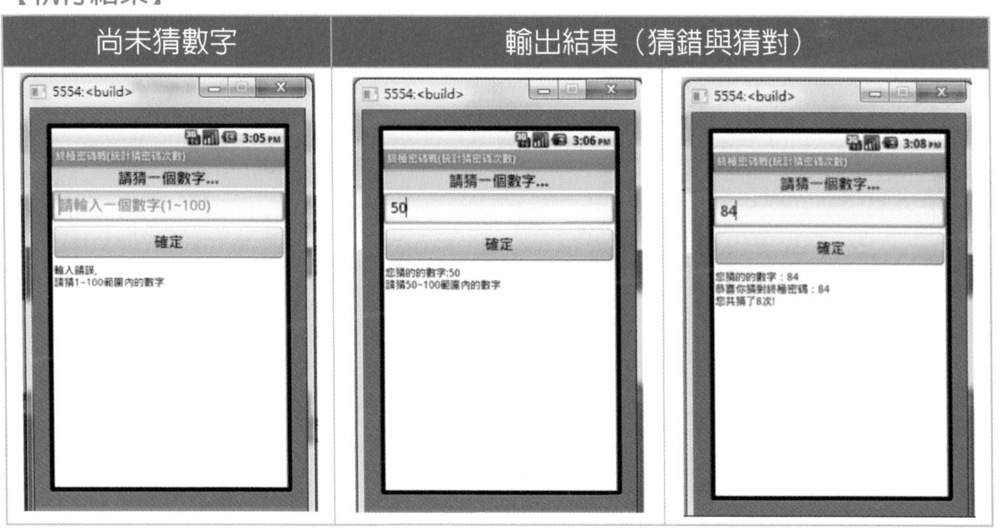

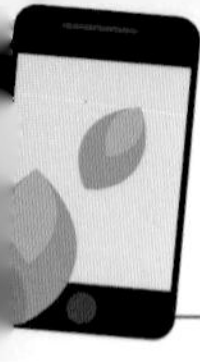

4-10 1A2B猜數字遊戲App

【分析】

(1)輸入：三個不重複的數字

(2)處理：❶如果數字與位置皆與「正確答案」相同時，就會顯示「A」

❷如果數字相同，但位置與「正確答案」不相同時，就會顯示「B」

❸根據以上步驟，直到猜中為止。

(3)輸出：幾A幾B或猜中

【流程圖】

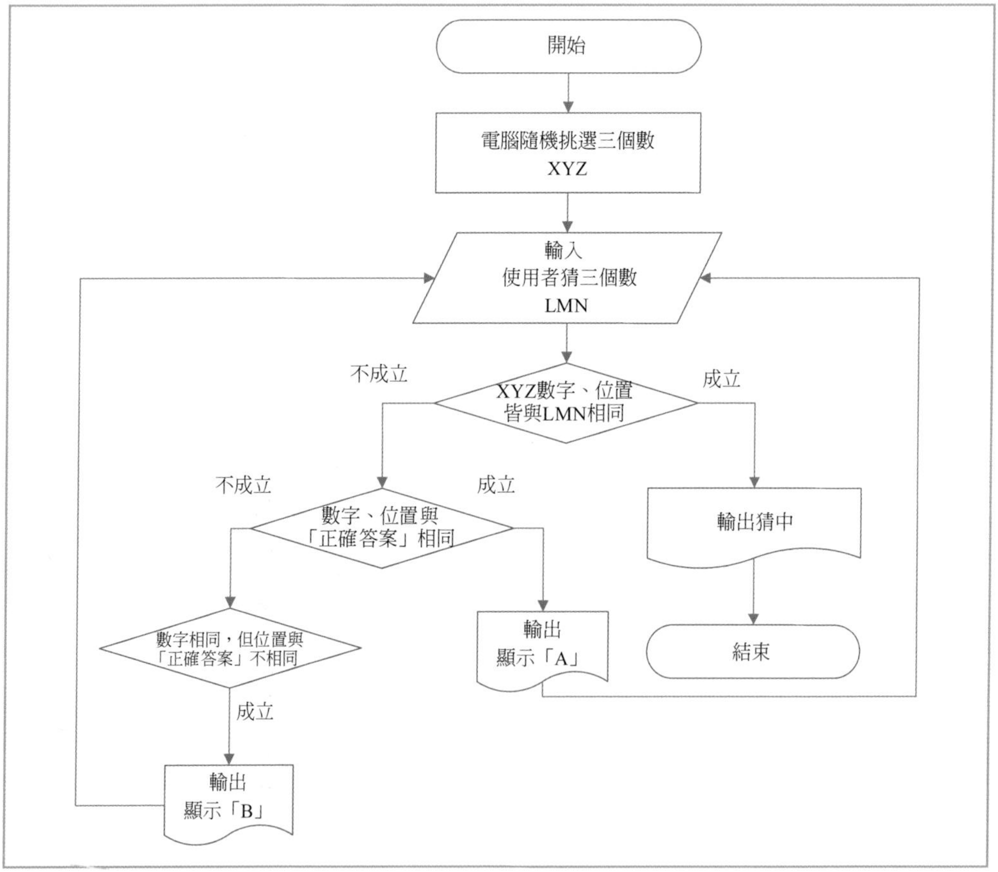

【介面設計】

【關鍵程式】

完整的程式碼，請參閱附書光碟。

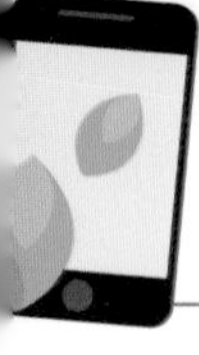

1. 定義A1B2副程式

拼圖程式	檔案名稱：ch4_Q10_1A2B.aia

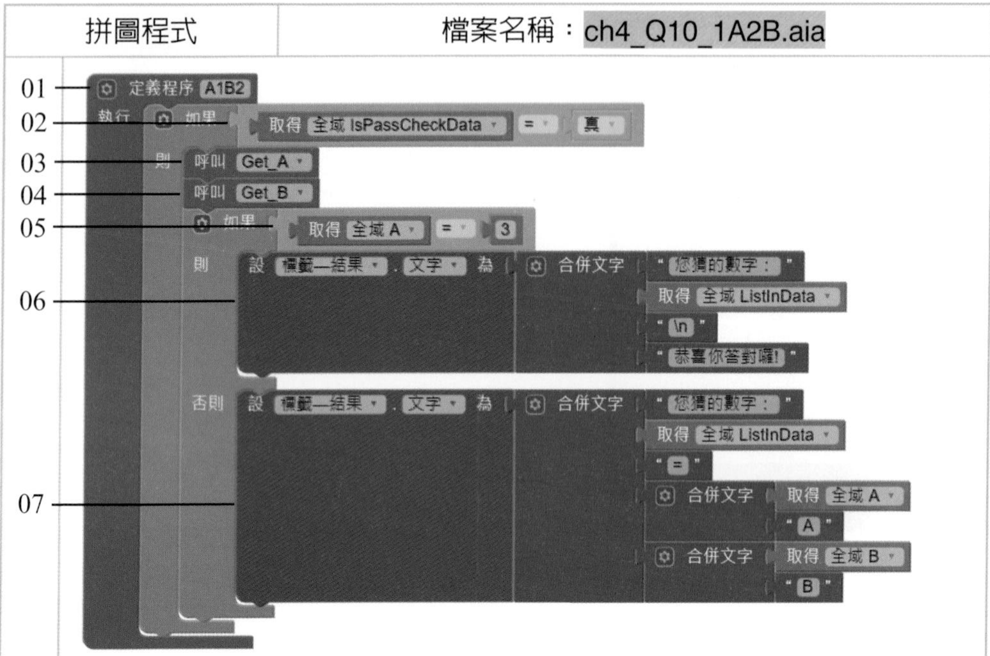

說明

行號01：定義A1B2副程式，其目的用來計算是否有猜中終極密碼。

行號02～04：如果IsPassCheckData爲true，代表使用者輸入的數字沒有重複字，可以呼叫Get_A及Get_B兩個副程式。

行號05～06：如果A的值爲3，代表爲3A，亦即使用者猜中終極密碼。

行號07：否則，就會顯示幾A幾B。

2. 定義「Get_A」副程式

拼圖程式	檔案名稱：ch4_Q10_1A2B.aia

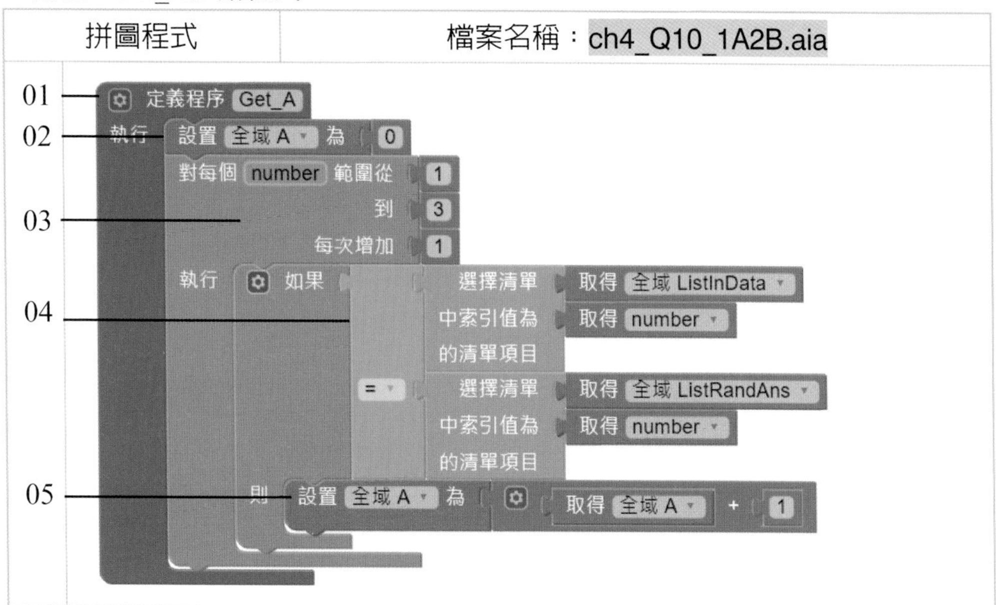

說明

行號01：定義「Get_A」副程式，其目的用來計算是否有猜中終極密碼。

行號02：設定變數A爲0。

行號03～04：利用for each迴圈及if條件式，依序判斷使用者輸入的數字與位置與「正確答案」是否皆相同。

行號05：如果數字與位置與「正確答案」皆相同時，則A的值就會加1。

3. 定義「Get_B」副程式

拼圖程式	檔案名稱：ch4_Q10_1A2B.aia

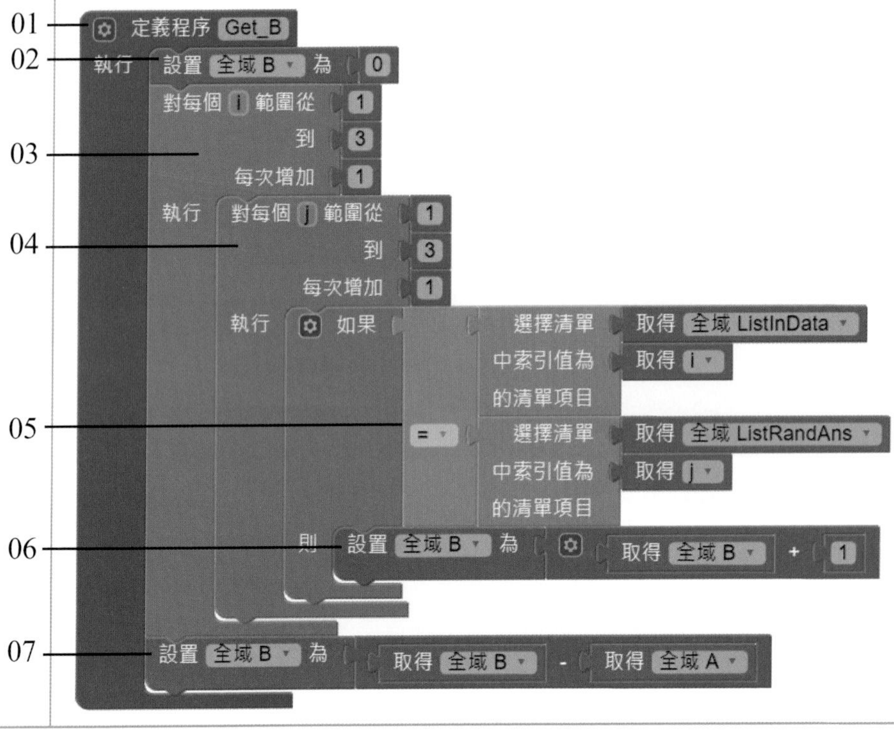

```
01 定義程序 Get_B
02 執行 設置 全域 B 為 0
03      對每個 i 範圍從 1
              到 3
              每次增加 1
04      執行 對每個 j 範圍從 1
                   到 3
                   每次增加 1
              執行 如果  選擇清單 取得 全域 ListInData
                        中索引值為 取得 i
                        的清單項目
05                    =  選擇清單 取得 全域 ListRandAns
                        中索引值為 取得 j
                        的清單項目
06                   則 設置 全域 B 為 取得 全域 B + 1
07      設置 全域 B 為 取得 全域 B - 取得 全域 A
```

說明

行號01：定義「Get_B」副程式，其目的用來計算數字相同，但位置與「正確答案」不相同時，出現的次數。

行號02：設定變數B爲0。

行號03～06：利用巢狀for each迴圈及if條件式來計算數字相同，但位置與「正確答案」不相同的次數，並指定次數給B變數。

行號07：由於B變數的值會包含「數字與位置與「正確答案」皆相同」的A值，因此必要再減掉A的值。

【執行結果】

尚未猜數字	輸出結果（答錯與答對）	
20:09 1A2B猜數字遊戲(完整程式)可反覆猜 請輸入三個不重複的數字 請輸入3個不重複的數字 確定 (4 3 2) 檢查無填寫或不是輸入3個數字	20:10 1A2B猜數字遊戲(完整程式)可反覆猜 請輸入三個不重複的數字 123 確定 (4 3 2) 您猜的數字：(1 2 3)=0A2B	20:10 1A2B猜數字遊戲(完整程式)可反覆猜 請輸入三個不重複的數字 432 確定 (4 3 2) 您猜的數字：(4 3 2) 恭喜你答對囉!

Chapter 5

程序（副程式）的應用

本章學習目標

1. 讓讀者瞭解「主程式」與「副程式」的呼叫方式及如何傳遞參數。
2. 讓讀者瞭解「主程式」與「副程式」的運用時機與方法。

本章學習內容

5-1 利用副程式計算圓的「面積與周長」App

5-2 利用副程式計算「一元二次方程式」App

5-3 利用副程式計算「攝氏轉換成華氏」App

5-4 利用副程式計算「BMI」App

5-5 利用副程式計算「N!階乘」App

5-6 利用副程式計算「Fibonacci(N)費氏數列」App

5-7 利用副程式計算「(1 + 2) + (1 + 2 + 3) + … (1+2+3+…+10)」App

5-8 利用副程式計算「閏年」App

5-9 利用副程式「語音跨年倒數計時器」App

5-10 利用副程式「檢查密碼」App

5-1 利用副程式計算圓的「面積與周長」App

請利用副程式的方式，設計一個APP程式，可以計算圓的「面積與周長」。

【分析】

(1)輸入：圓的半徑R

(2)處理：圓面積公式 = PI *R^2

圓周長公式 = 2*PI*R

，其中PI = 3.14

(3)輸出：圓面積

【流程圖】

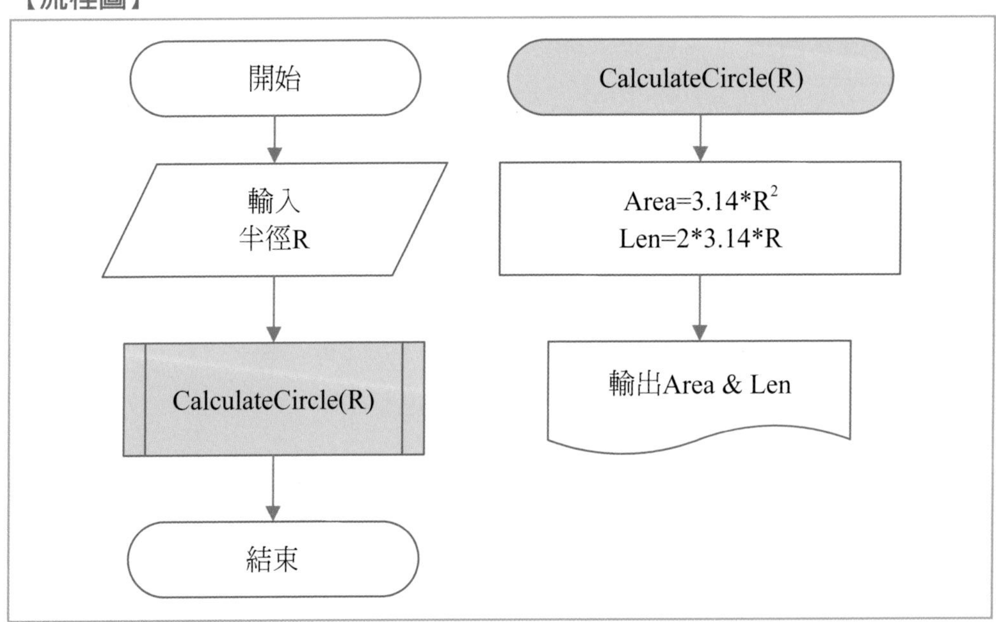

【介面設計】

手機頁面設計	專案所需元件
9:48 利用副程式計算圓的「面積與周長」App 請輸入半徑R： 圓面積： Label_Area 圓周長： Label_Len 計算	組件列表 Screen1 水平配置1 標籤1 TextBox_R 水平配置2 標籤2 標籤—圓面積 水平配置3 標籤3 標籤—圓周長 水平配置4 按鈕_計算

【程式設計】

1. 宣告變數

拼圖程式	檔案名稱：ch5_Q1_SubArea.aia

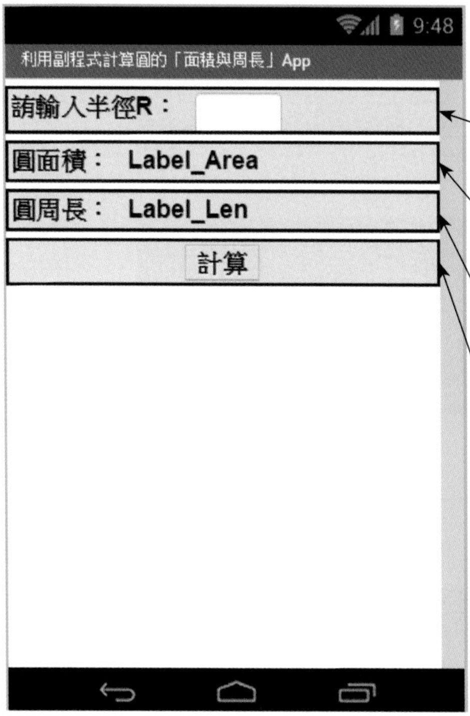

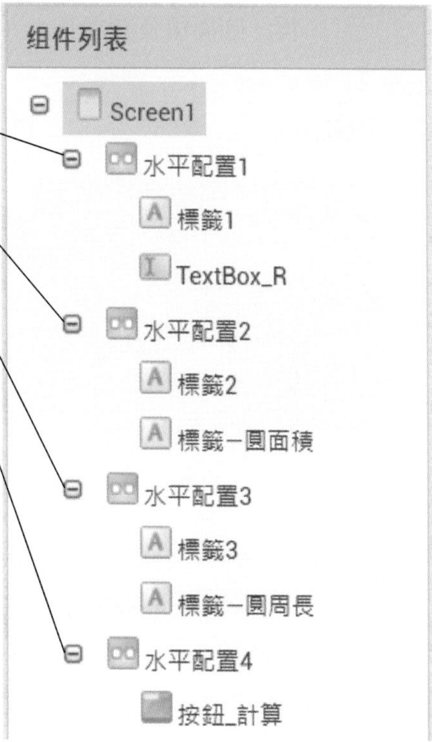

01 初始化全域變數 R 為 0
02 初始化全域變數 Area 為 0
03 初始化全域變數 Len 為 0

說明

行號01～03：宣告R, Area及Len三個變數的初值皆爲0，其目的分別用來記錄「半徑、圓面積及圓周長」。

2. 定義「CalculateCircle」副程式

拼圖程式	檔案名稱：ch5_Q1_SubArea.aia
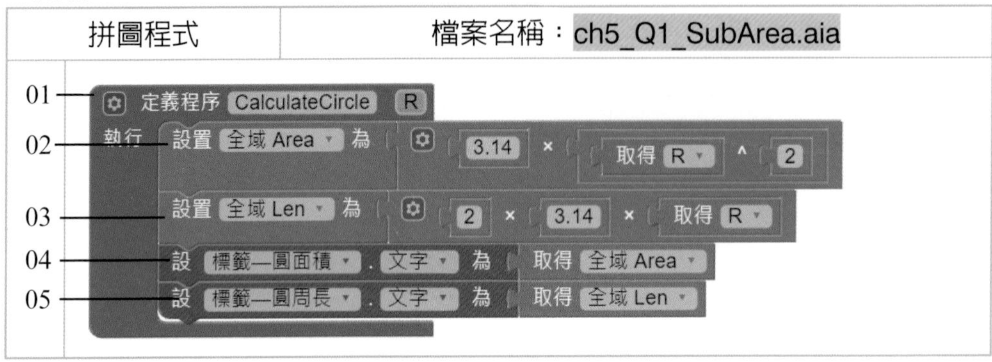	

說明

行號01：定義「CalculateCircle」副程式，其中R參數，就是主程式傳遞過來的變數。其目的用來計算圓面積及圓周長。

行號02：計算圓面積公式 = $PI*R^2$，其中PI = 3.14

行號03：計算圓周長公式 = 2*PI*R，其中PI = 3.14

行號04～05：在螢幕上顯示「圓面積及圓周長」。

3. 撰寫「計算」鈕程式

拼圖程式	檔案名稱：ch5_Q1_SubArea.aia
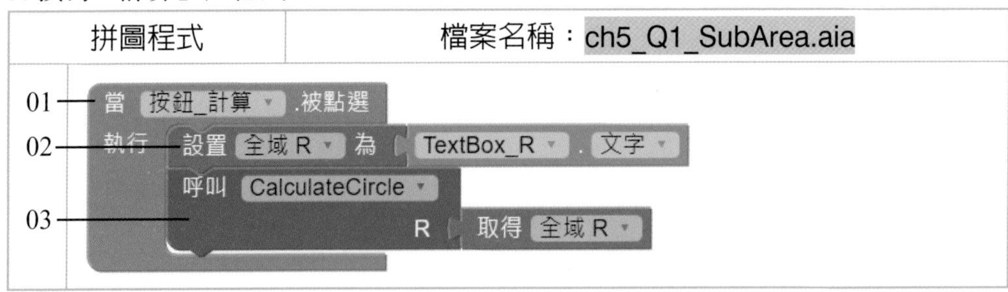	

說明

行號01：當使用者按下「計算」鈕，就會觸發被點選事件。

行號02：將使用者輸入的「半徑」指定給R變數。

行號03：呼叫「CalculateCircle」副程式，並傳遞R變數過去。

【執行結果】

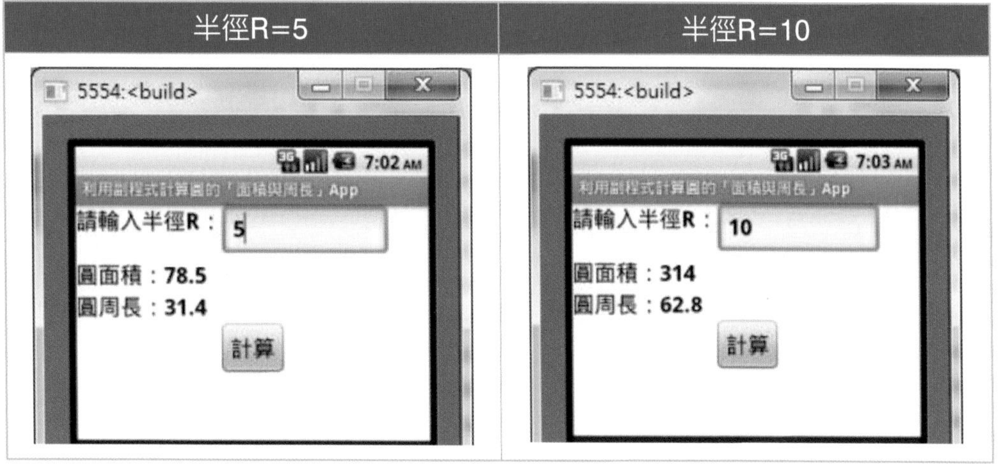

5-2 利用副程式計算「一元二次方程式」App

請利用副程式的方式，設計一個APP程式，可以計算「$X^2 + 2X + 1$」的方程式。

【分析】

(1)輸入：X

(2)處理：$Y = X^2 + 2X + 1$

(3)輸出：Y

【流程圖】

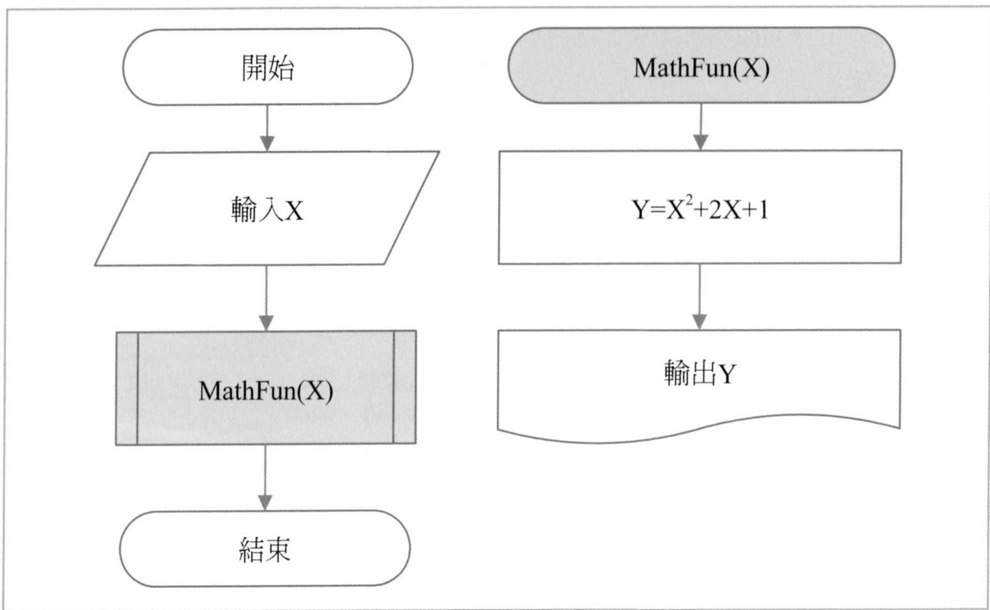
開始
輸入X
MathFun(X)
結束
MathFun(X)
Y=X^2+2X+1
輸出Y

【介面設計】

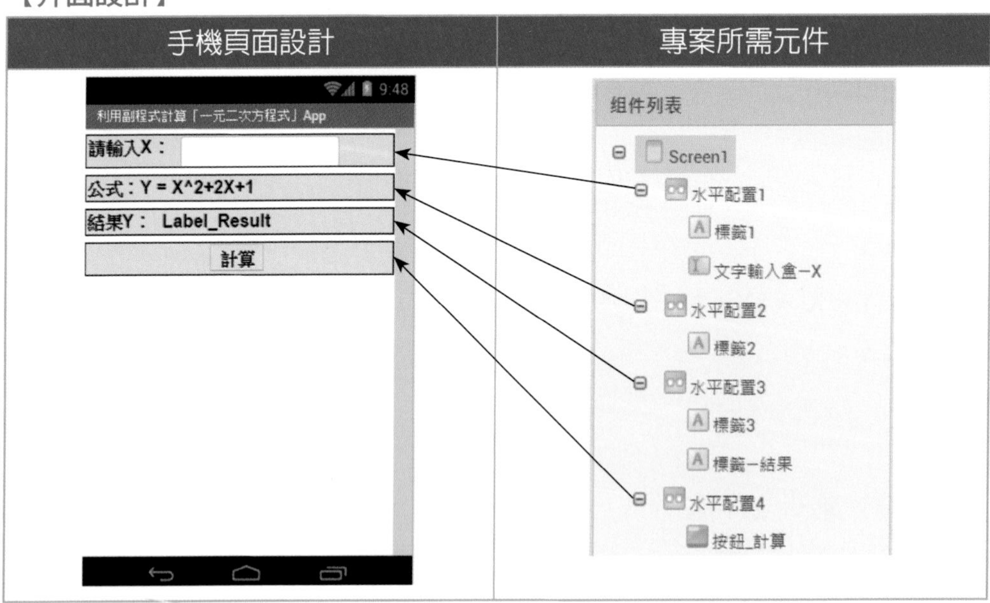
手機頁面設計
專案所需元件
9:48
利用副程式計算「一元二次方程式」App
請輸入X：
公式：Y = X^2+2X+1
結果Y： Label_Result
計算
組件列表
Screen1
水平配置1
標籤1
文字輸入盒-X
水平配置2
標籤2
水平配置3
標籤3
標籤-結果
水平配置4
按鈕_計算

【程式設計】

1. 宣告變數

拼圖程式	檔案名稱：ch5_Q2_MathFunction.aia

說明

行號01～02：宣告X及Y兩個變數的初值皆為0，其目的分別用來記錄「方程式中的未知數及計算結果」。

2. 定義「MathFun」副程式

拼圖程式	檔案名稱：ch5_Q2_MathFunction.aia
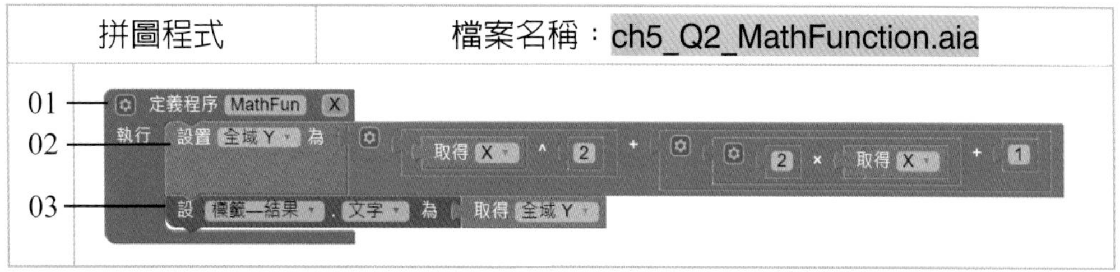	

說明

行號01：定義「MathFun」副程式，其中X參數，就是主程式傳遞過來的變數。其目的用來計算一元二次方程式。

行號02：計算$Y = X^2 + 2X + 1$一元二次方程式

行號03：顯示一元二次方程式的結果到螢幕上。

3. 撰寫「計算」鈕程式

拼圖程式	檔案名稱：ch5_Q2_MathFunction.aia
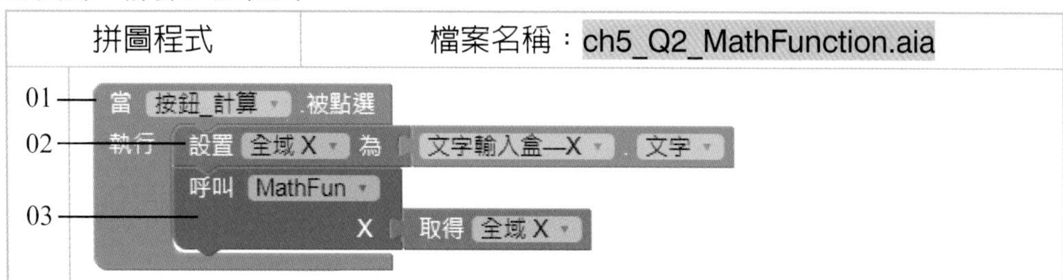	

說明

行號01：當使用者按下「計算」鈕，就會觸發被點選事件。

行號02：將使用者輸入的「未知數X值」指定給X變數。

行號03：呼叫「MathFun」副程式，並傳遞X變數過去。

【執行結果】

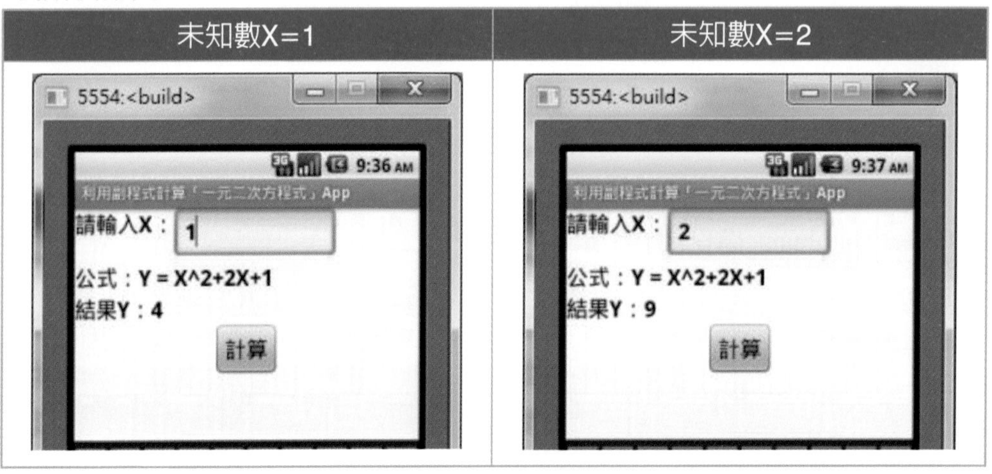

5-3 利用副程式計算「攝氏轉換成華氏」App

請利用副程式的方式，設計一個APP程式，可以將「攝氏轉換成華氏」。

【分析】

(1)輸入：攝氏C

(2)處理：F = (9/5)*C + 32

(3)輸出：華氏F

【流程圖】

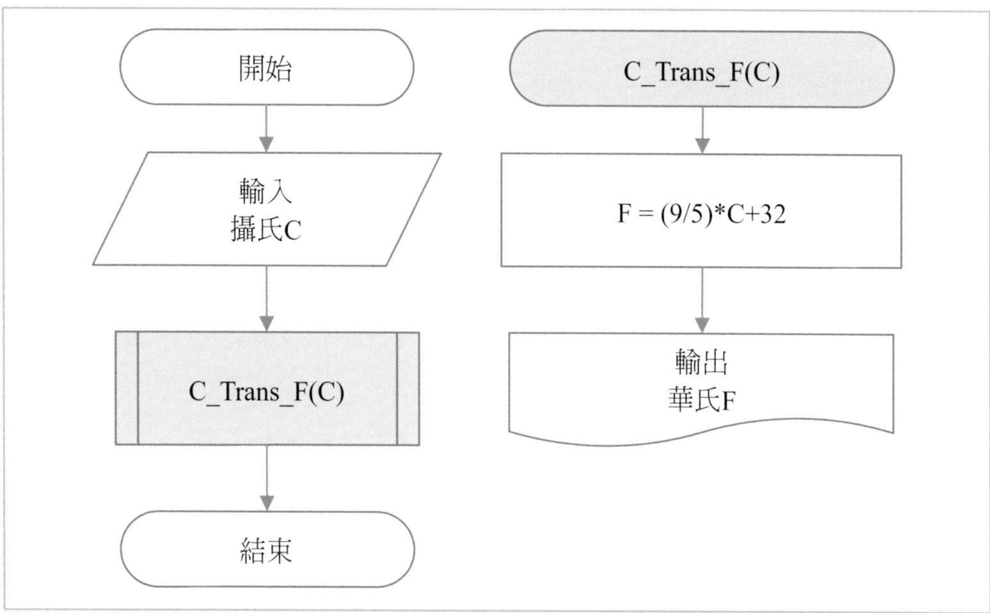
開始
輸入
攝氏C
C_Trans_F(C)
結束
C_Trans_F(C)
F = (9/5)*C+32
輸出
華氏F

【介面設計】

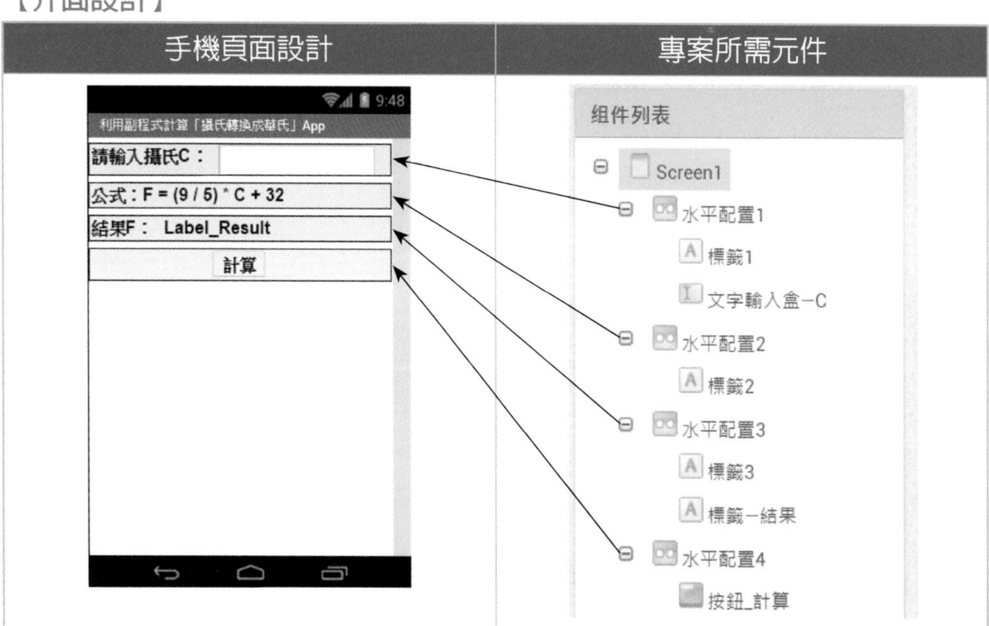
手機頁面設計
專案所需元件
9:48
利用副程式計算「攝氏轉換成華氏」App
請輸入攝氏C：
公式：F = (9 / 5) * C + 32
結果F： Label_Result
計算
組件列表
Screen1
水平配置1
標籤1
文字輸入盒−C
水平配置2
標籤2
水平配置3
標籤3
標籤−結果
水平配置4
按鈕_計算

【程式設計】

1. 宣告變數

拼圖程式	檔案名稱：ch5_Q3_C_Trans_F.aia

01 初始化全域變數 C 為 0
02 初始化全域變數 F 為 0

說明

行號01～02：宣告C及F兩個變數的初值皆為0，其目的分別用來記錄「攝氏與華氏的值」。

2. 定義「C_Trans_F」副程式

拼圖程式	檔案名稱：ch5_Q3_C_Trans_F.aia

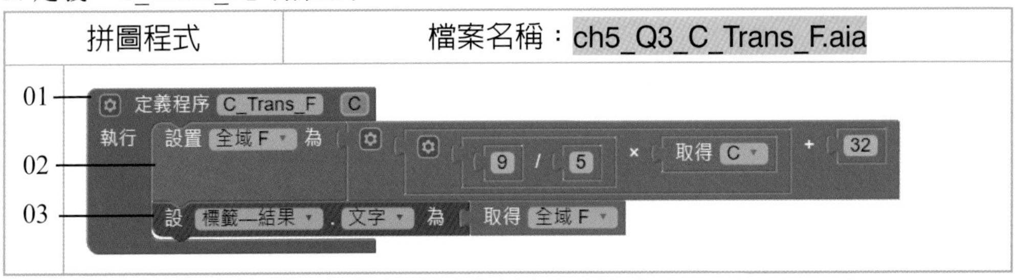
01 定義程序 C_Trans_F C
執行
02 設置 全域 F 為 9 / 5 × 取得 C + 32
03 設 標籤_結果 . 文字 為 取得 全域 F

說明

行號01：定義「C_Trans_F」副程式，其中C參數，就是主程式傳遞過來的變數。其目的用來將攝氏轉換成華氏。

行號02：計算F = (9/5)*C + 32

行號03：顯示華氏值到螢幕上。

3. 撰寫「計算」鈕程式

拼圖程式	檔案名稱：ch5_Q3_C_Trans_F.aia
01	當 按鈕_計算 .被點選
02	執行 設置 全域 C 為 文字輸入盒_C . 文字
03	呼叫 C_Trans_F C 取得 全域 C

說明

行號01：當使用者按下「計算」鈕，就會觸發被點選事件。

行號02：將使用者輸入的「攝氏C」指定給C變數。

行號03：呼叫「C_Trans_F」副程式，並傳遞C變數過去。

【執行結果】

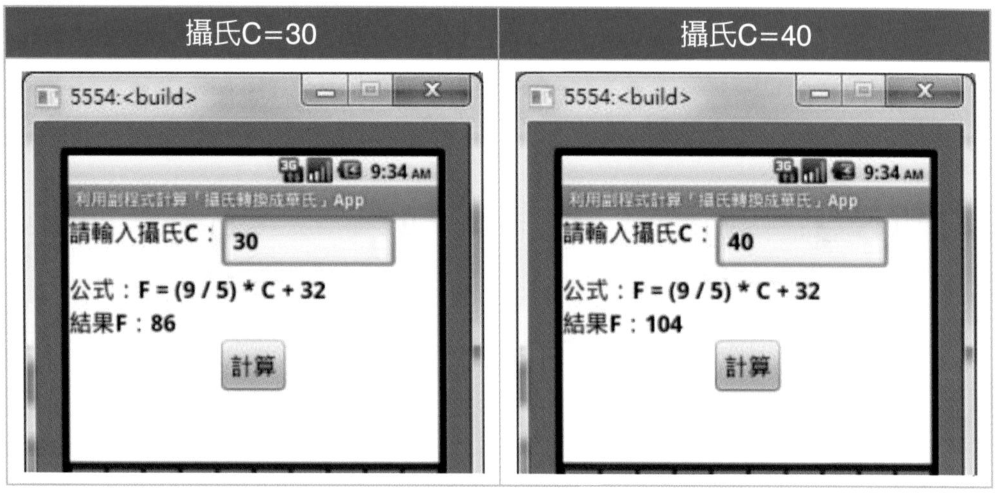

5-4 利用副程式計算「BMI」App

【分析】

(1)輸入：體重（kg）／身高（M）

(2)處理：❶BMI = 體重（kg）／身高（M^2）

❷條件如下：

體重「正常」	20≦BMI≦25
體重「過輕」	BMI < 20
體重「過重」	BMI > 25

(3)輸出：體重「過輕」、體重「正常」及體重「過重」

【流程圖】

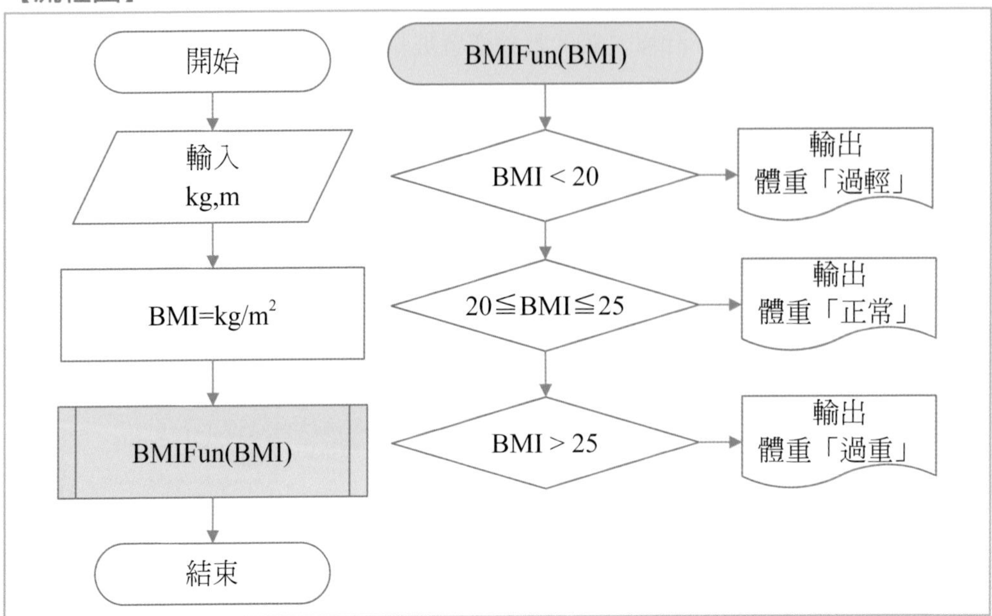
開始
輸入
kg,m
BMI=kg/m2
BMIFun(BMI)
結束
BMIFun(BMI)
BMI < 20
20≦BMI≦25
BMI > 25
輸出
體重「過輕」
輸出
體重「正常」
輸出
體重「過重」

【介面設計】

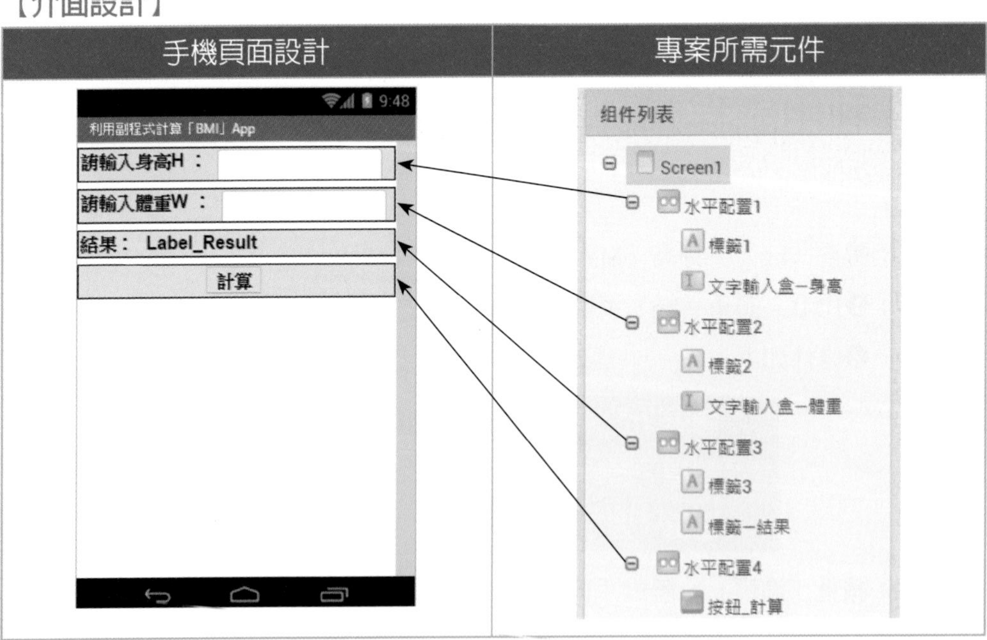
手機頁面設計
專案所需元件
9:48
利用副程式計算「BMI」App
請輸入身高H ：
請輸入體重W ：
結果： Label_Result
計算
组件列表
Screen1
水平配置1
標籤1
文字輸入盒－身高
水平配置2
標籤2
文字輸入盒－體重
水平配置3
標籤3
標籤－結果
水平配置4
按鈕_計算

【程式設計】

1. 宣告變數

拼圖程式	檔案名稱：ch5_Q4_BMI.aia

說明

行號01～03：宣告Kg, M及BMI三個變數的初值皆爲0，其目的分別用來記錄「身高Kg，體重M與BMI值」。

2. 定義「C_Trans_F」副程式

拼圖程式	檔案名稱：ch5_Q4_BMI.aia

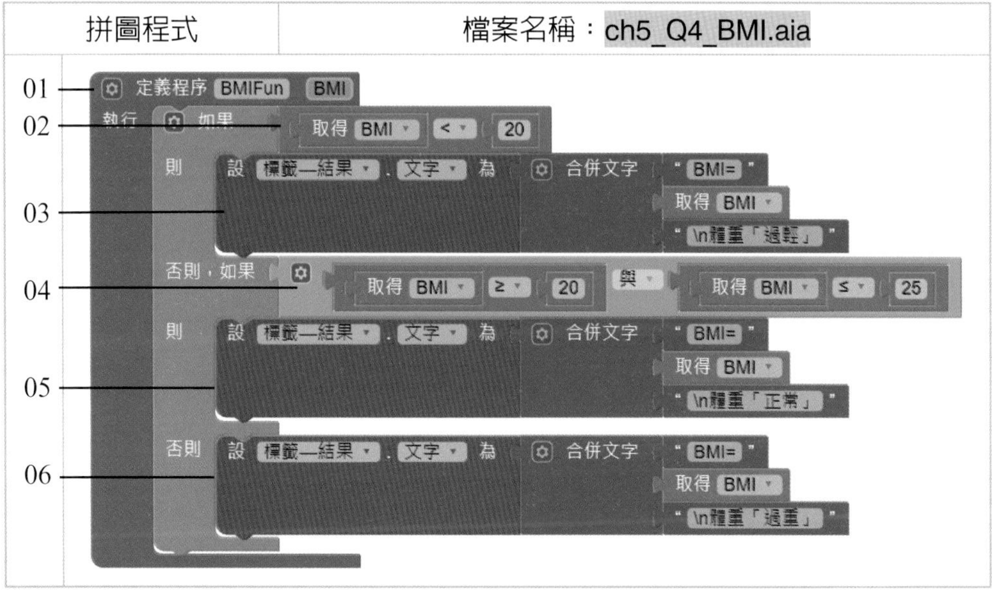

說明

行號01：定義「C_Trans_F」副程式，其中BMI參數，就是主程式傳遞過來的變數。其主要的目的用來計算身高體重指數。

行號02～03：如果BMI < 20時，則會顯示「體重「過輕」」。

行號04～05：如果20≦BMI≦25時，則會顯示「體重「正常」」。

行號06：如果BMI > 25時，則會顯示「體重「過重」」。

3. 撰寫「計算」鈕程式

拼圖程式	檔案名稱：ch5_Q4_BMI.aia

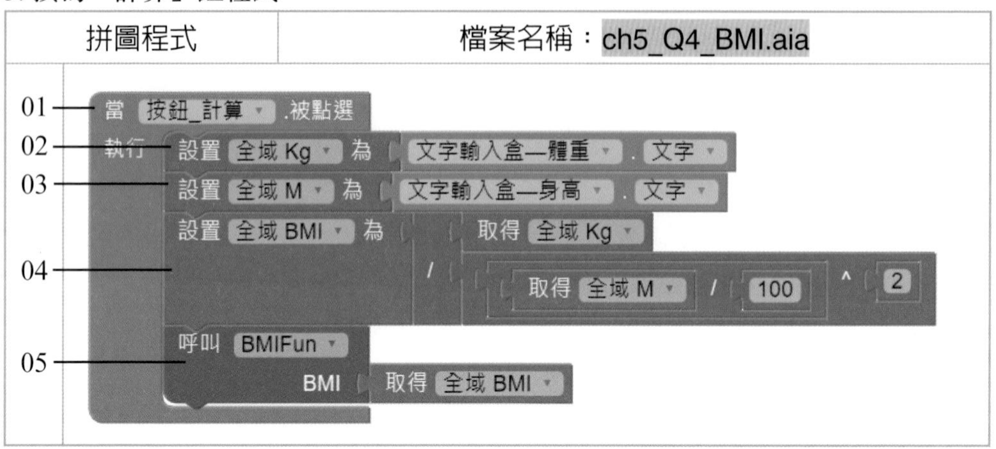

說明

行號01：當使用者按下「計算」鈕，就會觸發被點選事件。

行號02：將使用者輸入的「體重」指定給Kg變數。

行號03：將使用者輸入的「身高」指定給M變數。

行號04：計算BMI = 體重（kg）／身高（M^2）

行號05：呼叫「BMIFun」副程式，並傳遞BMI變數過去。

【執行結果】

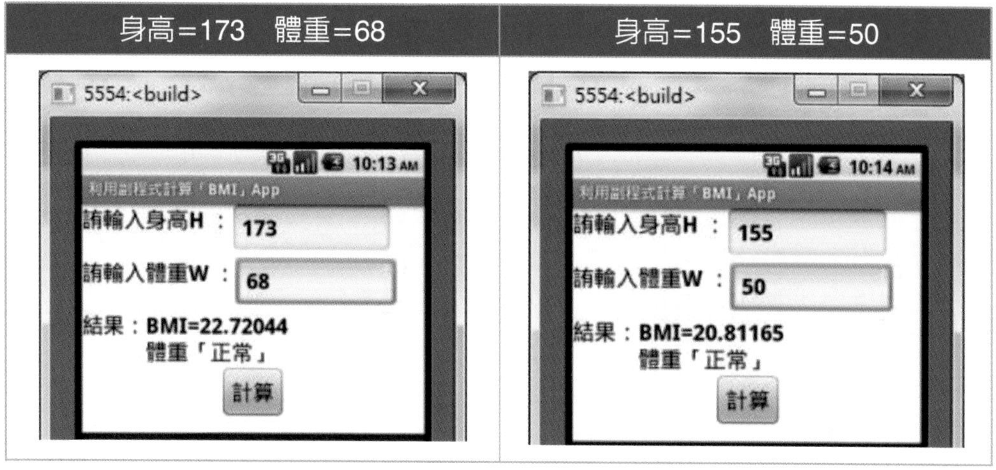

5-5 利用副程式計算「N!階乘」App

說明

n!= n×(n – 1)×(n – 2)×(n – 3)×⋯×1

【分析】

1. 輸入：一個正整數N。
2. 處理：❶如果N = 1時，結果Sum = 1。

   ❷如果N≧2時，結果Sum = N * Factor(N−1)。
3. 輸出：Sum。

【流程圖】

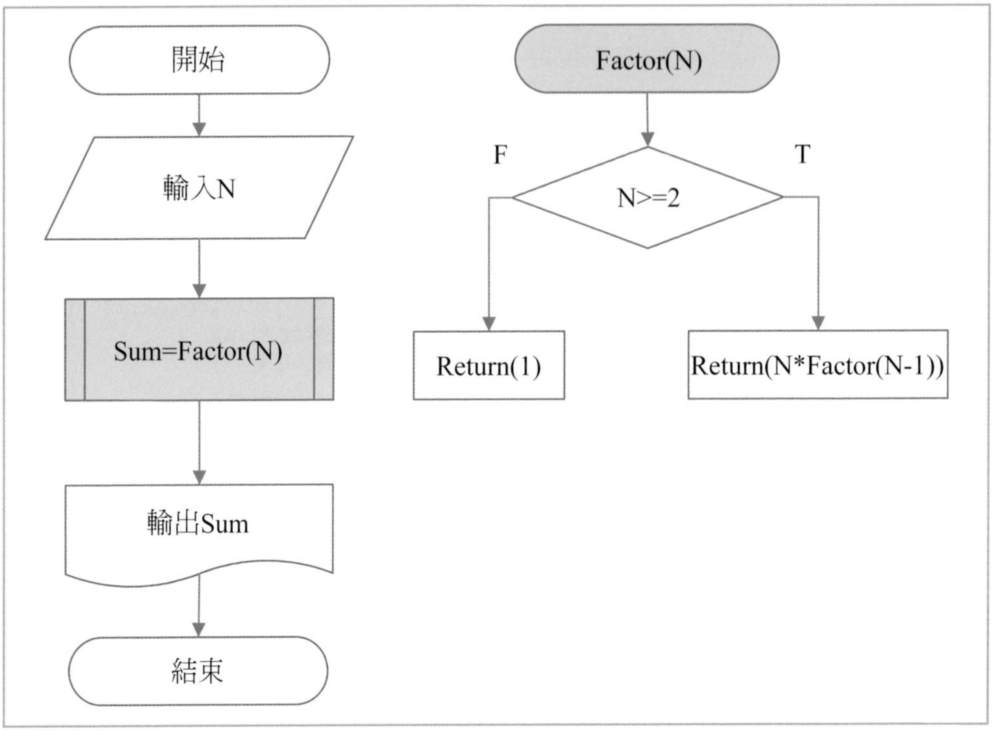

開始

輸入N

Sum=Factor(N)

輸出Sum

結束

Factor(N)

N>=2

F

T

Return(1)

Return(N*Factor(N-1))

【介面設計】

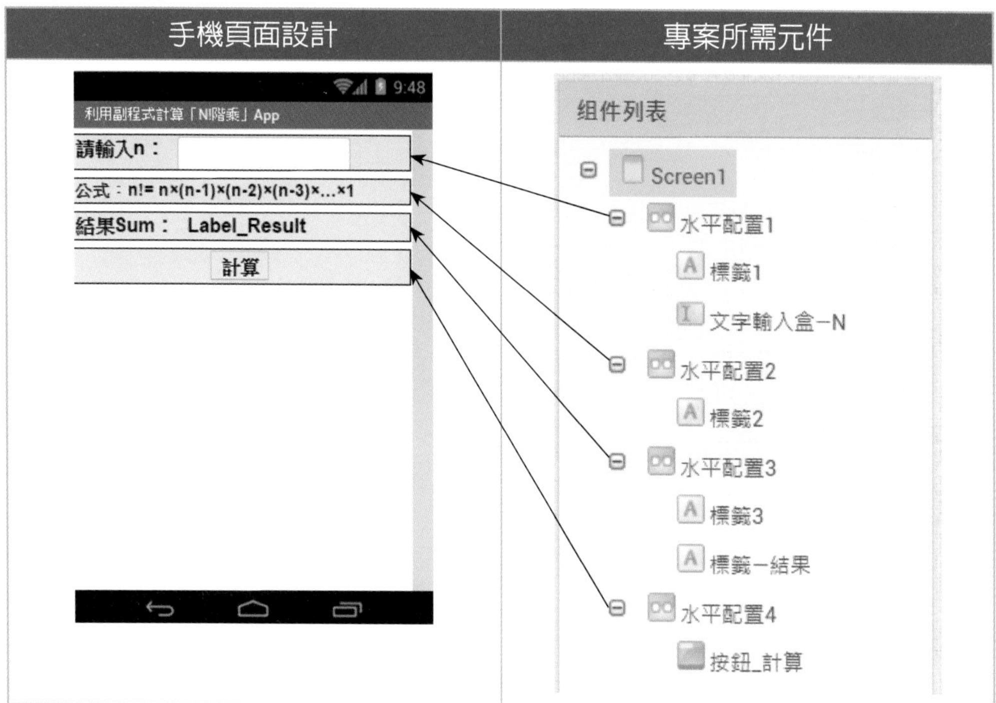

【程式設計】

1. 宣告變數

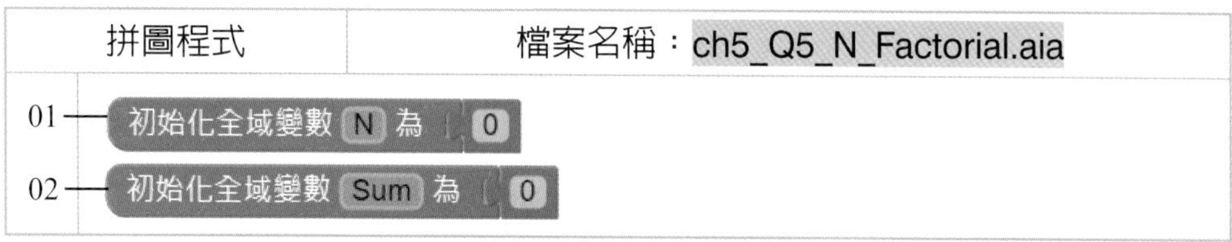

拼圖程式	檔案名稱：ch5_Q5_N_Factorial.aia
01	初始化全域變數 N 為 0
02	初始化全域變數 Sum 為 0

說明

行號01～02：宣告N及Sum兩個變數的初值皆爲0，其目的分別用來記錄「N階層與結果」。

2. 定義「Factor」副程式

拼圖程式	檔案名稱：ch5_Q5_N_Factorial.aia

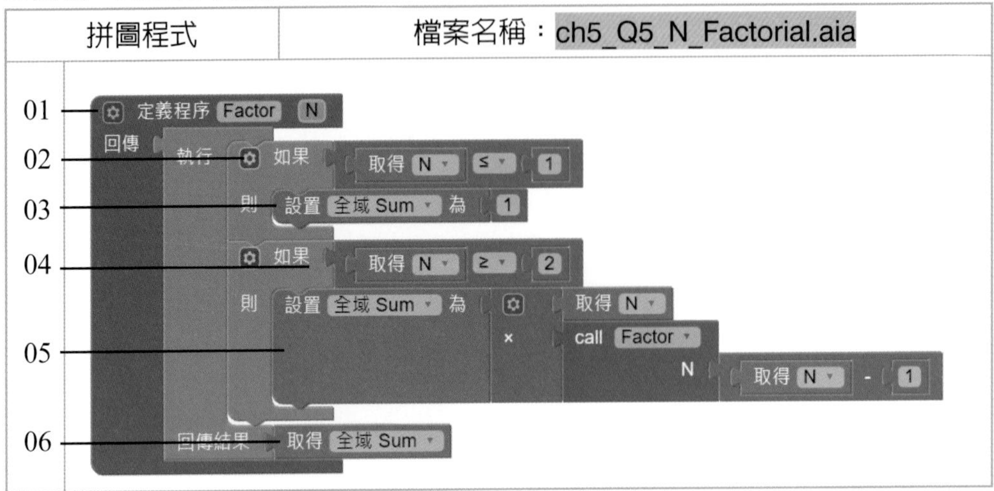

說明

行號01：定義「Factor」副程式，其中N參數，就是主程式傳遞過來的變數。其主要的目的用來計算N階乘。

行號02～03：如果N=1時，則設定回傳值Sum=1。

行號04～05：如果N≧2時，則設定回傳值Sum=N*Factor（N-1）。

行號06：回傳Sum給主程式。

3. 撰寫「計算」鈕程式

拼圖程式	檔案名稱：ch5_Q5_N_Factorial.aia

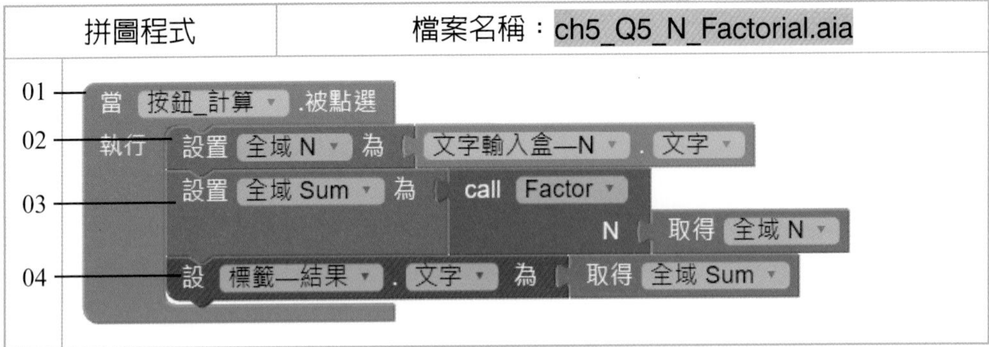

說明

行號01：當使用者按下「計算」鈕，就會觸發被點選事件。

行號02：將使用者輸入的「N階乘」指定給N變數。

行號03：呼叫「Factor」副程式，並傳遞N變數過去，並將回傳值指定給Sum。

行號04：顯示回傳值Sum的結果。

【執行結果】

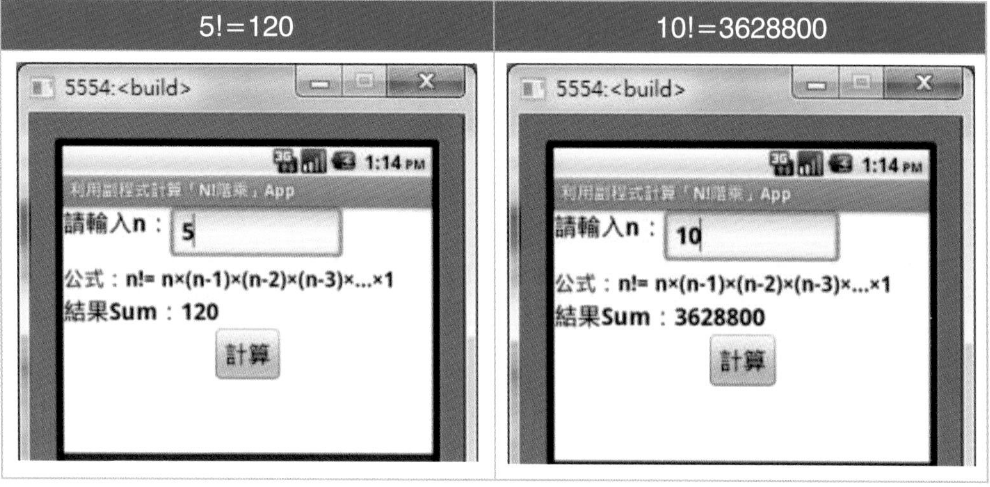

5-6 利用副程式計算「Fibonacci(N)費氏數列」App

說明

某一數列的第零項爲0，第1項爲1，其他每一個數列中項目的值是由本身前面兩項的值之和。

【圖解說明】

n	0	1	2	3	4	5	6	7	8	……
Fib(n)	0	1	1	2	3	5	8	13	21	……

【分析】

1. 輸入：一個正整數N
2. 處理：❶如果N=0時，結果Sum=0

   ❷如果N=1時，結果Sum=1

   ❸如果N≧2時，結果Sum=Fib(n-1)+Fib(n-2)
3. 輸出：Sum

【流程圖】

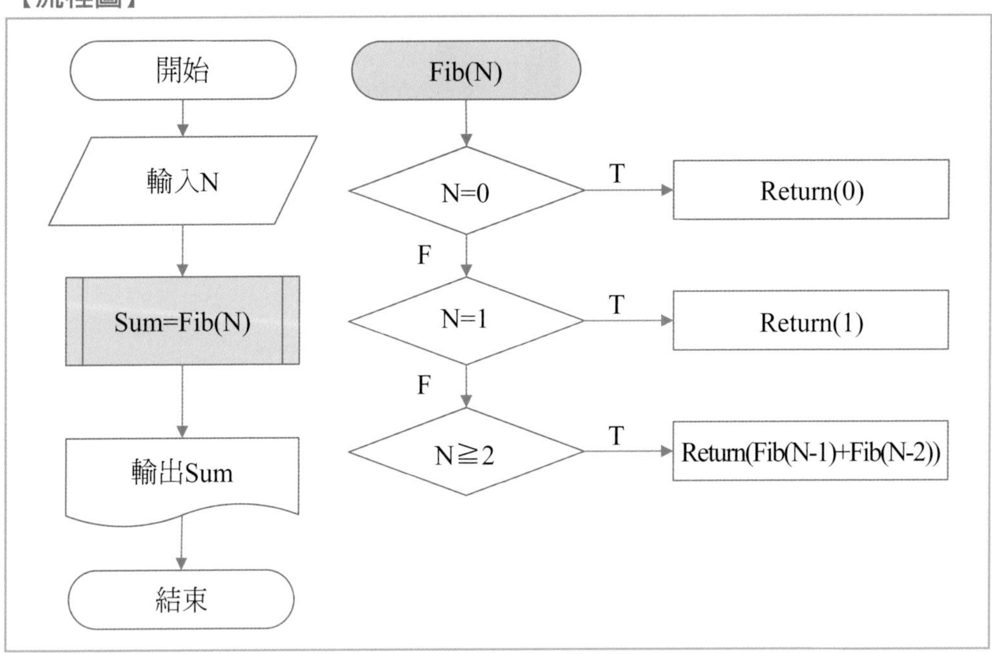

【介面設計】

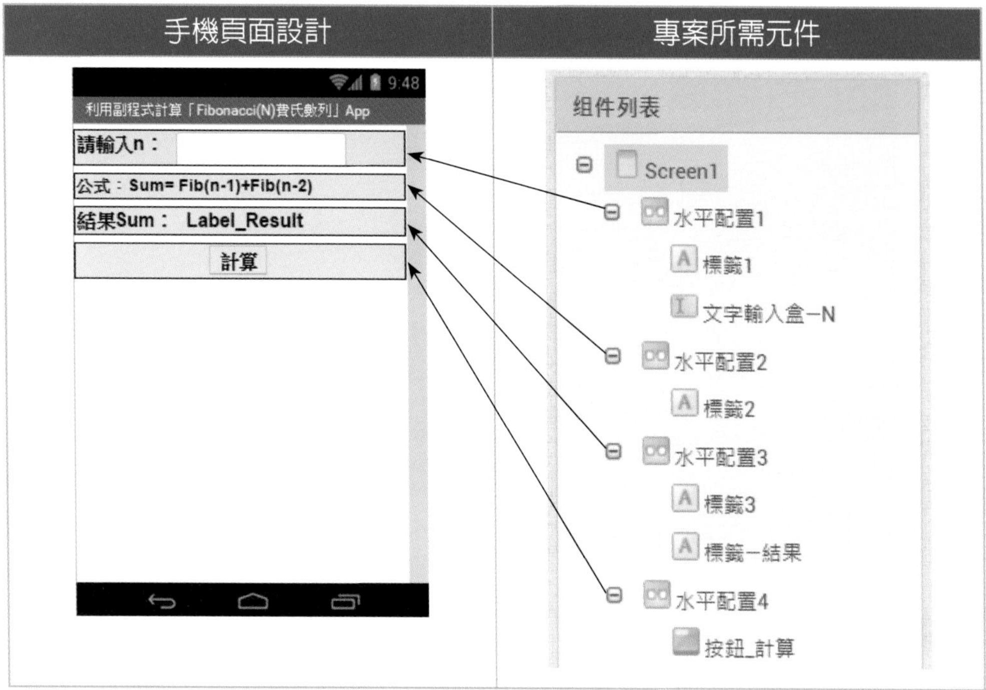

【程式設計】

1. 宣告變數

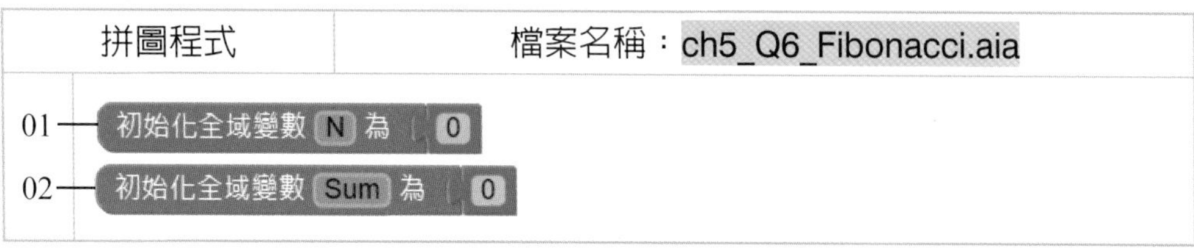

說明

行號01～02：宣告N及Sum兩個變數的初值皆爲0，其目的分別用來記錄「N項費氏數列與費氏數列的值」。

2. 定義「Fib」副程式

拼圖程式	檔案名稱：ch5_Q6_Fibonacci.aia

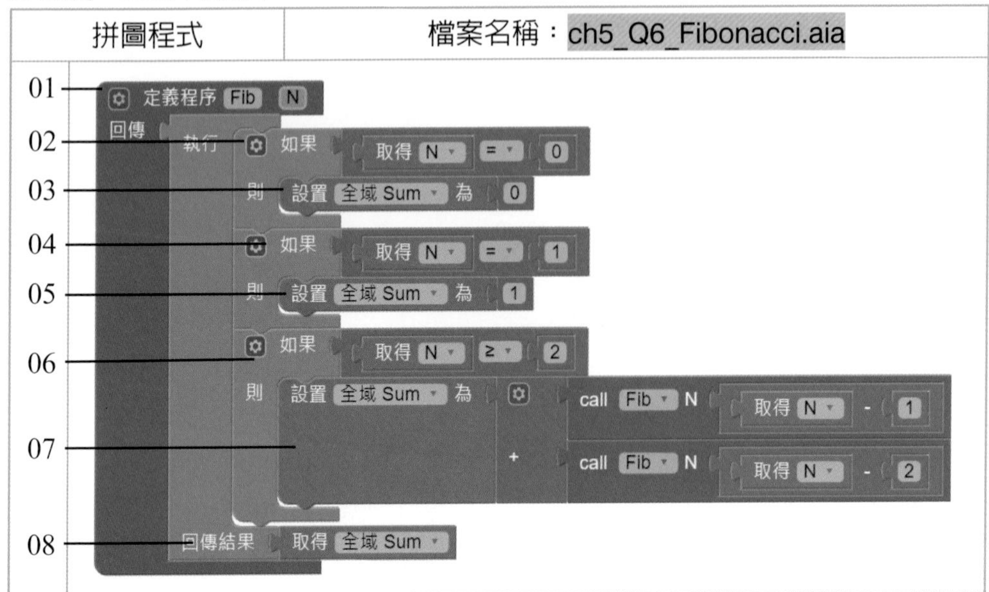

說明

行號01：定義「Fib」副程式，其中N參數，就是主程式傳遞過來的變數。其主要的目的用來計算費氏數列的值。

行號02～03：如果N=0時，則設定回傳值Sum=0。

行號04～05：如果N=1時，則設定回傳值Sum=1。

行號06～07：如果N≧2時，則設定回傳值Sum=Fib(N-1)+Fib(N-2)。

行號08：回傳Sum給主程式。

3. 撰寫「計算」鈕程式

拼圖程式	檔案名稱：ch5_Q6_Fibonacci.aia

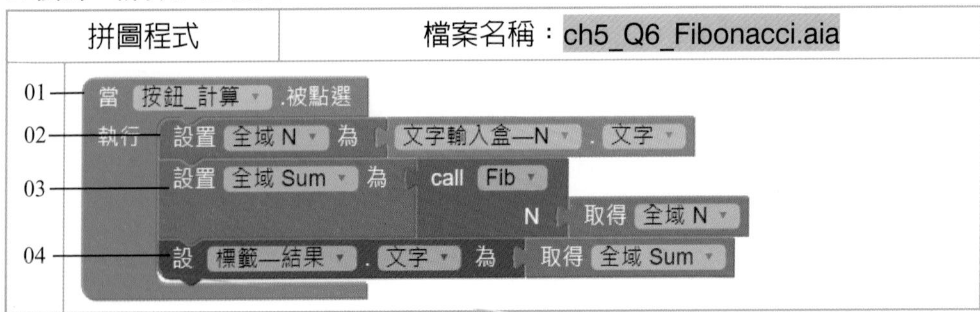

說明

行號01：當使用者按下「計算」鈕，就會觸發被點選事件。

行號02：將使用者輸入的「N項」指定給N變數。

行號03：呼叫「Fib」副程式，並傳遞N變數過去。

行號04：顯示回傳值Sum的結果。

【執行結果】

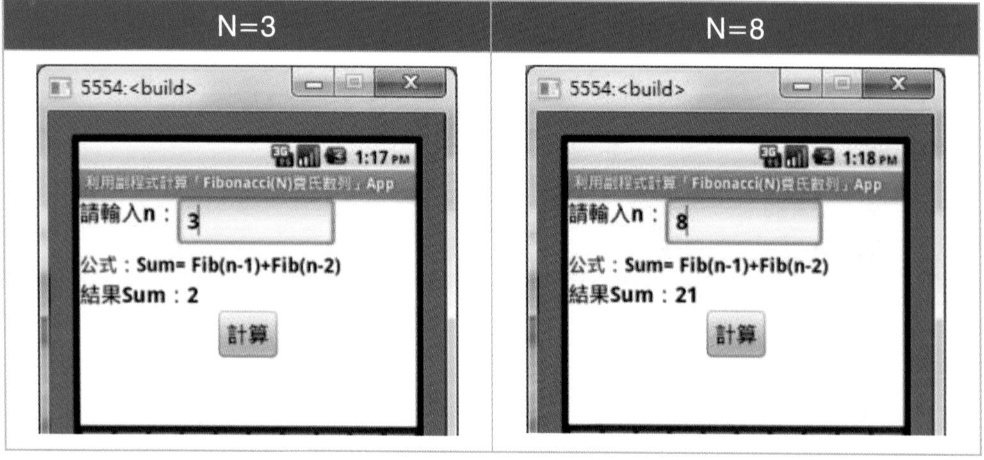

5-7 利用副程式計算「(1＋2)＋(1＋2＋3)＋…(1+2+3+…+10)」App

【分析】

1. 輸入：

   第一個括號內有2項==>N=2

   第二個括號內有3項==>N=3

   …

   第九個括號內有10項==>N=10

2. 處理：❶利用迴圈來控制計數變數i=2～N

   ❷每執行一次迴圈就會呼叫一次SumFun副程式來計算1+2+…+i的總和，並且總和回傳給主程式。

3. 輸出：(1+2)+(1+2+3)+…(1+2+3+…+N)的總和

【流程圖】

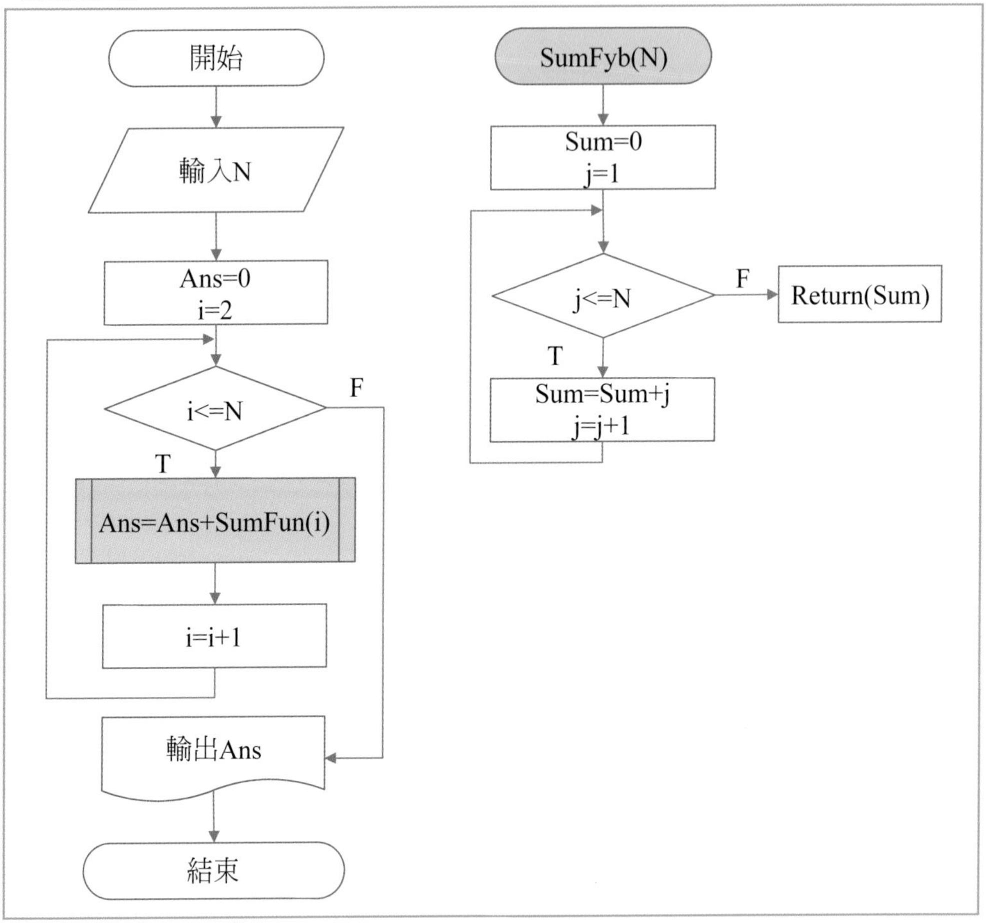

開始 → 輸入N → Ans=0, i=2 → i<=N
- T → Ans=Ans+SumFun(i) → i=i+1 → 回到 i<=N
- F → 輸出Ans → 結束

SumFyb(N) → Sum=0, j=1 → j<=N
- T → Sum=Sum+j, j=j+1 → 回到 j<=N
- F → Return(Sum)

【介面設計】

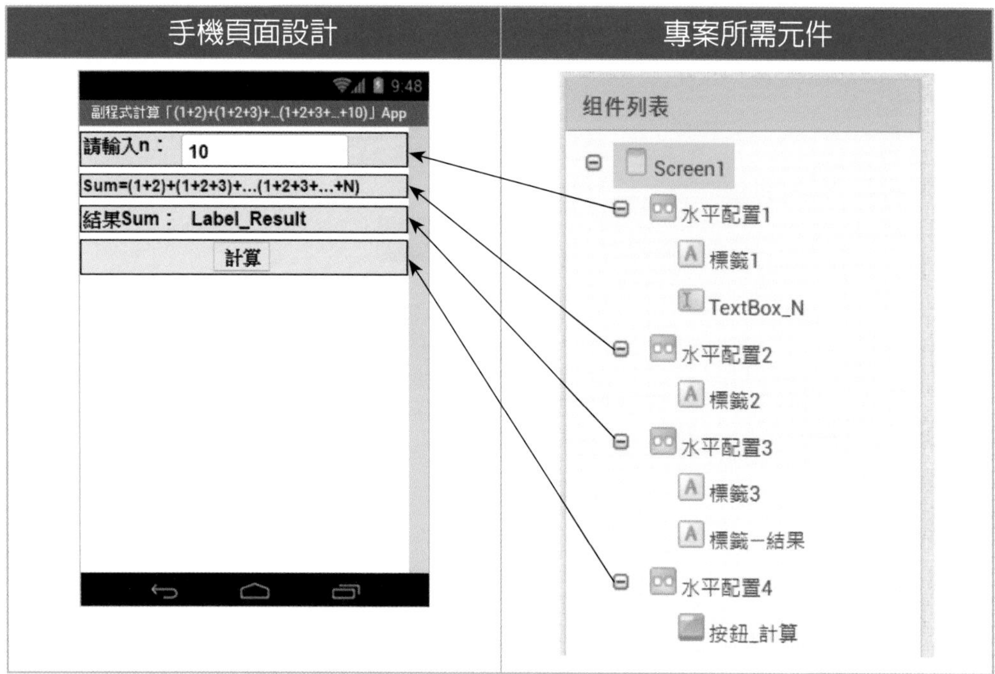

【程式設計】

1. 宣告變數

說明

行號01～03：宣告N, Sum及Ans三個變數的初值皆為0，其目的分別用來記錄「最後一項N，每一個括號內的和與全部括號內的和」。

2. 定義「SumFun」副程式

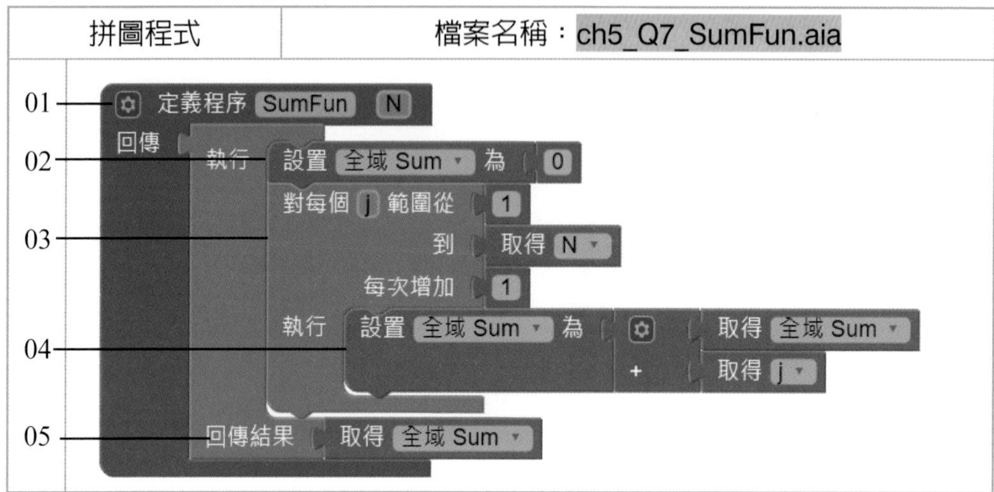

說明

行號01：定義「SumFun」副程式，其中N參數，就是主程式傳遞過來的變數。其主要的目的用來計算每一個括號內的和。

行號02：設定每一個括號內的和Sum爲0。

行號03～04：累每一個括號內的和。

行號05：回傳每一個括號內的和Sum給主程式。

3. 撰寫「計算」鈕程式

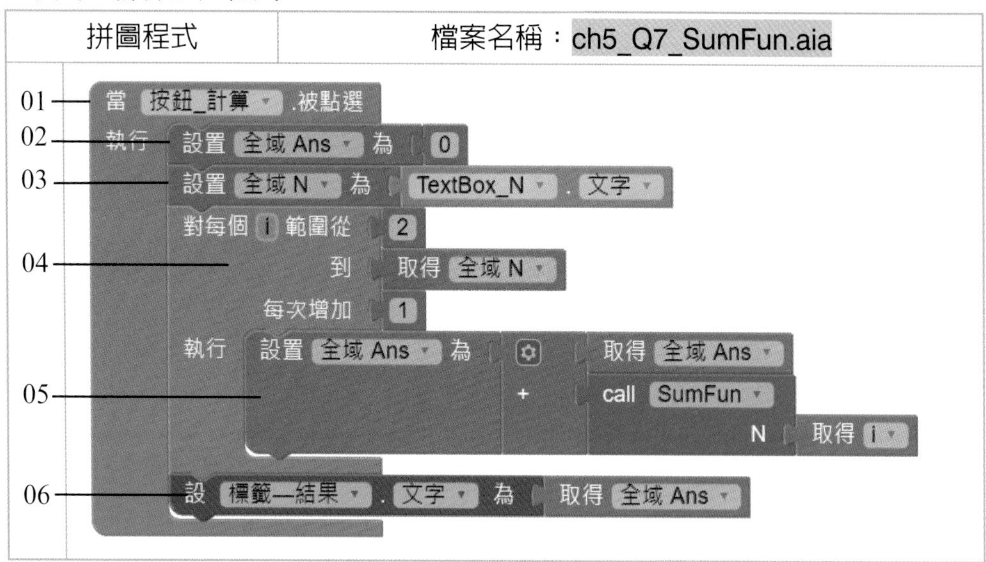

說明

行號01：當使用者按下「計算」鈕，就會觸發被點選事件。

行號02：設定全部括號內的和之變數爲0。

行號03：將使用者輸入的「N項」指定給N變數。

行號04～05：利用迴圈反覆呼叫SumFun副程式，並將每一個括號內的項次傳遞過去，再將回傳值進行累加，以完成全部括號內的和指定給Ans。

行號06：顯示回傳值Ans的結果。

【執行結果】

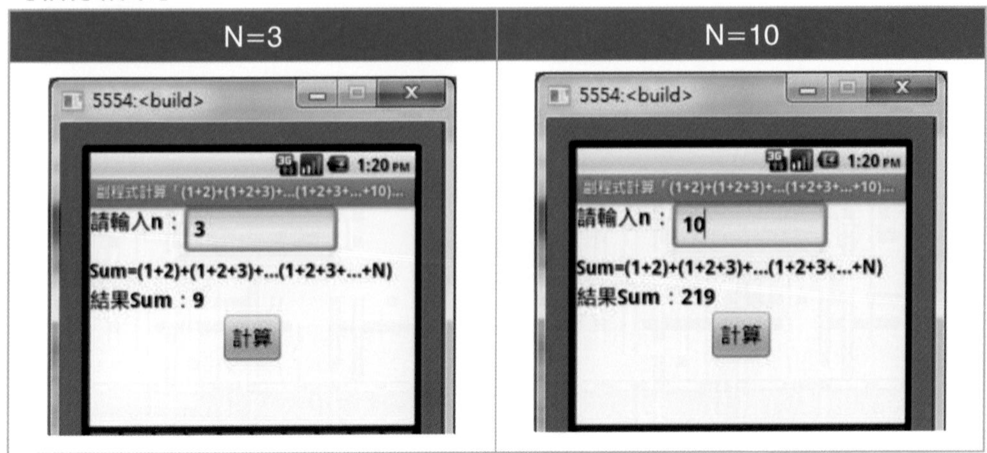

5-8 利用副程式計算「閏年」App

【分析】

1. 輸入：一個西元年Year
2. 處理：❶計算Year除以4,100,400的三種餘數

   ❷凡是能被4整除「並且」不能被100整除者爲閏年「或」被400整除者亦爲閏年
3. 輸出：閏年或不是閏年

【流程圖】

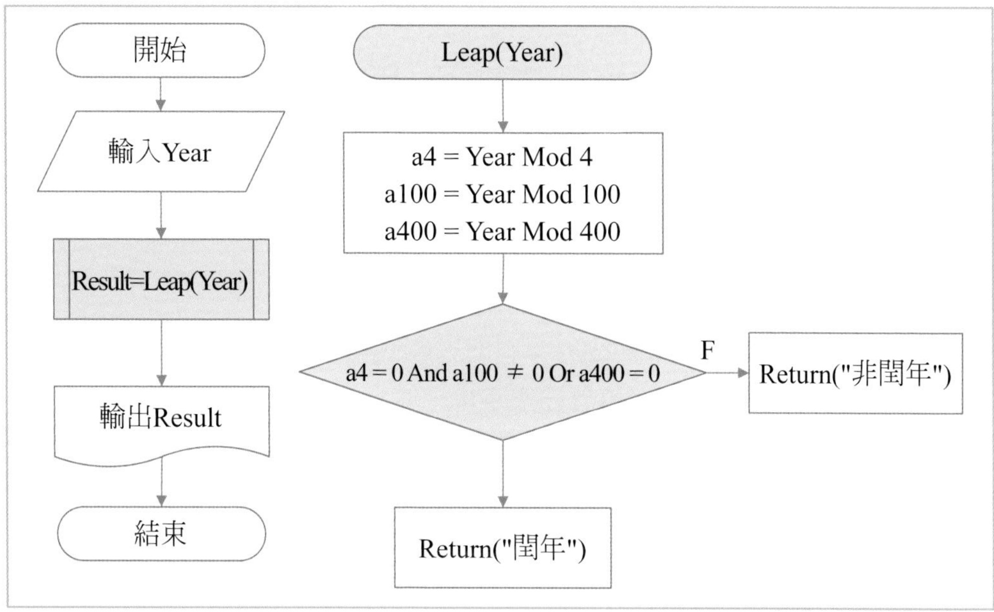
開始
輸入Year
Result=Leap(Year)
輸出Result
結束
Leap(Year)
a4 = Year Mod 4
a100 = Year Mod 100
a400 = Year Mod 400
a4 = 0 And a100 ≠ 0 Or a400 = 0
F
Return("非閏年")
Return("閏年")

【介面設計】

手機頁面設計
專案所需元件
9:48
利用副程式計算「閏年」App
請輸入Year：
結果： Label_Result
計算
組件列表
Screen1
水平配置1
標籤1
文字輸入盒-Year
水平配置2
標籤2
標籤-結果
水平配置3
按鈕_計算

【程式設計】

1. 宣告變數

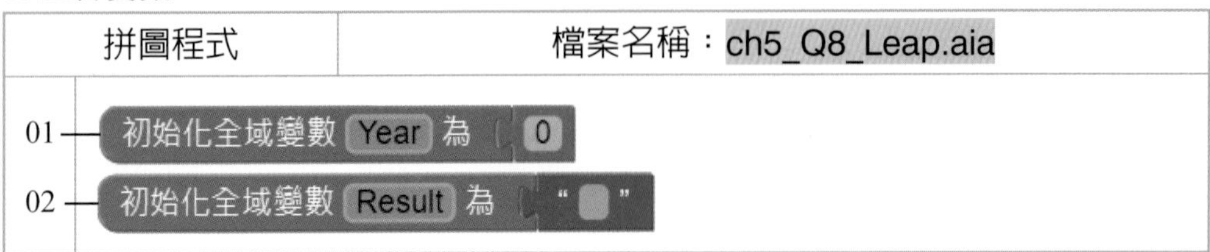

說明

行號01：宣告Year變數的初值皆爲0，其目的用來記錄使用者輸入的「西元年」。

行號02：宣告Result變數的初值皆爲空字串，其目的用來記錄「閏年或不是閏年」。

2. 定義「Leap」副程式

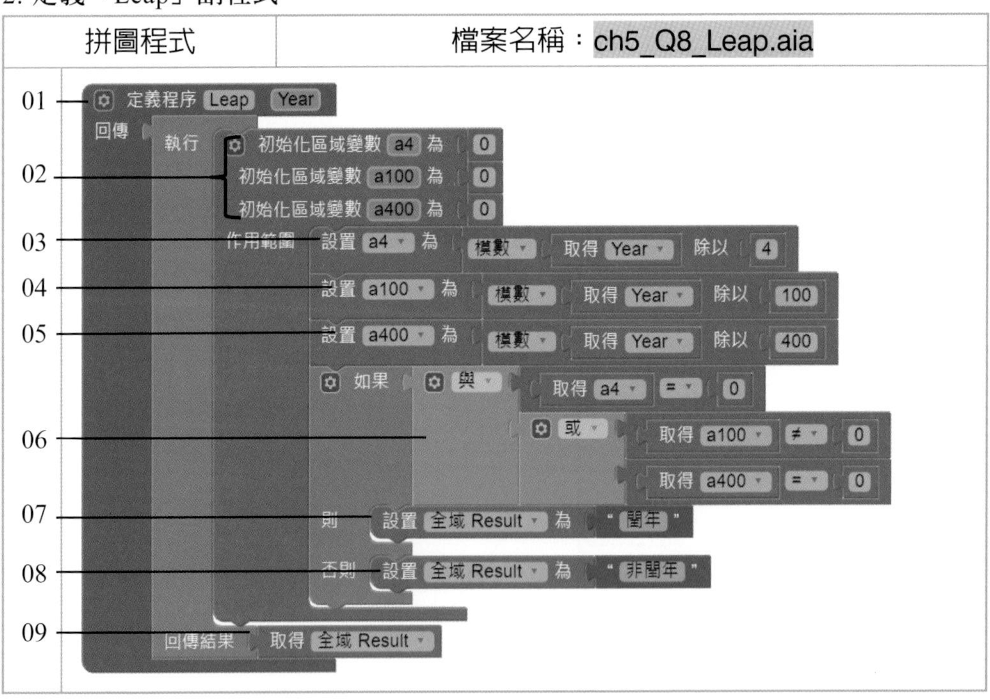

說明

行號01：定義「Leap」副程式，其中Year參數，就是主程式傳遞過來的變數。其主要的目的用來判斷是否為閏年。

行號02：宣告a4,a100,a400三個變數為區域性變數，並且初始值皆設定為0，其主要的目用來記錄Year除以4,100,400的三種餘數。

行號03～05：用來記錄Year除以4,100,400的三種餘數。

行號06～08：如果能被4整除「並且」不能被100整除者為閏年「或」被400整除者亦為閏年

行號09：回傳Result的結果給主程式。

3. 撰寫「計算」鈕程式

拼圖程式	檔案名稱：ch5_Q8_Leap.aia
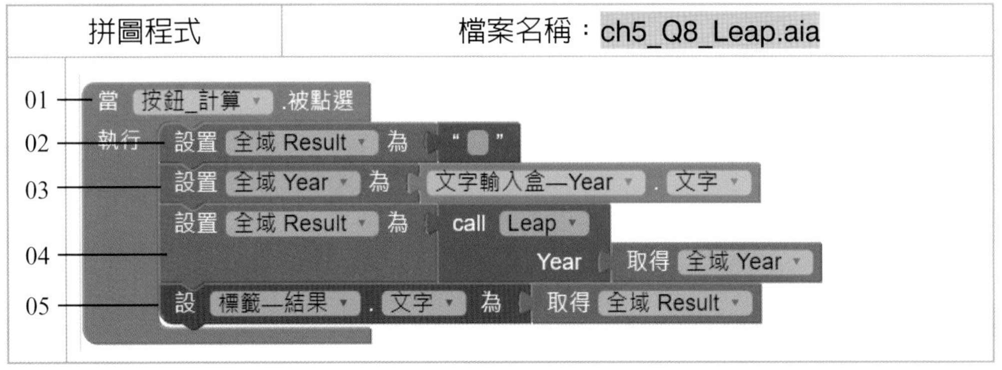	

說明

行號01：當使用者按下「計算」鈕，就會觸發被點選事件。

行號02：設定Result變數為空字串。

行號03：將使用者輸入的「西元年」指定給Year變數。

行號04：呼叫「Leap」副程式，並傳遞Year變數過去，並將回傳值指定給Result變數。

行號05：顯示回傳值Result的結果。

【執行結果】

5-9 利用副程式「語音跨年倒數計時器」App

【分析】

1. 輸入：倒數秒數N
2. 處理：❶如果N=0，跨年

   ❷否則，倒數計時
3. 輸出：動態顯示跨年倒數計時器

【流程圖】

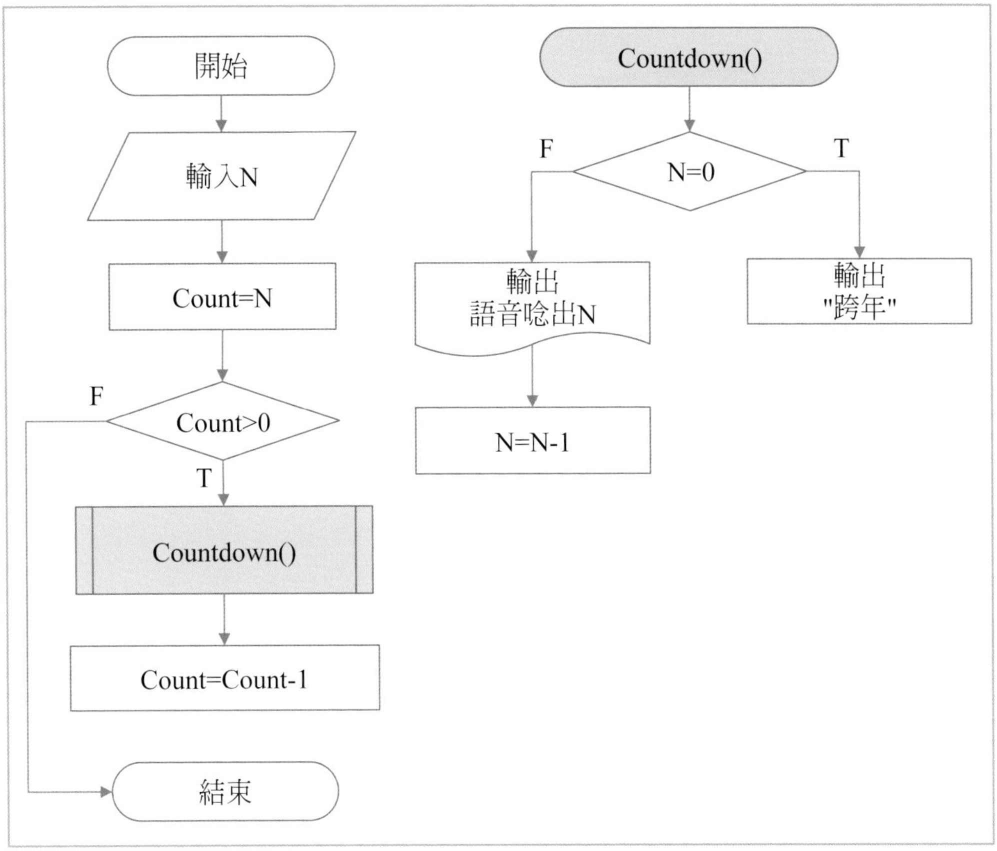

開始
輸入N
Count=N
Count>0
F
T
Countdown()
Count=Count-1
結束
Countdown()
N=0
F
T
輸出
語音唸出N
N=N-1
輸出
"跨年"

【介面設計】

手機頁面設計	專案所需元件
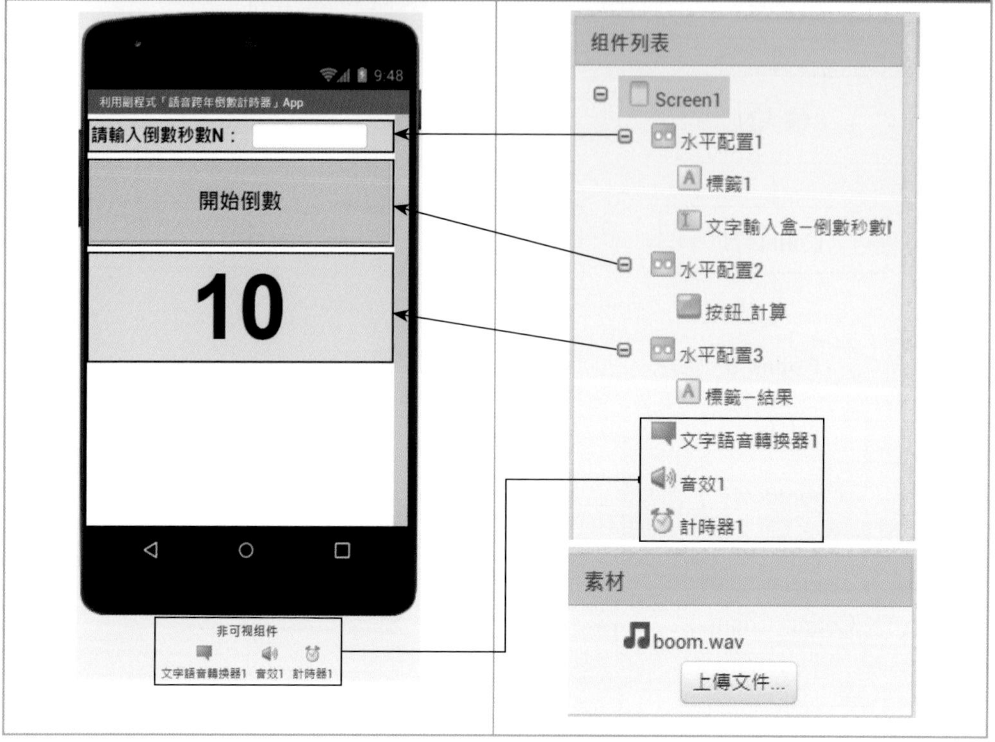 9:48 利用副程式「語音跨年倒數計時器」App 請輸入倒數秒數N： 開始倒數 10 非可視組件 文字語音轉換器1 音效1 計時器1	組件列表 Screen1 水平配置1 標籤1 文字輸入盒-倒數秒數 水平配置2 按鈕_計算 水平配置3 標籤-結果 文字語音轉換器1 音效1 計時器1 素材 boom.wav 上傳文件...

【程式設計】

1. 宣告變數

拼圖程式	檔案名稱：ch5_Q9_CountDown.aia
01	

說明

行號01：宣告N變數的初值為0，其目的分別用來記錄使用者輸入的「倒數秒數」。

2. 定義「CountDown」副程式

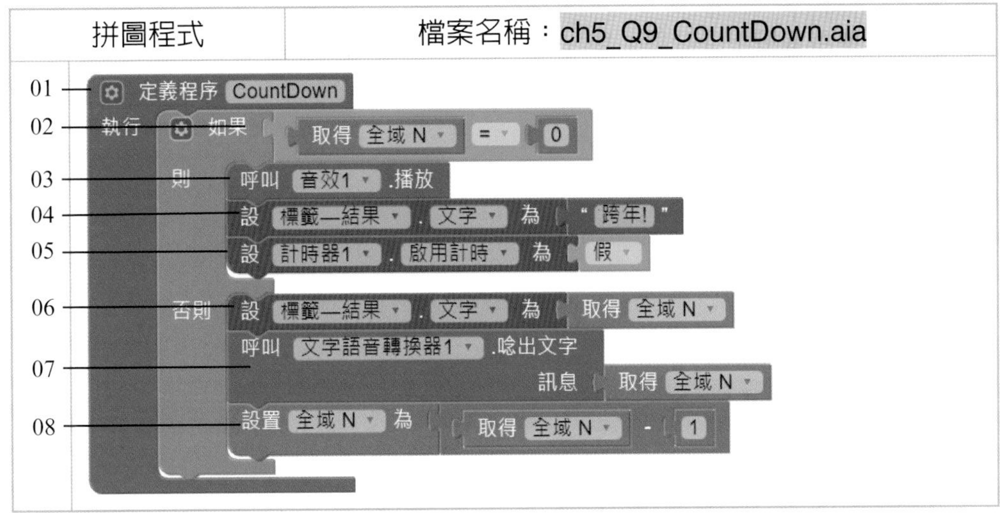

說明

行號01：定義「CountDown」副程式。其主要的目的用來顯示跨年倒數的效果。

行號02～05：如果N倒數到0時，則會發出音效，顯示「跨年」並且時間停止運作。

行號06～08：如果N尚未倒數到0時，則會顯示「跨年數字」唸出英文數字音，並且每秒減1，以達最後倒數的效果。

3. 撰寫「計算」鈕程式

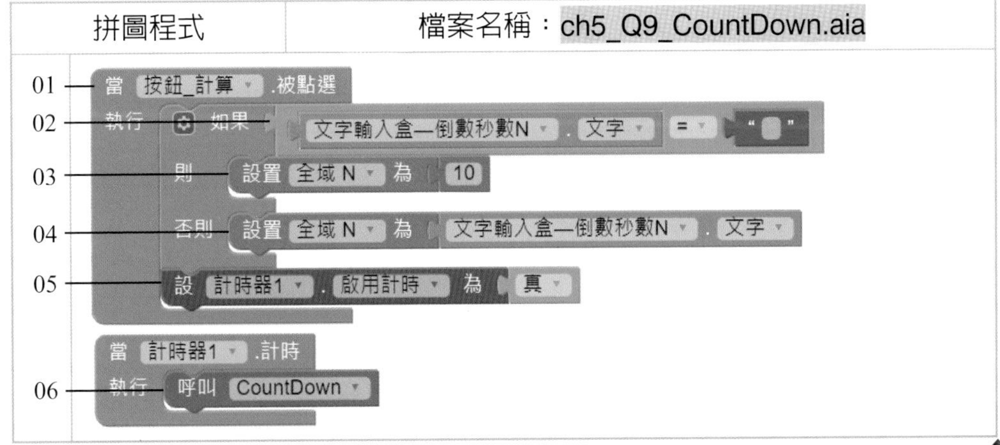

說明

行號01：當使用者按下「計算」鈕，就會觸發被點選事件。

行號02～03：如果使用者尚未輸入最後倒數的秒數，預設值爲10秒。

行號04：如果使用者有輸入最後倒數的秒數，則以使用者輸入的秒數爲主。

行號05：開啓時鐘的運作。

行號06：當時鐘被開啓時，它就會觸發Timer計時器事件。每一秒呼叫「Count-Down」副程式，以產生最後倒數的效果。

【執行結果】

5-10 利用副程式「檢查密碼」App

【分析】

1. 輸入：密碼
2. 處理：❶檢查密碼是否正確，如果正確，則會顯示「密碼正確，歡迎光臨」及歡迎光臨的照片。
   ❷如果不正確，則會顯示目前還有X次機會。
   ❸如果錯誤三次，則會顯示「駭客照片」。
3. 輸出：會顯示「歡迎光臨的照片」或會顯示「駭客照片」。

【流程圖】

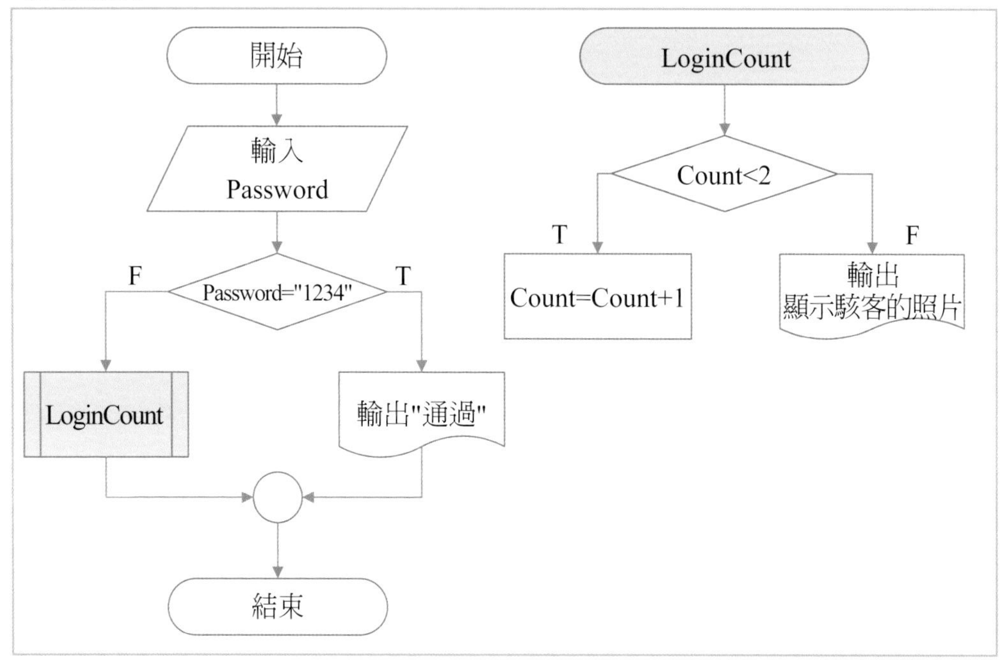

【介面設計】

手機頁面設計	專案所需元件
9:48 利用副程式「檢查密碼」App 請輸入密碼 Label_Result 非可視組件 對話框1	組件列表 Screen1 水平配置1 按鈕_請輸入密碼 標籤─結果 水平配置2 圖像1 對話框1 素材 Hacker.jpg Welcome.gif 上傳文件...

【程式設計】

1. 宣告變數及頁面初始化

拼圖程式	檔案名稱：ch5_Q10_CheckPassword.aia

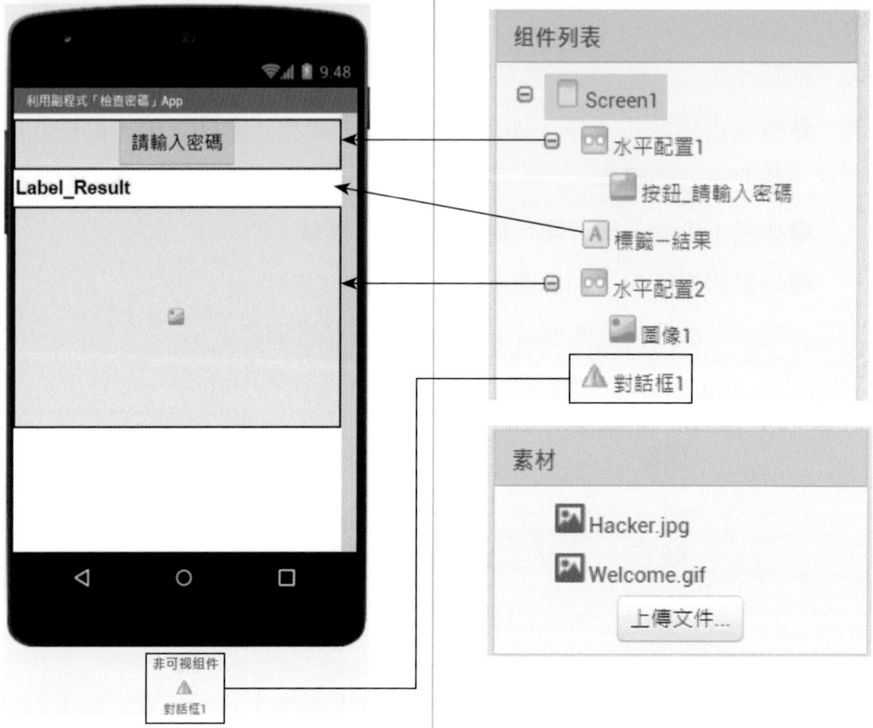

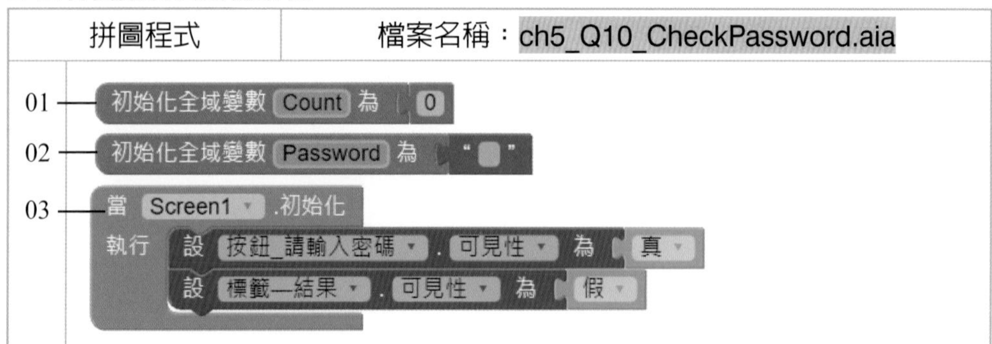
01 初始化全域變數 Count 為 0
02 初始化全域變數 Password 為 " "
03 當 Screen1 .初始化
執行 設 按鈕_請輸入密碼 . 可見性 為 真
設 標籤─結果 . 可見性 為 假

說明

行號01～02：宣告Count及Password兩個變數的初值分爲0及空字串，其目的分別用來記錄「輸入密碼的次數及使用者輸入的密碼」。

行號03：當頁面初始化時，則「請輸入密碼」按鈕爲可視的。但是，顯示結果的元件設爲隱藏。

2. 定義「LoginCount」副程式

拼圖程式	檔案名稱：ch5_Q10_CheckPassword.aia

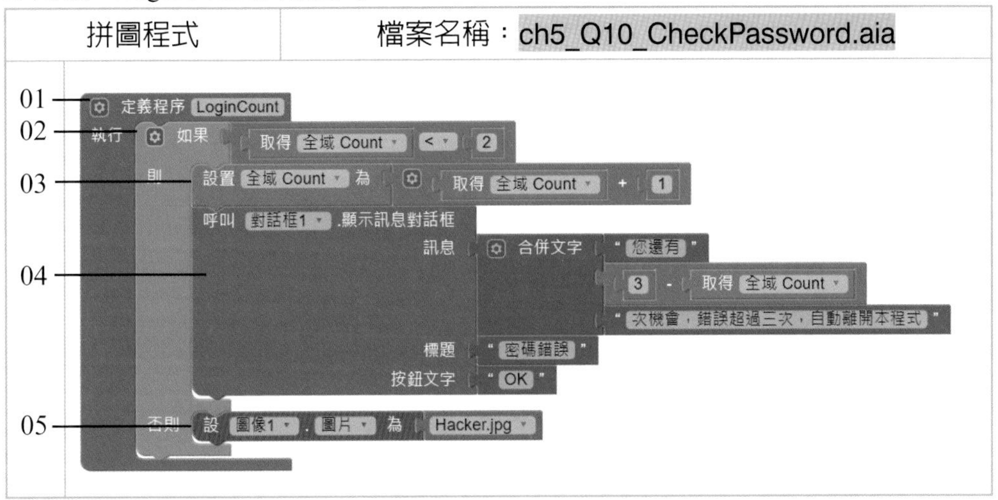

說明

行號01：定義「LoginCount」副程式，其主要的目的用來計算輸入密碼的次數。

行號02：檢查還有二次機會（Count範圍0～2，但是2時，就會結束，所只有二次）。

行號03～04：如果尚未達到2次，則每輸錯密碼一次，就會累加1次。並顯示你目前的機會。

行號05：如果輸錯密碼3次時，就會顯示一張駭客的照片。

3. 撰寫「請輸入密碼」鈕程式

拼圖程式	檔案名稱：ch5_Q10_CheckPassword.aia

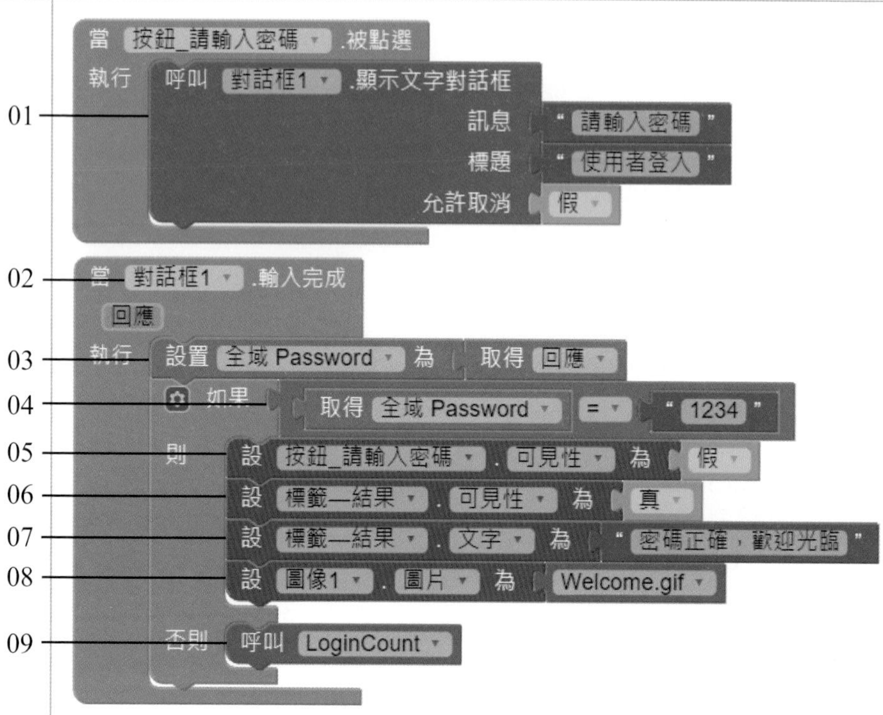

```
01  當 按鈕_請輸入密碼 .被點選
    執行 呼叫 對話框1 .顯示文字對話框
                     訊息 " 請輸入密碼 "
                     標題 " 使用者登入 "
                 允許取消 假
02  當 對話框1 .輸入完成
    回應
03  執行 設置 全域 Password 為 取得 回應
04       如果 取得 全域 Password = " 1234 "
05       則 設 按鈕_請輸入密碼 . 可見性 為 假
06          設 標籤—結果 . 可見性 為 真
07          設 標籤—結果 . 文字 為 " 密碼正確，歡迎光臨 "
08          設 圖像1 . 圖片 為 Welcome.gif
09       否則 呼叫 LoginCount
```

說明

行號01～02：當使用者按下「請輸入密碼」鈕時，它會自動開始輸入密碼的對話方塊。此時，它會自動觸發「輸入完成」事件。其中「回應」參數就是使用者剛才輸入的密碼。

行號02：將使用者剛才輸入的密碼指定給Password變數。

行號03～08：如果密碼為"1234"時，則「請輸入密碼」按鈕設為不可視的，而「顯示結果的元件」設為可視的，並顯示「密碼正確，歡迎光臨」及相關的照片。

行號09：呼叫「LoginCount」副程式，其主要的目的用來計算輸入密碼的次數。

【執行結果】

第一次錯誤	密碼正確
 5554:<build> 4:41 PM 利用副程式「檢查密碼」App 請輸入密碼 密碼錯誤 您還有2次機會，錯誤超過三次，自動離開本程式 OK	 5554:<build> 4:42 PM 利用副程式「檢查密碼」App 密碼正確，歡迎光臨 歡 迎 光 臨

Chapter 6

多媒體的應用

本章學習目標

1. 讓讀者瞭解「多媒體」元件的使用時機、方法。
2. 讓讀者瞭解「多媒體」元件的相關應用。

本章學習內容

6-1 手機相機App

6-2 我的樂高作品有聲書App

6-3 手機鋼琴App

6-4 音樂播放器App

6-5 音樂播放器（進階版）App

6-6 錄音機App

6-7 錄音機（進階版）App

6-8 攝影機App

6-9 我是鸚鵡App

6-10 自編有聲書App

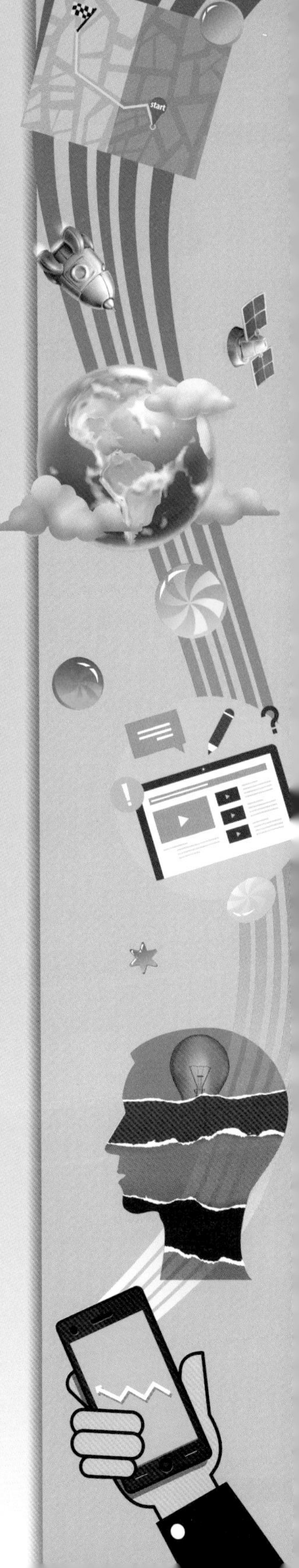

6-1 手機相機App

【分析】

(1)輸入：相機拍照片

(2)處理：❶取得照片名稱

❷取得照片路徑

(3)輸出：相簿

【流程圖】

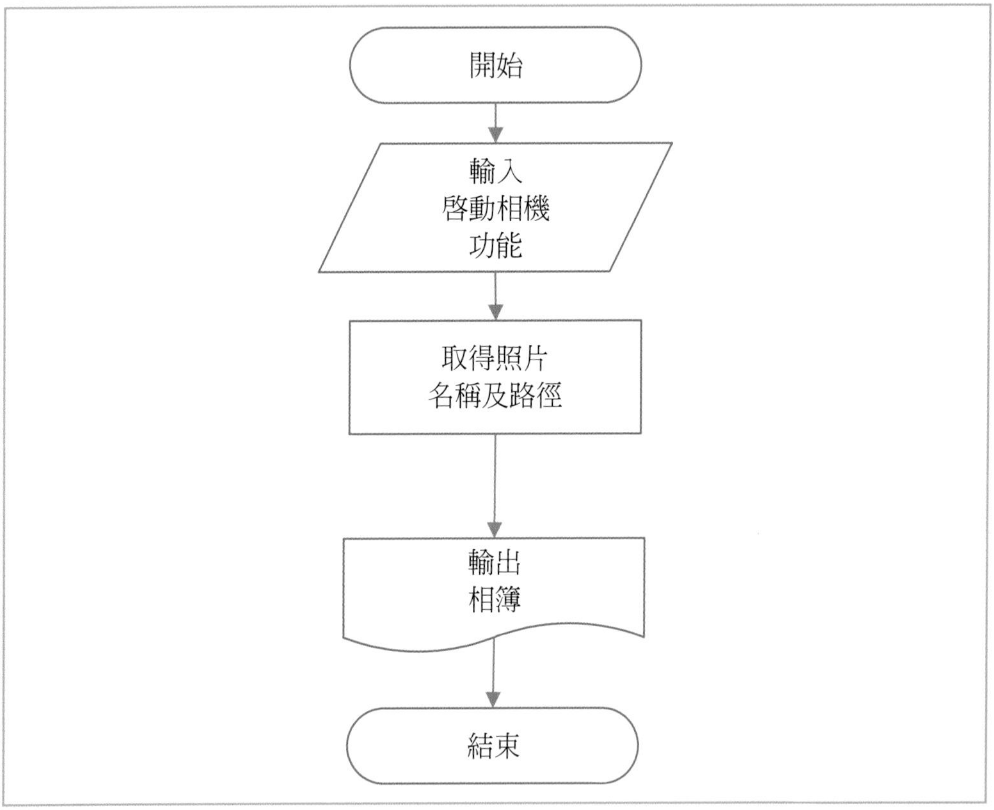

開始

↓

輸入
啓動相機
功能

↓

取得照片
名稱及路徑

↓

輸出
相簿

↓

結束

【介面設計】

手機頁面設計	專案所需元件
9:48 我的手機相簿App 我的相機 我的相簿 相片儲存的路徑： Label_ImagePath 非可視組件 照相機1	組件列表 Screen1 水平配置1 圖像1 水平配置2 按鈕_我的相機 圖像選擇器–我的相簿 水平配置3 標籤1 標籤_圖像路徑 照相機1 素材 LegoEV3.jpg 上傳文件...

【程式設計】

1. 啟動相機功能

拼圖程式	檔案名稱：ch6_Q1_Camera.aia

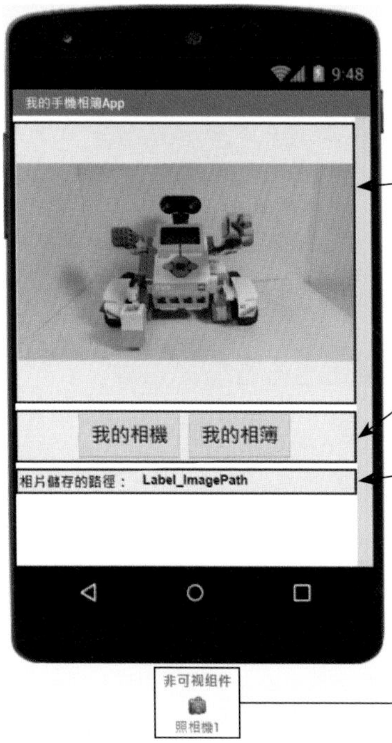

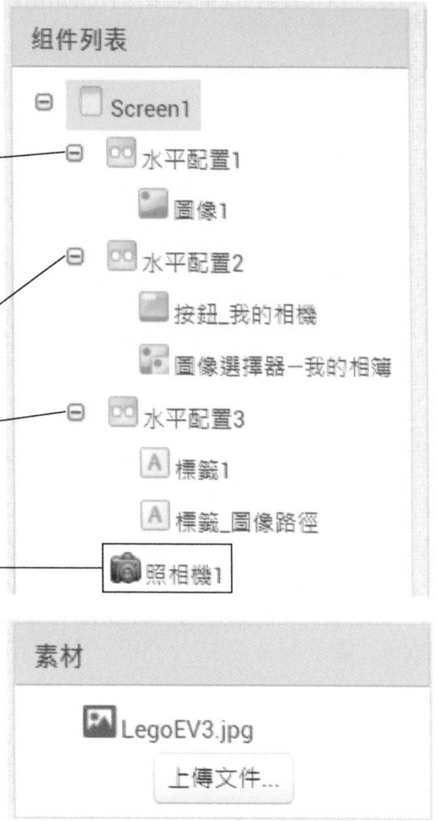

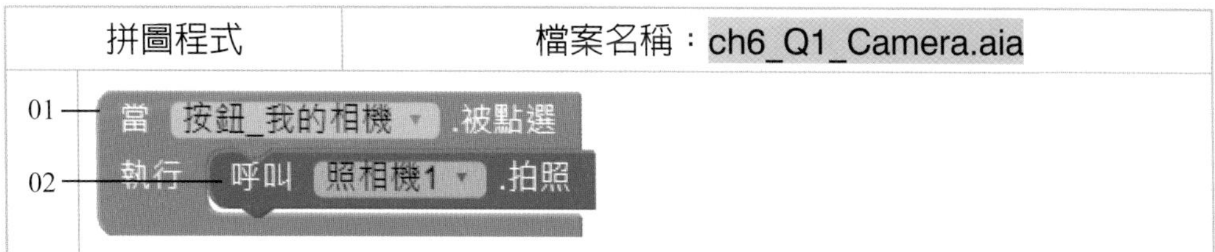
01 當 按鈕_我的相機 .被點選
02 執行 呼叫 照相機1 .拍照

說明

行號01：當使用者按下「我的相機」鈕時，就會觸發Click事件。

行號02：啓動手機的照相機功能。

2. 取得照片名稱及路徑

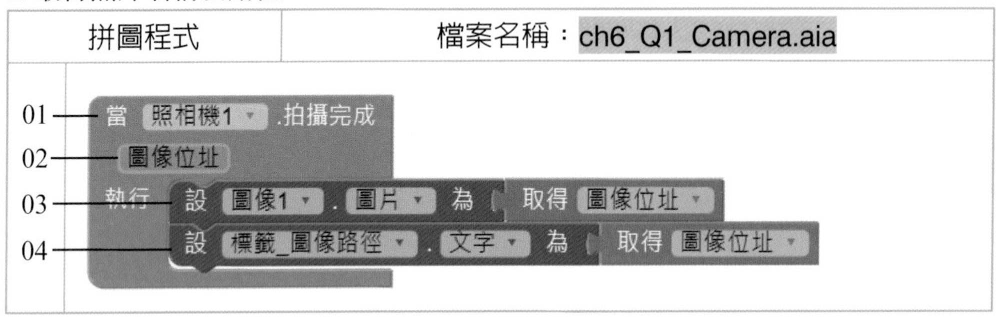

說明

行號01：當照相之後就會觸發「拍攝完成」事件。

行號02：「圖像位址」是指用來回傳照相之後，相片儲存在手機的路徑及檔名。

行號03：顯示剛才拍照的照片。

行號04：顯示照片名稱及路徑。

3. 相簿

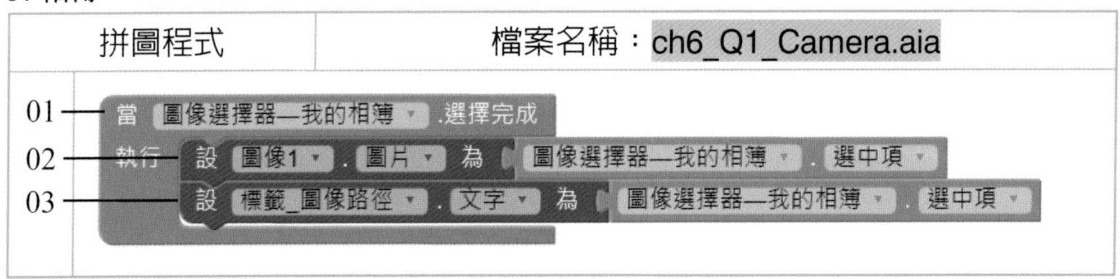

說明

行號01：選取照片「後」，會觸發此事件。

行號02：顯示從相簿中選擇的照片。

行號03：顯示從相簿中選擇照片的名稱及路徑。

【執行結果】

啓動相機功能	從相簿中選擇照片
	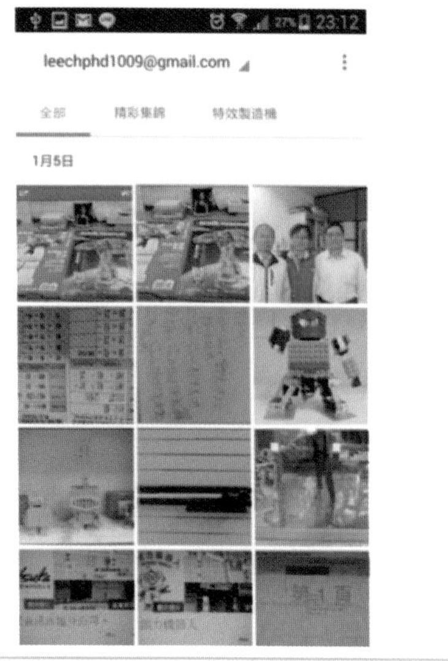

6-2 我的樂高作品有聲書App

【分析】

(1)輸入：滑動手指

(2)處理：❶判斷滑動手指的左、右方向，如果向左，觀看下一張，否則就是觀看上一張。

❷當使用者滑到最後一張照片時，如果再向左時，則會從第一張開始。

(3)輸出：滑動瀏覽照片

【流程圖】

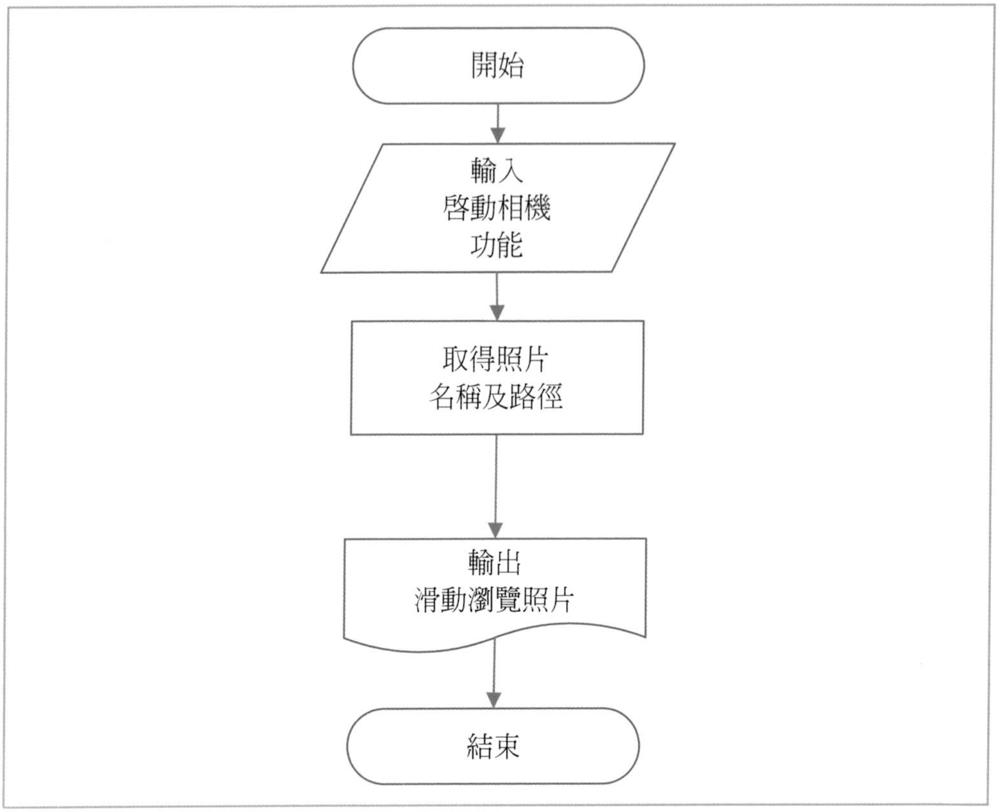

開始

輸入
啓動相機
功能

取得照片
名稱及路徑

輸出
滑動瀏覽照片

結束

【介面設計】

手機頁面設計	專案所需元件
我的樂高作品有聲書App Label_Name Label_Page 非可視組件 文字語音轉換器1	組件列表 Screen1 水平配置1 標籤－名稱 水平配置2 畫布1 水平配置3 標籤－頁碼 文字語音轉換器1 素材 LegoEV3.jpg LegoNXT.jpg LegoSportCar1.png LegoSportCar2.png LegoSportCar3.jpg 上傳文件...

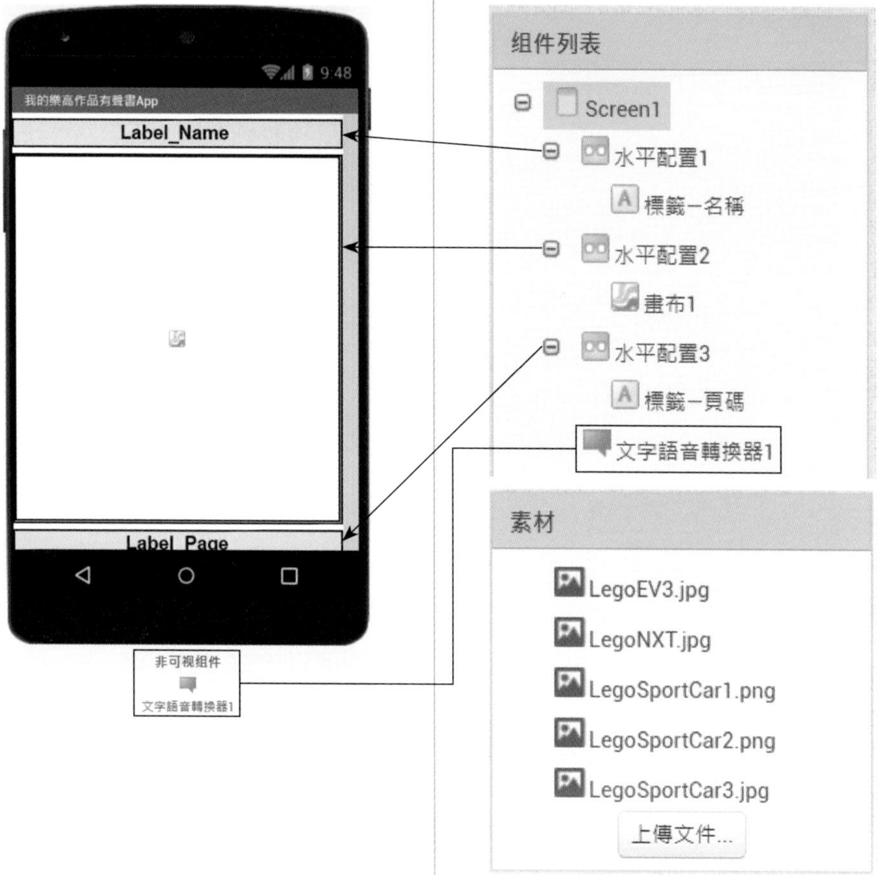

【程式設計】

1. 宣告及頁面初始化

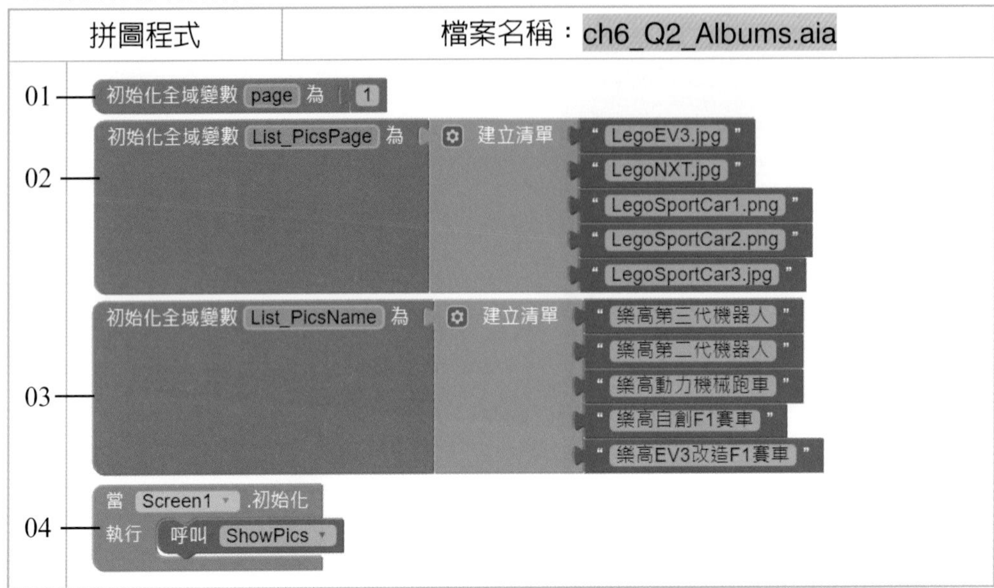

拼圖程式
檔案名稱：ch6_Q2_Albums.aia
01
初始化全域變數 page 為 1
02
初始化全域變數 List_PicsPage 為 建立清單
" LegoEV3.jpg "
" LegoNXT.jpg "
" LegoSportCar1.png "
" LegoSportCar2.png "
" LegoSportCar3.jpg "
03
初始化全域變數 List_PicsName 為 建立清單
" 樂高第三代機器人 "
" 樂高第二代機器人 "
" 樂高動力機械跑車 "
" 樂高自創F1賽車 "
" 樂高EV3改造F1賽車 "
04
當 Screen1 .初始化
執行 呼叫 ShowPics

說明

行號01：宣告page變數的初值爲1。其目的用來記錄目前翻閱的頁碼。

行號02～03：宣告List_PicsPage及List_PicsName爲清單陣列，初值設五頁的照片檔案及對映的有聲書內容。

行號04：頁面初始化，用來呼叫「ShowPics」副程式。

2. 定義「ShowPics」副程式

拼圖程式	檔案名稱：ch6_Q2_Albums.aia
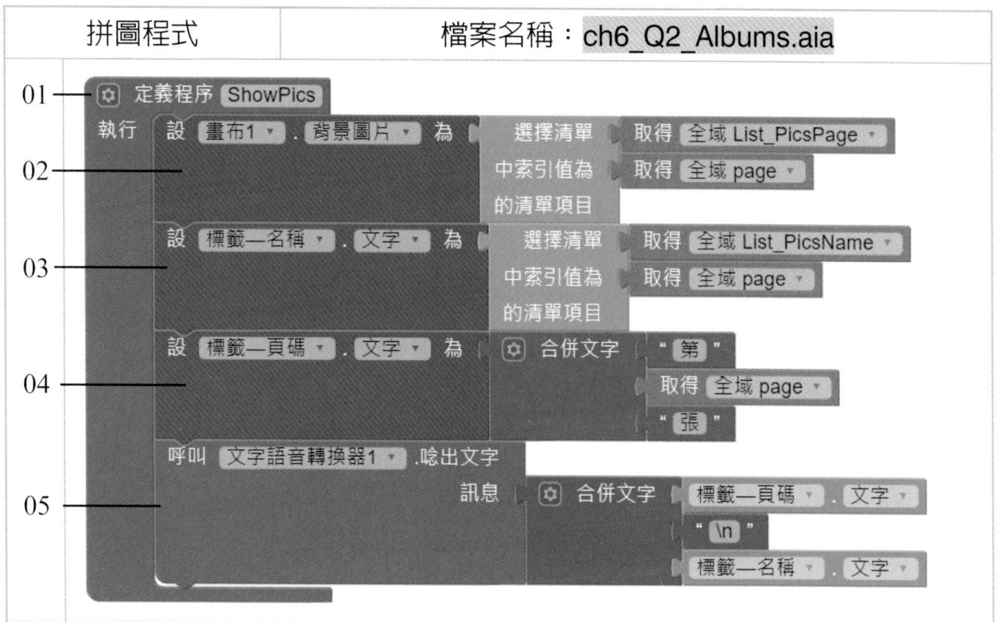	

說明

行號01：定義「ShowPics」副程式。其目的用來顯示照片、文字說明、頁碼及有聲書。

行號02～04：從List_PicsPage及List_PicsName清單陣列中，將指定的索引頁照片載入到桌布上、對映的有聲書內容顯示在上方及頁數顯示在下方。

行號05：利用文字語音轉換器元件來唸出「頁數及有聲書內容」。

3. 手指「滑動」桌布上的電子書

拼圖程式	檔案名稱：ch6_Q2_Albums.aia

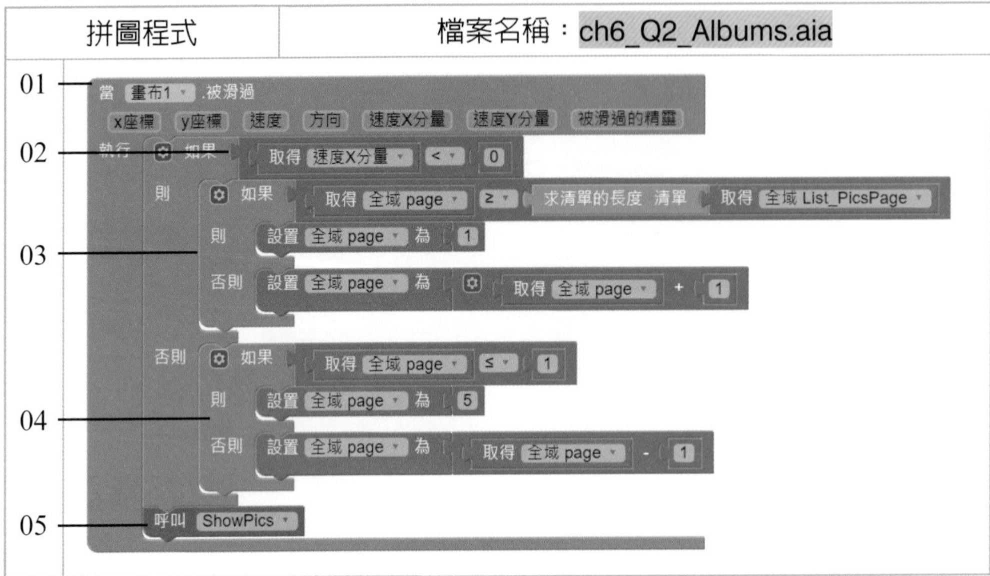

說明

行號01：當手指「滑動」桌布上的電子書時，就會觸發本事件。

行號02～03：如果手指往左滑動，並且如果目前滑到最後一頁時，就會回到第一張，否則就會觀看下一張。

行號04：如果手指往右滑動，並且如果目前滑到第一頁時，再往右滑動時，就會回到第五張，否則就會觀看上一張。

行號05：呼叫ShowPics副程式。

【執行結果】

觀看第一張	觀看第五張

【延伸學習】

本題可以修改爲「自動播放」有聲書App。

程式在附書光碟中。ch6_Q2_Albums_V2

6-3 手機鋼琴App

【分析】

(1)輸入：製作各音階的聲音

(2)處理：設定每一個鍵盤對映的音階

(3)輸出：鋼琴演奏聲

【流程圖】

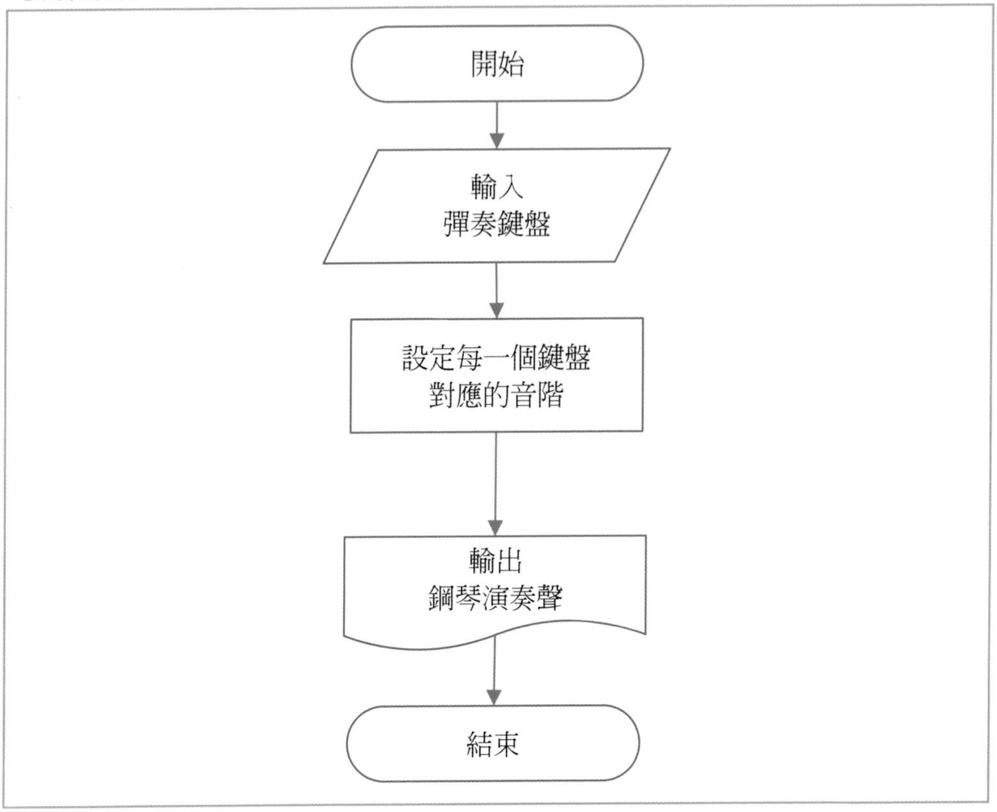

開始

輸入
彈奏鍵盤

設定每一個鍵盤
對應的音階

輸出
鋼琴演奏聲

結束

【介面設計】

手機頁面設計	專案所需元件及相關媒體素材
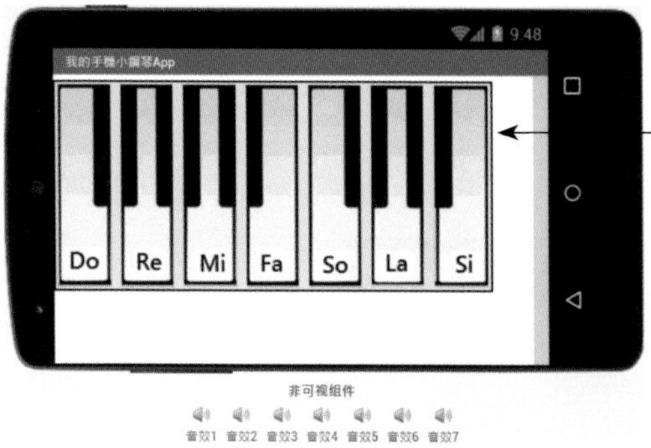 我的手機小鋼琴App Do Re Mi Fa So La Si 非可視組件 音效1 音效2 音效3 音效4 音效5 音效6 音效7	 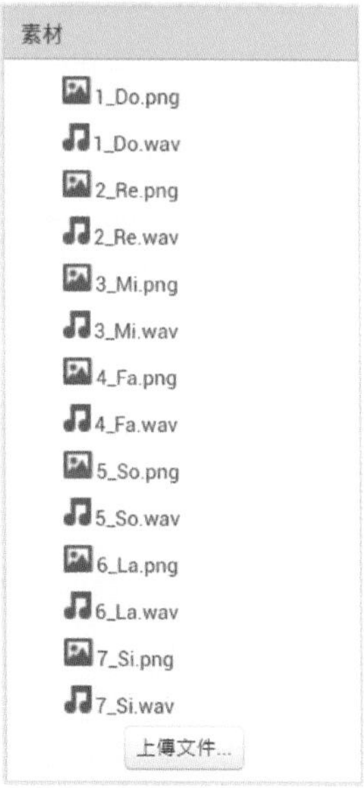 組件列表 Screen1 水平配置1 按鈕1 按鈕2 按鈕3 按鈕4 按鈕5 按鈕6 按鈕7 音效1 音效2 音效3 音效4 音效5 音效6 音效7 素材 1_Do.png 1_Do.wav 2_Re.png 2_Re.wav 3_Mi.png 3_Mi.wav 4_Fa.png 4_Fa.wav 5_So.png 5_So.wav 6_La.png 6_La.wav 7_Si.png 7_Si.wav 上傳文件...

【程式設計】

1. 宣告、頁面初始化及呼叫「SetPianoSize」副程式

拼圖程式	檔案名稱：ch6_Q3_Piano.aia

說明

行號01：宣告buttons清單陣列爲空清單。其目的用來儲存七個音階的鍵盤元件。

行號02：宣告degree變數的初値爲1。其目的用來記錄目前的音階索引值。

行號03：頁面初始化，載入七個音階的鍵盤元件到buttons清單陣列中。

行號04：呼叫「SetPianoSize」副程式。

2. 定義「SetPianoSize」副程式

拼圖程式	檔案名稱：ch6_Q3_Piano.aia

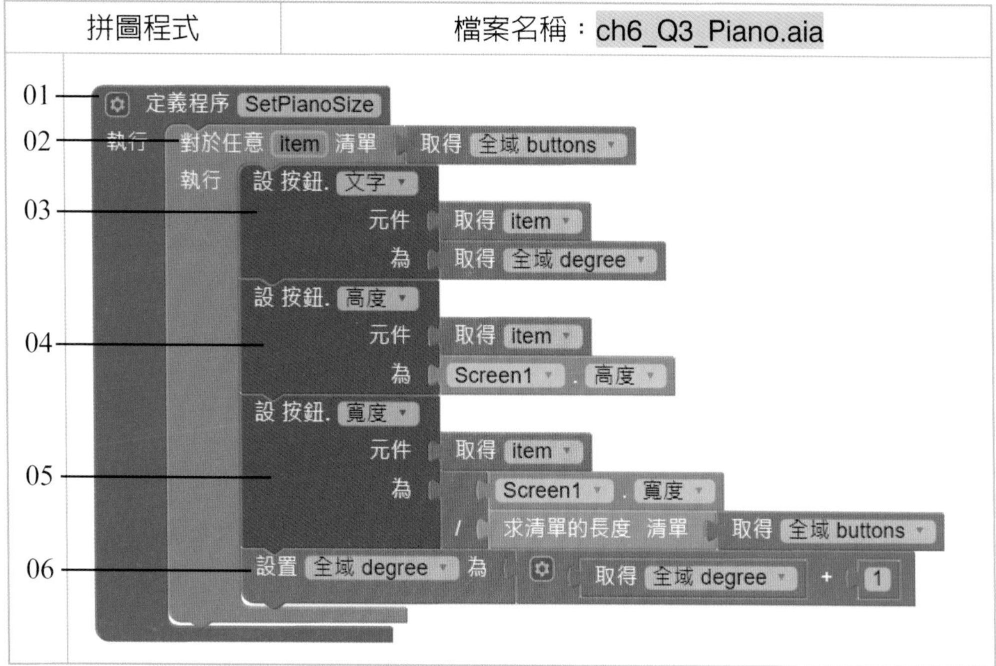

說明

行號01：定義「SetPianoSize」副程式。其目的用來自動調整鋼琴的大小。

行號02～06：利用清單專屬迴圈來設定鋼琴的「音階索引值、高度及寬度」。

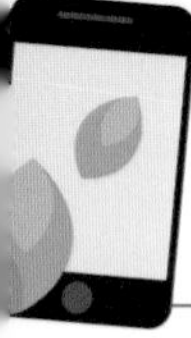

3. 設定每一個鍵盤對映的音階

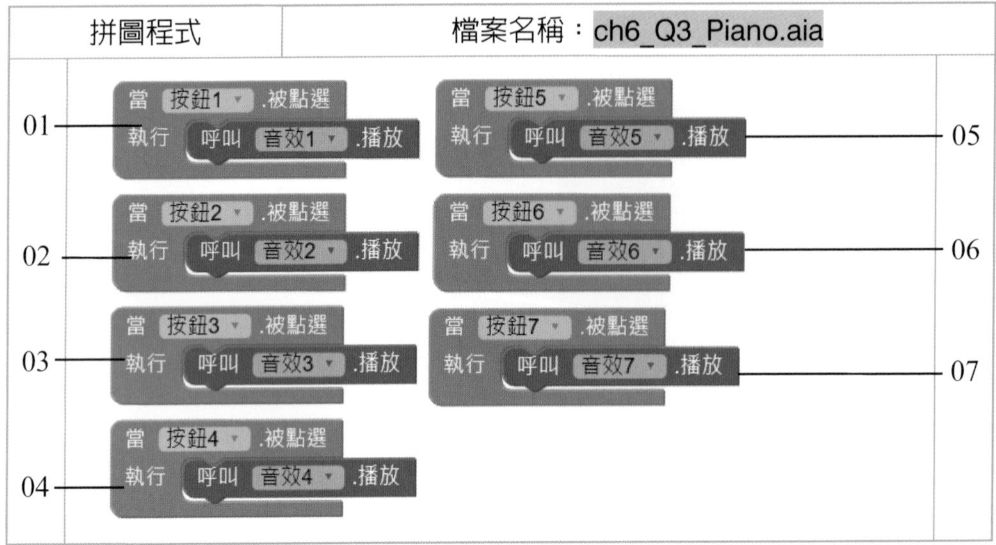

說明

行號01～07：設定每一個鍵盤對映的音階之聲音。

【執行結果】

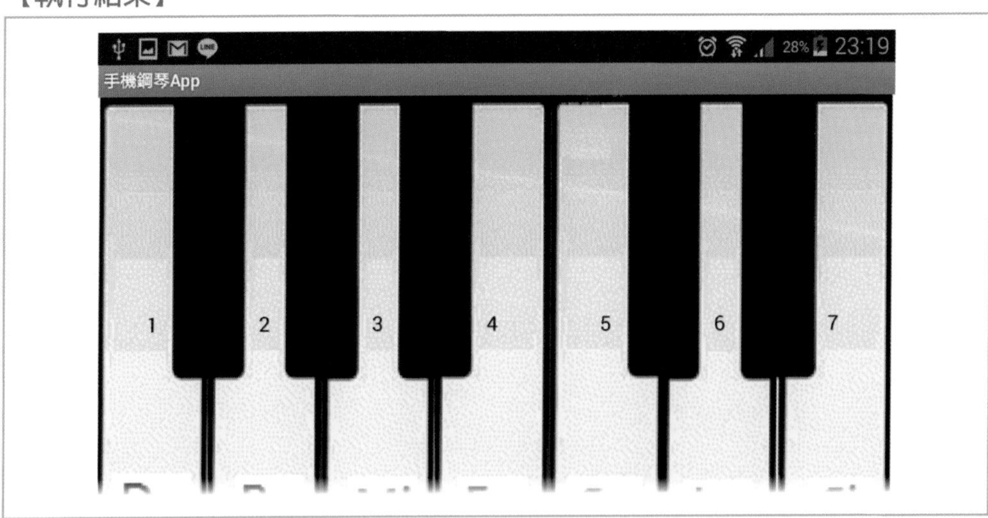

6-4 音樂播放器App

【分析】

(1)輸入：播放、暫停及停止

(2)處理：❶當按下「播放」時，「暫停」及「停止」才有作用。

❷當按下「暫停」時，「暫停」鈕變成「繼續」。

❸當按下「繼續」時，「繼續」鈕變成「暫停」。

❹當按下「停止」時，「播放」有作用，而「暫停」及「停止」沒有作用。

(3)輸出：音樂

【流程圖】

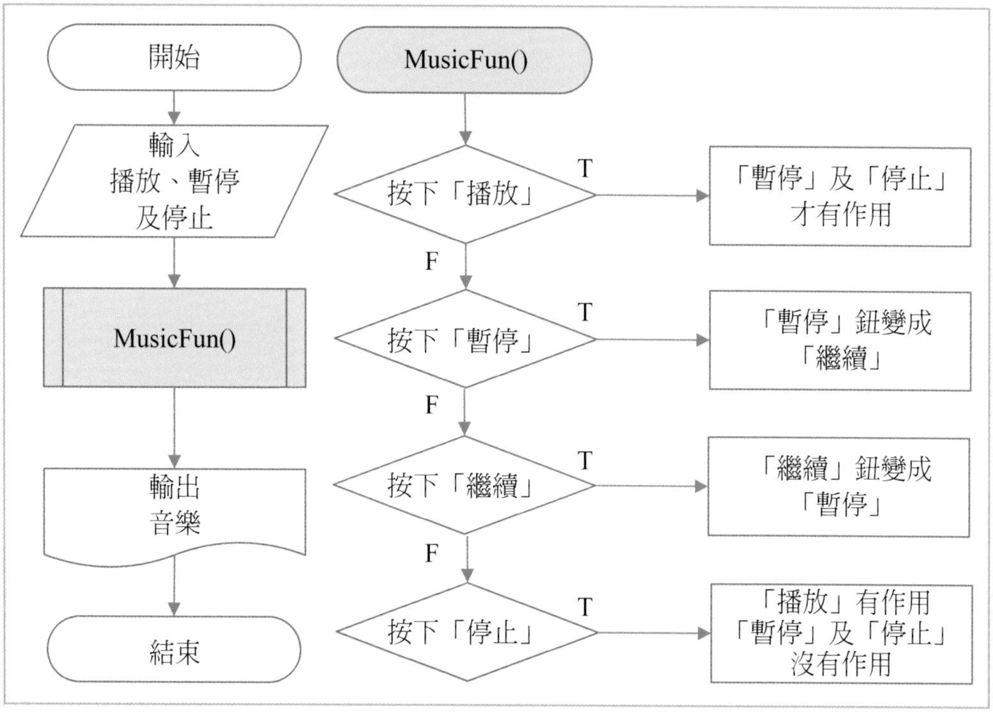

【介面設計】

手機頁面設計	專案所需元件
9:48 我的手機音樂播放器(基本題)App 播放 暫停 停止 您正在播放： 最後的溫柔 非可视组件 音樂播放器1	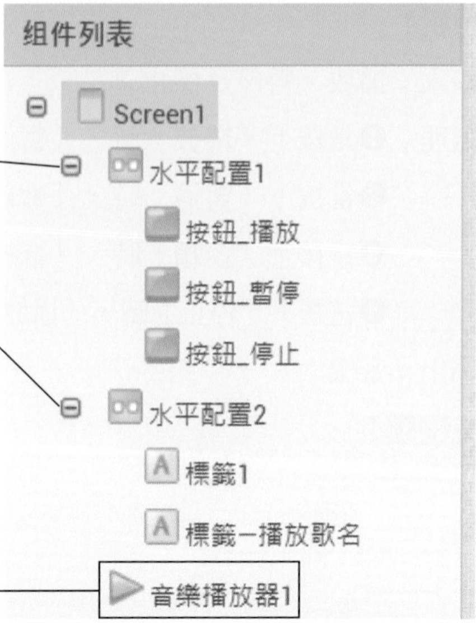 組件列表 Screen1 水平配置1 按鈕_播放 按鈕_暫停 按鈕_停止 水平配置2 標籤1 標籤-播放歌名 音樂播放器1  素材 Music.mp3 上傳文件...

【程式設計】

1. 頁面初始化及定義「PlayMusic」副程式

拼圖程式	檔案名稱：ch6_Q4_Music_V1.aia

```
    當 Screen1 .初始化
    執行 設 音樂播放器1 . 來源 為 " Music.mp3 "
01       設 標籤—播放歌名 . 文字 為 " 最後的溫柔 "
02       呼叫 PlayMusic

03  定義程序 PlayMusic
    執行 設 按鈕_播放 . 啟用 為 真
         設 按鈕_暫停 . 啟用 為 假
         設 按鈕_停止 . 啟用 為 假
```

說明

行號01～02：頁面初始化，亦即用來設定播放的歌曲檔案、歌名及呼叫「PlayMusic」副程式。

行號03：定義「PlayMusic」副程式，用來設定「按鈕初始化狀態」。亦即剛開始時，只有「播放」鈕有作用，其餘兩個按鈕沒有作用。

2. 按「播放」及「停止」鈕

拼圖程式	檔案名稱：ch6_Q4_Music_V1.aia

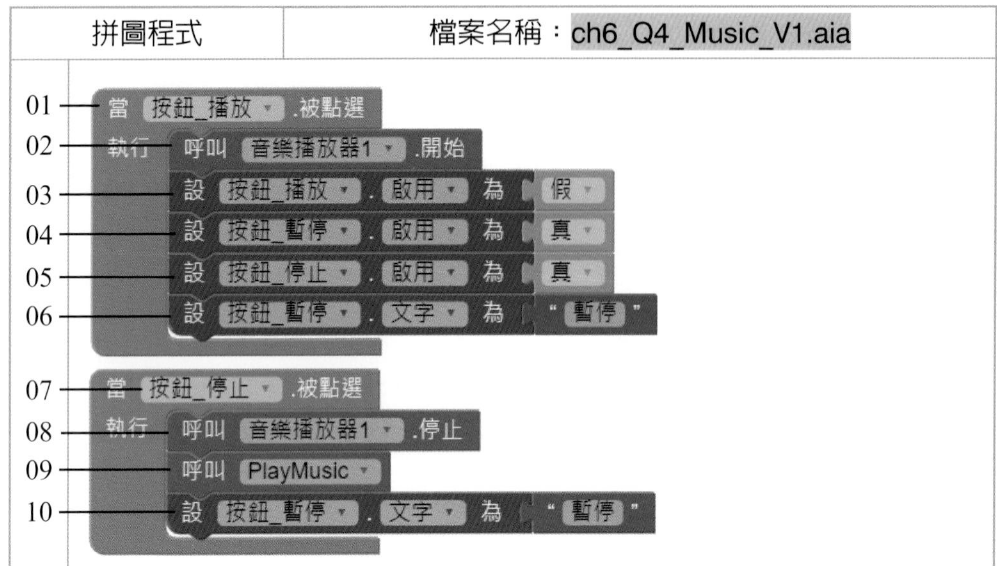
01 當 按鈕_播放 .被點選
02 執行 呼叫 音樂播放器1 .開始
03 設 按鈕_播放 . 啟用 為 假
04 設 按鈕_暫停 . 啟用 為 真
05 設 按鈕_停止 . 啟用 為 真
06 設 按鈕_暫停 . 文字 為 "暫停"
07 當 按鈕_停止 .被點選
08 執行 呼叫 音樂播放器1 .停止
09 呼叫 PlayMusic
10 設 按鈕_暫停 . 文字 為 "暫停"

說明

行號01～06：當按下「播放」時，「播放」鈕變成沒有作用，而「暫停」及「停止」才有作用。

行號07～10：停止播放音樂，並呼叫「PlayMusic」副程式。

3. 按「暫停」鈕

拼圖程式	檔案名稱：ch6_Q4_Music_V1.aia

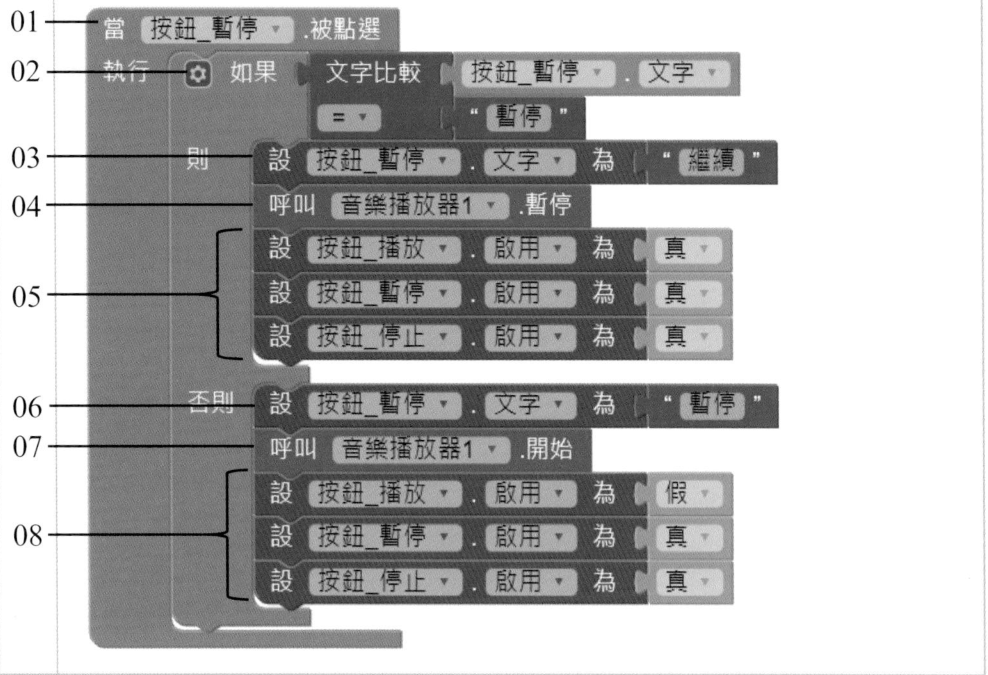

```
01 當 按鈕_暫停 .被點選
02 執行 如果 文字比較 按鈕_暫停 . 文字 = "暫停"
03   則 設 按鈕_暫停 . 文字 為 "繼續"
04      呼叫 音樂播放器1 .暫停
05      設 按鈕_播放 . 啟用 為 真
        設 按鈕_暫停 . 啟用 為 真
        設 按鈕_停止 . 啟用 為 真
06   否則 設 按鈕_暫停 . 文字 為 "暫停"
07      呼叫 音樂播放器1 .開始
08      設 按鈕_播放 . 啟用 為 假
        設 按鈕_暫停 . 啟用 為 真
        設 按鈕_停止 . 啟用 為 真
```

說明

行號01～05：當按下「暫停」時，「暫停」鈕變成「繼續」。

行號06～08：當按下「繼續」時，「繼續」鈕變成「暫停」。。

【執行結果】

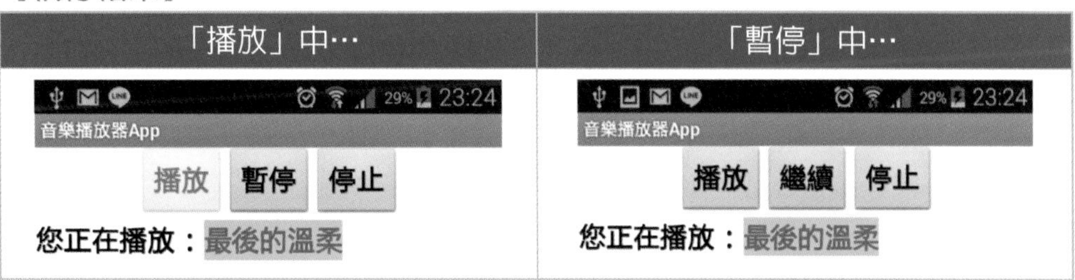

6-5 音樂播放器（進階版）App

【分析】

(1)輸入：勾選循環播放及調整音量大小

(2)處理：❶如果勾選循環播放，重覆播放

❷依照滑桿位置不同來調整不同的音量

(3)輸出：音樂

【流程圖】

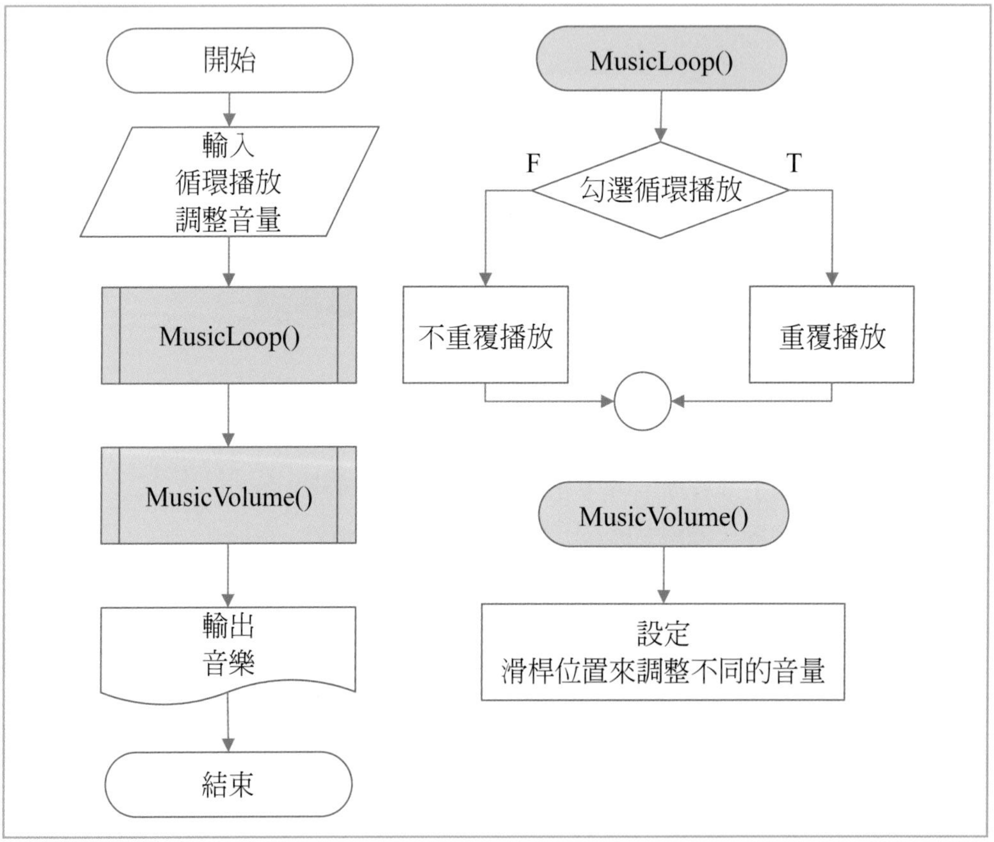

開始 → 輸入 循環播放 調整音量 → MusicLoop() → MusicVolume() → 輸出 音樂 → 結束

MusicLoop() → 勾選循環播放？ F：不重覆播放；T：重覆播放 → 合併

MusicVolume() → 設定 滑桿位置來調整不同的音量

【介面設計】

手機頁面設計	專案所需元件
 9:48 我的手機音樂播放器(進階題)App 播放 暫停 停止 您正在播放： 最後的溫柔 循環播放 調整音量 非可视组件 音樂播放器1	组件列表 Screen1 水平配置1 按鈕_播放 按鈕_暫停 按鈕_停止 水平配置2 標籤1 標籤－播放歌名 水平配置3 複選盒1 水平配置4 標籤2 滑桿1 音樂播放器1 素材 Music.mp3 上傳文件...

【關鍵程式】

拼圖程式	檔案名稱：ch6_Q5_Music_V2.aia

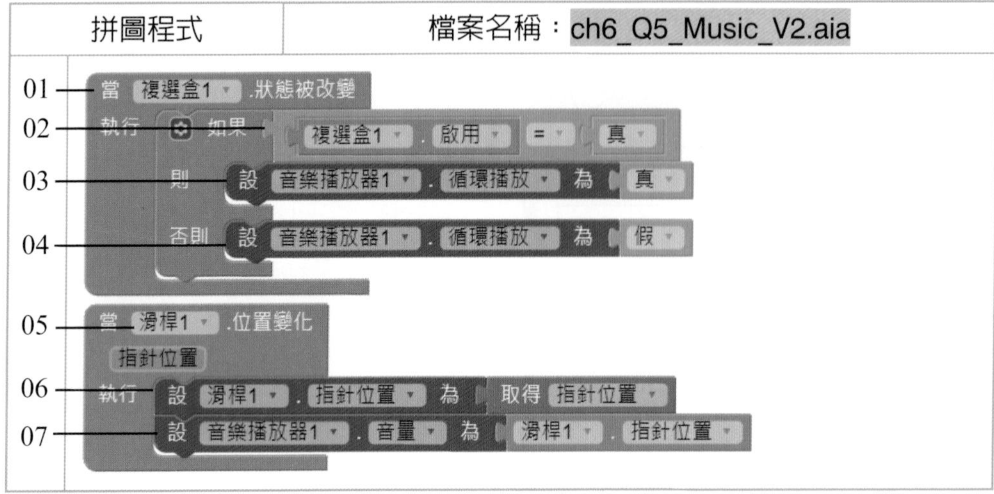
01 當 複選盒1 .狀態被改變
02 執行 如果 複選盒1 . 啟用 = 真
03 則 設 音樂播放器1 . 循環播放 為 真
04 否則 設 音樂播放器1 . 循環播放 為 假
05 當 滑桿1 .位置變化
指針位置
06 執行 設 滑桿1 . 指針位置 為 取得 指針位置
07 設 音樂播放器1 . 音量 為 滑桿1 . 指針位置

說明

行號01～04：如果勾選循環播放時，就會重覆播放，否則就只有播放一次。

行號05～07：依照滑桿位置不同來調整不同的音量。

【執行結果】

勾選循環播放	調整不同的音量

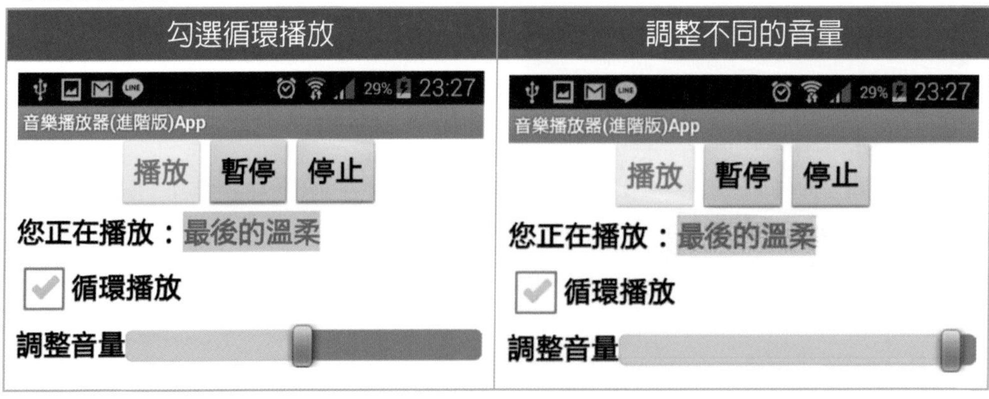
29% 23:27
音樂播放器(進階版)App
播放
暫停
停止
您正在播放：最後的溫柔
循環播放
調整音量

6-6 錄音機App

【分析】

(1)輸入：開始、停止及播放

(2)處理：❶當按下「開始」時，「停止」才有作用。

❷當按下「停止」時，「播放」才有作用。

❸當按下「播放」時，三個按鈕皆沒有作用，必須要等待「播放完畢」時，「開始」鈕才有作用。

(3)輸出：錄音檔

【流程圖】

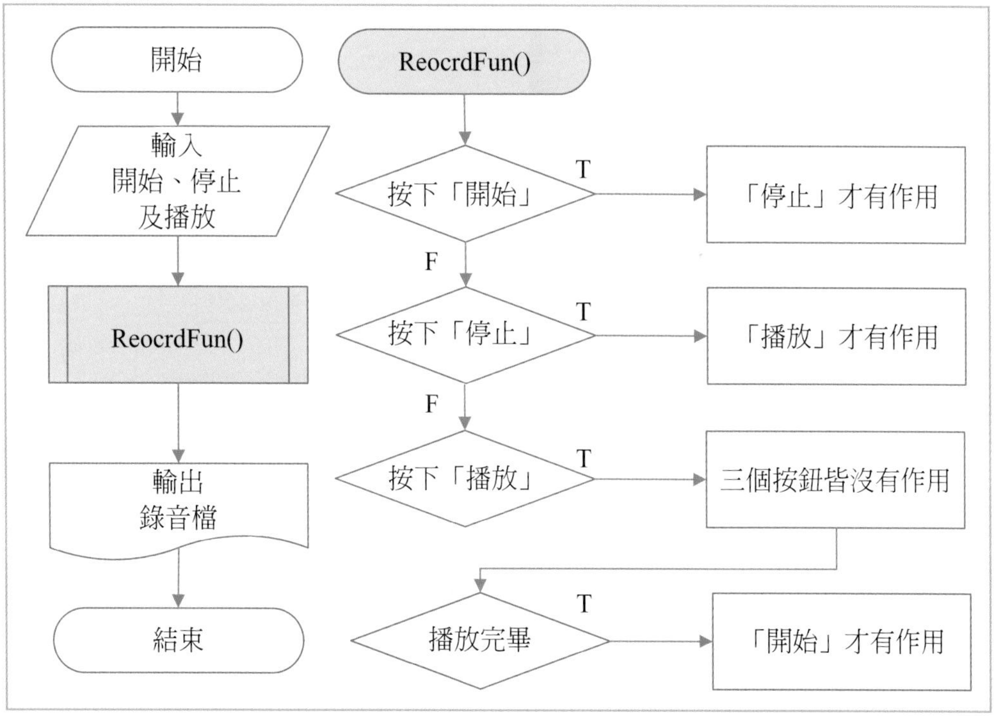

開始

輸入
開始、停止
及播放

ReocrdFun()

輸出
錄音檔

結束

ReocrdFun()

按下「開始」 T → 「停止」才有作用

F

按下「停止」 T → 「播放」才有作用

F

按下「播放」 T → 三個按鈕皆沒有作用

播放完畢 T → 「開始」才有作用

【介面設計】

手機頁面設計	專案所需元件
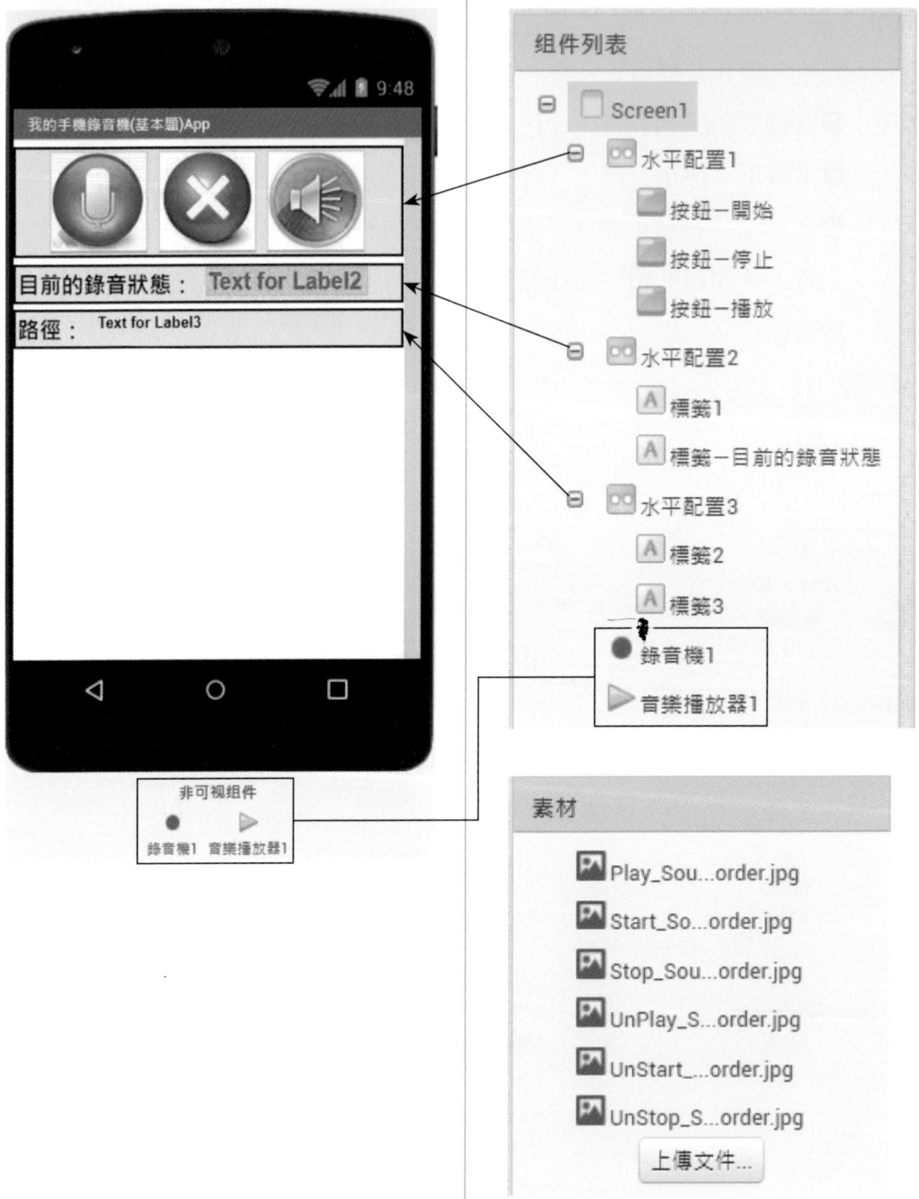 9:48 我的手機錄音機(基本題)App 目前的錄音狀態： Text for Label2 路徑： Text for Label3 非可视组件 錄音機1 音樂播放器1	組件列表 Screen1 水平配置1 按鈕－開始 按鈕－停止 按鈕－播放 水平配置2 標籤1 標籤－目前的錄音狀態 水平配置3 標籤2 標籤3 錄音機1 音樂播放器1 素材 Play_Sou...order.jpg Start_So...order.jpg Stop_Sou...order.jpg UnPlay_S...order.jpg UnStart_...order.jpg UnStop_S...order.jpg 上傳文件...

【程式設計】

1. 頁面初始化及定義「StartRecord」副程式

拼圖程式	檔案名稱：ch6_Q6_Recorder_V1.aia

```
01 當 Screen1 .初始化
02 執行 設 標籤—目前的錄音狀態 . 文字 為 " 您尚未操作 "
03      呼叫 StartRecord
04 定義程序 StartRecord
05 執行 設 Button_Start . 啟用 為 真
        設 Button_Start . 圖像 為 Start_SoundRecorder.jpg
06      設 Button_Stop . 啟用 為 假
        設 Button_Stop . 圖像 為 UnStop_SoundRecorder.jpg
07      設 Button_Play . 啟用 為 假
        設 Button_Play . 圖像 為 UnPlay_SoundRecorder.jpg
```

說明

行號01～03：頁面初始化，亦即在狀態列中顯示「您尚未操作」，並且呼叫「StartRecord」副程式。

行號04～07：定義「StartRecord」副程式，其目的用來將「按鈕初始化」。

2. 按「開始」鈕及相關的事件

拼圖程式	檔案名稱：ch6_Q6_Recorder_V1.aia
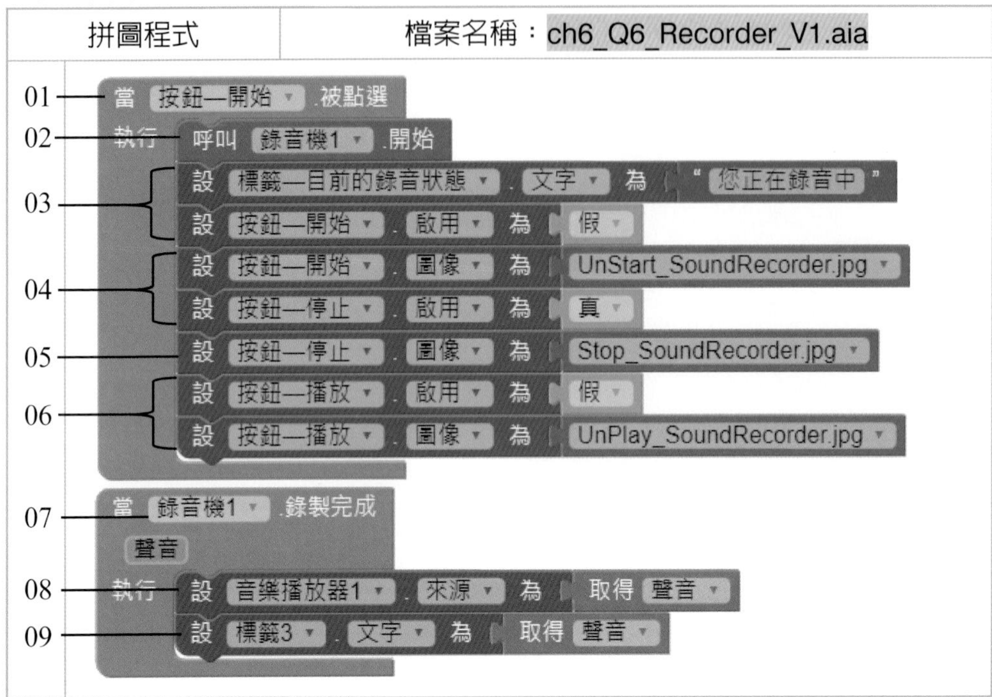	

說明

行號01～06：當按下「開始」時，就會開始進行錄音，並且「停止」鈕才有作用。

行號07～09：在錄音完成之後，就會觸發本事件。亦即將剛才錄音檔指定給播放器，作爲聲音的來源，並且顯示它的路徑及檔名。

3. 按「停止」鈕

拼圖程式	檔案名稱：ch6_Q6_Recorder_V1.aia

說明

行號01～06：當按下「停止」時，「開始」與「播放」鈕才有作用。

4. 按「播放」鈕及相關的事件

拼圖程式	檔案名稱：ch6_Q6_Recorder_V1.aia
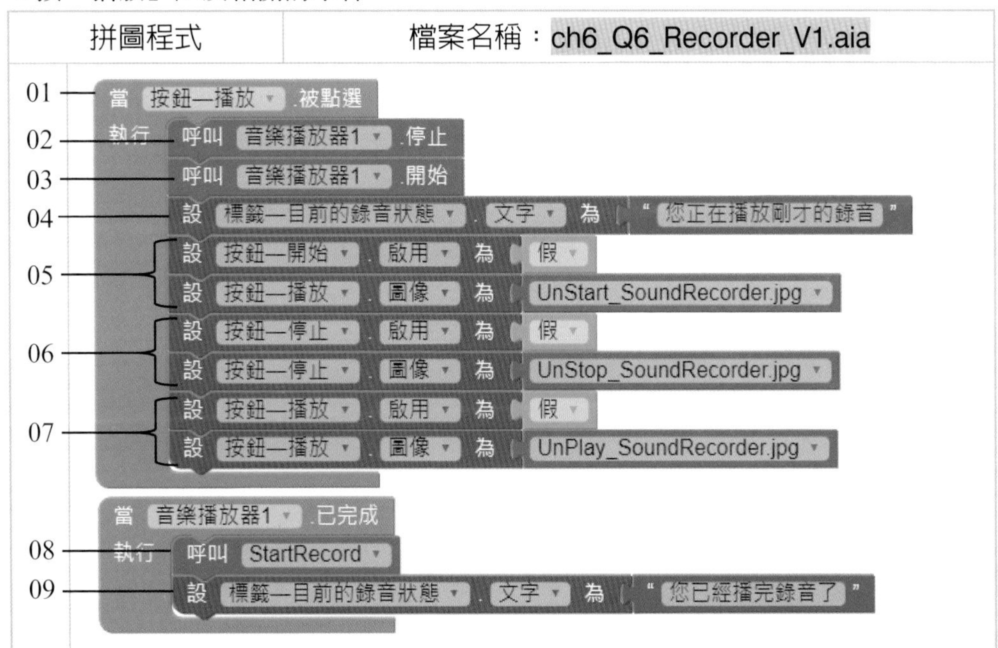	

說明

行號01～09：當按下「播放」時，三個按鈕皆沒有作用，必須要等待「播放完畢」時，「開始」鈕才有作用。

【執行結果】

6-7 錄音機（進階版）App

【分析】

(1)輸入：按下「重播」鈕

(2)處理：如果有按「重播」鈕，重覆播放，否則，反之。

(3)輸出：錄音檔

【流程圖】

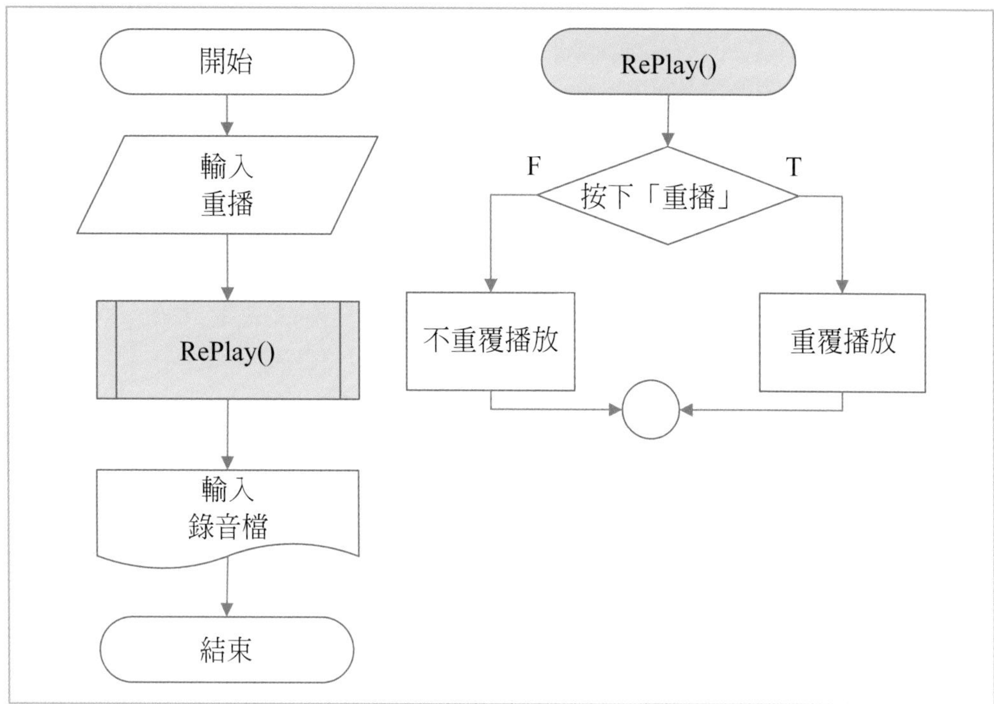

【介面設計】

手機頁面設計	專案所需元件
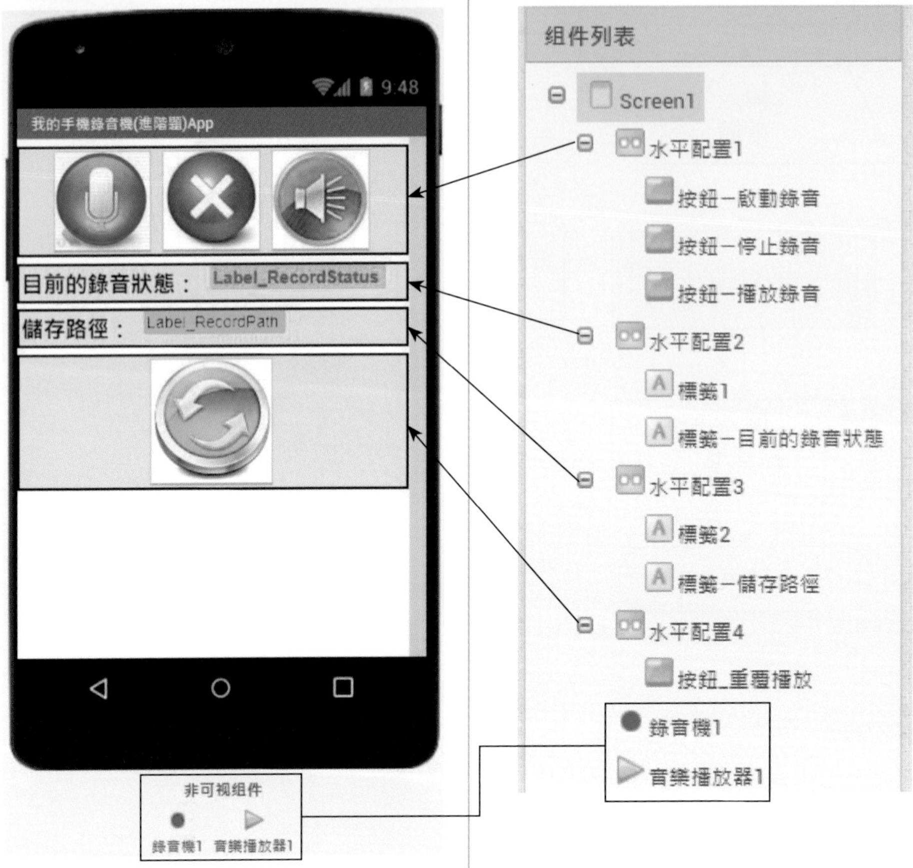 9:48 我的手機錄音機(進階篇)App 目前的錄音狀態： Label_RecordStatus 儲存路徑： Label_RecordPath 非可视组件 錄音機1 音樂播放器1	組件列表 Screen1 水平配置1 按鈕－啟動錄音 按鈕－停止錄音 按鈕－播放錄音 水平配置2 標籤1 標籤－目前的錄音狀態 水平配置3 標籤2 標籤－儲存路徑 水平配置4 按鈕_重覆播放 錄音機1 音樂播放器1

【關鍵程式】

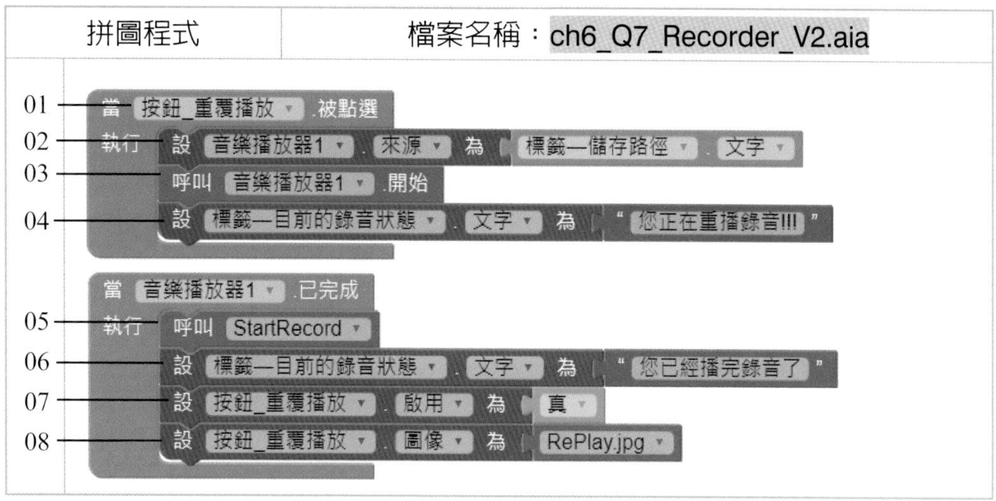

說明

行號01～04：當按下「重播」鈕時，就會播放剛才錄音的聲音檔。

行號05～08：當在「重播」完成之後，就會顯示「您已經播完錄音了」，並且「重播」鈕又有作用，亦即可以反覆的按「重播」。

【執行結果】

6-8 攝影機App

【分析】

(1)輸入：啟動攝影機功能

(2)處理：❶取得影片名稱

❷取得影片路徑

(3)輸出：播放影片

【流程圖】

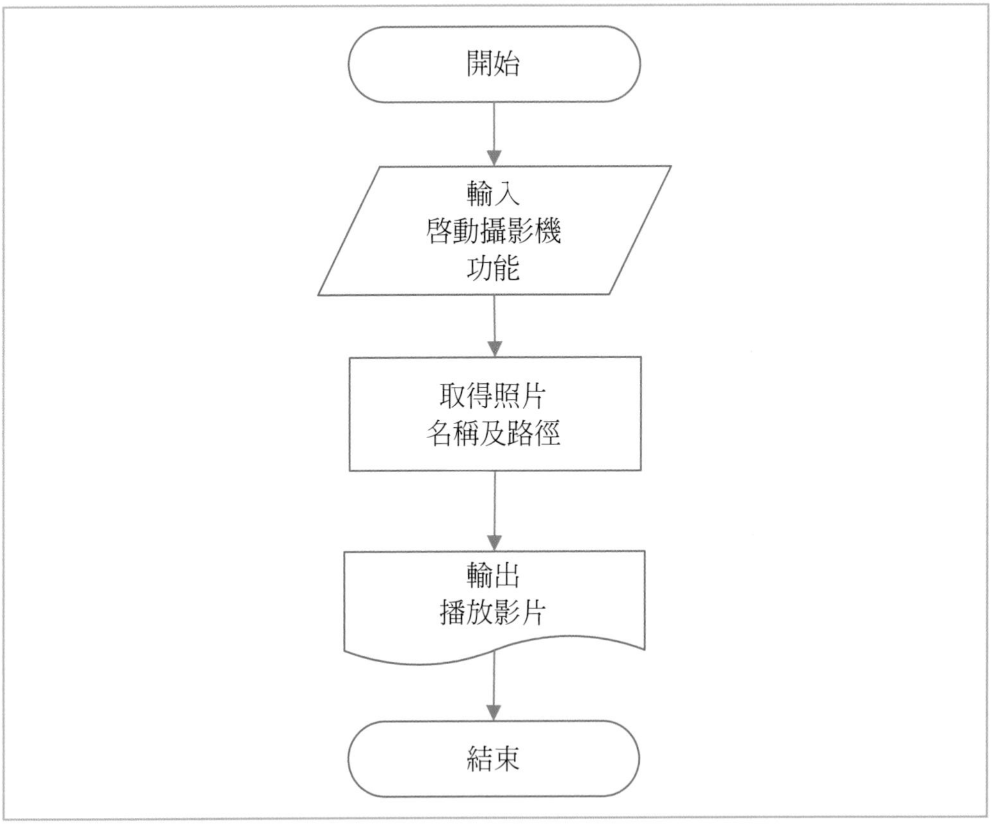

開始

輸入
啟動攝影機
功能

取得照片
名稱及路徑

輸出
播放影片

結束

【介面設計】

手機頁面設計	專案所需元件
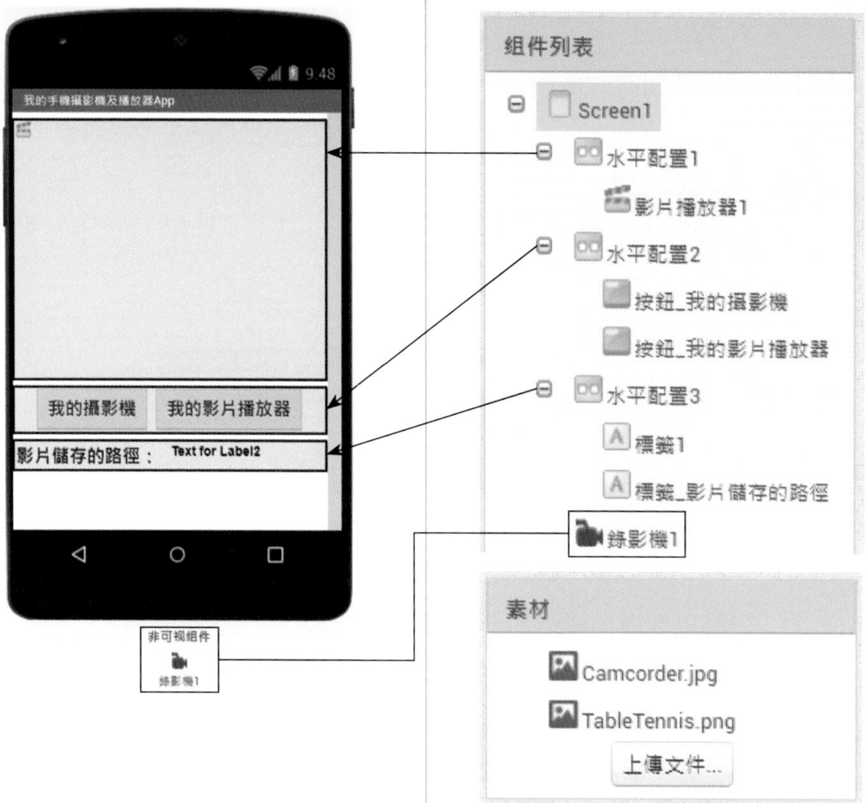 9:48 我的手機攝影機及播放器App 我的攝影機 我的影片播放器 影片儲存的路徑： Text for Label2 非可视組件 錄影機1	組件列表 Screen1 水平配置1 影片播放器1 水平配置2 按鈕_我的攝影機 按鈕_我的影片播放器 水平配置3 標籤1 標籤_影片儲存的路徑 錄影機1 素材 Camcorder.jpg TableTennis.png 上傳文件...

【程式設計】

1. 頁面初始化

拼圖程式	檔案名稱：ch6_Q8_Camcorder.aia

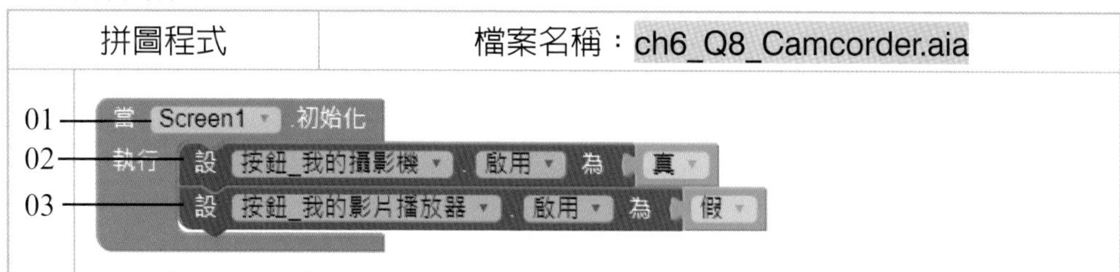

說明

行號01～03：當頁面初始化時，「我的攝影機」有作用，而「我的影片播放器」沒有作用。

2. 啓動攝影機功能及相關的事件

拼圖程式	檔案名稱：ch6_Q8_Camcorder.aia

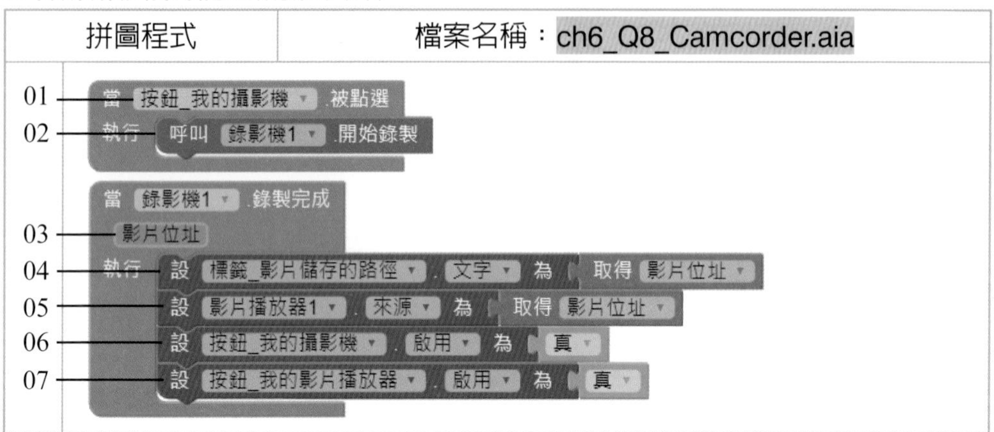

說明

行號01～02：啓動攝影機功能。

行號03～05：在攝影之後，就會取得剛才攝影的路徑名稱及檔案名稱。

行號06～07：此時，設定「我的攝影機」及「我的影片播放器」皆有作用，亦即可以攝影，也可以播放影片。

3. 播放影片

拼圖程式	檔案名稱：ch6_Q8_Camcorder.aia

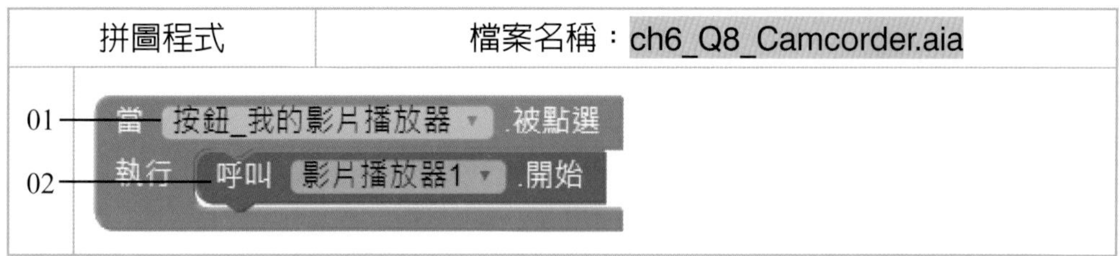

說明

行號01～02：播放剛才錄製的影片。

【執行結果】

啟動相機功能	從相簿中選擇照片
	 我的攝影機 我的影片播放器 影片儲存的路徑：content://media/external/video/media/9274

6-9 我是鸚鵡App

【分析】

(1)輸入：語音

(2)處理：❶透過Google語音系統，將語音轉成文字

❷透過Google語音系統，將文字轉成語音

(3)輸出：語音

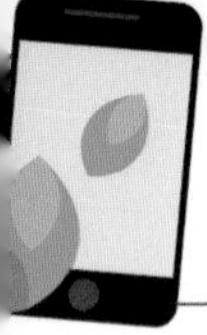

【流程圖】

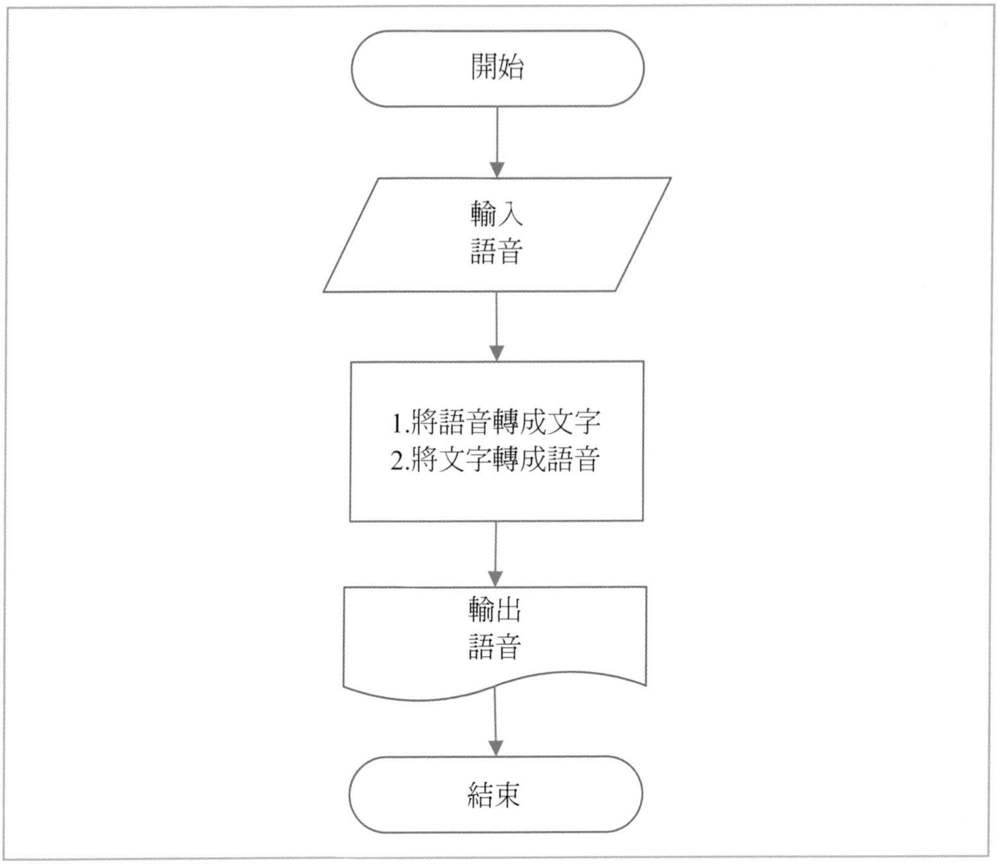

開始

↓

輸入
語音

↓

1.將語音轉成文字
2.將文字轉成語音

↓

輸出
語音

↓

結束

【介面設計】

手機頁面設計	專案所需元件
 9:48 我是一隻學主人說話的鸚鵡App 我是一隻會講話的鸚鵡 與鸚鵡說話 非可視組件 文字語音轉換器1 語音辨識1	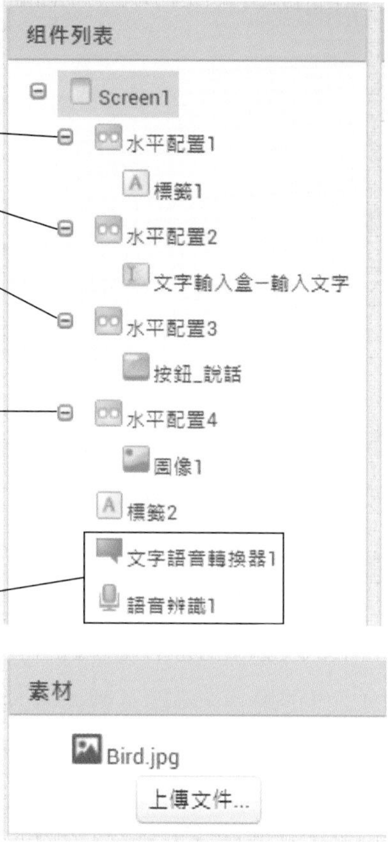 組件列表 Screen1 水平配置1 標籤1 水平配置2 文字輸入盒_輸入文字 水平配置3 按鈕_說話 水平配置4 圖像1 標籤2 文字語音轉換器1 語音辨識1 素材 Bird.jpg 上傳文件...

【程式設計】

1. 宣告及啟動「Clock時鐘」元件之程式

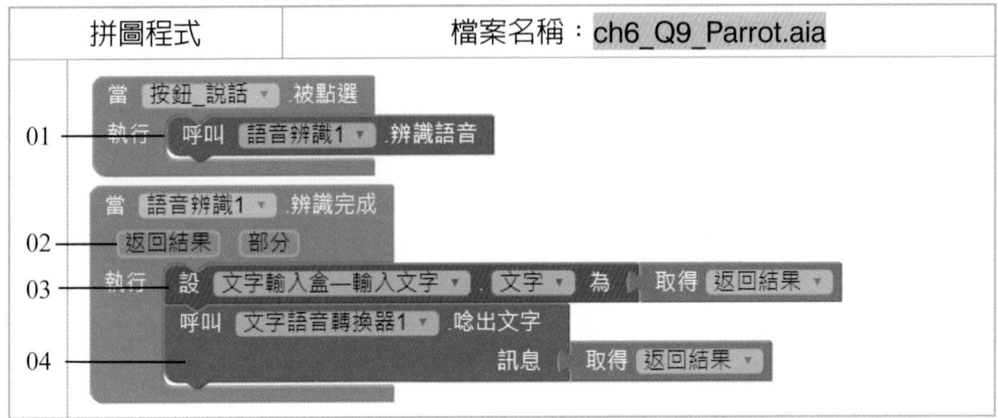

說明

行號01：透過「語音辨識」元件的「辨識語音」方法。來啓動「語音」功能。

行號02：當使用者利用「語音」輸入之後，馬上會執行「語音辨識」元件的「辨識完成」事件。

行號03：將剛才「語音」轉換成「文字」的回傳值指定給「標題」框。

行號04：再透過「文字語音轉換器」元件來啓動文字轉成語音的功能。

【執行結果】

語音輸入	語音輸出
我是鸚鵡App 我是一隻會講話的鸚鵡 我會說話喔 ❶ 與鸚鵡說話 Google ❷ 請開始說話 圖片來源：http://www.nipic.com/show/1/64/7609231kce5b46e0.html	我是鸚鵡App 我是一隻會講話的鸚鵡 我是一隻會說話的鸚鵡 與鸚鵡說話 ❸ 圖片來源：http://www.nipic.com/show/1/64/7609231kce5b46e0.html

6-10 自編有聲書App

【分析】

(1)輸入：❶QRCode輸入故事書內容

❷語音輸入故事書內容

(2)處理：故事書內容轉成語音電子書

(3)輸出：有聲書

【流程圖】

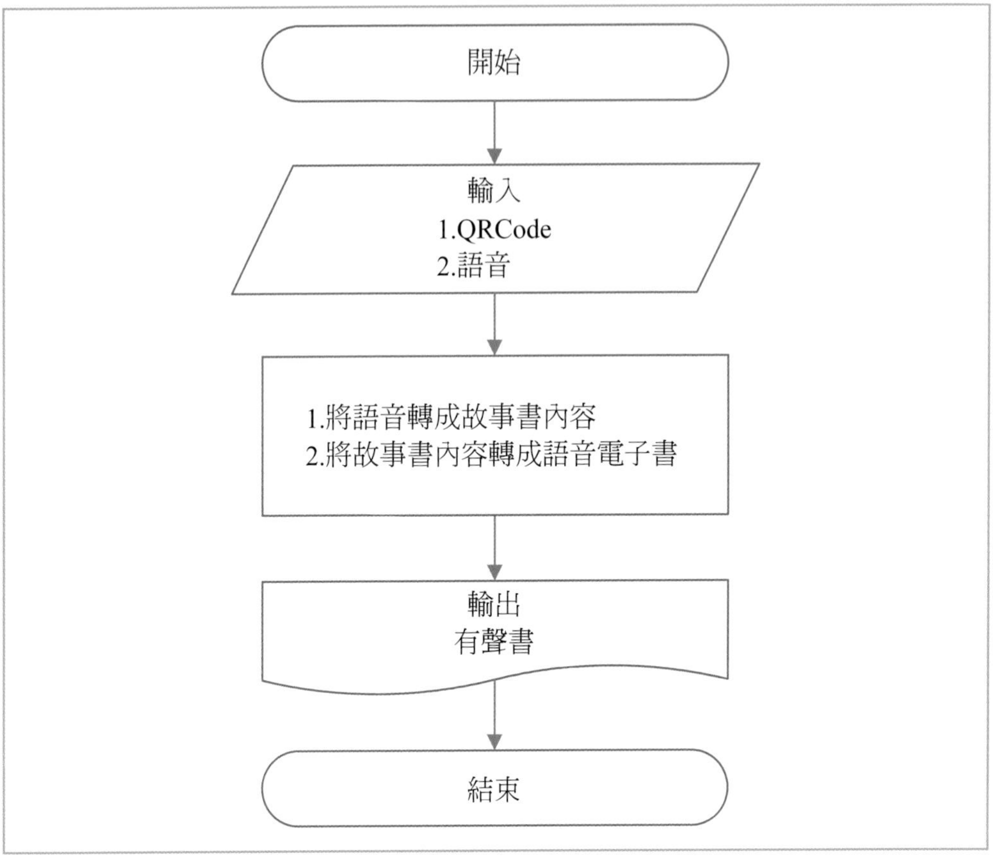

開始

↓

輸入
1.QRCode
2.語音

↓

1.將語音轉成故事書內容
2.將故事書內容轉成語音電子書

↓

輸出
有聲書

↓

結束

【介面設計】

手機頁面設計	專案所需元件
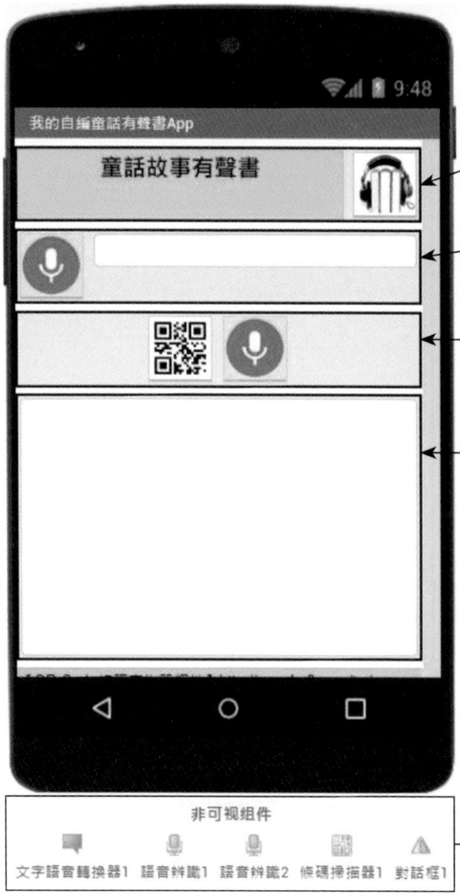 9:48 我的自編童話有聲書App 童話故事有聲書 非可视組件 文字語音轉換器1 語音辨識1 語音辨識2 條碼掃描器1 對話框1	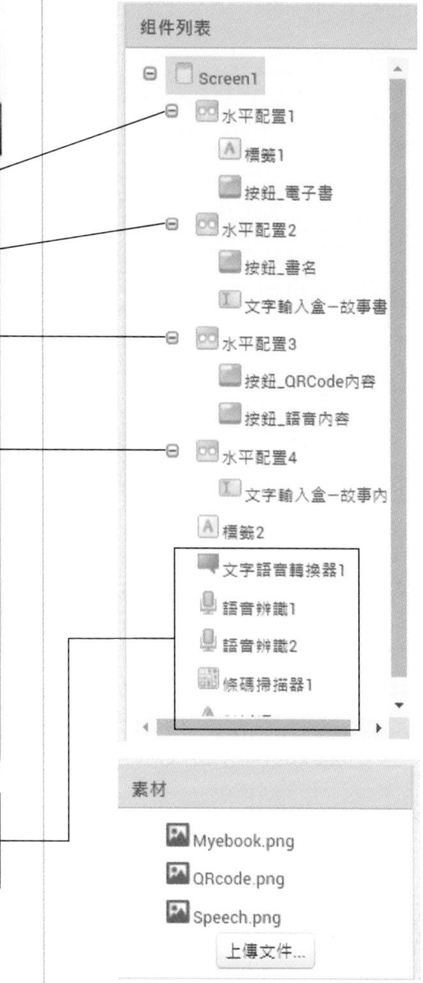 組件列表 Screen1 水平配置1 標籤1 按鈕_電子書 水平配置2 按鈕_書名 文字輸入盒−故事書 水平配置3 按鈕_QRCode內容 按鈕_語音內容 水平配置4 文字輸入盒−故事內 標籤2 文字語音轉換器1 語音辨識1 語音辨識2 條碼掃描器1 素材 Myebook.png QRcode.png Speech.png 上傳文件...

【程式設計】

1. 撰寫「語音輸入故事書名稱」之程式

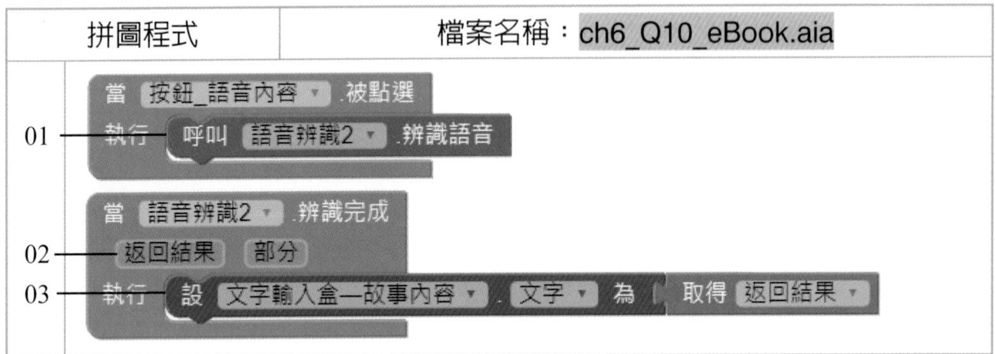

說明

行號01：透過「語音辨識」元件的「辨識語音」方法，來啓動「語音」功能。

行號02：當使用者利用「語音」輸入之後，馬上會執行「語音辨識」元件的「辨識完成」事件。

行號03：將剛才「語音」轉換成「文字」的回傳值「返回結果」指定給「故事名稱」框。

2. 撰寫「語音輸入故事書內容」之程式

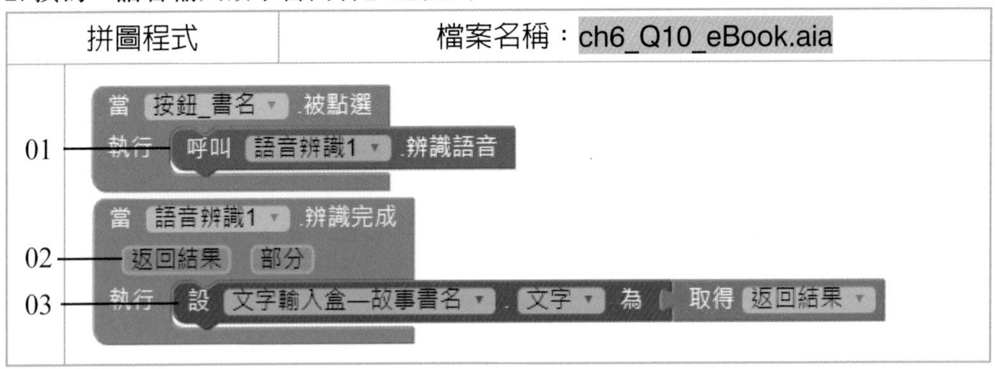

說明

行號01：透過「語音辨識」元件的「辨識語音」方法，來啓動「語音」功能。

行號02：當使用者利用「語音」輸入之後，馬上會執行「語音辨識」元件的「辨識完成」事件。

行號03：將剛才「語音」轉換成「文字」的回傳值「返回結果」指定給「故事內容」框。

3. 撰寫「QRCode輸入故事書內容」之程式

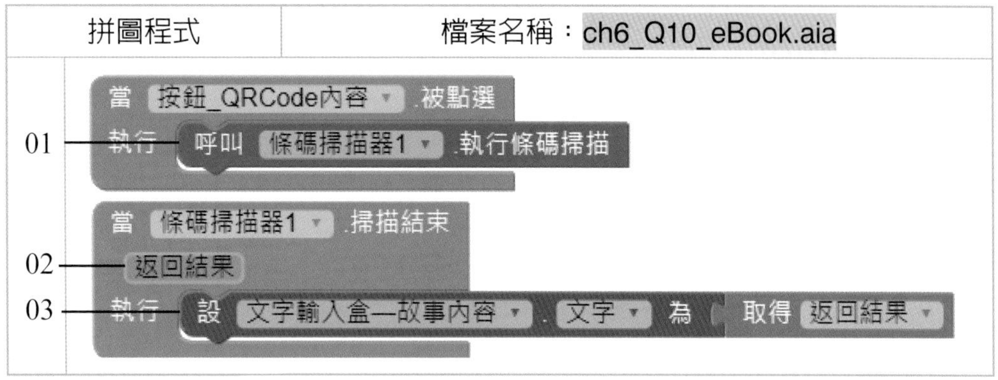

拼圖程式	檔案名稱：ch6_Q10_eBook.aia

說明

行號01：透過「條碼掃描器」元件的「執行條碼掃描」方法，來啟動「QRCode」功能。

行號02：當使用者掃瞄「二維條碼」輸入之後，馬上會執行「條碼掃描器」元件的「掃描結束」事件。

行號03：將剛才掃瞄「二維條碼」的回傳值「返回結果」指定給「故事內容」框。

4. 撰寫「語音電子書；有聲書」之程式

<table>
<tr><th>拼圖程式</th><th>檔案名稱：ch6_Q10_eBook.aia</th></tr>
<tr><td>01
02
03</td><td>當 按鈕_電子書 .被點選
執行 如果 或 文字輸入盒—故事書名 . 文字 = " "
文字輸入盒—故事內容 . 文字 = " "
則 呼叫 對話框1 .顯示警告訊息
通知 " 您尚未完整輸入故事書! "
否則 呼叫 文字語音轉換器1 .唸出文字
訊息 合併文字 文字輸入盒—故事書名 . 文字
文字輸入盒—故事內容 . 文字</td></tr>
</table>

說明

行號01：判斷故事書的「名稱與內容」是否有空值。

行號02：如果有空值，就會利用對話框元件來顯示「您尚未完整輸入故事書!」

行號03：否則，代表有完整填入，此時，就可以透過「文字語音轉換器」元件的唸出文字方法來唸出故事書的「名稱與內容」。

【執行結果】

QRCode輸入故事書內容	播放有聲書
 QuickMark	 自編童話故事有聲書App 童話故事有聲書 三隻小豬 從前，有一隻胖胖的豬媽媽，她生了三隻小豬。 最大的小豬：豬大哥很貪睡，很懶惰。一天到晚都在打瞌睡。 第二個小豬：豬二哥很愛吃，他也很懶惰。 幸好最小的小豬：豬小弟是個勤勞的好孩子。常常努力的工作。 【QR Code條碼產生器網址】http://qr.calm9.com/tw/

Chapter 7

繪圖及動畫的應用

本章學習目標

1. 讓讀者瞭解「繪圖及動畫」元件的使用時機、方法。
2. 讓讀者瞭解「繪圖及動畫」元件的相關應用。

本章學習內容

7-1 我的塗鴉板App

【分析】

(1)輸入：❶設定畫筆顏色

❷設定畫布顏色

❸塗鴉

(2)處理：可繪製實心圓形及塗鴉

(3)輸出：❶塗鴉　❷圓形

【流程圖】

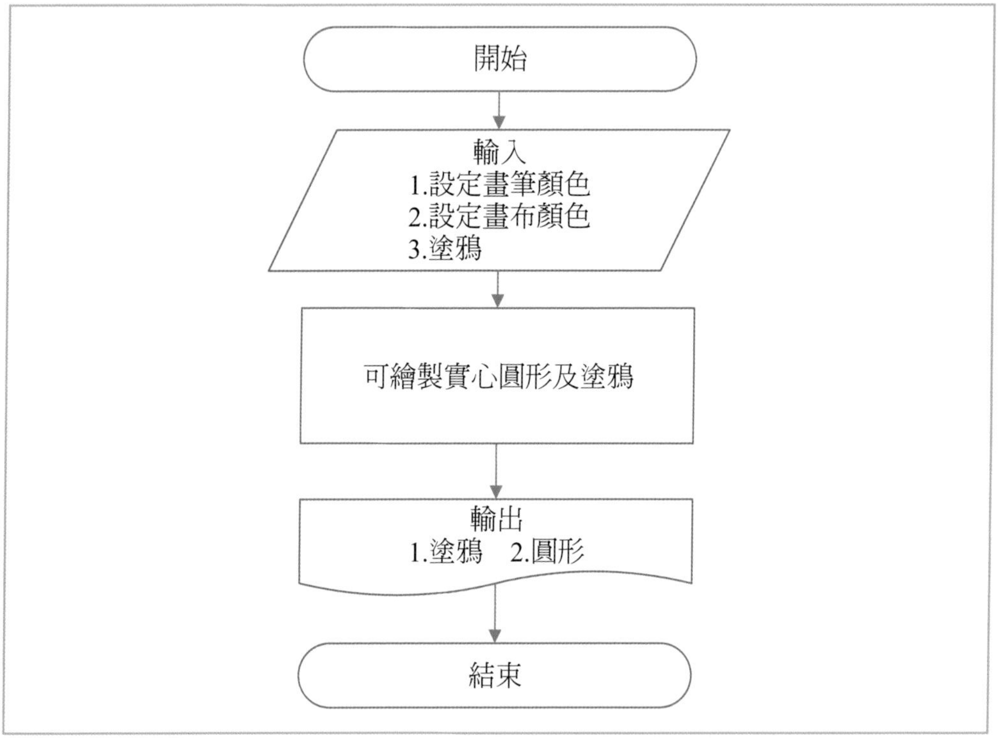

開始

↓

輸入
1.設定畫筆顏色
2.設定畫布顏色
3.塗鴉

↓

可繪製實心圓形及塗鴉

↓

輸出
1.塗鴉　2.圓形

↓

結束

【介面設計】

手機的版面配置區	專案所需元件
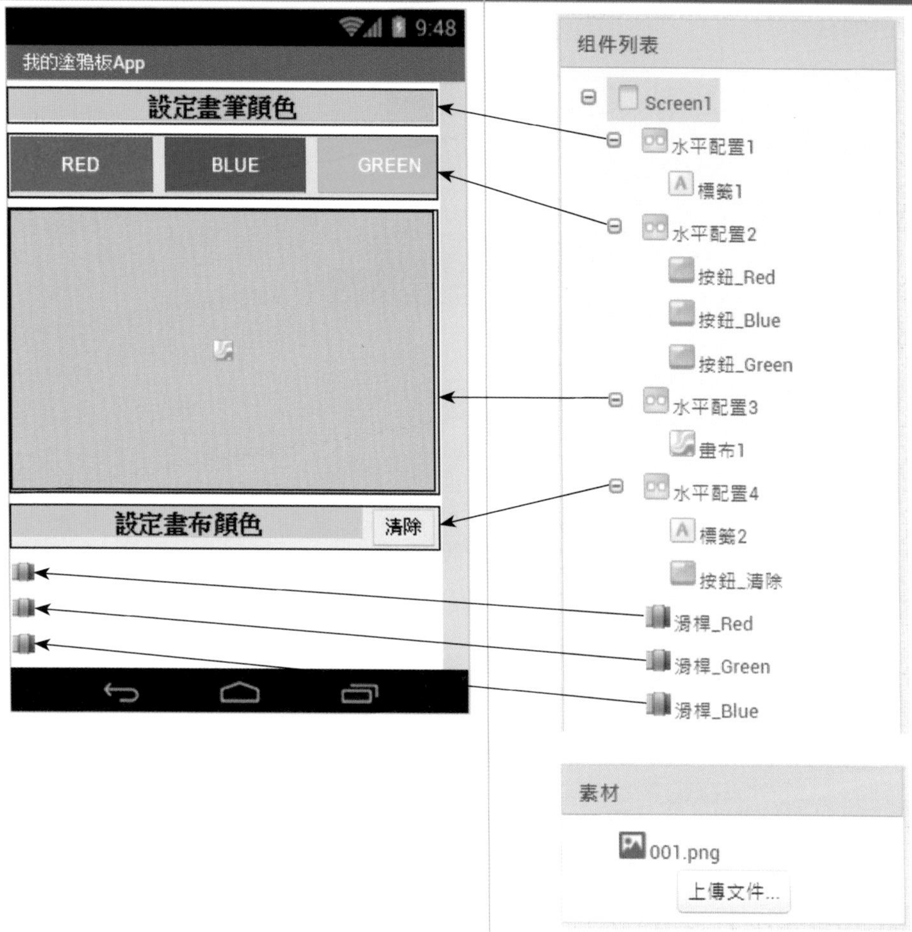 9:48 我的塗鴉板App 設定畫筆顏色 RED BLUE GREEN 設定畫布顏色 清除	组件列表 Screen1 水平配置1 標籤1 水平配置2 按鈕_Red 按鈕_Blue 按鈕_Green 水平配置3 畫布1 水平配置4 標籤2 按鈕_清除 滑桿_Red 滑桿_Green 滑桿_Blue 素材 001.png 上傳文件...

【程式設計】

1. 宣告清單陣列及初始化

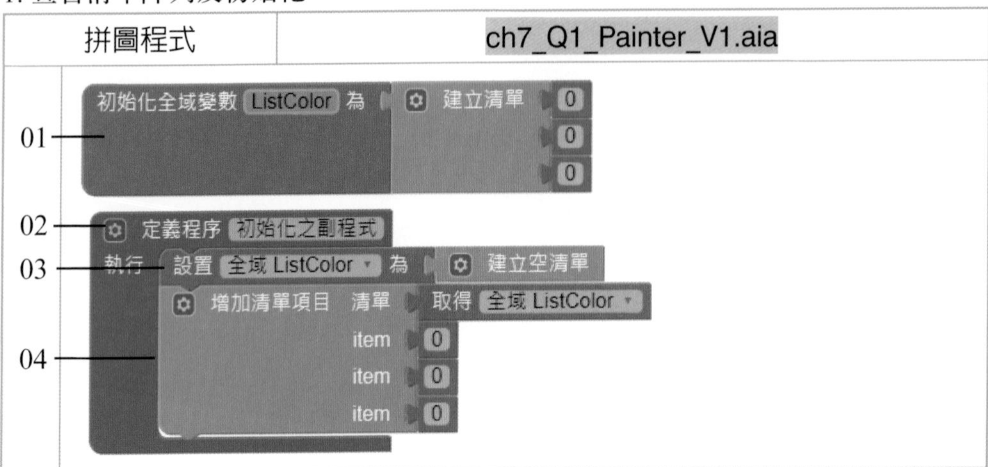

說明

行號01：宣告ListColor為清單陣列，初值皆設為0。

行號02～04：定義「初始化」副程式，其目的用來設定ListColor為空清單，並加入三項0元素。

2. 設定畫筆顏色的按鈕

拼圖程式	ch7_Q1_Painter_V1.aia
01	當 按鈕_Red 被點選 執行 呼叫 初始化之副程式 將清單 取得 全域 ListColor 中索引值為 1 的清單項目取代為 255
02	當 按鈕_Green 被點選 執行 呼叫 初始化之副程式 將清單 取得 全域 ListColor 中索引值為 2 的清單項目取代為 255

拼圖程式	ch7_Q1_Painter_V1.aia
03	當 按鈕_Blue .被點選 執行 呼叫 初始化之副程式 將清單 取得 全域 ListColor 中索引值為 3 的清單項目取代為 255

說明

行號01：先呼叫「初始化」副程式，再設定畫筆顏色爲「紅色」。

行號02：先呼叫「初始化」副程式，再設定畫筆顏色爲「綠色」。

行號03：先呼叫「初始化」副程式，再設定畫筆顏色爲「藍色」。

3. 在畫布上畫線

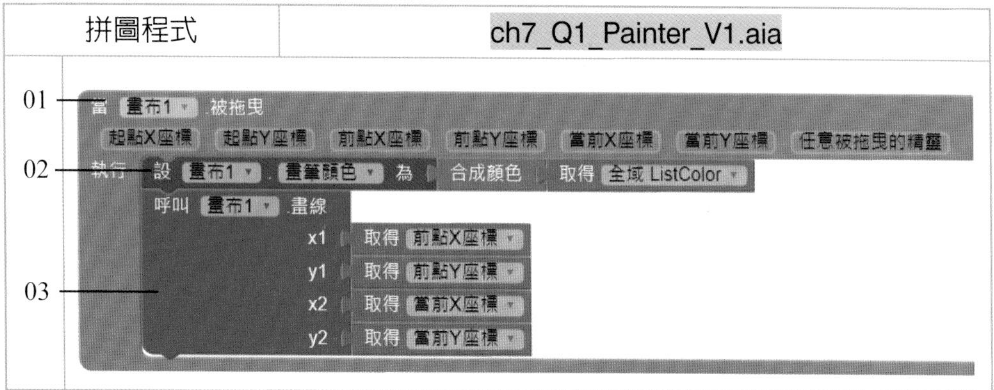

說明

行號01：當使用者在桌布上「拖拉」時，就會觸發本事件。

行號02：設定在桌布上的畫筆顏色。

行號03：使用者可以在桌布上畫線。

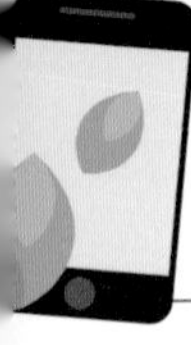

4. 在畫布上畫圓

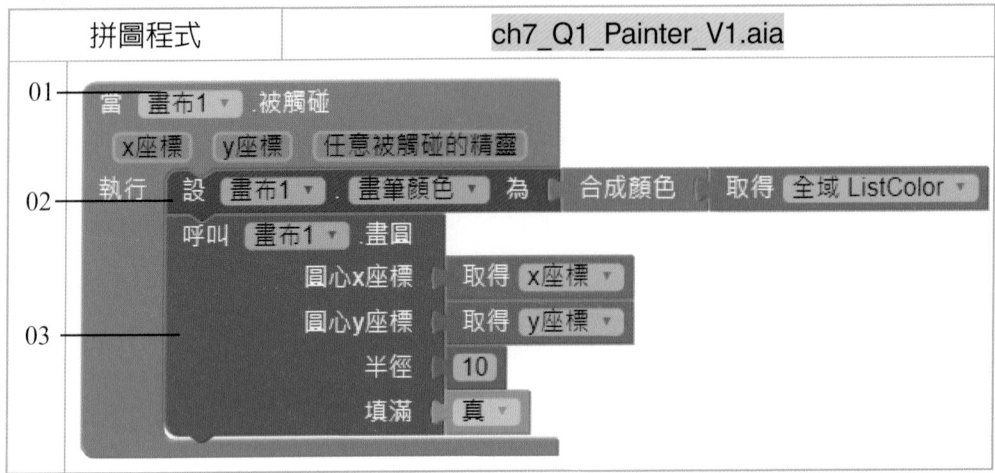

說明

行號01：當使用者在桌布上「觸碰」時，就會觸發本事件。

行號02：設定在桌布上的畫筆顏色。

行號03：使用者可以在桌布上畫圓。

5. 清空畫布

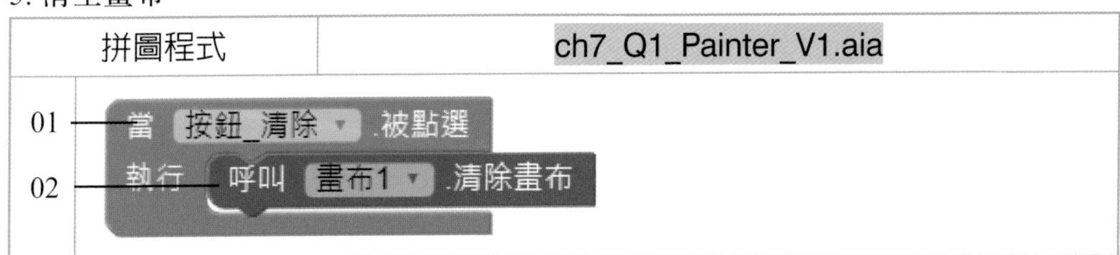

說明

行號01～02：將畫布清空。

6. 定義「SliderChangeCanvas」副程式

拼圖程式	ch7_Q1_Painter_V1.aia

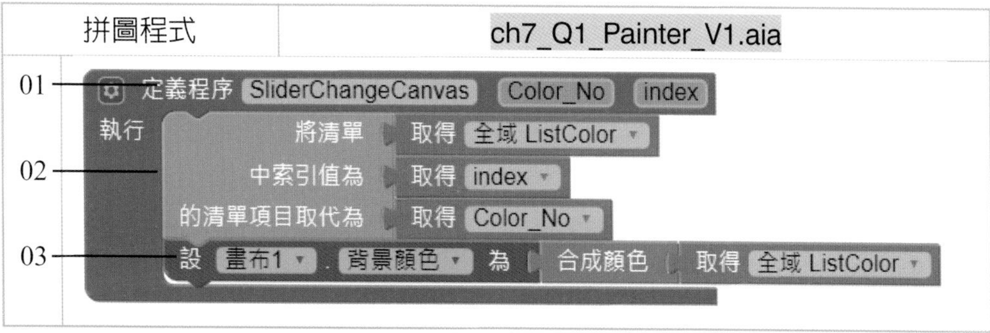

說明

行號01：定義「SliderChangeCanvas」副程式。

行號02：更改ListColor清單陣列的值，亦重新設定RGB。

行號03：重新設定桌布顏色。

7. 設定畫布顏色的程式

拼圖程式	ch7_Q1_Painter_V1.aia

01
當 滑桿_Red . 位置變化
指針位置
執行 呼叫 SliderChangeCanvas
Color_No 取得 指針位置
index 1

02
當 滑桿_Green . 位置變化
指針位置
執行 呼叫 SliderChangeCanvas
Color_No 取得 指針位置
index 2

03
當 滑桿_Blue . 位置變化
指針位置
執行 呼叫 SliderChangeCanvas
Color_No 取得 指針位置
index 3

說明

行號01：依照Slider滑桿元件來設定R值。

行號02：依照Slider滑桿元件來設定G值。

行號03：依照Slider滑桿元件來設定B值。

【執行畫面】

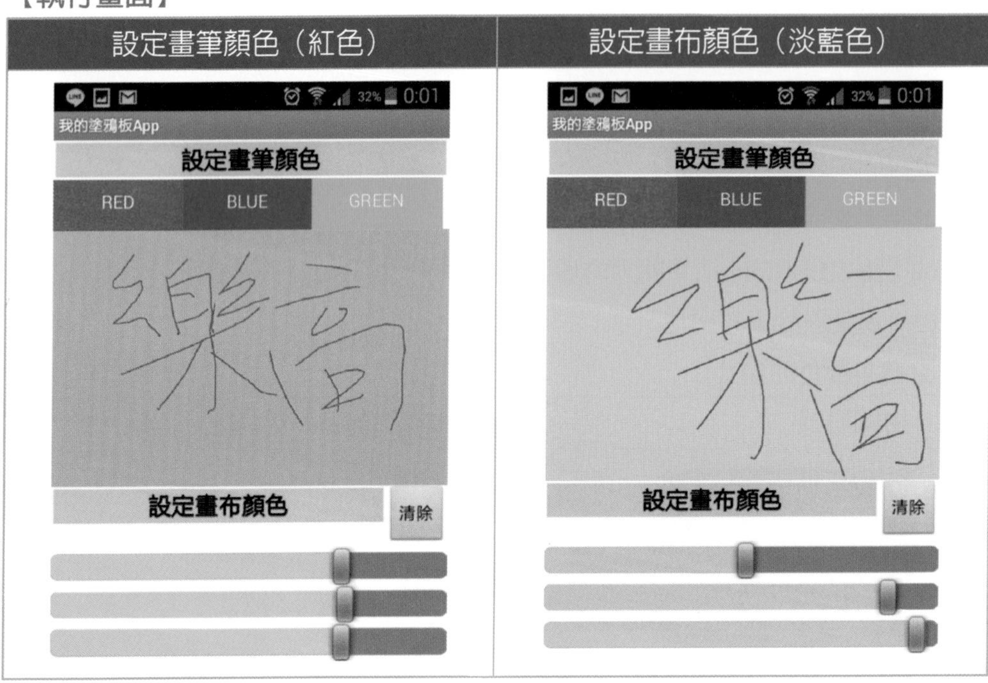

7-2 我的塗鴉板（進階版）App

【分析】

(1)輸入：❶按選預設功能鈕

❷塗鴉或手寫字

(2)處理：繪製各種圖形

(3)輸出：各種圖形

【流程圖】

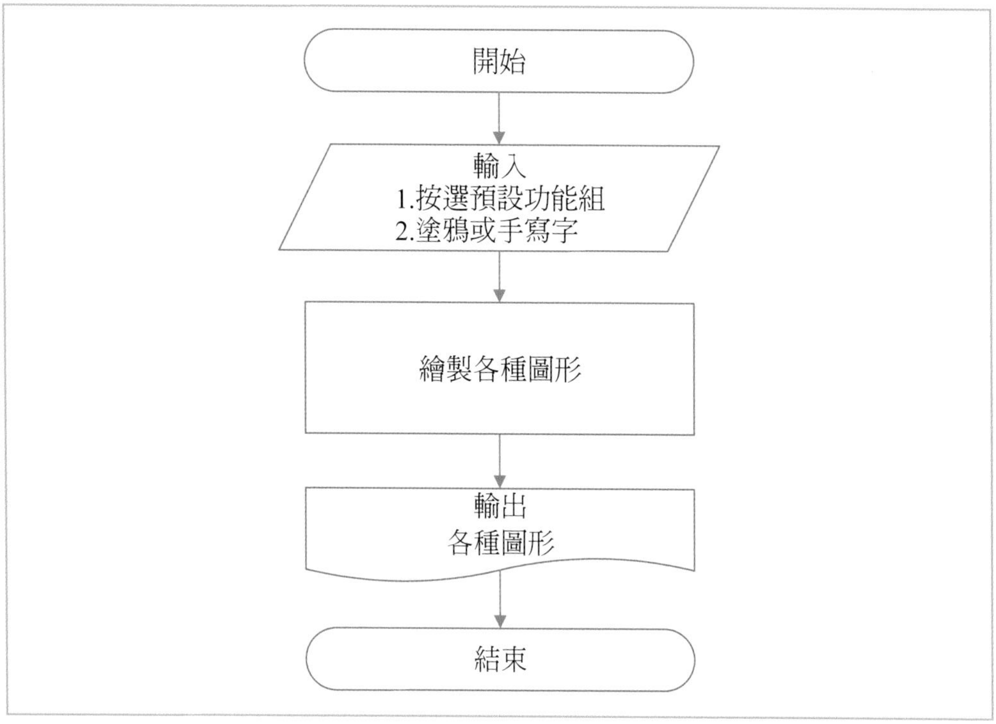

```
開始
  ↓
輸入
1.按選預設功能組
2.塗鴉或手寫字
  ↓
繪製各種圖形
  ↓
輸出
各種圖形
  ↓
結束
```

【介面設計】

手機的版面配置區	專案所需元件
 9:48 我的塗鴉板(進階版)App 畫點 畫線 圓形 方形 寫字 斜體 清除 儲存 Text for Label1	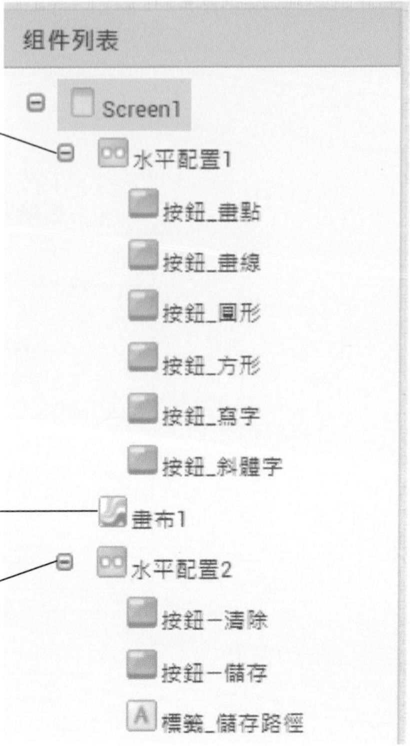 組件列表 Screen1 水平配置1 按鈕_畫點 按鈕_畫線 按鈕_圓形 按鈕_方形 按鈕_寫字 按鈕_斜體字 畫布1 水平配置2 按鈕－清除 按鈕－儲存 標籤_儲存路徑

【程式設計】

1. 頁面初始化及畫點、畫線

拼圖程式	ch7_Q2_Painter_V2.aia
01	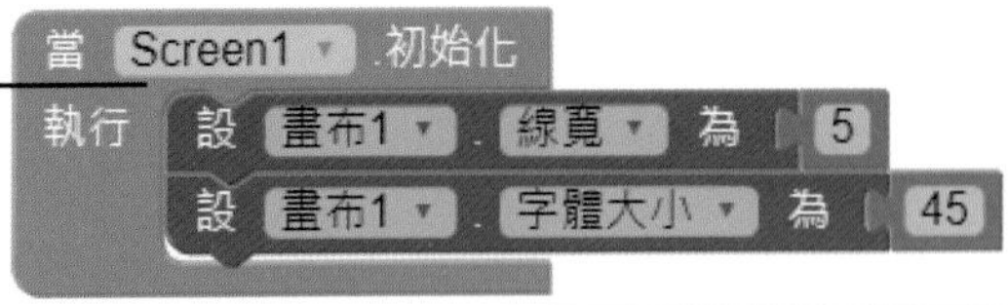 當 Screen1 初始化 執行 設 畫布1 . 線寬 為 5 設 畫布1 . 字體大小 為 45

拼圖程式	ch7_Q2_Painter_V2.aia
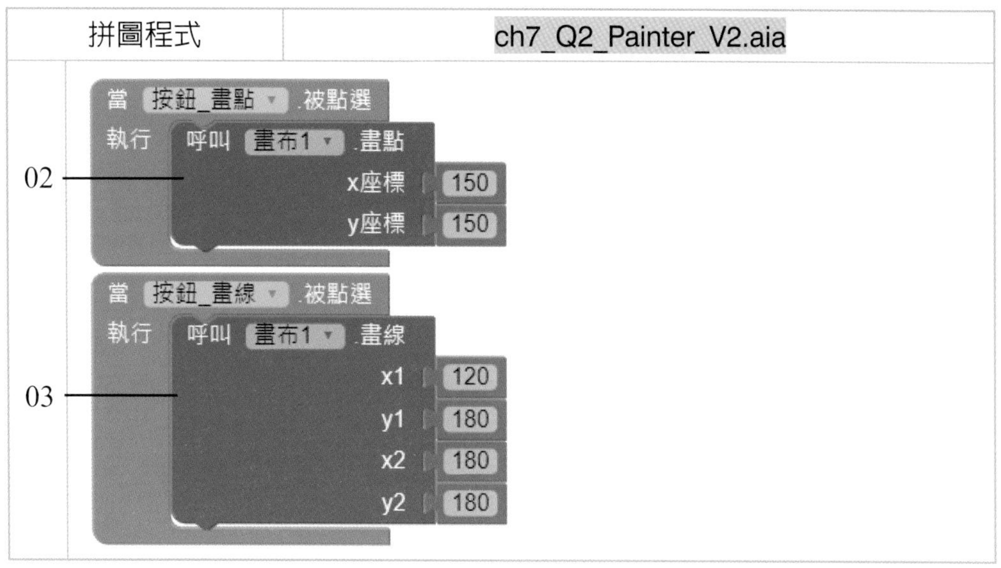	

說明

行號01：當Screen1元件初始化時，設定在畫布上繪筆的「粗細」及繪製文字的字型大小。

行號02：在畫布上，利用「畫圓」方法，以座標（150,150）來繪製一個點。

行號03：在畫布上，利用「畫線」方法，以起點（120,180）到終點（180,180）座標，來繪製一條直線。

2. 畫「圓及方形」

拼圖程式	ch7_Q2_Painter_V2.aia

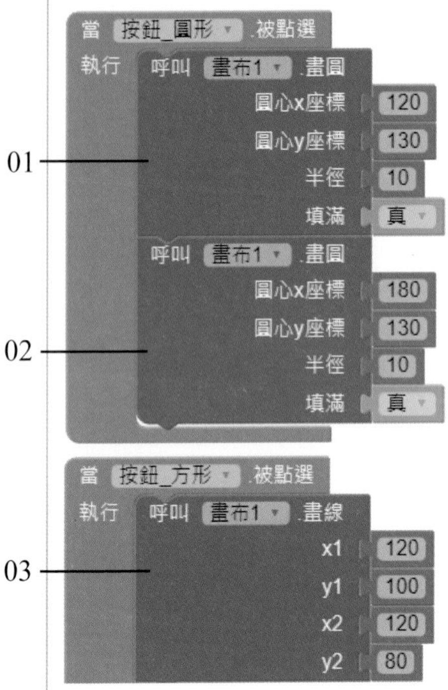

```
    當 按鈕_圓形 .被點選
    執行 呼叫 畫布1 .畫圓
                圓心x座標 120
                圓心y座標 130
01              半徑 10
                填滿 真
         呼叫 畫布1 .畫圓
                圓心x座標 180
                圓心y座標 130
02              半徑 10
                填滿 真

    當 按鈕_方形 .被點選
    執行 呼叫 畫布1 .畫線
                x1 120
03              y1 100
                x2 120
                y2 80
```

Button_Square畫方形有的程式碼大部份相似，故省略。

說明

行號01～02：在畫布上，利用「畫圓」方法，分別以座標（120,130）及（180,130）爲圓心，並以半徑 10，來繪製2個實心圓形。

行號03：在畫布上，利用「畫線」方法來繪製二個外框。

3. 繪文字及斜體字

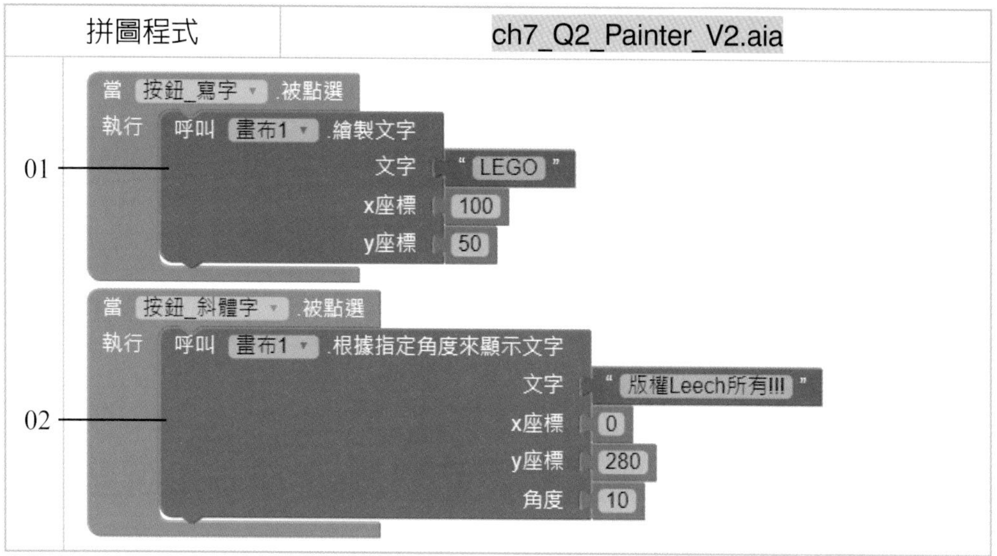

說明

行號01：在座標（100,50）處，顯示文字「LEGO」內容。

行號02：在座標（0,280）處，顯示旋轉10度的文字「版權Leech所有」內容。

4. 按下「繪小圓點」及「塗鴉」

拼圖程式	ch7_Q2_Painter_V2.aia
01	當 畫布1 .被壓下 x座標 y座標 執行 呼叫 畫布1 .畫點 x座標 取得 x座標 y座標 取得 y座標
02	當 畫布1 .被拖曳 起點X座標 起點Y座標 前點X座標 前點Y座標 當前X座標 當前Y座標 任意被拖曳的精靈 執行 呼叫 畫布1 .畫線 x1 取得 前點X座標 y1 取得 前點Y座標 x2 取得 當前X座標 y2 取得 當前Y座標

說明

行號01：當使用者在畫布上，利用手指「觸碰」時，則會觸發本事件。在本事件中會回傳（x,y）座標，來繪製一個「點」。

行號02：可以讓使用者塗鴉。

5. 按下「繪小圓點」及「塗鴉」

拼圖程式	ch7_Q2_Painter_V2.aia
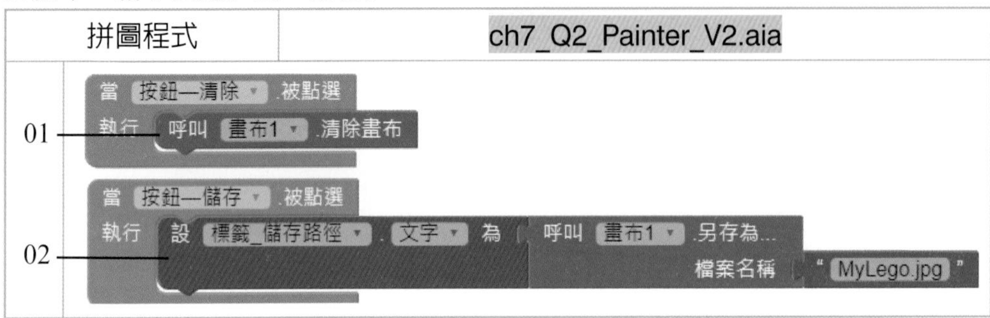	

說明

行號1：用來清除畫布（Canvas）上的各種圖案，但是不會清除背景照片（或圖片）。

行號2：將畫布當下狀態存成一個圖檔（MyLego.jgp）。

【執行畫面】

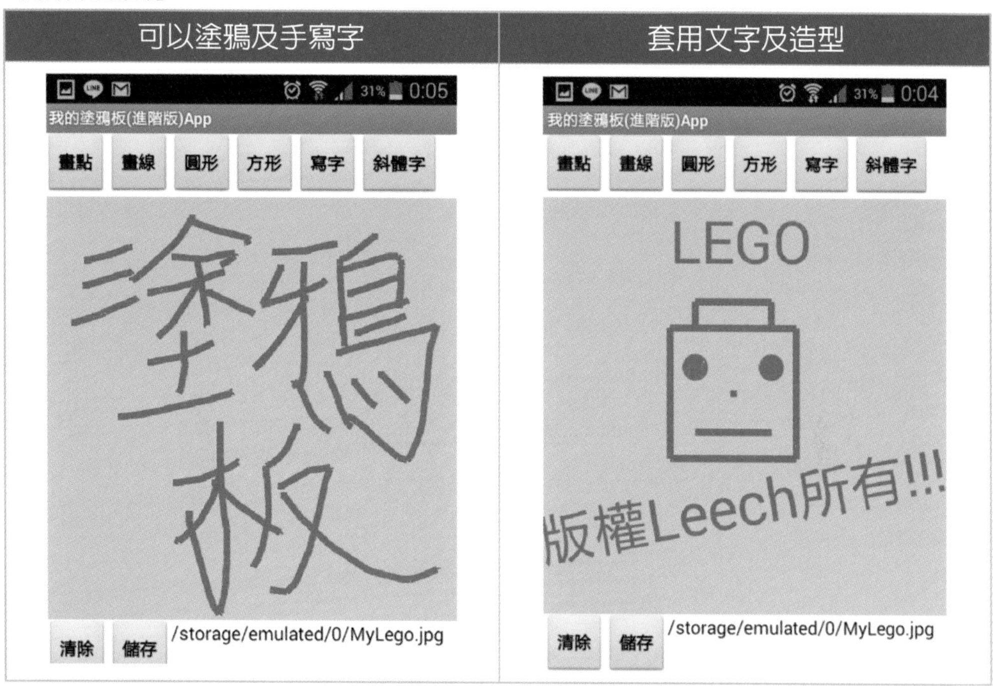

7-3 取得RGB值的App

【分析】

(1)輸入：隨意點擊桌布

(2)處理：取得R、G、B的值

(3)輸出：對映到滑桿的進度軸

【流程圖】

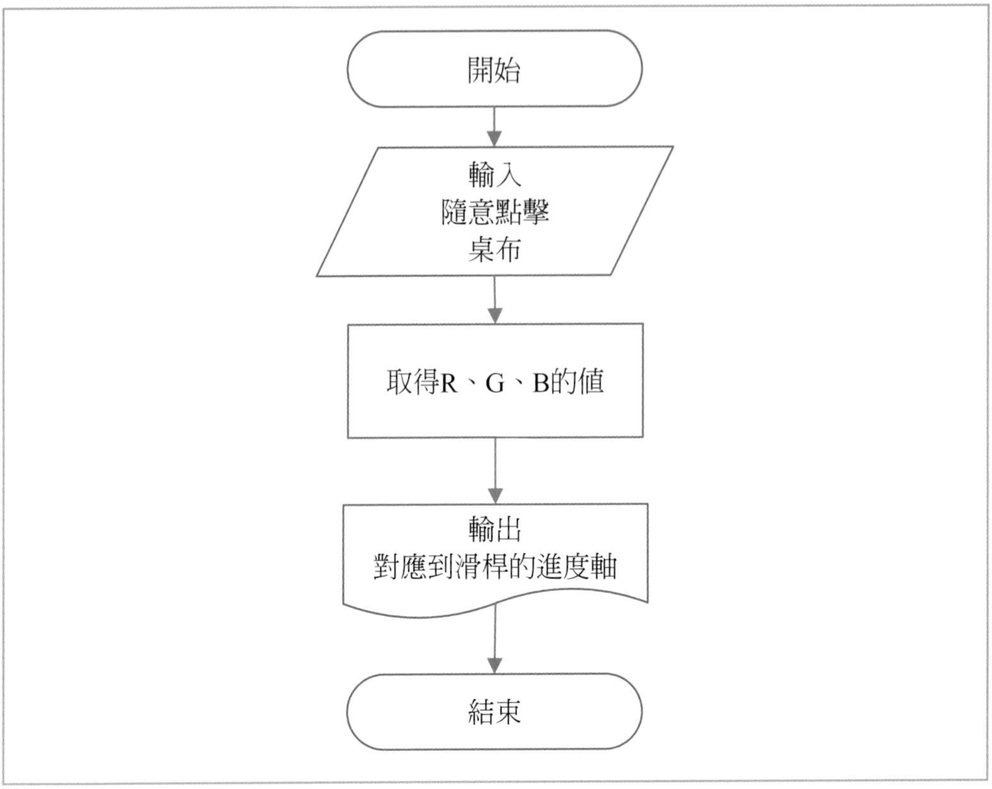

【介面設計】

手機的版面配置區	專案所需元件
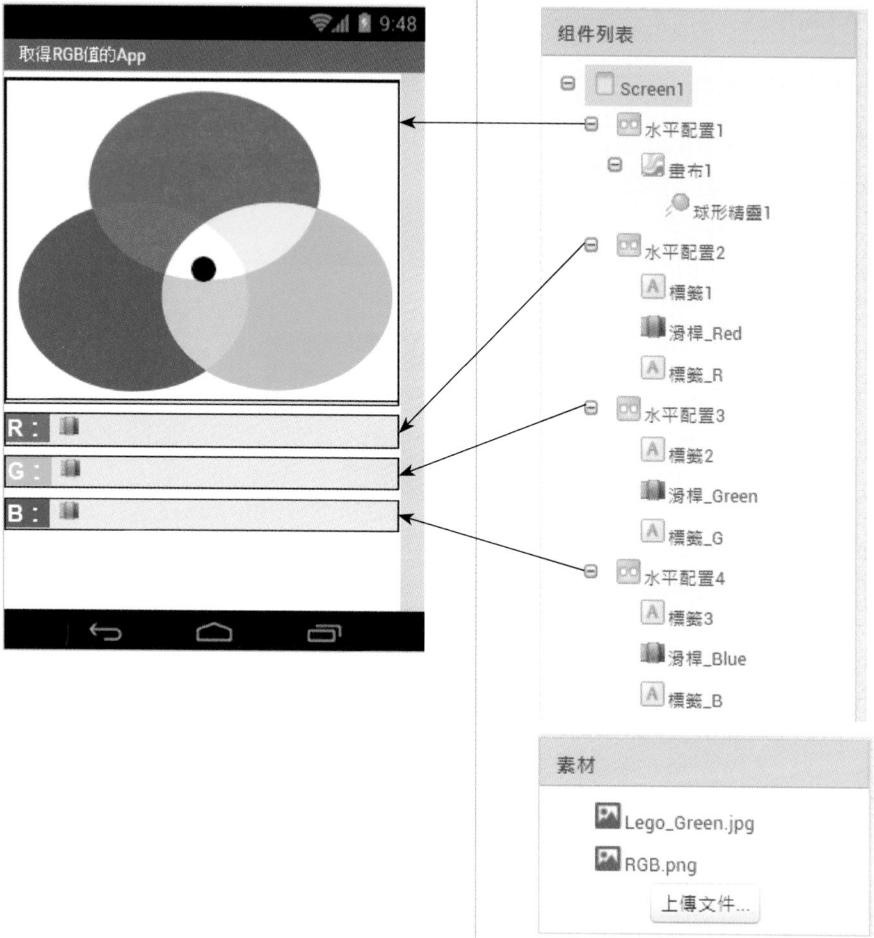 9:48 取得RGB值的App R： G： B：	組件列表 Screen1 水平配置1 畫布1 球形精靈1 水平配置2 標籤1 滑桿_Red 標籤_R 水平配置3 標籤2 滑桿_Green 標籤_G 水平配置4 標籤3 滑桿_Blue 標籤_B 素材 Lego_Green.jpg RGB.png 上傳文件...

【程式設計】

1. 宣告清單變數及拖拉時，來取得像素顏色

拼圖程式	ch7_Q3_GetPixelsColor.aia

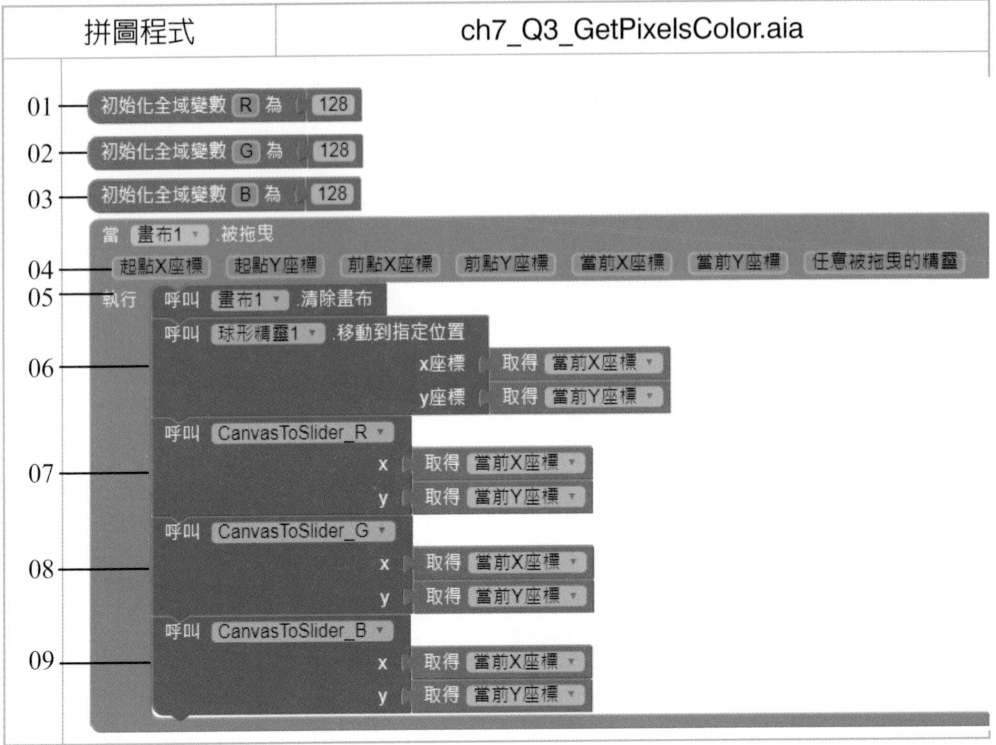

說明

行號01～03：宣告R,G,B三個全域性變數，其初值皆爲128，其目的用來取得像素顏色。

行號04：當使用者在畫布上，利用手指「拖拉」時，就會觸發本事件。

行號05：畫布清除。

行號06：球形圖會跟著手指「拖拉」移動到目前的位置。

行號07：呼叫取得目前球形圖所在位置的R色碼。

行號08：呼叫取得目前球形圖所在位置的G色碼。

行號09：呼叫取得目前球形圖所在位置的B色碼。

2. 定義取得像素顏色的三個副程式

拼圖程式	ch7_Q3_GetPixelsColor.aia
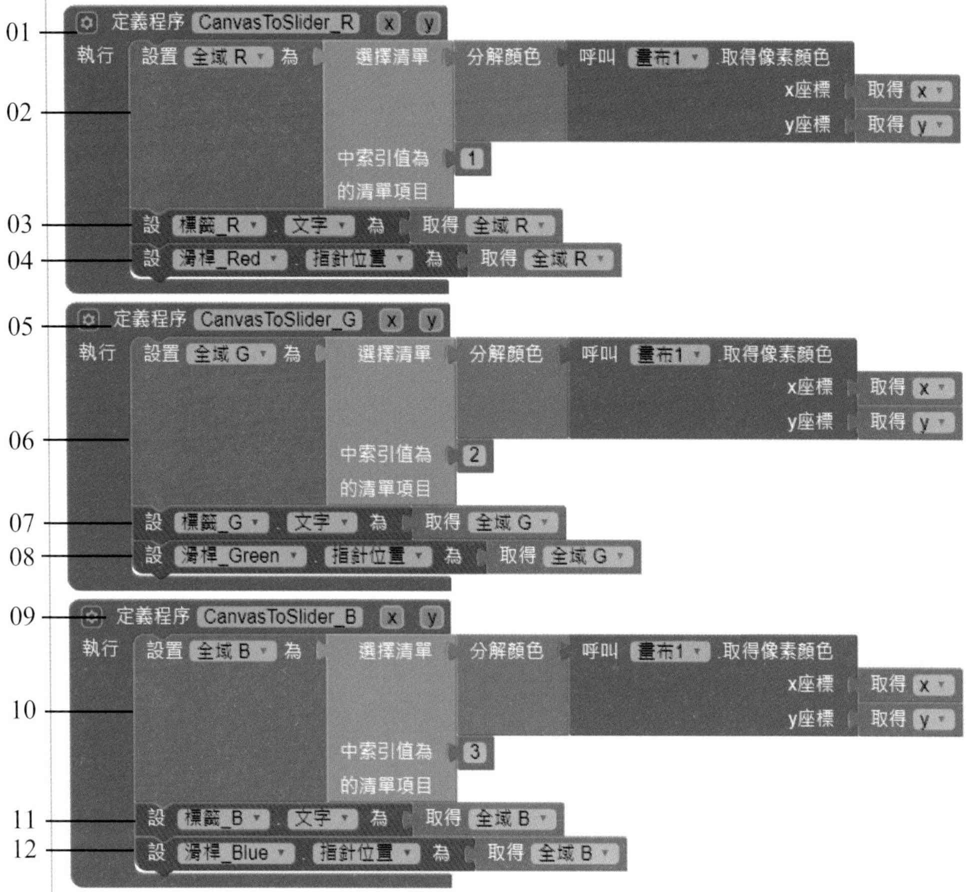 01	定義程序 CanvasToSlider_R x y
02	執行 設置 全域 R 為 選擇清單 分解顏色 呼叫 畫布1 .取得像素顏色 x座標 取得 x y座標 取得 y 中索引值為 1 的清單項目
03	設 標籤_R . 文字 為 取得 全域 R
04	設 滑桿_Red . 指針位置 為 取得 全域 R
05	定義程序 CanvasToSlider_G x y
06	執行 設置 全域 G 為 選擇清單 分解顏色 呼叫 畫布1 .取得像素顏色 x座標 取得 x y座標 取得 y 中索引值為 2 的清單項目
07	設 標籤_G . 文字 為 取得 全域 G
08	設 滑桿_Green . 指針位置 為 取得 全域 G
09	定義程序 CanvasToSlider_B x y
10	執行 設置 全域 B 為 選擇清單 分解顏色 呼叫 畫布1 .取得像素顏色 x座標 取得 x y座標 取得 y 中索引值為 3 的清單項目
11	設 標籤_B . 文字 為 取得 全域 B
12	設 滑桿_Blue . 指針位置 為 取得 全域 B

說明

行號01～04：定義取得目前球形圖所在位置的R色碼之副程式

行號05～08：定義取得目前球形圖所在位置的G色碼之副程式

行號09～12：定義取得目前球形圖所在位置的B色碼之副程式

【執行畫面】

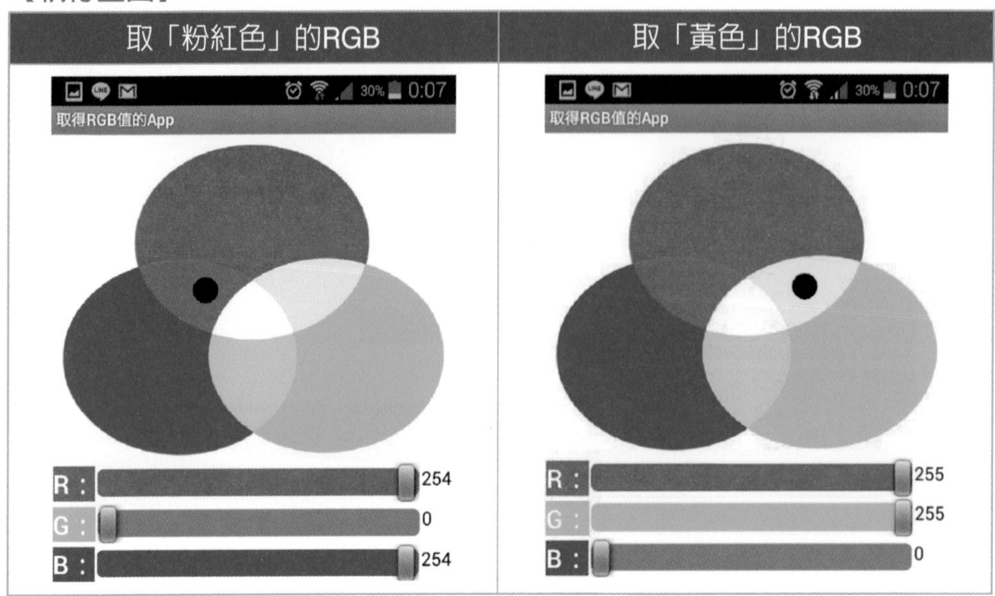

7-4 乒乓球發球分解動作App

【分析】

(1)輸入：播放或停止

(2)處理：❶如果按下「播放」，發球分解動作會反覆呈現

❷如果按下「停止」，就會停止分解動作呈現

(3)輸出：動態的呈現發球分解動作

【流程圖】

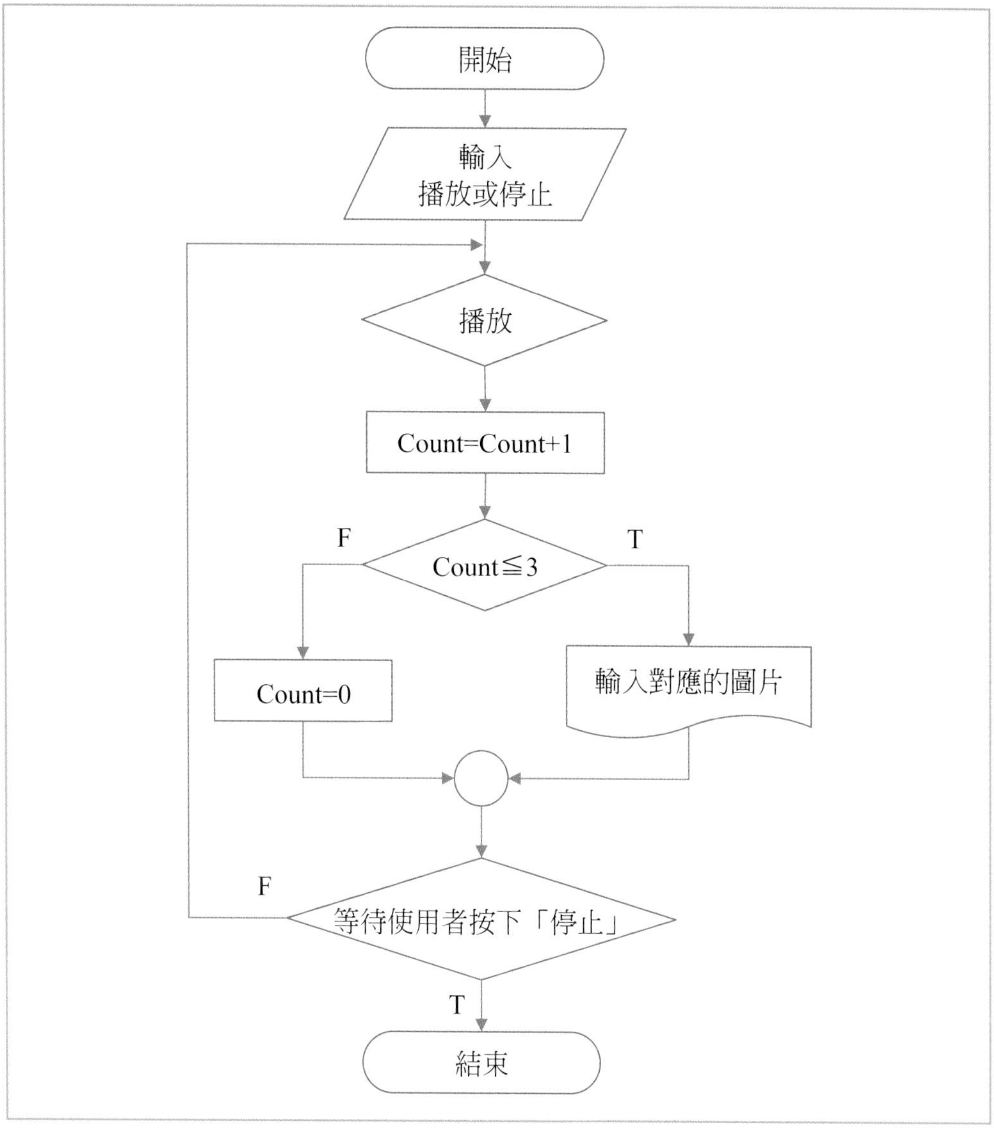

以「發桌球」爲例〈改變圖片狀態〉物件的位置相同，但圖片不同

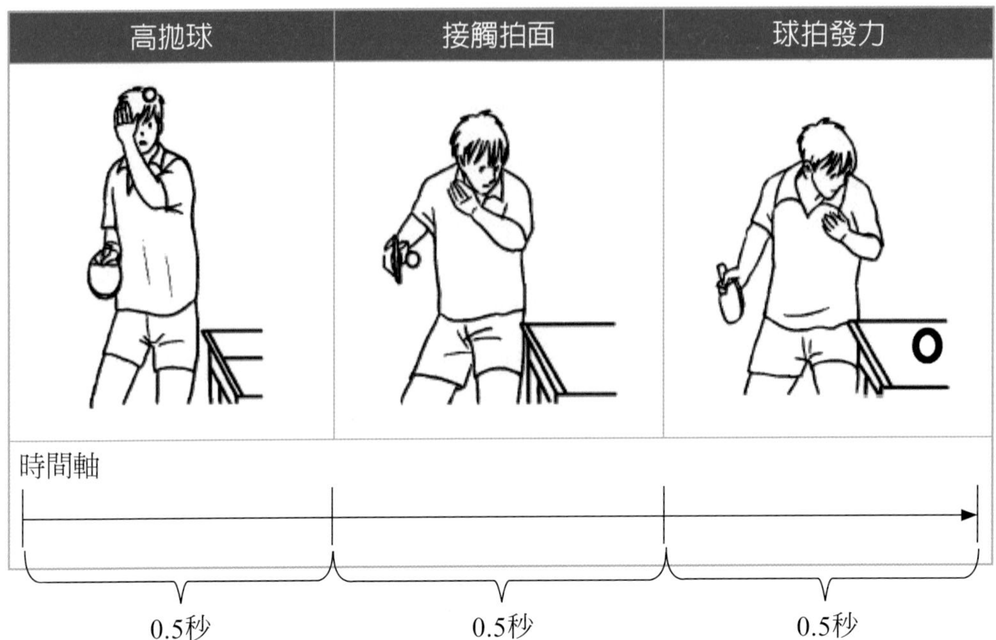
高拋球
接觸拍面
球拍發力
時間軸
0.5秒
0.5秒
0.5秒

【介面設計】

手機介面設計	所需元件
9:48 桌球發球教學App 發桌球動作分解圖 播放 停止 非可视组件 計時器1	組件列表 Screen1 水平配置1 標籤_狀態 水平配置2 畫布1 圖像精靈1 水平配置3 按鈕_播放 按鈕_停止 計時器1 素材 Pic1.png Pic2.png Pic3.png 上傳文件...

【參考程式】

拼圖程式	檔案名稱：ch7_Q4_TableTennis.aia

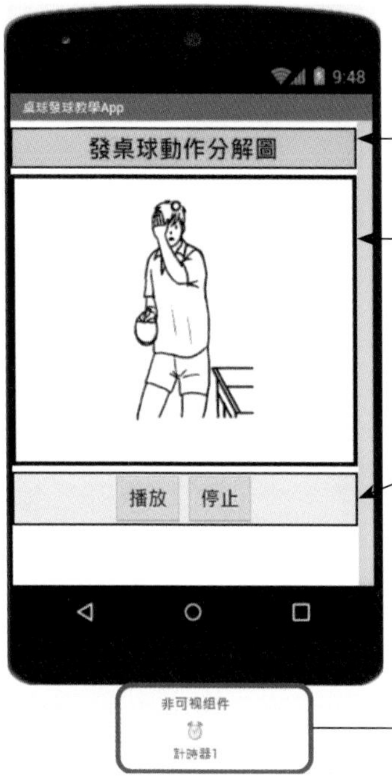

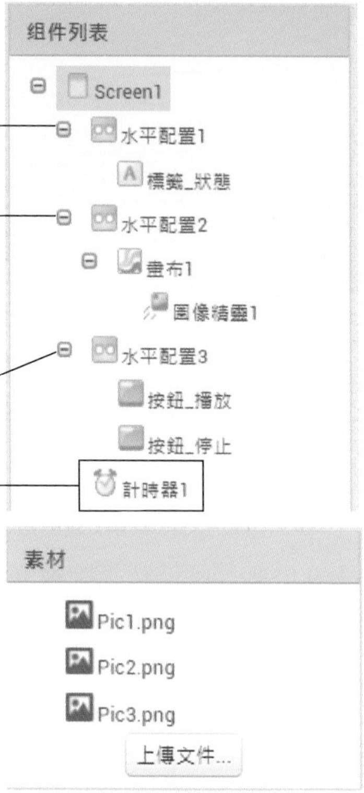

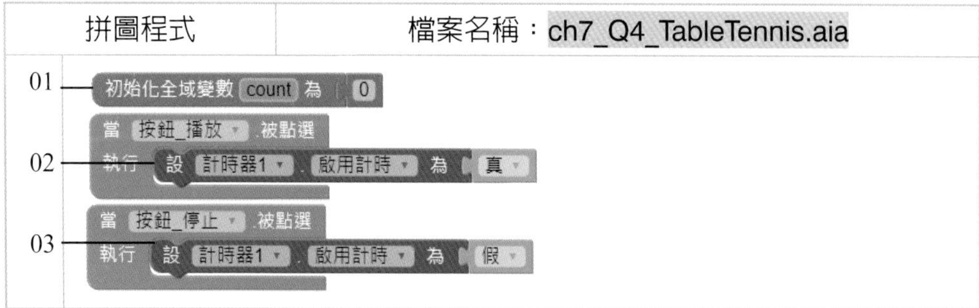
01 初始化全域變數 count 為 0
當 按鈕_播放 .被點選
02 執行 設 計時器1 . 啟用計時 為 真
當 按鈕_停止 .被點選
03 執行 設 計時器1 . 啟用計時 為 假

拼圖程式	檔案名稱：ch7_Q4_TableTennis.aia

```
   當 計時器1 .計時
04 執行 設置 全域 count 為 取得 全域 count + 1
05   如果 取得 全域 count ≤ 3
06   則 設 圖像精靈1 . 圖片 為 合併文字 "Pic" 取得 全域 count ".png"
07   否則 設置 全域 count 為 0
```

說明

行號01：宣告變數count爲全域性變數，初值設定爲0，其目用來記錄目前播放第幾張照片。

行號02～03：啓動及關閉計時器時鐘元件。

行號04：在啓動計時器時鐘計數器之後，count值每0.5秒，每次加1。亦即每0.5秒更換一張照片。

行號05：如果計數器count值小於等於3時。

行號06：每0.5秒更換一張照片。

行號07：如果計數器count大於3時，就會歸零，再從行號04開始計算

【執行畫面】

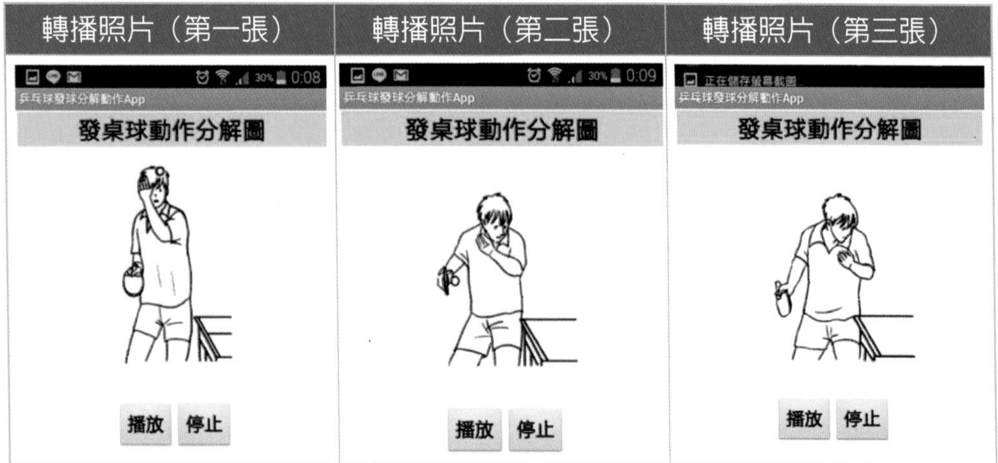

7-5 老鷹與獵人App

說明

設計「獵人發射子彈」對準飛翔中的老鷹，並且被射中時，會發出音效。

【分析】

(1)輸入：發射子彈

(2)處理：❶老鷹在上空左右飛翔

❷如果子彈射中老鷹時，會發出音效。

(3)輸出：子彈及音效

【流程圖】

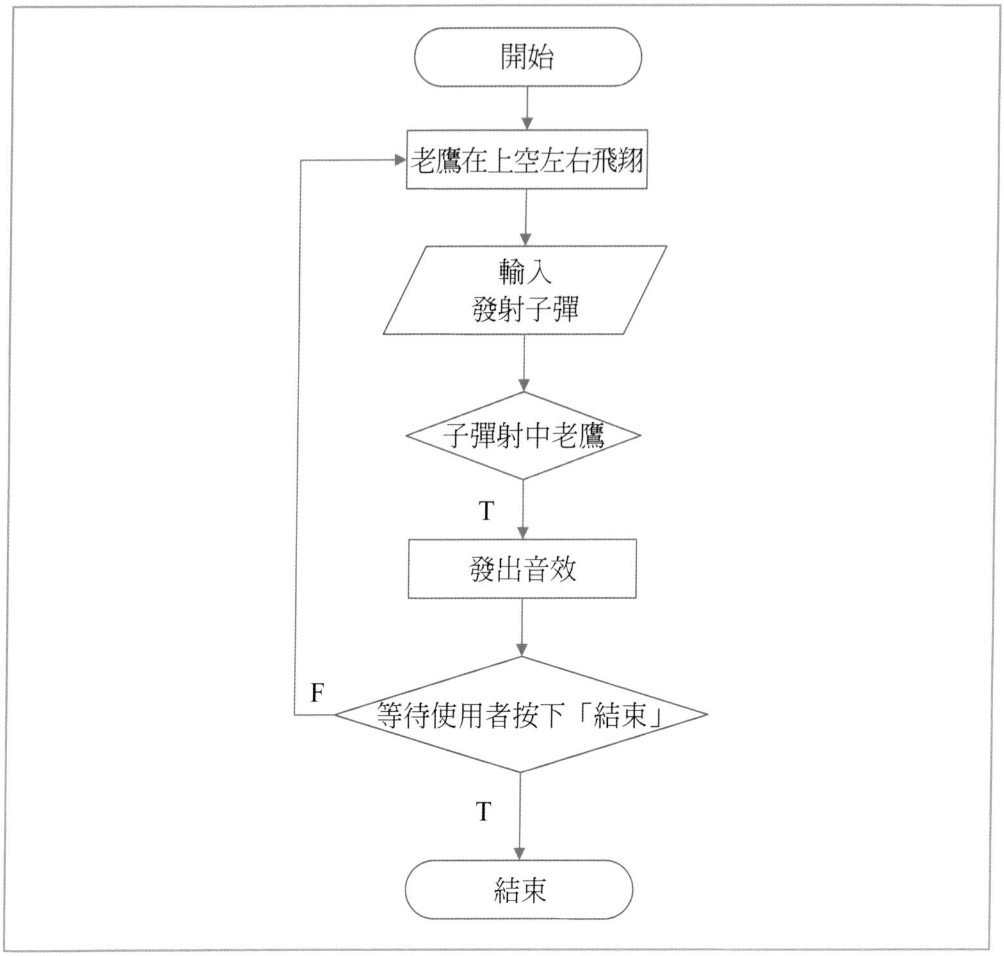

開始

老鷹在上空左右飛翔

輸入
發射子彈

子彈射中老鷹

T

發出音效

F

等待使用者按下「結束」

T

結束

【介面設計】

手機的版面配置區	專案所需元件
獵人發射子彈App 開始飛翔 獵人發射子彈 非可視組件 計時器1 音效1	組件列表 Screen1 水平配置1 畫布1 圖像精靈_Bird 球形精靈1 水平配置2 按鈕－開始飛翔 按鈕－獵人發射子彈 計時器1 音效1 素材 BirdTurnLeft.png BirdTurnRight.png boom.wav 上傳文件...

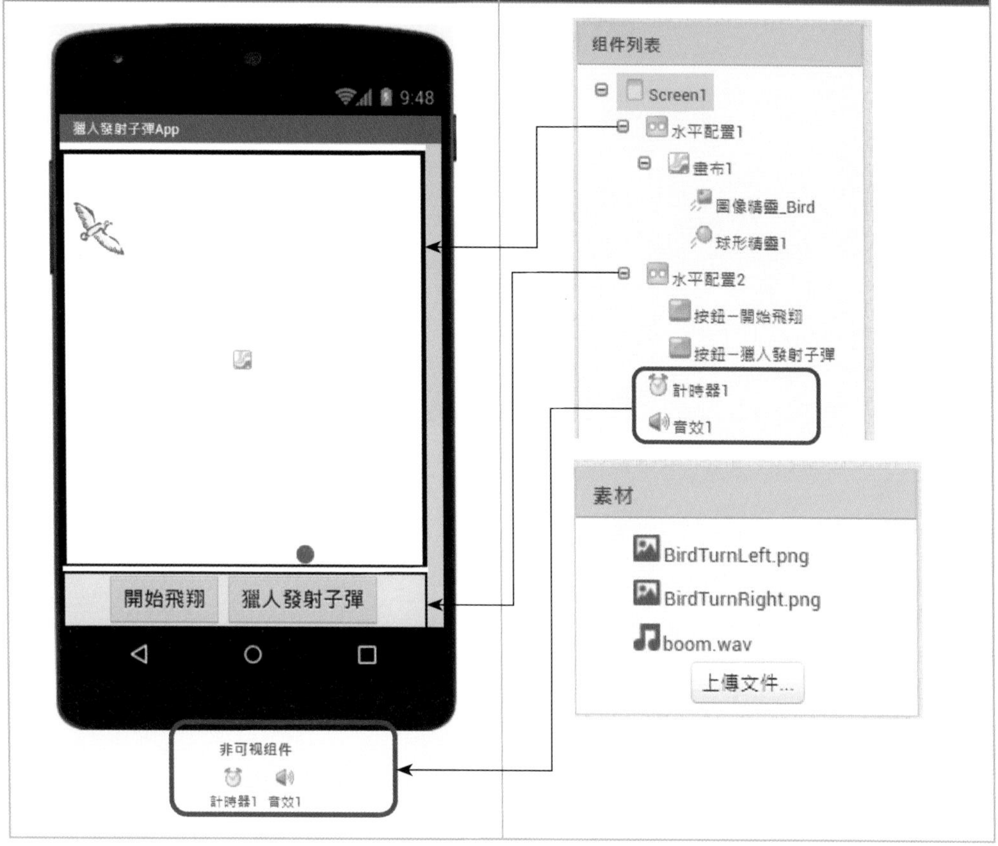

【程式設計】

1. 按下「開始飛翔」鈕之後，老鷹在天空飛翔程式

拼圖程式	ch7_Q5_HunterToEagle.aia
	 當 按鈕—開始飛翔 .被點選 執行 01 設 圖像精靈_Bird . 旋轉 為 假 02 設 計時器1 . 啟用計時 為 真

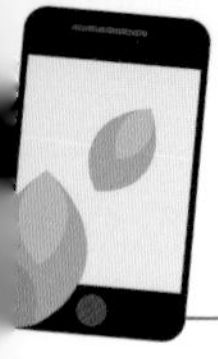

拼圖程式	ch7_Q5_HunterToEagle.aia
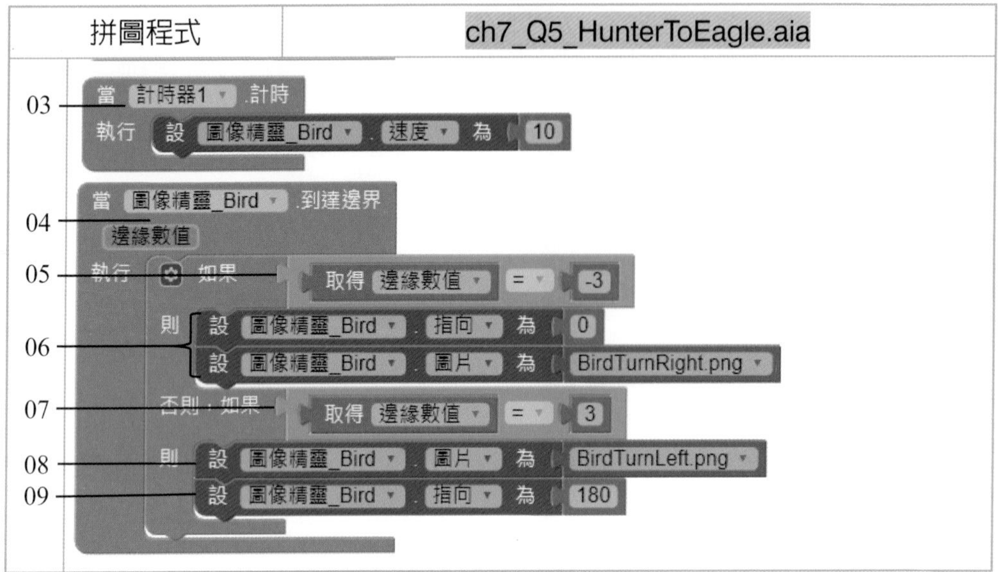	

說明

行號01～02：按下「開始飛翔」鈕，設定不要依移動方向來旋轉（false），並且啓動計時器時鐘元件。

行號03：時鐘計時器設定每單位時間移動10個像素位置。預設是往右移動。因爲Heading預設值爲0。

行號04～06：當老鷹往左飛行時，如果觸到左邊界（邊緣數值=-3）時，老鷹就會往右飛行，並且換成「老鷹向右的照片」。

行號07～09：反之，如果老鷹往右飛行時，如果觸到右邊界（邊緣數值=3）時，老鷹就會往左飛行，並且換成「老鷹向左的照片」。

2. 頁面初始化時，「球形子彈」元件會停止在下方處（200,300）位置。

拼圖程式	ch7_Q5_HunterToEagle.aia
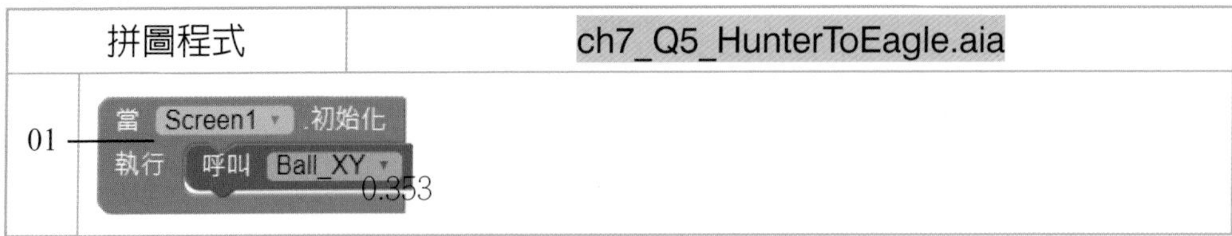	

拼圖程式	ch7_Q5_HunterToEagle.aia

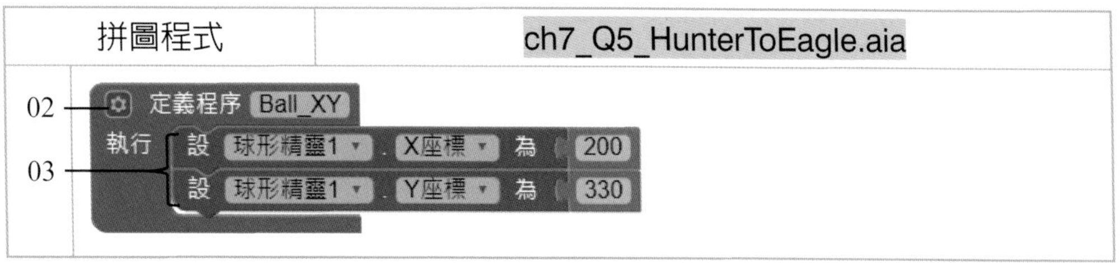

說明

行號01：頁面初始化時，呼叫「Ball_XY」副程式。

行號02～03：定義「Ball_XY」副程式，用來設定「球形子彈」元件會停止在下方處（200,300）位置。

3. 按「獵人發射子彈」鈕之程式

拼圖程式	ch7_Q5_HunterToEagle.aia

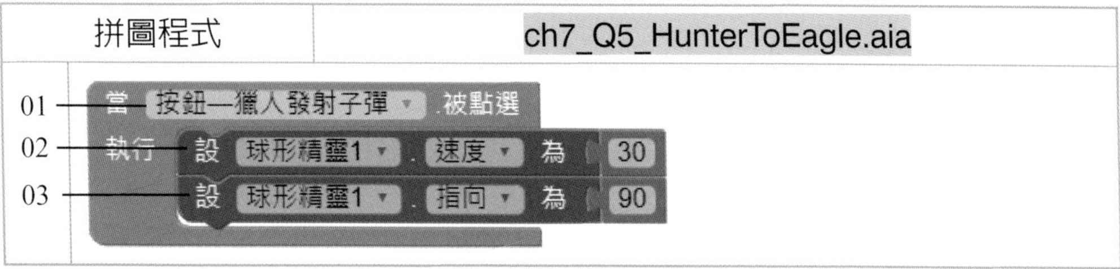

說明

行號01：當使用者按下「獵人發射子彈」鈕。

行號02：設定每單位時間移動30個像素位置。

行號03：設定球形子彈往上發射（90度方向）。Heading設爲90。

4. 當「子彈打中老鷹」的事件程序

拼圖程式	ch7_Q5_HunterToEagle.aia

說明

行號01：當「子彈打中老鷹」時，就會觸發碰撞事件

行號02～03：如果子彈「碰觸」到老鷹時，就會發出音效，並將子彈位置還原。

5. 當「子彈沒有打中」亦即碰觸到天空框

拼圖程式	ch7_Q5_HunterToEagle.aia

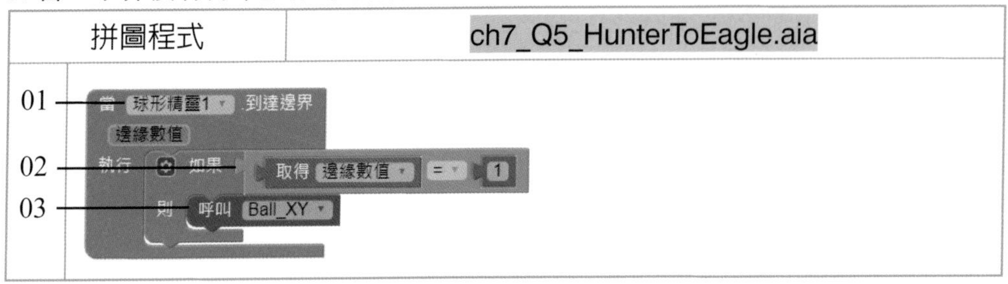

說明

行號01：當「子彈沒有打中」時，就會觸發到達邊界事件

行號02～03：如果子彈不沒「碰觸」到老鷹時，子彈也會回到原發射的位置。

【執行畫面】

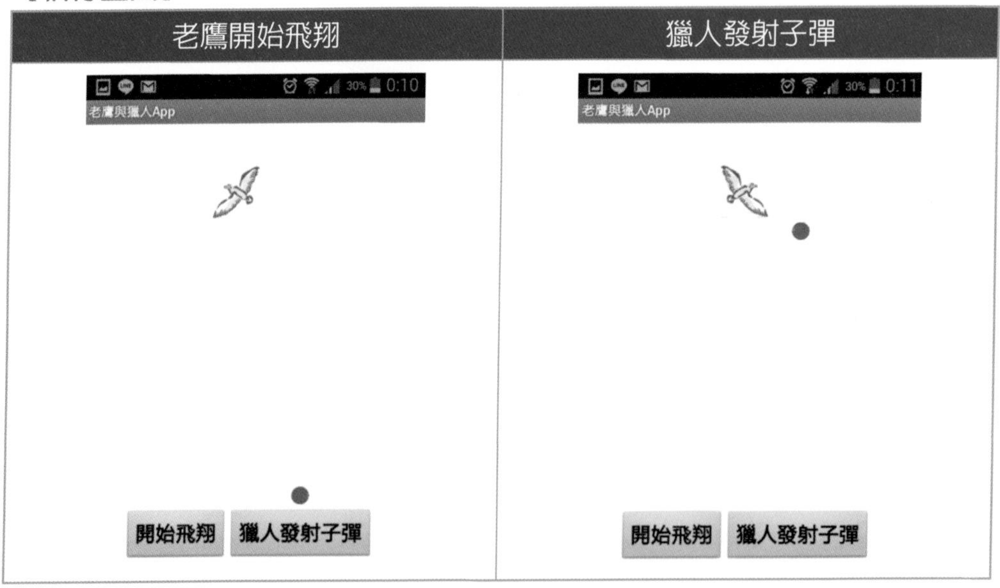

7-6 投擲骰子App

【分析】

(1)輸入：啓動或停止

(2)處理：❶如果按下「啓動」時，隨機產生亂數1～6，並載入對映的圖片。

❷等待使用者按下「停止」

(3)輸出：模擬動態骰子的轉動

【流程圖】

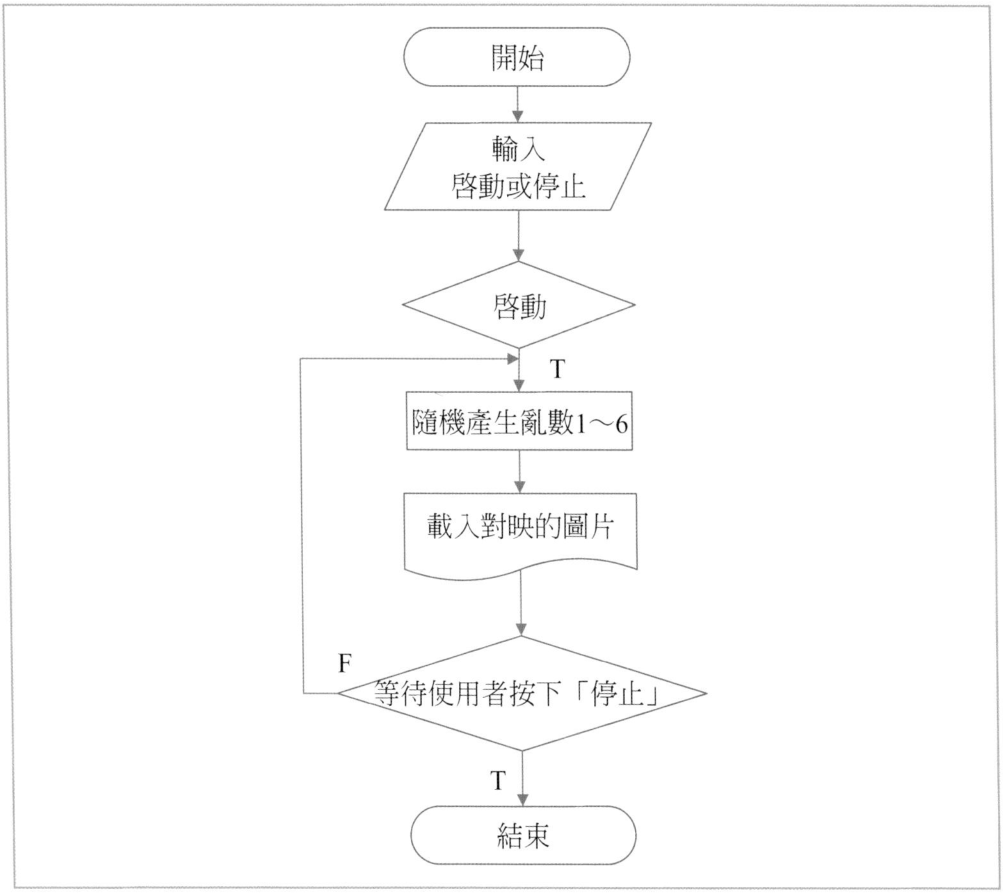

開始 → 輸入 啓動或停止 → 啓動 —T→ 隨機產生亂數1～6 → 載入對映的圖片 → 等待使用者按下「停止」 —T→ 結束

等待使用者按下「停止」 —F→ 返回 隨機產生亂數1～6

【介面設計】

手機頁面設計	元件的屬性設定
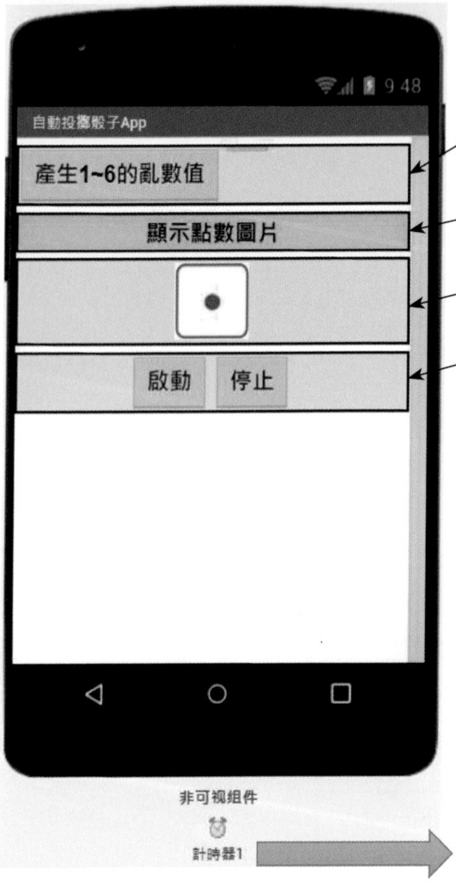 自動投擲骰子App 產生1~6的亂數值 顯示點數圖片 啟動 停止 非可視組件 計時器1	組件列表 Screen1 水平配置1 按鈕－產生1~6的亂數值 標籤－亂數值 水平配置2 標籤1 水平配置3 圖像1 水平配置4 按鈕_啟動 按鈕_停止 計時器1 組件屬性 計時器1 持續計時 啟用計時 取消勾選，亦即不預先啟動時鐘 計時間隔 100 設定100代表每0.1秒更新一次

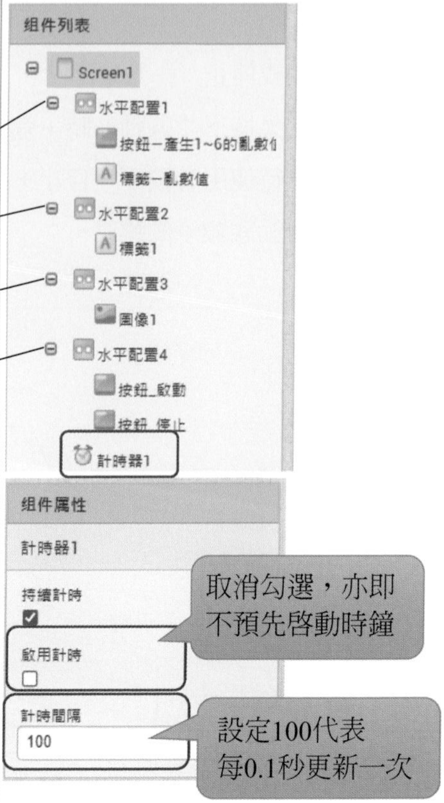

【程式設計】

拼圖程式	檔案名稱：ch7_Q6_AutoDice.aia
01	

拼圖程式	檔案名稱：ch7_Q6_AutoDice.aia

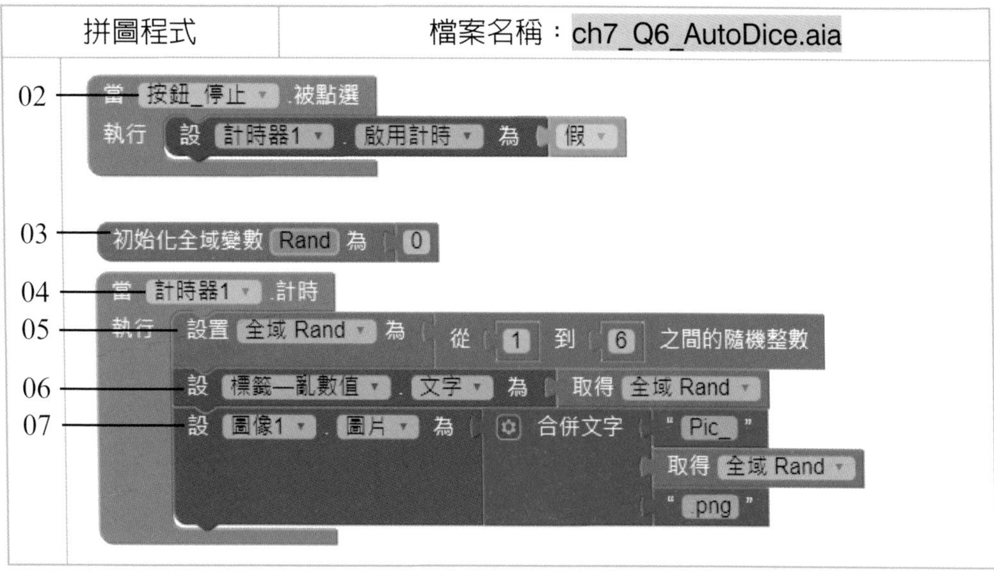

說明

行號01：用來「啓動」計時器1時鐘元件。

行號02：用來「停止」計時器1時鐘元件。

行號03：宣告Rand爲全域性變數，初値設定爲0，其目的是用來儲存每一次產生的亂數值。

行號04：當計時器1元件被啓動時，就會開始執行「行號05～07」，亦即每100毫秒，也就是0.1秒變更亂數值一次，因此，就會產生動態投擲骰子的效果。

行號05：利用「隨機整數」拼圖函式來產生1～6點的亂數值，並指定給Rand變數。

行號06：取得Rand變數值再指定給標籤元件的文字屬性，亦即將「亂數值」顯示在手機螢幕上。

行號07：取得Rand變數值再透過「join」字串合併函數來將「圖檔」指定給image元件的Picture屬性，亦即將產生的亂數值來載入對映的骰子圖片到手機螢幕上。

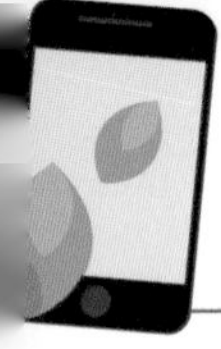

【執行結果】

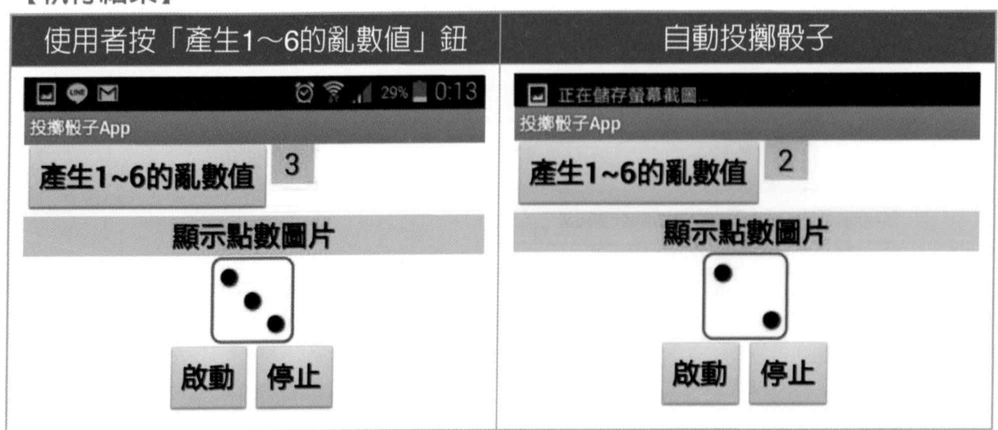

【功能說明】

當使用者按下「啓動」鈕時，骰子就會自動的動態投擲，直到按下「停止」鈕爲止。

7-7 打忍者（打地鼠）App

【分析】

(1)輸入：啓動或歸零

(2)處理：❶如果按下「啓動」時，樂高忍者隨機移動位置。

❷每打一次加一分

(3)輸出：模擬「打地鼠遊戲」換成「打樂高忍者」

【流程圖】

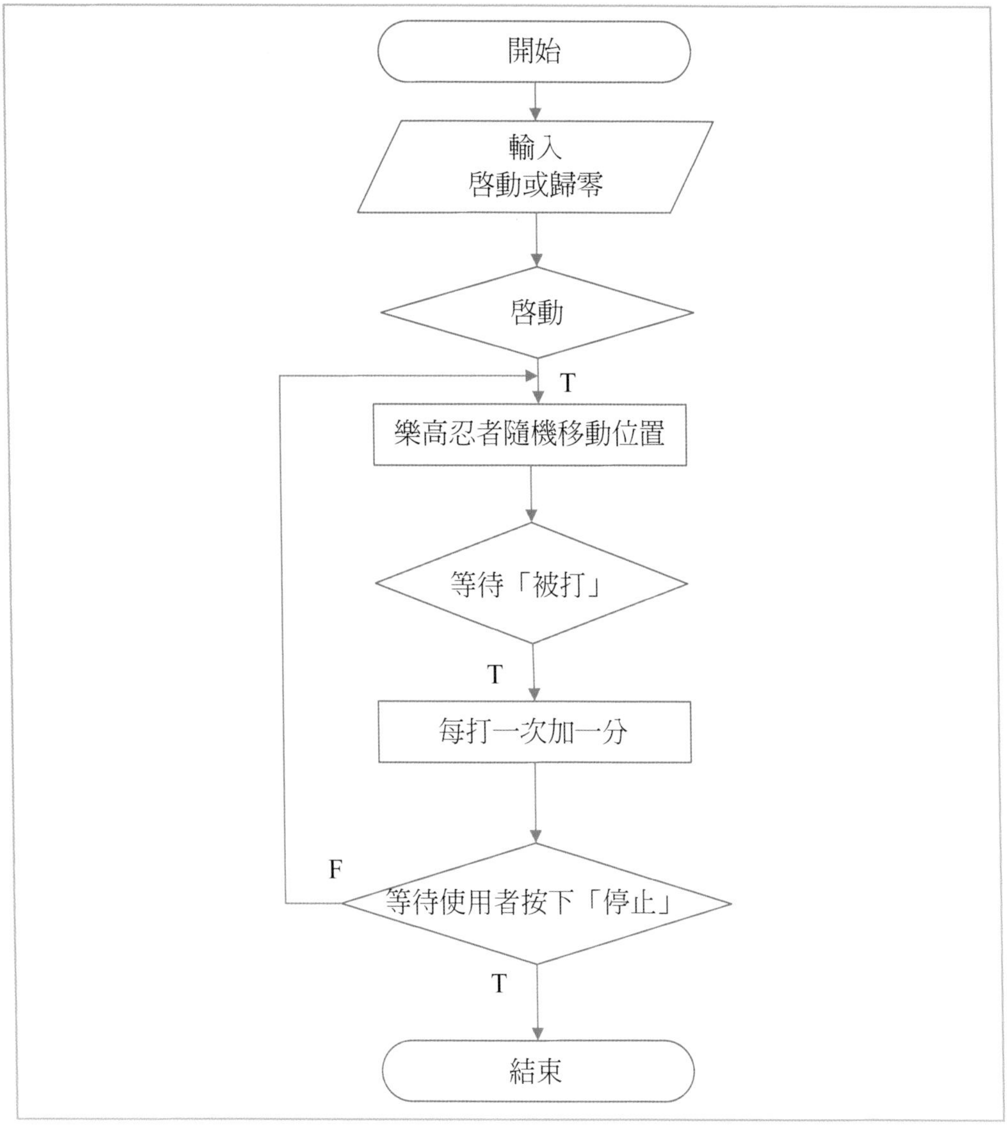

【介面設計】

手機頁面設計	元件的屬性設定
9:48 打樂高忍者App 請按啟動 啟動 非可視組件 計時器1	組件列表 Screen1 水平配置1 標籤－分數 畫布 圖像精靈－Lego 水平配置2 按鈕_啟動 計時器1

【程式設計】

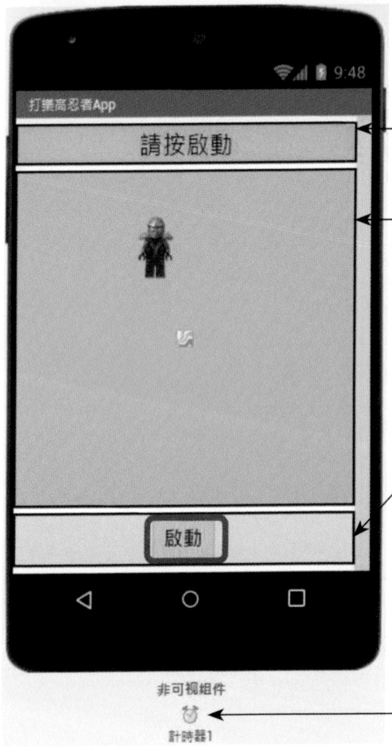

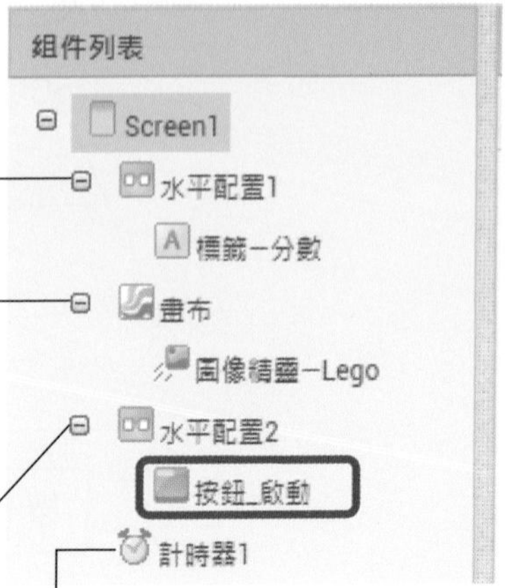

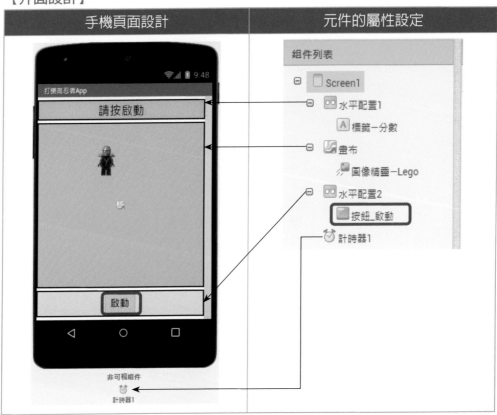

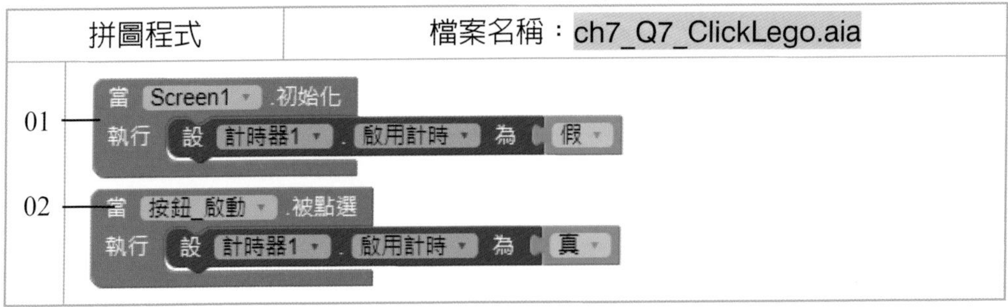

拼圖程式	檔案名稱：ch7_Q7_ClickLego.aia

01
當 Screen1 .初始化
執行 設 計時器1 . 啟用計時 為 假
02
當 按鈕_啟動 .被點選
執行 設 計時器1 . 啟用計時 為 真

拼圖程式	檔案名稱：ch7_Q7_ClickLego.aia
03	當 計時器1 .計時 執行 呼叫 LegoMove
04	定義程序 LegoMove 執行 設 圖像精靈—Lego . X座標 為 隨機小數 × 畫布 . 寬度 設 圖像精靈—Lego . Y座標 為 隨機小數 × 畫布 . 高度

說明

行號01：Screen頁面在初始化時，先設定時間元件爲「關閉」狀態。

行號02：當按下「啓動」鈕時，再設定時間元件爲「開啓」狀態。

行號03：當時間元件爲「開啓」狀態時，計時器元件會每單位時間呼叫「LegoMove」副程式。

行號04：定義「LegoMove」副程式，其目的就會隨機移動樂高忍者的位置。

拼圖程式
檔案名稱：ch7_Q7_ClickLego.aia
01
初始化全域變數 Score 為 0
02
當 圖像精靈—Lego .被觸碰
x座標 y座標
執行
03
設置 全域 Score 為 取得 全域 Score + 1
04
設 標籤—分數 . 文字 為 合併文字 " 成績： " 取得 全域 Score
05
呼叫 LegoMove

說明

行號01：宣告變數Score爲全域性變數，初值設定爲0，其目的是用來記錄使用者每打到忍者一下時，就會得到一分。

行號02：當使用者點擊忍者時，就會觸發被觸碰事件程序。

行號03～04：利用Score變數來記錄忍者被打的次數，一次一分並顯示在螢幕上方。

行號05：呼叫「LegoMove」副程式，再來隨機移動樂高忍者的位置。

【執行畫面】

樂高忍者隨機移動位置	每打一次加一分
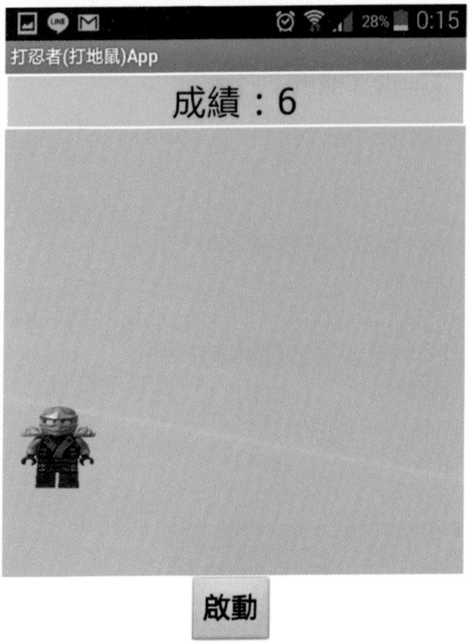 打忍者(打地鼠)App 成績：6 啟動	 打忍者(打地鼠)App 成績：12 啟動

7-8 猜拳遊戲App

【分析】

(1)輸入：猜拳

(2)處理：❶猜拳（剪刀、石頭及布任一項）

隨機產生一個亂數值（1～3之間）

剪刀：代號1

石頭：代號2

布：代號3

❷判斷您猜拳是否與手機隨機產生一個亂數值相同

(3)輸出：你勝利、你輸了及平手三種情況

【流程圖】

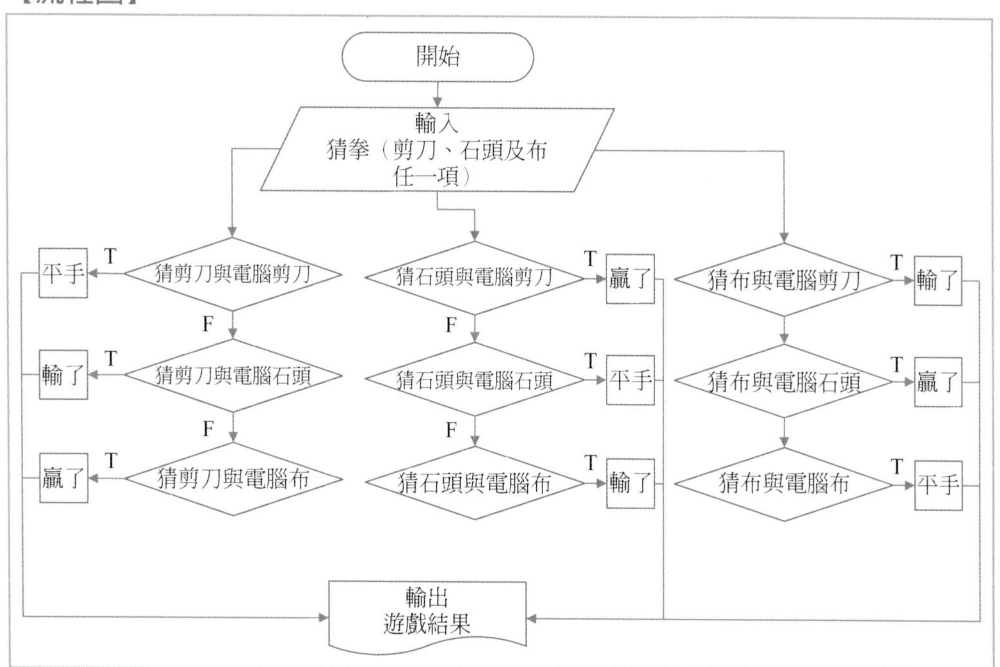

【介面設計】

手機頁面設計	元件的屬性設定
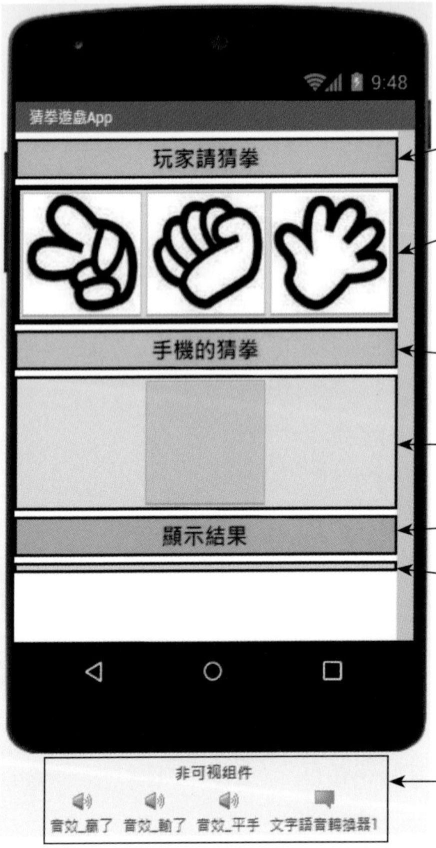 猜拳遊戲App 玩家請猜拳 手機的猜拳 顯示結果 非可視組件 音效_贏了 音效_輸了 音效_平手 文字語音轉換器1	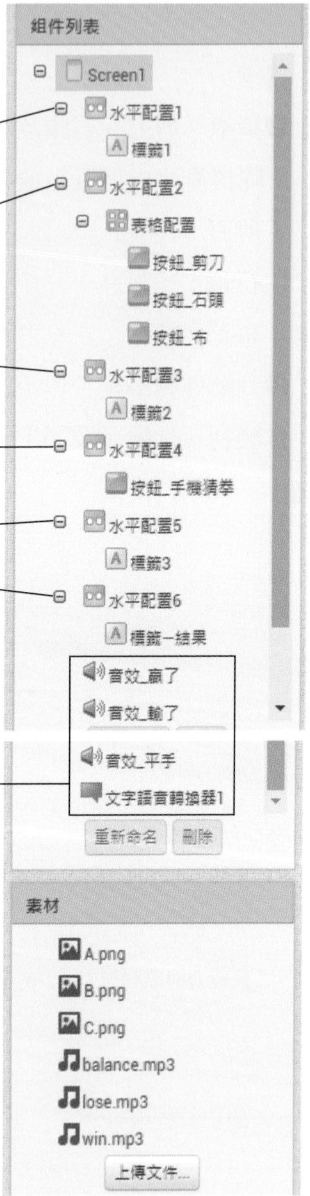 組件列表 Screen1 水平配置1 標籤1 水平配置2 表格配置 按鈕_剪刀 按鈕_石頭 按鈕_布 水平配置3 標籤2 水平配置4 按鈕_手機猜拳 水平配置5 標籤3 水平配置6 標籤一結果 音效_贏了 音效_輸了 音效_平手 文字語音轉換器1 重新命名 刪除 素材 A.png B.png C.png balance.mp3 lose.mp3 win.mp3 上傳文件...

【程式設計】

1. 宣告及撰寫猜「剪刀」按鈕的程式

拼圖程式	檔案名稱：ch7_Q8_MoraGame.aia

```
01 初始化全域變數 Rand_Value 為 0
   當 按鈕_剪刀 .被點選
   執行
02   設置 全域 Rand_Value 為 從 1 到 3 之間的隨機整數
03   呼叫 Load_picture
          RandNumber 取得 全域 Rand_Value
04   如果 取得 全域 Rand_Value = 1
     則 呼叫 SubBalance
05   否則，如果 取得 全域 Rand_Value = 2
     則 呼叫 SubLose
06   否則 呼叫 SubWin
```

說明

行號01：宣告變數Rand_Value爲全域性變數，初值設定爲0，其目的是用來儲存隨機產生的亂數值（1～3之間）。其中，剪刀：代號1，石頭：代號2，布：代號3

行號02：當你按下「剪刀」鈕時，利用「隨機整數」拼圖程式來產生1～3的亂數值，並指定給變數Rand_Value。

行號03：呼叫載入「剪刀、石頭及布」圖片的副程式。其中，剪刀：代號1，石頭：代號2，布：代號3

行號04：當你按下「剪刀」鈕時，手機也隨機產生代號1時，代表雙方「平手」。因此，它會再呼叫「SubBalance」副程式。

行號05：當你按下「剪刀」鈕時，手機隨機產生代號2時，代表「你輸了」。因

此，它會再呼叫「SubLose」副程式。

行號06：當你按下「剪刀」鈕時，手機隨機產生代號3時，代表「你勝利了」。因此，它會再呼叫「SubWin」副程式。

2. 定義「Load_picture」副程式

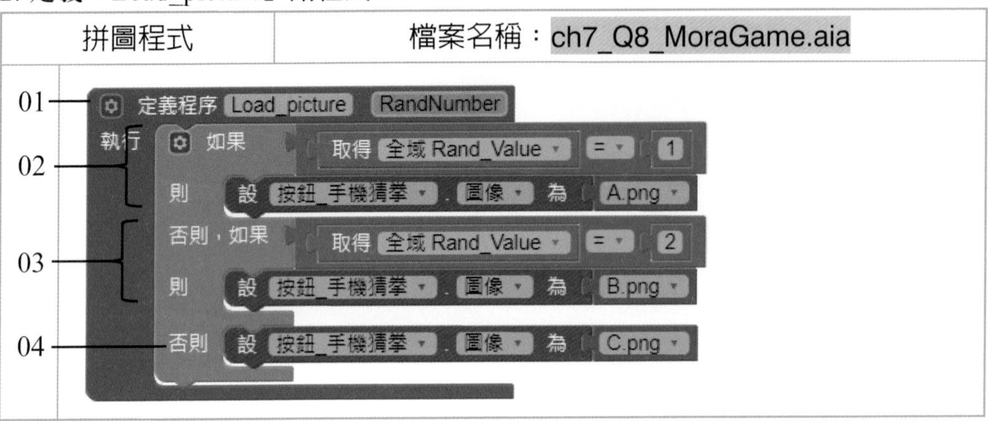

說明

行號01：定義「Load_picture」副程式，用來載入「剪刀、石頭及布」圖片。

行號02：當隨機亂數產生1時，就會載入「剪刀」圖片。

行號03：當隨機亂數產生2時，就會載入「石頭」圖片。

行號04：當隨機亂數產生3時，就會載入「布」圖片。

3. 定義「SubWin」勝利、「SubLose」輸掉及「SubBalance」平手之副程式

拼圖程式	檔案名稱：ch7_Q8_MoraGame.aia

```
01 定義程序 SubWin
02 執行 設 標籤—結果 . 文字 為 " 您勝利了! "
03 呼叫 文字語音轉換器1 .唸出文字
        訊息 " 您勝利了! "
04 呼叫 音效_贏了 .播放
```

說明

行號01：定義「SubWin」副程式

行號02：利用標籤元件的文字屬性來顯示「您勝利了!」。

行號03：利用「文字語音轉換器」元件來將文字轉成語音輸出。

行號04：利用「音效」元件來播放音效。

行號05～08：定義「SubLose」副程式及相關資訊及音效。

行號09～12：定義「SubBalance」副程式及相關資訊及音效。

4. 撰寫猜「石頭」按鈕的程式

拼圖程式	檔案名稱：ch7_Q8_MoraGame.aia

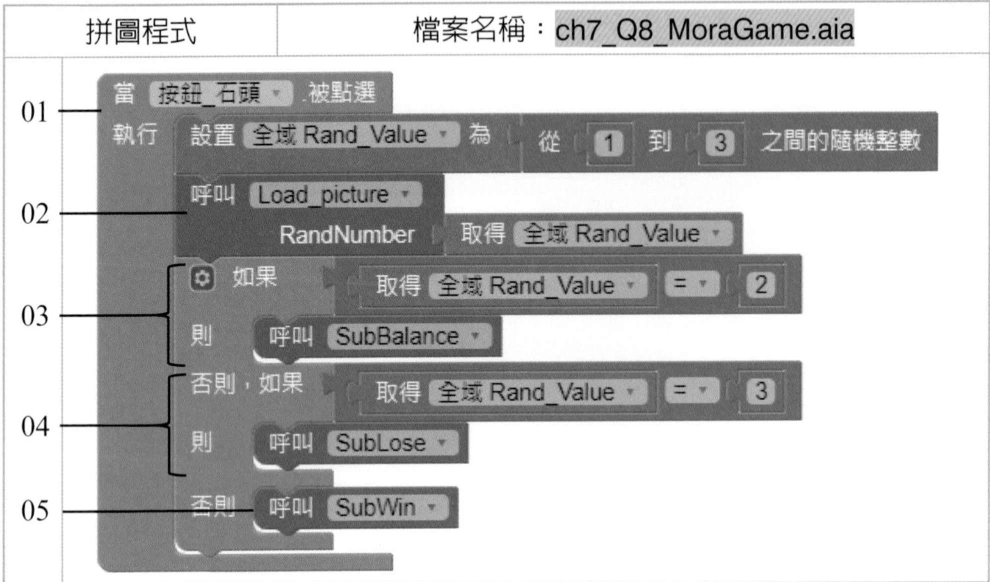

說明

行號01：當你按下「石頭」鈕時，利用「隨機整數」拼圖程式來產生1～3的亂數值，並指定給變數Rand_Value。

行號02：呼叫載入「剪刀、石頭及布」圖片的副程式。其中，剪刀：代號1，石頭：代號2，布：代號3

行號03：當你按下「石頭」鈕時，手機也隨機產生代號2時，代表雙方「平手」。因此，它會再呼叫「SubBalance」副程式。

行號04：當你按下「石頭」鈕時，手機隨機產生代號3時，代表「你輸了」。因此，它會再呼叫「SubLose」副程式。

行號05：當你按下「石頭」鈕時，手機隨機產生代號1時，代表「你勝利了」。因此，它會再呼叫「SubWin」副程式。

5. 撰寫猜「布」按鈕的程式

拼圖程式	檔案名稱：ch7_Q8_MoraGame.aia

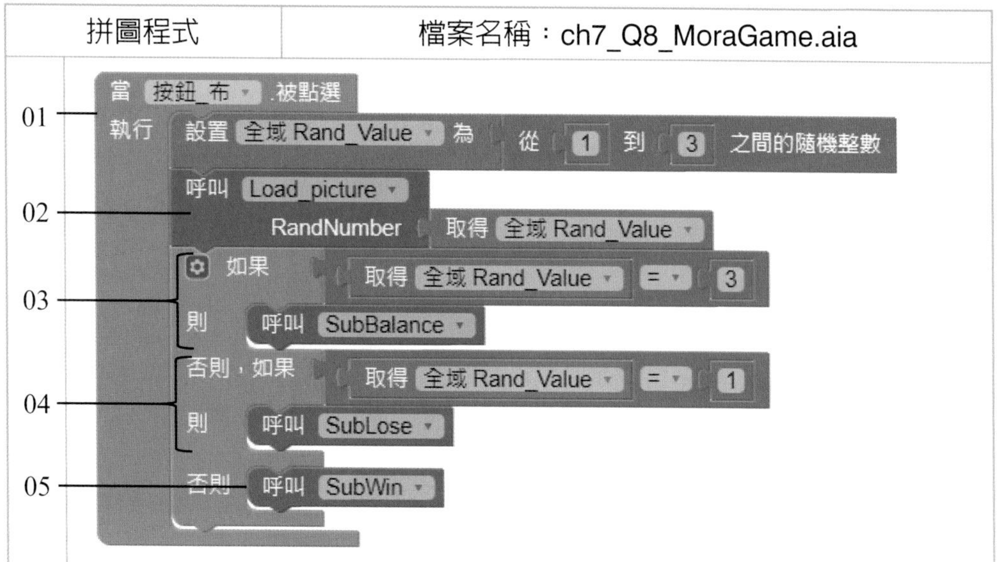

說明

行號01：當你按下「布」鈕時，利用「隨機整數」拼圖程式來產生1～3的亂數值，並指定給變數Rand_Value。

行號02：呼叫載入「剪刀、石頭及布」圖片的副程式。其中，剪刀：代號1，石頭：代號2，布：代號3

行號03：當你按下「布」鈕時，手機也隨機產生代號3時，代表雙方「平手」。因此，它會再呼叫「SubBalance」副程式。

行號04：當你按下「布」鈕時，手機隨機產生代號1時，代表「你輸了」。因此，它會再呼叫「SubLose」副程式。

行號05：當你按下「布」鈕時，手機隨機產生代號2時，代表「你勝利了」。因此，它會再呼叫「SubWin」副程式。

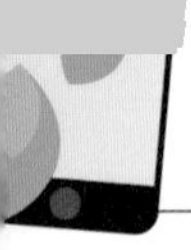

【執行畫面】

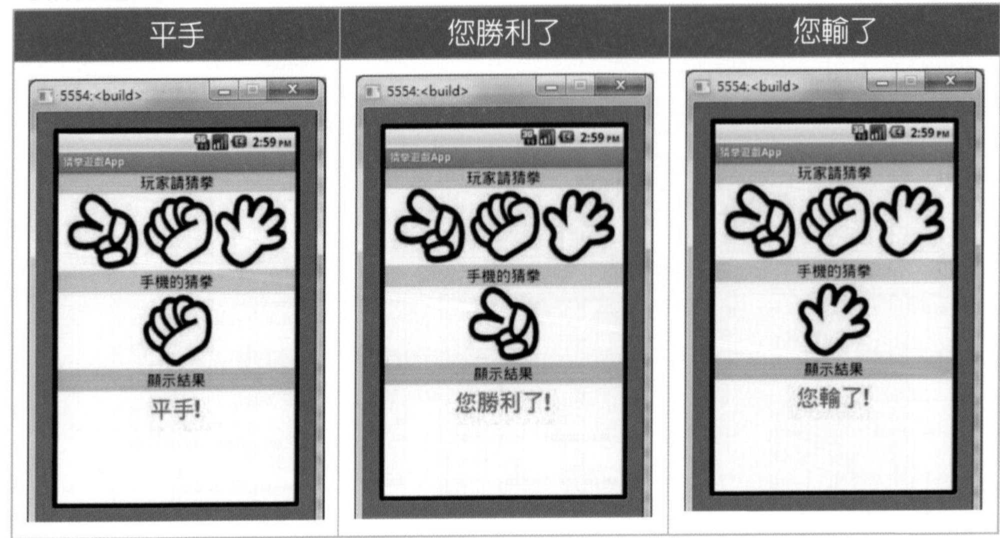

7-9 猜數字大小App

說明

猜小：代表三顆總點數合爲3～9。猜大：代表三顆總點數合爲10～18

【分析】

(1)輸入：猜小或猜大

(2)處理：❶如果使用者「猜大」時，並且三顆總點數合爲10～18，代表「猜中了!」，否則，就是「猜錯了!」

❷如果使用者「猜小」時，並且三顆總點數合爲3～9，代表「猜中了」，否則，就是「猜錯了!」

(3)輸出：猜中或猜錯。

【流程圖】

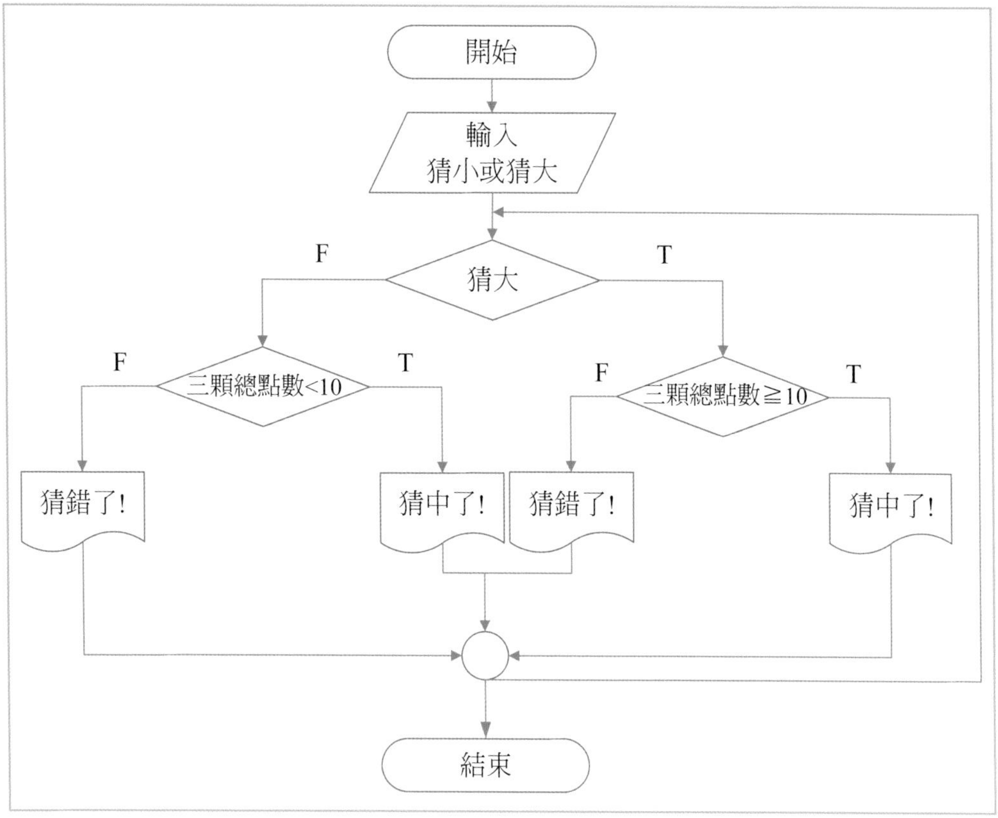

開始

輸入
猜小或猜大

猜大

F

T

三顆總點數<10

F

T

三顆總點數≧10

F

T

猜錯了!

猜中了!

猜錯了!

猜中了!

結束

【目的】

透過「雙向互動」的教學方式，來提高對加法運算的敏感度。

【介面效果】

當使用者按下「猜小或猜大」時，三個骰子會同時轉動五秒鐘，並且在五秒之後猜中或猜錯都會有不同的音效發出。

【規則】

(1)【猜小】3～9點

(2)【猜大】10～18點

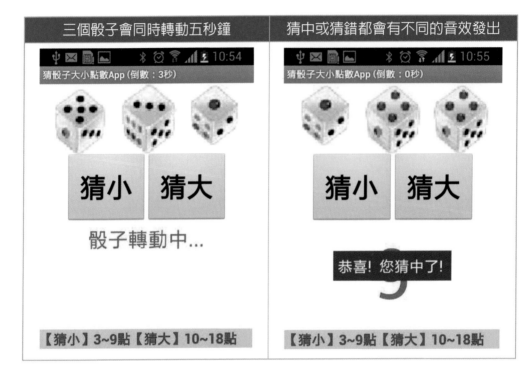

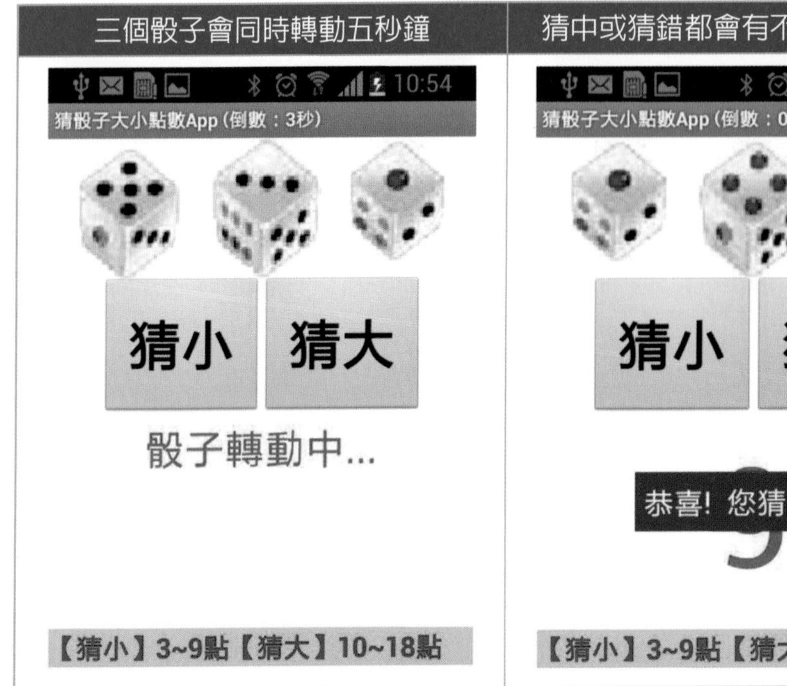
三個骰子會同時轉動五秒鐘
猜中或猜錯都會有不同的音效發出
10:54
猜骰子大小點數App (倒數：3秒)
猜小
猜大
骰子轉動中...
【猜小】3~9點【猜大】10~18點
10:55
猜骰子大小點數App (倒數：0秒)
猜小
猜大
恭喜！您猜中了！
【猜小】3~9點【猜大】10~18點

【關鍵拼圖程式】檢查猜大小是否猜中之副程式

拼圖程式	檔案名稱：ch7_Q9_GuessBigSmall.aia

```
定義程序 Check_Result
執行 如果 取得 全域 Type = "猜大"
     則 如果 取得 全域 RandSum ≥ 10
        則 呼叫 對話框1 .顯示警告訊息
                  通知 "恭喜! 您猜中了!"
           呼叫 音效_贏了 .播放
        否則 呼叫 對話框1 .顯示警告訊息
                  通知 "抱歉! 您猜錯了!"
           呼叫 音效—輸了 .播放
     否則 如果 取得 全域 RandSum < 10
        則 呼叫 對話框1 .顯示警告訊息
                  通知 "恭喜! 您猜中了!"
           呼叫 音效_贏了 .播放
        否則 呼叫 對話框1 .顯示警告訊息
                  通知 "抱歉! 您猜錯了!"
           呼叫 音效—輸了 .播放
```

註 詳細的程式碼，請參考附書光碟ch7_Q9_GuessBigSmall.aia。

【延伸學習】

計算猜中率，並利用「3D圓餅圖、折線圖及垂直長條圖」來呈現。請參考附書光碟ch7_Q9_GuessBigSmall_V2. aia。

7-10 數字鍵盤練習App

【分析】

(1)輸入：數字串列

(2)處理：❶隨機產生10個數字

❷核對使用者答案是否相同，如果正確，就可以進行下一題，否則，繼續輸入數字串列

(3)輸出：正確或錯誤

【目的】

每次出現不同的數字，讓學習者可以不斷的練習基本的數字的鍵盤位置及指法。

【流程圖】

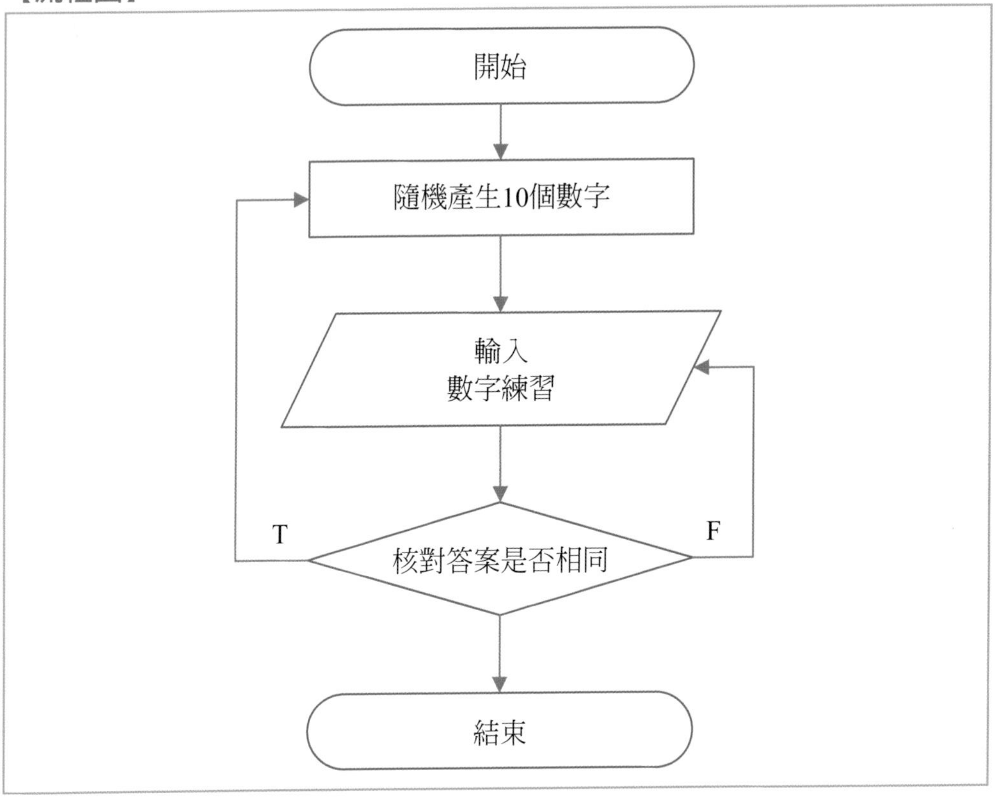

【介面設計】

手機頁面設計	元件的屬性設定
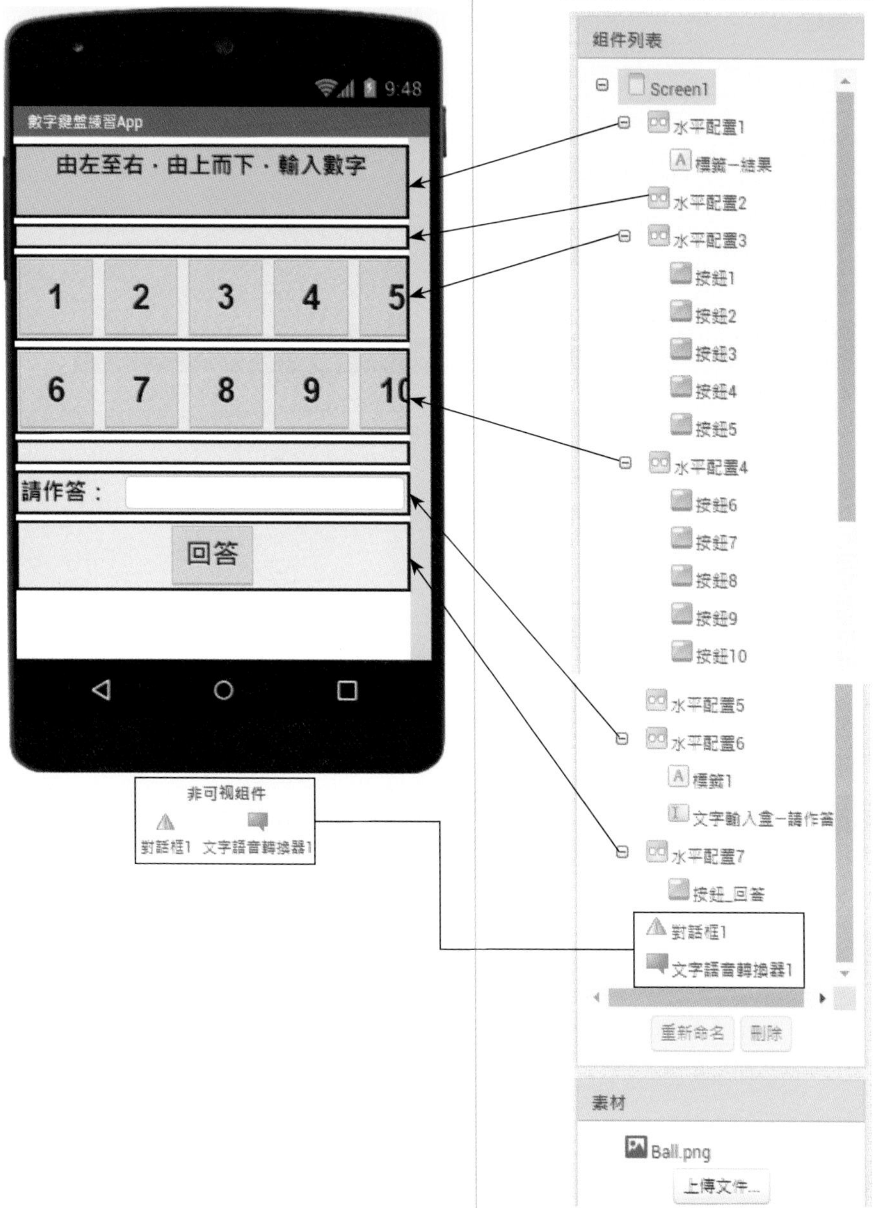 9:48 數字鍵盤練習App 由左至右，由上而下，輸入數字 1 2 3 4 5 6 7 8 9 10 請作答： 回答 非可視組件 對話框1 文字語音轉換器1	組件列表 Screen1 水平配置1 標籤-結果 水平配置2 水平配置3 按鈕1 按鈕2 按鈕3 按鈕4 按鈕5 水平配置4 按鈕6 按鈕7 按鈕8 按鈕9 按鈕10 水平配置5 水平配置6 標籤1 文字輸入盒-請作答 水平配置7 按鈕_回答 對話框1 文字語音轉換器1 重新命名 刪除 素材 Ball.png 上傳文件...

【程式設計】

1. 變數宣告及初始化程式

拼圖程式	檔案名稱：ch7_Q10_DigExercise.aia

01 初始化全域變數 ListBallButtons 為 建立空清單
02 初始化全域變數 Ans 為 " "
03 初始化全域變數 RandNum 為 0
04 當 Screen1 .初始化
05 執行 呼叫 Create_TenBallimages
06 呼叫 NewQuestion
07 呼叫 文字語音轉換器1 .唸出文字
訊息 " 請由左至右，由上而下，輸入數字 "

說明

行號01：宣告變數ListBallButtons爲全域性變數，初值設定爲空清單，其目用來記錄十個數字按鈕元件。

行號02：宣告變數Ans爲全域性變數，初值設定爲空字串，其目用來記錄使用者的作答。

行號03：宣告變數RandNum爲全域性變數，初值設定爲0，其目用來記錄產生的隨機値。

行號04～07：當程式初始化時，則呼叫Create_TenBallimages及NewQuestion副程式，並唸出「請由左至右，由上而下，輸入數字」。

2. 定義「Create_TenBallimages」副程式

拼圖程式	檔案名稱：ch7_Q10_DigExercise.aia
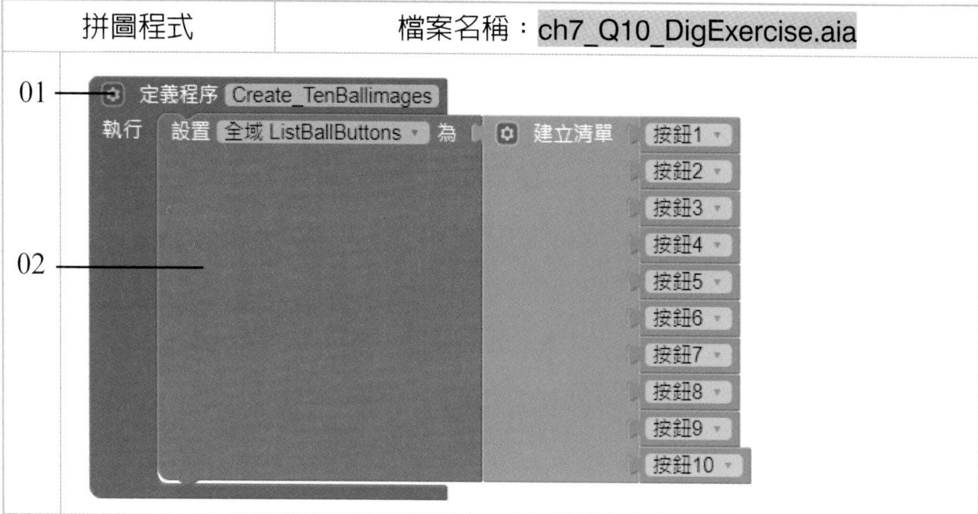	

說明

行號01：定義「Create_TenBallimages」副程式

行號02：透過ListBallButtons全域性變數，來記錄十個數字按鈕元件。

3. 定義「NewQuestion」副程式

拼圖程式	檔案名稱：ch7_Q10_DigExercise.aia

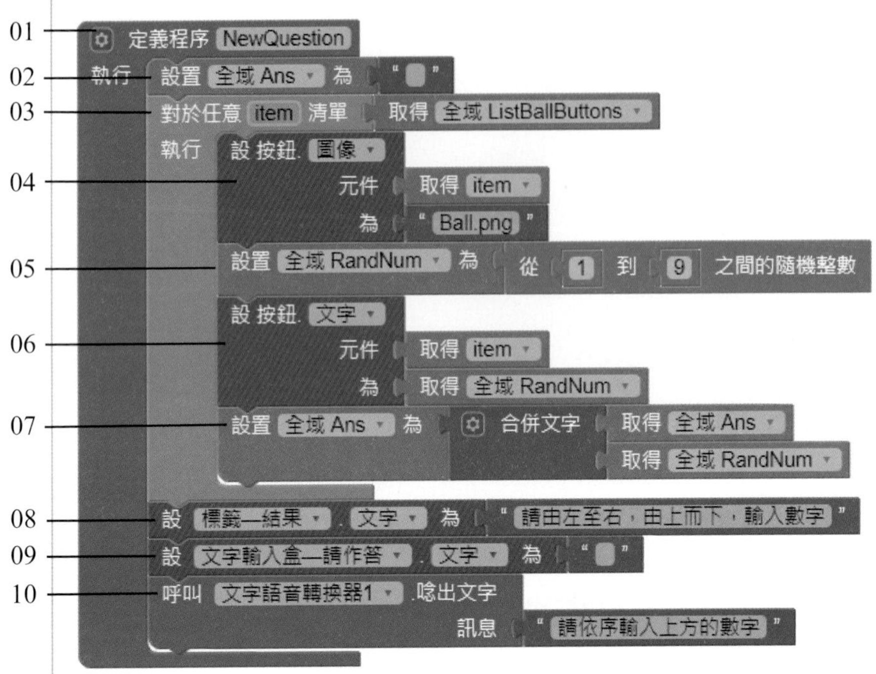

```
01 定義程序 NewQuestion
02 執行 設置 全域 Ans 為 " "
03      對於任意 item 清單 取得 全域 ListBallButtons
        執行 設 按鈕. 圖像
04                元件 取得 item
                  為 " Ball.png "
05           設置 全域 RandNum 為 從 1 到 9 之間的隨機整數
             設 按鈕. 文字
06                元件 取得 item
                  為 取得 全域 RandNum
07           設置 全域 Ans 為 合併文字 取得 全域 Ans
                                      取得 全域 RandNum
08      設 標籤_結果 . 文字 為 " 請由左至右，由上而下，輸入數字 "
09      設 文字輸入盒_請作答 . 文字 為 " "
10      呼叫 文字語音轉換器1 .唸出文字
                             訊息 " 請依序輸入上方的數字 "
```

說明

行號01：定義「NewQuestion」副程式

行號02：變數Ans爲全域性變數，初值設定爲空字串，其目用來記錄使用者的作答。

行號03～07：利用清單專屬迴圈來十個隨機數字按鈕。

行號08～10：顯示提示字及唸出說明內容。

4. 當「按鈕─回答」程式

拼圖程式	檔案名稱：ch7_Q10_DigExercise.aia

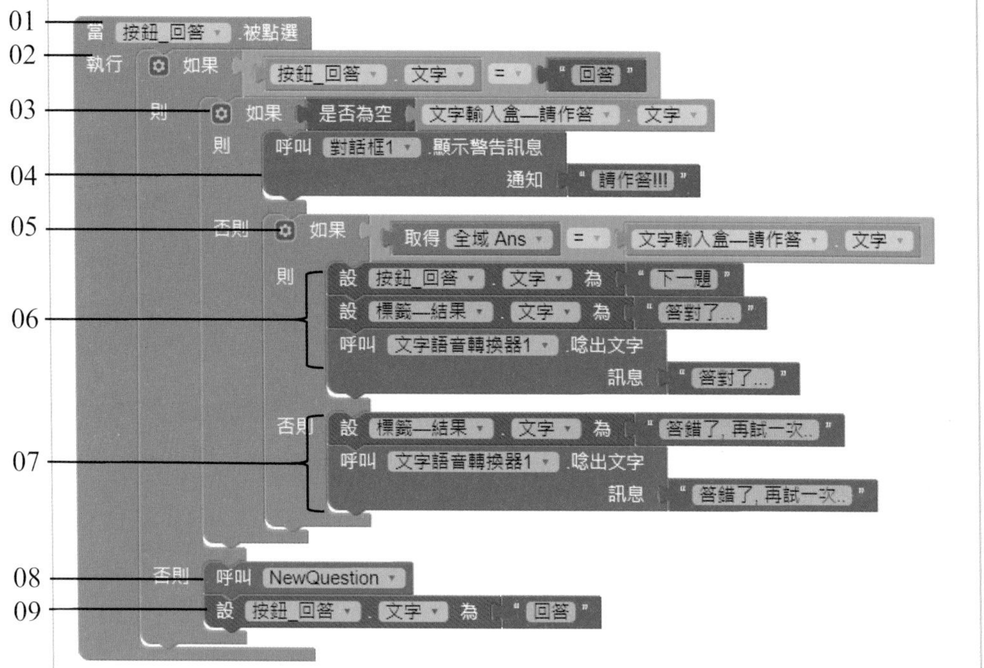

```
01 當 按鈕_回答 .被點選
02 執行 如果 按鈕_回答 . 文字 = "回答"
03    則 如果 是否為空 文字輸入盒—請作答 . 文字
         則 呼叫 對話框1 .顯示警告訊息
04                 通知 "請作答!!!"
05       否則 如果 取得 全域 Ans = 文字輸入盒—請作答 . 文字
            則 設 按鈕_回答 . 文字 為 "下一題"
06             設 標籤—結果 . 文字 為 "答對了..."
               呼叫 文字語音轉換器1 .唸出文字
                      訊息 "答對了..."
            否則 設 標籤—結果 . 文字 為 "答錯了, 再試一次.."
07             呼叫 文字語音轉換器1 .唸出文字
                      訊息 "答錯了, 再試一次.."
08    否則 呼叫 NewQuestion
09         設 按鈕_回答 . 文字 為 "回答"
```

說明

行號01～04：用來檢查使用者是否有作答，如果沒有，則顯示：請作答!!!。

行號05～06：如果作答對的話，就會在按鈕上呈現「下一題」，並顯示及唸出答對了。。。

行號07：如果作答錯的話，就會顯示及唸出答錯了，再試一次。。。

行號08：呼叫NewQuestion副程式。

行號09：在按鈕上呈現「回答」文字。

【執行結果】

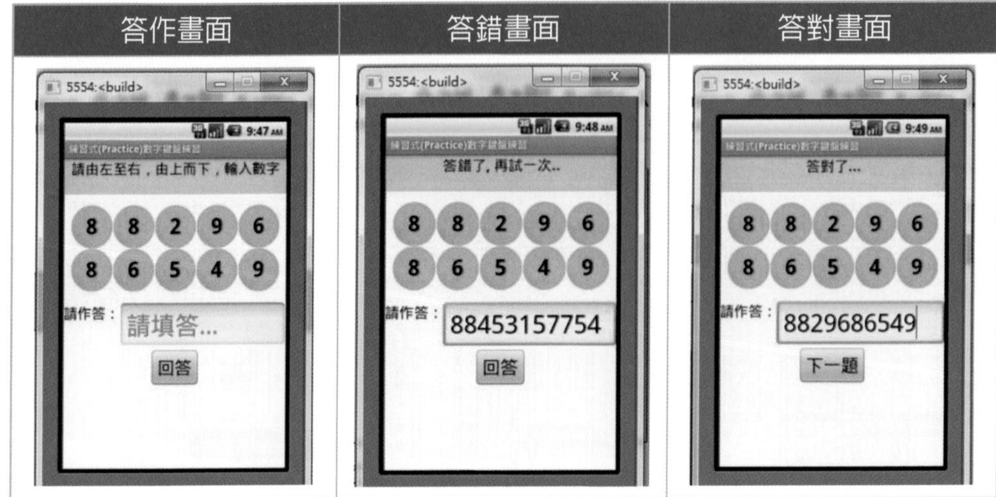

說明

利用隨機方式，每次顯示不同的「數字」桌球。

【延伸學習】

英打鍵盤練習App

【目的】

每次出現不同的英文字，讓學習者可以不斷的練習基本的英文字的鍵盤位置及指法，唯有如此，才能提昇輸入的速度。

註 詳細的程式碼，請參考附書光碟ch7_Q10_DigExercise_V2. aia。

【執行結果】

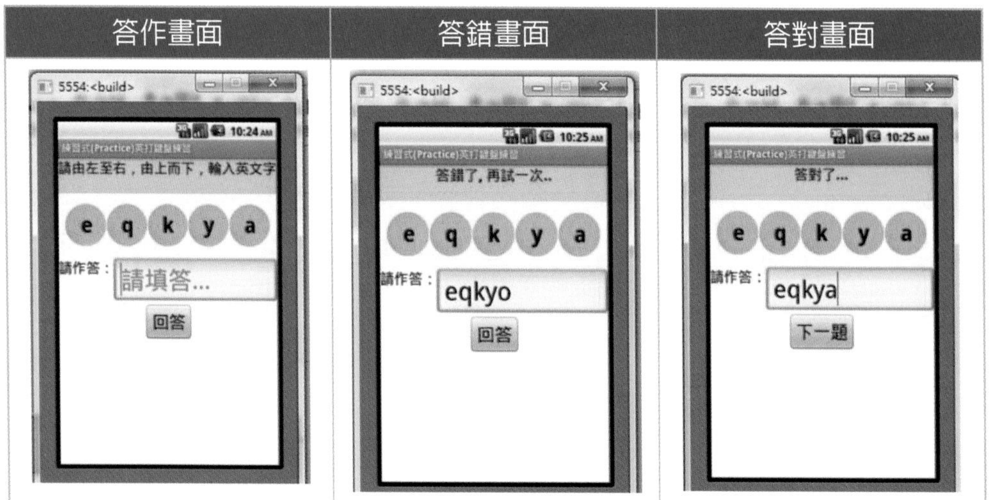

說明

利用隨機方式，每次顯示不同的「英文字」桌球。

Chapter 8

感測器的應用

本章學習目標

1. 讓讀者瞭解「感測器」元件的使用時機、方法。
2. 讓讀者瞭解「感測器」元件的相關應用。

本章內容

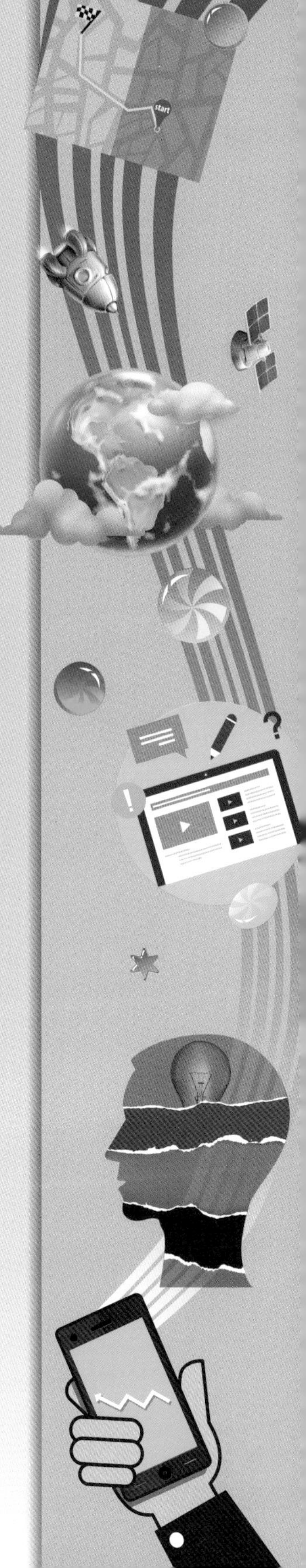

8-1 手機操控球體移動App

【分析】

(1)輸入：傾斜手機的不同角度

(2)處理：利用加速感測器來偵測傾斜度的變化

(3)輸出：球體移動

【流程圖】

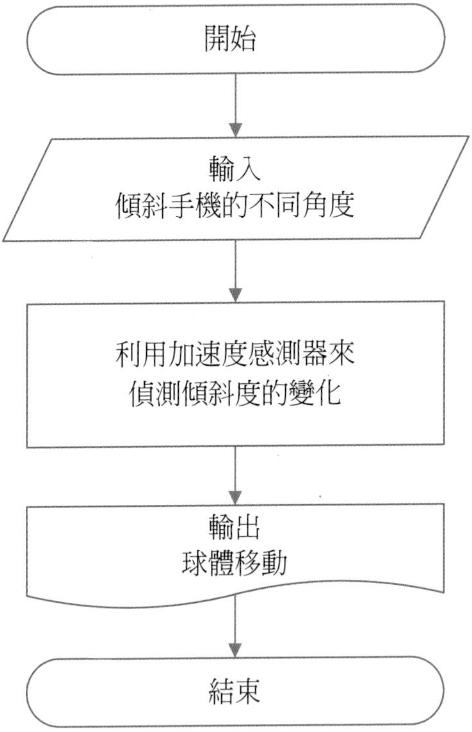

開始

↓

輸入
傾斜手機的不同角度

↓

利用加速度感測器來
偵測傾斜度的變化

↓

輸出
球體移動

↓

結束

【介面設計】

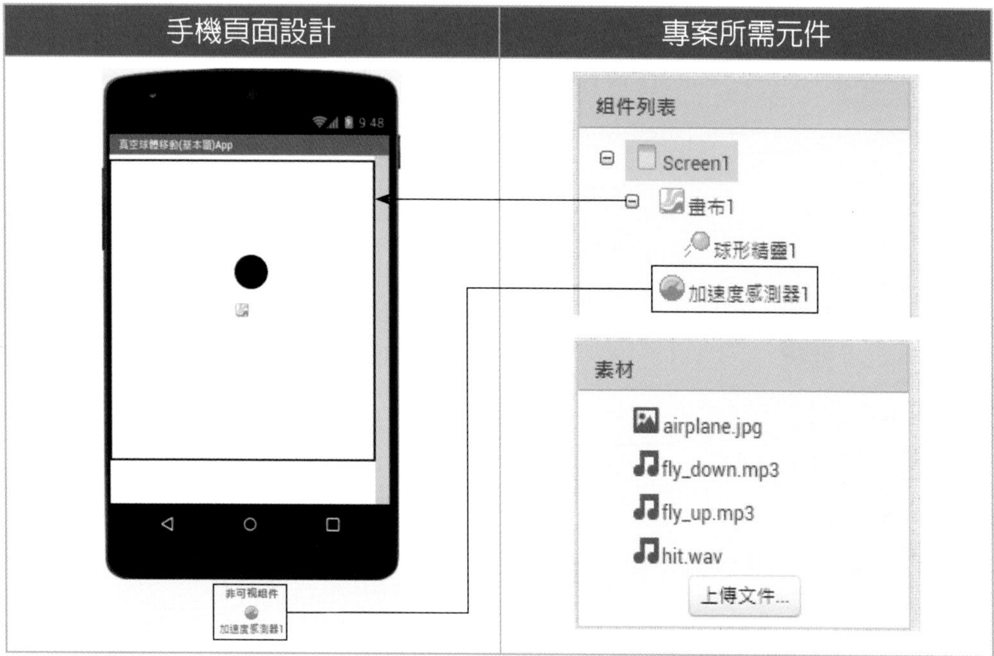

【程式設計】

拼圖程式	檔案名稱：ch08_Q1_Ball_V1.aia

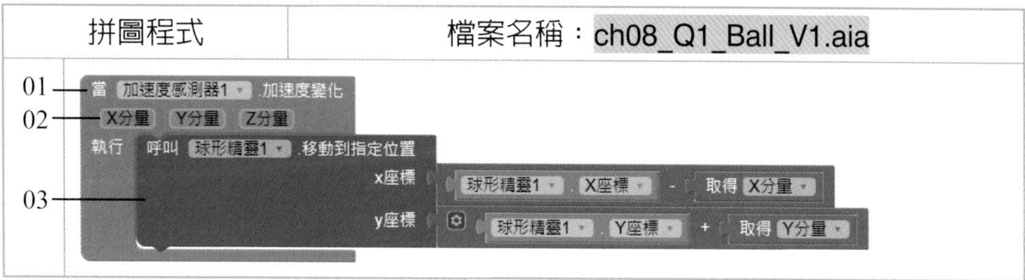

說明

行號01：當「加速度感測器」的變化量改變時，就會觸發本事件。

行號02：此時，會回傳加速感測器X軸、Y軸及Z軸加速的變化量。

行號03：讓Ball元移動到指定點座標（x,y）。

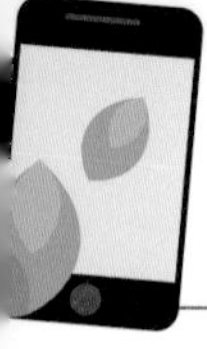

【執行結果】

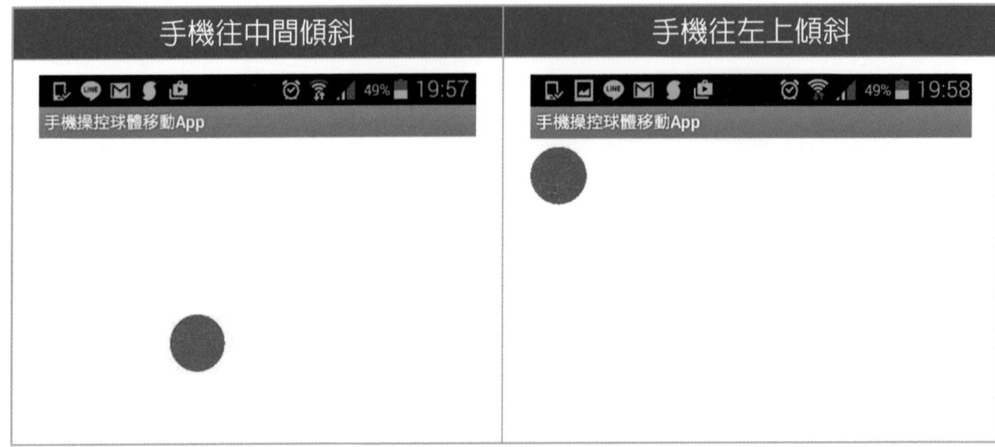

8-2 手機操控球體移動（進階版）App

【分析】

(1)輸入：傾斜手機的不同角度

(2)處理：利用加速感測器來偵測傾斜度的變化

(3)輸出：球體移動及顯示目前的狀態

【流程圖】

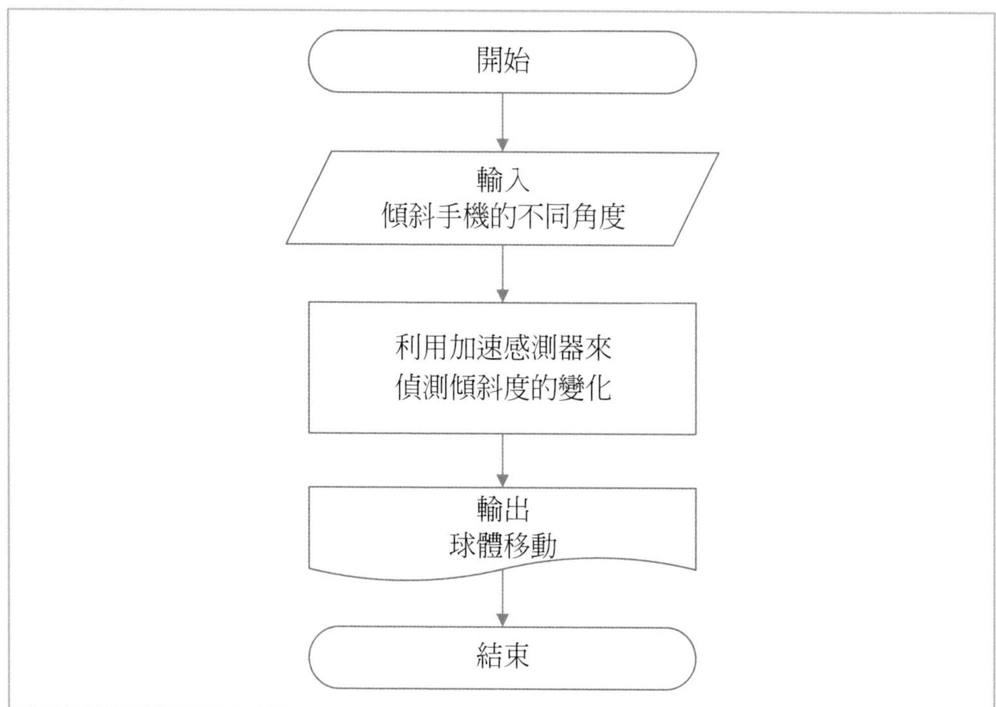

【介面設計】

手機頁面設計	專案所需元件
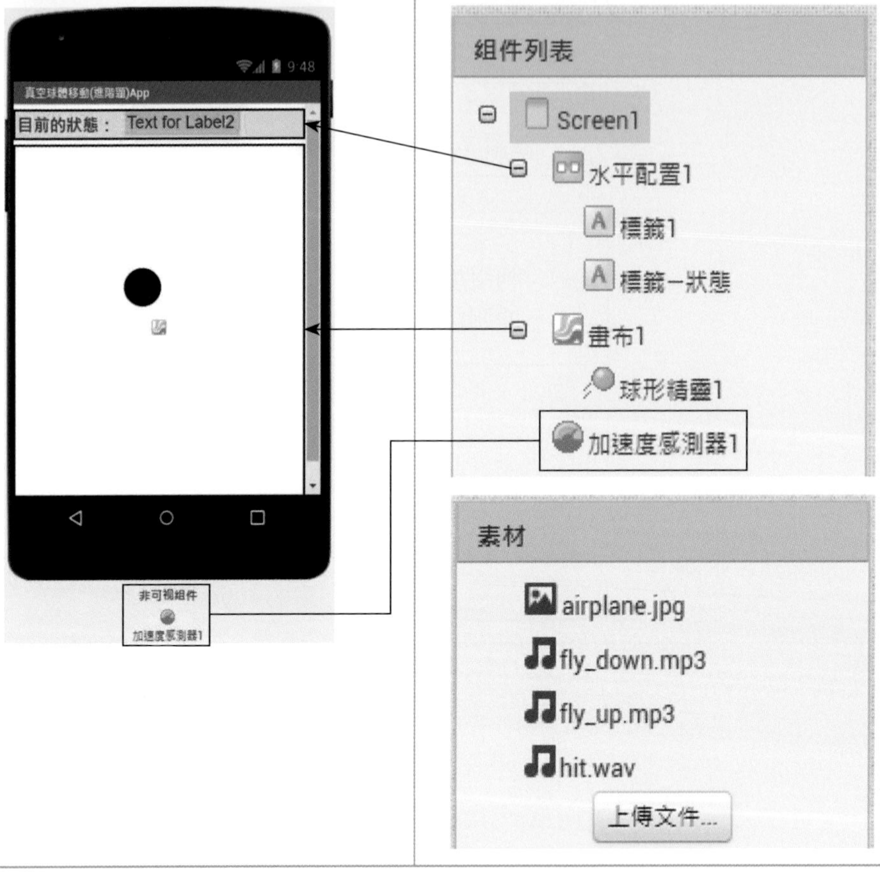 9:48 真空球體移動(進階習)App 目前的狀態： Text for Label2 非可視組件 加速度感測器1	組件列表 Screen1 水平配置1 標籤1 標籤－狀態 畫布1 球形精靈1 加速度感測器1 素材 airplane.jpg fly_down.mp3 fly_up.mp3 hit.wav 上傳文件...

【程式設計】

拼圖程式	檔案名稱：ch08_Q2_Ball_V2.aia

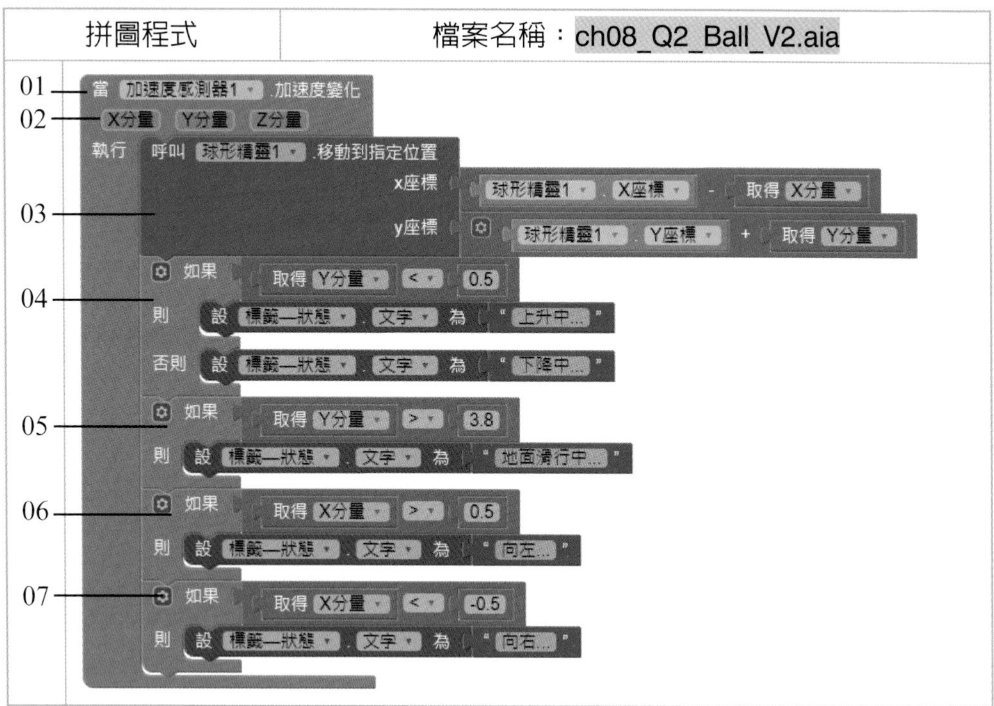

說明

行號01～02：當「加速度感測器」的變化量改變時，就會觸發本事件，並且傳回X分量（X軸），Y分量（Y軸），Z分量（Z軸）的變化量。

行號03：它會將傳回的X分量（X軸），Y分量（Y軸）變化量來改變「球體」的位置。

行號04：當Y分量（Y軸）的值小於0.5時，則代表飛機正在「上升中…」，否則就是「下降中…」。

行號05：當Y分量（Y軸）的值大於3. 8時，則代表飛機正在「地面滑行…」。

行號06：當X分量（X軸）的值大於0.5時，則代表飛機正在「向左…」。

行號07：當X分量（X軸）的值小於0.5時，則代表飛機正在「向右…」。

【執行結果】

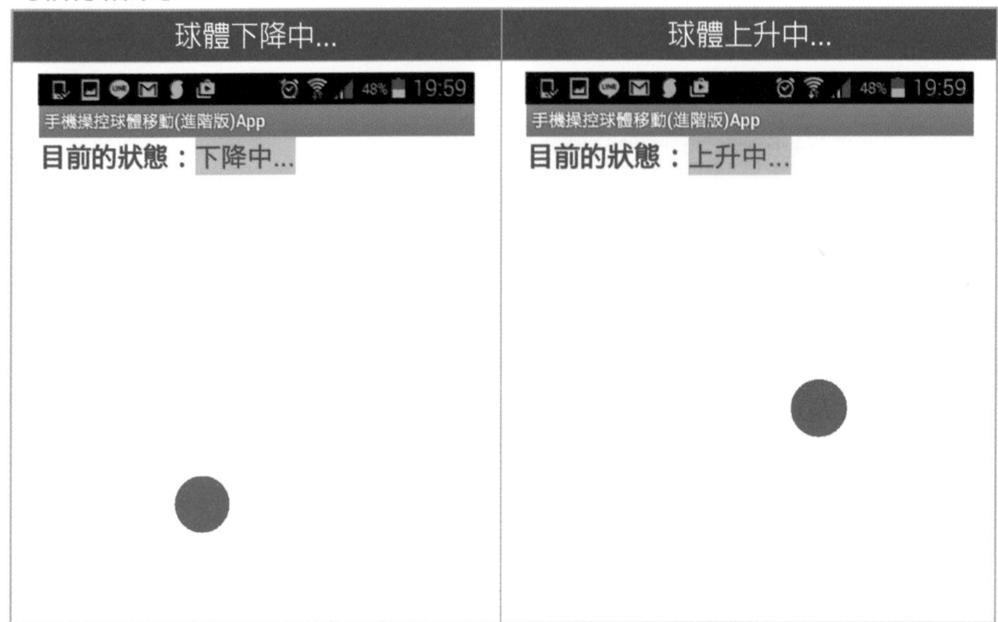

8-3 模擬飛行人員操控飛機App

【分析】

(1)輸入：傾斜手機的不同角度

(2)處理：利用加速感測器來偵測傾斜度的變化

(3)輸出：❶樂高飛機移動

❷顯示目前的狀態

❸顯示X軸、Y軸及Z軸的變化量

【流程圖】

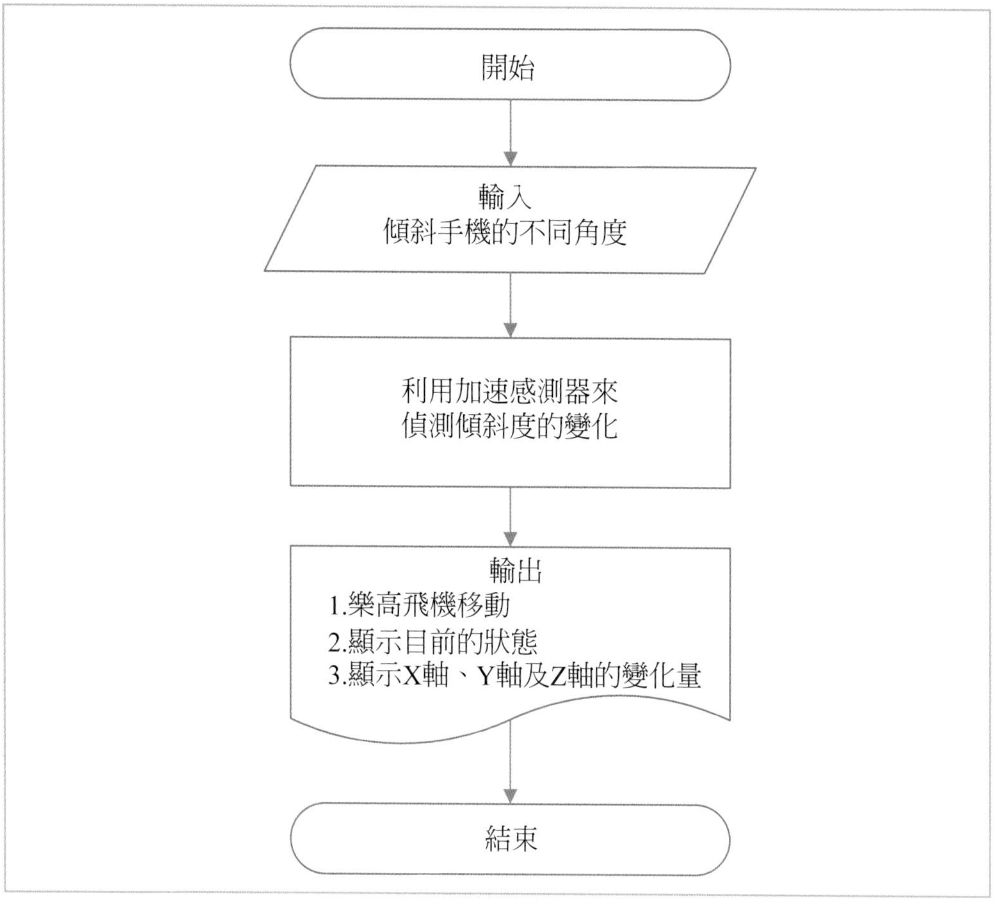

開始

↓

輸入
傾斜手機的不同角度

↓

利用加速感測器來
偵測傾斜度的變化

↓

輸出
1.樂高飛機移動
2.顯示目前的狀態
3.顯示X軸、Y軸及Z軸的變化量

↓

結束

【介面設計】

手機頁面設計	專案所需元件
模擬操控飛機(基本圖)App X 軸加速度(變化量) Y 軸加速度(變化量) Z 軸加速度(變化量) 目前的狀態： Label_Status 非可視組件 計時器1 加速度感測器1	組件列表 Screen1 表格配置1 垂直配置1 標籤─X 標籤─Y 標籤─Z 表格配置2 標籤1 標籤─狀態 畫布1 圖像精靈1 計時器1 加速度感測器1

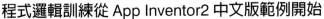

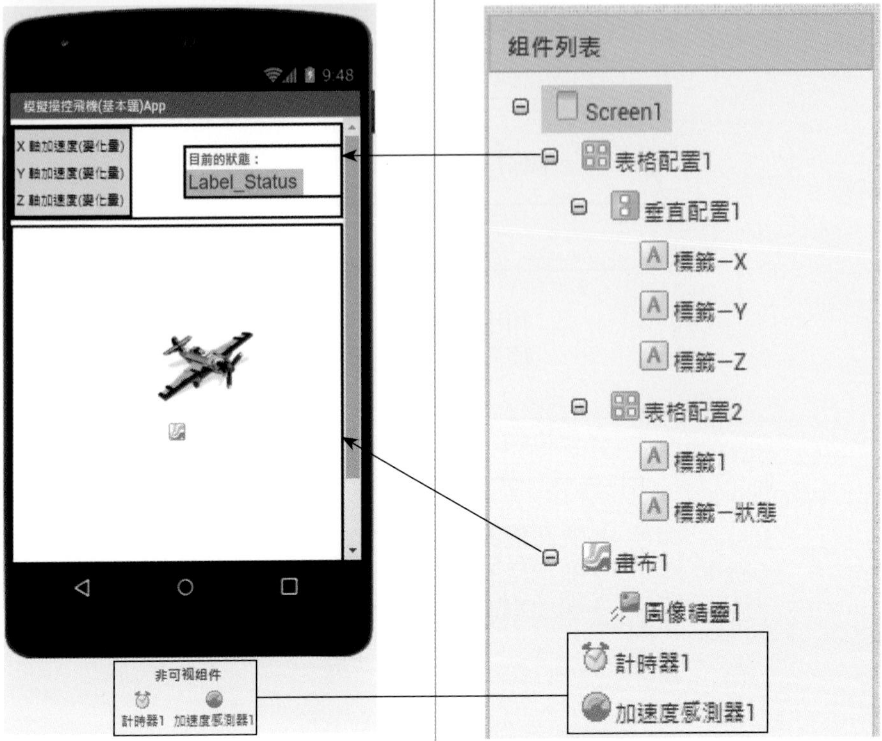

【程式設計】

1. 當「加速度感測器」變化量改變

拼圖程式	檔案名稱：ch08_Q3_SimuAirplain_V1.aia
01	當 加速度感測器1 .加速度變化 X分量 Y分量 Z分量
02	執行 呼叫 圖像精靈1 .移動到指定位置 x座標 圖像精靈1 . X座標 - 取得 X分量；y座標 圖像精靈1 . Y座標 + 取得 Y分量
03	如果 取得 Y分量 < 0.5 則 設 標籤—狀態 . 文字 為 "上升中..." 否則 設 標籤—狀態 . 文字 為 "下降中..."
04	如果 取得 Y分量 > 3.8 則 設 標籤—狀態 . 文字 為 "地面滑行..."
05	如果 取得 X分量 > 0.5 則 設 標籤—狀態 . 文字 為 "向左..."
06	如果 取得 X分量 < -0.5 則 設 標籤—狀態 . 文字 為 "向右..."

說明

參考同上。

2. 隨時偵測「加速度感測器」變化量

拼圖程式	檔案名稱：ch08_Q3_SimuAirplain_V1.aia
01	當 計時器1 .計時 執行 設 標籤—X . 文字 為 合併文字 "X軸加速度(變化量)" 加速度感測器1 . X分量
02	設 標籤—Y . 文字 為 合併文字 "Y軸加速度(變化量)" 加速度感測器1 . Y分量
03	設 標籤—Z . 文字 為 合併文字 "Z軸加速度(變化量)" 加速度感測器1 . Z分量

行號01～03：利用計時器元件來記錄每間隔0.2秒，X分量（X軸），Y分量（Y軸），Z分量（Z軸）的變化量，並且顯示在螢幕上。

【執行結果】

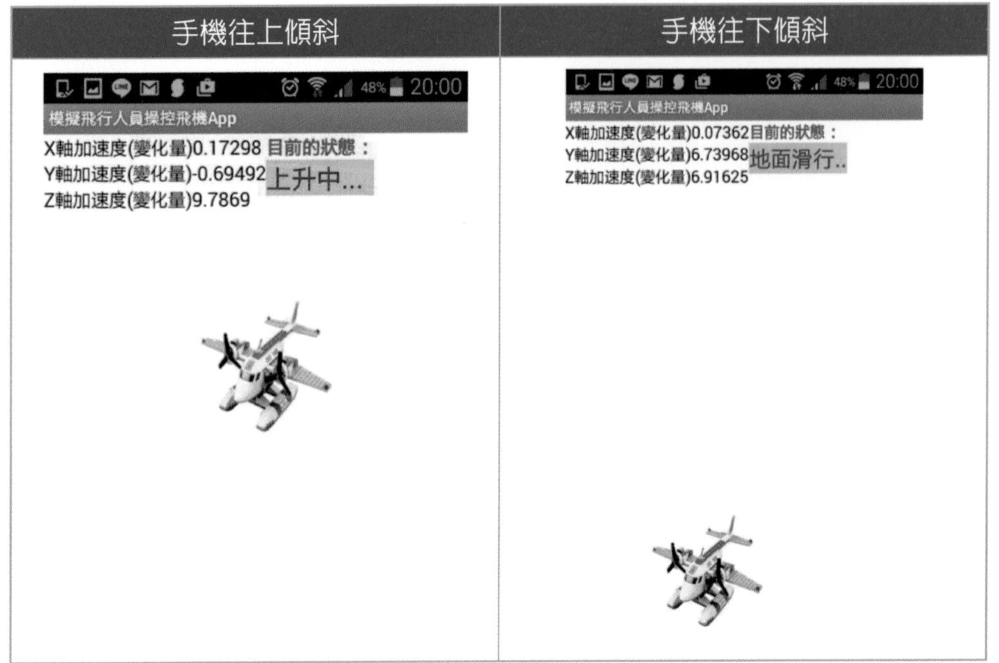

 8-4 模擬飛機遇到亂流App

【分析】

(1)輸入：❶傾斜手機的不同角度

❷搖動

(2)處理：❶利用加速感測器來偵測傾斜度的變化

❷計算搖動次數

(3)輸出：❶樂高飛機移動

❷顯示目前的狀態及不同的音效

❸顯示X軸、Y軸及Z軸的變化量

❹顯示「亂流次數」。

【流程圖】

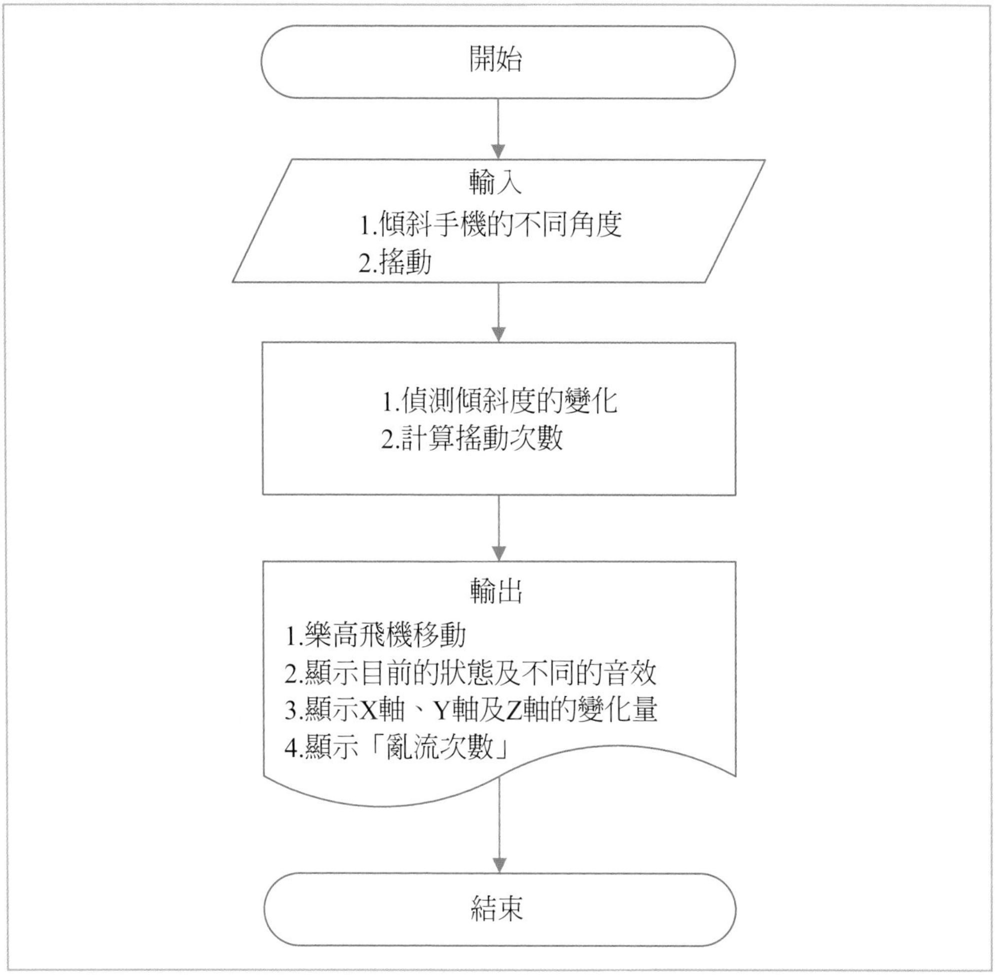

【介面設計】

【關鍵程式】

1. 計算搖動次數

拼圖程式	檔案名稱：ch08_Q4_SimuAirplain_V2.aia
01	初始化全域變數 times 為 0
02	當 Screen1 .初始化 執行 設置 全域 times 為 0
03	當 加速度感測器1 .被晃動 執行 設置 全域 times 為 取得 全域 times + 1
04	設 標籤—搖動次數 . 文字 為 合併文字 " 搖動(亂流)次數 " 取得 全域 times

說明

行號01：宣告times全域性變數，用來記錄Z軸的搖動次數。

行號02：Screen1在初始化時，設定times的初値爲0。

行號03：當手機強烈搖晃時，就會觸發Shaking事件。

行號04：用來記錄手機強烈搖晃的次數，亦即飛機遇到亂流的次數。

【執行結果】

手機強烈搖晃4次數	手機強烈搖晃9次數
模擬飛機遇到亂流App X軸加速度(變化量)0.22386 目前的狀態： Y軸加速度(變化量)0.09517 上升中... Z軸加速度(變化量)9.72525 搖動(亂流)次數4	模擬飛機遇到亂流App X軸加速度(變化量)-0.31963 目前的狀態： Y軸加速度(變化量)3.27228 下降中... Z軸加速度(變化量)9.22067 搖動(亂流)次數9

8-5 訓練雙手平衡控制App

【分析】

(1)輸入：傾斜手機的不同角度

(2)處理：❶偵測傾斜度的變化移動小狗位置

❷判斷小狗是否有碰到骨頭，如果是，則骨頭消失。

(3)輸出：小狗碰到骨頭

【流程圖】

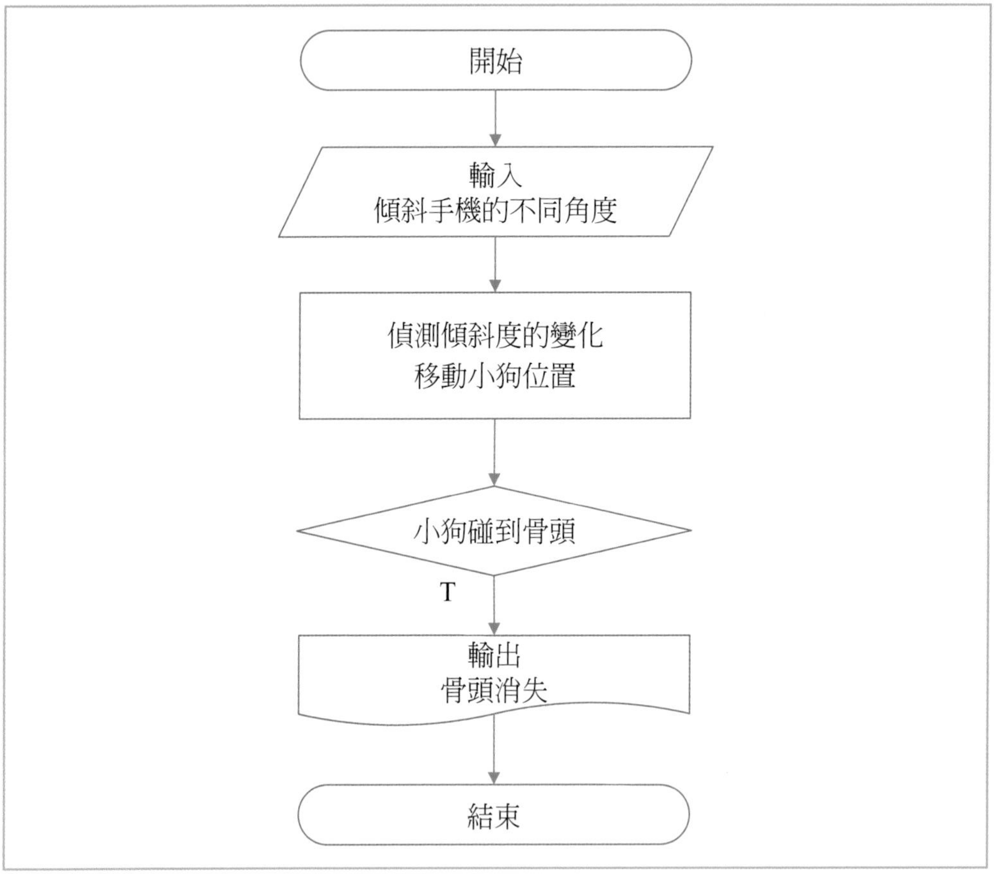

開始
↓
輸入
傾斜手機的不同角度
↓
偵測傾斜度的變化
移動小狗位置
↓
小狗碰到骨頭
↓ T
輸出
骨頭消失
↓
結束

【介面設計】

手機頁面設計	專案所需元件
9:48 加速感測器(狗狗吃骨頭) 傾斜手機讓狗狗吃骨頭 重新開始 非可視組件 加速度感測器1	組件列表 Screen1 水平配置1 標籤1 畫布1 圖像精靈_Bone3 圖像精靈_Bone4 圖像精靈_Bone5 圖像精靈_Bone1 圖像精靈_Bone2 圖像精靈_Dog 水平配置2 標籤-結果 水平配置3 按鈕_啟動 加速度感測器1 素材 Bone.gif DogTurnLeft.png DogTurnRight.png 上傳文件...

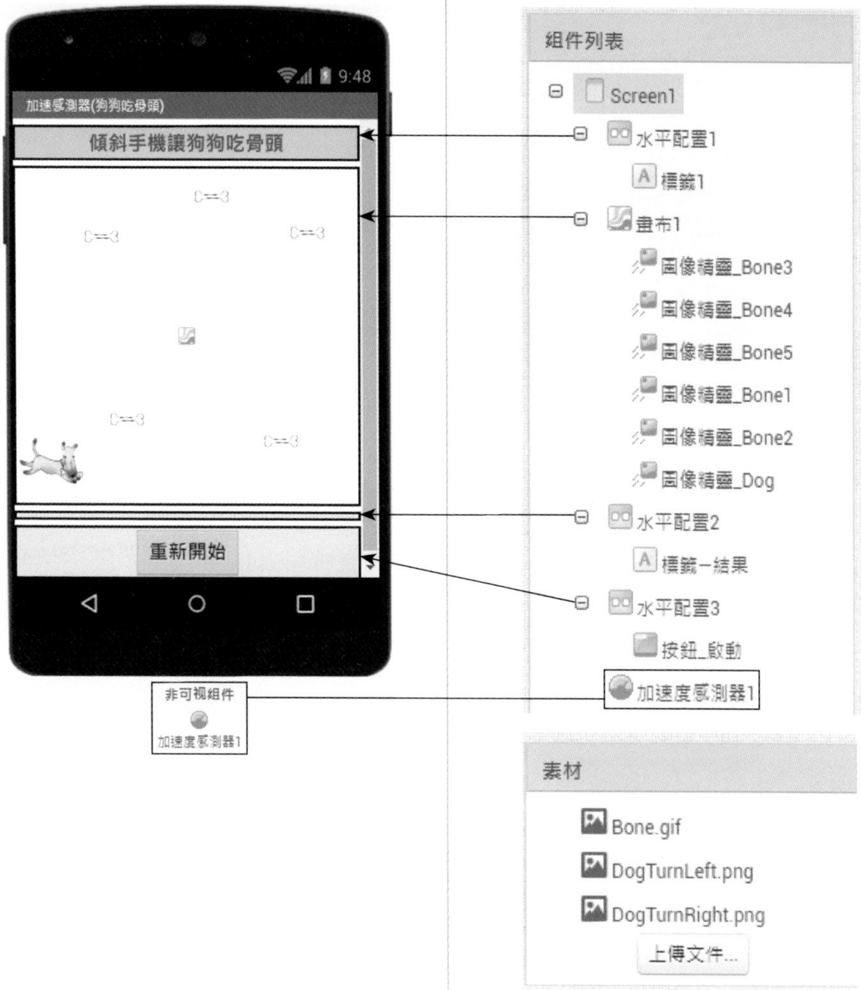

【程式設計】

1. 宣告及按「重新開始」鈕程式

拼圖程式	檔案名稱：ch8_Q5_Dog.aia

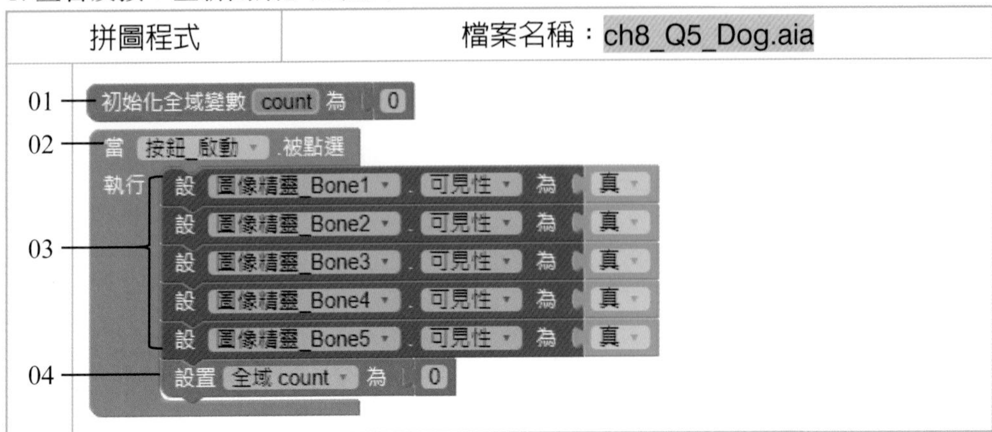
01 初始化全域變數 count 為 0
02 當 按鈕_啟動 .被點選
執行
03 設 圖像精靈_Bone1 . 可見性 為 真
設 圖像精靈_Bone2 . 可見性 為 真
設 圖像精靈_Bone3 . 可見性 為 真
設 圖像精靈_Bone4 . 可見性 為 真
設 圖像精靈_Bone5 . 可見性 為 真
04 設置 全域 count 為 0

說明

行號01：宣告count變數初始值爲0。

行號02～03：當使用者按下「重新開始」鈕時，就會將五個骨頭重新顯示出來。

行號04：設定count變數初始值爲0。

2. 利用加速感測器的傾斜來移動小狗

拼圖程式	檔案名稱：ch8_Q5_Dog.aia

01 當 加速度感測器1 .加速度變化
02 X分量 Y分量 Z分量
執行 呼叫 圖像精靈_Dog .移動到指定位置
x座標 圖像精靈_Dog . X座標 - 取得 X分量
03 y座標 圖像精靈_Dog . Y座標 + 取得 Y分量

說明

行號01～02：當「加速度感測器」的變化量改變時，就會觸發本事件，並且傳回X分量（X軸），Y分量（Y軸），Z分量（Z軸）的變化量。

行號03：它會將傳回的X分量（X軸），Y分量（Y軸）變化量來改變「小狗」的位置。

3. 定義「GetBone」副程式

拼圖程式	檔案名稱：ch8_Q5_Dog.aia
01 02 03 04	定義程序 GetBone 執行 設置 全域 count 為 取得 全域 count + 1 如果 取得 全域 count = 5 則 設 標籤_結果 . 文字 為 " 狗狗吃完所有骨頭，遊戲結束 " 否則 設 標籤_結果 . 文字 為 合併文字 " 狗狗已吃完了 " 取得 全域 count " 個骨頭 "

說明

行號01：定義「GetBone」副程式，其目的用來偵測小狗觸碰到骨頭時的情況。

行號02～03：小狗觸碰到骨頭時，加1分，當count=5時，代表小狗吃完所有骨頭，遊戲結束。

行號04：否則，如果尚未觸碰到5支骨頭時，小狗就可以繼續吃。

4. 撰寫「小狗觸碰到骨頭」的事件程序

拼圖程式	檔案名稱：ch8_Q5_Dog.aia

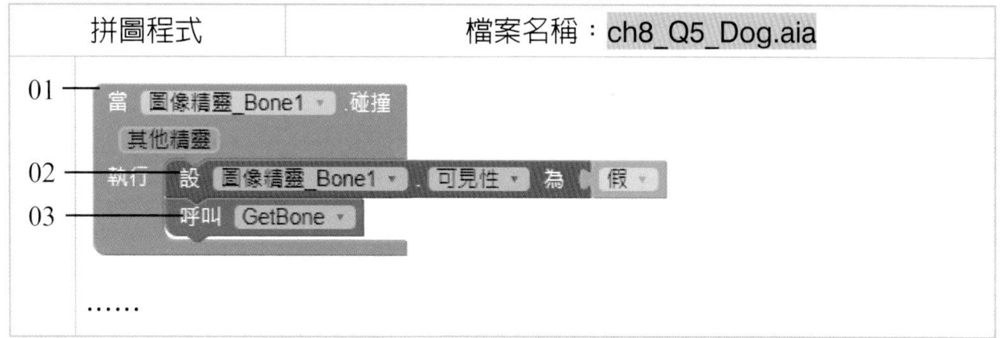

01
02
03
當 圖像精靈_Bone1 . 碰撞
其他精靈
執行 設 圖像精靈_Bone1 . 可見性 為 假
呼叫 GetBone
……

說明

行號01～02：當小狗觸碰到骨頭時，該骨頭會自動消失不見。

行號03：呼叫「GetBone」副程式，用來偵測小狗觸碰到骨頭時的情況。

註「小狗」最多可以觸碰到5支骨頭的事件，作法相同，其餘四種略過。

【執行結果】

8-6 熱門景點App

【分析】

(1)輸入：選擇預先設定完成的最愛熱門景點

(2)處理：❶透過位置感測器找出經度與緯度

❷透過Google地圖尋找目標地點

❸檢查是否有正確定位地點

(3)輸出：Google地圖

【流程圖】

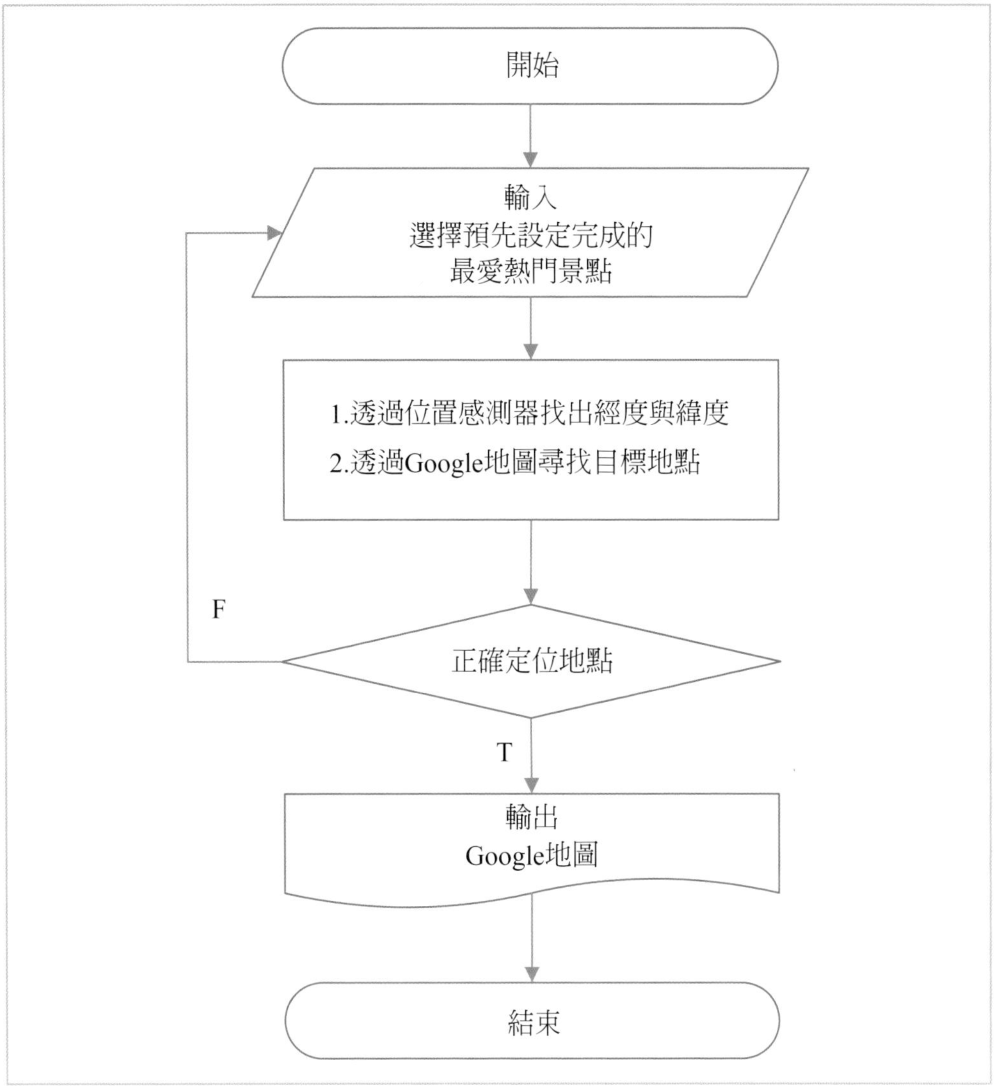

```mermaid
flowchart TD
    A([開始]) --> B[/輸入<br>選擇預先設定完成的<br>最愛熱門景點/]
    B --> C[1.透過位置感測器找出經度與緯度<br>2.透過Google地圖尋找目標地點]
    C --> D{正確定位地點}
    D -- F --> B
    D -- T --> E[輸出<br>Google地圖]
    E --> F([結束])
```

【介面設計】

介面配置	專案所需元件
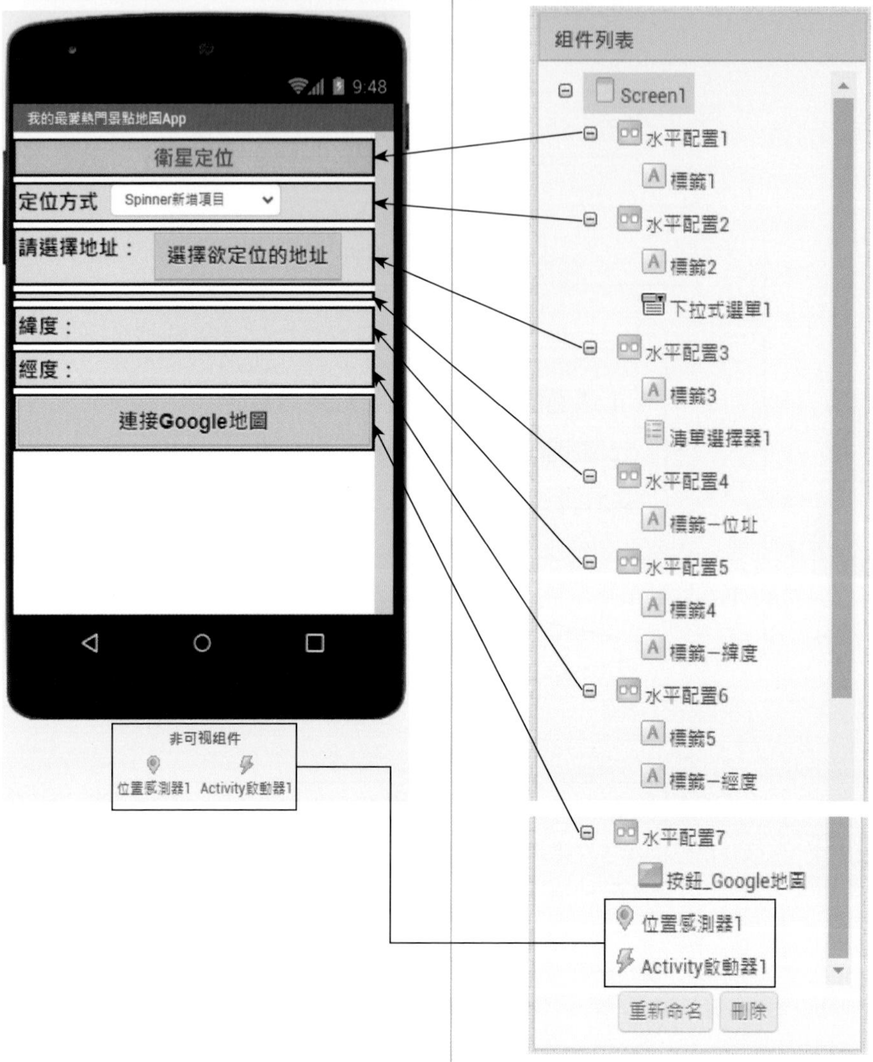 9:48 我的最愛熱門景點地圖App 衛星定位 定位方式 Spinner新增項目 請選擇地址： 選擇欲定位的地址 緯度： 經度： 連接Google地圖 非可視組件 位置感測器1 Activity啟動器1	組件列表 Screen1 水平配置1 標籤1 水平配置2 標籤2 下拉式選單1 水平配置3 標籤3 清單選擇器1 水平配置4 標籤一位址 水平配置5 標籤4 標籤一緯度 水平配置6 標籤5 標籤一經度 水平配置7 按鈕_Google地圖 位置感測器1 Activity啟動器1 重新命名 刪除

【程式設計】

1. 宣告及頁面初始化

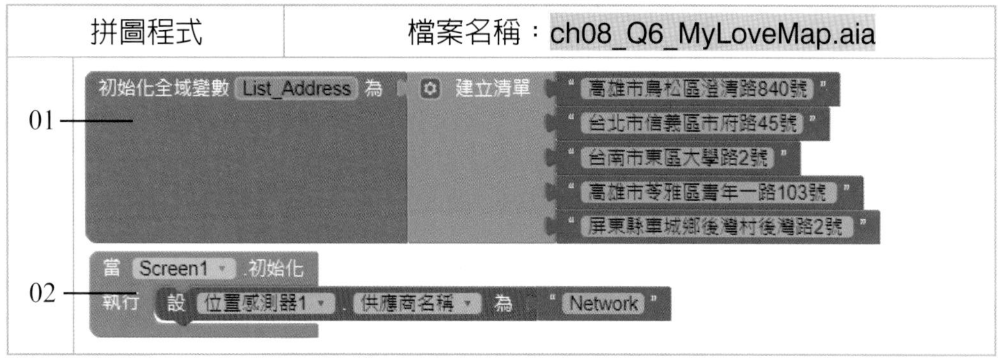

拼圖程式	檔案名稱：ch08_Q6_MyLoveMap.aia
01	初始化全域變數 List_Address 為 建立清單 "高雄市鳥松區澄清路840號" "台北市信義區市府路45號" "台南市東區大學路2號" "高雄市苓雅區青年一路103號" "屏東縣車城鄉後灣村後灣路2號"
02	當 Screen1 .初始化 執行 設 位置感測器1 . 供應商名稱 為 "Network"

說明

行號01：宣告List_Address清單變數，並且初值設定為五個地址。

行號02：是指用來指定「位置感測器」的「服務提供者」名稱，常見有：gps或network兩種。預設定位方式為Network。

2. 設定「位置服務」視窗

拼圖程式	檔案名稱：ch08_Q6_MyLoveMap.aia
01	當 下拉式選單1 .選擇完成 選擇項 執行 如果 位置感測器1 . 供應商名稱 ≠ 取得 選擇項 則 設 Activity啟動器1 . 動作 為 "android.settings.LOCATION_SOURCE_SETTINGS"
02	呼叫 Activity啟動器1 .啟動Activity

說明

行號01～02：如果您目前選擇的「位置感測器」之「服務提供者」名稱，不是剛才預設的定位方式，則會出現設定「位置服務」視窗。

3. 取得定位相關資訊，它包含緯度及經度

拼圖程式	檔案名稱：ch08_Q6_MyLoveMap.aia
01 02	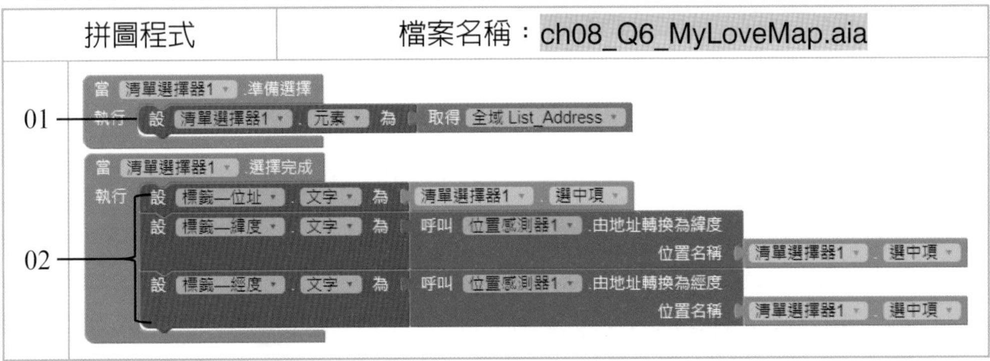

說明

行號01：將五個地址的清單指定給下拉式清單元件中。

行號02：當您在下拉式清單選項中，選取某一地址之後，馬上取得定位相關資訊，它包含緯度及經度。

4. 啓動Google地圖來查詢

拼圖程式	檔案名稱：ch08_Q6_MyLoveMap.aia

說明

行號01～02：啓動Google地圖來查詢剛才指定的地址。

【執行結果】

8-7 語音Google地圖App

【分析】

(1)輸入：❶定位方式

❷語音輸入目標地點

(2)處理：❶透過位置感測器找出經度與緯度

❷透過Google地圖尋找目標地點

❸檢查是否有正確定位地點

(3)輸出：Google地圖

【流程圖】

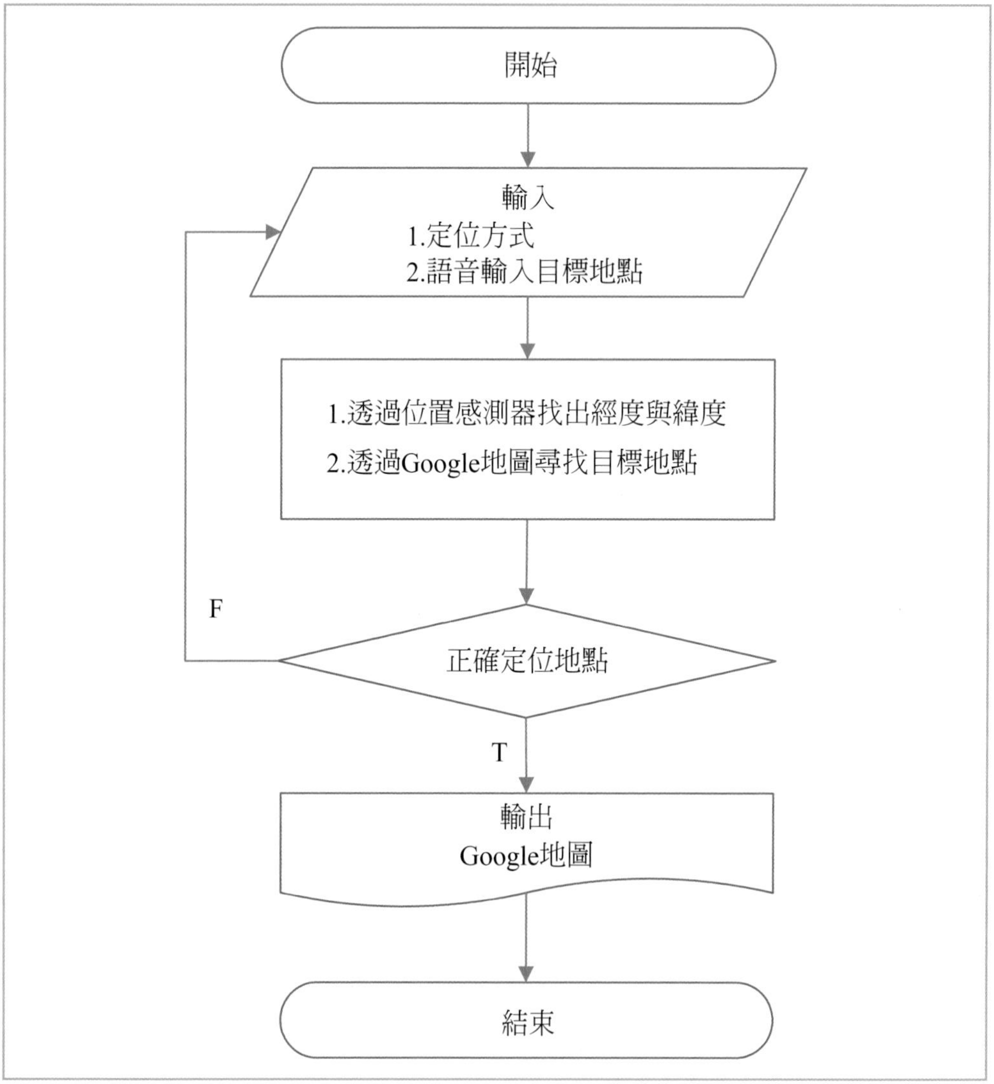

開始

↓

輸入
1.定位方式
2.語音輸入目標地點

↓

1.透過位置感測器找出經度與緯度
2.透過Google地圖尋找目標地點

↓

正確定位地點（F → 返回輸入；T → 輸出）

↓ T

輸出
Google地圖

↓

結束

【介面設計】

手機介面配置	專案所需元件
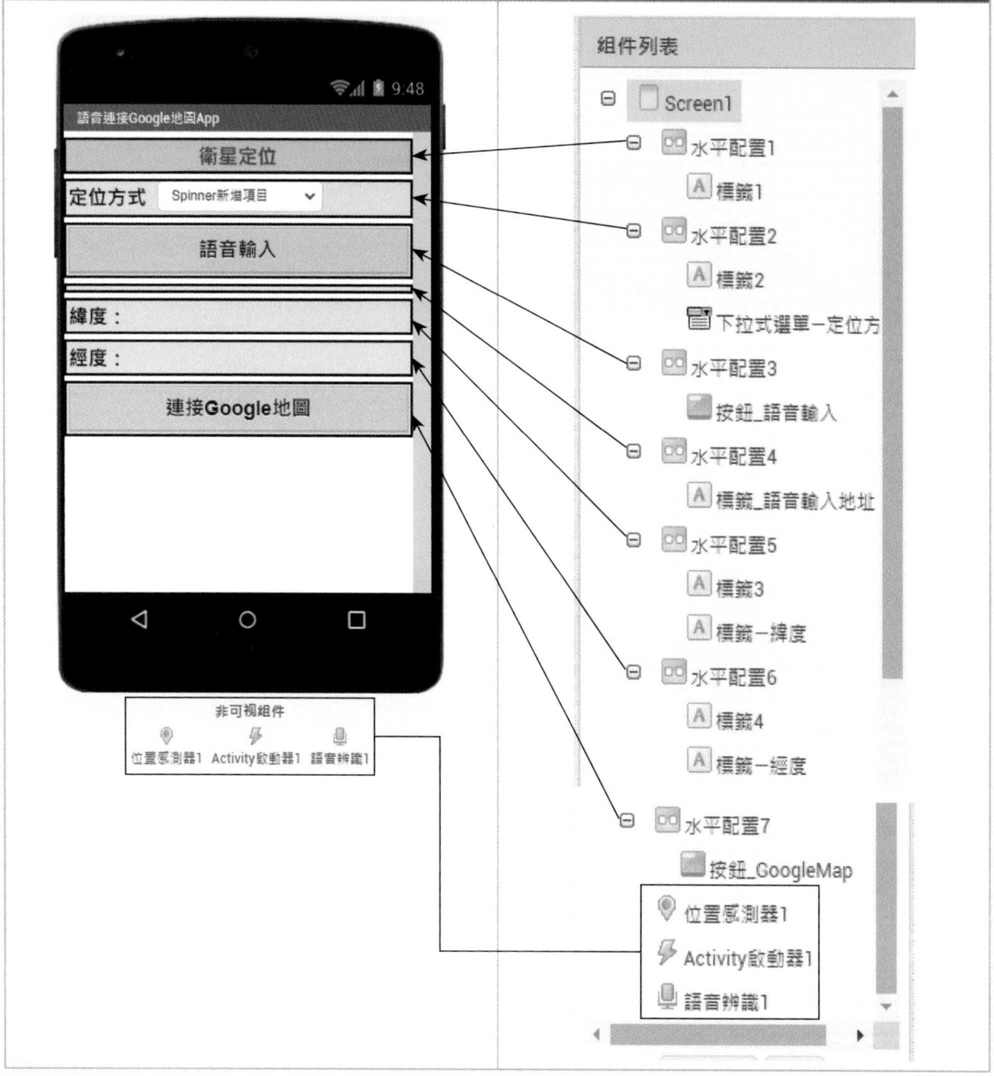 9:48 語音連接Google地圖App 衛星定位 定位方式 Spinner新增項目 語音輸入 緯度： 經度： 連接Google地圖 非可視組件 位置感測器1 Activity啟動器1 語音辨識1	組件列表 Screen1 水平配置1 標籤1 水平配置2 標籤2 下拉式選單一定位方 水平配置3 按鈕_語音輸入 水平配置4 標籤_語音輸入地址 水平配置5 標籤3 標籤一緯度 水平配置6 標籤4 標籤一經度 水平配置7 按鈕_GoogleMap 位置感測器1 Activity啟動器1 語音辨識1

【關鍵程式】

拼圖程式	檔案名稱：ch08_Q7_SpeechGoogleMap.aia

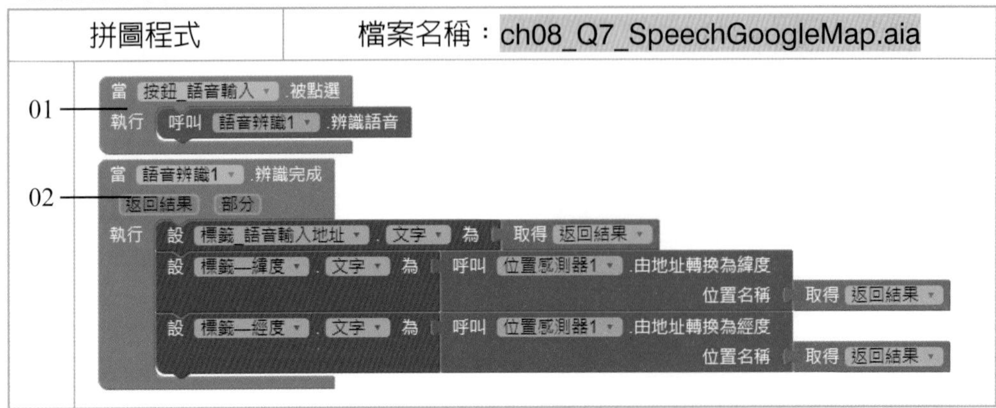

說明

行號01：開啓語音輸入的功能。

行號02：當您語音輸入的文字地址，來取得定位相關資訊，它包含緯度及經度。

【執行結果】

8-8 時間管理App

【分析】

(1)輸入：開始、停止、重新啓動及重設。

(2)處理：❶當按下「開始」時，「開始」鈕變成「停止」。

❷當按下「停止」時，「停止」鈕變成「重新啓動」，並且「重設」有作用。

❸當按下「重新啓動」時，「重新啓動」鈕變成「停止」。

❹當按下「重設」時，「分：秒：10倍毫秒」歸零。

(3)輸出：碼表

【流程圖】

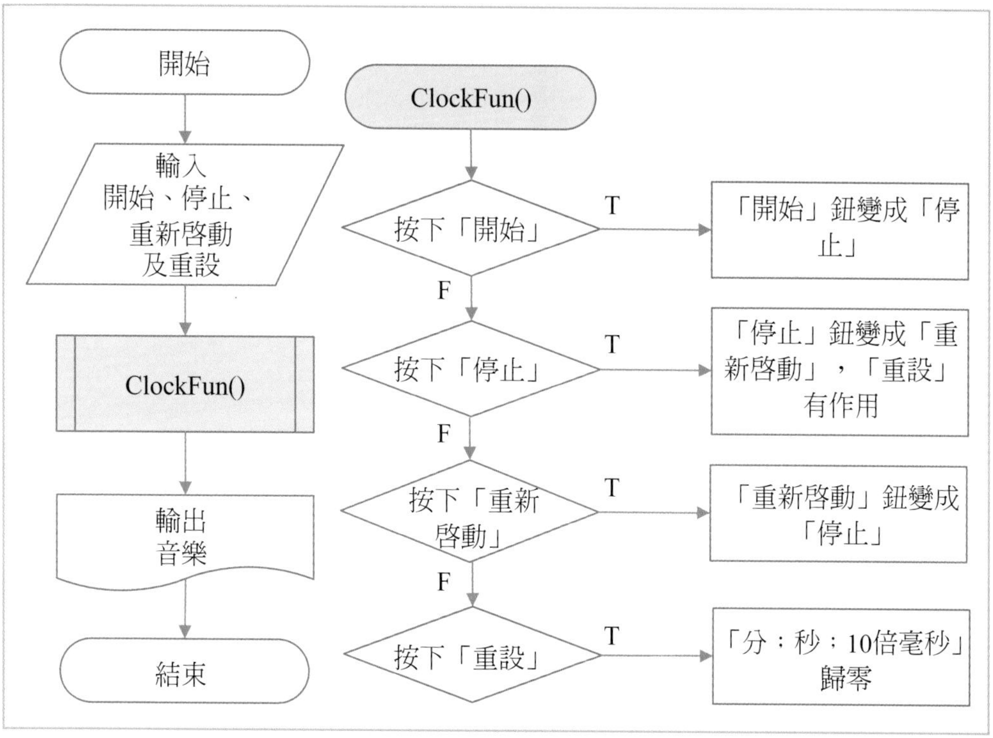

【介面設計】

手機介面配置	專案所需元件
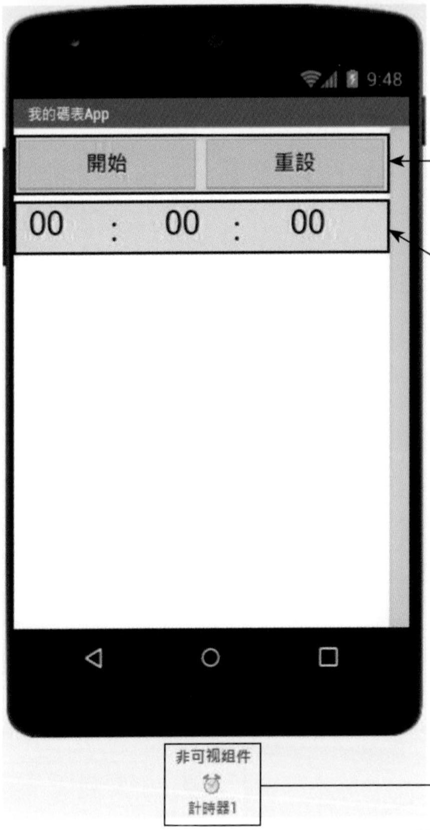 9:48 我的碼表App 開始 重設 00 : 00 : 00 非可視組件 計時器1	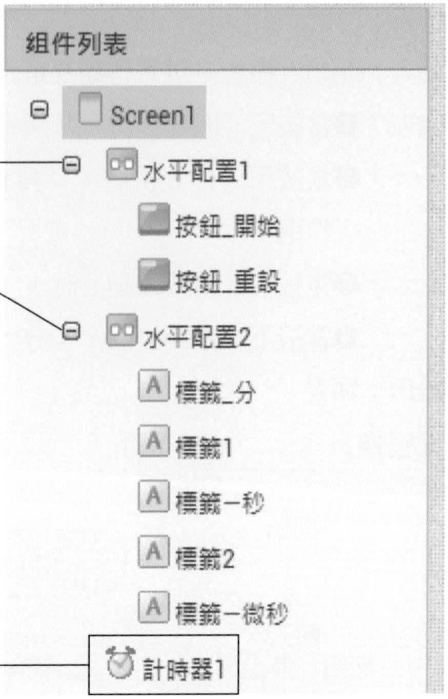 組件列表 Screen1 水平配置1 按鈕_開始 按鈕_重設 水平配置2 標籤_分 標籤1 標籤-秒 標籤2 標籤-微秒 計時器1

【程式設計】

1. 宣告及按「開始」鈕之程式

拼圖程式	檔案名稱：ch08_Q8_Stopwatch.aia

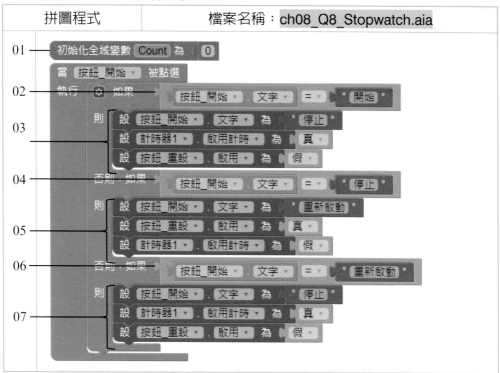

```
01  初始化全域變數 Count 為 0
    當 按鈕_開始 .被點選
    執行
02    如果 按鈕_開始 . 文字 = "開始"
03    則 設 按鈕_開始 . 文字 為 "停止"
         設 計時器1 . 啟用計時 為 真
         設 按鈕_重設 . 啟用 為 假
04    否則，如果 按鈕_開始 . 文字 = "停止"
05    則 設 按鈕_開始 . 文字 為 "重新啟動"
         設 按鈕_重設 . 啟用 為 真
         設 計時器1 . 啟用計時 為 假
06    否則，如果 按鈕_開始 . 文字 = "重新啟動"
07    則 設 按鈕_開始 . 文字 為 "停止"
         設 計時器1 . 啟用計時 為 真
         設 按鈕_重設 . 啟用 為 假
```

說明

行號01：宣告Count變數為計數器，其目的用來記錄秒數。

行號02～03：當按下「開始」鈕時，「開始」鈕變成「停止」，並啓動時鐘，設定「重設」鈕沒有作用。

行號04～05：當按下「停止」時，「停止」鈕變成「重新啓動」，並且「重設」有作用，並關閉時鐘。

行號06～07：當按下「重新啓動」時，「重新啓動」鈕變成「停止」，並啓動時鐘，設定「重設」鈕沒有作用。

2. 按「重設」鈕之程式

拼圖程式	檔案名稱：ch08_Q8_Stopwatch.aia

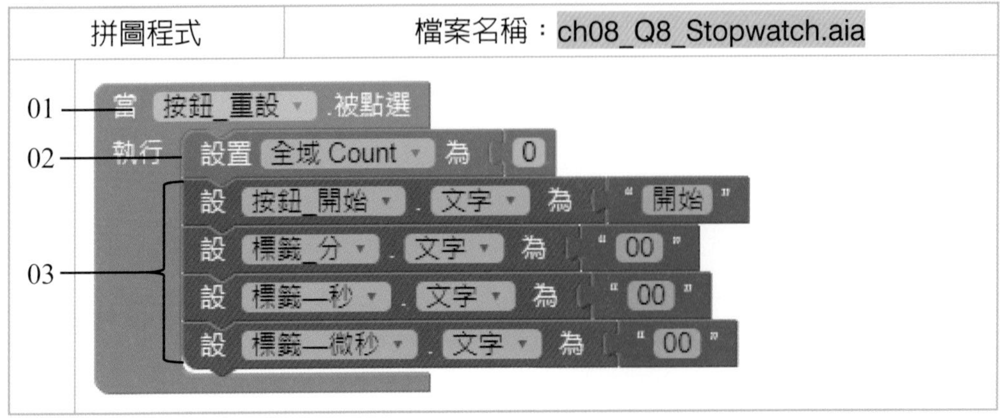

說明

行號01～03：當按「重設」鈕時，Count計數器設爲0，「停止」鈕改爲「開始」鈕，並且「分：秒：10倍毫秒」歸零。

3. 碼表開始執行

拼圖程式	檔案名稱：ch08_Q8_Stopwatch.aia

01 當 計時器1 .計時
02 執行 設置 全域 Count 為 取得 全域 Count + 1
設 標籤—微秒 . 文字 為 取得 全域 Count
03 如果 餘數 取得 全域 Count 除以 60 = 0
04 則 設置 全域 Count 為 0
設 標籤—微秒 . 文字 為 " 00 "
設 標籤—秒 . 文字 為 標籤—秒 . 文字 + 1
05 如果 標籤—秒 . 文字 = 60
06 則 設 標籤—秒 . 文字 為 " 00 "
設 標籤_分 . 文字 為 標籤_分 . 文字 + 1

說明

行號01～02：Count計數器每一秒更新一次，並顯示在螢幕上。

行號03～04：如果每60秒進位一次，亦即60秒轉成1分鐘。

行號05～06：如果每60分進位一次，亦即60分轉成1小時。

【執行結果】

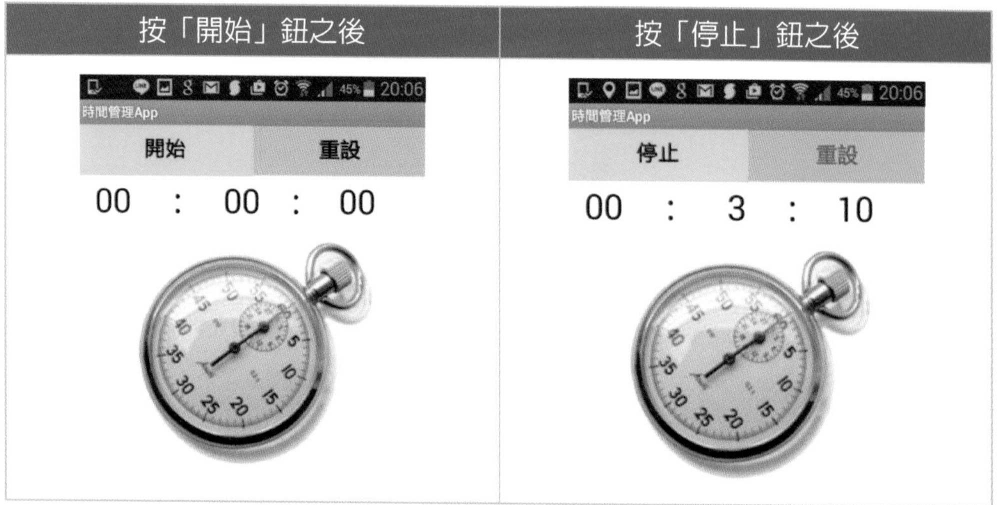

8-9 動態製作個人化名片App

【分析】

(1)輸入：欲產生QRCode的文字

(2)處理：透過「產生QRCode」的網址來轉換

(3)輸出：QRCode二維條碼

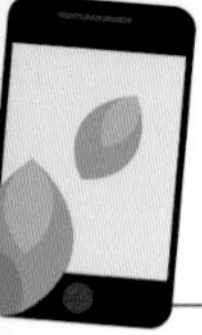

【流程圖】

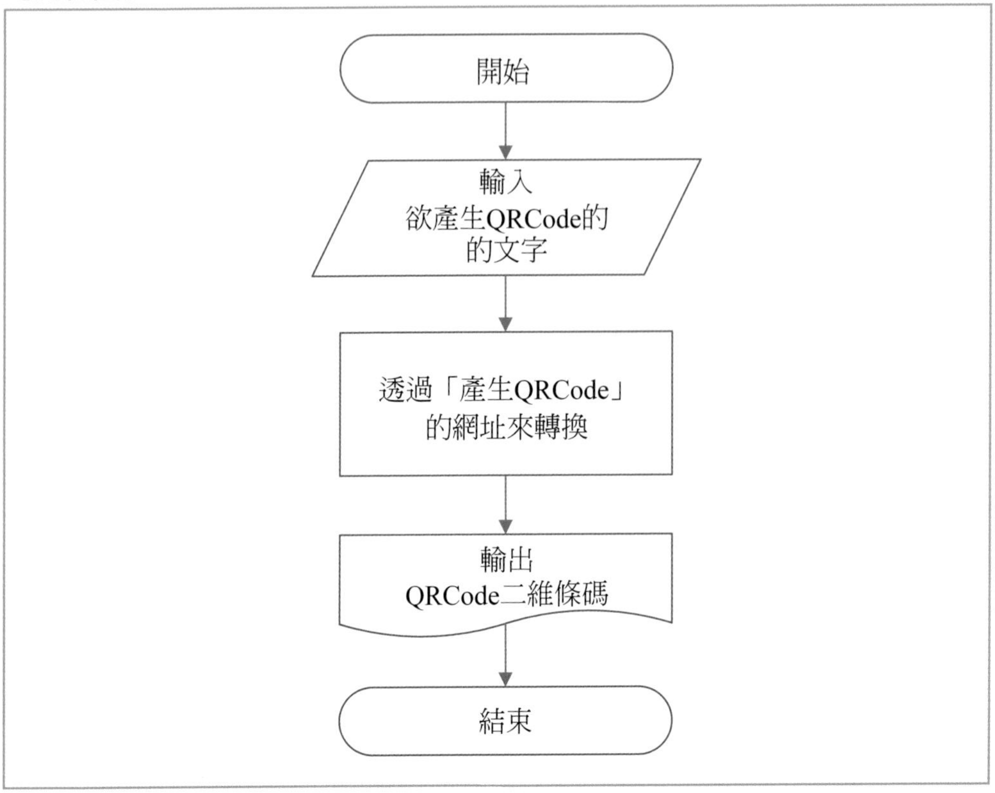

開始

輸入
欲產生QRCode的
的文字

透過「產生QRCode」
的網址來轉換

輸出
QRCode二維條碼

結束

【介面設計】

手機介面配置	專案所需元件
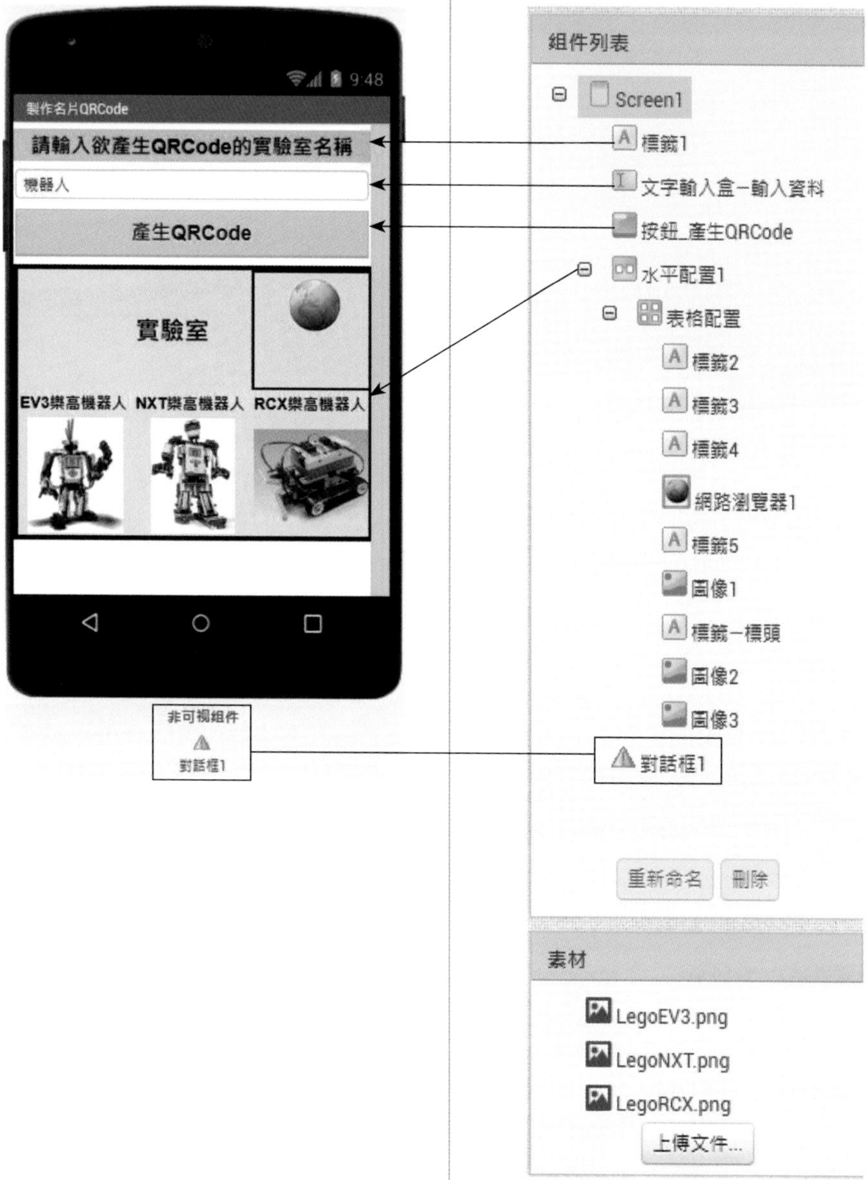 9:48 製作名片QRCode 請輸入欲產生QRCode的實驗室名稱 機器人 產生QRCode 實驗室 EV3樂高機器人 NXT樂高機器人 RCX樂高機器人 非可視組件 對話框1	組件列表 Screen1 標籤1 文字輸入盒_輸入資料 按鈕_產生QRCode 水平配置1 表格配置 標籤2 標籤3 標籤4 網路瀏覽器1 標籤5 圖像1 標籤_標頭 圖像2 圖像3 對話框1 重新命名 刪除 素材 LegoEV3.png LegoNXT.png LegoRCX.png 上傳文件...

【程式設計】

拼圖程式	檔案名稱：ch08_Q9_QRCodeMaker.aia

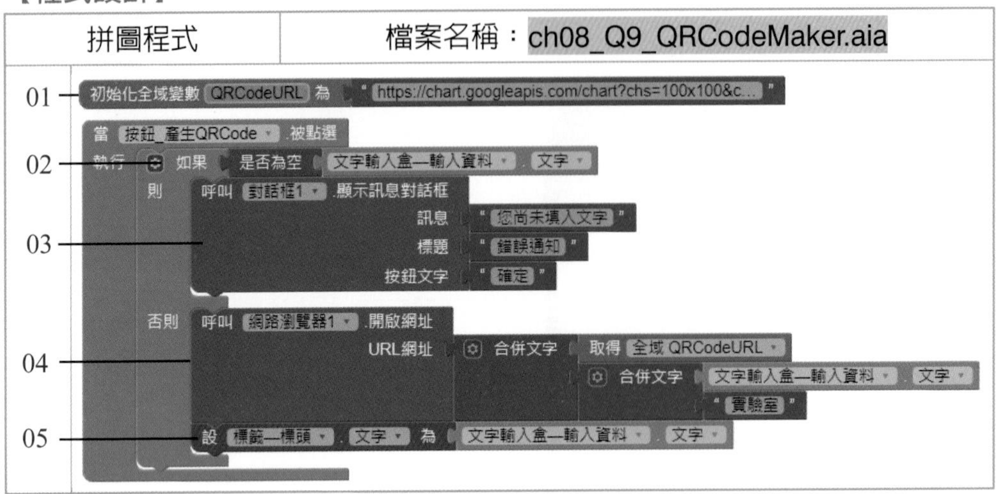

說明

行號01：宣告QRCodeURL變數的初值爲「產生QRCode」的網址。

行號02～03：如果使用者尚填入文字，就會通知使用者。

行號04～05：產生QRCode二維條碼，並顯示在螢幕上。

【執行結果】

8-10 個人化的QRCode之App

【分析】

(1)輸入：啓動QRCode

(2)處理：掃瞄二維條碼

(3)輸出：條碼的內含資料

【流程圖】

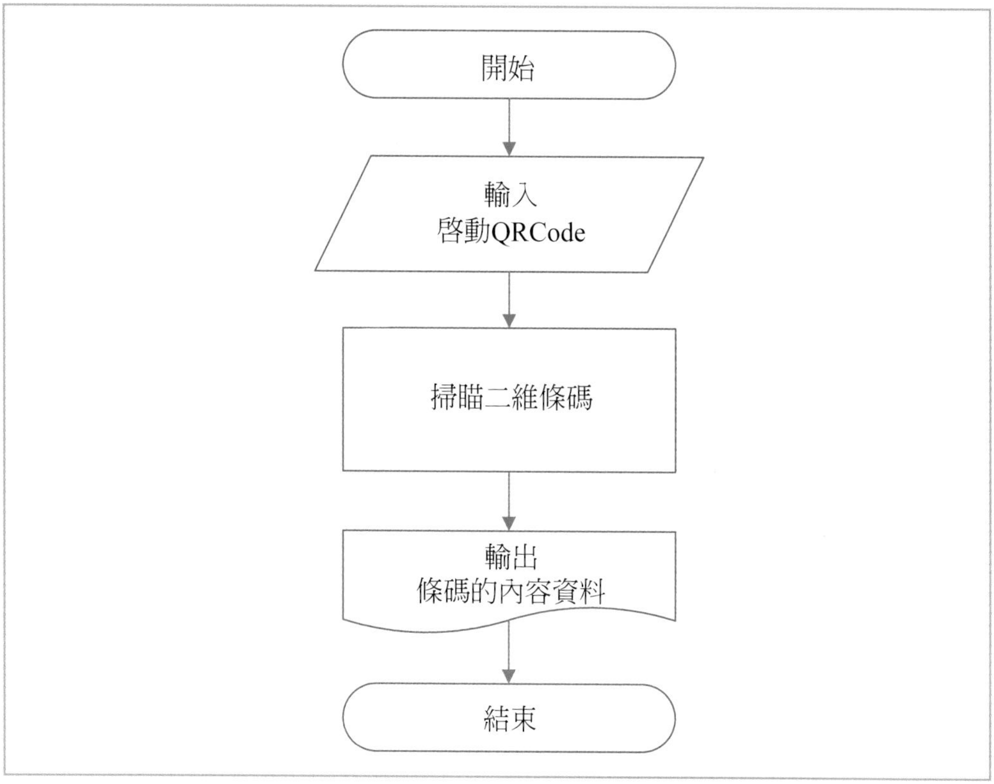

【介面設計】

手機介面配置	專案所需元件
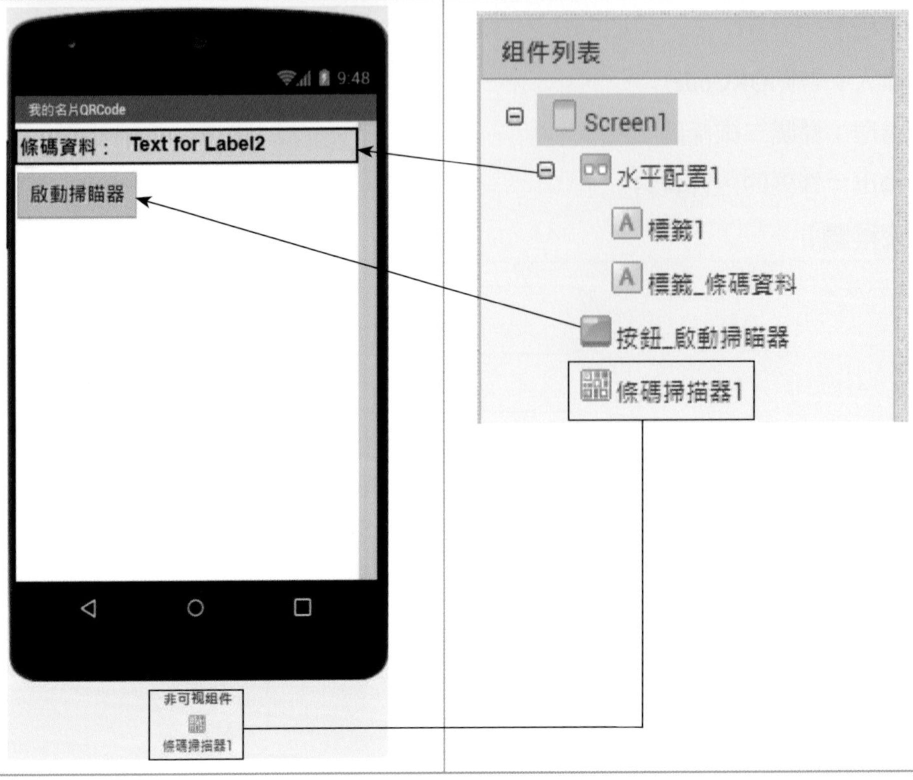 我的名片QRCode 條碼資料： Text for Label2 啟動掃瞄器 非可視組件 條碼掃描器1	組件列表 Screen1 水平配置1 標籤1 標籤_條碼資料 按鈕_啟動掃瞄器 條碼掃描器1

【程式設計】

拼圖程式	檔案名稱：ch08_Q10_MyNameQRCode.aia

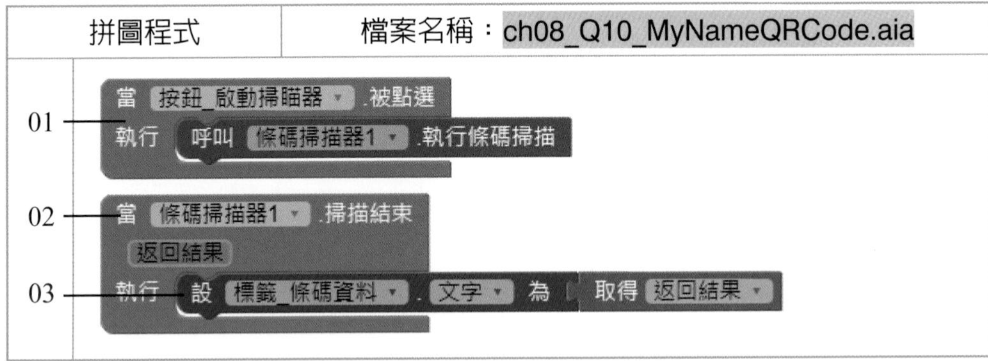

說明

行號01：啓動掃描功能。

行號02：當條碼掃瞄器在掃瞄之後，就會觸發本事件。

行號03：將「回傳結果」顯示在螢幕上。

【執行結果】

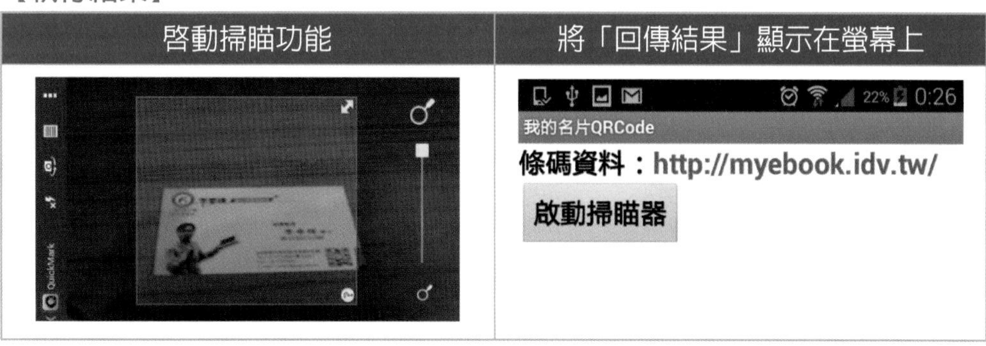

Chapter 9

社交的應用

本章學習目標

1. 讓讀者瞭解「聯絡人選擇器」及「電話號碼選擇器」元件的使用方法及應用時機。
2. 讓讀者瞭解「撥打電話」及「傳送簡訊」元件的使用方法及應用時機。

本章學習內容

9-1 我的手機通訊錄App

9-2 我的手機撥號器App

9-3 非同步傳送簡訊App

9-4 個人化貼圖編輯工具App

9-5 整合Google Mail的App

9-1 我的手機通訊錄App

【分析】

(1)輸入：啓動「瀏覽通訊錄」

(2)處理：透過ContactPicker元件讀取通訊錄

(3)輸出：通訊錄

【流程圖】

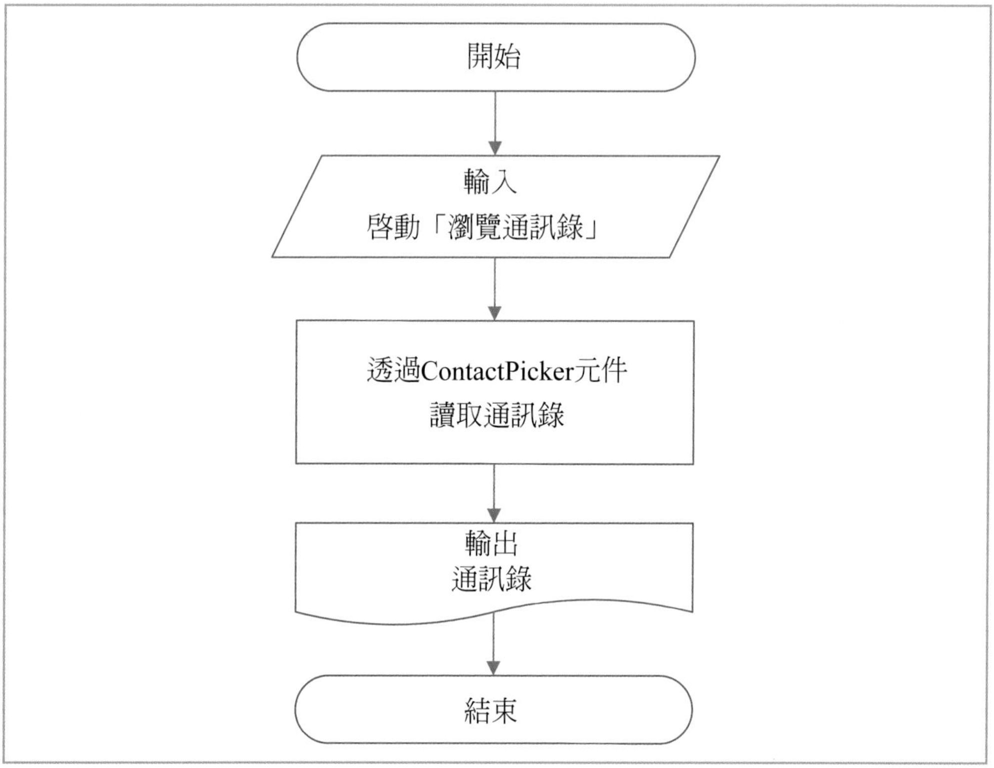

開始

↓

輸入
啓動「瀏覽通訊錄」

↓

透過ContactPicker元件
讀取通訊錄

↓

輸出
通訊錄

↓

結束

【介面設計】

手機頁面設計	專案所需元件
9:48 我的手機通訊錄App 功能按鈕 瀏覽通訊錄 好友通訊資料 大頭照 姓名 Label_Name 電話 Label_Tel	組件列表 Screen1 水平配置1 標籤1 水平配置2 聯絡人選擇器1 水平配置3 標籤2 表格配置 標籤3 圖像－大頭照 標籤4 標籤5 標籤－電話 標籤－姓名

【程式設計】

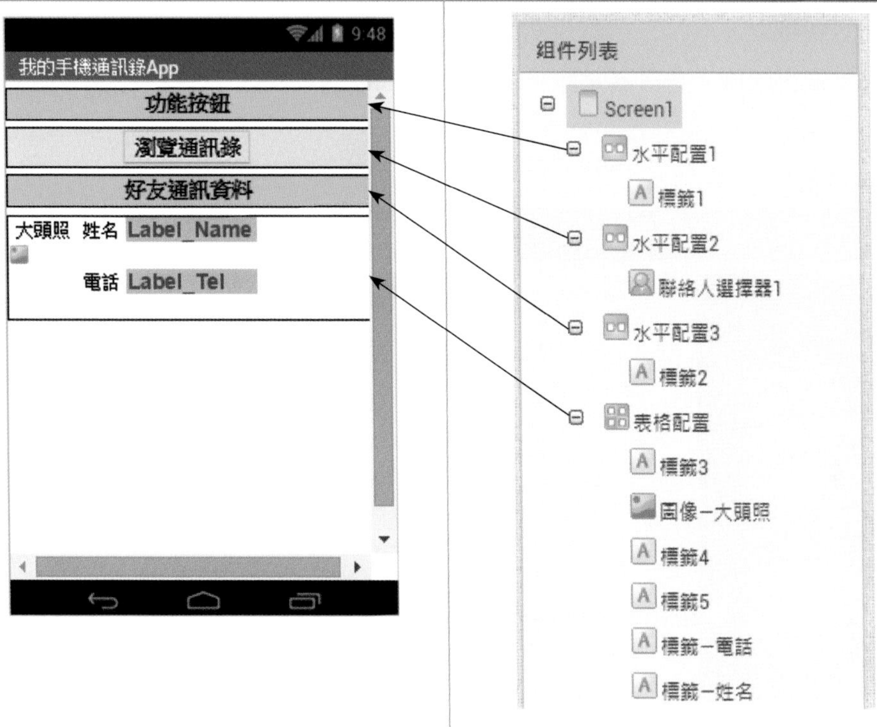

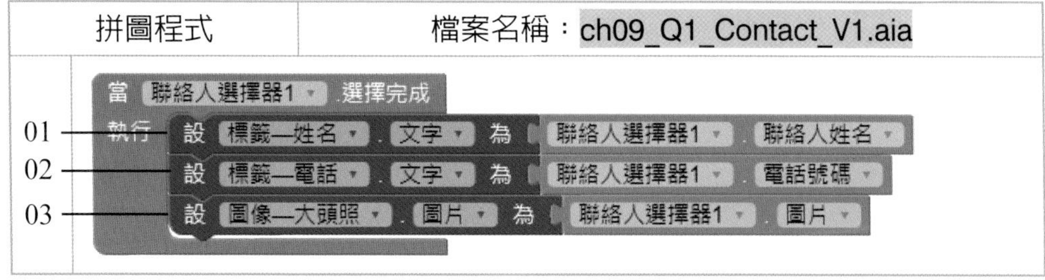
拼圖程式
檔案名稱：ch09_Q1_Contact_V1.aia
當 聯絡人選擇器1 .選擇完成
執行
01 設 標籤—姓名 . 文字 為 聯絡人選擇器1 . 聯絡人姓名
02 設 標籤—電話 . 文字 為 聯絡人選擇器1 . 電話號碼
03 設 圖像—大頭照 . 圖片 為 聯絡人選擇器1 . 圖片

說明

行號01：取得聯絡人選擇器元件（ContactPicker）中的連絡人「姓名」，並顯示到

螢幕上。

行號02：取得聯絡人選擇器元件（ContactPicker）中的連絡人「電話」，並顯示到螢幕上。

行號03：取得聯絡人選擇器元件（ContactPicker）中的連絡人「照片」，並顯示到螢幕上。

【執行畫面】

註 每一款手機中的聯絡人介面可能不盡相同。

9-2 我的手機撥號器App

【分析】

(1)輸入：啟動「瀏覽通訊錄」

(2)處理：透過ContactPicker元件讀取通訊錄

(3)輸出：通訊錄

【流程圖】

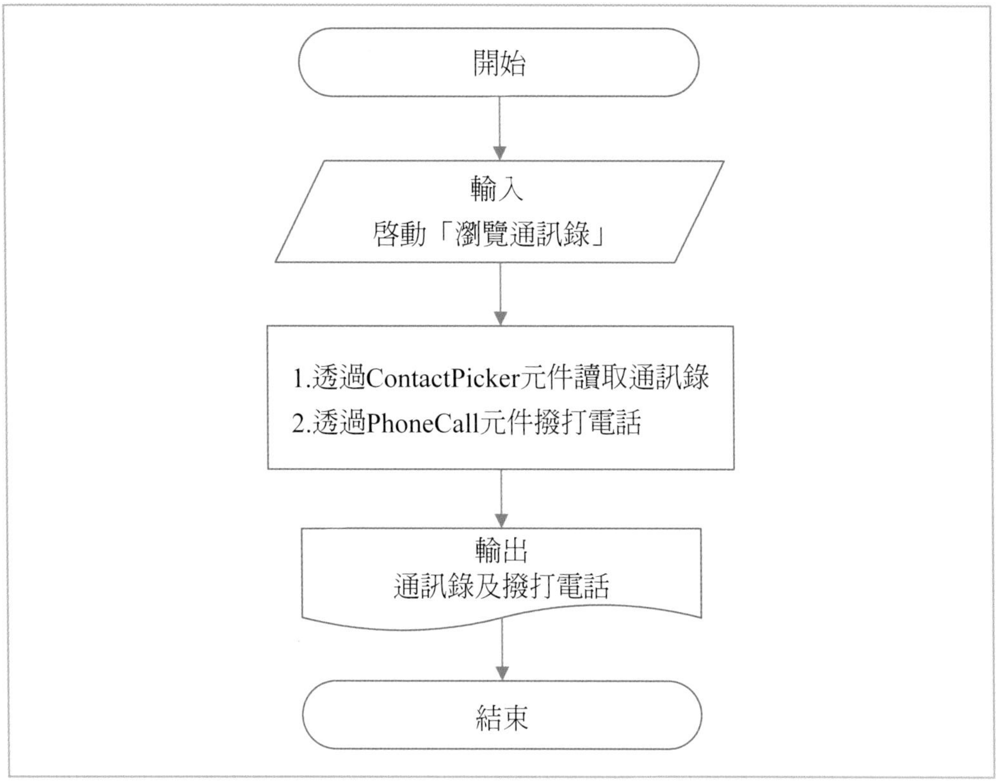

開始

↓

輸入
啟動「瀏覽通訊錄」

↓

1.透過ContactPicker元件讀取通訊錄
2.透過PhoneCall元件撥打電話

↓

輸出
通訊錄及撥打電話

↓

結束

【介面設計】

手機頁面設計	專案所需元件
我的聯絡人(進階篇)App 功能按鈕 1.瀏覽通訊錄 2.撥打電話 好友通訊資料 大頭照 姓名 Label_Name 電話 Label_Tel 非可視組件 電話撥號器1	組件列表 Screen1 水平配置1 標籤1 水平配置2 撥號清單選擇器1 按鈕—撥打電話 水平配置3 標籤2 表格配置 標籤3 標籤4 標籤5 標籤—電話 標籤—姓名 圖像—照片 電話撥號器1

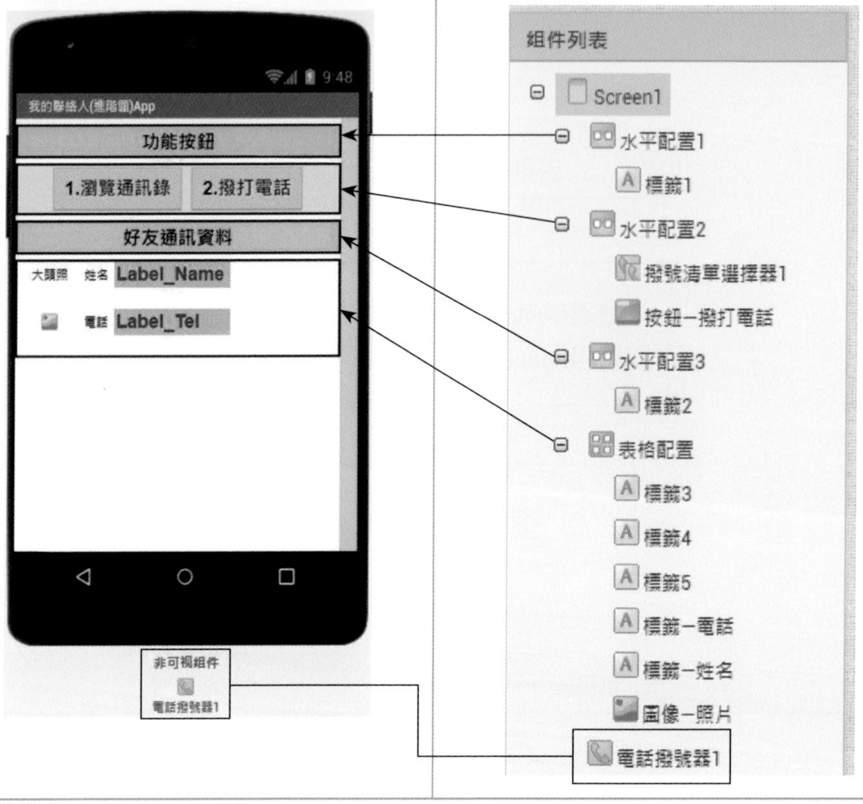

【程式設計】

拼圖程式	檔案名稱：ch09_Q2_Contact_V2. aia
01	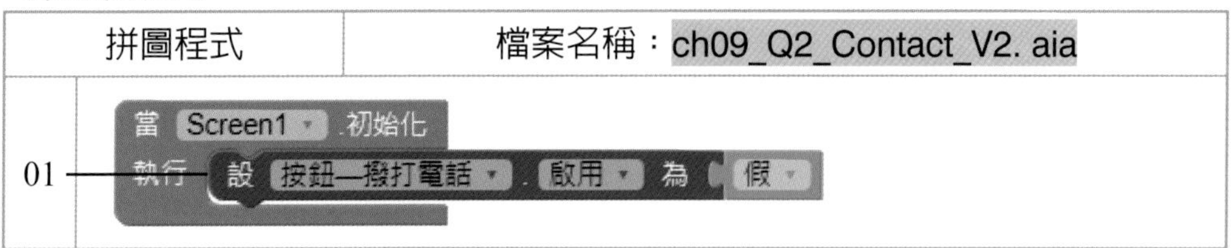

拼圖程式	檔案名稱：ch09_Q2_Contact_V2. aia

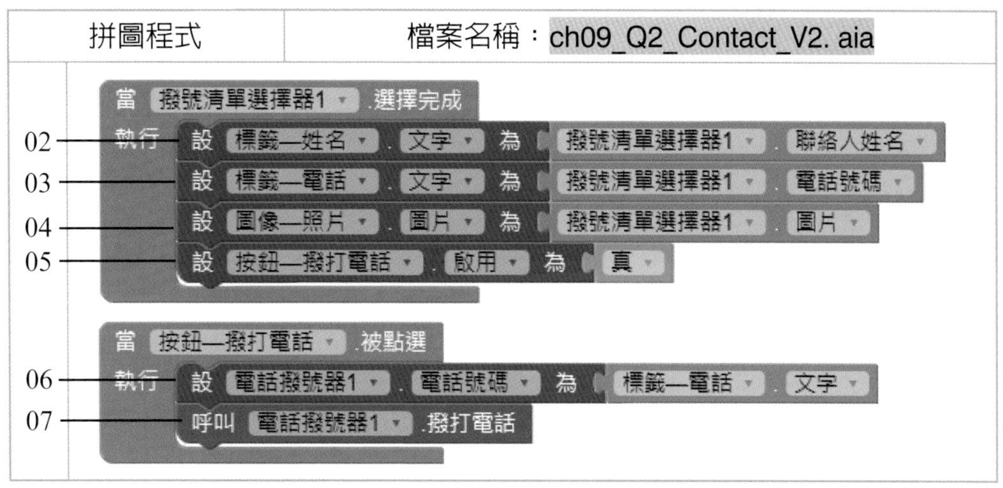

說明

行號01：當Screen元件初始化時，設定「撥打電話」鈕沒有作用。

行號02：取得電話號碼選擇器元件中的連絡人「姓名」，並顯示到螢幕上。

行號03：取得電話號碼選擇器元件中的連絡人「電話」，並顯示到螢幕上。

行號04：取得電話號碼選擇器元件中的連絡人「照片」，並顯示到螢幕上。

行號05：當電話號碼選擇器元件被選擇之後，設定「撥打電話」鈕有作用。

行號06：當打電話元件被按時，就會將連絡人「電話」指定給打電話元件中的電話號碼屬性。

行號07：針對電話號碼屬性中指定的電話號碼撥打電話。

【執行畫面】

顯示您手機中的聯絡人	取得您手機中的聯絡人資料
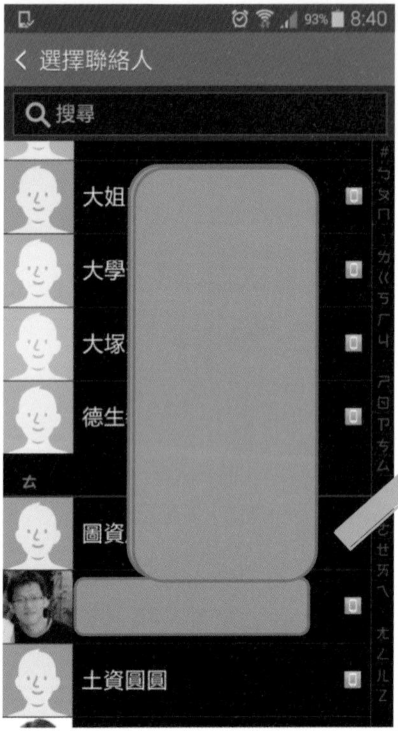	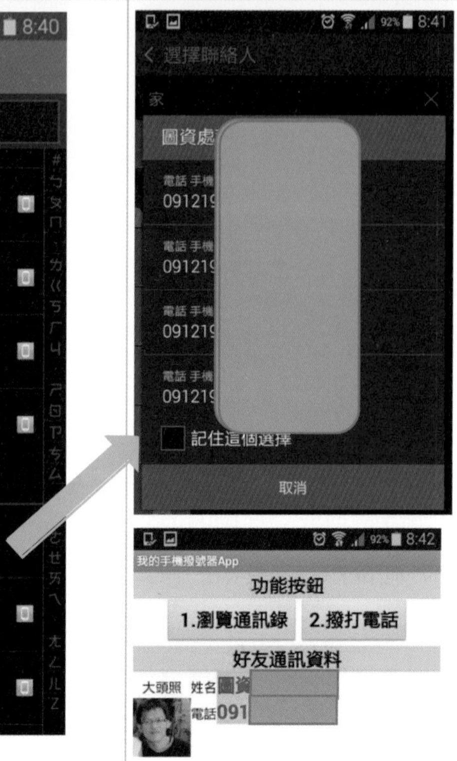

註 每一款手機中的聯絡人介面可能不盡相同。

9-3 非同步傳送簡訊App

【分析】

(1)輸入：❶啓動「瀏覽通訊錄」

❷勾選各種情況簡訊

(2)處理：❶透過ContactPicker元件讀取通訊錄

❷透過Texting元件傳送簡訊

❸載入各種情況簡訊內容

(3)輸出：通訊錄及簡訊內容

【流程圖】

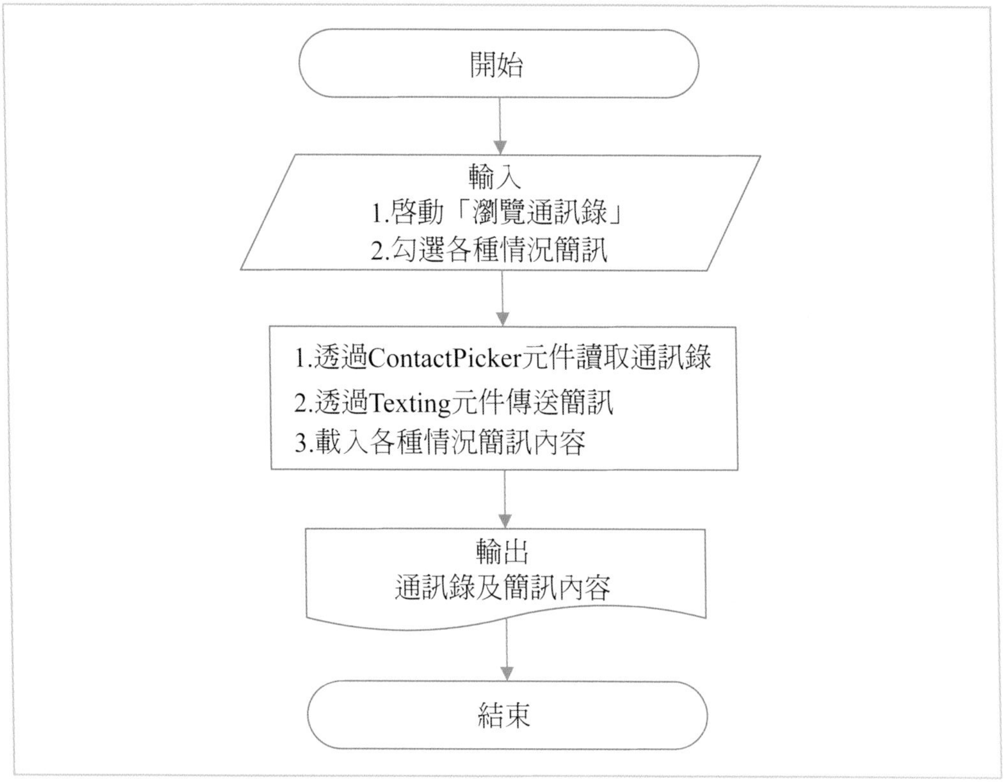

開始

↓

輸入
1.啓動「瀏覽通訊錄」
2.勾選各種情況簡訊

↓

1.透過ContactPicker元件讀取通訊錄
2.透過Texting元件傳送簡訊
3.載入各種情況簡訊內容

↓

輸出
通訊錄及簡訊內容

↓

結束

【介面設計】

手機頁面設計	專案所需元件
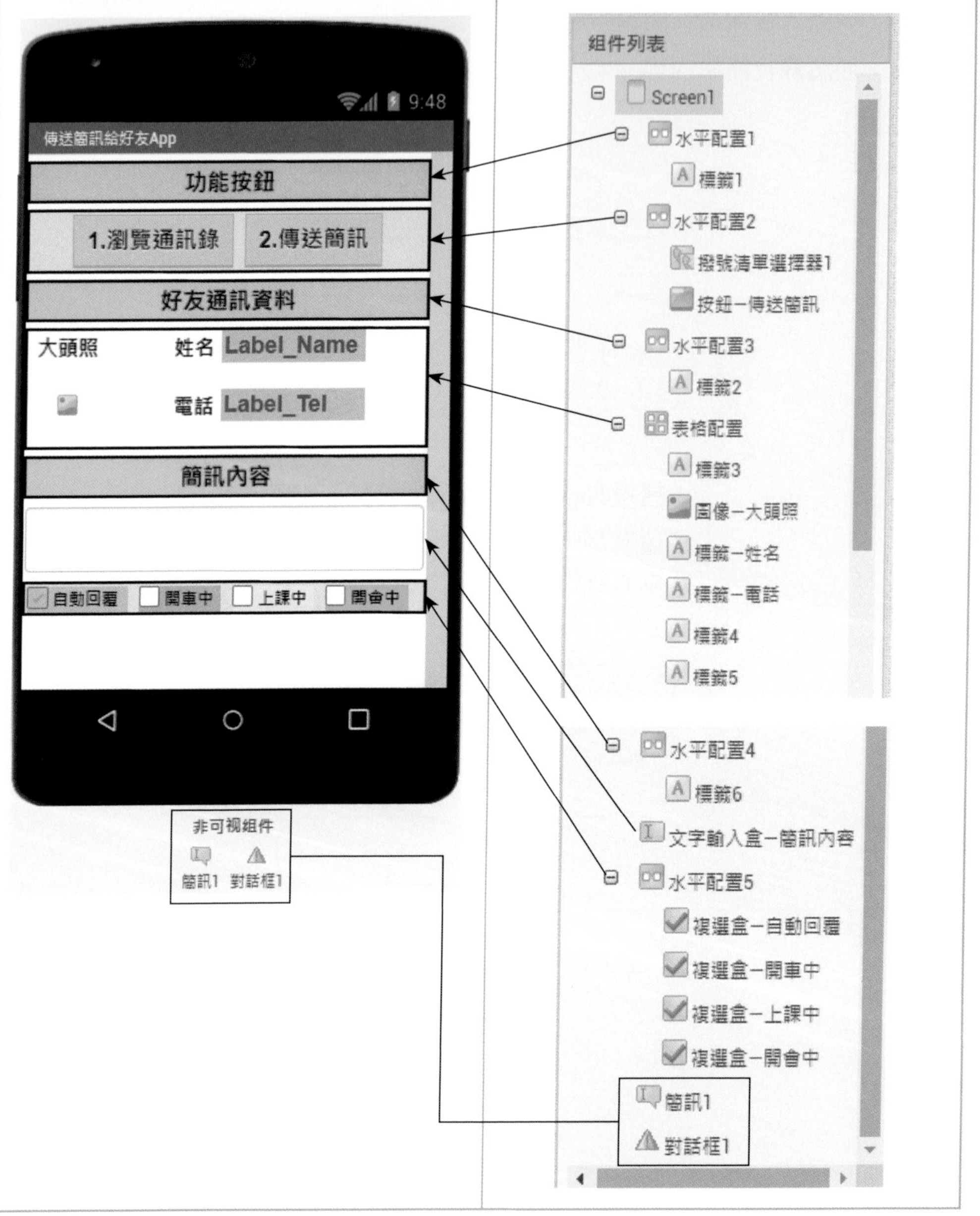 9:48 傳送簡訊給好友App 功能按鈕 1.瀏覽通訊錄 2.傳送簡訊 好友通訊資料 大頭照 姓名 Label_Name 電話 Label_Tel 簡訊內容 自動回覆 開車中 上課中 開會中 非可視組件 簡訊1 對話框1	組件列表 Screen1 水平配置1 標籤1 水平配置2 撥號清單選擇器1 按鈕－傳送簡訊 水平配置3 標籤2 表格配置 標籤3 圖像－大頭照 標籤－姓名 標籤－電話 標籤4 標籤5 水平配置4 標籤6 文字輸入盒－簡訊內容 水平配置5 複選盒－自動回覆 複選盒－開車中 複選盒－上課中 複選盒－開會中 簡訊1 對話框1

【程式設計】

1. 頁面初始化

拼圖程式	檔案名稱：ch09_Q3_SendMessage.aia
	當 Screen1 .初始化
01	執行 設 按鈕—傳送簡訊 . 啟用 為 假
02	如果 複選盒—自動回覆 . 選中 = 真 則 設 文字輸入盒—簡訊內容 . 文字 為 複選盒—自動回覆 . 文字

說明

行號01：當Screen元件初始化時，設定「傳送簡訊」鈕沒有作用。

行號02：如果「自動回覆」被勾選時，則在簡訊內容區中寫入「自動回覆」

2. 取得連絡人

拼圖程式	檔案名稱：ch09_Q3_SendMessage.aia
01 02 03 04	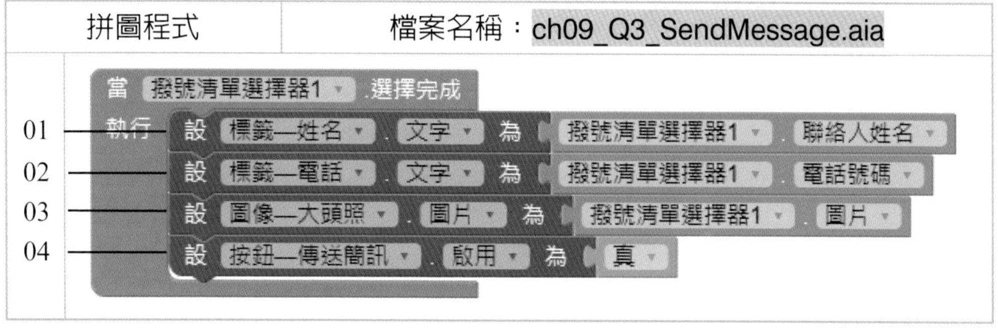

說明

行號01～03：取得電話號碼選擇器元件中的連絡人「姓名、電話及照片」，並顯示到螢幕上。

行號04：當電話號碼選擇器元件被選擇之後，設定「傳送簡訊」鈕有作用。

3. 傳送簡訊

拼圖程式	檔案名稱：ch09_Q3_SendMessage.aia

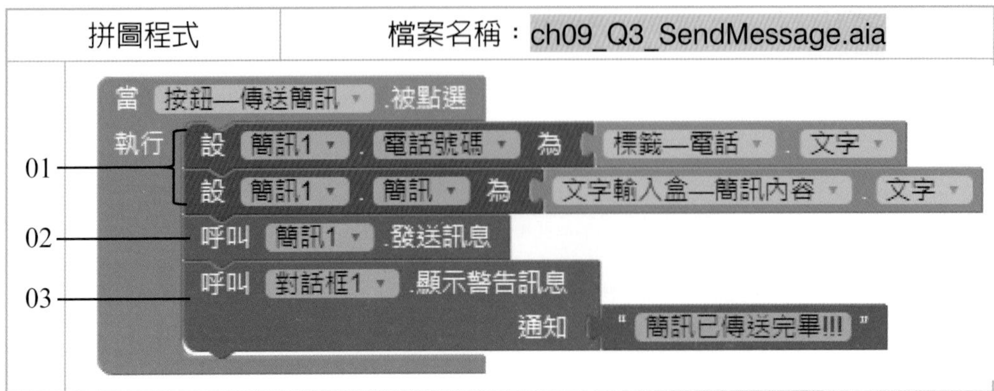

說明

行號01：當「傳送簡訊」鈕被按時，就會將連絡人「電話」及「簡訊」指定給傳送簡訊元件中的電話號碼屬性及簡訊屬性。

行號02～03：針對電話號碼屬性中指定的電話號碼「傳送簡訊」並顯示「簡訊已傳送完畢!!!」。

4. 勾選簡訊回覆內容

拼圖程式	檔案名稱：ch09_Q3_SendMessage.aia
01	當 複選盒—自動回覆 .狀態被改變 執行 如果 複選盒—自動回覆 . 選中 = 真 則 設 文字輸入盒—簡訊內容 . 文字 為 複選盒—自動回覆 . 文字
02	當 複選盒—開車中 .狀態被改變 執行 如果 複選盒—開車中 . 選中 = 真 則 設 文字輸入盒—簡訊內容 . 文字 為 複選盒—開車中 . 文字

拼圖程式	檔案名稱：ch09_Q3_SendMessage.aia

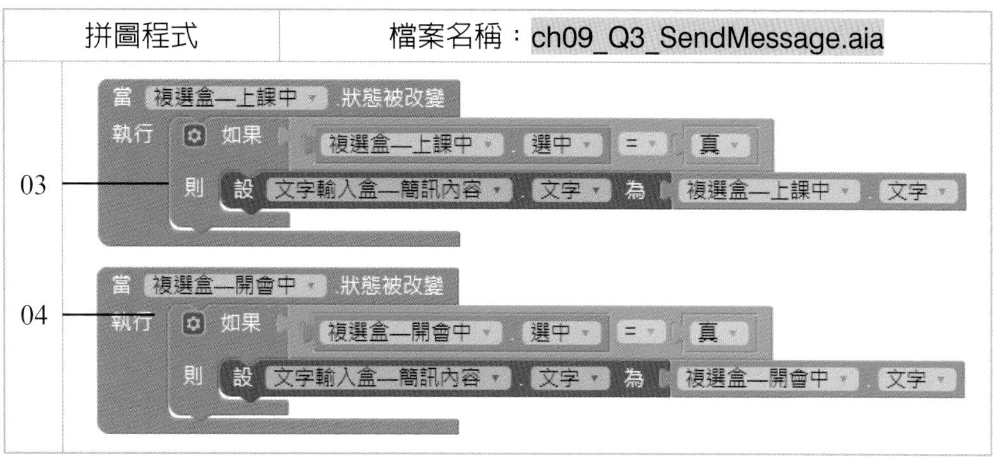

說明

行號01：當「自動回覆」鈕被勾選時，則會在「簡訊內容」區中，顯示「自動回覆」。

行號02：當「開車中」鈕被勾選時，則會在「簡訊內容」區中，顯示「開車中」。

行號03：當「上課中」鈕被勾選時，則會在「簡訊內容」區中，顯示「上課中」。

行號04：當「開會中」鈕被勾選時，則會在「簡訊內容」區中，顯示「開會中」。

【執行畫面】

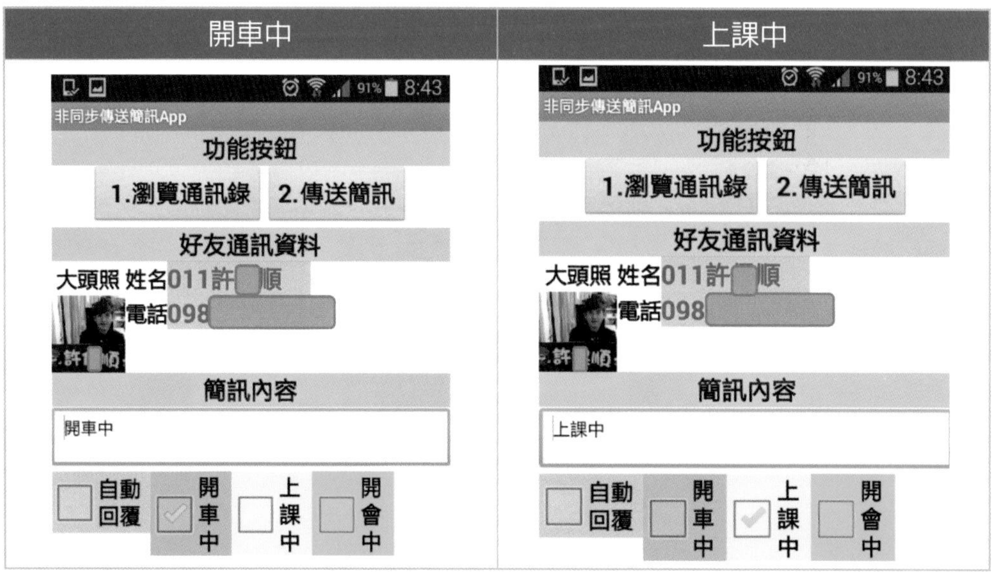

9-4 個人化貼圖編輯工具App

【分析】

(1)輸入：❶按選預設功能鈕

❷塗鴉或手寫字

(2)處理：❶繪製各種圖形

❷透過Sharing分享元件到Line

(3)輸出：❶各種圖形

❷分享到Line

【流程圖】

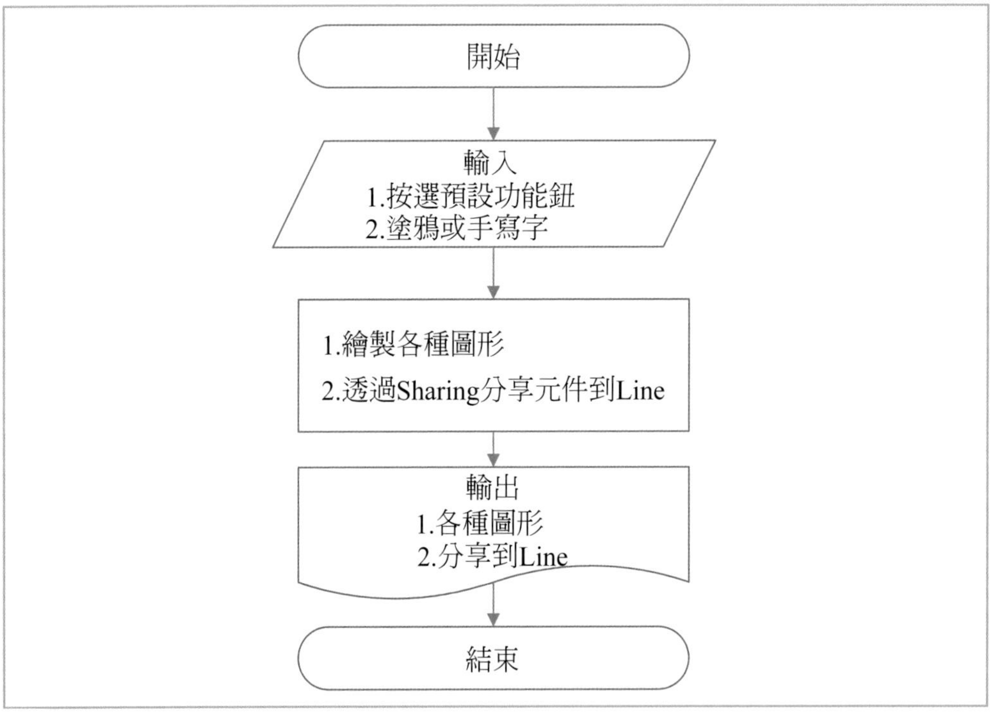

開始

↓

輸入
1.按選預設功能鈕
2.塗鴉或手寫字

↓

1.繪製各種圖形
2.透過Sharing分享元件到Line

↓

輸出
1.各種圖形
2.分享到Line

↓

結束

【介面設計】

手機頁面設計	專案所需元件
9:48 分享塗鴉作品給好友App 畫點 畫線 圓形 方形 寫字 斜體字 清除 儲存 Label_SaveFileName 非可視組件 分享1	組件列表 Screen1 水平配置1 按鈕_畫點 按鈕_畫線 按鈕_圓形 按鈕_方形 按鈕_寫字 按鈕_斜體字 畫布 水平配置2 按鈕_清除 按鈕_儲存 標籤_儲存檔名 水平配置3 按鈕_分享塗鴉作品給好 分享1

【關鍵程式】

拼圖程式	檔案名稱：ch09_Q4_PainterShare.aia

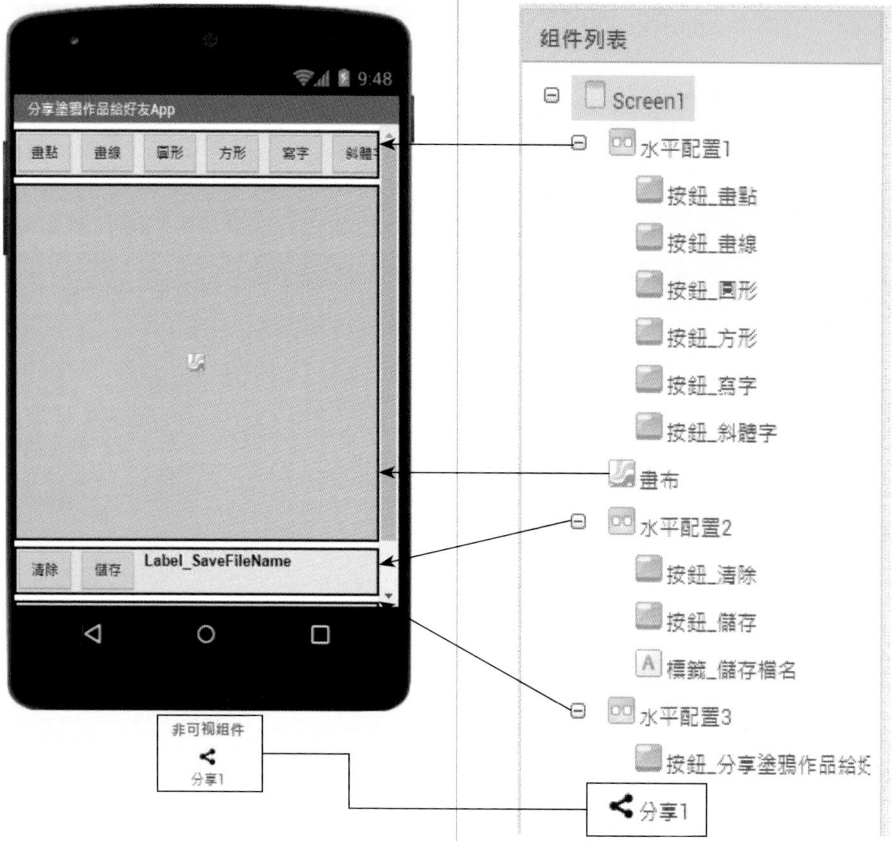

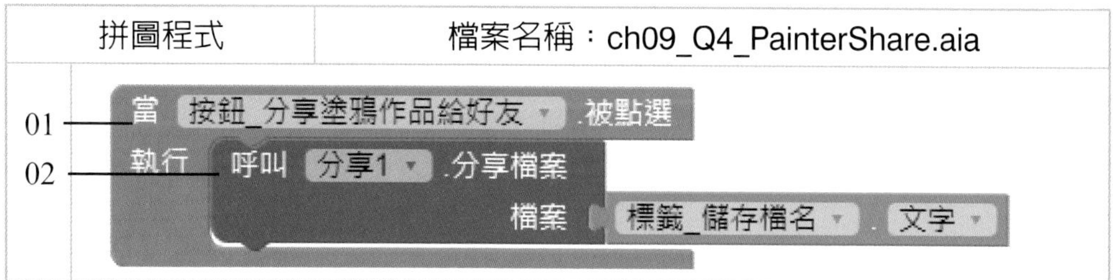
01
02
當 按鈕_分享塗鴉作品給好友 .被點選
執行 呼叫 分享1 .分享檔案
檔案 標籤_儲存檔名 . 文字

說明

行號01～02：當使用者按下「分享塗鴉作品給好友」鈕，就會顯示各種分享工具。例如Gmail或LINE等。

註 其餘程式請參考ch7_Q2_Painter_V2. aia

【執行畫面】

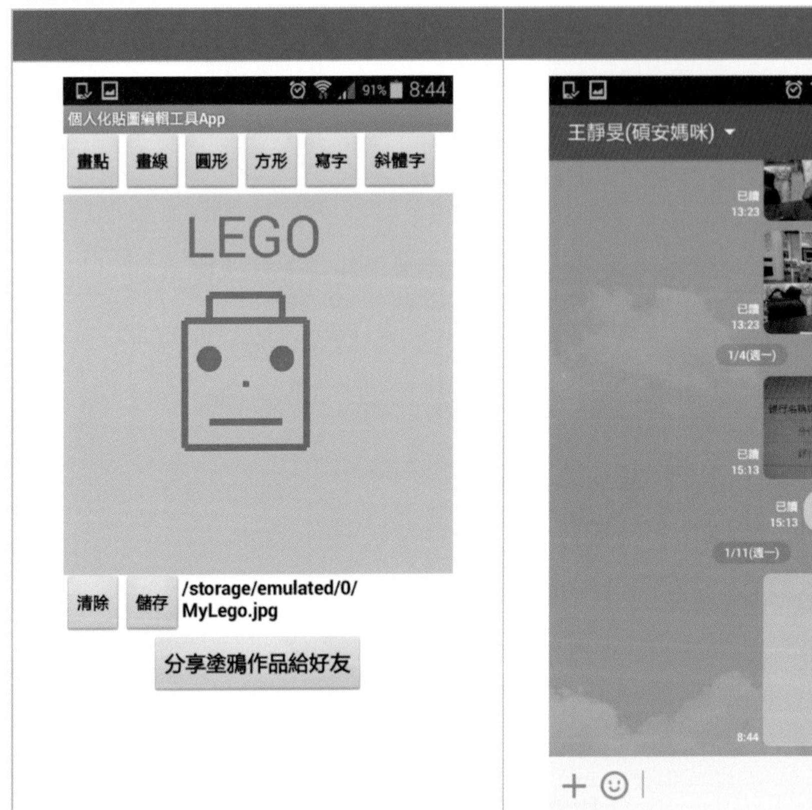

9-5 整合Google Mail的App

【分析】

(1)輸入：啓動「寄送mail」鈕

(2)處理：透過Activity啓動器元件寄送mail

(3)輸出：寄送mail的主旨及內容

【流程圖】

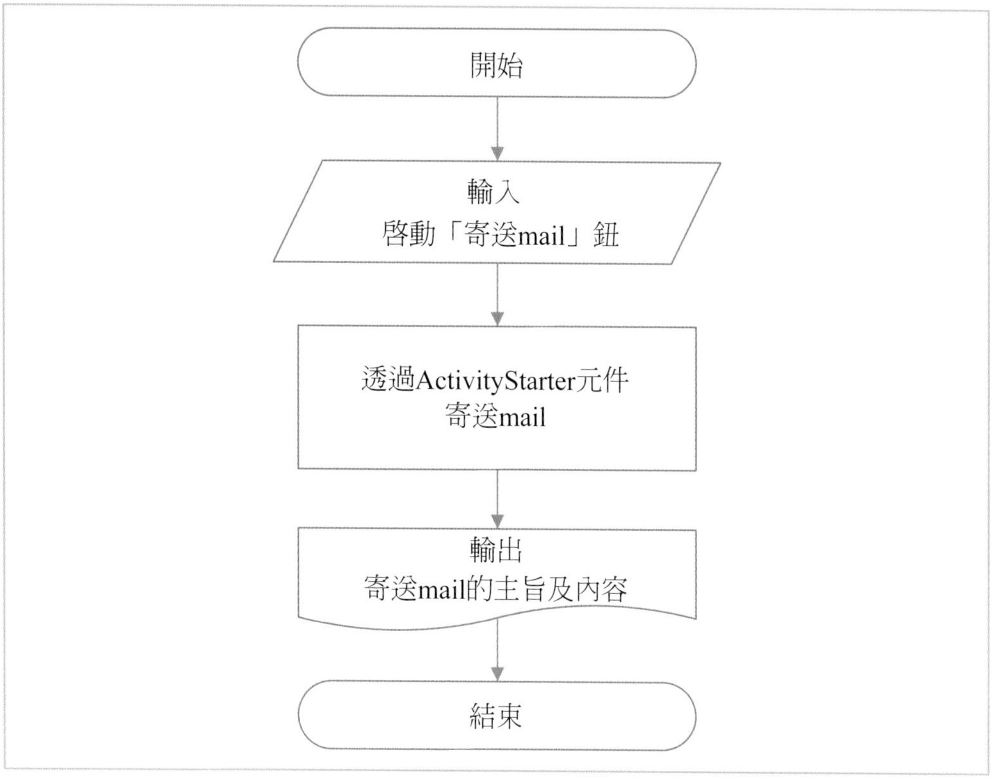

```
開始
  ↓
輸入
啓動「寄送mail」鈕
  ↓
透過ActivityStarter元件
寄送mail
  ↓
輸出
寄送mail的主旨及內容
  ↓
結束
```

【介面設計】

手機頁面設計	專案所需元件
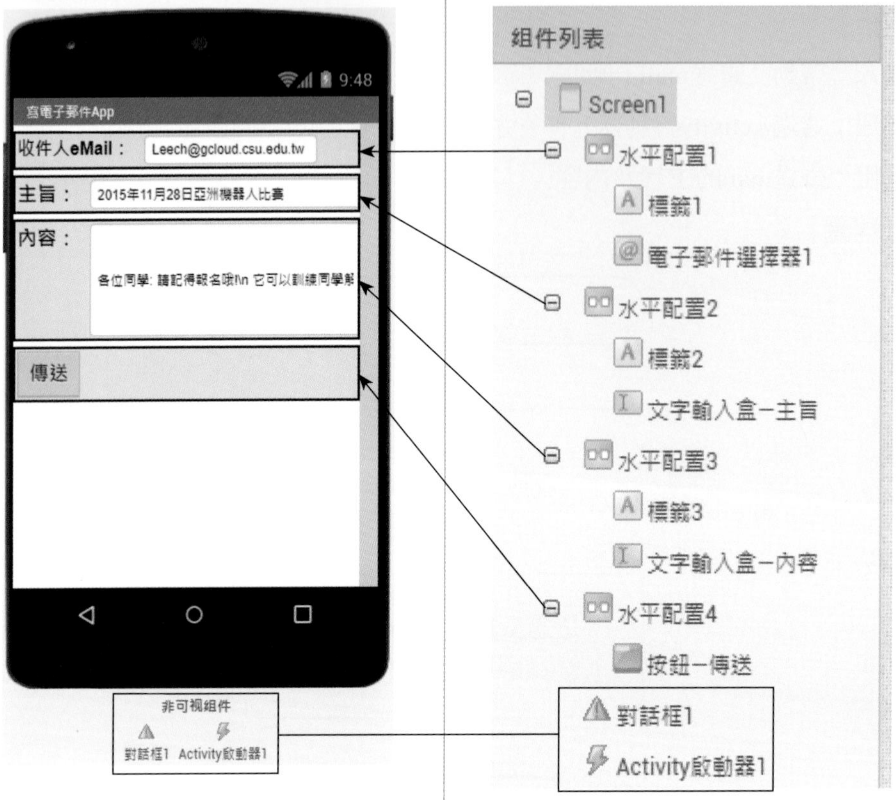 9:48 寫電子郵件App 收件人eMail： Leech@gcloud.csu.edu.tw 主旨： 2015年11月28日亞洲機器人比賽 內容： 各位同學: 請記得報名哦!\n 它可以訓練同學解 傳送 非可视组件 對話框1 Activity啟動器1	組件列表 Screen1 水平配置1 標籤1 電子郵件選擇器1 水平配置2 標籤2 文字輸入盒－主旨 水平配置3 標籤3 文字輸入盒－內容 水平配置4 按鈕－傳送 對話框1 Activity啟動器1

【程式設計】

1. 撰寫「傳送email」程式

拼圖程式	檔案名稱：ch09_Q5_eMail.aia
01	初始化全域變數 eMail 為 " "
	當 按鈕—傳送 .被點選
02	執行 如果 非 是否為空 電子郵件選擇器1 . 文字
03	則 設置 全域 eMail 為 電子郵件選擇器1 . 文字
04	呼叫 SendMail mail 取得 全域 eMail

說明

行號01：宣告eMail變數爲空字串，其目的用來記錄使用者輸入的mail。

行號02～03：檢查eMail欄位是否不爲空，如果是，則將使用者輸入的mail指定給eMail變數。

行號04：呼叫「SendMail」副程式。

2. 定義「SendMail」副程式

拼圖程式	檔案名稱：ch09_Q5_eMail.aia
01	定義程序 SendMail mail
02	執行 設 Activity啟動器1 . 動作 為 " android.intent.action.VIEW "
03	設 Activity啟動器1 . 資料URI 為 合併文字 " mailto: " 取得 mail " ?subject= " 文字輸入盒—主旨 " &body= " 文字輸入盒—內容
04	呼叫 Activity啟動器1 .啟動Activity
05	呼叫 對話框1 .顯示警告訊息 通知 " 傳送成功! "

說明

行號01：定義「SendMail」副程式，其目的用來「傳送email」。

行號02：利用Activity啓動器 活動啓動器元件可以讓您的應用程式呼叫另一項活動（Activity）。

行號03：利用Activity啓動器的資料Url來呼叫 activity 的 URI（Uniform Resource Identifier）。其目的用來設定寄送mail的主旨及內容。

行號04～05：用來「傳送email」，並顯示「傳送成功!」

【執行畫面】

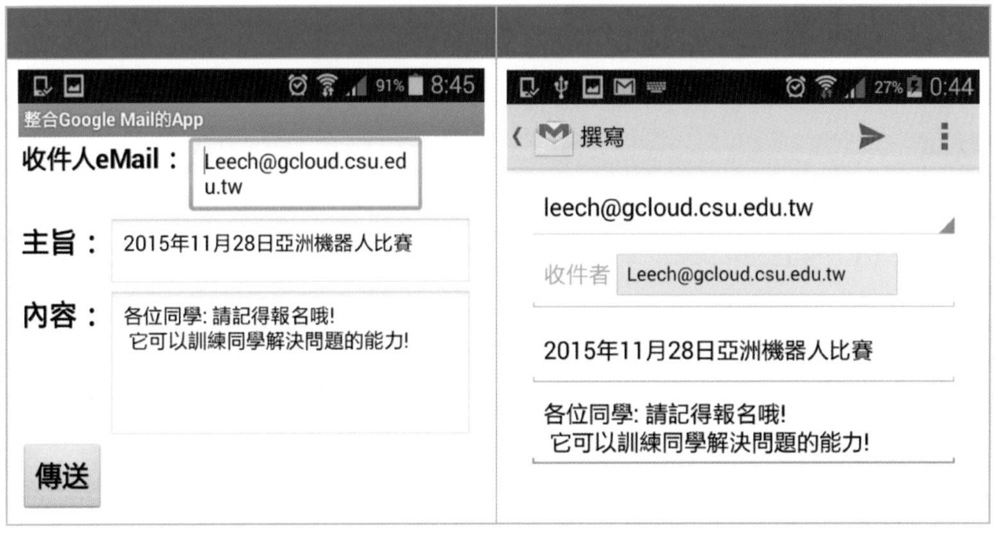

Chapter 10

資料儲存的應用

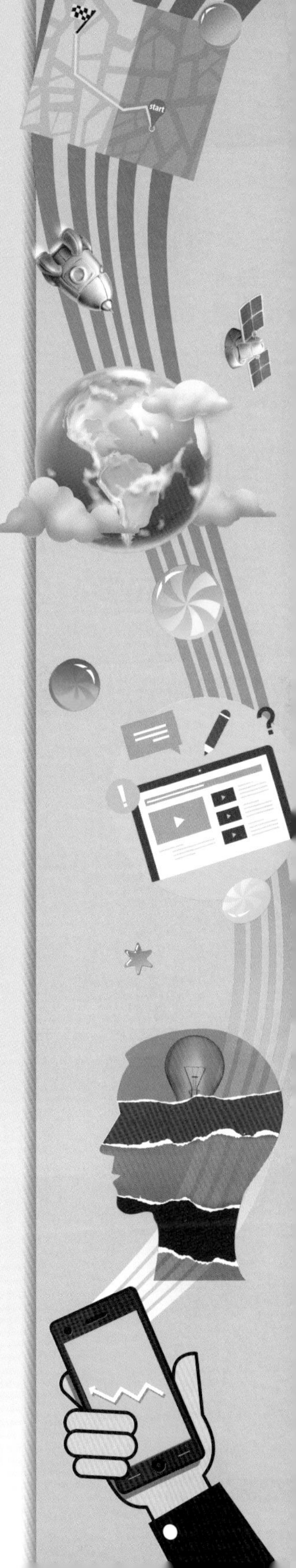

本章學習目標

1. 讓讀者瞭解微型資料庫元件的使用時機與方法。
2. 讓讀者瞭解TinyWebDB元件的使用時機、設定步驟與方法。

本章學習內容

10-1　我的筆記本（微型資料庫版本）App

10-2　我的語音筆記本（微型資料庫版本）App

10-3　書籍管理（CSV版本）App

10-4　書籍管理（微型資料庫版本）App

10-5　雲端電子書城App（基本版）

10-6　雲端電子書城App（進階版）

10-7　書籍管理（TinyWebDB版本）App

10-1 我的筆記本（微型資料庫版本）App

【分析】

(1)輸入：筆記的標題及內容

(2)處理：❶儲存筆記

❷查詢筆記

❸刪除筆記

(3)輸出：真正反映到微型資料庫中。

【流程圖】

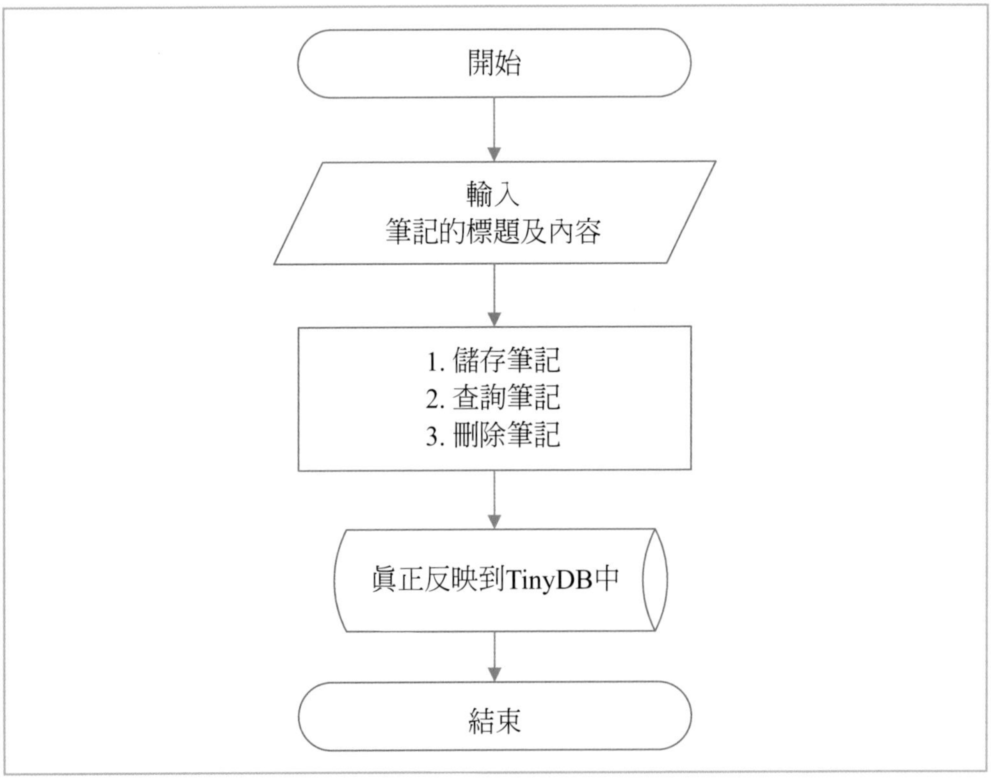

開始
↓
輸入
筆記的標題及內容
↓
1. 儲存筆記
2. 查詢筆記
3. 刪除筆記
↓
真正反映到TinyDB中
↓
結束

【介面設計】

手機頁面設計	專案所需元件

9:48

我的筆記本(離線版)App

請輸入筆記標題： 開系務會議 儲存

刪除全部 刪除1筆 讀取標題 查詢

===請輸入筆記內容===

1.討論學生專題製作\n2.討論學生考證照

非可視組件

微型資料庫1 對話框1

組件列表

- Screen1
  - 水平配置1
    - 標籤1
    - 文字輸入盒－輸入標題:
    - 按鈕－儲存
  - 水平配置2
    - 按鈕－刪除全部
    - 按鈕－刪除1筆
    - 按鈕－讀取標題
    - 按鈕－查詢
  - 水平配置3
    - 標籤2
  - 水平配置4
    - 文字輸入盒－內容
  - 微型資料庫1
  - 對話框1

【程式設計】

1. 儲存筆記到微型資料庫中

拼圖程式	檔案名稱：ch10_Q1_NoteDB_V1.aia
01 02 03 04	當 按鈕—儲存 .被點選 執行 如果 與 文字輸入盒—輸入標題文字 . 文字 ≠ " " 文字輸入盒—內容 . 文字 ≠ " " 則 呼叫 微型資料庫1 .儲存數值 標籤 文字輸入盒—輸入標題文字 . 文字 儲存值 文字輸入盒—內容 . 文字 呼叫 對話框1 .顯示警告訊息 通知 " 儲存完畢!!! " 否則 呼叫 對話框1 .顯示警告訊息 通知 " 您尚未完整輸入標題或內文哦!!! "

說明

行號01：檢查使用者是否有填入筆記的標題及內容。

行號02～03：如果有時，就會將筆記的標題及內容儲存到「本機端的微型資料庫」中。此時，也會顯示「儲存完畢!!!」。

行號04：如果沒有填入完整的資料，就會顯示「您尚未完整輸入標題或內文哦!!!」。

2. 刪除微型資料庫全部記錄

拼圖程式	檔案名稱：ch10_Q1_NoteDB_V1.aia

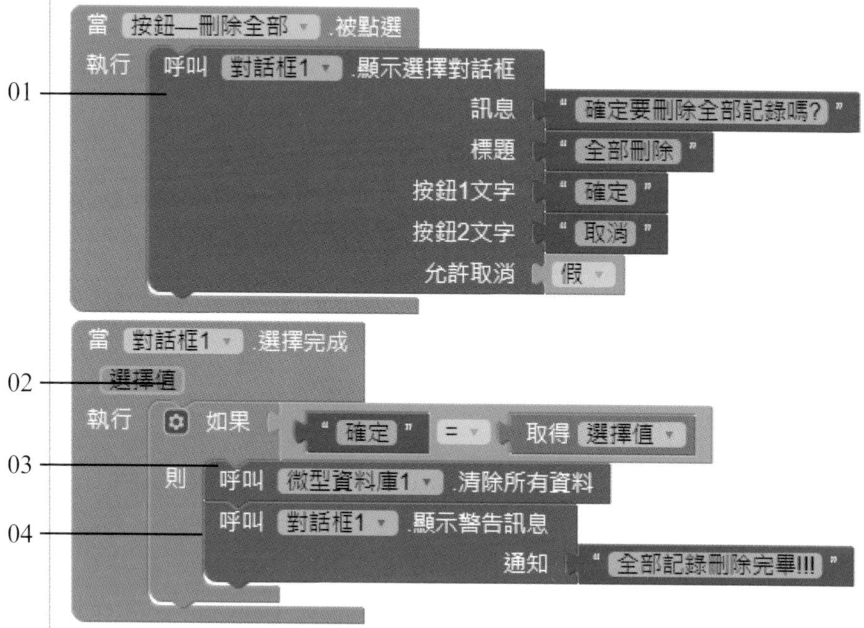

```
    當 按鈕—刪除全部 .被點選
    執行 呼叫 對話框1 .顯示選擇對話框
01                   訊息 "確定要刪除全部記錄嗎?"
                     標題 "全部刪除"
                按鈕1文字 "確定"
                按鈕2文字 "取消"
                 允許取消 假

    當 對話框1 .選擇完成
02   選擇值
    執行 如果 "確定" = 取得 選擇值
03      則 呼叫 微型資料庫1 .清除所有資料
04         呼叫 對話框1 .顯示警告訊息
                    通知 "全部記錄刪除完畢!!!"
```

說明

行號01：當使用者按「刪除全部」鈕時，會即時彈出確認視窗。

行號02～04：如果按「確定」時，就會刪除全部的記錄，並顯示「全部記錄刪除完畢!!!」。

3. 刪除一筆記錄

拼圖程式	檔案名稱：ch10_Q1_NoteDB_V1.aia

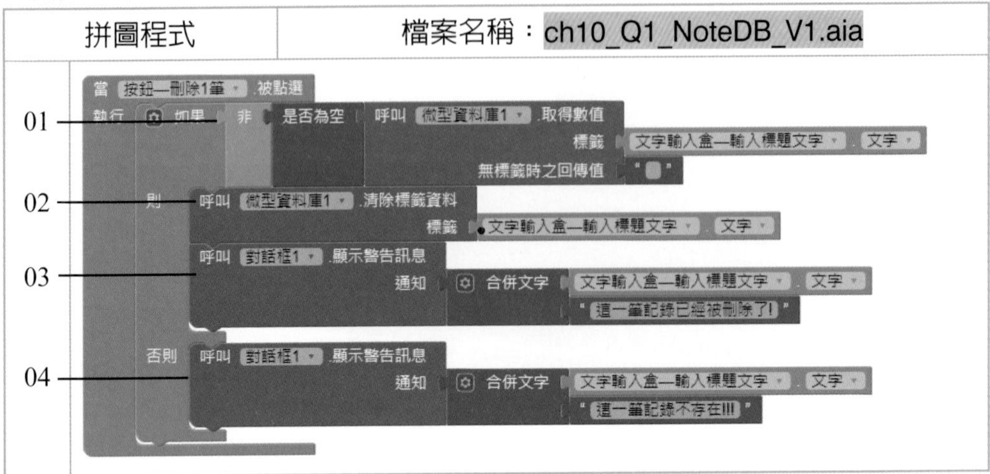

說明

行號01～03：檢查欲刪除的記錄是否其tag標籤存在。如果存在，則刪除指定的記錄，並顯示「這一筆記錄已經被刪除了!」。

行號04：如果不存在，則會顯示「這一筆記錄不存在!!!」。

4. 讀取所有標題

拼圖程式	檔案名稱：ch10_Q1_NoteDB_V1.aia

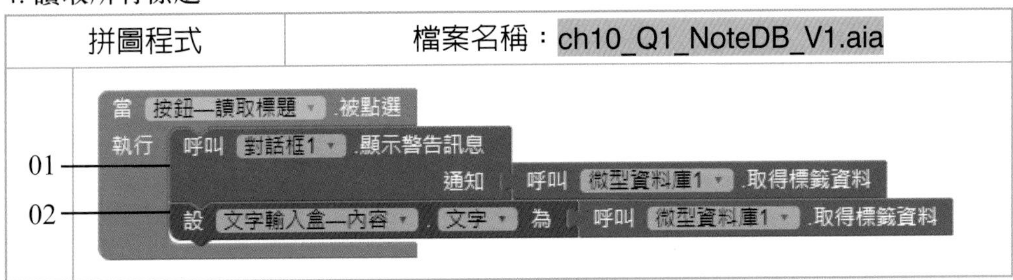

說明

行號01～02：取得微型資料庫中全部的Tag名稱。

5. 查詢記錄

拼圖程式	檔案名稱：ch10_Q1_NoteDB_V1.aia

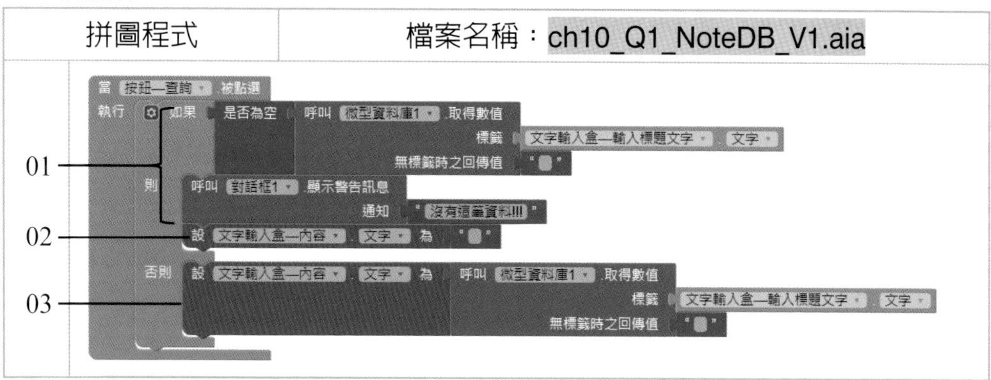

說明

行號01～02：檢查欲查詢的Tag標籤是否爲空値。如果是，則顯示「沒有這筆資料!!!」。

行號03：如果不是，則顯示此tag對映的資料。

【執行畫面】

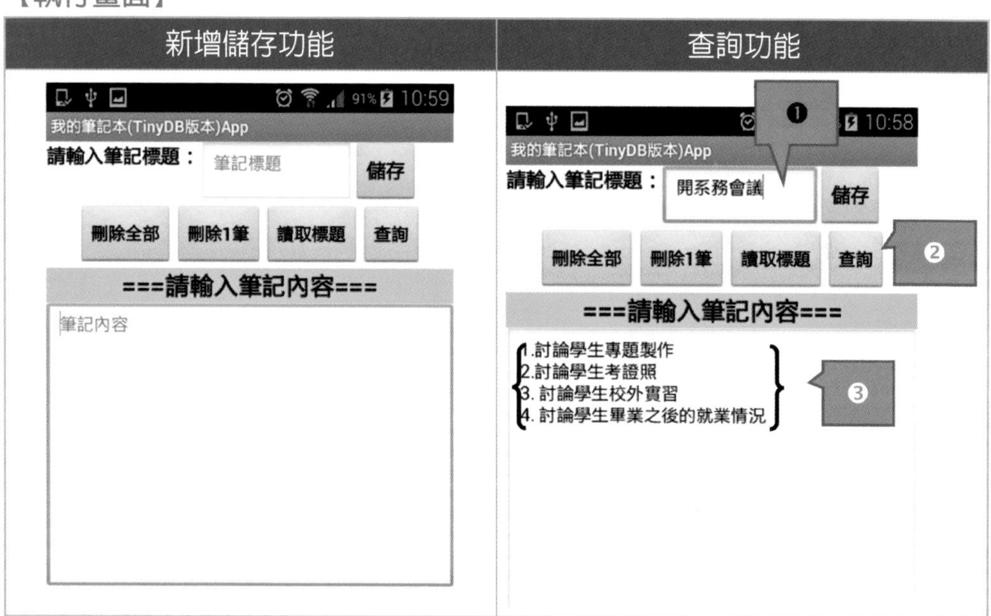

10-2 我的語音筆記本（微型資料庫版本）App

【分析】

(1)輸入：語音方式填入筆記的標題及內容

(2)處理：❶儲存筆記

❷查詢筆記

❸刪除筆記

(3)輸出：真正反映到微型資料庫中。

【流程圖】

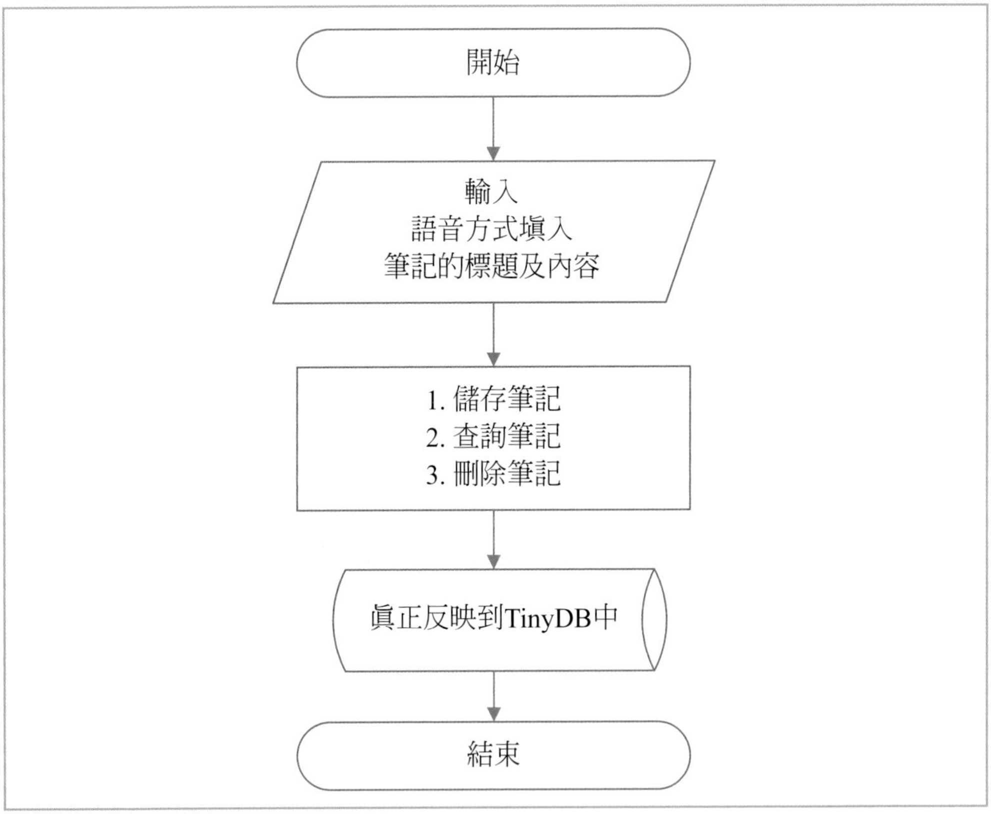

開始

↓

輸入
語音方式填入
筆記的標題及內容

↓

1. 儲存筆記
2. 查詢筆記
3. 刪除筆記

↓

真正反映到TinyDB中

↓

結束

【介面設計】

手機頁面設計	專案所需元件
9:48 我的語音筆記本(離線版)App 請輸入標題： 語音 儲存 刪除 刪除一筆 讀取所有標題 查詢 ==== 語音輸入內容 === 非可视組件 微型資料庫1 對話框1 語音辨識1 語音辨識2	組件列表 Screen1 水平配置1 標籤1 文字輸入盒－輸入標題 按鈕－語音輸入 按鈕－儲存 水平配置2 按鈕－刪除 按鈕－刪除一筆 按鈕－讀取所有標頭 按鈕－查詢 水平配置3 標籤2 按鈕－語音輸入內容 標籤3 水平配置4 文字輸入盒－內容 微型資料庫1 對話框1 語音辨識1 語音辨識2 重新命名 刪除 素材 images.jpg logo.jpg 上傳文件...

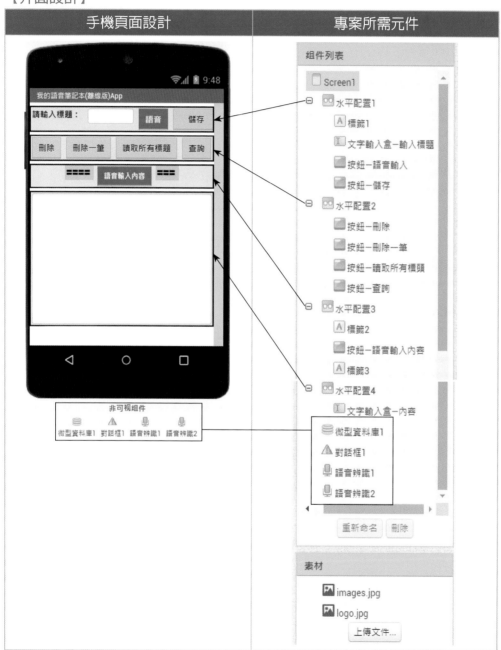

【關鍵程式】

1. 語音輸入標題文字

拼圖程式	檔案名稱：ch10_Q2_NoteDB_V2.aia

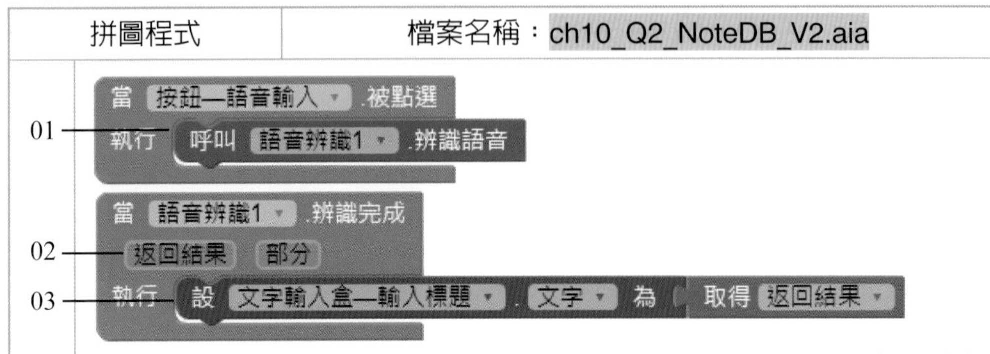

說明

行號01：啓動語音輸入元件的功能。

行號02～03：將剛才語音輸入的內容顯示到標頭框中。

2. 語音輸入內容文字

拼圖程式	檔案名稱：ch10_Q2_NoteDB_V2.aia

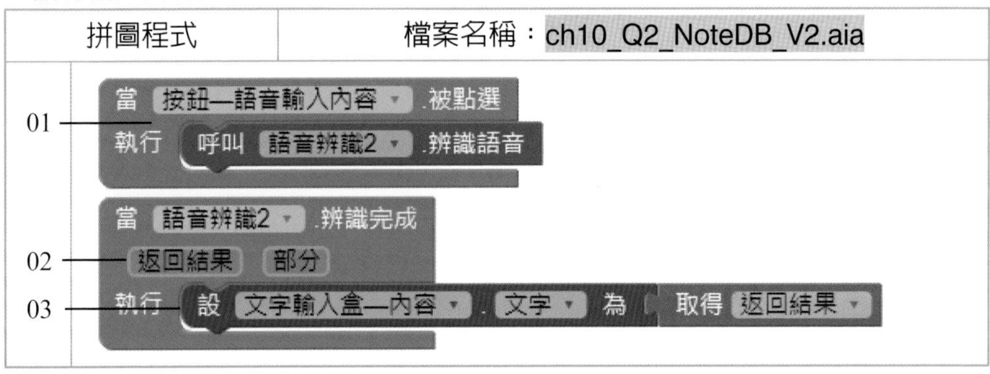

說明

同上。

【執行畫面】

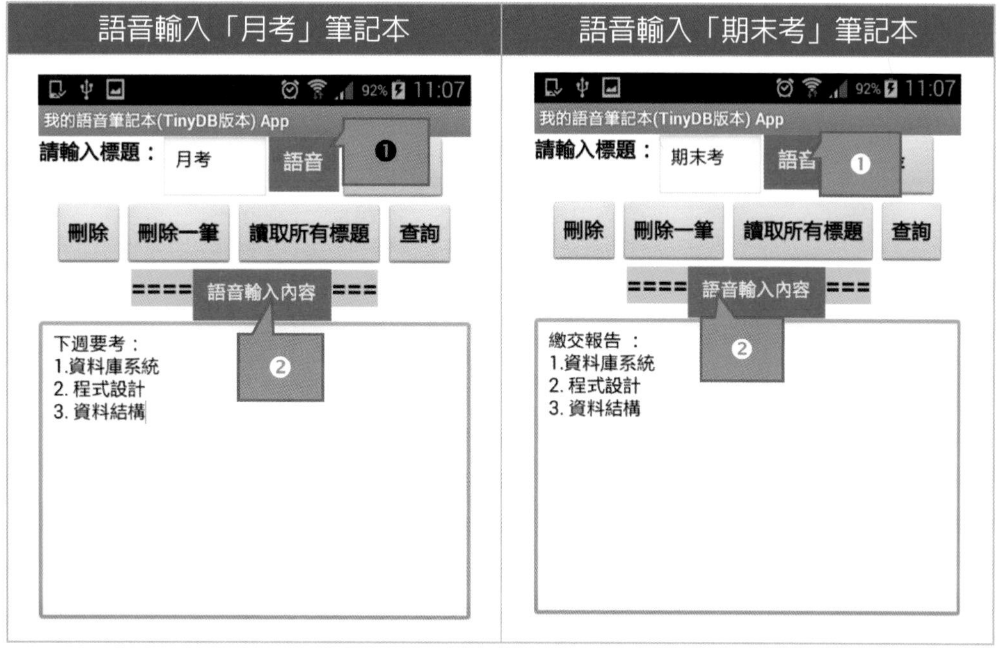

10-3 書籍管理（CSV版本）App

【分析】

(1)輸入：書籍分類選項、出版社及書名

(2)處理：❶寫入書籍

❷附加書籍

❸讀出書籍

❹刪除書籍

(3)輸出：真正反映到CSV檔案中。

【流程圖】

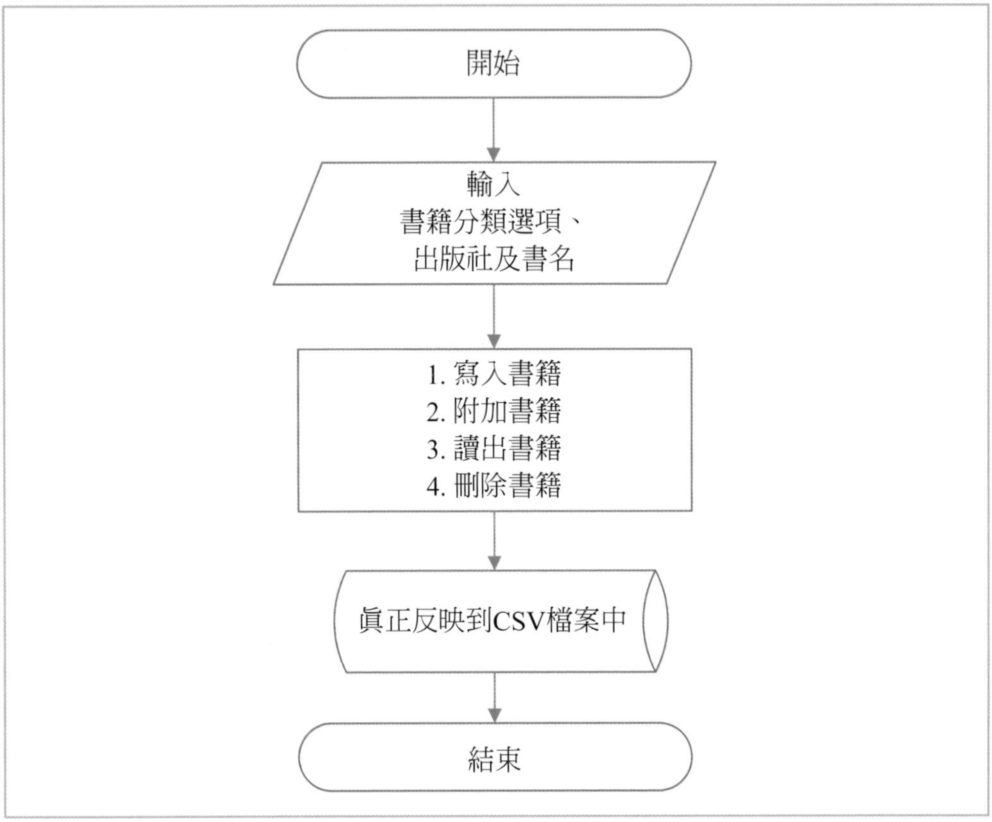

【介面設計】

手機頁面設計	專案所需元件
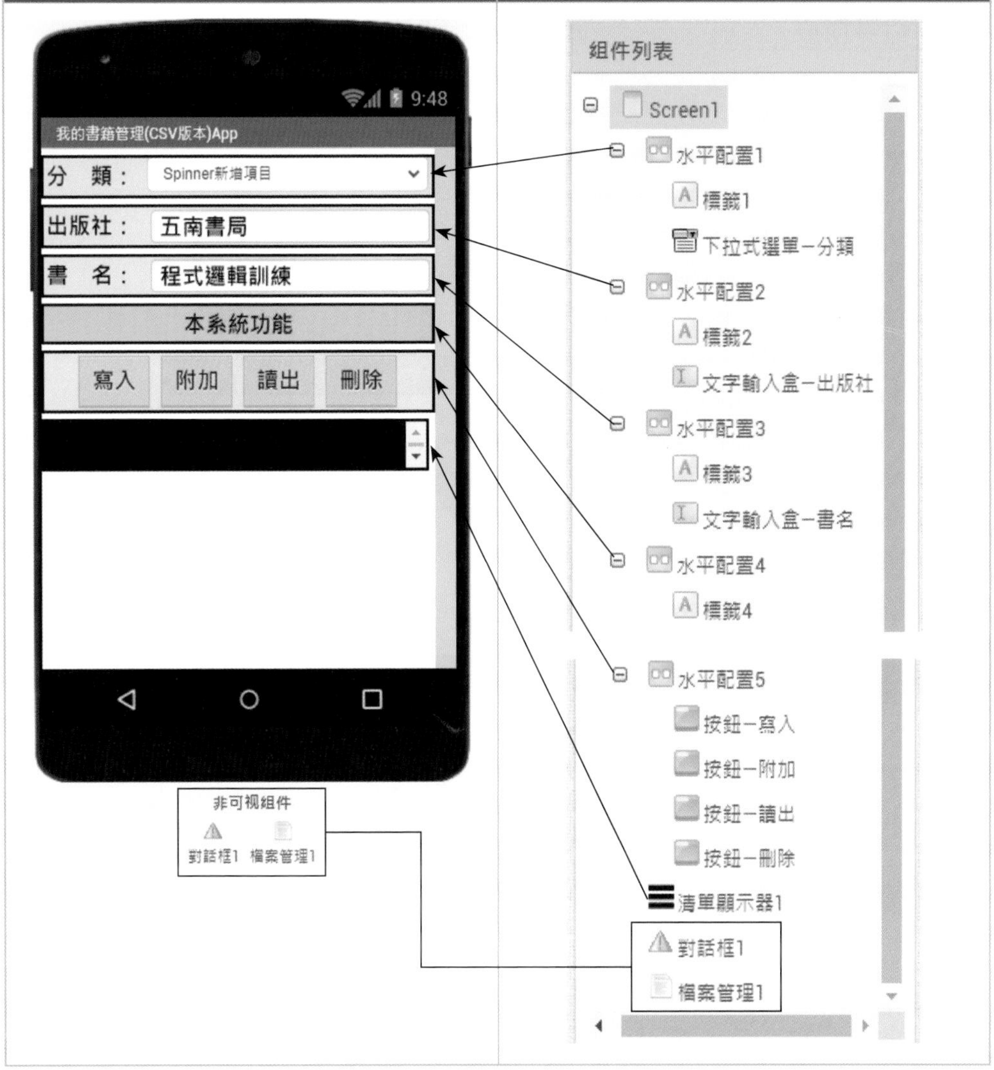 9:48 我的書籍管理(CSV版本)App 分　類：Spinner新增項目 出版社：五南書局 書　名：程式邏輯訓練 本系統功能 寫入 附加 讀出 刪除 非可視組件 對話框1 檔案管理1	組件列表 Screen1 水平配置1 標籤1 下拉式選單－分類 水平配置2 標籤2 文字輸入盒－出版社 水平配置3 標籤3 文字輸入盒－書名 水平配置4 標籤4 水平配置5 按鈕－寫入 按鈕－附加 按鈕－讀出 按鈕－刪除 清單顯示器1 對話框1 檔案管理1

【程式設計】

1. 宣告及「寫入」資料到檔案

拼圖程式	檔案名稱：ch10_Q3_eBook_CSV.aia

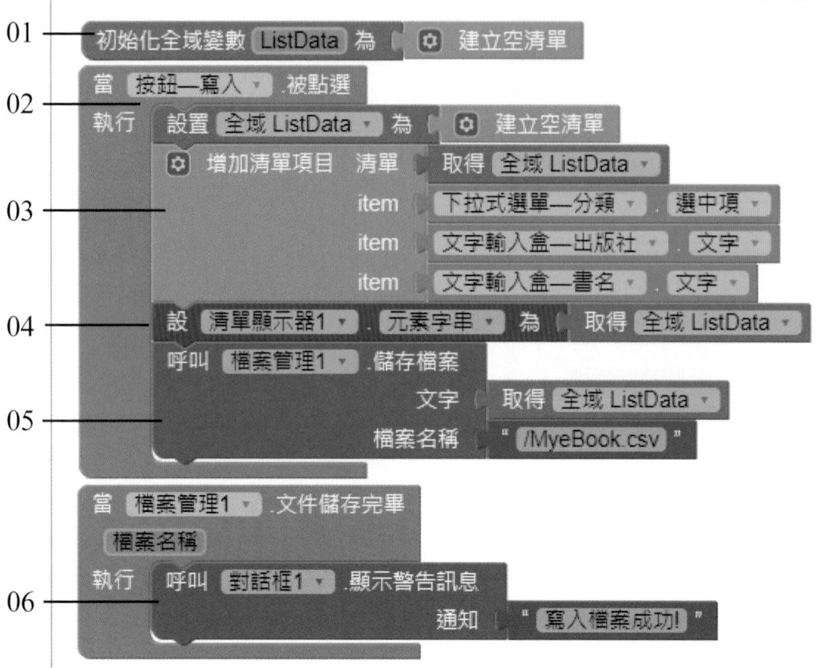

```
01  初始化全域變數 ListData 為 建立空清單
02  當 按鈕—寫入 .被點選
    執行 設置 全域 ListData 為 建立空清單
03       增加清單項目 清單 取得 全域 ListData
                      item 下拉式選單—分類 . 選中項
                      item 文字輸入盒—出版社 . 文字
                      item 文字輸入盒—書名 . 文字
04       設 清單顯示器1 . 元素字串 為 取得 全域 ListData
05       呼叫 檔案管理1 .儲存檔案
                      文字 取得 全域 ListData
                  檔案名稱 " /MyeBook.csv "
    當 檔案管理1 .文件儲存完畢
      檔案名稱
    執行 呼叫 對話框1 .顯示警告訊息
06                通知 " 寫入檔案成功! "
```

說明

行號01：宣告ListData清單陣列為空清單。其目的用來記錄「書籍分類選項、出版社及書名」。

行號02：在每次按下「寫入」鈕時，先將ListData清單陣列設定為空清單。

行號03：新增三個元素（分類、出版社及書名）到ListData清單中。

行號04～06：將ListData清單中元素入到ListView清單中，並「儲存」到「/MyeBook.csv」檔案中，此時也會再顯示「寫入檔案成功!」。

2. 「附加」記錄到檔案中

拼圖程式	檔案名稱：ch10_Q3_eBook_CSV.aia

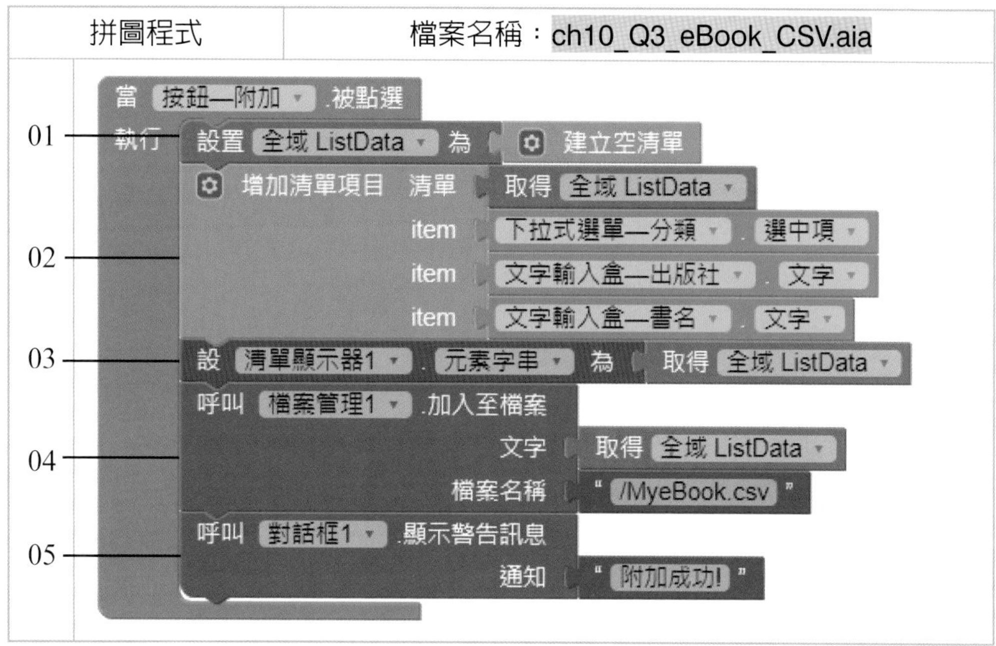

說明

行號01：在每次按下「附加」鈕時，先將ListData清單陣列設定爲空清單。

行號02：新增三個元素（分類、出版社及書名）到ListData清單中。

行號03～05：將ListData清單中元素入到ListView清單中，並「附加」到「/MyeBook.csv」檔案中，此時也會再顯示「附加成功!」。

3. 從檔案中「讀出」記錄到ListView清單中

拼圖程式	檔案名稱：ch10_Q3_eBook_CSV.aia

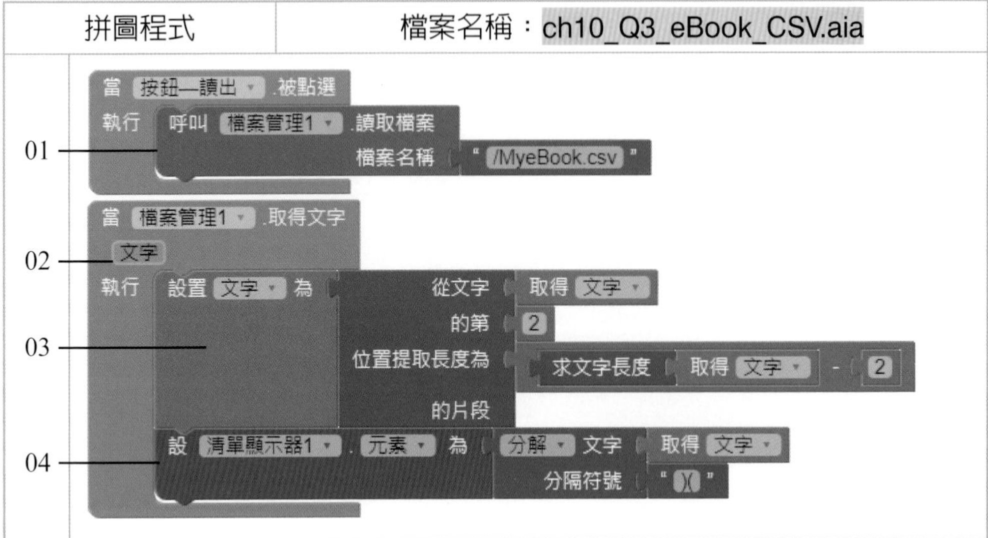

說明

行號01～02：從「MyeBook.csv」檔案中「讀出」的資料記錄回傳到text參數中。

行號03：將回傳的text參數，刪掉「前後的左右括號」。

行號04：再將處理後的text參數內容，依照「）（」來分割字串，並各別放在List-View清單中。

4. 「刪除」檔案

拼圖程式	檔案名稱：ch10_Q3_eBook_CSV.aia

當 按鈕—刪除 .被點選
執行 呼叫 對話框1 .顯示選擇對話框
訊息 " 您確定要刪除此檔案嗎? "
標題 " 刪除檔案 "
按鈕1文字 " 確定 "
按鈕2文字 " 取消 "
允許取消 假
01

拼圖程式	檔案名稱：ch10_Q3_eBook_CSV.aia

02 當 對話框1 .選擇完成
選擇值
03 執行 如果 取得 選擇值 = "確定"
則 呼叫 檔案管理1 .刪除
04 檔案名稱 "/MyeBook.csv"
05 設置 全域 ListData 為 建立空清單
06 設 清單顯示器1 . 元素字串 為 " "
07 呼叫 對話框1 .顯示警告訊息
通知 "刪除成功!"

說明

行號01：當使用者按「刪除」鈕時，會即時彈出確認視窗。

行號02～04：如果按「確定」時，就會刪除「MyeBook.csv」檔案。

行號05～07：此時，將ListData清單陣列設定爲空清單及ListView清單設定爲空字串。並顯示「刪除成功!」。

【執行畫面】

「寫入」記錄	「讀取」記錄
 書籍管理(CSV版本)App 分　類：手機App 出版社：五南書局 書　名：程式邏輯訓練 本系統功能 寫入　附加　讀出　刪除 (手機App 五南書局 程式邏輯訓練) 寫入檔案成功!	 書籍管理(CSV版本)App 分　類：手機App 出版社：五南書局 書　名：EV3 本系統功能 寫入　附加　讀出　刪除 手機App 五南書局 程式邏輯訓練 程式設計 五南書局 App inventor 手機App 五南書局 EV3

10-4 書籍管理（微型資料庫版本）App

【分析】

(1)輸入：書籍分類選項、出版社及書名

(2)處理：❶新增書籍

❷修改書籍

❸刪除書籍

❹查詢書籍

(3)輸出：眞正反映到微型資料庫中。

【流程圖】

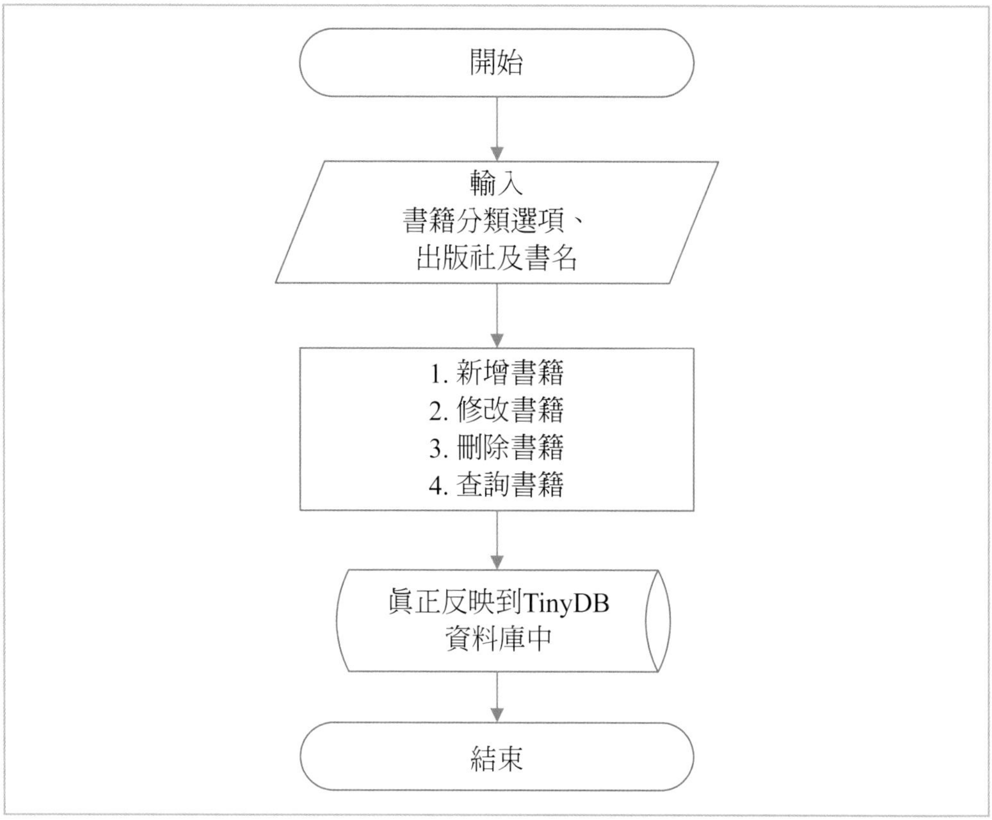

開始

↓

輸入
書籍分類選項、
出版社及書名

↓

1. 新增書籍
2. 修改書籍
3. 刪除書籍
4. 查詢書籍

↓

真正反映到TinyDB
資料庫中

↓

結束

【介面設計】

手機頁面設計	專案所需元件
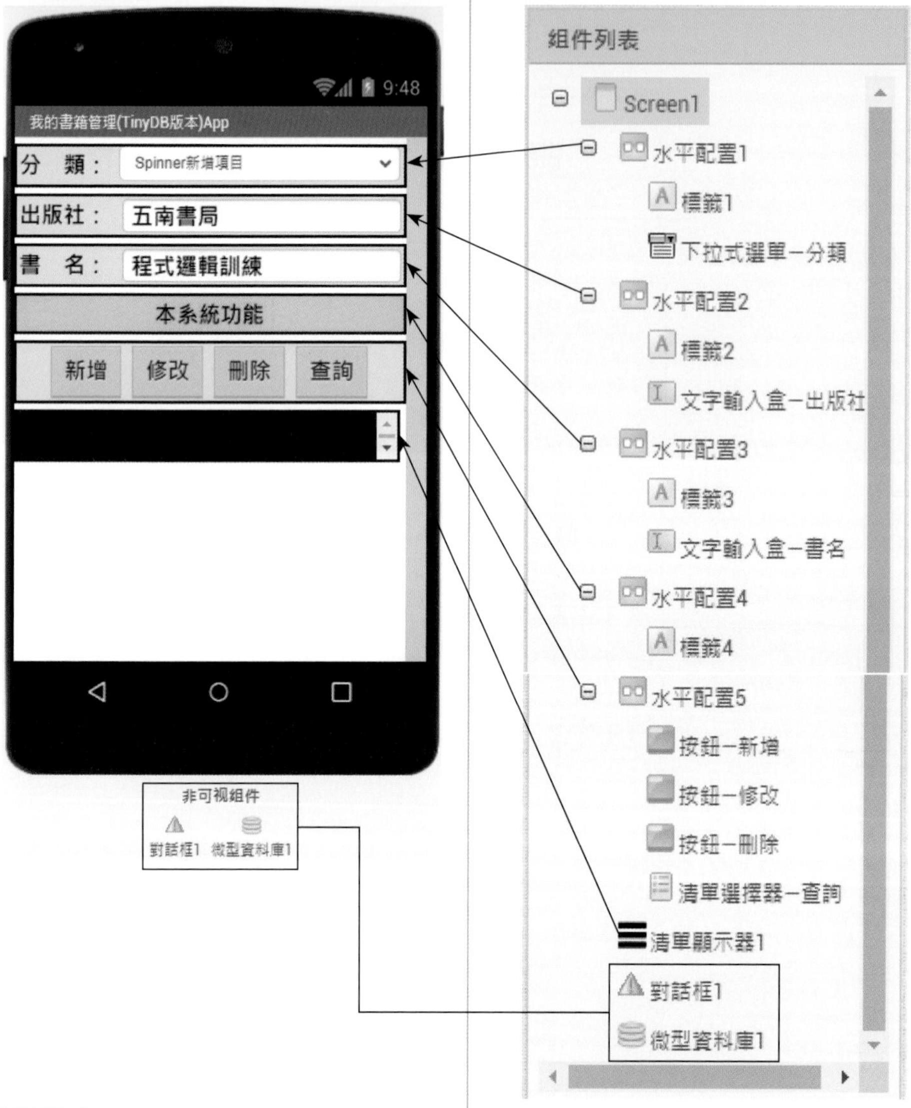 9:48 我的書籍管理(TinyDB版本)App 分　類： Spinner新增項目 出版社： 五南書局 書　名： 程式邏輯訓練 本系統功能 新增 修改 刪除 查詢 非可視組件 對話框1 微型資料庫1	組件列表 Screen1 水平配置1 標籤1 下拉式選單－分類 水平配置2 標籤2 文字輸入盒－出版社 水平配置3 標籤3 文字輸入盒－書名 水平配置4 標籤4 水平配置5 按鈕－新增 按鈕－修改 按鈕－刪除 清單選擇器－查詢 清單顯示器1 對話框1 微型資料庫1

【程式設計】

1. 宣告及頁面初始化

說明

行號01：宣告RecordIndex變數爲清單的索引值，亦即查詢記錄時的清單位置。

行號02：宣告ListViewDB變數用來儲存「書籍分類、出版社及書名」三個清單的資料。

行號03：宣告ISNull布林變數用來記錄目前使用者輸入是否有空值，如果空值，則記錄true，否則記錄false。

行號04～06：宣告ListClass、ListBookStore及ListBookName三個清單陣列，分別用來儲存「書籍分類、出版社及書名」資料。

行號07：頁面初始化時，呼叫「Check_DBIsNull」副程式。

2. 定義「Check_DBIsNull」副程式

拼圖程式	檔案名稱：ch10_Q4_eBook_TinyDB.aia

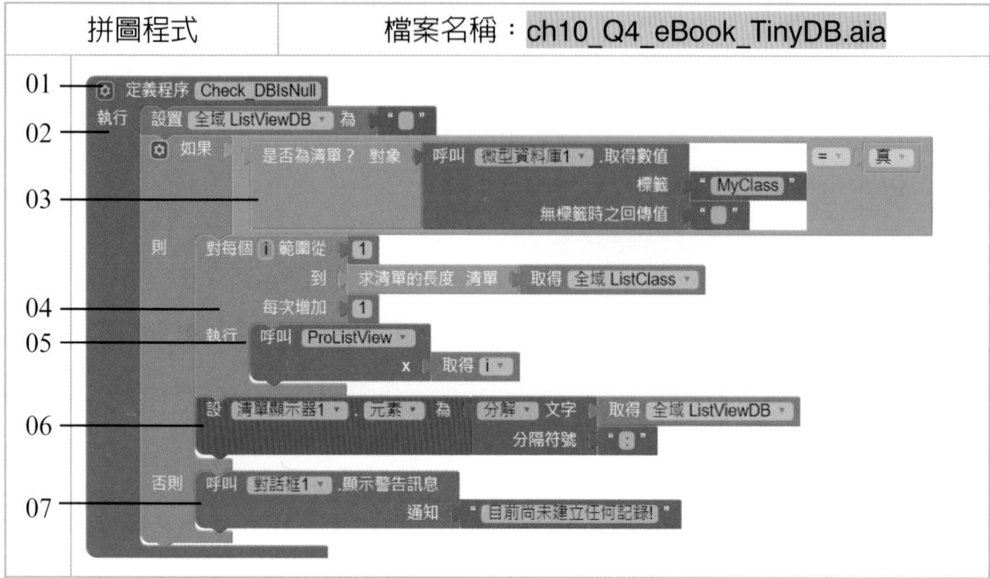

說明

行號01：定義「Check_DBIsNull」副程式，其目的用來檢查資料庫是否爲空值。

行號02：設定ListViewDB變數爲空字串。

行號03～06：如果資料庫有記錄時，就會顯示全部的記錄到螢幕上。

行號07：否則，就會顯示「目前尚未建立任何記錄!」。

3. 定義「ProListView」副程式

拼圖程式	檔案名稱：ch10_Q4_eBook_TinyDB.aia

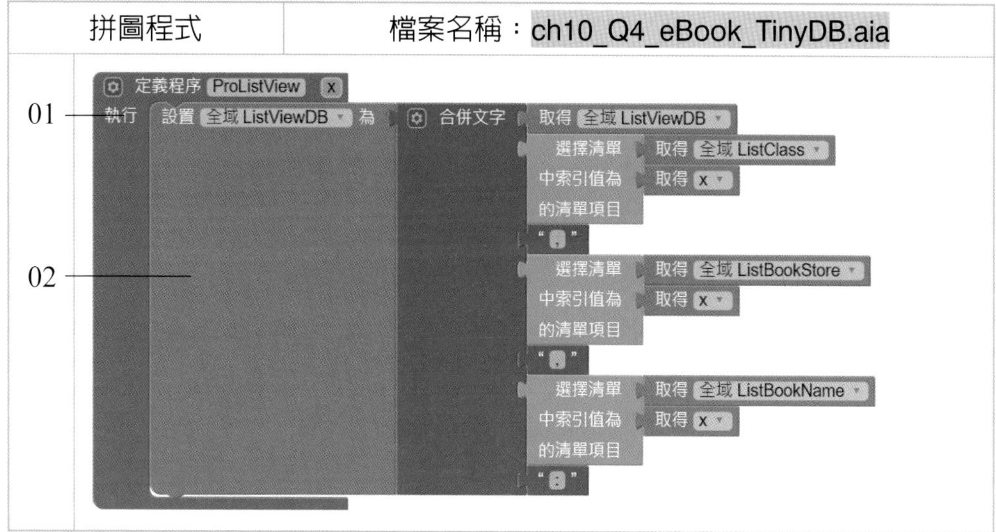

說明

行號01～02：定義「ProListView」副程式，其目的用來合併「書籍分類、出版社及書名」三個清單陣列資料，並指定給ListViewDB變數。

4. 定義「SetNull」副程式

拼圖程式	檔案名稱：ch10_Q4_eBook_TinyDB.aia

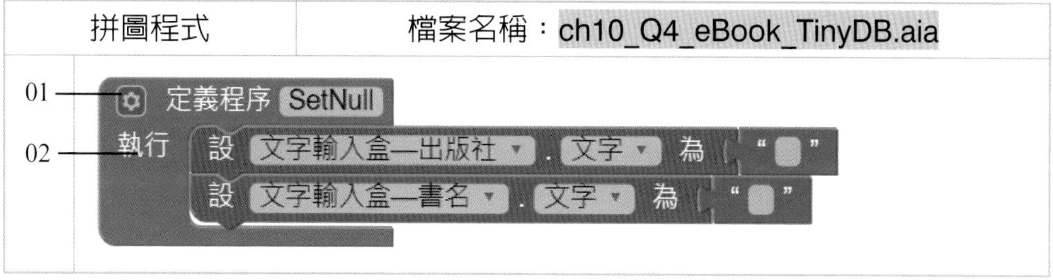

說明

行號01～02：定義「SetNull」副程式，其目的用來清空「出版社及書名」兩個欄位的內容。

5. 定義「CheckInput」副程式

拼圖程式	檔案名稱：ch10_Q4_eBook_TinyDB.aia

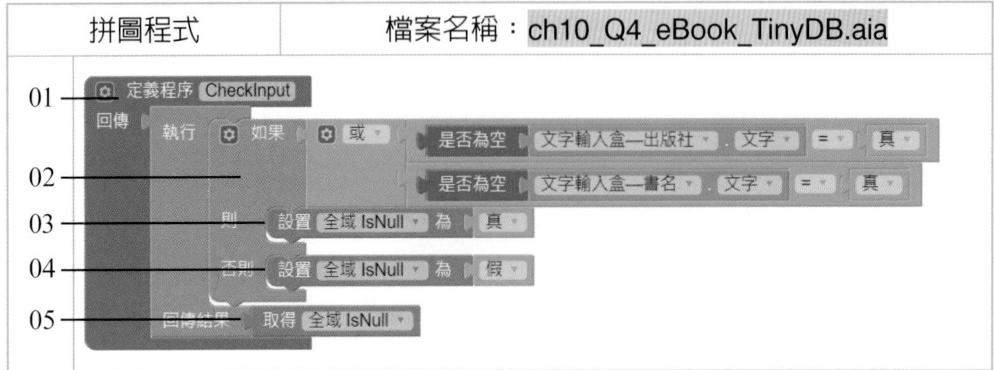

說明

行號01：用來定義「檢查非空值」的副程式。

行號02：檢查兩個文字輸入盒元件內容是否皆爲「空值」。

行號03～04：如果皆空值，則IsNull設定爲眞，否則設定爲假。

行號05：回傳IsNull變數值。

6. 撰寫「新增」鈕程式

拼圖程式	檔案名稱：ch10_Q4_eBook_TinyDB.aia

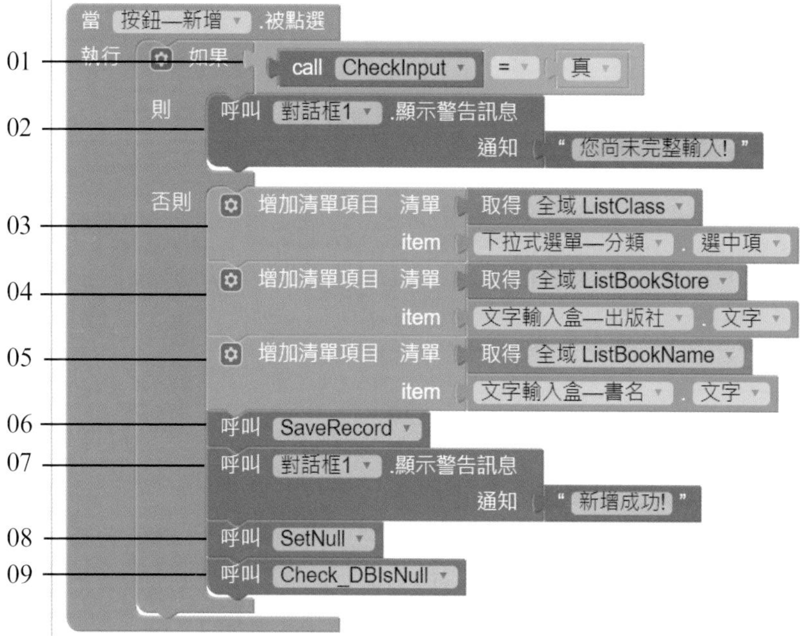

```
   當 按鈕─新增 .被點選
   執行
01   如果 call CheckInput = 真
     則
02     呼叫 對話框1 .顯示警告訊息
           通知 " 您尚未完整輸入! "
     否則
03     增加清單項目 清單 取得 全域 ListClass
                   item 下拉式選單─分類 . 選中項
04     增加清單項目 清單 取得 全域 ListBookStore
                   item 文字輸入盒─出版社 . 文字
05     增加清單項目 清單 取得 全域 ListBookName
                   item 文字輸入盒─書名 . 文字
06     呼叫 SaveRecord
07     呼叫 對話框1 .顯示警告訊息
           通知 " 新增成功! "
08     呼叫 SetNull
09     呼叫 Check_DBIsNull
```

說明

行號01：在新增寫入之前，先檢查前兩個文字輸入盒元件內容是否皆爲「空值」。

行號02：如果兩個文字輸入盒元件內容中有一個爲「空值」時，則顯示「您尚未完整輸入!」。

行號03～05：如果皆爲「非空值」時，則可以利用「增加清單項目」拼圖來新增故事書的「書籍分類、出版社及書名」資料到三個清單變數中。

行號06：呼叫「儲存三個清單List陣列內容」的副程式

行號07：顯示「新增成功」。

行號08：呼叫「清空二個文字輸入盒元件內容」的副程式。

行號09：呼叫「檢查目前資料庫是否爲空值」的副程式

7. 定義「SaveRecord」副程式

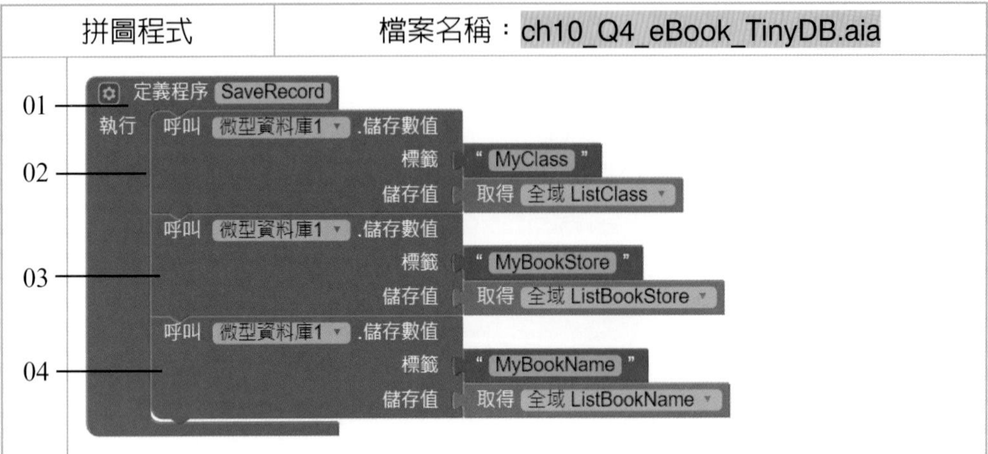

說明

行號01：用來定義「儲存三個清單List陣列內容」的副程式。

行號02～04：利用微型資料庫元件的儲存值方法來以指定的tag（標籤名稱）來儲存三個清單List陣列內容。亦即儲存三個欄位值到三個List清單陣列中。

8. 撰寫「修改」鈕程式

拼圖程式	檔案名稱：ch10_Q4_eBook_TinyDB.aia

```
   當 按鈕—修改 .被點選
01 執行 如果 call CheckInput = 真
        則 呼叫 對話框1 .顯示警告訊息
                   通知 " 您尚未讀取記錄! "
        否則       將清單 取得 全域 ListClass
               中索引值為 取得 全域 RecordIndex
02       的清單項目取代為 下拉式選單—分類 . 選中項
                   將清單 取得 全域 ListBookStore
               中索引值為 取得 全域 RecordIndex
           的清單項目取代為 文字輸入盒—出版社 . 文字
                   將清單 取得 全域 ListBookName
               中索引值為 取得 全域 RecordIndex
           的清單項目取代為 文字輸入盒—書名 . 文字
            呼叫 SaveRecord
            呼叫 對話框1 .顯示警告訊息
                   通知 " 修改成功! "
            呼叫 Check_DBIsNull
```

說明

行號01：在「修改」資料之前，先檢查兩個文字輸入盒元件內容是否皆為「空值」。

行號02：如果皆為「非空值」時，則可以利用「replace list item list」拼圖來「修改」書籍「分類、出版社及書名」資料到三個清單變數中。

註 其餘程式的說明，同上。

9. 撰寫「刪除」鈕程式

拼圖程式	檔案名稱：ch10_Q4_eBook_TinyDB.aia

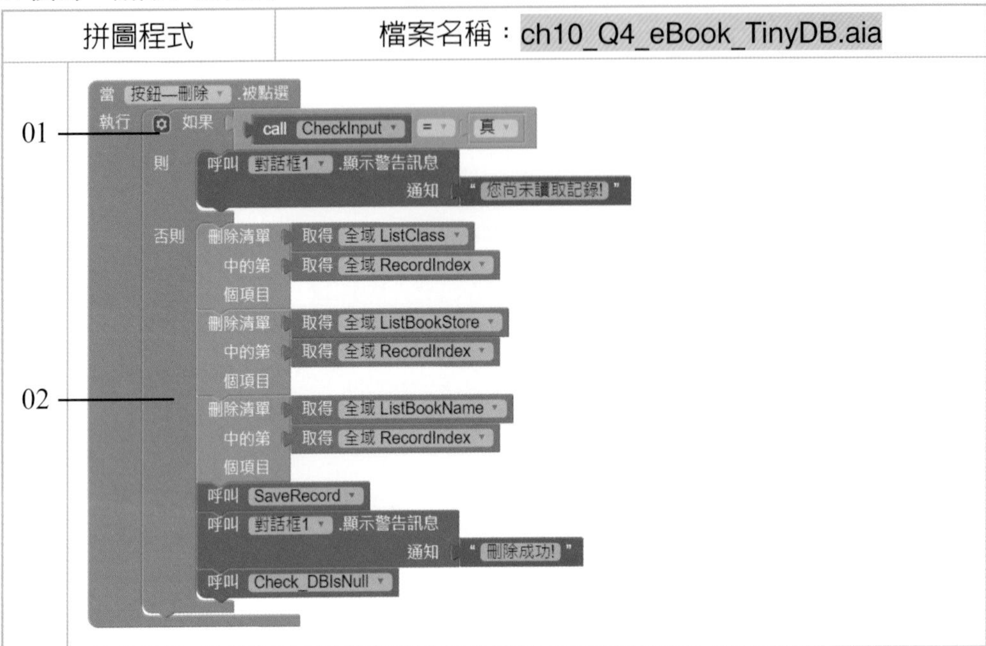

說明

行號01：在「刪除」資料之前，先檢查兩個文字輸入盒元件內容是否皆爲「空值」。

行號02：如果皆爲「非空值」時，則可以利用「刪除清單」拼圖來「刪除」書籍「分類、出版社及書名」資料到三個清單變數中。

註 其餘程式的說明，同上。

10. 撰寫「查詢」鈕程式

拼圖程式	檔案名稱：ch10_Q4_eBook_TinyDB.aia

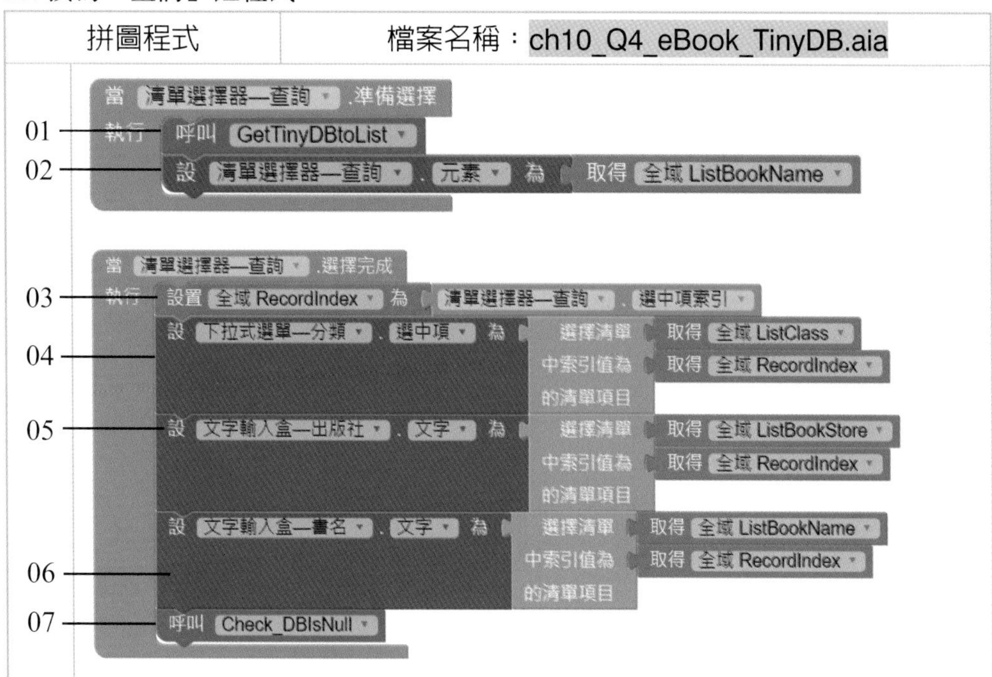

說明

行號01：當使用者按下「查詢」鈕時，會先呼叫「GetTinyDBtoList」副程式，來將微型資料庫中的資料，載入到三個清單陣列中。

行號02：將ListBookName清單的內容指定給清單選擇器_查詢清單，以提供使用者依照「書名」來查詢。

行號03：將選取的資料在清單位置的索引值，指定給Record_Index索引變數。

行號04～06：取出ListClass,ListBookStore及ListBookName清單中的第Record_Index索引值的內容指定給「文字框」。

行號07：呼叫「檢查目前資料庫是否為空值」的副程式

11. 定義「GetTinyDBtoList」副程式

拼圖程式	檔案名稱：ch10_Q4_eBook_TinyDB.aia
01 02 03 04	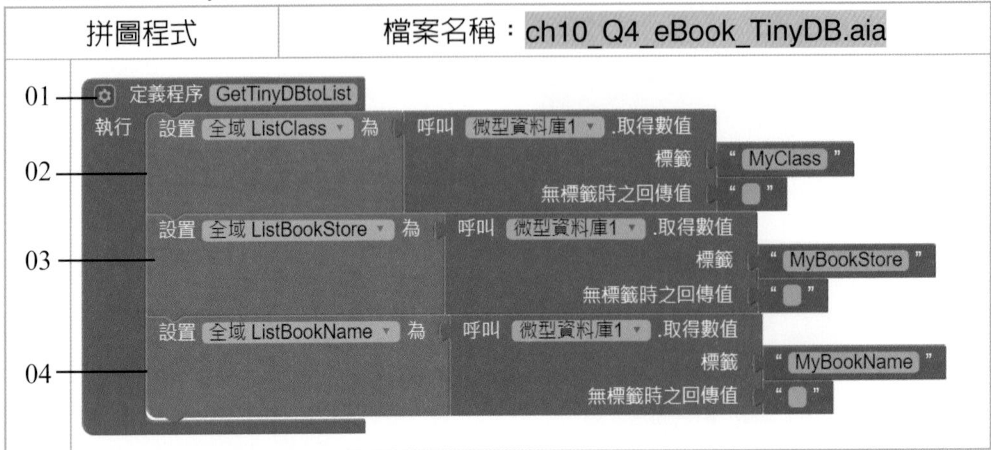

說明

行號01：定義「讀取資料庫記錄到清單陣列」的副程式

行號02～04：將微型資料庫中的資料，載入到清單陣列中。分別：

1. ListClass清單變數：亦即「書籍分類」資料。
2. ListBookStore清單變數：亦即「出版商」的資料。
3. ListBookName清單變數：亦即「書名」資料。

【執行畫面】

「新增」記錄	「查詢」記錄
書籍管理(TinyDB版本)App 分　類：機器人 出版社：請輸入出版社 書　名：請輸入書名 本系統功能 新增 修改 刪除 查詢 手機App,五南書局,程式邏輯訓練 程式設計,五南書局,VB程式設計 機器人,五南書局,樂高機器人程式設計	MIT AI2 Companion 程式邏輯訓練 VB程式設計 樂高機器人程式設計

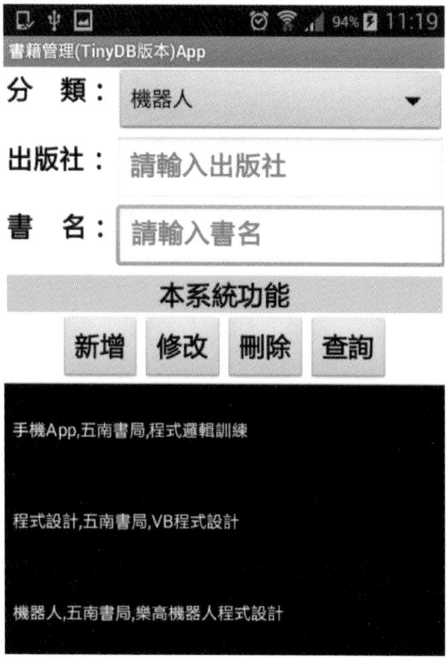

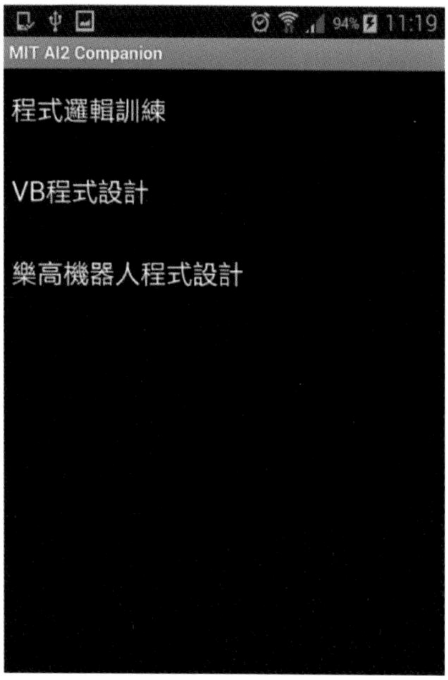

10-5 雲端電子書城App（基本版）

【分析】

(1)輸入：書號及書名

(2)處理：❶儲存

❷查詢

(3)輸出：眞正反映到TinyWebDB雲端資料庫中。

註 本題使用到TinyWebDB雲端資料庫，請讓者先依照「附錄二」來架設雲端資料庫，或是使用本範例筆者設定的亦可。

【流程圖】

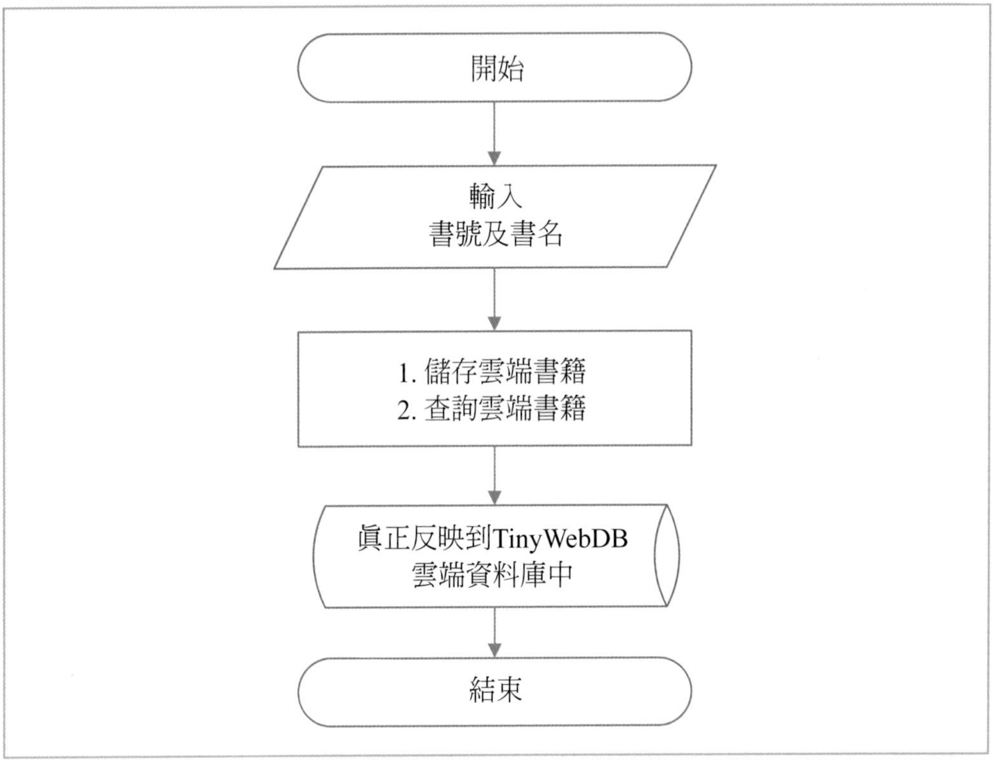

開始

↓

輸入
書號及書名

↓

1. 儲存雲端書籍
2. 查詢雲端書籍

↓

真正反映到TinyWebDB
雲端資料庫中

↓

結束

【介面設計】

手機頁面設計	專案所需元件
雲端電子書城App(基本版) 請輸入書號： book1 請輸入書名： DataStructure 儲存 查詢 非可視組件 網路微型資料庫1 對話框1	組件列表 Screen1 水平配置1 標籤1 文字輸入盒－書號 水平配置2 標籤2 文字輸入盒－書名 水平配置3 按鈕－儲存 按鈕－查詢 網路微型資料庫1 對話框1
設定ServiceURL	**TinyWebDB雲端資料庫**
 組件屬性 網路微型資料庫1 服務位址 http://leech-app-inventor2.a	leech-app-inventor2.appspot.com book3 "sam" Thu Nov 12 11:18:05 2015 Delete book2 "手機程式設計" Wed Dec 2 02:14:56 2015 Delete book1 "DataStructure" Wed Dec 2 07:22:13 Delete

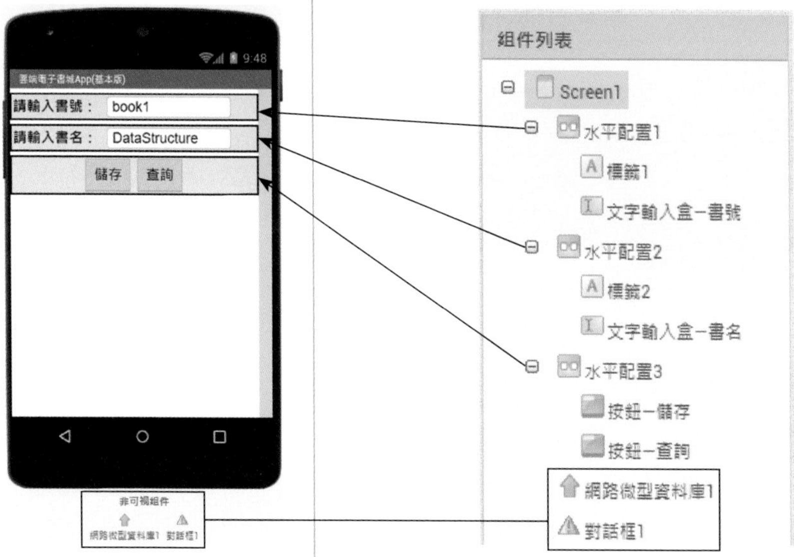

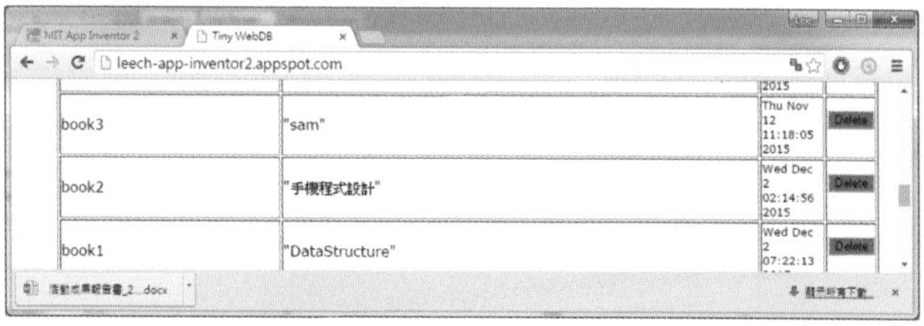

【程式設計】

1. 撰寫「儲存」鈕的程式

拼圖程式	檔案名稱：ch10_Q5_eBook_TinyWebDB_V1.aia
01 02	當 按鈕—儲存 .被點選 執行 呼叫 網路微型資料庫1 .儲存數值 標籤 文字輸入盒—書號 . 文字 儲存值 文字輸入盒—書名 . 文字 呼叫 對話框1 .顯示警告訊息 通知 " 新增儲存成功! "

說明

行號01：當使用者按下「儲存」鈕之後，就會儲存「書號」及「書名」到雲端伺服器中。

行號02：顯示「新增儲存成功」訊息，讓使用者得知順利的將資料儲存到雲端伺服器中。

2. 撰寫「查詢」鈕的程式

拼圖程式	檔案名稱：ch10_Q5_eBook_TinyWebDB_V1.aia
	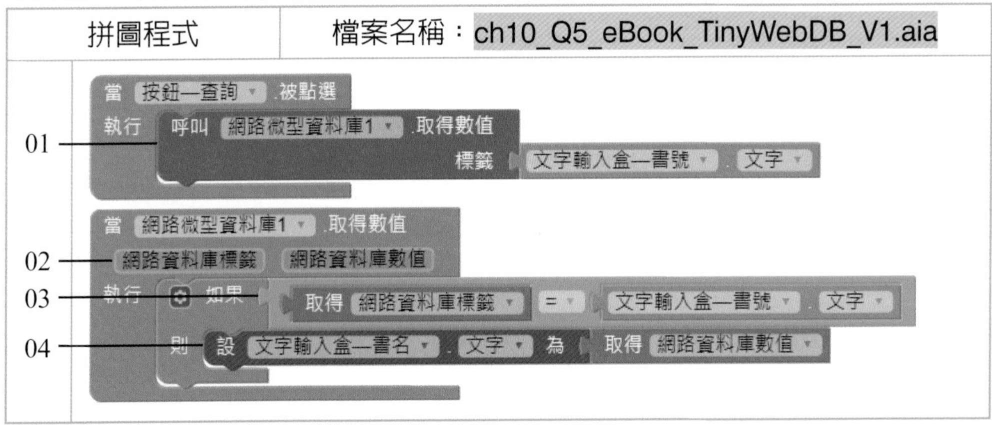

說明

行號01：當使用者按下「查詢」鈕之後，就會透過參數tag標籤從雲端伺服器來讀取資料。

行號02：利用參數tag（標籤）來讀取資料之後，隨即觸發GotValue事件，並且會傳回兩個參數：

(1) tagFromWebDB：代表標籤名稱

(2) valueFromWebDB：代表資料值

行號03～04：當您輸入的書號等於傳回參數的「標籤名稱」時，則雲端伺服器中的「資料值」亦即「書名」的參數值就是顯示在畫面上。

【執行畫面】

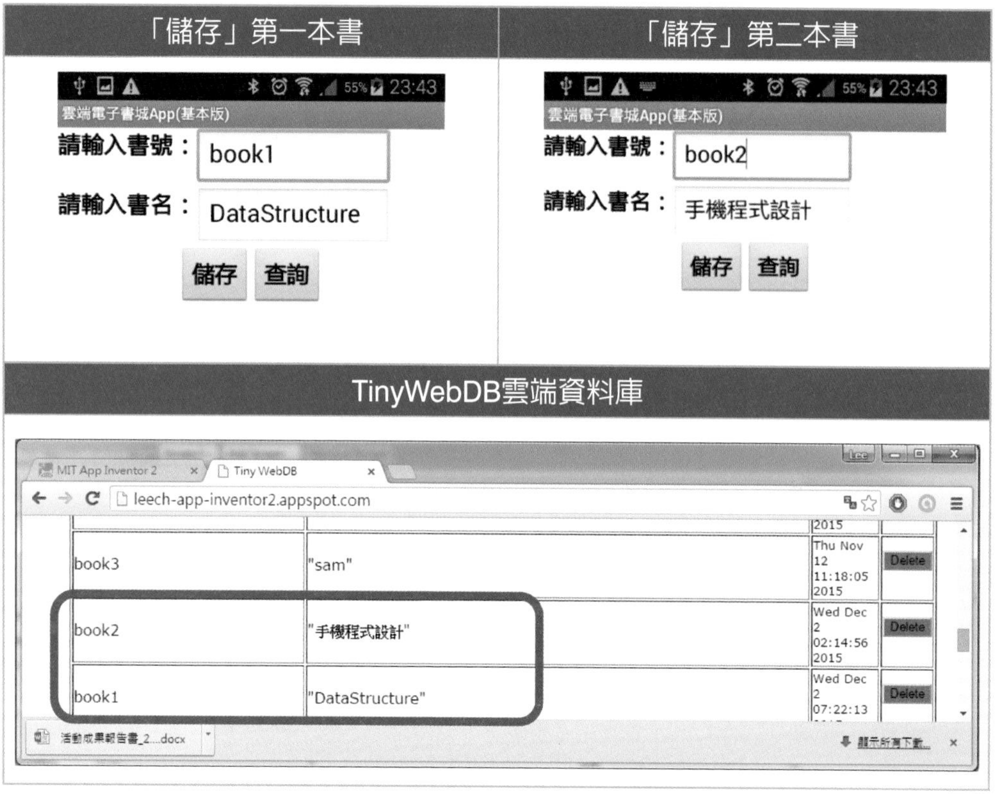

「儲存」第一本書	「儲存」第二本書
55% 23:43 雲端電子書城App(基本版) 請輸入書號：book1 請輸入書名：DataStructure 儲存 查詢	55% 23:43 雲端電子書城App(基本版) 請輸入書號：book2 請輸入書名：手機程式設計 儲存 查詢

TinyWebDB雲端資料庫

MIT App Inventor 2 | Tiny WebDB

leech-app-inventor2.appspot.com

		2015	
book3	"sam"	Thu Nov 12 11:18:05 2015	Delete
book2	"手機程式設計"	Wed Dec 2 02:14:56 2015	Delete
book1	"DataStructure"	Wed Dec 2 07:22:13	Delete

活動成果報告書_2....docx

10-6 雲端電子書城App（進階版）

【分析】

(1)輸入：書號及書名

(2)處理：❶儲存

❷查詢

(3)輸出：眞正反映到TinyWebDB雲端資料庫中。

【架構圖】

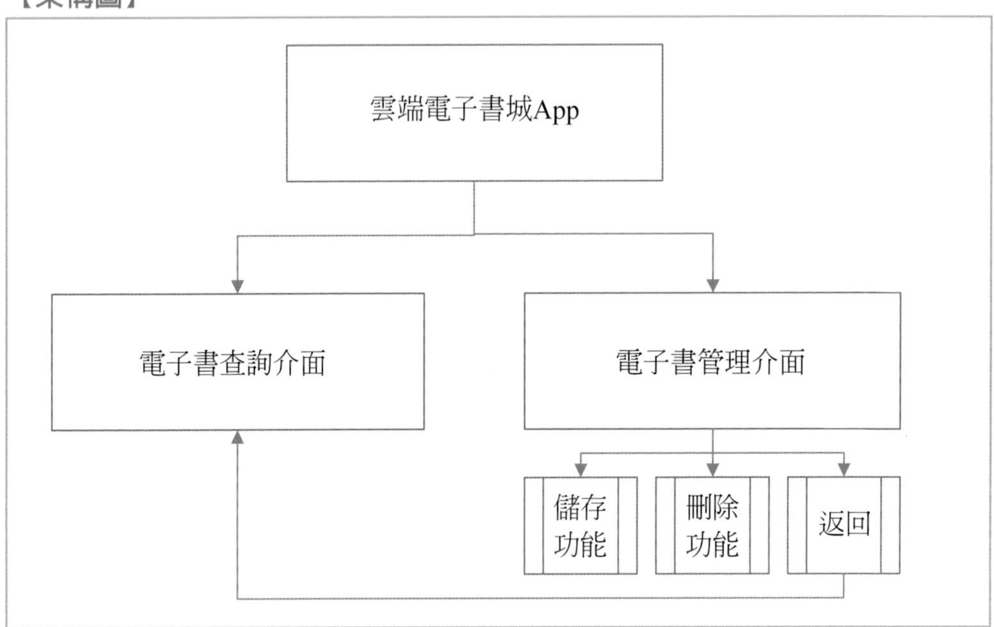

【介面設計】

【程式設計】

請參考附書光碟。

【執行結果】

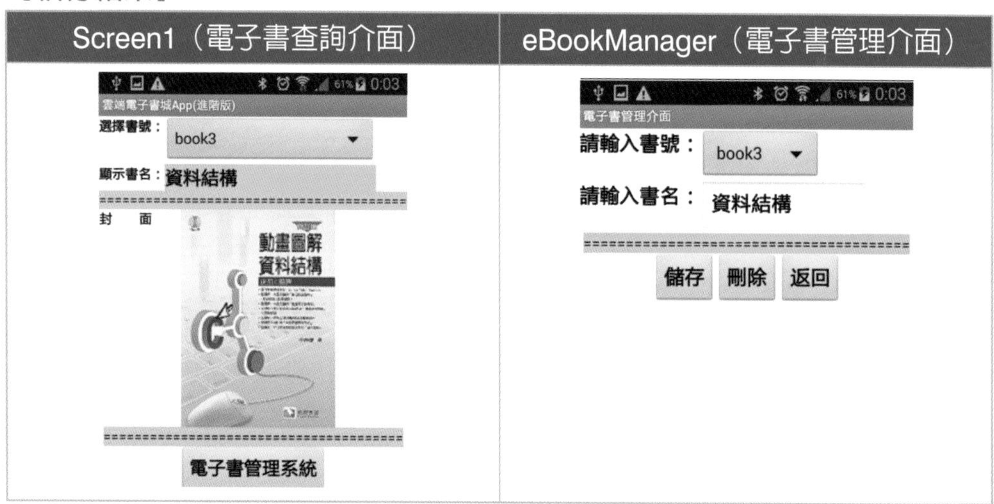

10-7 書籍管理（TinyWebDB版本）App

【分析】

(1)輸入：書籍分類選項、出版社及書名

(2)處理：❶新增雲端書籍

❷修改雲端書籍

❸刪除雲端書籍

❹查詢雲端書籍

(3)輸出：真正反映到TinyWebDB雲端資料庫中。

【流程圖】

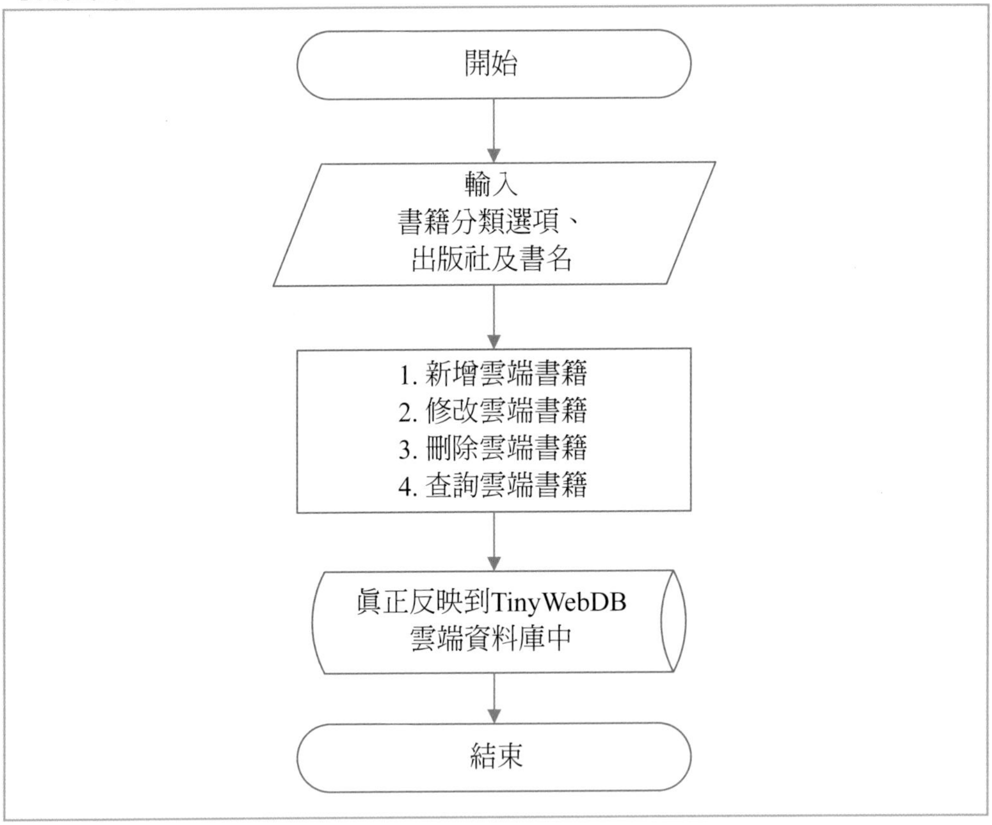

開始

↓

輸入
書籍分類選項、
出版社及書名

↓

1. 新增雲端書籍
2. 修改雲端書籍
3. 刪除雲端書籍
4. 查詢雲端書籍

↓

真正反映到TinyWebDB
雲端資料庫中

↓

結束

【介面設計】

手機頁面設計	專案所需元件
我的書籍管理(TinyWebDB版本)App 分 類：Spinner新增項目 出版社：五南書局 書 名：程式邏輯訓練 本系統功能 新增 修改 刪除 查詢 Search list... 非可視組件 對話框1 網路微型資料庫1	組件列表 Screen1 水平配置1 標籤1 下拉式選單－分類 水平配置2 標籤2 文字輸入盒－出版社 水平配置3 標籤3 文字輸入盒－書名 水平配置4 標籤4 水平配置5 按鈕－新增 按鈕－修改 按鈕－刪除 清單選擇器－查詢 清單顯示器1 對話框1 網路微型資料庫1

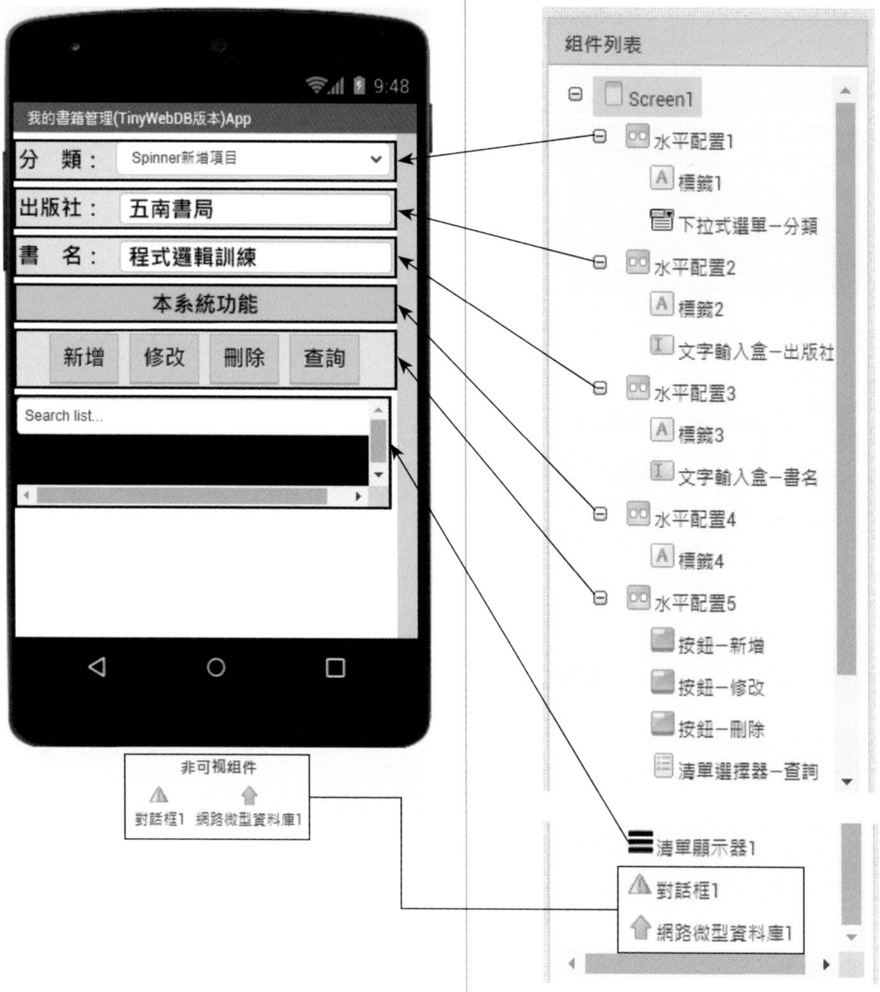

【關鍵程式】

1. 宣告及頁面初始化

拼圖程式
檔案名稱：ch10_Q7_eBook_TinyWebDB.aia
01
初始化全域變數 TinyWebDB 為 " eBookTinyWebDB "
02
初始化全域變數 ListWebDB 為 建立空清單
當 Screen1 .初始化
03
執行 呼叫 GetWebDB

說明

行號01：宣告TinyWebDB變數為「雲端資料庫名稱」。

行號02：宣告ListWebDB變數清單陣列，目的用來記錄「目前指定的雲端資料庫中的內容」。

行號03：呼叫「GetWebDB」副程式。目的用來取得雲端資料庫中的內容。

2. 定義「GetWebDB」副程式

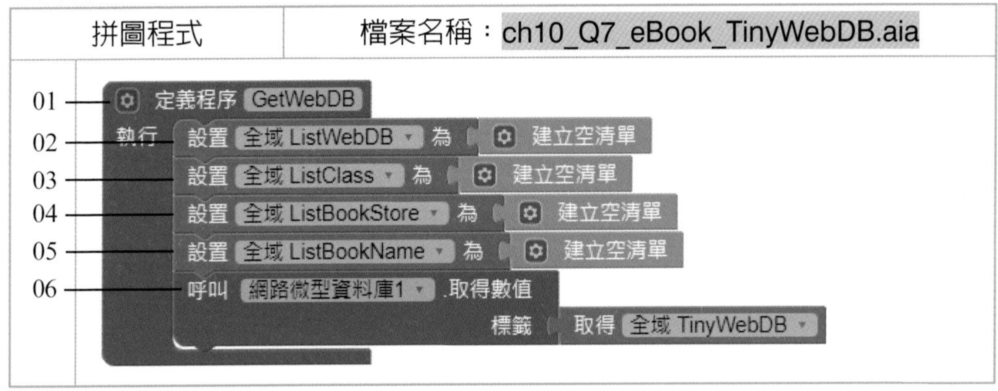

拼圖程式
檔案名稱：ch10_Q7_eBook_TinyWebDB.aia
01
定義程序 GetWebDB
02
執行 設置 全域 ListWebDB 為 建立空清單
03
設置 全域 ListClass 為 建立空清單
04
設置 全域 ListBookStore 為 建立空清單
05
設置 全域 ListBookName 為 建立空清單
06
呼叫 網路微型資料庫1 .取得數值
標籤 取得 全域 TinyWebDB

說明

行號01：定義「GetWebDB」副程式。

行號02～05：分別設定ListWebDB, ListClass, ListBookStore及ListBookName四個清單陣列為空清單。

行號06：使用「TinyWebDB」雲端資料庫元件的GetValue方法，透過參數tag標籤從雲端伺服器來讀取資料。

3. 撰寫GotValue事件程式

拼圖程式	檔案名稱：ch10_Q7_eBook_TinyWebDB.aia

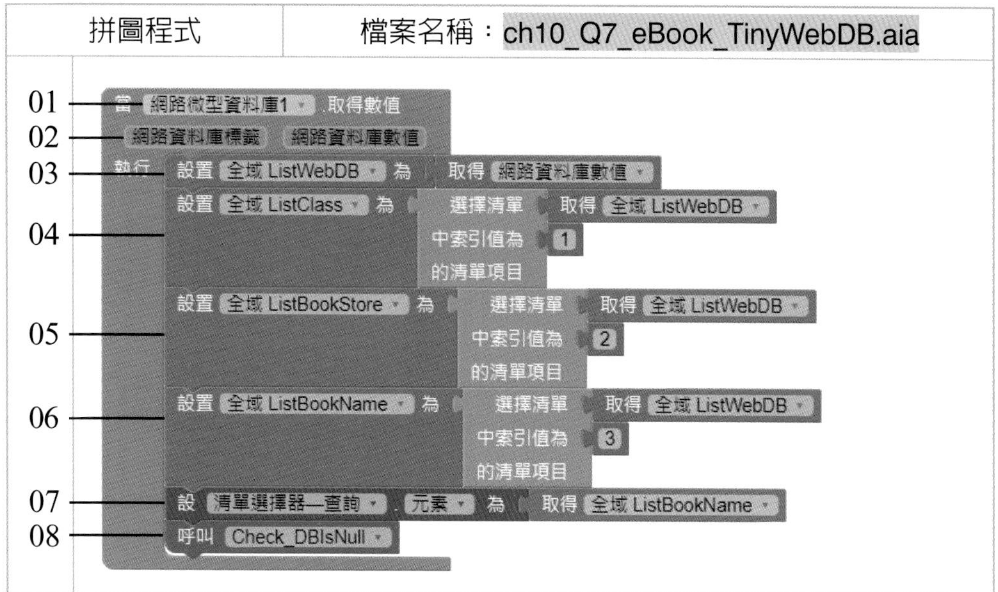

說明

行號01～02：利用參數tag（標籤）來讀取資料之後，隨即觸發GotValue事件，並且會傳回兩個參數：

(1) tagFromWebDB：代表標籤名稱

(2) valueFromWebDB：代表資料值

行號03：設定ListWebDB清單陣列用來記錄「目前指定的雲端資料庫中的內容」。

行號04～07：分別將取得的雲端資料庫中內容，並指定到ListClass, ListBookStore及ListBookName三個清單陣列，亦即取得「書籍分類、出版社及書名」的記錄，其將「書名」清單指定給「查詢」鈕的元素集。

行號08：呼叫「Check_DBIsNull」副程式。目的用來檢查是否空的雲端資料庫，如果有內容，就會顯示在螢幕上。

4. 定義「SaveWebDB」副程式

拼圖程式	檔案名稱：ch10_Q7_eBook_TinyWebDB.aia

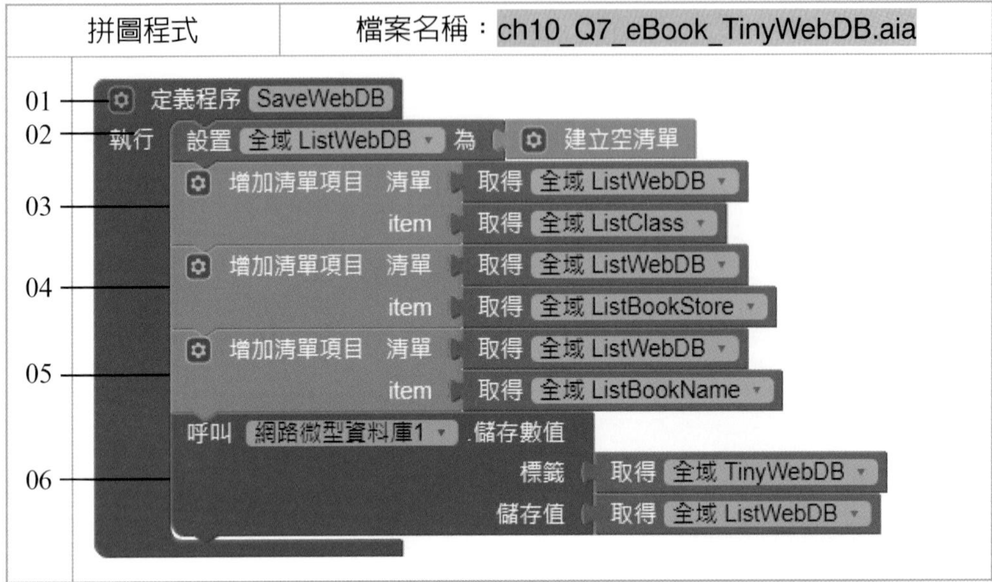

說明

行號01：定義「SaveWebDB」副程式。

行號02：設定ListWebDB清單陣列爲空清單。

行號03～05：將ListClass, ListBookStore及ListBookName三個清單陣列內容指定給ListWebDB清單陣列。亦即合併「書籍分類、出版社及書名」的記錄。

行號06：再利用微型資料庫元件的儲存值方法來儲存ListWebDB清單陣列到雲端資料庫中。

【執行結果】

「新增」記錄到雲端資料庫	「查詢」記錄到雲端資料庫
94% 11:21 書籍管理(TinyWebDB版本)App 分　類：手機App 出版社：五南書局 書　名：程式邏輯訓練 本系統功能 新增 修改 刪除 查詢 Search list... 手機App,五南書局,程式邏輯訓練 程式設計,上奇資訊,程式設計2	94% 11:21 MIT AI2 Companion 程式邏輯訓練 程式設計2

TinyWebDB雲端資料庫

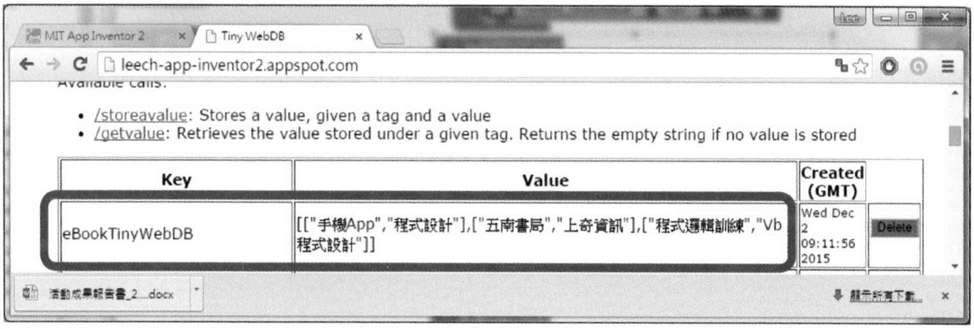

MIT App Inventor 2 × | Tiny WebDB ×

leech-app-inventor2.appspot.com

Available calls:

- /storeavalue: Stores a value, given a tag and a value
- /getvalue: Retrieves the value stored under a given tag. Returns the empty string if no value is stored

Key	Value	Created (GMT)	
eBookTinyWebDB	[["手機App","程式設計"],["五南書局","上奇資訊"],["程式邏輯訓練","Vb程式設計"]]	Wed Dec 2 09:11:56 2015	Delete

活動成果報告書_2....docx　　顯示所有下載...

Chapter 11

通信連接的應用

本章學習目標

1. 讓讀者瞭解WebView與Web元件的適用時機與方法。
2. 讓讀者瞭解ActivityStarter元件及藍牙通訊（Bluetooth）的使用時機與方法。

本章學習內容

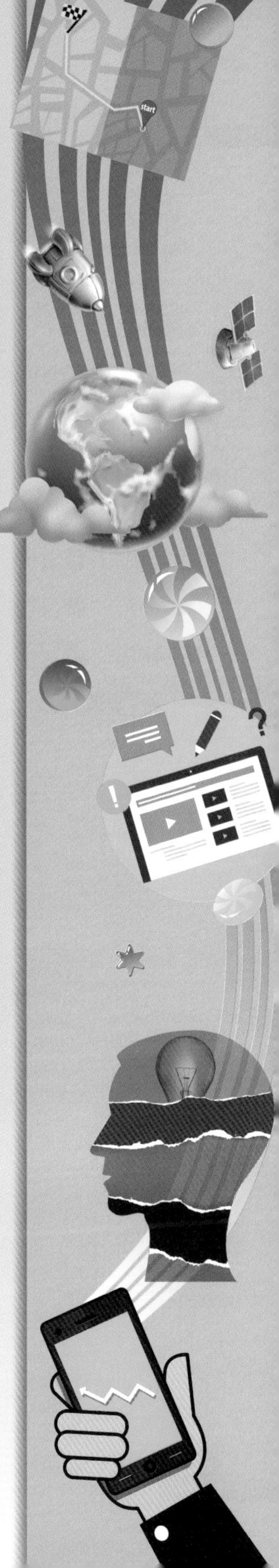

11-1 嵌入式手機瀏覽器App

說明

1. 請利用WebView元件中的HomeUrl屬性來開啓「奇摩網頁」。
2. 請利用WebView元件中的GotoUrl方法來開啓「奇摩網頁」。

【分析】

(1)輸入：網址

(2)處理：❶透過WebView元件來開啓網頁

❷可切換「上一頁」及「下一頁」

(3)輸出：瀏覽網頁內容

【流程圖】

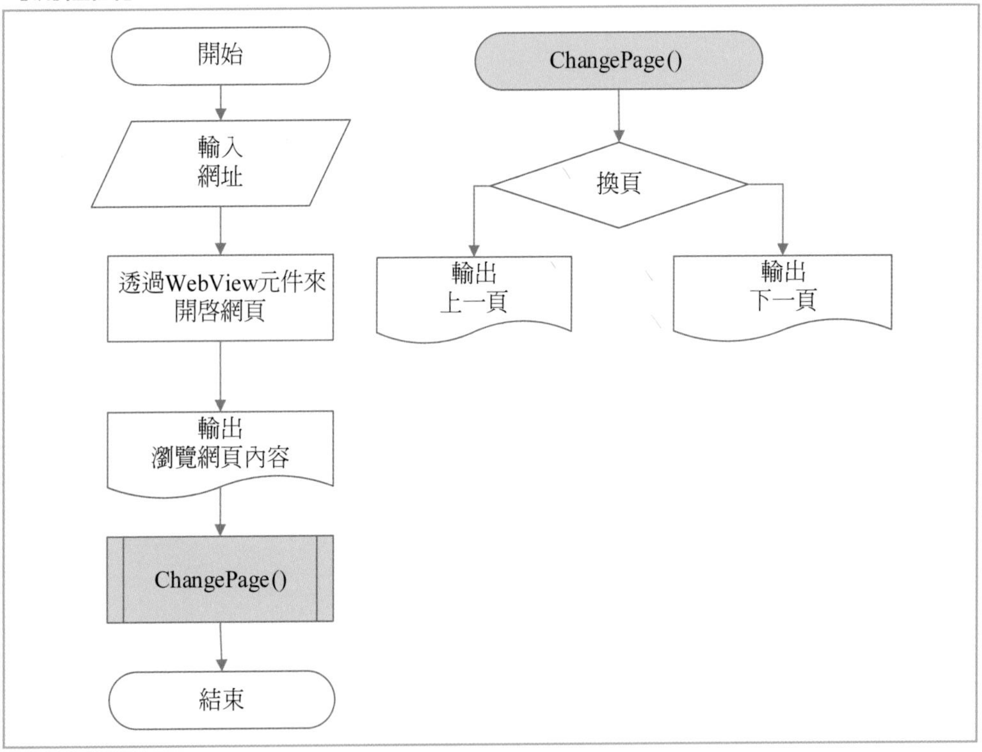

開始

輸入
網址

透過WebView元件來
開啓網頁

輸出
瀏覽網頁內容

ChangePage()

結束

ChangePage()

換頁

輸出
上一頁

輸出
下一頁

【介面設計】

手機頁面設計	專案所需元件
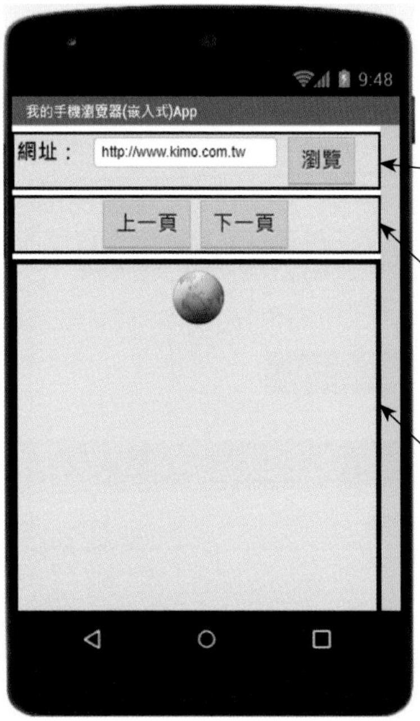 我的手機瀏覽器(嵌入式)App 網址： http://www.kimo.com.tw 瀏覽 上一頁 下一頁	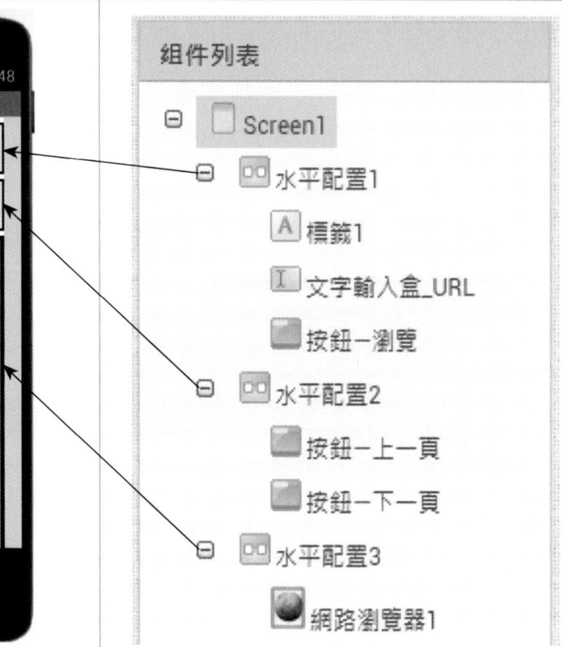 組件列表 Screen1 水平配置1 標籤1 文字輸入盒_URL 按鈕─瀏覽 水平配置2 按鈕─上一頁 按鈕─下一頁 水平配置3 網路瀏覽器1

【程式設計】

1. 按「瀏覽」鈕之程式

拼圖程式	檔案名稱：ch11_Q1_WebViewer.aia

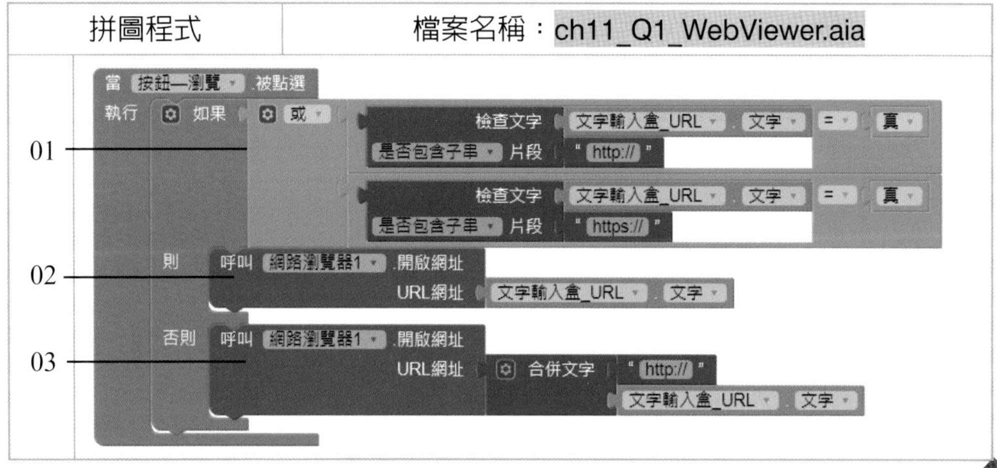

說明

行號01：檢查使用者輸入的網址是否有包含「http://」或「https://」的字串。

行號02：如果有包含，則直接開啓指定的網頁。

行號03：如果沒有包含，則在前面先加入「http://」字串，再合拼使用輸入的網址，最後才開啓指定的網頁。

2. 按「上一頁」鈕之程式

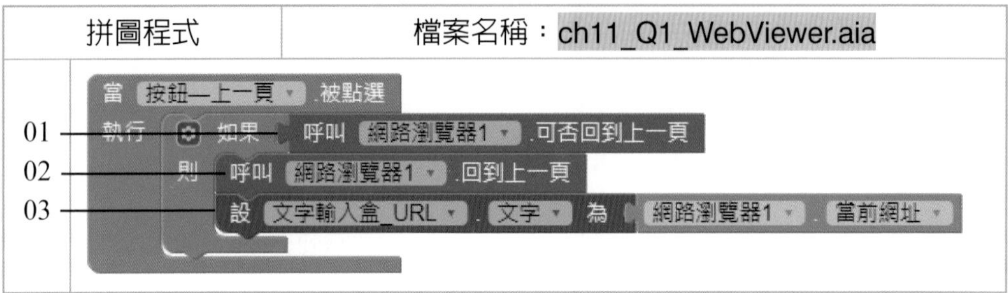

說明

行號01～03：檢查目前網頁是否可以「回上一頁」，如果可以，則回上一頁。

3. 按「下一頁」鈕之程式

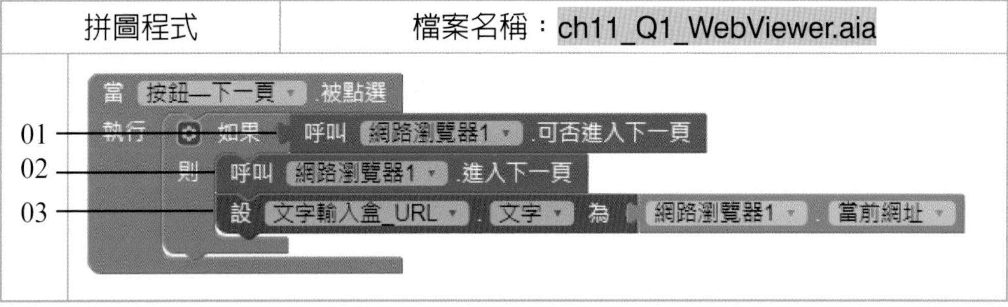

說明

行號01～03：檢查目前網頁是否可以「回下一頁」，如果可以，則回下一頁。

【執行畫面】

「瀏覽」奇摩網站（大選類）	「上一頁」奇摩網站（娛樂類）
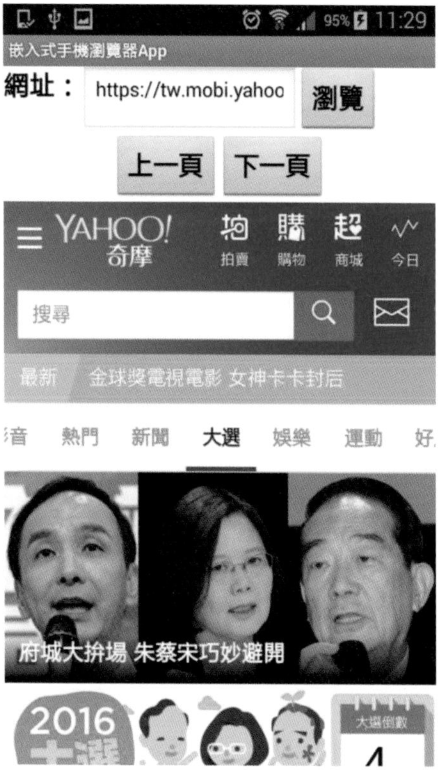 嵌入式手機瀏覽器App 網址：https://tw.mobi.yahoo 瀏覽 上一頁 下一頁 最新 金球獎電視電影 女神卡卡封后 府城大拚場 朱蔡宋巧妙避開	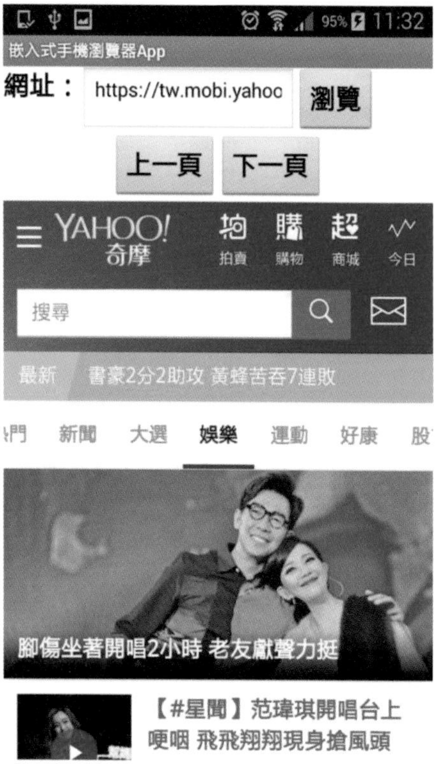 嵌入式手機瀏覽器App 網址：https://tw.mobi.yahoo 瀏覽 上一頁 下一頁 最新 書豪2分2助攻 黃蜂苦吞7連敗 腳傷坐著開唱2小時 老友獻聲力挺 【#星聞】范瑋琪開唱台上哽咽 飛飛翔翔現身搶風頭

11-2 我的最愛書籤網頁管理App

【分析】

(1)輸入：網址

(2)處理：❶透過ActivityStarter元件來開啟網頁

❷「加入書籤」到選單中

❸從書籤中「查詢書籤」

❹從書籤中「移除書籤」

(3)輸出：瀏覽網頁內容

【流程圖】

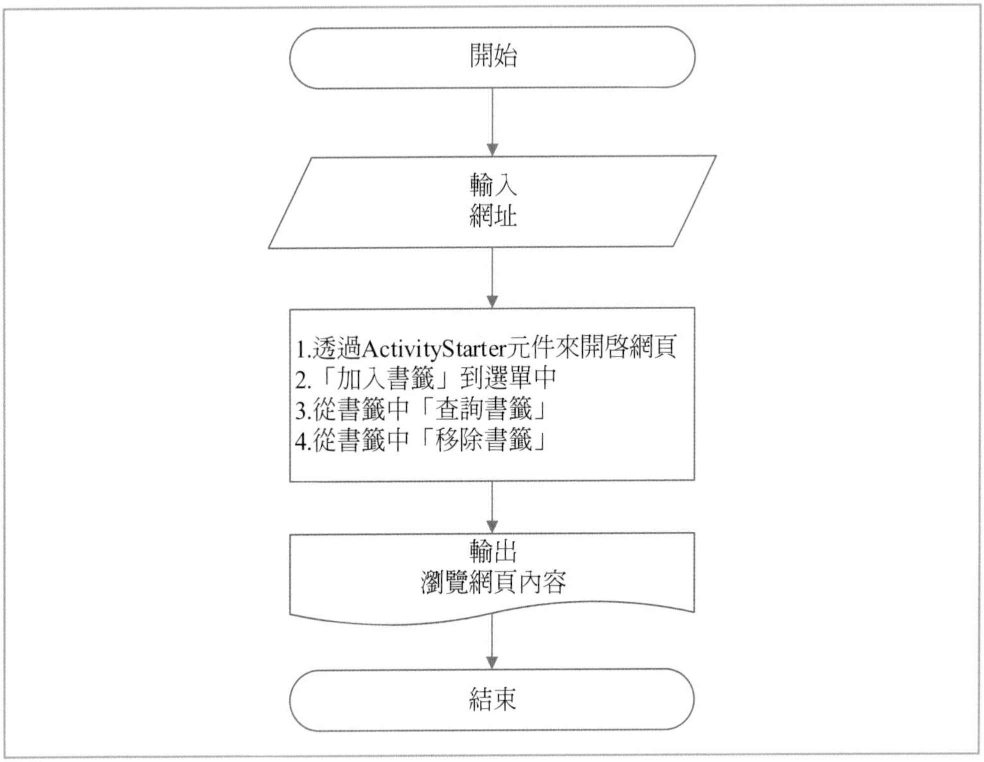

開始

↓

輸入
網址

↓

1.透過ActivityStarter元件來開啓網頁
2.「加入書籤」到選單中
3.從書籤中「查詢書籤」
4.從書籤中「移除書籤」

↓

輸出
瀏覽網頁內容

↓

結束

【介面設計】

手機頁面設計	專案所需元件
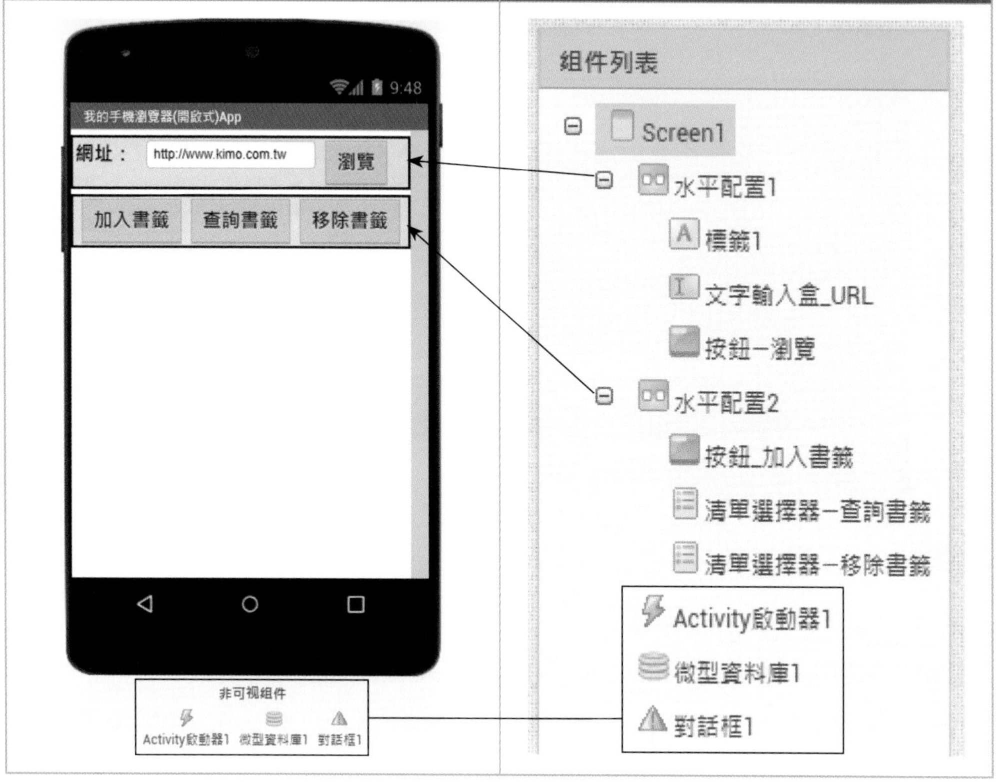 9:48 我的手機瀏覽器(開啟式)App 網址： http://www.kimo.com.tw 瀏覽 加入書籤 查詢書籤 移除書籤 非可視組件 Activity啟動器1 微型資料庫1 對話框1	組件列表 Screen1 水平配置1 標籤1 文字輸入盒_URL 按鈕－瀏覽 水平配置2 按鈕_加入書籤 清單選擇器－查詢書籤 清單選擇器－移除書籤 Activity啟動器1 微型資料庫1 對話框1

註 本題可以延伸應用：例如「電子書管理」、「行動教材管理」等。

【程式設計】

1. 按「瀏覽」鈕之程式

拼圖程式	檔案名稱：ch11_Q2_OpenWeb.aia

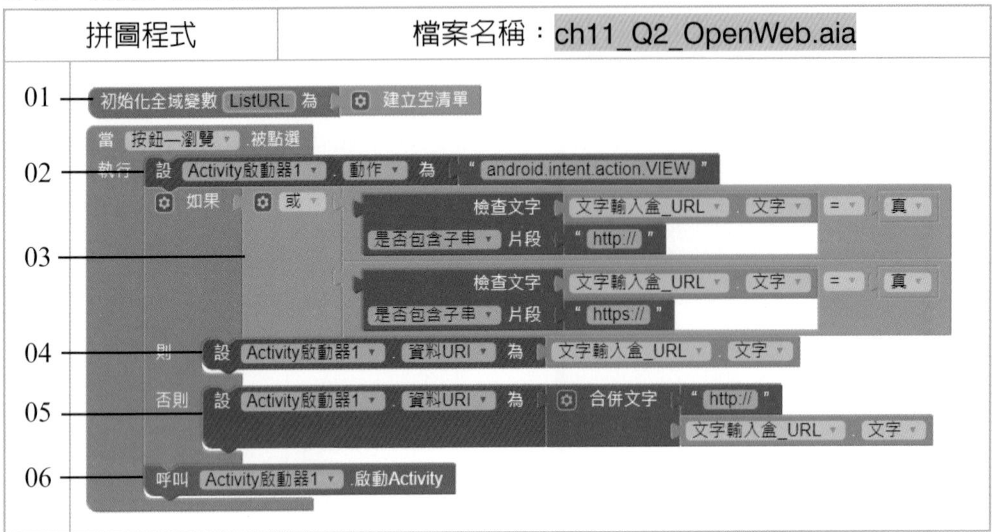

說明

行號01：宣告ListURL清單變數爲空清單。其目的用來儲存使用者加入網址。

行號02：利用「android.intent.action.VIEW」是用來開啓指定的網頁。

行號03：檢查使用者輸入的網址是否有包含「http://」或「https://」的字串。

行號04：如果有包含，則直接開啓指定的網頁，其中ActivityStarter的「DataUri屬性」可以利用瀏覽器來連接不同種類的網址。

行號05：如果沒有包含，則在前面先加入「http://」字串，再合拼使用輸入的網址，最後才開啓指定的網頁。

行號06：啓動欲執行的活動（Activity）。

2. 定義「儲存與取得」資料庫之副程式

拼圖程式	檔案名稱：ch11_Q2_OpenWeb.aia
01	定義程序 StoreTinyDB 執行 呼叫 微型資料庫1 .儲存數值 標籤 " MyURL " 儲存值 取得 全域 ListURL
02	定義程序 GetTinyDB 執行 設置 全域 ListURL 為 呼叫 微型資料庫1 .取得數值 標籤 " MyURL " 無標籤時之回傳值 " "

說明

行號01：定義「StoreTinyDB」副程式，其目的用來「儲存」資料到資料庫中。

行號02：定義「GetTinyDB」副程式，其目的用來從資料庫中「取得」資料。

3. 撰寫「加入書籤」鈕之程式

拼圖程式	檔案名稱：ch11_Q2_OpenWeb.aia

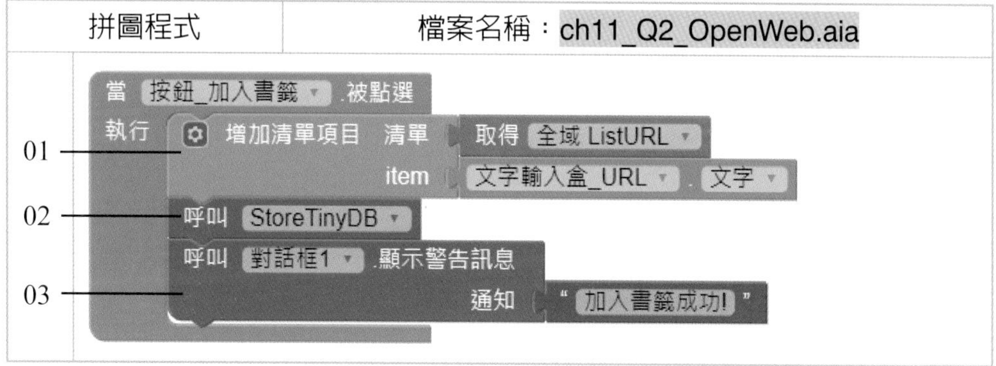

說明

行號01：將使用者輸入的網址加入到ListURL清單陣列中，亦即加入到書籤中。

行號02～03：呼叫「StoreTinyDB」副程式。用來「儲存」資料到資料庫中，並顯示「加入書籤成功!」

4. 撰寫「查詢書籤」鈕之程式

拼圖程式	檔案名稱：ch11_Q2_OpenWeb.aia

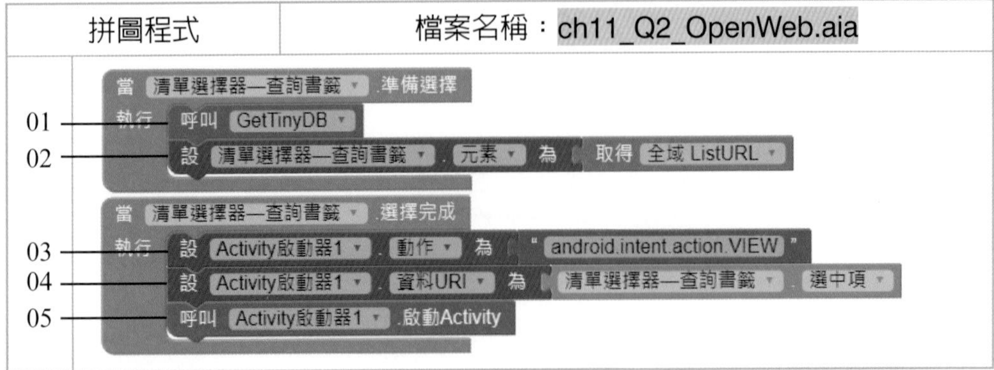

說明

行號01：呼叫「GetTinyDB」副程式。其目的用來從資料庫中「取得」資料。

行號02：將取得的網址清單指定給ListPicker_Query的集合中。

行號03：利用瀏覽器來連接某一特定的網頁。

行號04：將使用者輸入的網址指定給「DataUri屬性」。

行號05：開啓瀏覽器並連接某一特定的網頁。

5. 撰寫「移除書籤」鈕之程式

拼圖程式	檔案名稱：ch11_Q2_OpenWeb.aia

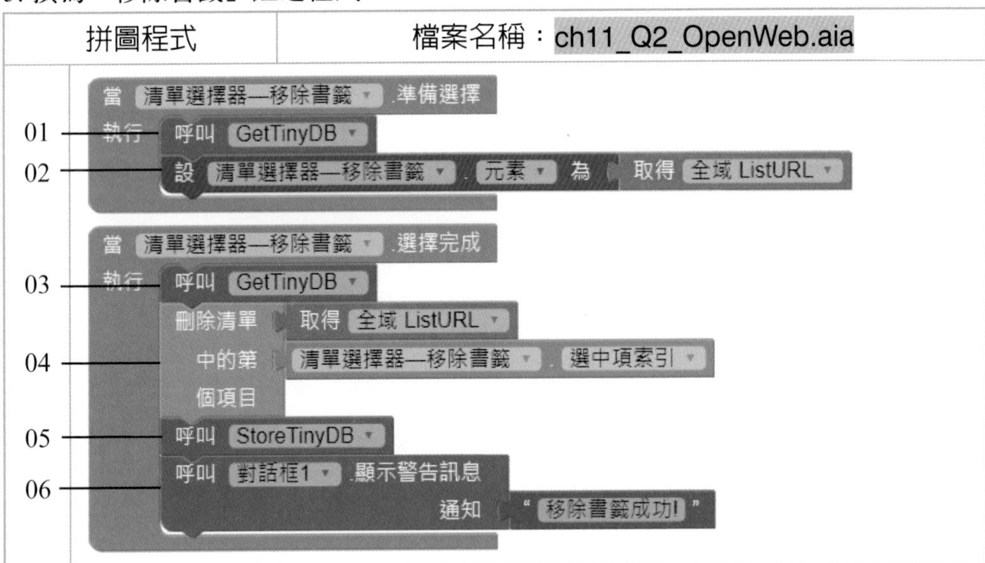

說明

行號01～02：當使用者按下「移除書籤」鈕時，它會呼叫「GetTinyDB」副程式。其目的用來從資料庫中「取得」資料，並將取得的網址清單指定給ListPicker_Remove的集合中。

行號03～05：當使用者選擇某一網址之後，它會就從網址清單刪除，並呼叫「StoreTinyDB」副程式，來將網址清單回存到資料庫中。

行號06：最後，就會顯示「移除書籤成功!」。

【執行畫面】

加入書籤	查詢書籤
 我的最愛書籤網頁管理App 網址：http://www.BMW.com 瀏覽 加入書籤 查詢書籤 移除書籤 加入書籤成功!	 MIT AI2 Companion http://www.kimo.com.tw http://www.BMW.com.tw 選單 越帶勁 越靠近 BMW 月付6,900元起 立即擁有

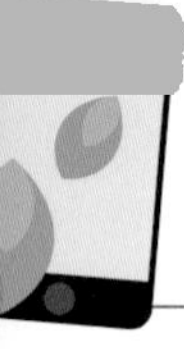

11-3 我的好友eMail管理App

【分析】

(1)輸入：E-Mail網址、主旨及內文

(2)處理：透過ActivityStarter元件處理email

(3)輸出：傳送e-mail

【流程圖】

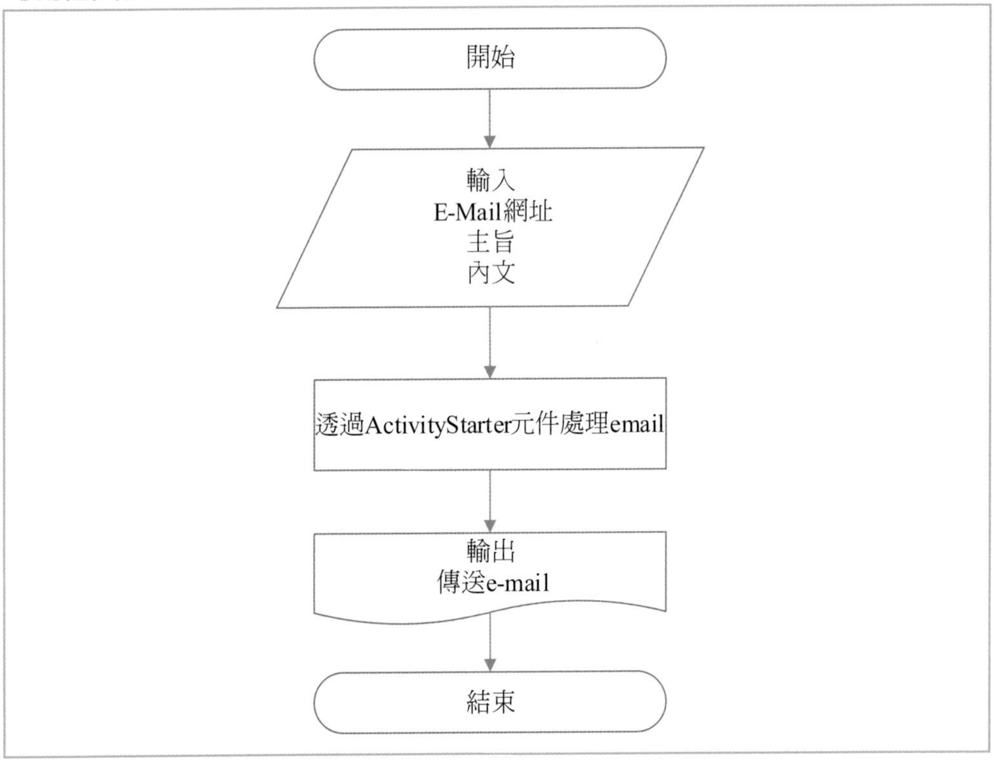

```
開始
  ↓
輸入
E-Mail網址
主旨
內文
  ↓
透過ActivityStarter元件處理email
  ↓
輸出
傳送e-mail
  ↓
結束
```

【介面設計】

手機頁面設計	專案所需元件
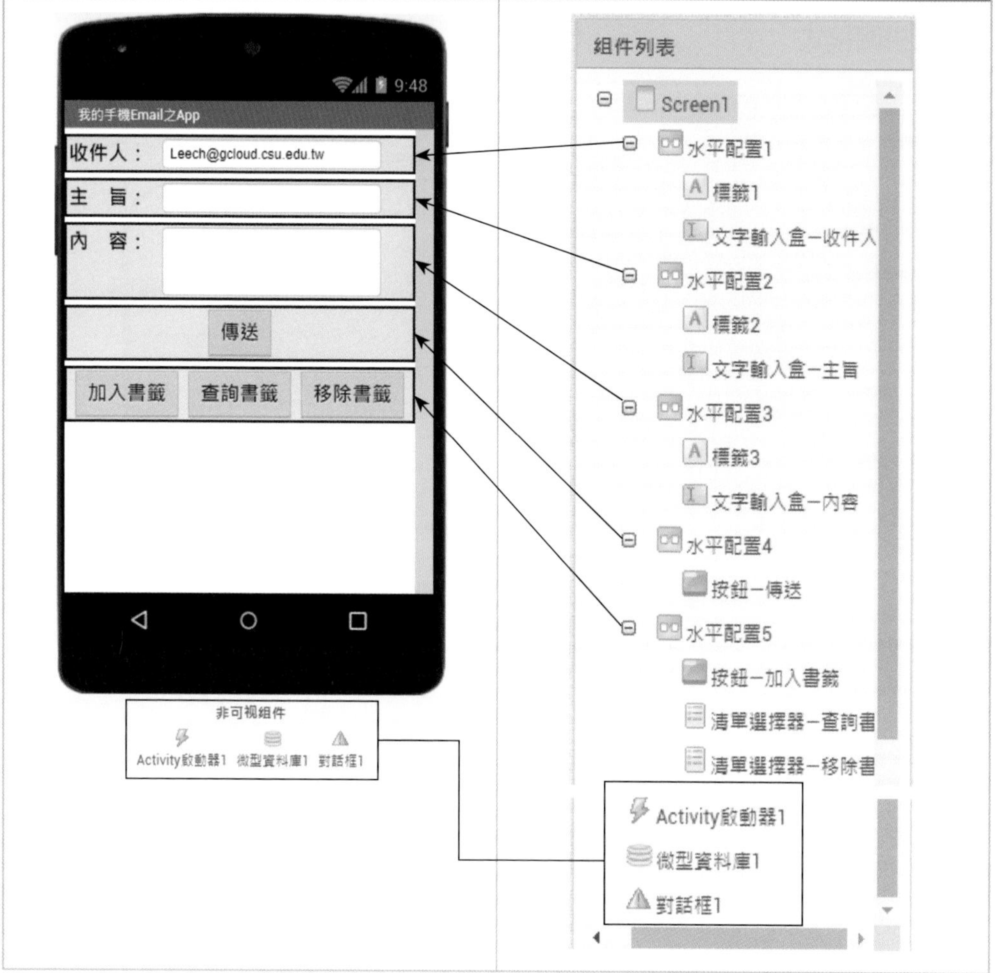 9:48 我的手機Email之App 收件人： Leech@gcloud.csu.edu.tw 主　旨： 內　容： 傳送 加入書籤 查詢書籤 移除書籤 非可視組件 Activity啟動器1 微型資料庫1 對話框1	組件列表 Screen1 水平配置1 標籤1 文字輸入盒－收件人 水平配置2 標籤2 文字輸入盒－主旨 水平配置3 標籤3 文字輸入盒－內容 水平配置4 按鈕－傳送 水平配置5 按鈕－加入書籤 清單選擇器－查詢書 清單選擇器－移除書 Activity啟動器1 微型資料庫1 對話框1

【關鍵程式】

此App程式與「ch11_Q2_OpenWeb.aia」大部份相同，不同之處如下：

拼圖程式	檔案名稱：ch11_Q3_SendeMail.aia

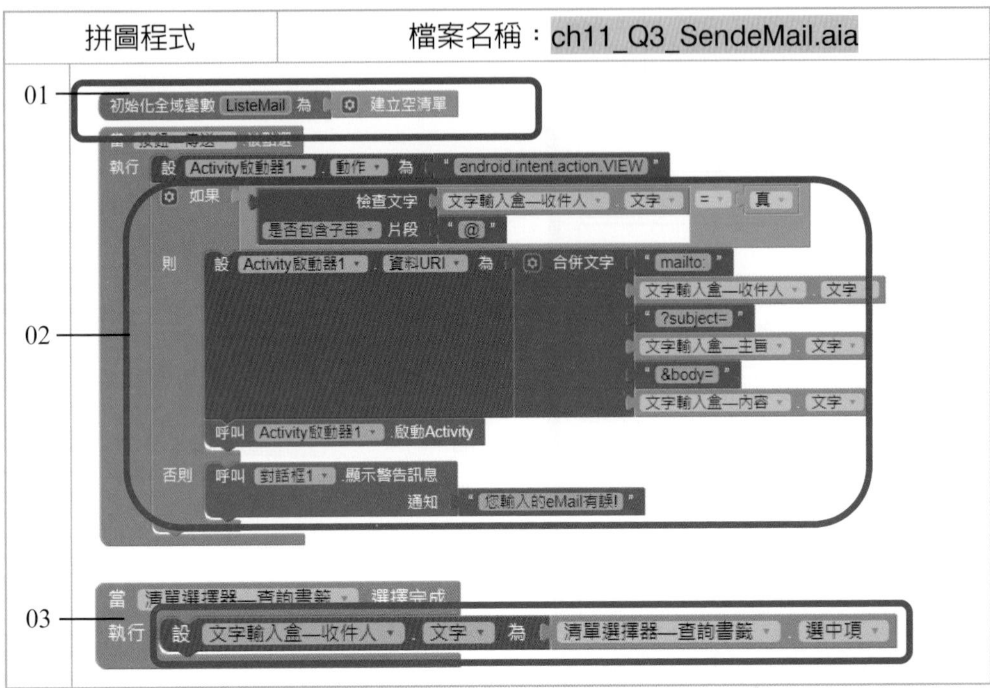

說明

請參考上一題「ch11_Q2_OpenWeb.aia」，再修改如上程式即可。

完整的程式碼，請參考ch11_Q3_SendeMail.aia。

【執行畫面】

11-4 最愛景點管理App

【分析】

(1)輸入：景點的地址

(2)處理：❶透過ActivityStarter元件處理

❷最愛景點「加入書籤」到選單中

❸從書籤中「查詢書籤」景點地址

❹從書籤中「移除書籤」景點地址

(3)輸出：Google地圖

【流程圖】

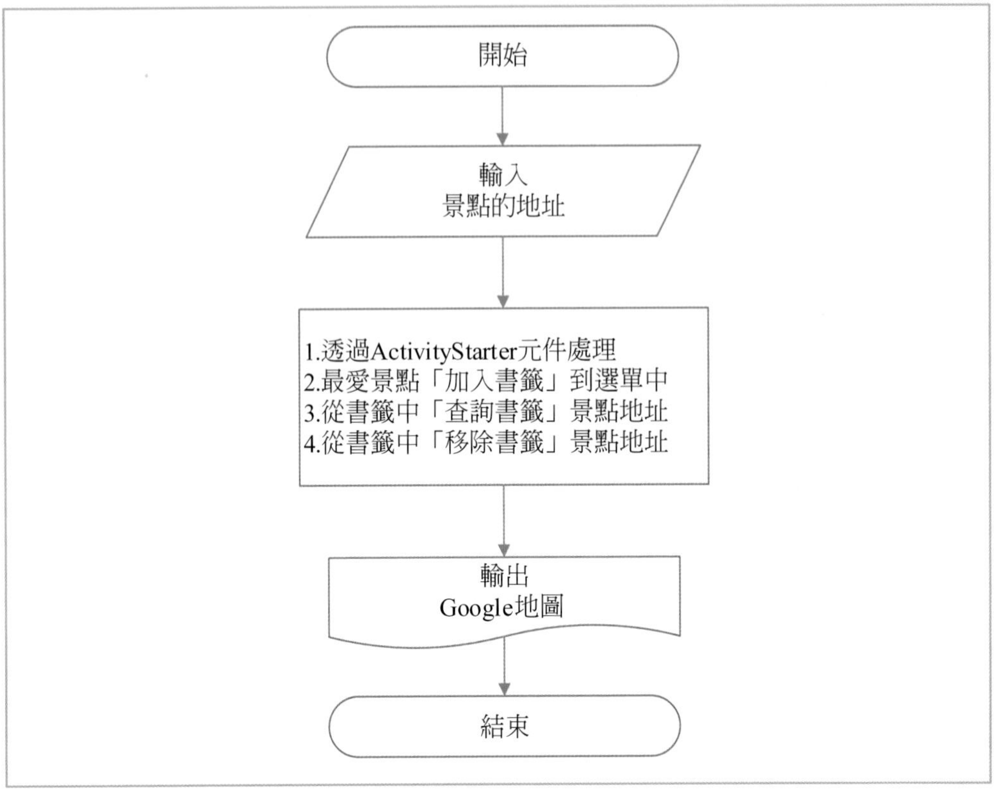

開始
輸入
景點的地址
1.透過ActivityStarter元件處理
2.最愛景點「加入書籤」到選單中
3.從書籤中「查詢書籤」景點地址
4.從書籤中「移除書籤」景點地址
輸出
Google地圖
結束

【介面設計】

手機頁面設計	專案所需元件
我的手機Google地圖App 地址： 高雄市正修科技大學 瀏覽 加入書籤 查詢書籤 移除書籤 非可視組件 Activity啟動器1 微型資料庫1 對話框1	組件列表 Screen1 水平配置1 標籤1 文字輸入盒_URL 按鈕－瀏覽 水平配置2 按鈕_加入書籤 清單選擇器－查詢書籤 清單選擇器－移除書籤 Activity啟動器1 微型資料庫1 對話框1

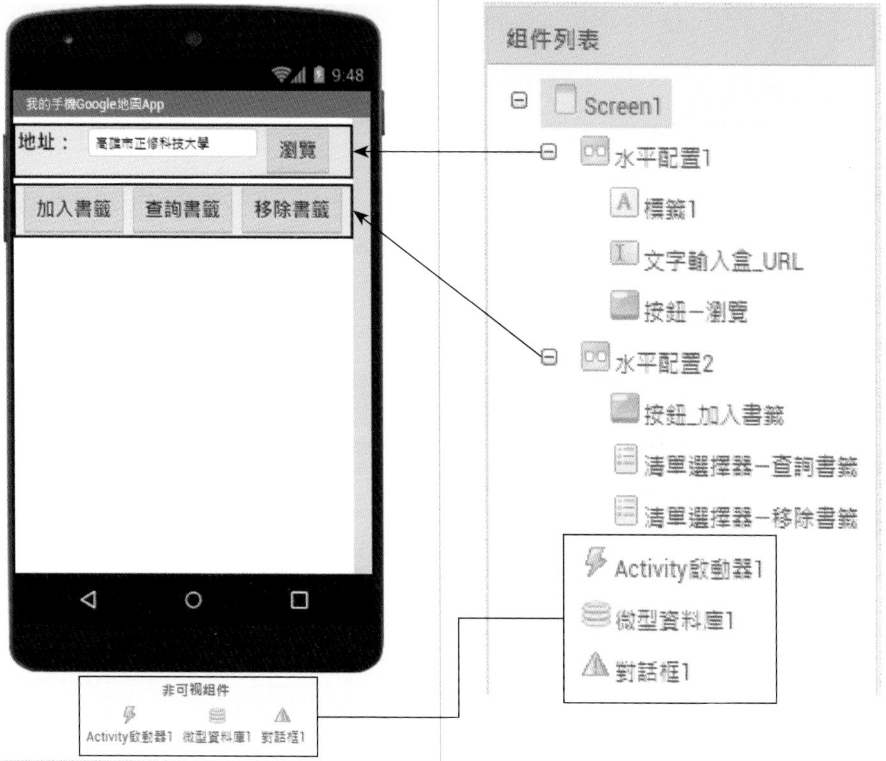

【關鍵程式】

此App程式與「ch11_Q2_OpenWeb.aia」大部份相同，不同之處如下兩處：

拼圖程式	檔案名稱：ch11_Q4_GoogleMap.aia
01	 當 按鈕－瀏覽 被點選 執行 設 Activity啟動器1 . 動作 為 "android.intent.action.VIEW" 設 Activity啟動器1 . 資料URI 為 合併文字 "geo:0,0?q=" 文字輸入盒_URL . 文字 呼叫 Activity啟動器1 .啟動Activity

拼圖程式	檔案名稱：ch11_Q4_GoogleMap.aia
02	 當 清單選擇器—查詢書籤 .選擇完成 執行 設 Activity啟動器1 . 動作 為 " android.intent.action.VIEW " 設 Activity啟動器1 . 資料URI 為 合併文字 " geo:0,0?q= " 清單選擇器—查詢書籤 . 選中項 呼叫 Activity啟動器1 .啟動Activity

說明

行號01～02：其中「geo:0,0?q=」是用來連接Google地圖的參數，其後面再接「景點地址」。

【執行畫面】

輸入欲查詢的地址	Google地圖
 最愛景點管理App 地址： 高雄世貿 瀏覽 加入書籤 查詢書籤 移除書籤	 高雄世貿 高雄展覽館 Kaohsiung Exhibition Center 4.4 ★★★★★ (95) 展覽中心/遊樂場 · 成功二路 營業至 18:00 致電 凱旋世貿 五創園區 3.7 ★★★★★ (9) 會議中心 · 凱旋四路 致電 捷運凱旋站 2 則評論 捷運站 搜尋路線 元氣小屋 1 則評論 特色住宿-民宿 · 新光路 致電

11-5 YouTube影片管理App

【分析】

(1)輸入：網址

(2)處理：❶透過ActivityStarter元件處理

❷最愛YouTube影片「加入書籤」到選單中

❸從書籤中「查詢書籤」YouTube影片

❹從書籤中「移除書籤」YouTube影片

(3)輸出：觀看YouTube影片

【流程圖】

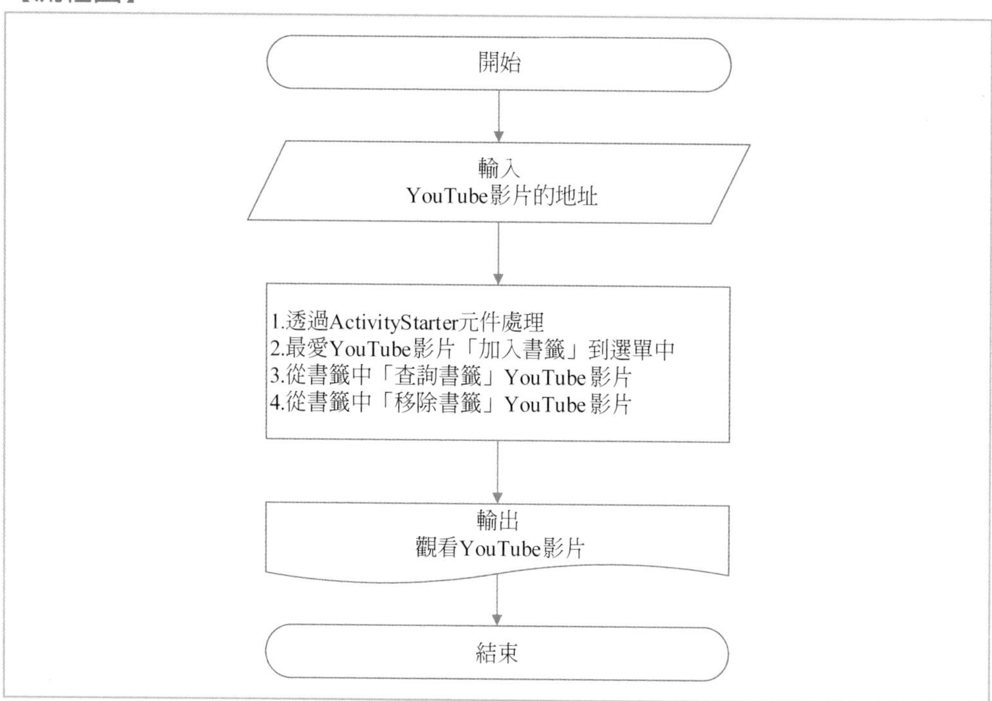

【介面設計】

手機頁面設計	專案所需元件
我的手機YouTube的影片App 網址： https://www.youtube.com/ 瀏覽 加入書籤 查詢書籤 移除書籤 非可視組件 Activity啟動器1 微型資料庫1 對話框1	組件列表 Screen1 水平配置1 標籤1 文字輸入盒_URL 按鈕－瀏覽 水平配置2 按鈕_加入書籤 清單選擇器－查詢書籤 清單選擇器－移除書籤 Activity啟動器1 微型資料庫1 對話框1

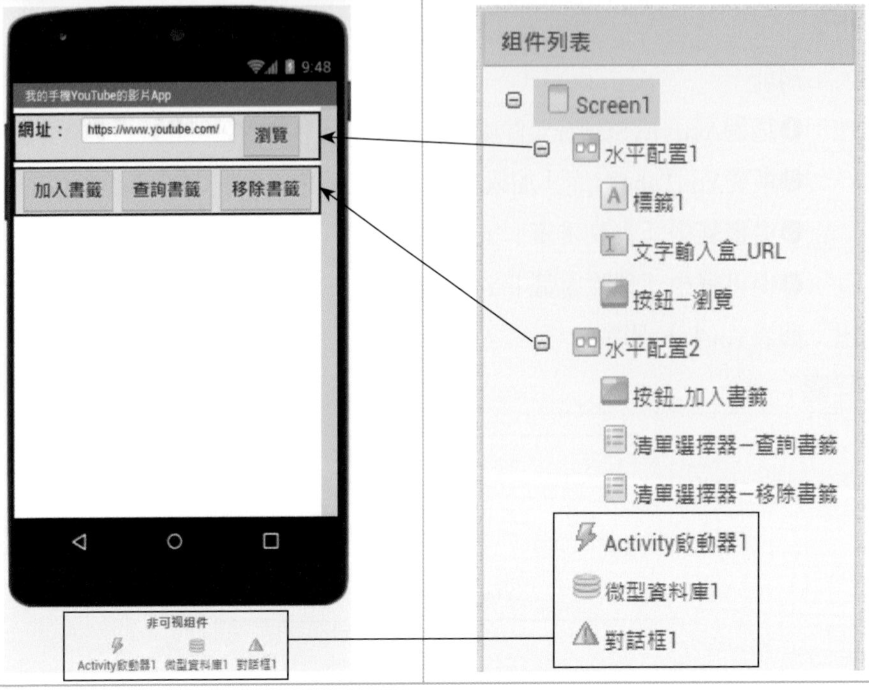

【關鍵程式】

此App程式與「ch11_Q2_OpenWeb.aia」大部份相同，不同之處如下：

拼圖程式	檔案名稱：ch11_Q5_YouTube.aia

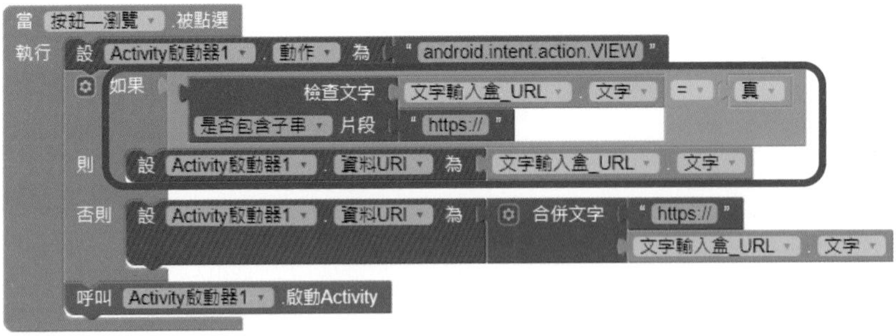

```
當 按鈕－瀏覽 .被點選
執行 設 Activity啟動器1 . 動作 為 " android.intent.action.VIEW "
     如果 檢查文字 文字輸入盒_URL . 文字 = 真
          是否包含子串 片段 " https:// "
     則 設 Activity啟動器1 . 資料URI 為 文字輸入盒_URL . 文字
     否則 設 Activity啟動器1 . 資料URI 為 合併文字 " https:// "
                                            文字輸入盒_URL . 文字
     呼叫 Activity啟動器1 .啟動Activity
```

【執行畫面】

輸入欲查詢的YouTube網址	觀看YouTube影片
97% 11:51 YouTube影片管理App 網址： https://www.youtube. 瀏覽 加入書籤 查詢書籤 移除書籤 97% 11:51 MIT AI2 Companion https://www.youtube.com/	97% 11:51 Lego Lego Shopping MICHAELHICKOXFilms 3 年前 · 觀看次數：5834萬 LEGO® Ninjago 2016 - All The Animated Promos... Fan Of Ninjago!!! 6 天前 · 觀看次數：30萬 Lego City 60112 Fire Engine - Lego Speed Build Brick Builder 1 週前 · 觀看次數：30萬 為您推薦 10 Most Incredible LEGO Creations Top Trending 1 年前 · 觀看次數：520萬 Platooning experiments with Lego Mindstorms... Katedra řídicí techniky 5 年前 · 觀看次數：42萬 Lego Return-to-center Steering System Sariel's LEGO® Technic... 7 年前 · 觀看次數：35萬

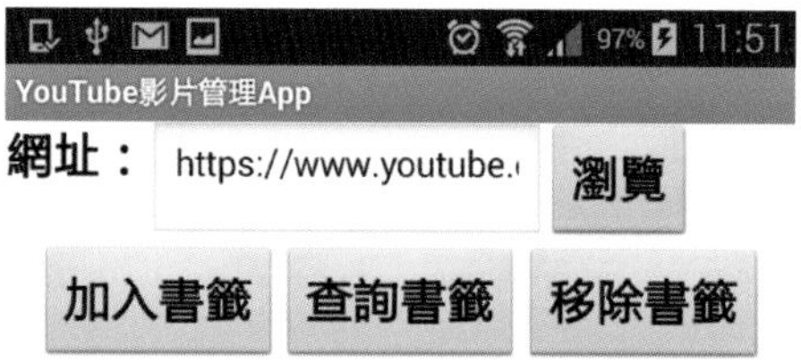

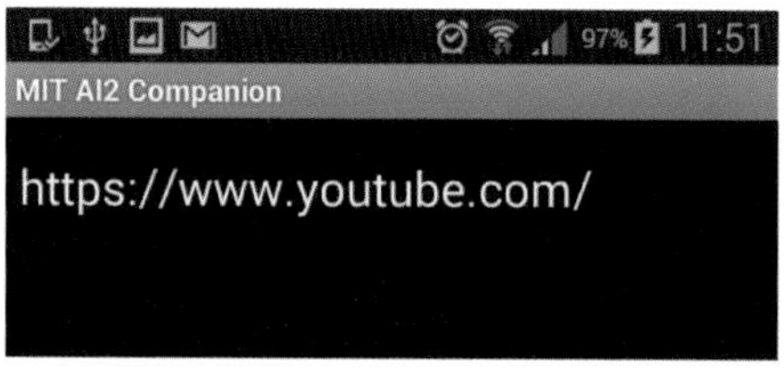

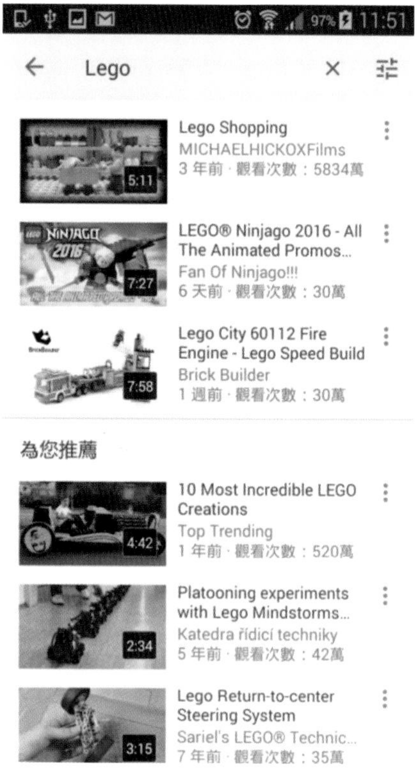

11-6 藍牙聊天室App

【分析】

兩台手機想要互相傳遞訊息時，則必須要要先進行「藍牙配對及連線」。其完整的步驟如下：

1. 開啓藍牙功能

2. 搜尋藍牙裝置
3. 兩方藍牙配對
4. 已配對藍牙清單

一、開啓藍牙功能：開啓兩台手機的藍牙功能，並「勾選」該手機可見於其他藍牙裝置，亦即可以讓其他手機來搜尋得到。

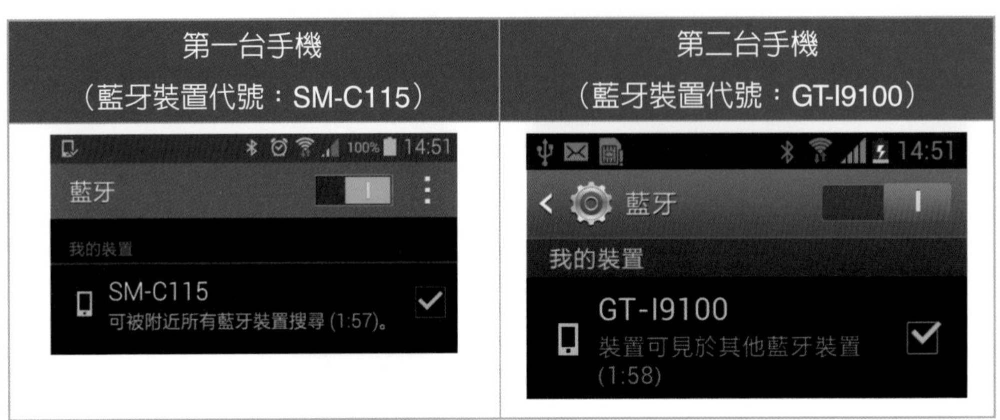

二、搜尋藍牙裝置：利用「搜尋」功能來掃瞄對方的藍牙裝置代號，如果有找到就會看到對方的藍牙裝置代號。

「搜尋」功能來掃瞄	找到對方的藍牙裝置代號

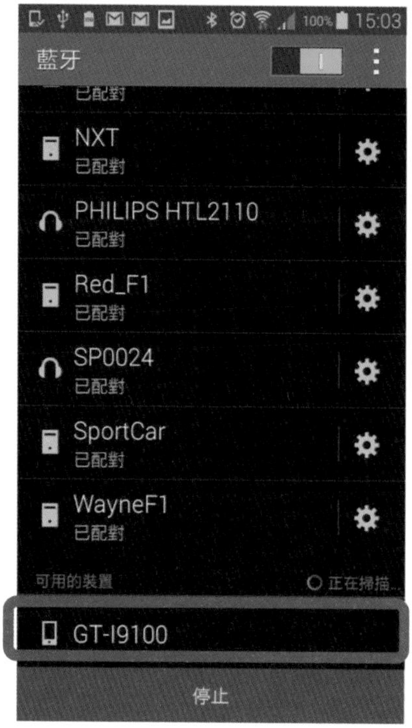

三、兩方藍牙配對：點選對方的藍牙裝置代號，就會馬上彈出「藍牙配對要求」，此時，雙方都必須要按下「確定」鈕，才算配對成功。

第一台手機（要求與第二台配對）	第二台手機（要求與第一台配對）
藍牙 NXT 已配對 PHILIPS HTL2110 已配對 藍牙配對要求 確認密碼為 853612 以與 GT-I9100 配對。 取消　確定 WayneF1 已配對 搜尋	藍牙 NXT 已配對 SP0024 已配對 藍牙配對要求 確認密碼為 853612 以與 SM-C115 配對 取消　確定 可用的裝置 SM-C115 搜尋

四、已配對藍牙清單：在雙方配對成功之後，就可以看到已經配對的藍牙清單。

第一台手機（看到第二台藍牙裝置）	第二台手機（看到第一台藍牙裝置）
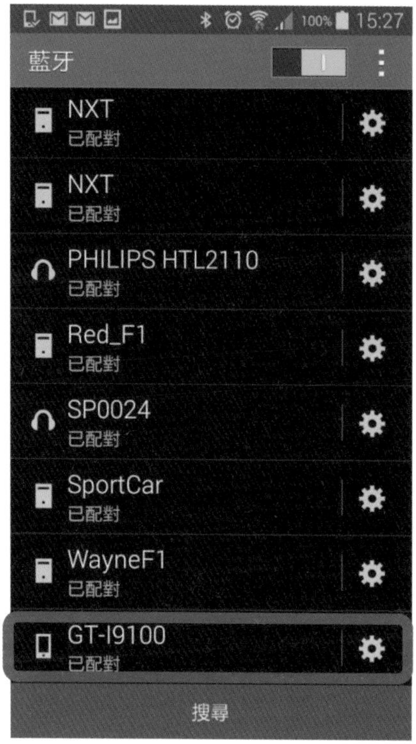 15:27 藍牙 NXT 已配對 NXT 已配對 PHILIPS HTL2110 已配對 Red_F1 已配對 SP0024 已配對 SportCar 已配對 WayneF1 已配對 GT-I9100 已配對 搜尋	 15:27 藍牙 NXT 已配對 SM-C115 已配對 SP0024 已配對 SportCar 已配對 WayneF1 已配對 apple 已配對 搜尋

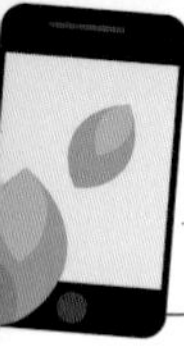

【流程圖】

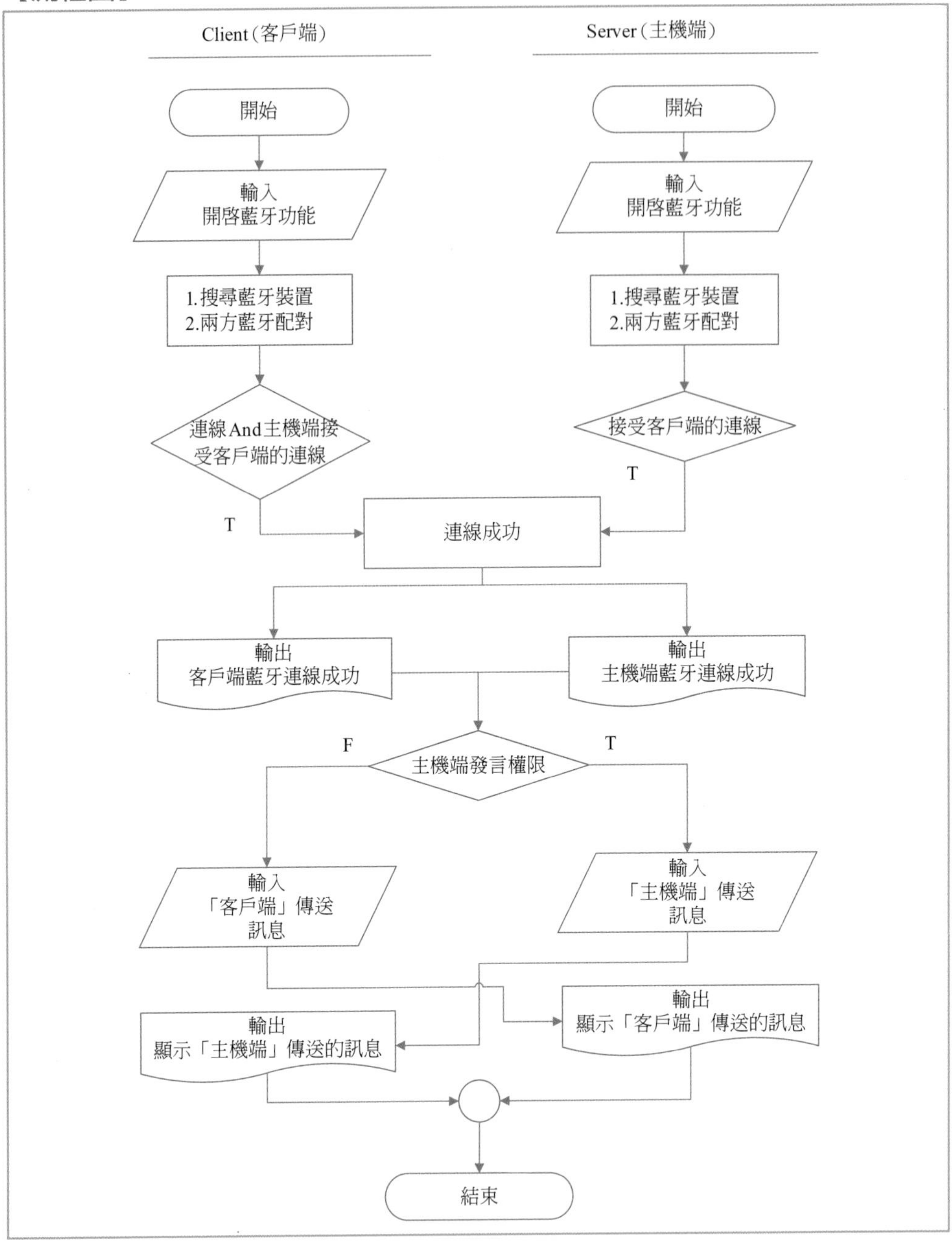

Client(客戶端)
Server(主機端)
開始
開始
輸入
開啓藍牙功能
輸入
開啓藍牙功能
1.搜尋藍牙裝置
2.兩方藍牙配對
1.搜尋藍牙裝置
2.兩方藍牙配對
連線And主機端接受客戶端的連線
接受客戶端的連線
T
T
連線成功
輸出
客戶端藍牙連線成功
輸出
主機端藍牙連線成功
F
T
主機端發言權限
輸入
「客戶端」傳送訊息
輸入
「主機端」傳送訊息
輸出
顯示「主機端」傳送的訊息
輸出
顯示「客戶端」傳送的訊息
結束

【實作一】

請設計一支「藍牙聊天室App」，可以讓兩位使用者連線聊天。

【介面設計】

手機的版面配置區	專案所需元件及屬性設定
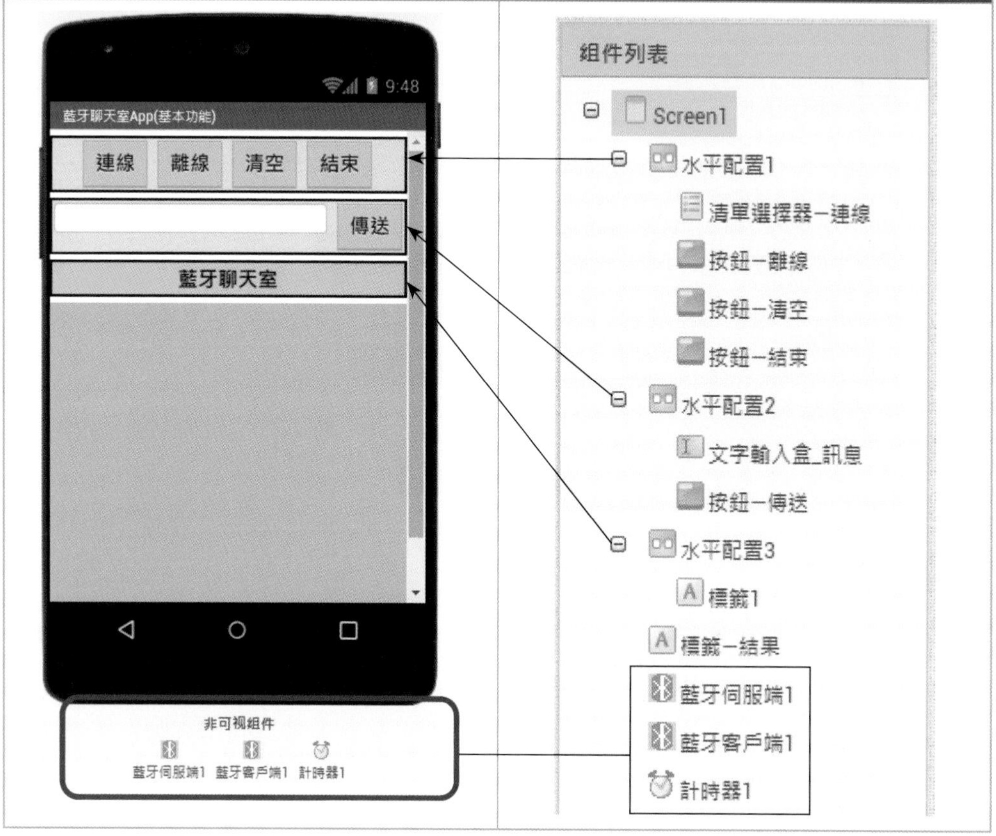 9:48 藍牙聊天室App(基本功能) 連線 離線 清空 結束 傳送 藍牙聊天室 非可视组件 藍牙伺服端1 藍牙客戶端1 計時器1	組件列表 Screen1 水平配置1 清單選擇器－連線 按鈕－離線 按鈕－清空 按鈕－結束 水平配置2 文字輸入盒_訊息 按鈕－傳送 水平配置3 標籤1 標籤－結果 藍牙伺服端1 藍牙客戶端1 計時器1

【程式設計】

1. 宣告變數、頁面初始化及定義「BT_OffLine_Status」副程式

拼圖程式	ch11_Q6_BT2BT_V1.aia

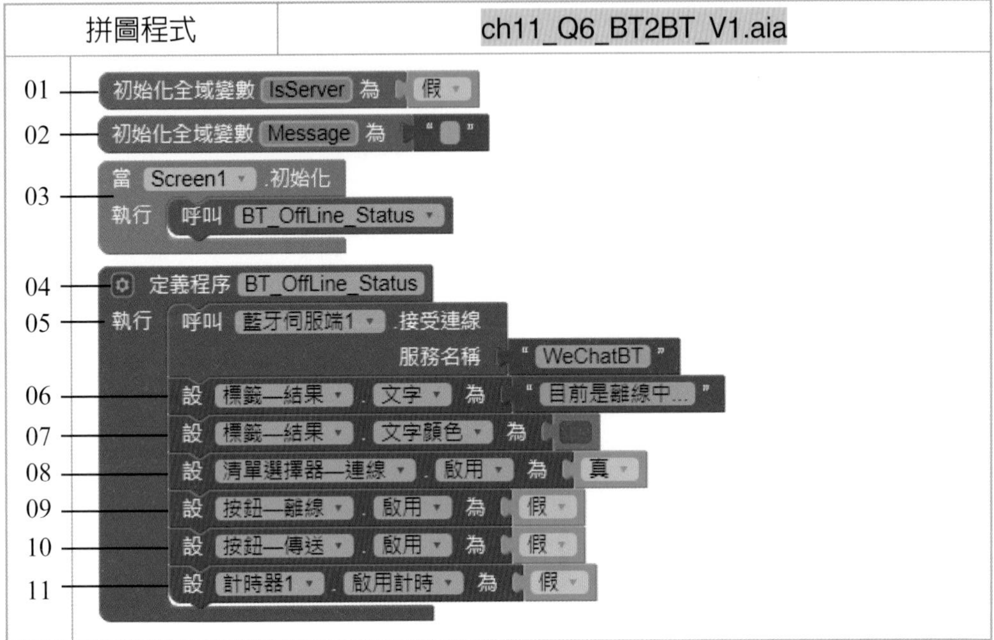

說明

行號01：宣告IsServer爲全域性布林型態變數，預設值爲false。其目的用來記錄目前是否爲主機端權限。

行號02：宣告Message爲全域性變數，預設值爲空字串。其目的用來暫存主機端與客戶端的訊息內容。

行號03：頁面初始化，並呼叫「BT_OffLine_Status」副程式。

行號04：定義「BT_OffLine_Status」副程式，其目的用來設定尚未連線前的狀態。

行號05：「主機端」接受連接「客戶端」請求，主機端名稱設爲「WeChatBT」。

行號06～07：利用Level元件來顯示「目前是離線中…」並設定爲「紅色」字。

行號08：設定「連線」鈕爲有作用，亦即可以被使用者來使用。

行號09：設定「離線」鈕爲沒有作用，亦即不能被使用者來使用。

行號10：設定「傳送」鈕爲沒有作用，亦即不能被使用者來使用。

行號11：設定「計時器」爲沒有作用，亦即時鐘計時器先不啓動。

2. 撰寫「連線」鈕程式

拼圖程式	ch11_Q6_BT2BT_V1.aia

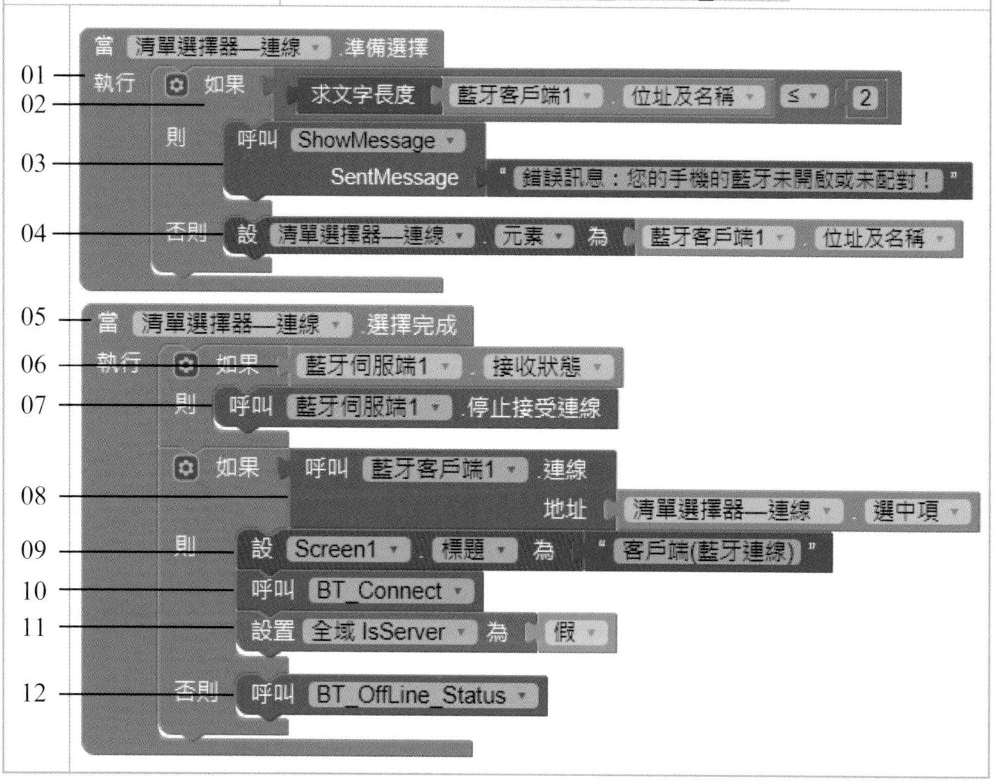

```
    當 清單選擇器—連線 .準備選擇
01  執行
02    如果 求文字長度 藍牙客戶端1 . 位址及名稱 ≤ 2
03    則 呼叫 ShowMessage
              SentMessage "錯誤訊息：您的手機的藍牙未開啟或未配對！"
04    否則 設 清單選擇器—連線 . 元素 為 藍牙客戶端1 . 位址及名稱

05  當 清單選擇器—連線 .選擇完成
    執行
06    如果 藍牙伺服端1 . 接收狀態
07    則 呼叫 藍牙伺服端1 .停止接受連線
      如果 呼叫 藍牙客戶端1 .連線
08                 地址 清單選擇器—連線 . 選中項
09    則 設 Screen1 . 標題 為 "客戶端(藍牙連線)"
10       呼叫 BT_Connect
11       設置 全域 IsServer 為 假
12    否則 呼叫 BT_OffLine_Status
```

說明

行號01～03：當按下「連線」鈕時，如果您的手機的藍牙未開啓或未配對！，就會顯示錯誤訊息的提示字。

行號04：如果藍牙已開啓並完成配對時，就會顯示目前全部的藍牙名稱，以提供使用者連線。

行號05～07：當使用者點選欲連線的藍牙設備時，會先取得是否允許BluetoothClient的連線要求，如果是，則執行「不再接收外部連線要求」的方法。

行號08～09：檢查「客戶端」可以與「主機端」連線的全部藍牙設備，並與指定位址（address）進行藍牙連線。如果連線成功，則傳回true，並在頁面的標題顯示「客戶端（藍牙連線）」

行號10：呼叫「BT_Connect」副程式

行號11：設定IsServer爲假。代表目前爲客戶端的權限。

行號12：如果「客戶端」與「主機端」連線沒有成功時，就會呼叫「BT_OffLine_Status」副程式。

3. 定義「BT_Connect」副程式

拼圖程式	ch11_Q6_BT2BT_V1.aia

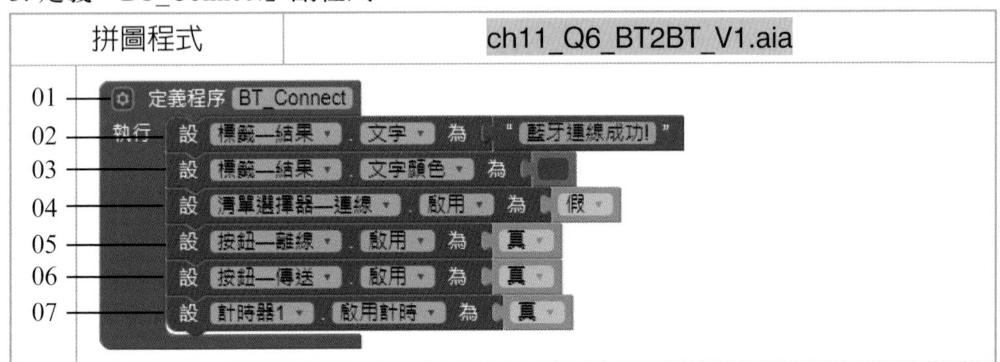

說明

行號01：定義「BT_Connect」副程式，其目的用來設定「藍牙連線成功」時的相關參數。

行號02～03：利用標籤元件來顯示「藍牙連線成功!」並設定爲「藍色」字。

行號04：設定「連線」鈕爲有作用，亦即不能被使用者來使用。

行號05：設定「離線」鈕爲沒有作用，亦即可以被使用者來使用。

行號06：設定「傳送」鈕爲沒有作用，亦即可以被使用者來使用。

行號07：設定「Clock元件」爲有作用，亦即時鐘計時器被啓動。

4. 撰寫「主機端」藍牙已被接受連線要求的程式

拼圖程式	ch11_Q6_BT2BT_V1.aia

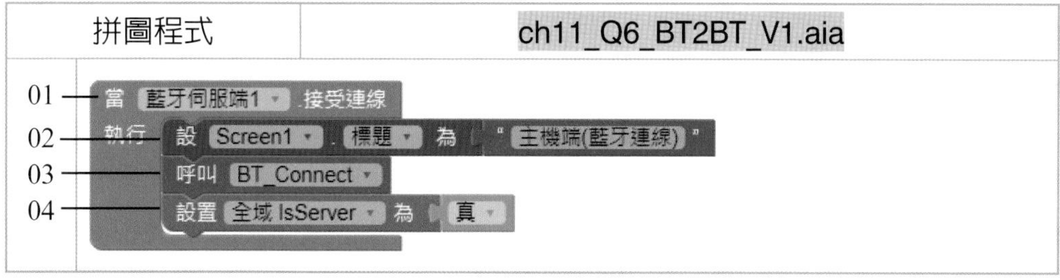

說明

行號01：當藍牙已被接受連線要求時，則會自動觸發本事件。

行號02：在頁面的標題顯示「主機端（藍牙連線）」

行號03：呼叫「BT_Connect」副程式，亦即藍牙連線功能。

行號04：設定IsServer爲眞。代表目前爲主機端的權限。

5. 撰寫「離線」、「清空」及「結束」鈕的程式

拼圖程式	ch11_Q6_BT2BT_V1.aia

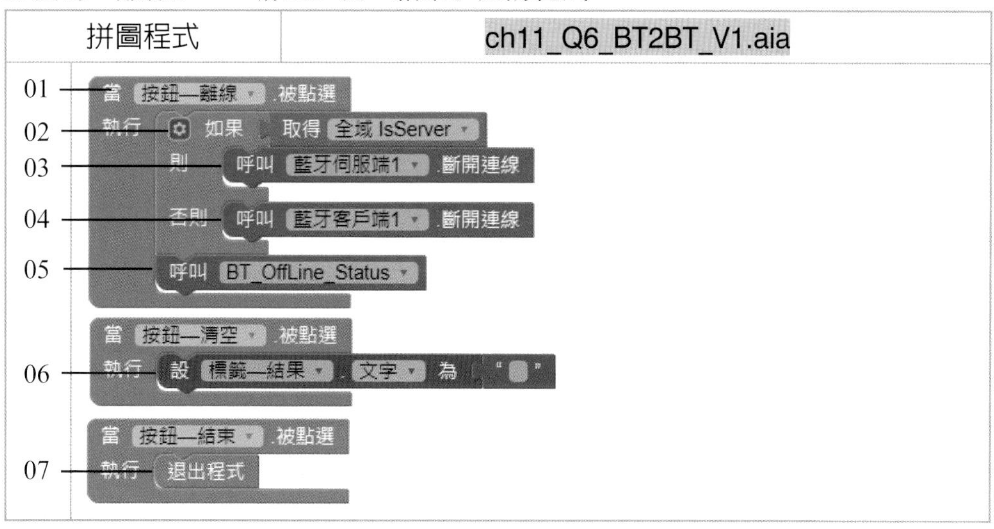

說明

行號01：當按下「離線」鈕時，就會觸發本事件。

行號02～03：如果IsServer爲眞，代表目前爲主機端的權限，因此，就可以將主機端設定爲離線。

行號04：否則，就是目前爲客戶端的權限，因此，就可以將客戶端設定爲離線。

行號05：在設定離線時，再呼叫「BT_OffLine_Status」副程式。

行號06：當按下「清空」鈕時，就會將「藍牙聊天室」的內容清空。

行號07：當按下「結束」鈕時，就會結束本支App程式。

6. 定義「ShowMessage」副程式

說明

行號01：定義「ShowMessage」副程式

行號02：用來顯示「客戶端」與「主機端」藍牙聊天室的內容。

8. 撰寫「傳送」鈕之程式

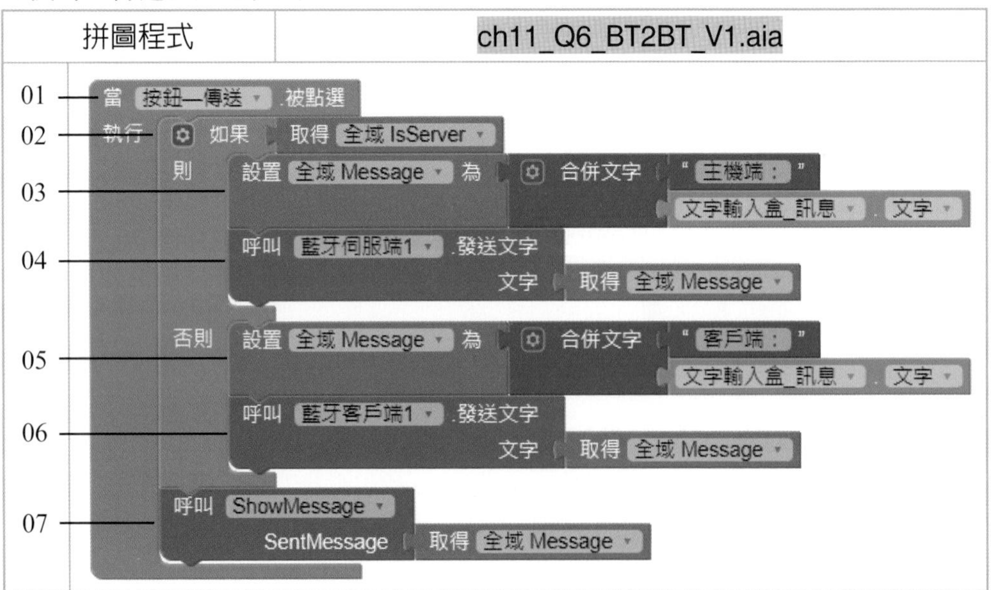

說明

行號01：當按下「傳送」鈕時，就會觸發本事件。

行號02～04：如果IsServer為真，代表目前為主機端的權限，因此，就可以從「主機端」透過藍牙傳送訊息給「客戶端」。

行號05～06：否則IsServer為假，代表目前為客戶端的權限，因此，就可以從「客戶端」透過藍牙傳送訊息給「主機端」。

行號07：呼叫「ShowMessage」副程式，來顯示「客戶端」與「主機端」藍牙聊天室的內容。

9. 偵測「傳送」藍牙訊息

拼圖程式	ch11_Q6_BT2BT_V1.aia

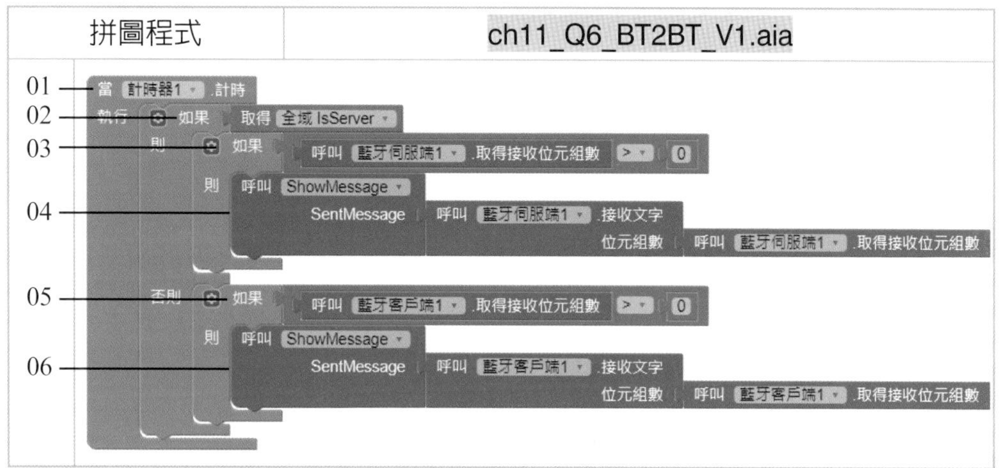

說明

行號01：利用Clock元件的計時器來偵測「傳送」藍牙訊息

行號02：如果IsServer為真，代表目前為主機端的權限，因此，它會自動偵測並判斷回傳接收位元組數是否大於0，亦即有主機端有傳送資料。

行號03～04：就會從連線的藍牙裝置中，接收字串呼叫「ShowMessage」副程式，來顯示「主機端」的內容到藍牙聊天室中。

行號05：如果IsServer為假，代表目前為客戶端的權限，因此，它會自動偵測並判斷回傳接收位元組數是否大於0，亦即有客戶端有傳送資料。

行號06：就會從連線的藍牙裝置中，接收字串呼叫「ShowMessage」副程式，來顯示「客戶端」的內容到藍牙聊天室中。

【執行結果】

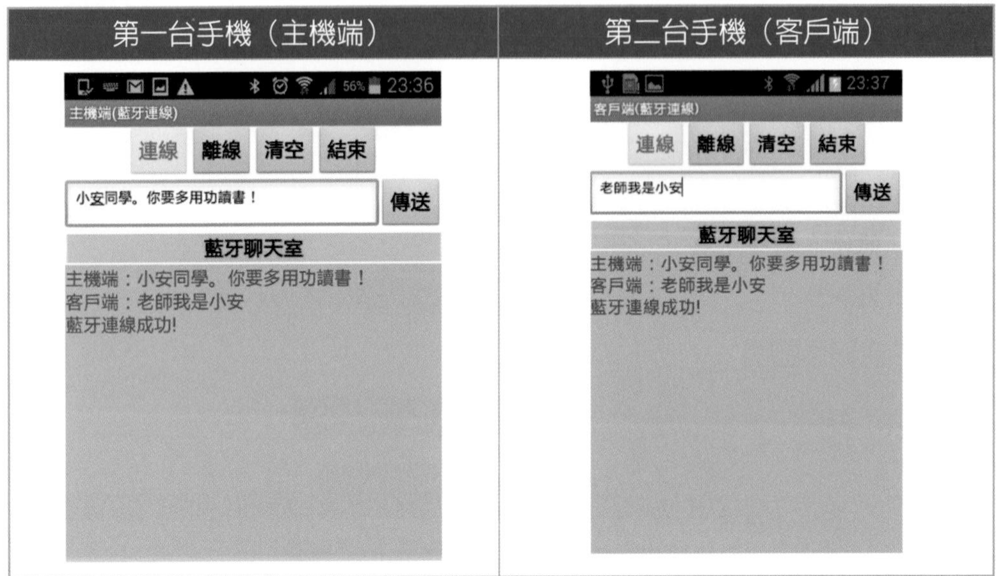

11-7 藍牙語音聊天室App

說明

請將「藍牙聊天室App」，再加入「語音輸入」功能，以便讓兩位使用者連線聊天，可以快速輸入訊息，並且再加入「語音輸出」功能，亦即使用者可以聽對方的語音。

【分析】

(1)輸入：語音輸入訊息

(2)處理：❶利用SpeechRecognizer元件將語音轉成文字

❷利用TextToSpeech元件將文字轉成語音

(3)輸出：語音輸出訊息

【流程圖】

參考第六題。

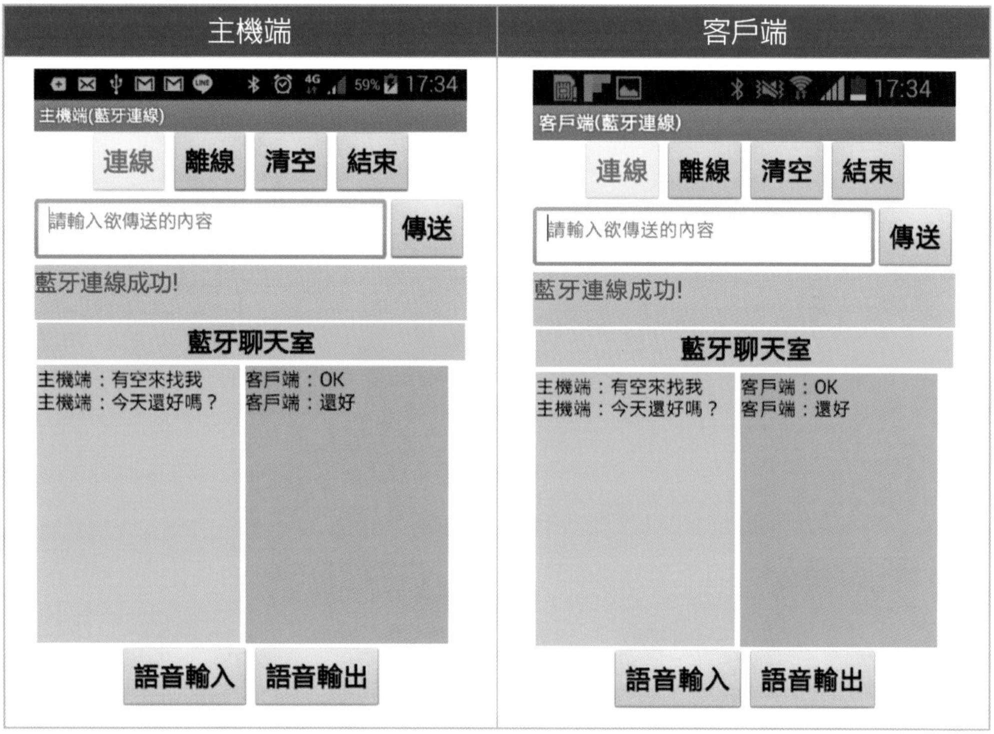

主機端	客戶端
17:34 主機端(藍牙連線) 連線 離線 清空 結束 請輸入欲傳送的內容 傳送 藍牙連線成功! 藍牙聊天室 主機端：有空來找我 主機端：今天還好嗎？ 客戶端：OK 客戶端：還好 語音輸入 語音輸出	17:34 客戶端(藍牙連線) 連線 離線 清空 結束 請輸入欲傳送的內容 傳送 藍牙連線成功! 藍牙聊天室 主機端：有空來找我 主機端：今天還好嗎？ 客戶端：OK 客戶端：還好 語音輸入 語音輸出

【程式碼】

請參閱附書光碟ch11_Q7_BT2BT_V2. aia

11-8 手機與「樂高機器人」連線App

【分析】

(1)輸入：開啓藍牙功能

(2)處理：偵測是否開啓藍牙功能，如果有藍牙功能，才能進行「連線」，否則就是離線狀態。

(3)輸出：連線成功或失敗

【流程圖】

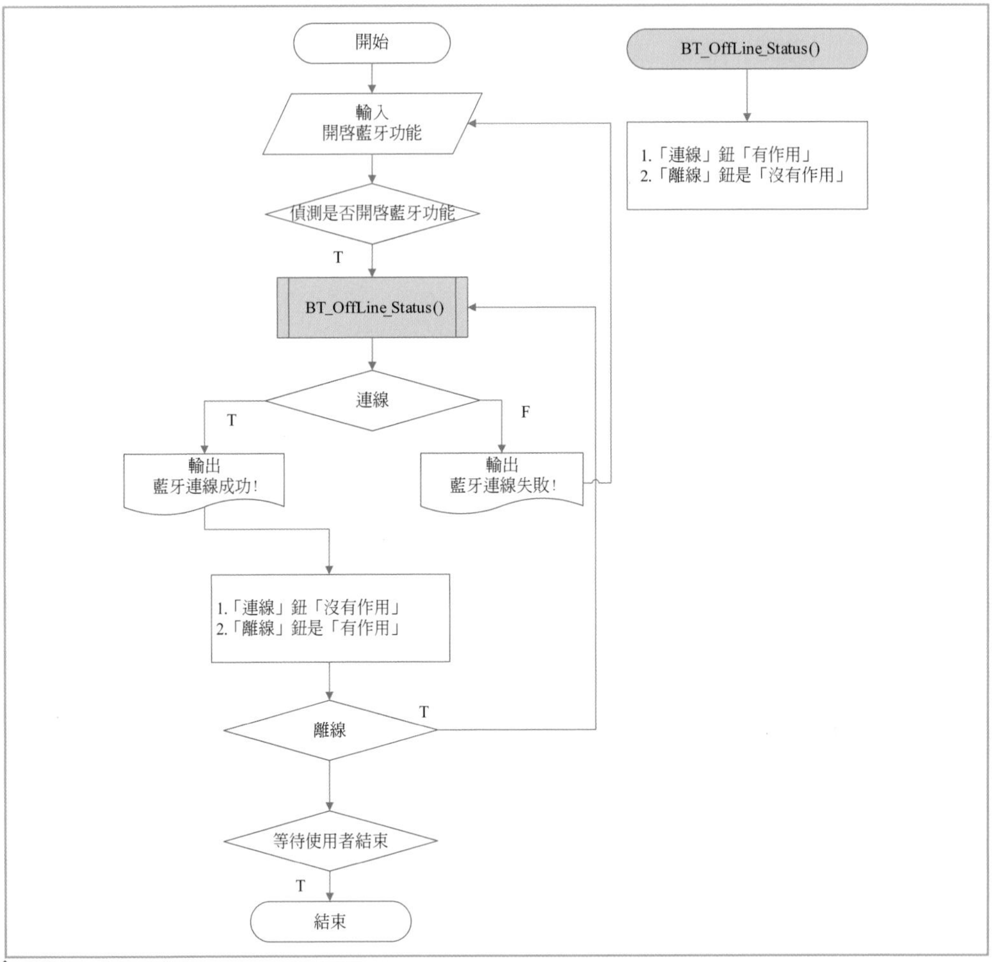

請你利用NXT樂高機器人主機來測試，是否可以利用藍牙來連線。

【前置工作】

設定NXT主機的藍牙功能

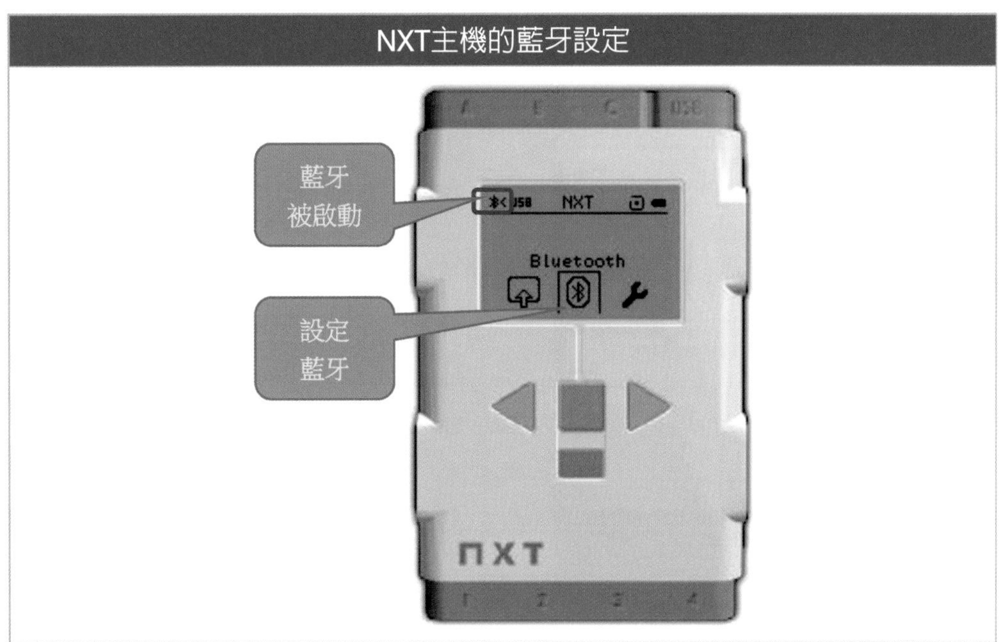

【介面設計】

手機的版面配置區	專案所需元件

9:48
藍牙用戶端連線
連線
Text for Label1
離線
非可視組件
藍牙客戶端1
Activity啟動器1
組件列表
Screen1
水平配置1
清單選擇器─連線
標籤─狀態
水平配置2
按鈕─離線
藍牙客戶端1
Activity啟動器1

【參考解答】

拼圖程式	ch11_Q8_ConnectNXT.aia

01
02
03
04
05
定義程序 BT_OffLine_Status
執行
設 標籤─狀態 . 文字 為 " 目前是離線中... "
設 標籤─狀態 . 文字顏色 為
設 清單選擇器─連線 . 啟用 為 真
設 按鈕─離線 . 啟用 為 假

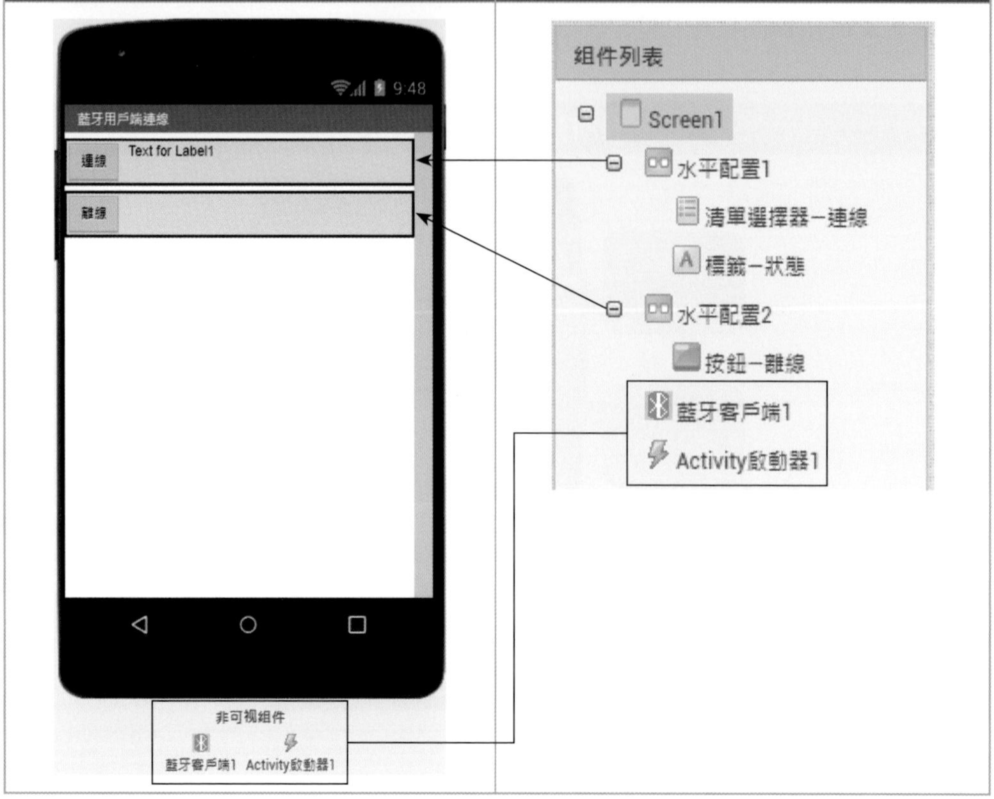

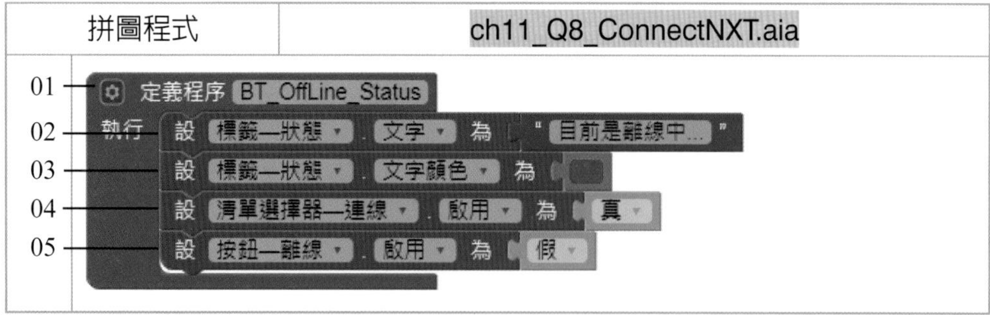

拼圖程式	ch11_Q8_ConnectNXT.aia

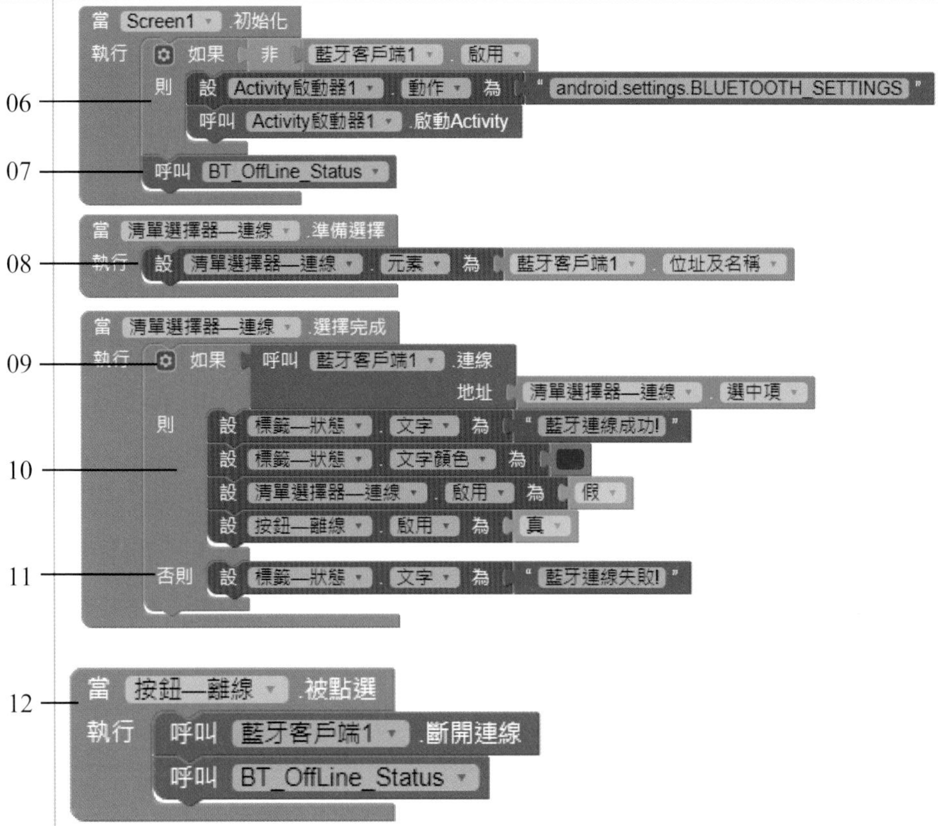

```
    當 Screen1 .初始化
    執行 如果 非 藍牙客戶端1 .啟用
06       則 設 Activity啟動器1 . 動作 為 " android.settings.BLUETOOTH_SETTINGS "
            呼叫 Activity啟動器1 .啟動Activity
07       呼叫 BT_OffLine_Status

    當 清單選擇器—連線 .準備選擇
08  執行 設 清單選擇器—連線 . 元素 為 藍牙客戶端1 . 位址及名稱

    當 清單選擇器—連線 .選擇完成
09  執行 如果 呼叫 藍牙客戶端1 .連線
                      地址 清單選擇器—連線 . 選中項
         則 設 標籤—狀態 . 文字 為 " 藍牙連線成功! "
10          設 標籤—狀態 . 文字顏色 為 ■
            設 清單選擇器—連線 . 啟用 為 假
            設 按鈕—離線 . 啟用 為 真
11       否則 設 標籤—狀態 . 文字 為 " 藍牙連線失敗! "

12  當 按鈕—離線 .被點選
    執行 呼叫 藍牙客戶端1 .斷開連線
         呼叫 BT_OffLine_Status
```

說明

行號01：定義藍牙（BlueTooth(B.T.)）功能在離線時的狀態之副程式。

行號02～03：在離線時會顯示「目前是離線中...」紅色訊息。

行號04：初始情況「連線」鈕是「有作用」；亦即「連線鈕」可以被按。

行號05：初始情況「離線」鈕是「沒有作用」；亦即「離線鈕」無法被按。

行號06：當活動（Screen1）頁面初始化時，如果藍牙功能尚未被開啓時，則Activity啓動器元件會執行設定藍牙啓動的功能。

行號07：呼叫「藍牙離線狀態」的副程式

行號08：在「連線」之前，將已配對藍牙裝置的名稱及位址清單指定給「藍牙清單」。

行號09：在「連線」之後，與您挑選的藍牙進行連線。如果連線成功，則傳回眞。

行號10：並且顯示「藍牙連線成功!」藍色訊息。同時，「連線」鈕設爲「沒有作用，而「離線」鈕設爲「有作用」。

行號11：否則，就會顯示「藍牙連線失敗!」訊息

行號12：當您按下「離線」鈕，藍牙就會中斷連線，並且呼叫「藍牙離線狀態」的副程式。

11-9 蒐集紫外線指數「大數據」App

說明

請取得台灣目前各城市的紫外線（UV）指數的原始記錄。以JSON格式爲例。

OpenDataUrl = http://opendata.epa.gov.tw/ws/Data/UV/?format=json

【分析】

(1)輸入：JSON網址

(2)處理：將指定的JOSN網址之JSON格式內容進行解析

(3)輸出：紫外線（UV） 指數的原始記錄

【流程圖】

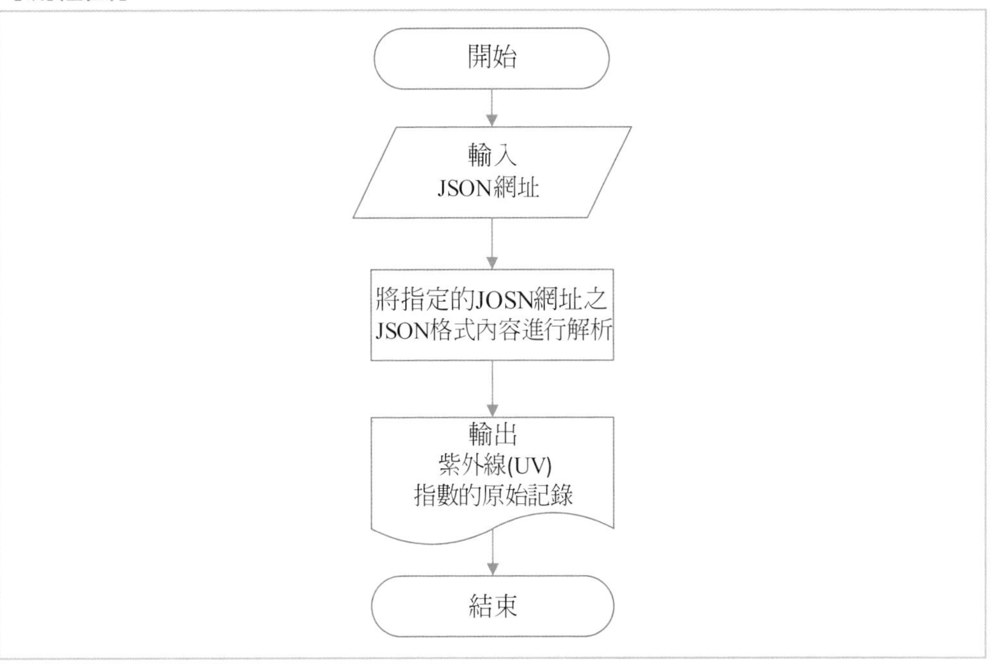

電腦網頁	手機的頁面
	10:39 查詢「政府資料公開平台」的JSON格式資料 輸入JSON網址： http://opendata.epa.g 載入 (((County 嘉義市) (PublishAgency 中央氣象局) (PublishTime 2014-10-03 10:00) (SiteName 嘉義) (TWD97Lat 23,29,52) (TWD97Lon 120,25,28) (UVI 4)) ((County 臺中市) (PublishAgency 中央氣象局) (PublishTime 2014-10-03 10:00) (SiteName 臺中) (TWD97Lat 24,08,51) (TWD97Lon 120,40,33) (UVI 4)) ((County 基隆市) (PublishAgency 中央氣象局) (PublishTime 2014-10-03 10:00) (SiteName 基隆) (TWD97Lat 25,08,05) (TWD97Lon 121,43,56) (UVI 4)) ((County 屏東縣) (PublishAgency 中央氣象局) (PublishTime 2014-10-03 10:00) (SiteName 恆春) (TWD97Lat 22,00,20) (TWD97Lon 120,44,17) (UVI 5)) ((County 臺東縣) (PublishAgency 中央氣象局) (PublishTime 2014-10-03 10:00) (SiteName 臺東) (TWD97Lat 22,45,15) (TWD97Lon 121,08,48) (UVI 5)) ((County 臺東縣) (PublishAgency 中央氣象局) (PublishTime 2014-10-03 10:00) (SiteName 蘭嶼) (TWD97Lat 22,02,19) (TWD97Lon 121,33,02) (UVI 4)) ((County 臺北市) (PublishAgency 中央氣象局) (PublishTime 2014-10-03 10:00) (SiteName 鞍部) (TWD97Lat 25,11,11) (TWD97Lon 121,31,12) (UVI -999)) ((County 金門縣) (PublishAgency 中央氣象局) (PublishTime 2014-10-03 10:00) (SiteName 金門) (TWD97Lat 24,24,27) (TWD97Lon 118,17,21) (UVI 2)) ((County 臺南市) (PublishAgency 中央氣象局) (PublishTime 2014-10-03 10:00) (SiteName 臺南) (TWD97Lat 22,59,36) (TWD97Lon 120,12,17)

【介面設計】

手機的版面配置區	專案所需元件

9:48
查詢「政府資料公開平台」的JSON格式資料
輸入JSON網址：
載入
Text for Label2
非可視組件
網路1
組件列表
Screen1
水平配置1
標籤1
文字輸入盒_JSON_URL
按鈕－載入
水平配置2
標籤－結果
網路1

【參考解答】

拼圖程式	ch11_Q9_JSON_V1.aia

01
02
03

當 Screen1 .初始化
執行 設 文字輸入盒_JSON_URL . 文字 為 " http://opendata.epa.gov.tw/ws/Data/UV/?format=JSON "
當 按鈕—載入 .被點選
執行 設 網路1 . 網址 為 文字輸入盒_JSON_URL . 文字
呼叫 網路1 .執行GET請求
當 網路1 .取得文字
URL網址 回應程式碼 回應類型 回應內容
執行 設 標籤—結果 . 文字 為 呼叫 網路1 .解碼JSON文字
JSON文字 取得 回應內容

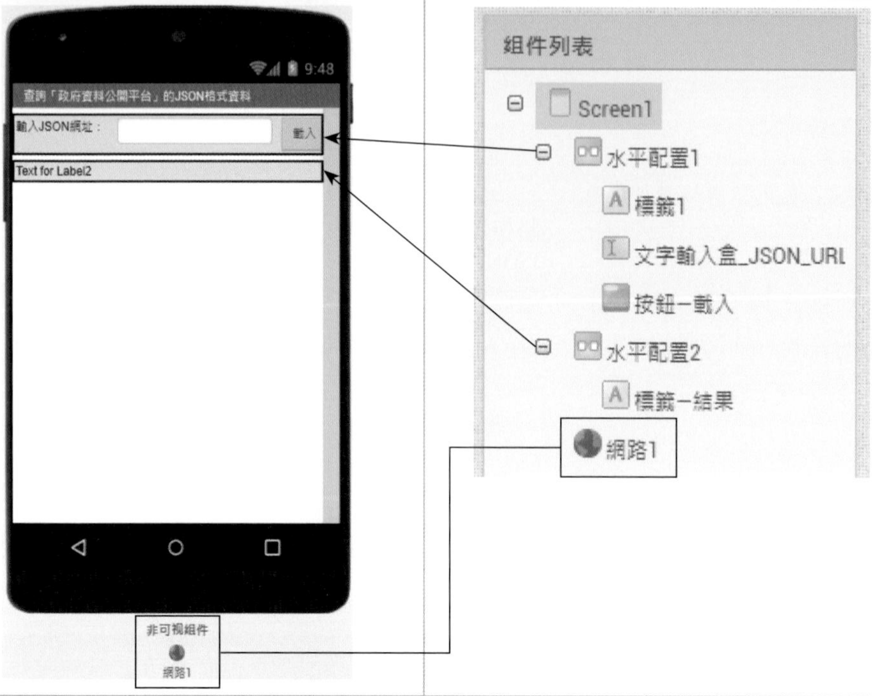

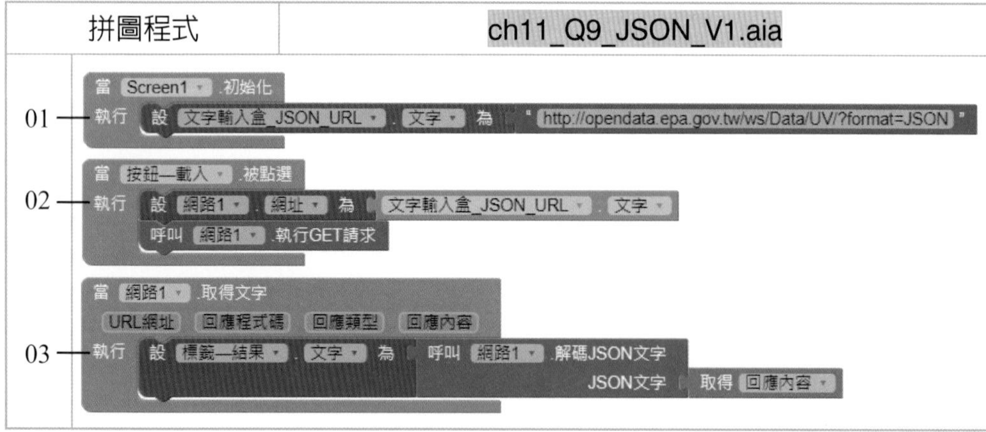

說明

行號01：載入政府資料公開平台中的UV指數的JSON格式之網址。

行號02：利用WEB元件中的Get方法來讀取JSON格式之內容。

行號03：顯示JSON格式之內容到螢幕上。

11-10 紫外線指數「大數據」統計App

說明

請將取得各城市的紫外線（UV）指數之原始記錄中，只呈現「城市名稱」及「紫外線指數」兩項資訊。以JSON格式爲例。

【分析】

(1)輸入：JSON網址

(2)處理：❶將指定的JOSN網址之JSON格式內容進行解析

❷擷取「城市名稱及紫外線指數」的欄位資料

(3)輸出：顯示城市名稱及紫外線指數

【流程圖】

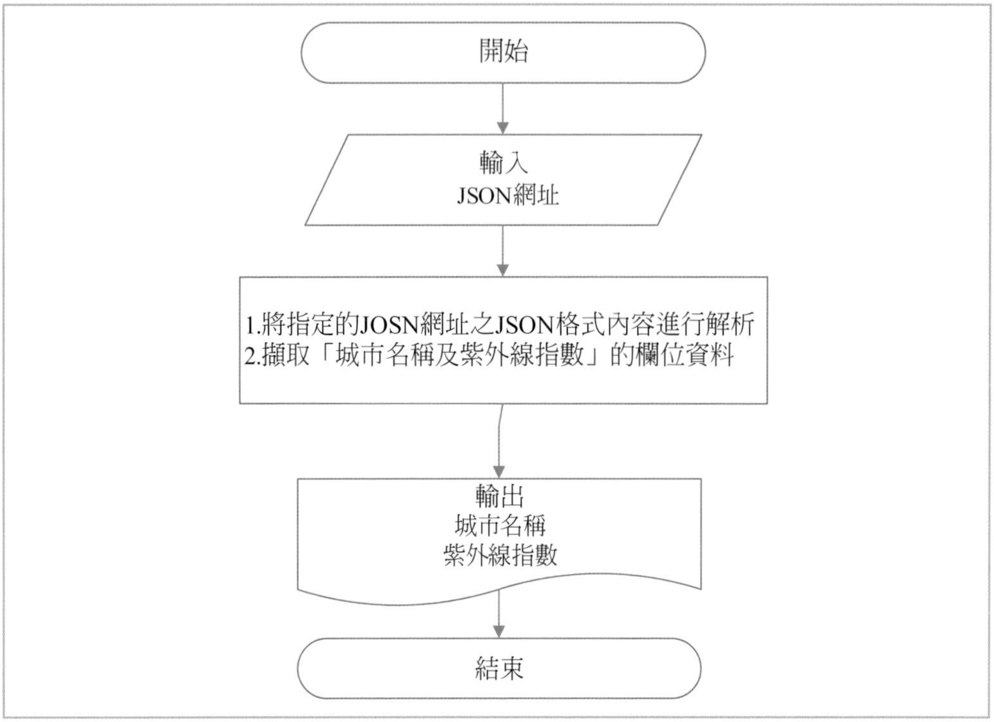

開始

↓

輸入
JSON網址

↓

1.將指定的JOSN網址之JSON格式內容進行解析
2.擷取「城市名稱及紫外線指數」的欄位資料

↓

輸出
城市名稱
紫外線指數

↓

結束

【介面設計】

手機的版面配置區	專案所需元件
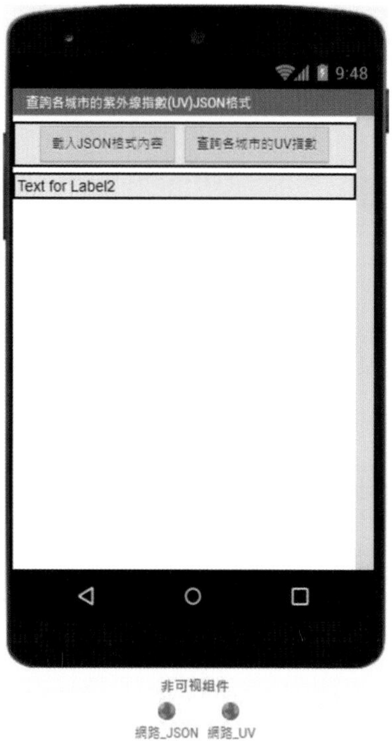 9:48 查詢各城市的紫外線指數(UV)JSON格式 載入JSON格式內容 查詢各城市的UV指數 Text for Label2 非可視組件 網路_JSON 網路_UV	 組件列表 Screen1 水平配置1 按鈕–JSON 按鈕–UV_Content 水平配置2 標籤–結果 網路_JSON 網路_UV

【參考解答】

拼圖程式	ch11_Q10_JSON_V2. aia

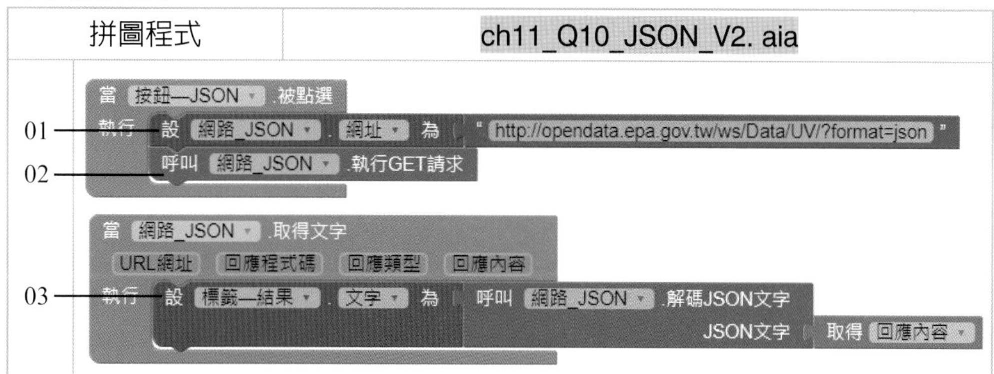

拼圖程式	ch11_Q10_JSON_V2. aia

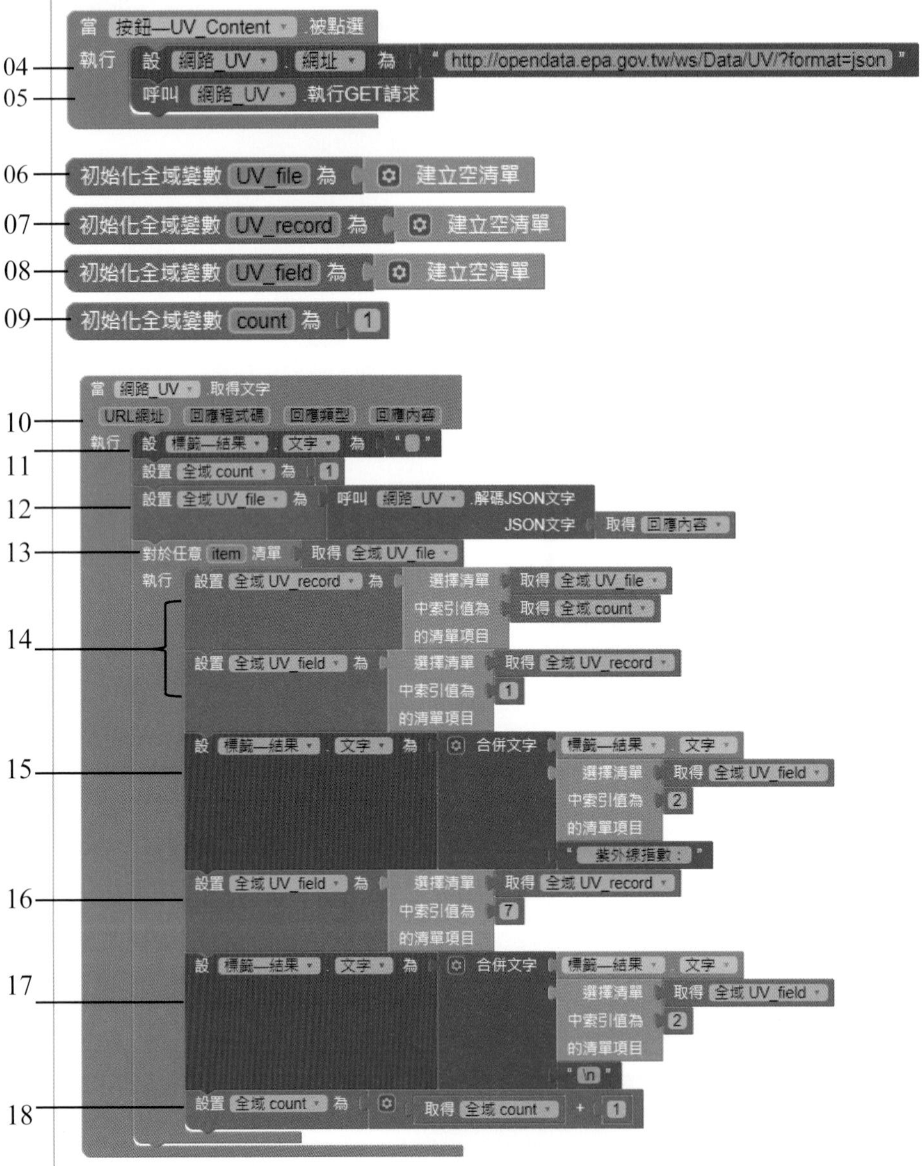

當 按鈕—UV_Content .被點選
執行
04 設 網路_UV . 網址 為 " http://opendata.epa.gov.tw/ws/Data/UV/?format=json "
05 呼叫 網路_UV .執行GET請求

06 初始化全域變數 UV_file 為 建立空清單
07 初始化全域變數 UV_record 為 建立空清單
08 初始化全域變數 UV_field 為 建立空清單
09 初始化全域變數 count 為 1

當 網路_UV .取得文字
10 URL網址 回應程式碼 回應類型 回應內容
執行
11 設 標籤—結果 . 文字 為 " "
設置 全域 count 為 1
12 設置 全域 UV_file 為 呼叫 網路_UV .解碼JSON文字 JSON文字 取得 回應內容
13 對於任意 item 清單 取得 全域 UV_file
執行
14 設置 全域 UV_record 為 選擇清單 取得 全域 UV_file 中索引值為 取得 全域 count 的清單項目
設置 全域 UV_field 為 選擇清單 取得 全域 UV_record 中索引值為 1 的清單項目
15 設 標籤—結果 . 文字 為 合併文字 標籤—結果 . 文字 選擇清單 取得 全域 UV_field 中索引值為 2 的清單項目 " 紫外線指數： "
16 設置 全域 UV_field 為 選擇清單 取得 全域 UV_record 中索引值為 7 的清單項目
17 設 標籤—結果 . 文字 為 合併文字 標籤—結果 . 文字 選擇清單 取得 全域 UV_field 中索引值為 2 的清單項目 " \n "
18 設置 全域 count 為 取得 全域 count + 1

說明

行號01：載入　政府資料公開平台中的UV指數的JSON格式之網址。

行號02：利用WEB元件中的Get方法來讀取JSON之原始記錄。

行號03：顯示JSON原始記錄到螢幕上。

行號04～05：同行號01～02。

行號06：宣告一個UV_file清單（陣列）變數，預設值爲空清單，其目的是用來儲存JSON之原始記錄。亦即「紫外線即時監測資料」的全部記錄。

行號07：宣告一個UV_record清單（陣列）變數，預設值爲空清單，其目的是用來儲存每一筆記錄（包括：County,PublishAgency,Publish Time,SiteName,TWD97Lat,TWD97Lon,UVI等7個欄位）。

行號08：宣告一個UV_field清單（陣列）變數，預設值為空清單，其目的是用來儲存每一個欄位（包括：「欄位名稱（第1個位置）」及「欄位值（第2個位置）」兩項資料）。

行號09：宣告計數變數，並且初值設定為1，其目的用來記錄位置（1～N）

行號10：設定顯示結果的元件為空字串。

行號11：記錄位置從第一筆開始。

行號12：利用WEB元件中的Get方法來讀取JSON之原始記錄，指定給UV_file清單（陣列）變數。

行號13：利用for/each迴圈來將UV_file清單中的JSON之原始記錄，依序儲存到UV_record清單中。亦即分割成多筆記錄資料。

行號14：從UV_record清單中，讀取第1個欄位資料儲存到UV_field清單中。

行號15：從UV_field清單中，讀取第2個位置資料（亦即欄位值）。因爲，每一個欄位（包括：「欄位名稱（第1個位置）」及「欄位值（第2個位置）」兩項資料）。並且連接字串「紫外線指數：」之後，顯示在螢幕上。

行號16：從UV_record清單中，讀取第7個欄位資料儲存到UV_field清單中。

行號17：從UV_field清單中，讀取第2個位置資料（亦即欄位值）。因爲，每一個欄位（包括：「欄位名稱（第1個位置）」及「欄位值（第2個位置）」兩項資料）。並且連接字串「\n\n」兩個「換行」字串之後，顯示在螢幕上。

行號18：計數變數count的值，每執行一次，它會自動加1，目的用來控制讀取下一筆記錄資料。

【執行結果】

載入JSON格式內容	查詢各城市的UV指數
 11:57 紫外線指數「大數據」統計App 載入JSON格式內容 查詢各城市的UV指數 (((County 屏東縣) (PublishAgency 環境保護署) (PublishTime 2016-01-11 11:00) (SiteName 屏東) (UVI 1) (WGS84Lat 22,40,23.09) (WGS84Lon 120,29,16.92)) ((County 高雄市) (PublishAgency 環境保護署) (PublishTime 2016-01-11 11:00) (SiteName 橋頭) (UVI 1) (WGS84Lat 22,45,27.02) (WGS84Lon 120,18,20.48)) ((County 臺南市) (PublishAgency 環境保護署) (PublishTime 2016-01-11 11:00) (SiteName 新營) (UVI 1) (WGS84Lat 23,18,20.28) (WGS84Lon 120,19,2.10)) ((County 嘉義縣) (PublishAgency 環境保護署) (PublishTime 2016-01-11 11:00) (SiteName 朴子) (UVI 1) (WGS84Lat 23,27,55.11) (WGS84Lon 120,14,50.46)) ((County 嘉義縣) (PublishAgency 環境保護署) (PublishTime 2016-01-11 11:00) (SiteName 塔塔加) (UVI 1) (WGS84Lat 23,28,14.19) (WGS84Lon 120,52,50.06)) ((County 嘉義縣) (PublishAgency 環境保護署) (PublishTime 2016-01-11 11:00) (SiteName 阿里山) (UVI 0) (WGS84Lat 23,30,30.82) (WGS84Lon 120,48,05.02)) ((County 雲林縣) (PublishAgency 環境保護署) (PublishTime	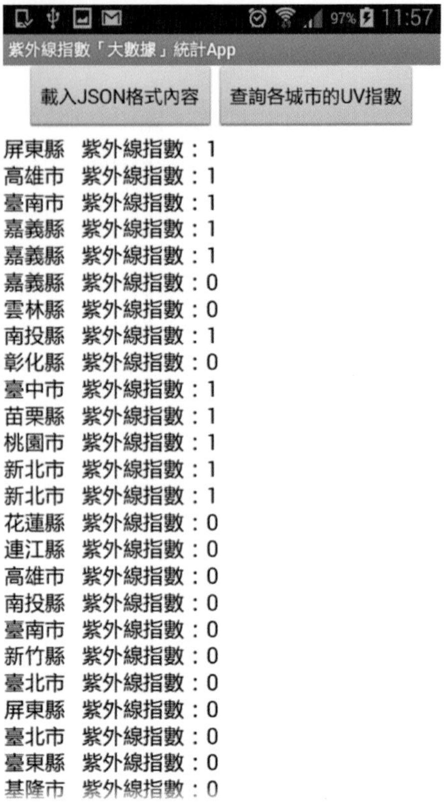 11:57 紫外線指數「大數據」統計App 載入JSON格式內容 查詢各城市的UV指數 屏東縣 紫外線指數：1 高雄市 紫外線指數：1 臺南市 紫外線指數：1 嘉義縣 紫外線指數：1 嘉義縣 紫外線指數：1 嘉義縣 紫外線指數：0 雲林縣 紫外線指數：0 南投縣 紫外線指數：1 彰化縣 紫外線指數：0 臺中市 紫外線指數：1 苗栗縣 紫外線指數：1 桃園市 紫外線指數：1 新北市 紫外線指數：1 新北市 紫外線指數：1 花蓮縣 紫外線指數：0 連江縣 紫外線指數：0 高雄市 紫外線指數：0 南投縣 紫外線指數：0 臺南市 紫外線指數：0 新竹縣 紫外線指數：0 臺北市 紫外線指數：0 屏東縣 紫外線指數：0 臺北市 紫外線指數：0 臺東縣 紫外線指數：0 基隆市 紫外線指數：0

註 現在時間為105年1月11日，中午12:00分，所以中、北部縣市偵測的紫外線指數為0，南部地點部份為1。

Chapter 12

樂高機器人的應用

本章學習目標

1. 讓讀者瞭解如何利用藍牙與機器人連線及操控行走。
2. 讓讀者瞭解如何利用「語音操控」及各種「感測器（Sensor）」控制機器人。

本章學習內容

12-1 手機與「樂高機器人」連線（進階版）App

12-2 手機操控樂高機器人App

12-3 讓機器人繞一個正方形App

12-4 偵測觸碰感測器App

12-5 機器人碰碰車App

12-6 偵測聲音感測器App

12-7 偵測光源感測器App

12-8 樂高軌跡車App

12-9 偵測超音波感測器App

12-10 機器人走迷宮App

12-1 手機與「樂高機器人」連線（進階版）App

【分析】

(1)輸入：開啟藍牙功能

(2)處理：偵測是否開啟藍牙功能，如果有藍牙功能，才能進行「連線」，否則就是離線狀態。

(3)輸出：連線成功或失敗

【流程圖】

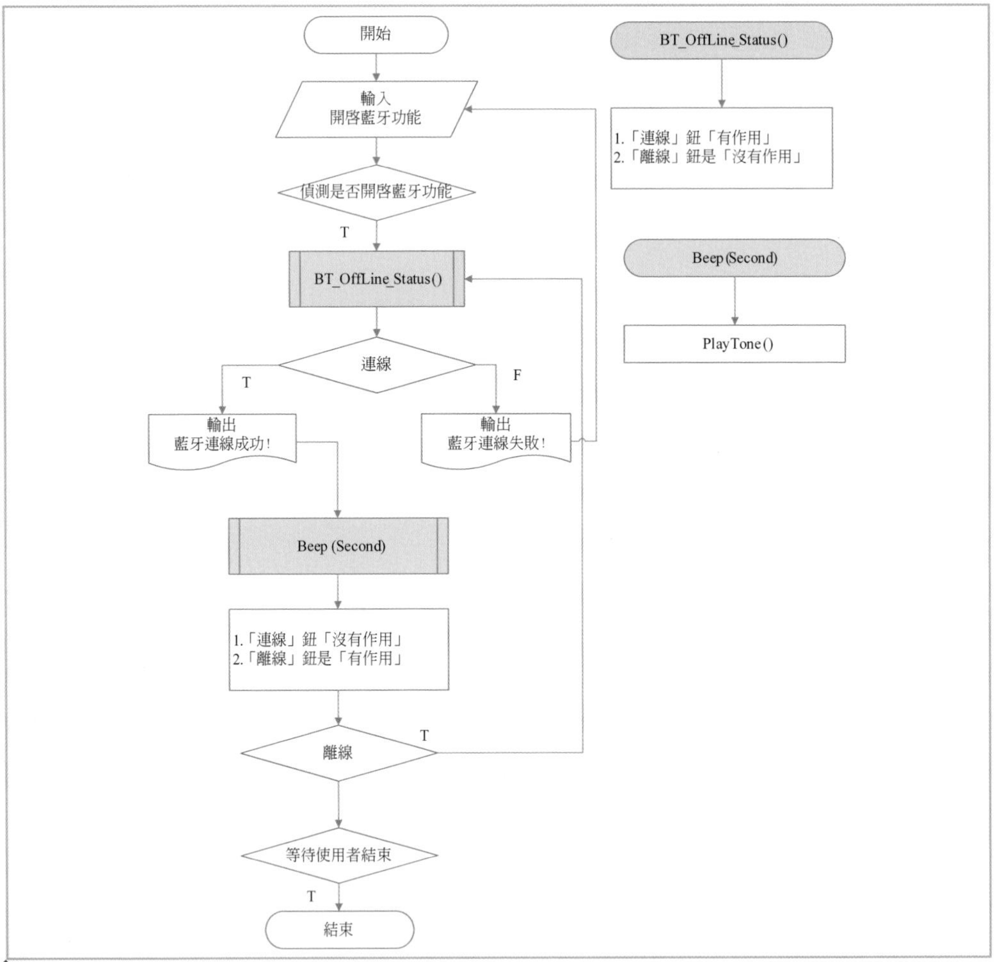

【介面設計】

手機的版面配置區	專案所需元件及屬性設定
 9:48 手機與「樂高機器人」連線(進階版)App 連線 Text for Label1 離線 非可視組件 藍牙客戶端1 Activity啟動器1 Nxt直接指令1	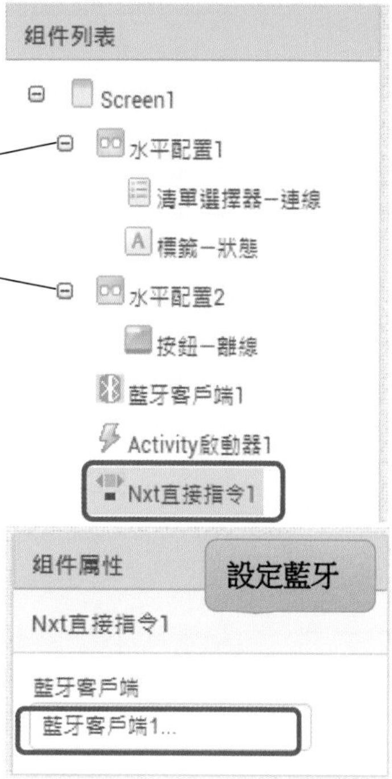 組件列表 Screen1 水平配置1 清單選擇器－連線 標籤－狀態 水平配置2 按鈕－離線 藍牙客戶端1 Activity啟動器1 Nxt直接指令1 組件屬性 設定藍牙 Nxt直接指令1 藍牙客戶端 藍牙客戶端1...

【程式設計】

請參考附書光碟。ch12_Q1_PhoneConNXT.aia

12-2 手機操控樂高機器人App

【分析】

(1)輸入：按下「前、後、左、右、停及左右迴轉」

(2)處理：依照使用者指令來運作

(3)輸出：機器人依照指令動作

【流程圖】

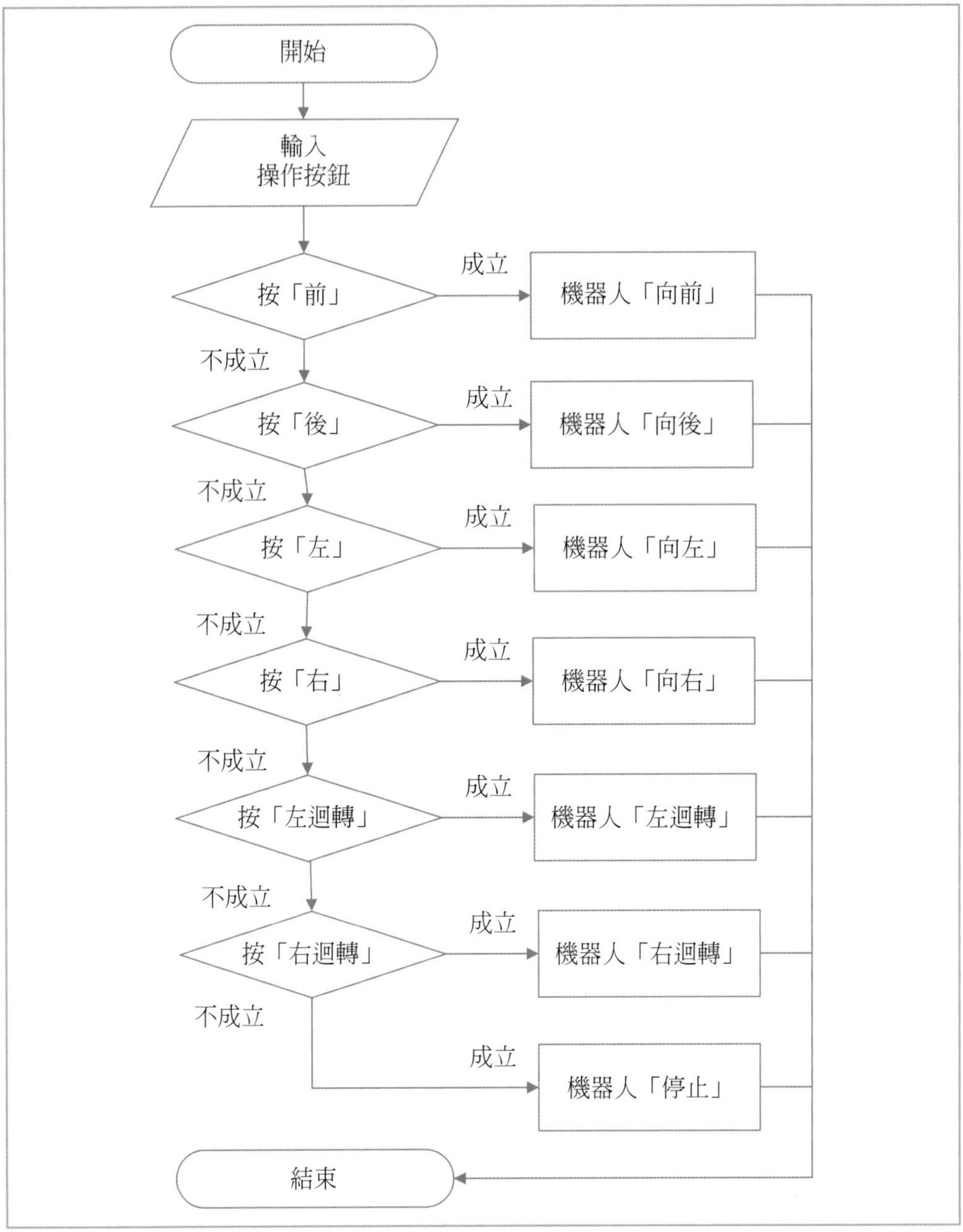

開始
輸入
操作按鈕
按「前」
成立
機器人「向前」
不成立
按「後」
成立
機器人「向後」
不成立
按「左」
成立
機器人「向左」
不成立
按「右」
成立
機器人「向右」
不成立
按「左迴轉」
成立
機器人「左迴轉」
不成立
按「右迴轉」
成立
機器人「右迴轉」
不成立
成立
機器人「停止」
結束

【執行畫面】

介面配置	執行畫面
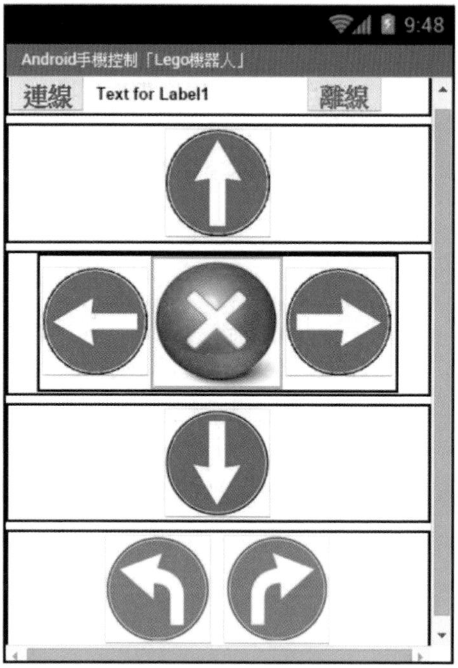 9:48 Android手機控制「Lego機器人」 連線 Text for Label1 離線	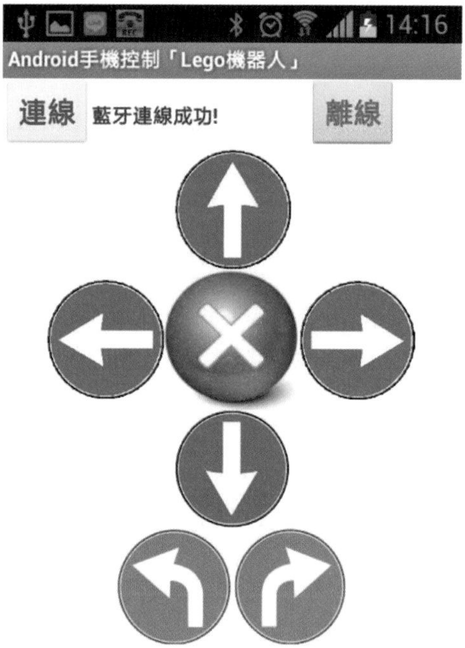 14:16 Android手機控制「Lego機器人」 連線 藍牙連線成功! 離線

【程式設計】

在附書光碟中。Ch12_Q2_ControlNXT.aia

12-3 讓機器人繞一個正方形App

【分析】

(1)輸入：藍牙連線及按下「繞正方形」鈕

(2)處理：機器人直線一段距離、右轉，重複四次

(3)輸出：繞一個正方形

【圖解說明】

機器人繞一個正方形	操作介面設計
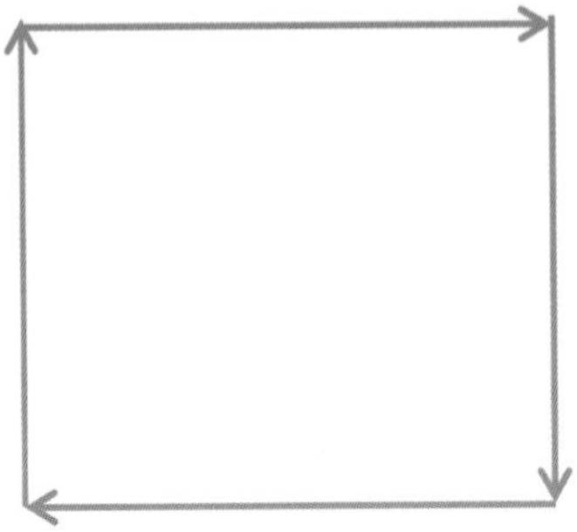	 9:48 Android手機控制「NXT機器人」繞正方形 連線 Text for Label1 離線 結束 調整速度 30% 繞L字形 繞正方形 Copyright@正修科大資管系 李春雄老師

【解析】

必須要依照實際的輪胎直徑，來調整轉動的圈數

【程式設計】

在附書光碟中。ch12_Q3_RunSquare.aia

12-4 偵測觸碰感測器App

【分析】

(1)輸入：藍牙連線及按下「啓動偵測」鈕

(2)處理：啓動觸碰感測器的偵測功能

(3)輸出：❶當按鈕被「壓下」時，回傳資訊爲「true」。

❷當按鈕被「放開」時，回傳資訊爲「false」。

【介面設計】

(1)加入「觸碰感應器」元件到手機畫面配置區	(2)設定藍牙功能
9:48 偵測觸碰感測器App 連線 Text for Label1 離線 偵測結果： 偵測結果 啟動偵測 非可視組件 藍牙客戶端1 Activity啟動器1 Nxt直接指令 Nxt觸碰感測器1	組件列表 Screen1 水平配置1 清單選擇器－連線 標籤－狀態 按鈕－離線 水平配置2 標籤1 標籤－偵測結果 按鈕－啟動偵測 藍牙客戶端1 Activity啟動器1 Nxt直接指令1 Nxt觸碰感測器1 組件屬性 Nxt觸碰感測器1 藍牙客戶端 藍牙客戶端1... 啟用被按下事件 啟用被放開事件 感測器埠號 1

【程式設計】

拼圖程式	檔案名稱：ch12_Q4_TouchSensor.aia

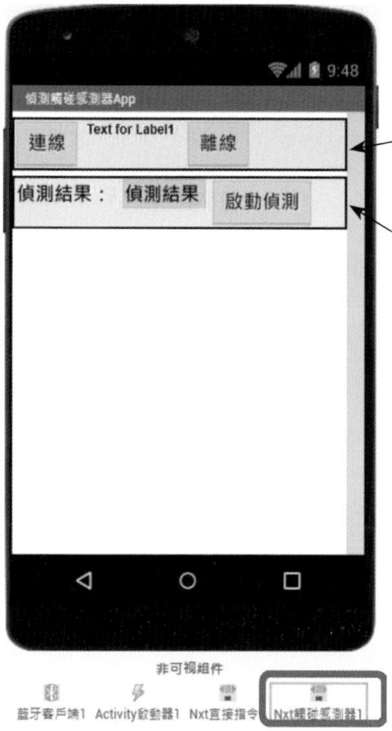

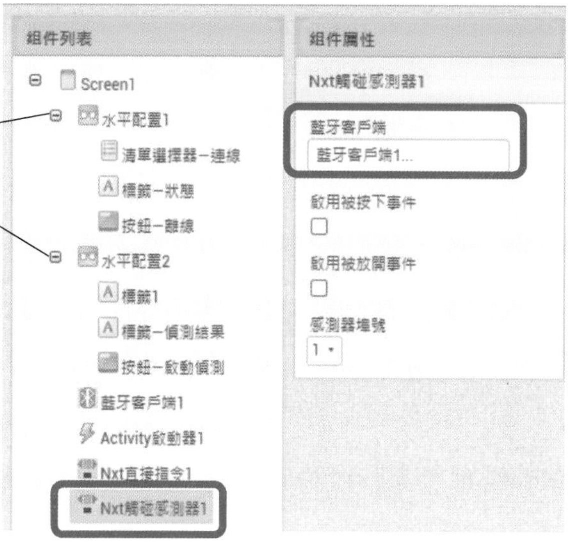

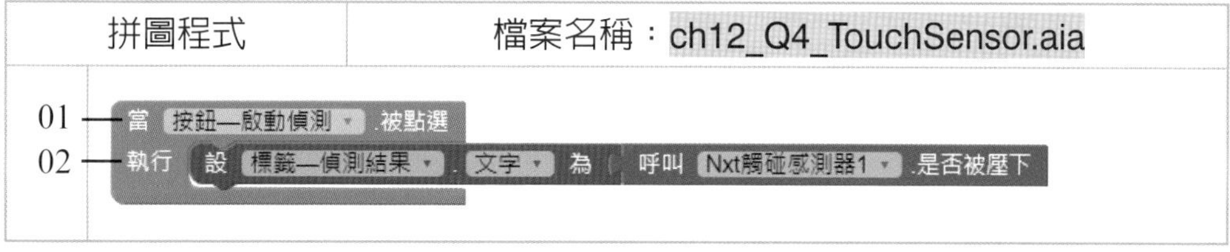
01
當 按鈕—啟動偵測 .被點選
02
執行 設 標籤—偵測結果 . 文字 為 呼叫 Nxt觸碰感測器1 .是否被壓下

說明

行號01：當使用者按下「啓動偵測」鈕之後，就會觸發Click事件。

行號02：透過「觸碰感測器」元件的「IsPressed」方法來偵測是否有觸碰到「障礙物」。

【測試方式】

請您壓下「觸碰感測器」後再放開。

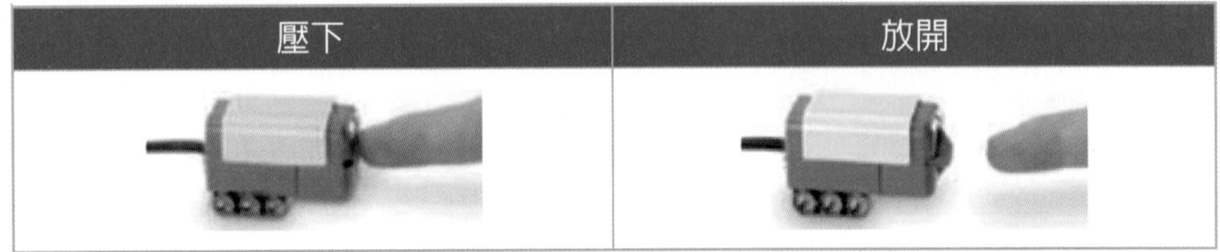

【測試結果】

12-5 機器人碰碰車App

【分析】

(1)輸入：藍牙連線及啓動「碰碰車」功能

(2)處理：❶機器人「左側」的「觸碰感測器」偵測碰撞「障礙物」時，則先退後0.5圈，再向「右旋轉1圈」。

❷機器人「左、右兩側」的「觸碰感測器」偵測碰撞「障礙物」時，則「後退」。

❸機器人「右側」的「觸碰感測器」偵測碰撞「障礙物」時，則先退後0.5圈，再向「左旋轉1圈」。

(3)輸出：碰碰車

在國際奧林匹克機器人競賽（WRO）經常出現的「碰碰車」比賽，就可以利用觸碰感測器來與對手碰撞。

碰碰車（正面）	碰碰車（背面）

【示意圖】

「左側」碰撞 「障礙物」	「中間」碰撞 「障礙物」	「右側」碰撞 「障礙物」

【流程圖】

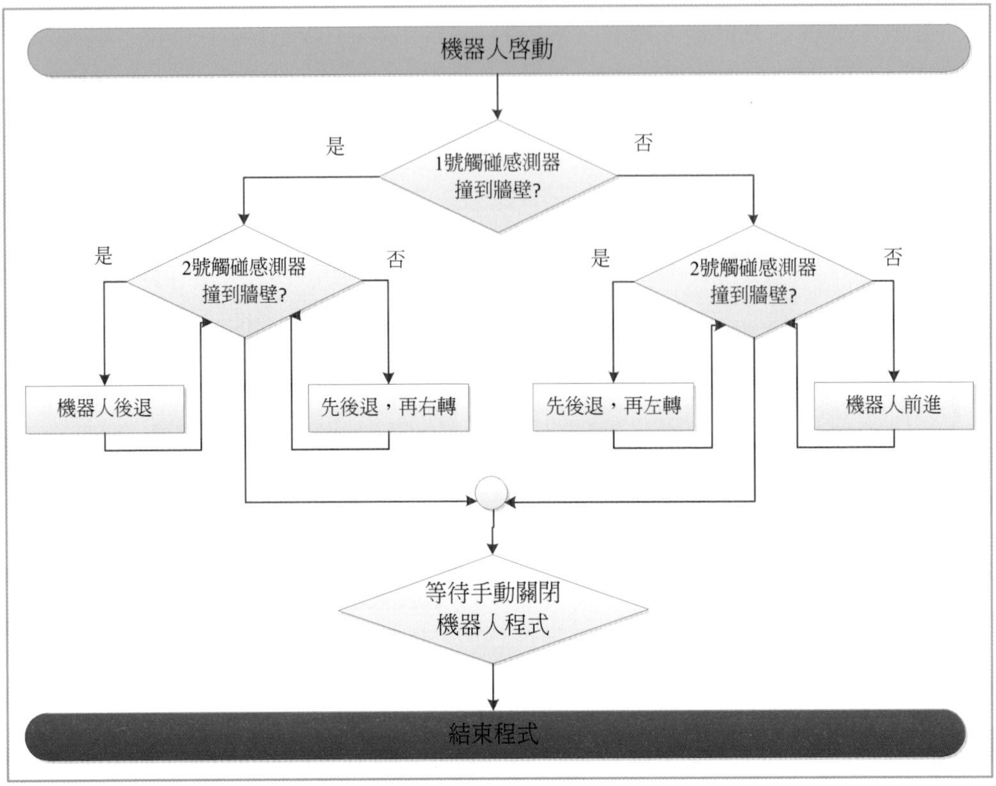

【程式設計】

請參考附書光碟。ch12_Q5_TouchCar.aia

12-6 偵測聲音感測器App

【分析】

(1)輸入：藍牙連線及按下「偵測音量」鈕

(2)處理：啓動聲音感測器的偵測功能

(3)輸出：0到1023之間（值愈大，即代表音量愈大）

【介面設計】

(1)加入「聲音感應器」元件到手機畫面配置區	(2)設定藍牙功能
偵測聲音感測器App 連線 Text for Label1 離線 偵測音量： 偵測音量 啟動偵測 非可視組件 藍牙客戶端1 Activity啟動器1 Nxt直接指令1 Nxt聲音感測器1	組件列表 Screen1 水平配置1 清單選擇器－連線 標籤－狀態 按鈕－離線 水平配置2 標籤1 標籤－偵測音量 按鈕－啟動偵測 藍牙客戶端1 Activity啟動器1 Nxt直接指令1 Nxt聲音感測器1 組件屬性 Nxt聲音感測器1 啟用超出上限事件 啟用超出下限事件 藍牙客戶端 藍牙客戶端1... 下限範圍 256 感測器埠號 2 上限範圍 767 啟用範圍內事件

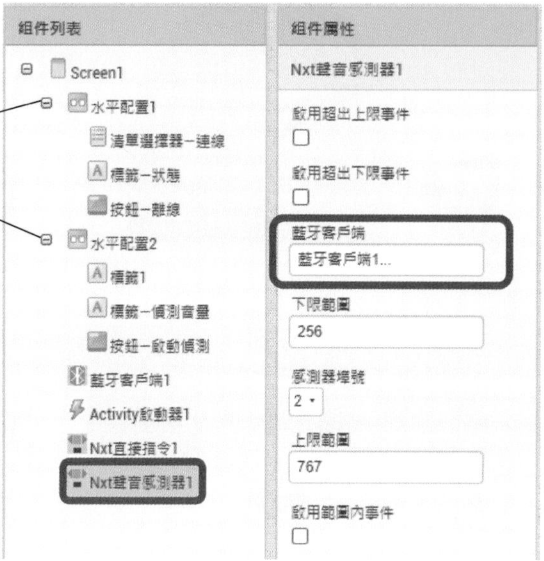

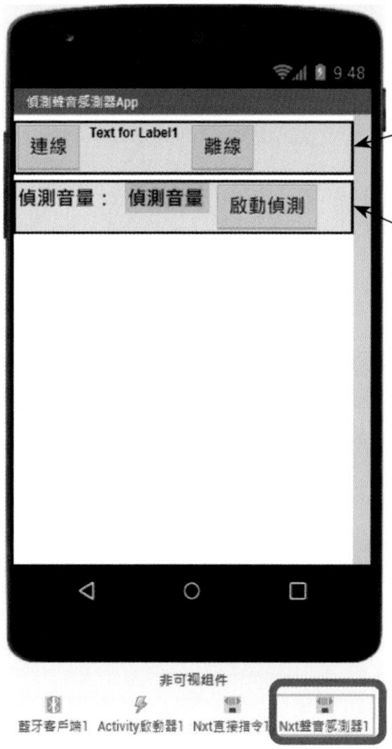

（二）拼圖程式設計

拼圖程式	檔案名稱：ch12_Q6_SoundSensor.aia

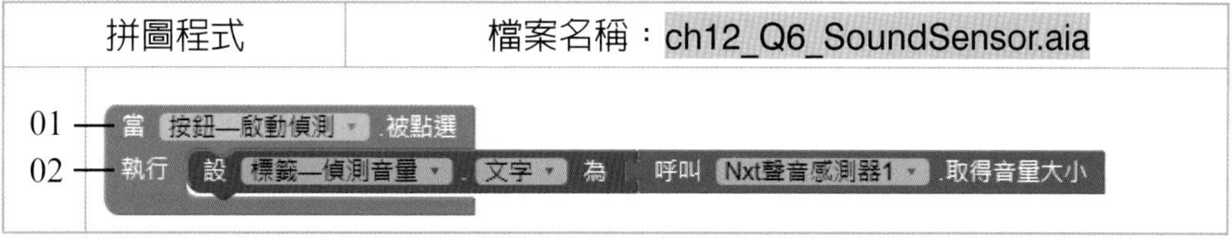
01 當 按鈕—啟動偵測 .被點選
02 執行 設 標籤—偵測音量 . 文字 為 呼叫 Nxt聲音感測器1 .取得音量大小

說明

行號01：當使用者按下「啓動偵測」鈕之後，就會觸發Click事件。

行號02：透過「聲音感測器」元件的「GetSoundLevel」方法來偵測音量大小。

【測試方式】

請您「聲音感測器」前面發出不同大小的音量

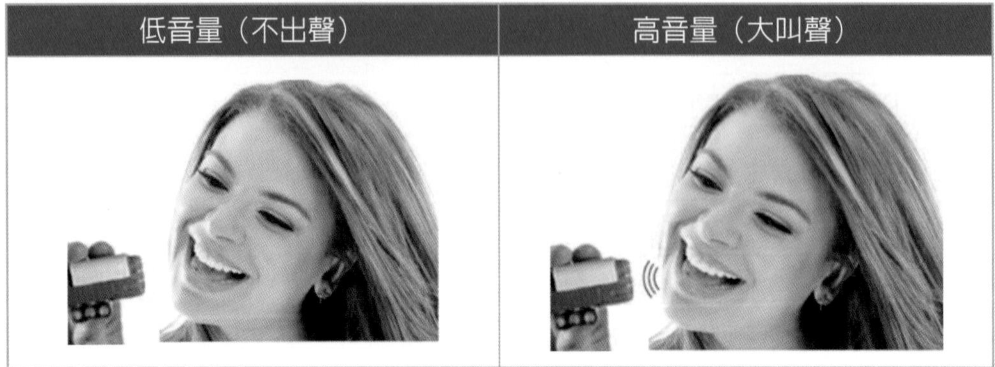

【測試結果】

12-7 偵測光源感測器App

【分析】

(1)輸入：藍牙連線及按下「偵測反射光」鈕

(2)處理：啓動光源感測器的偵測功能

(3)輸出：不同的顏色或材質會有不同的反射光

【介面設計】

(1)加入「光源感測器」元件到手機畫面配置區	(2)設定藍牙功能
偵測光源感測器App 連線 Text for Label1 離線 反射光 偵測反射光值 偵測反射光 非可視組件 藍牙客戶端1 Activity啟動器1 Nxt直接指令1 Nxt光感測器1	組件列表 Screen1 水平配置1 清單選擇器－連線 標籤－狀態 按鈕－離線 水平配置2 標籤1 標籤_偵測反射光值 按鈕－偵測反射光 藍牙客戶端1 Activity啟動器1 Nxt直接指令1 Nxt光感測器1 組件屬性 Nxt光感測器1 啟用超出上限事件 啟用超出下限事件 藍牙客戶端 藍牙客戶端1... 下限範圍 256 啟用光線 感測器埠號 3 上限範圍 767 啟用範圍內事件

【程式設計】

拼圖程式	檔案名稱：ch12_Q7_LightSensor.aia

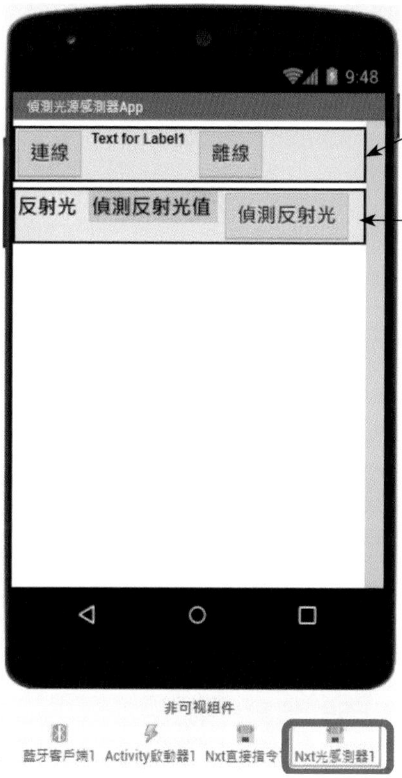

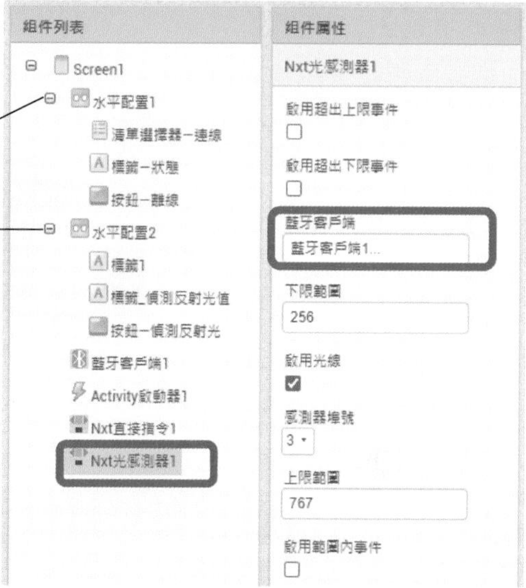

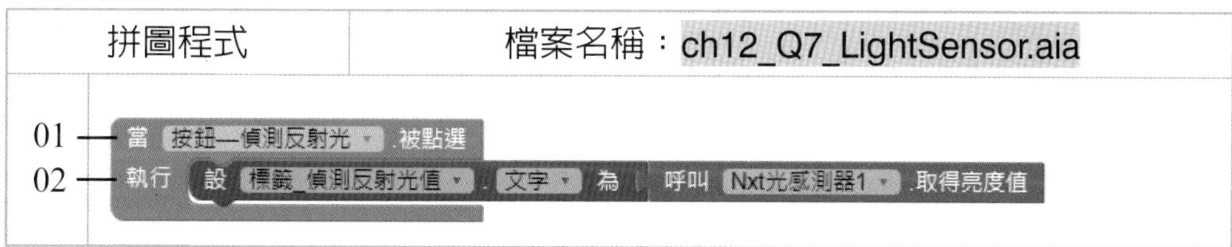
01
02
當 按鈕—偵測反射光 .被點選
執行 設 標籤_偵測反射光值 . 文字 為 呼叫 Nxt光感測器1 .取得亮度值

說明

行號01：當使用者按下「偵測反射光」鈕之後，就會觸發Click事件。

行號02：透過「光源感測器」元件的「GetLightLevel」方法來取得「反射光」。

【測試方式】

請你準備兩張紙（黑色與白色），分別放在「光源感測器」下方：

【測試結果】

黑色紙的反射光	白色紙的反射光
17:19 利用「光源感測器」偵測反射光 連線 藍牙連線成功! 離線 反射光200 偵測反射光	17:19 利用「光源感測器」偵測反射光 連線 藍牙連線成功! 離線 反射光550 偵測反射光

12-8 樂高軌跡車App

【分析】

(1)輸入：藍牙連線及按下「啓動軌跡車」鈕

(2)處理：機器人的「光源感測器」偵測「黑線或白線」時右轉，而偵測「白線或黑線」時左轉。

(3)輸出：循著軌跡行走的機器人

在國際奧林匹克機器人競賽（WRO）經常出現的軌跡賽，就可以利用光源感測器來控制軌跡車如何前進。

【引言】

本單元要做一輛輪型或履帶式的機器人，它可以循著地上的軌跡前進，讓學生利用光源感應器去實地量與偵測。

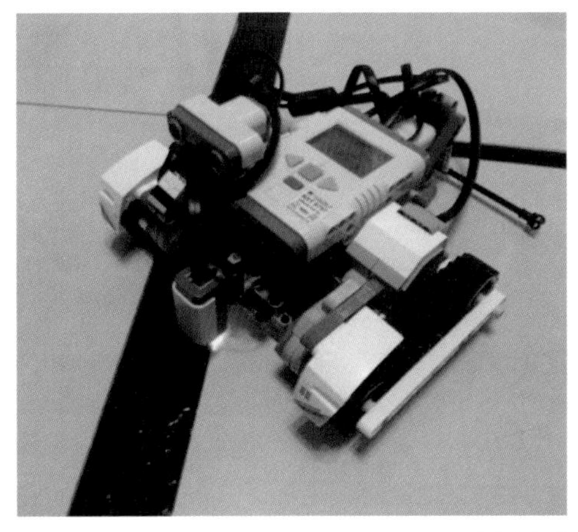

【解析】

1. 機器人的「光源感測器」偵測「黑線或白線」時右轉，而偵測「白線或黑線」時左轉。
2. 如果單獨使用分岔結構（Switch），只能偵測一次，無法反覆執行。

【解決方法】

搭配無限制的「迴圈結構（Loop）」，可以讓你反覆操作此機器人的動作。

而在App Inventor2中，我們可以使用Clock時鐘元件來產生無限迴圈的效果。

第一種寫法（軌跡線為黑色）	第二種寫法（軌跡線為白線）
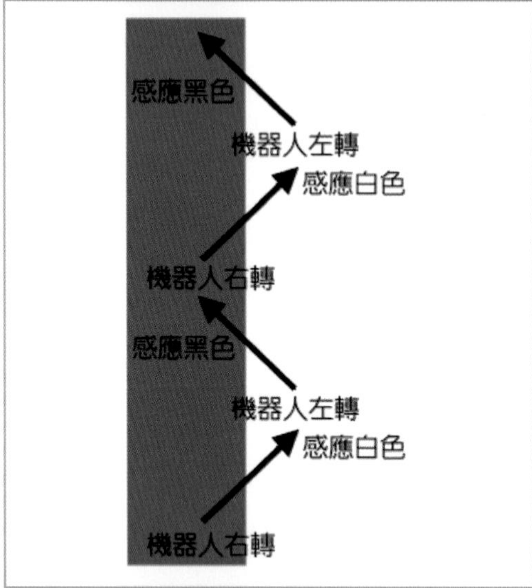 感應黑色 機器人左轉 感應白色 機器人右轉 感應黑色 機器人左轉 感應白色 機器人右轉	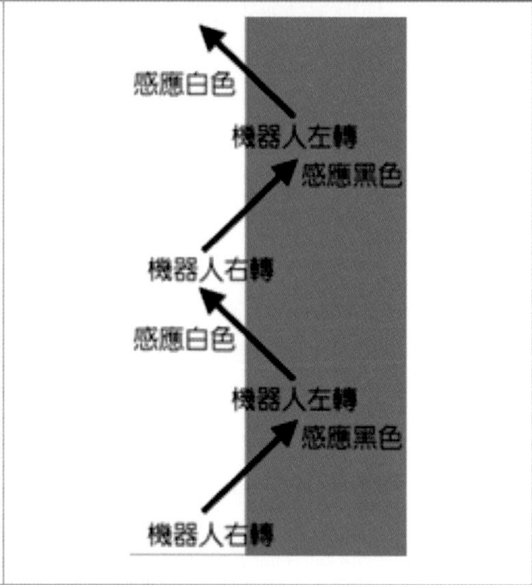 感應白色 機器人左轉 感應黑色 機器人右轉 感應白色 機器人左轉 感應黑色 機器人右轉
流程圖	**流程圖**
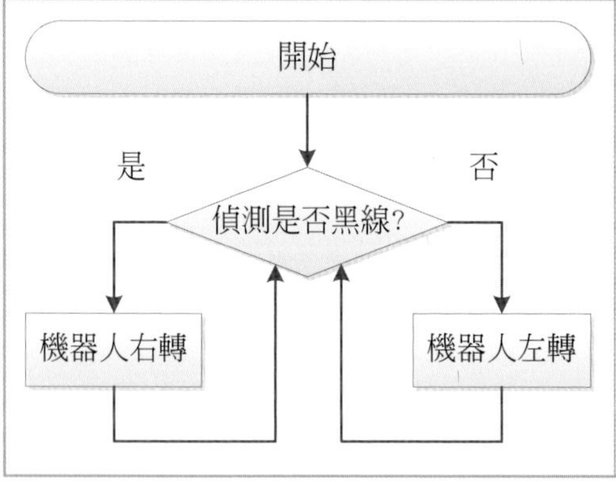 開始 是 否 偵測是否黑線? 機器人右轉 機器人左轉	開始 是 否 偵測是否白線? 機器人右轉 機器人左轉

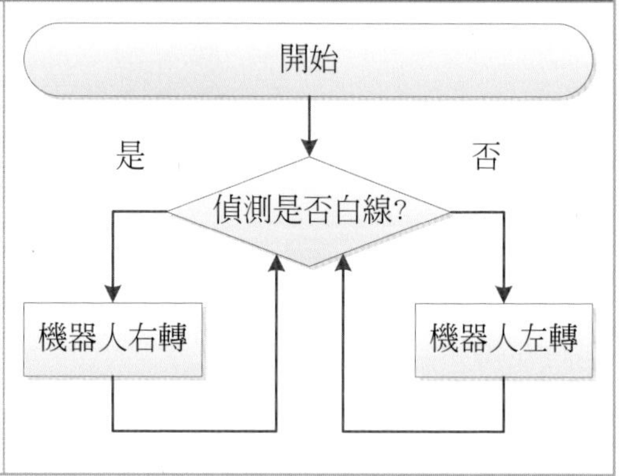

【程式設計】

請參考附書光碟。ch12_Q8_LightCar.aia

12-9 偵測超音波感測器App

【分析】

(1)輸入：藍牙連線及按下「啓動偵測」鈕

(2)處理：啓動超音波感測器的偵測功能

(3)輸出：0～255公分

（一）介面設計

(1)加入「超音波感測器」元件到手機畫面配置區	(2)設定藍牙功能

（二）拼圖程式設計

拼圖程式	檔案名稱：ch12_Q9_UltrasonicSensor.aia

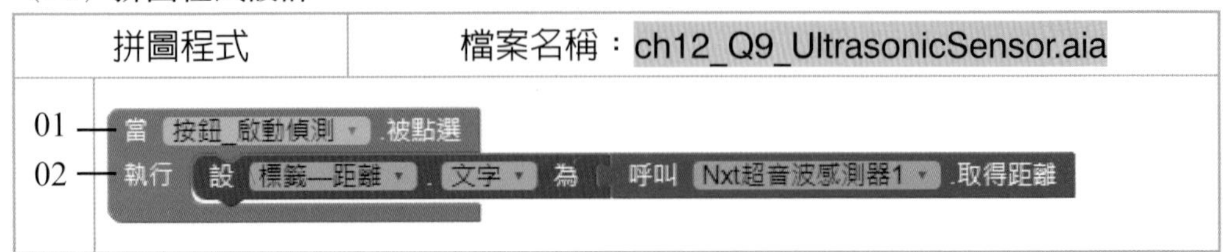

說明

行號01：當使用者按下「啓動偵測」鈕之後，就會觸發Click事件。

行號02：透過「超音波感測器」元件的「GetDistance」方法來取得「距離」。

【測試方式】

請你將超音波感測器先對準（遠方），再將你的手放在「超音波感測器」前面。你會在「回饋盒」中看到不同的傳回值。

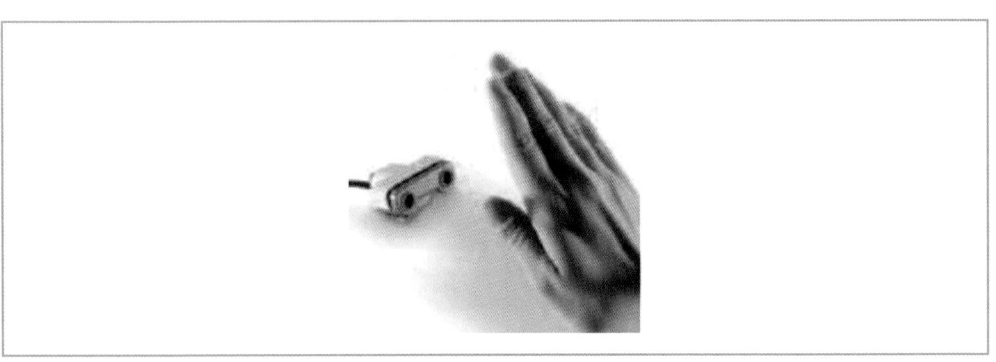

【測試結果】

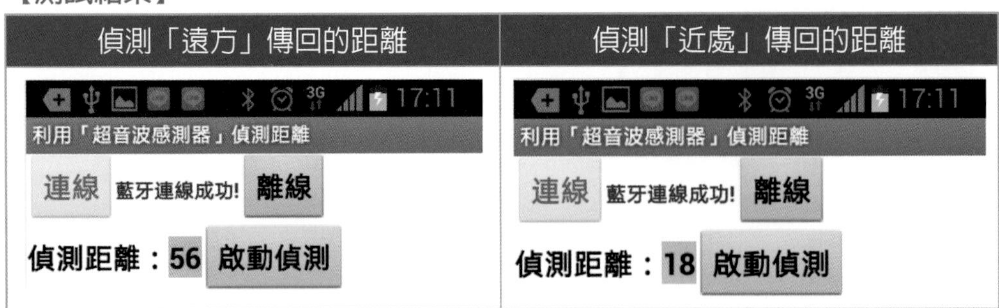

12-10 機器人走迷宮App

【分析】

(1)輸入：藍牙連線及按下「啓動走迷宮車」鈕

(2)處理：機器人的「超音波感測器」偵測前方有「障礙物」時，「向右轉」或「向左轉」1/4圈，否則向前走。

(3)輸出：會走迷宮的機器人

在國際奧林匹克機器人競賽（WRO）經常出現的「機器人走迷宮」，它就是利用超音波感測器來完成。

入口出發
尋找迷宮路徑
順利找到出口

如果單獨使用「判斷式」，只能執行一次，無法反覆執行。

【解決方法】

搭配無限制的「迴圈結構（Loop）」，可以讓你反覆操作此機器人的動作。

而在App Inventor2中，我們可以使用Clock時鐘元件來產生無限迴圈的效果。

【常見的兩種情況】

第一種情況（出口在右方）	第二種情況（出口在左方）
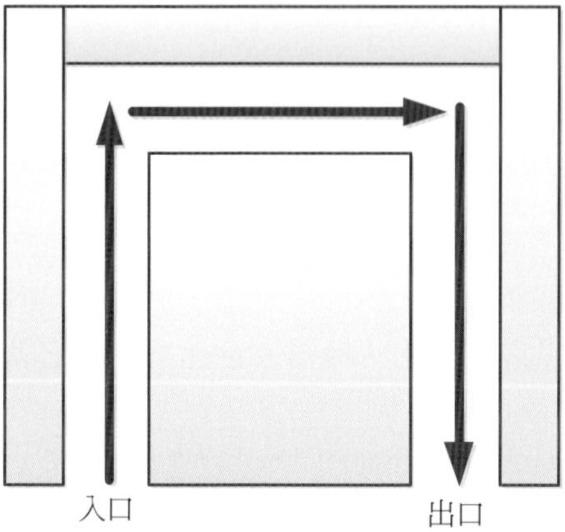 入口　出口	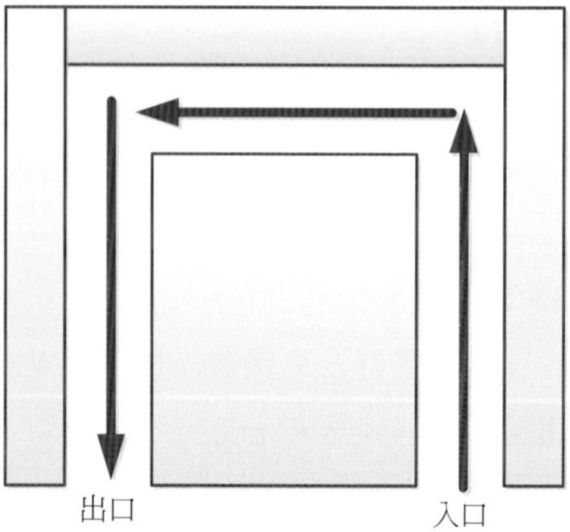 出口　入口
流程圖	**流程圖**
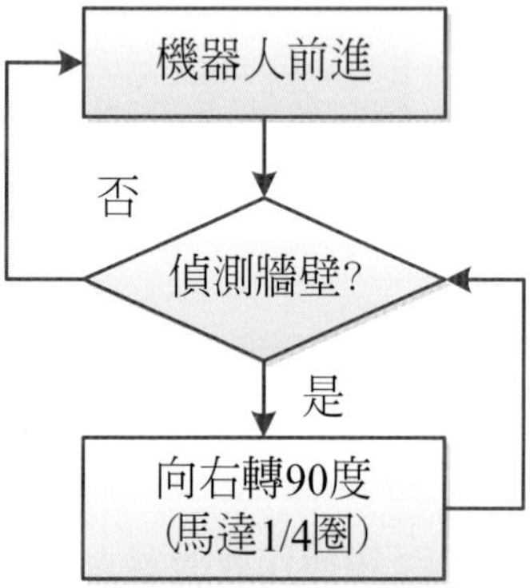 機器人前進 偵測牆壁? 否 → 機器人前進 是 → 向右轉90度（馬達1/4圈） → 偵測牆壁?	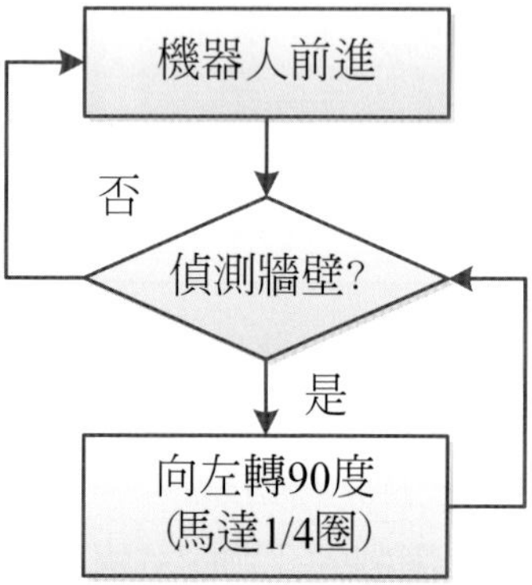 機器人前進 偵測牆壁? 否 → 機器人前進 是 → 向左轉90度（馬達1/4圈） → 偵測牆壁?

【程式設計】

請參考附書光碟。ch12_Q10_Maze.aia

Appendix 1

App Inventor 程式的開發環境

本章學習目標

1. 讓讀者了解App Inventor拼圖程式的整合開發環境。
2. 讓讀者了解App Inventor拼圖程式的執行模式及如何管理自己的專案。

本章內容

A-1 App Inventor拼圖程式的開發環境

基本上，想利用App Inventor拼圖程式來開發Android APP手機應用程式時，您必須要先完成以下四項程序：

1. 申請Google帳號。
2. 使用Google Chrome瀏覽器（強烈建議使用）
3. 安裝App Inventor 2開發套件（安裝在電腦上）→ 若要使用「模擬器」測試
4. 安裝MIT AI2 Companion（安裝在電腦與手機中）→ 若要使用「實機」測試

A-1.1 申請Google帳號

由於App Inventor拼圖程式是由Google實驗室所發展出來，以便讓使用者輕易的開發Android App。因此，使用者在開發App Inventor拼圖程式時，先申請Google帳號。

步驟一：連到Google的帳戶申請網站並註冊

https://accounts.google.com/SignUp?hl=zh-TW

註 在「建立帳户」之後，就可以登入。如果您已經申請過，則不需要再重新申請，直接使用舊的即可登入。

步驟二：登入Google帳戶

連到Google的登入網站https://accounts.google.com/Login?hl=zh-tw

你登入的密碼自動會記錄在Google Chrome的網站中了，所以，下次要再使用Google提供的相關服務（gmail, AppInventor…）皆不需再登入。

A-1.2 使用Google Chrome瀏覽器

基本上，目前瀏覽器種類，大致上可以分爲三大類：

1. Microsoft Internet Explorer

2. Mozilla Firefox
3. Google Chrome（強烈建議使用，因為最穩定、資源最多）

因此，如果你的電腦尚未安裝「Google Chrome瀏覽器」時，連到以下的網方官站下載並安裝。

https://www.google.com/chrome/browser/

 A-1.3　安裝App Inventor 2開發套件

當我們利用App Inventor 2開發完成程式之後，如果想利用「模擬器（Emulator）」或透過USB連接手機來瀏覽執行結果時，則必須要先安裝App Inventor 2開發套件。

步驟一：連接到官方網站

網站http://appinventor.mit.edu/explore/ai2/setup.html

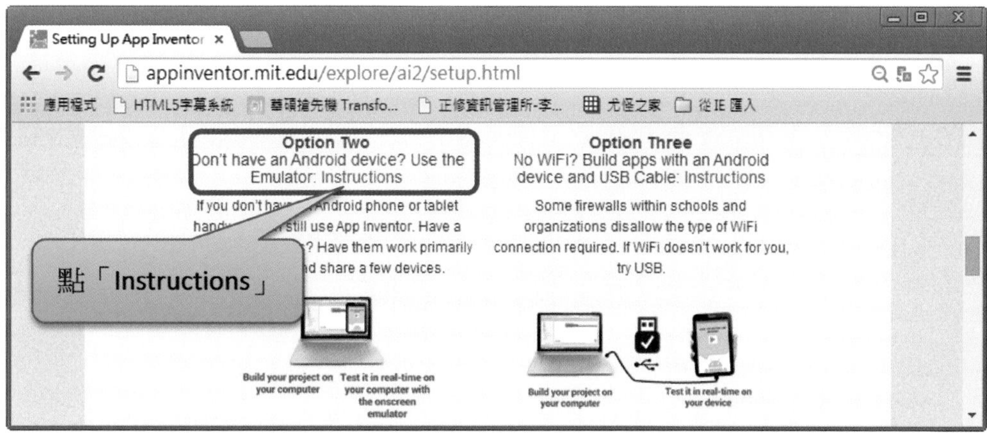

步驟二：選擇安裝App Inventor軟體的版本

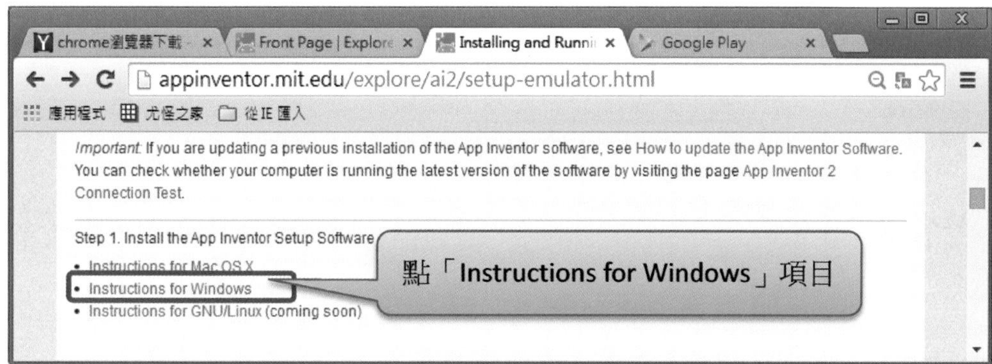

步驟三：下載檔案

appinventor.mit.edu/explore/ai2/windows.html
點「Download the installer」項目
1. Download the installer.
2. Locate the file AppInventor_Setup_Installer_v_2_1.exe (~101 MB) in your Downloads file or your Desktop. The location of the download on your computer depends on how your browser is configured.

AppInventor_Setup_Installer_v_2_2
2014/5/1 下午 03:30
應用程式
94,198 KB
下載的軟體名稱：
AppInventor_Setup_Installer_v_2_2.exe

步驟四：安裝檔案

AppInventor Setup Setup
Welcome to AppInventor Setup Setup
Setup will guide you through the installation of AppInventor Setup.
It is recommended that you close all other applications before starting Setup. This will make it possible to update relevant system files without having to reboot your computer.
Click Next to continue.
❶
Next >
Cancel
AppInventor Setup Setup
License Agreement
Please review the license terms before installing AppInventor Setup.
Press Page Down to see the rest of the agreement.
This is the MIT App Inventor Setup Software
It consists of portions of the Android Software Development Kit, which is governed by the following license:
1. Introduction
1.1 The Android Software Development Kit (referred to in this License Agreement as the "SDK" and specifically including the Android system files, packaged APIs, and Google APIs add-ons) is licensed to you subject to the terms of this License Agreement. This License Agreement
If you accept the terms of the agreement, click I Agree to continue. You m
agreement to install AppInventor Setup.
❷
Nullsoft Install System v3.0a1
< Back
I Agree
Cancel
AppInventor Setup Setup
Choose Install Location
Choose the folder in which to install AppInventor Setup.
Setup will install AppInventor Setup in the following folder. To install in a different folder, click Browse and select another folder. Click Next to continue.
Destination Folder
C:\Program Files (x86)\AppInventor
Browse...
Space required: 170.5MB
Space available: 300.9GB
❸
Nullsoft Install System v3.0a1
< Back
Next >
Cancel
AppInventor Setup Setup
Choose Start Menu Folder
Choose a Start Menu folder for the AppInventor Setup shortcuts.
Select the Start Menu folder in which you would like to create the program's shortcuts. You can also enter a name to create a new folder.
AppInventor Setup
Accessories
Administrative Tools
Adobe LiveCycle ES2
Adobe Master Collection CS6
AppInventor Setup
AppServ
avast! Free Antivirus
Basic4android
Catalyst Control Center
ConverterLite
FormosaSoft VideoUpload
Do not create shortcuts
❹
Nullsoft Install System v3.0a1
< Back
Install
Cancel
AppInventor Setup Setup
Completing AppInventor Setup Setup
AppInventor Setup has been installed on your computer.
Click Finish to close Setup.
❺
< Back
Finish
Cancel

步驟五：啓動aiStarter

說明

在您安裝完成之後，「App Inventor 2開發套件」會安裝到「C:\Program Files (x86)\AppInventor」目錄下，其中「aiStarter檔案」就是用來負責「App Inventor 2」與「模擬器（Emulator）」及「USB連接的手機」之間溝通。因此，想要利用模擬器來執行「App Inventor 2」程式時，必須要先啓動此檔案。

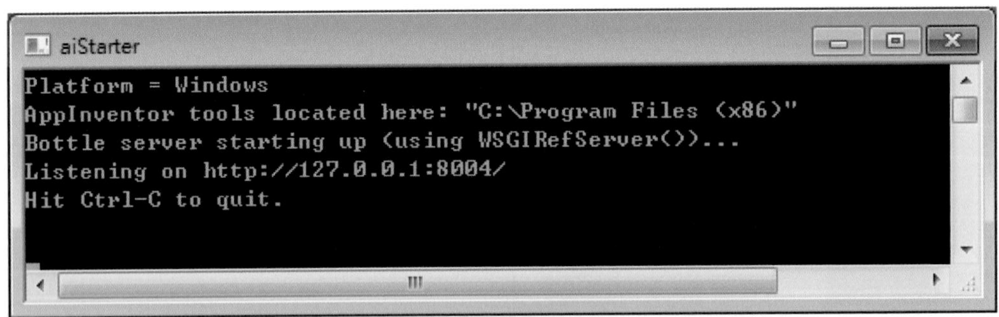

```
Platform = Windows
AppInventor tools located here: "C:\Program Files (x86)"
Bottle server starting up (using WSGIRefServer())...
Listening on http://127.0.0.1:8004/
Hit Ctrl-C to quit.
```

註 當你安裝完成「安裝App Inventor 2開發套件」之後，系統會自動將「aiStarter檔案」在桌面上建立捷徑。

步驟六：查看App Inventor 2開發套件

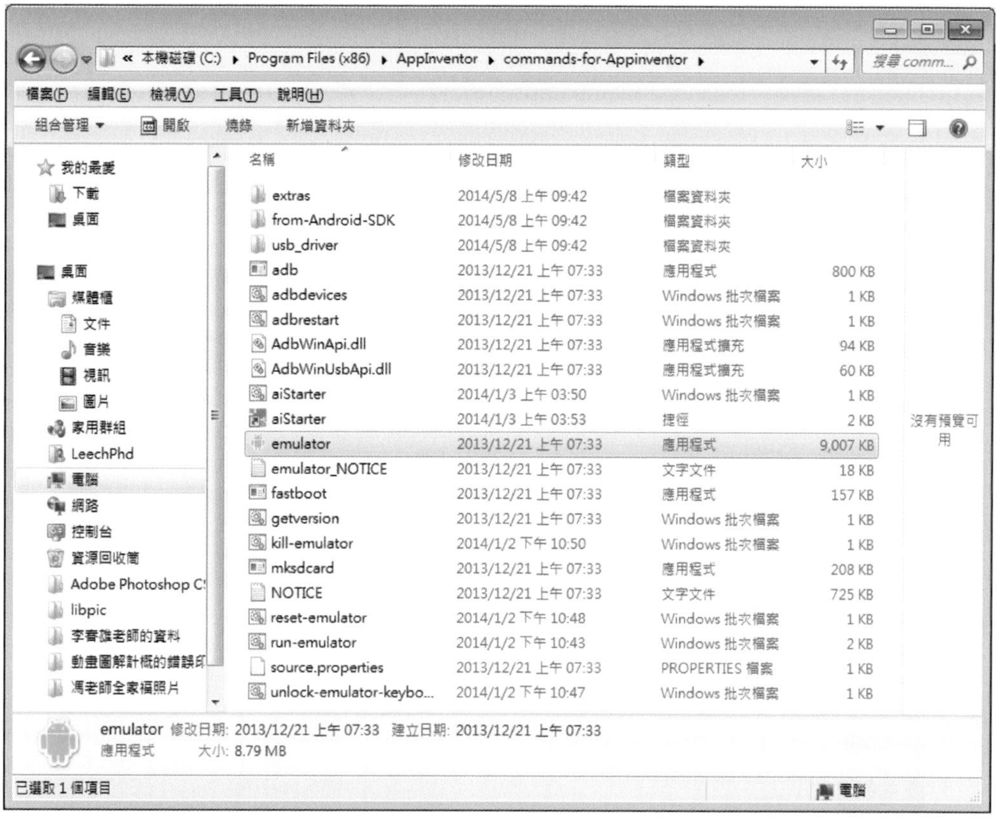

« 本機磁碟 (C:) ▸ Program Files (x86) ▸ AppInventor ▸ commands-for-Appinventor ▸

名稱	修改日期	類型	大小
extras	2014/5/8 上午 09:42	檔案資料夾	
from-Android-SDK	2014/5/8 上午 09:42	檔案資料夾	
usb_driver	2014/5/8 上午 09:42	檔案資料夾	
adb	2013/12/21 上午 07:33	應用程式	800 KB
adbdevices	2013/12/21 上午 07:33	Windows 批次檔案	1 KB
adbrestart	2013/12/21 上午 07:33	Windows 批次檔案	1 KB
AdbWinApi.dll	2013/12/21 上午 07:33	應用程式擴充	94 KB
AdbWinUsbApi.dll	2013/12/21 上午 07:33	應用程式擴充	60 KB
aiStarter	2014/1/3 上午 03:50	Windows 批次檔案	1 KB
aiStarter	2014/1/3 上午 03:53	捷徑	2 KB
emulator	2013/12/21 上午 07:33	應用程式	9,007 KB
emulator_NOTICE	2013/12/21 上午 07:33	文字文件	18 KB
fastboot	2013/12/21 上午 07:33	應用程式	157 KB
getversion	2013/12/21 上午 07:33	Windows 批次檔案	1 KB
kill-emulator	2014/1/2 下午 10:50	Windows 批次檔案	1 KB
mksdcard	2013/12/21 上午 07:33	應用程式	208 KB
NOTICE	2013/12/21 上午 07:33	文字文件	725 KB
reset-emulator	2014/1/2 下午 10:48	Windows 批次檔案	1 KB
run-emulator	2014/1/2 下午 10:43	Windows 批次檔案	2 KB
source.properties	2013/12/21 上午 07:33	PROPERTIES 檔案	1 KB
unlock-emulator-keybo...	2014/1/2 下午 10:47	Windows 批次檔案	1 KB

emulator 修改日期: 2013/12/21 上午 07:33 建立日期: 2013/12/21 上午 07:33
應用程式 大小: 8.79 MB

已選取 1 個項目

說明

在第五步驟中，我們可以查看「commands-for-Appinventor」目錄下，有許多重要的檔案，例如：「emulator檔案」就是用來啟動模擬器。

A-1.4 安裝MIT AI2 Companion

當我們開發「App Inventor 2」程式之後，除了利用「模擬器（Emulator）」及

USB連接的手機」來測試執行結果之外，其實最方便的方法就是利用WiFi連線，也就是說，你的手機可以直接透過WiFi連線就可以測試程式。

【方法】

在手機上安裝「MIT AI2 Companion」軟體

【取得方式】

1. Google Play商店（下載、安裝及開啓）

MIT AI2 Companion	安裝後開啓
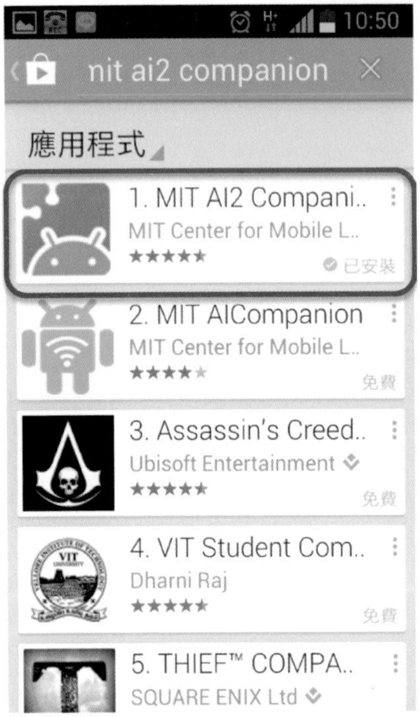 10:50 nit ai2 companion 應用程式 1. MIT AI2 Compani.. MIT Center for Mobile L.. 已安裝 2. MIT AICompanion MIT Center for Mobile L.. 免費 3. Assassin's Creed.. Ubisoft Entertainment 免費 4. VIT Student Com.. Dharni Raj 免費 5. THIEF™ COMPA.. SQUARE ENIX Ltd	 10:51 MIT App Inventor 2 Companion MIT App Inventor 2 type in the 6-digit code -or- scan the QR code Six Digit Code connect with code scan QR code Your IP Address is: 192.168.1.23 Version: 2.17ai2zx1

2. MIT App Inventor官方網站

http://appinventor.mit.edu/explore/ai2/setup-device-wifi.html

chrome瀏覽器下載 - Yah　Connect your Phone or T　Google Play

appinventor.mit.edu/explore/ai2/setup-device-wifi.html

MIT App Inventor　Home ▾　Blog ▾　Support ▾　Create

Follow Us:

Connect your Phone or Tablet over WiFi

You can use App Inventor without downloading anything to your computer! You'll develop apps on our website: ai2.appinventor.mit.edu. To do live testing on your Android device just install the MIT App Inventor Companion app on your Android phone or tablet. Then open your project in App Inventor on the web, open the companion on your device, and you can test your apps as you build them:

Build your project on your computer　Test it in real-time on your device

The following steps will walk you through the process.

Step 1: Download and install the MIT AI2 Companion App on your pho

Open your device's QR code scanner and scan the QR code on the lef

Store. If you can't use the Play Store, use the QR code on the right to download the Co... App directly to your phone.

Play Store　APK File

Recommended: Automatic updates　Manual updates required

Scan this QR code (or click this link) to get the app from the Play Store　Scan this QR code (or click this link) to download the app directly

利用 QR Code 軟體 App 掃瞄後即可下載並安裝。

A-2 進到App Inventor2雲端開發網頁

由於App Inventor2是一套「雲端網頁操作模式」的整合開發環境，因此，我們就必須要先利用瀏覽器（建議使用Google Chrome）來連接到MIT App Inventor的官方網站，其完整的步驟如下：

步驟一：開啓Google Chrome瀏覽器，並連到http://ai2.appinventor.mit.edu，此時，

如果你尚未利用Google帳戶登入，則它會自動導向Google帳戶登入畫面。

說明

此時，MIT App Inventor的官方網站會詢問，是否可以允許存取你的Google帳戶，建議按「Allow」鈕。它會將Google帳戶分享給App Inventor 2，請您放心，不會將您在Google帳戶中的密碼及個人資訊分享出去。

步驟二：「App Inventor」會詢問你是否要填寫「問卷調查」。請暫時按「Take Survey Later」。

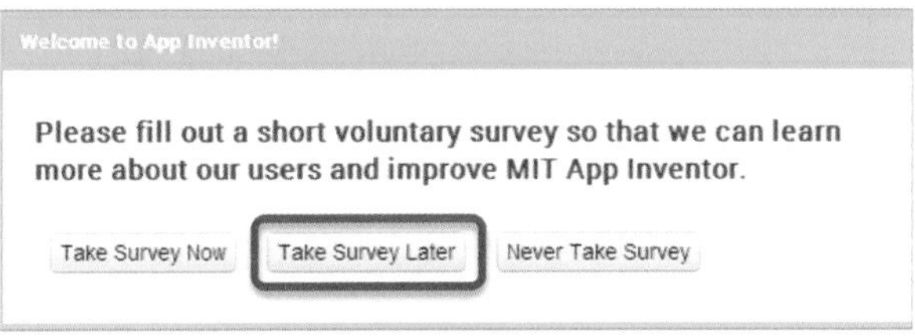

步驟三：出現歡迎的畫面，請再按「Continue」鈕即可。

步驟四：App Inventor的「專案管理平台」會去檢查你目前是否已經開發App Inventor專案程式，如果沒有就會出現以下的畫面：

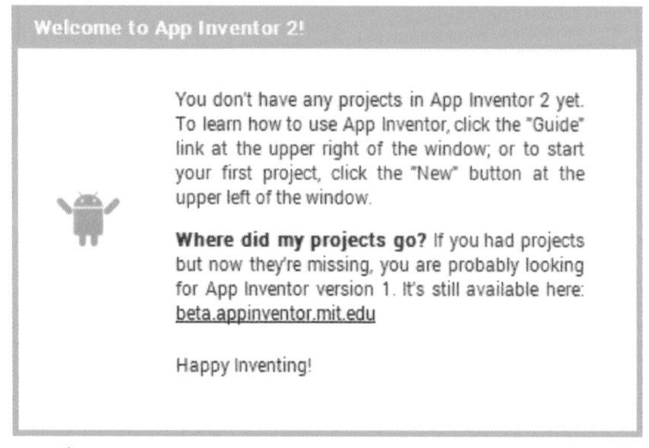

步驟五：App Inventor的專案管理平台

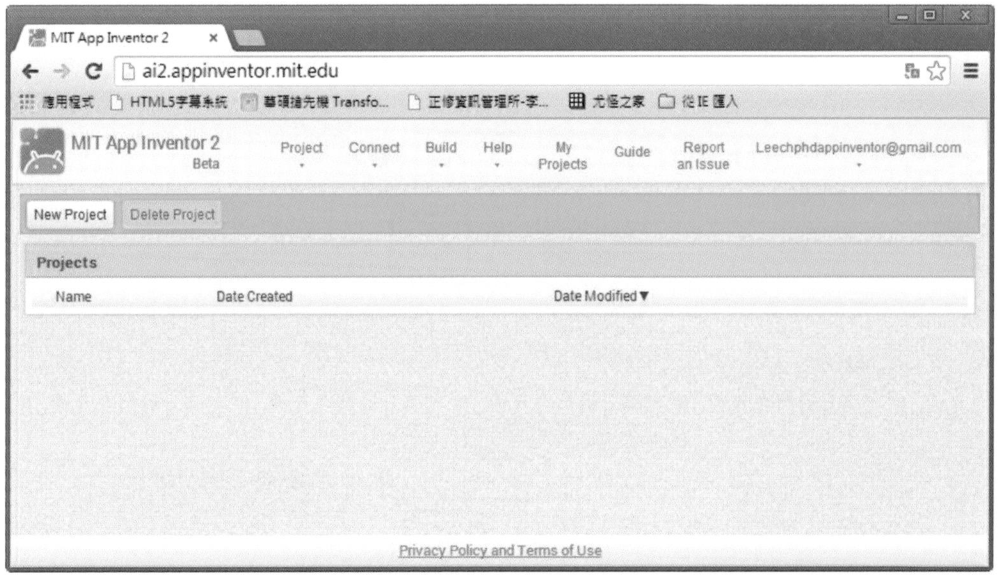

說明

由於尚未新增「專案名稱」，所以，目前沒有任何專案在平台上。

A-3 App Inventor2的整合開發環境

如果想利用「App Inventor2」來開發Android App時，必須要先熟悉App Inventor2的整合開發環境的操作程序，並依照以下的步驟來完成。

步驟一：新增專案（New Project）

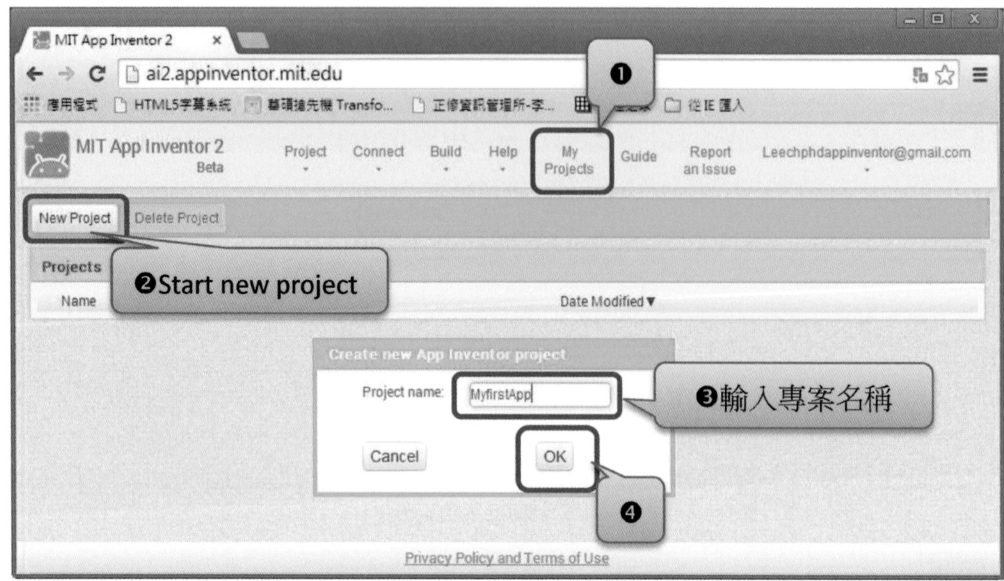

【專案名稱的命名之注意事項】

1. 不可使用「中文字」來命名。
2. 只能使用大、小寫英文字母、數字及底線符號「_」。
3. 專案名稱的第一個必須是大、小寫英文字母。

步驟二：進入設計者（Designer）畫面

在「新增專案（New Project）」之後，App Inventor2開發平台立即進入到Designer的開發介面環境。基本上，「App Inventor2」拼圖語言的操作環境中，分成四大區塊：

1. Palette（元件群組區）
2. Viewer（手機畫面配置區）
3. Components（專案所用的元件區）
4. Properties（元件屬性區）

專案名稱
Designer模式
MyfirstApp
Palette
Viewer
Components
Properties
1. Palette
（元件群組區）
2. Viewer
（手機畫面配置區）
3. Components
（專案所用的元件區）
4. Properties
（元件屬性區）

【四大區塊說明】

1. Palette（元件群組區）

(1) User Interface （使用者介面設計之元件）	元件說明
User Interface	
Button	Button（命令鈕元件）
CheckBox	CheckBox（核取方塊元件）
DatePicker	DatePicker（日期選取元件元件）
Image	Image（影像元件）
Label	Label（標籤元件）
ListPicker	ListPicker（清單選擇器元件）
ListView	ListView（下拉式清單元件）
Notifier	Notifier（訊息通知元件）
PasswordTextBox	PasswordTextBox（密碼文字框元件）
Slider	Slider（滑桿圖形元件）
Spinner	Spinner（下拉式選單元件）
TextBox	TextBox（文字框元件）
TimePicker	TimePicker（時間選取元件）
WebViewer	WebViewer（瀏覽器元件）

(2) Layout（畫面配置元件）	元件說明
Layout	
HorizontalArrangement	HorizontalArrangement（水平排列元件）
TableArrangement	TableArrangement（表格排列元件）
VerticalArrangement	VerticalArrangement（垂直排列元件）

(3) Media（多媒體元件）	元件說明
Media	
Camcorder	Camcorder（攝影機元件）
Camera	Camera（啓動照相機元件）
ImagePicker	ImagePicker（從相簿挑選照片元件）
Player	Player（播放音樂元件）
Sound	Sound（發出聲音元件）
SoundRecorder	SoundRecorder（錄製聲音元件）
SpeechRecognizer	SpeechRecognizer（語音辨識元件）
TextToSpeech	TextToSpeech（文字轉語音元件）
VideoPlayer	VideoPlayer（播放影片元件）
YandexTranslate	YandexTranslate（翻譯元件）

(4) Drawing and Animation（繪圖及動畫設計元件）	元件說明
Drawing and Animation	
Ball	Ball（球體元件）
Canvas	Canvas（畫布元件）
ImageSprite	ImageSprite（圖片精靈元件）

(5) Sensors（感測器元件）	元件說明
Sensors	
AccelerometerSensor	AccelerometerSensor（加速感測器）
BarcodeScanner	BarcodeScanner（條碼感測器）
Clock	Clock（時鐘元件）
LocationSensor	LocationSensor（定位感測器）
NearField	NearField（周邊通訊）
OrientationSensor	OrientationSensor（方向感測器）

(6) Social（社交元件）	元件說明
Social	
ContactPicker	ContactPicker（聯絡人選擇器元件）
EmailPicker	EmailPicker（電子郵件選擇器元件）
PhoneCall	PhoneCall（打電話元件）
PhoneNumberPicker	PhoneNumberPicker（電話號碼元件）
Sharing	Sharing（資源分享元件）
Texting	Texting（簡訊元件）
Twitter	Twitter（推特元件）

(7) Storage（儲存元件）	元件說明
Storage	
File	File（檔案存取元件）
FusiontablesControl	FusiontablesControl（表格視覺化元件）
TinyDB	TinyDB（微型資料庫元件）
TinyWebDB	TinyWebDB（網路微型資料庫元件）

(8) Connectivity（連接元件）	元件說明
Connectivity	
ActivityStarter	ActivityStarter（活動啓動器元件）
BluetoothClient	BluetoothClient（藍牙用戶端元件）
BluetoothServer	BluetoothServer（藍牙伺服端元件）
Web	Web（網頁元件）

(9) LEGO®MINDSTORMS® （控制樂高機器元件）	元件說明
LEGO® MINDSTORMS®	
NxtColorSensor	NxtColorSensor（顏色感測器元件）
NxtDirectCommands	NxtDirectCommands（直接控制指令元件）
NxtDrive	NxtDrive（馬達元件）
NxtLightSensor	NxtLightSensor（光源感測器元件）
NxtSoundSensor	NxtSoundSensor（聲音感測器元件）
NxtTouchSensor	NxtTouchSensor（觸碰感測器元件）
NxtUltrasonicSensor	NxtUltrasonicSensor（超音波感測器元件）

2. Viewer（手機畫面配置區）

用來設計使用者手機端操作介面。

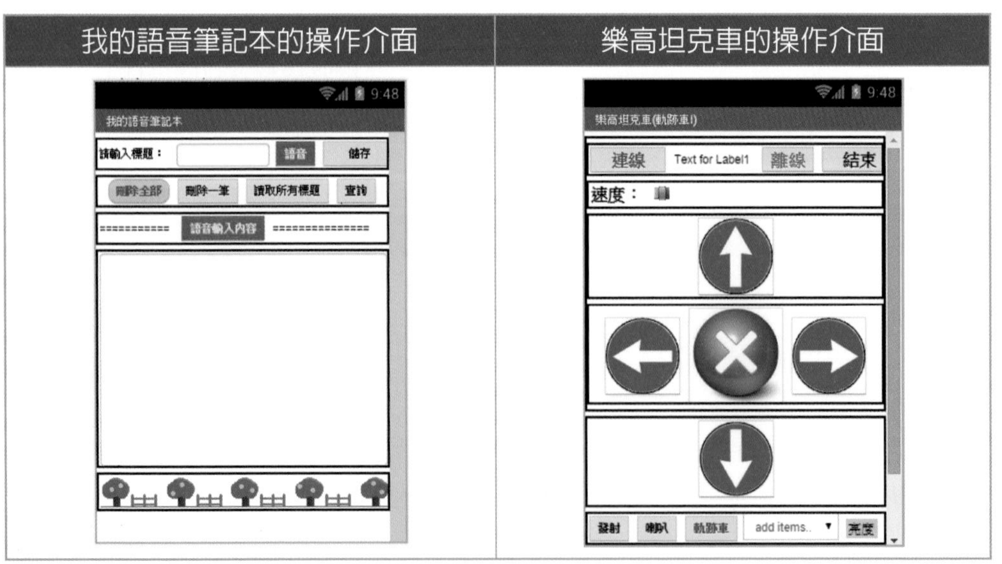

3. Components（專案所用的元件區）

在本專案中，使用者手機端操作介面之所有元件，包含可視元件（例如：Button）及不可視元件（例如：Sound）。

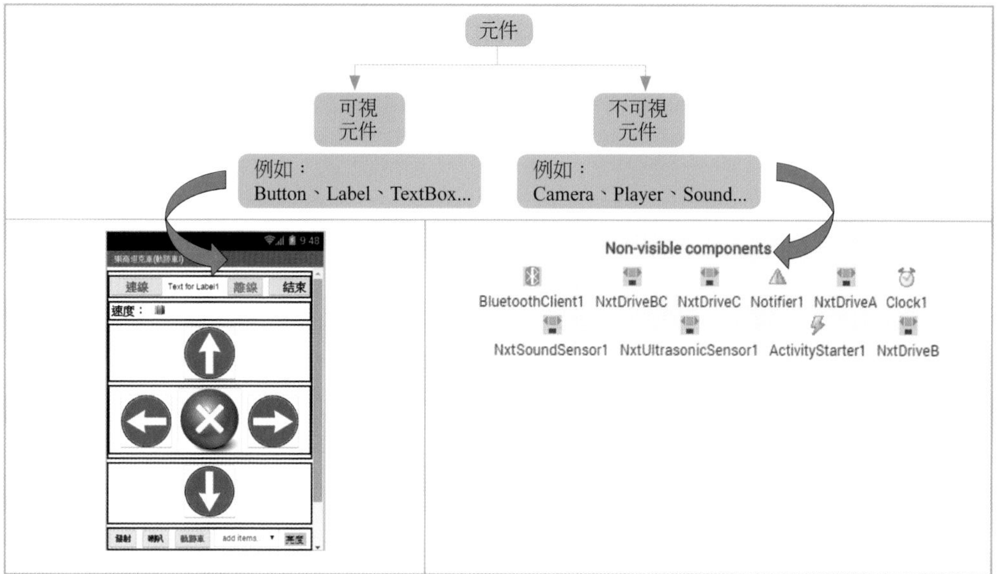

4. Properties（元件屬性區）

用來設定Viewer中，某一元件的屬性，並且不同的元件會有不同的屬性。

Screen1元件的屬性區	Button元件的屬性區
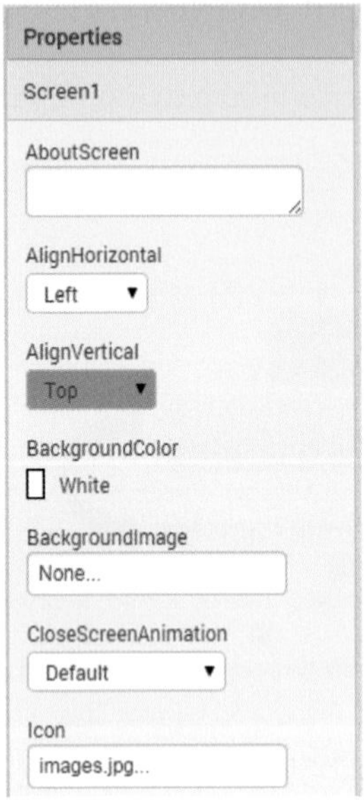 Properties Screen1 AboutScreen AlignHorizontal Left AlignVertical Top BackgroundColor White BackgroundImage None... CloseScreenAnimation Default Icon images.jpg... …	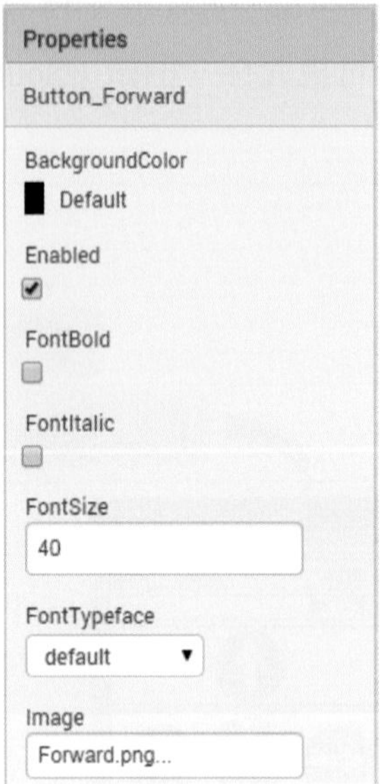 Properties Button_Forward BackgroundColor Default Enabled FontBold FontItalic FontSize 40 FontTypeface default Image Forward.png... …

A-4 撰寫第一支App Inventor2程式

由於App Inventor2是一種「視覺化」的開發工具，也就是說，App Inventor程式所設計出來的畫面，使用者可以在手機上輕鬆操作所需要的功能。

【App Inventor 2 開發環境架構】

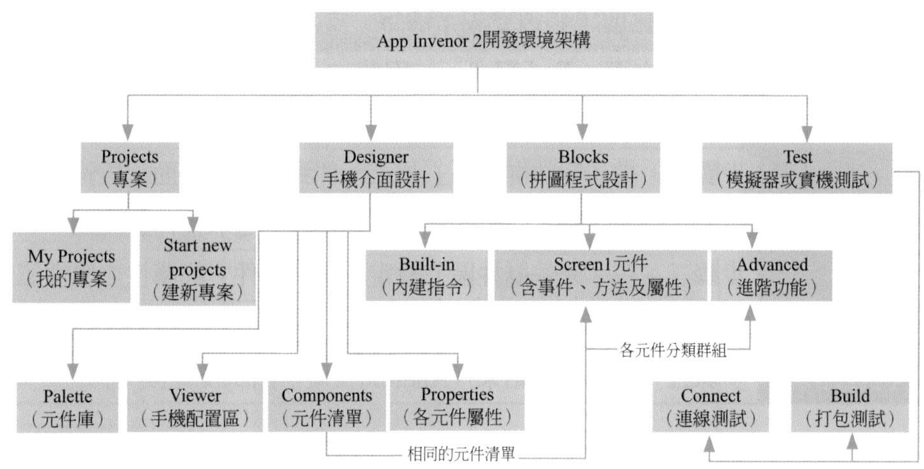

【開發流程】

邏輯概念 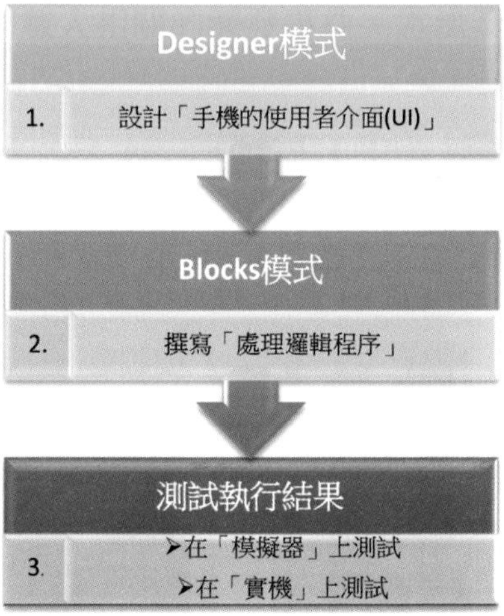	實體設計  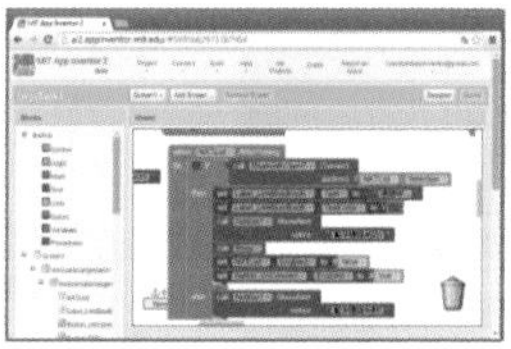 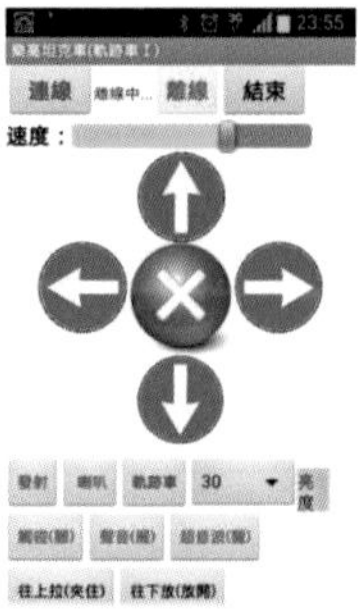
Designer模式 1. 設計「手機的使用者介面(UI)」	
Blocks模式 2. 撰寫「處理邏輯程序」	
測試執行結果 3. ➢在「模擬器」上測試 ➢在「實機」上測試	

3. Advanced（進階功能）：是指設計者在Screen頁面中佈置的元件，也會自動產生對映的進階功能的拼圖，以便讓設計者設定同類元件的共同屬性。
   例如：同時設定Button1與Button2兩個元件的大小、顏色及字體等屬性。

在Screen頁面中佈置的元件	同時設定多個Button元件的字體大小
Any component Any Button Any HorizontalArrangeme Any Label	Button. FontSize of component set Button. FontSize of component to Button. Height of component set Button. Height of component to

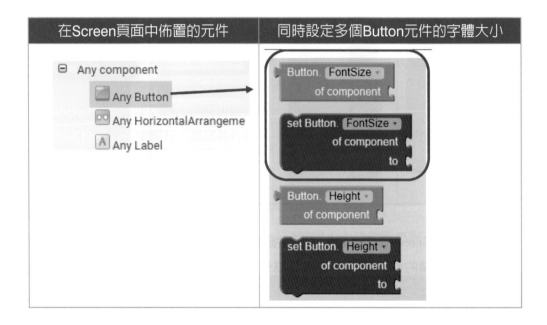

實例

請設計一個介面，可以讓使用者按下「Button」鈕，顯示「我的第一支手機APP程式」訊息的程式。

步驟一：從「元件群組區中的User Interface」拖曳元件到「手機畫面配置區」

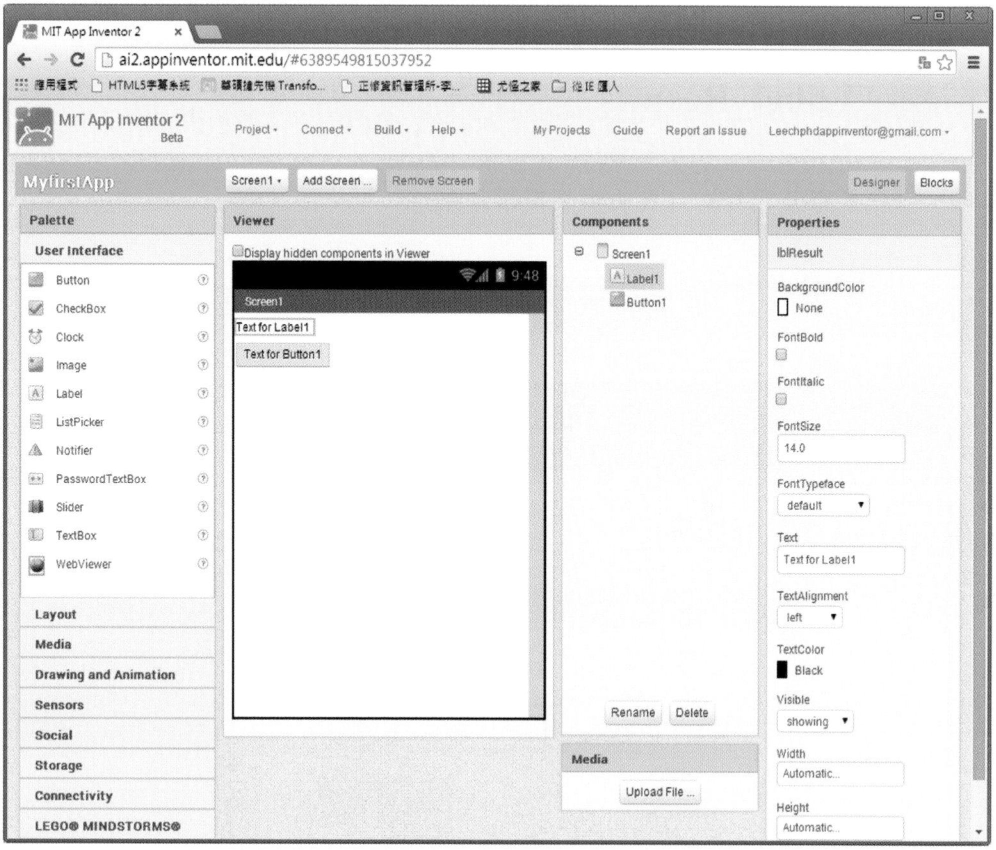

說明

請加入「Label1與Button1」兩個元件。

步驟二：在「專案所用的元件區」修改「選取元件」的元件名稱

元件名稱	屬性	屬性值
Label1	Name	Label_Result
Button1	Name	Button_Run

註 修改元件名稱的原則：

1. 底線的「前面」保留元件的類別名稱。
2. 底線的「後面」改為元件的功能名稱。

例如：**Label_Result**

類別名稱　功能名稱

（代表標籤元件）（代表用來顯示結果）

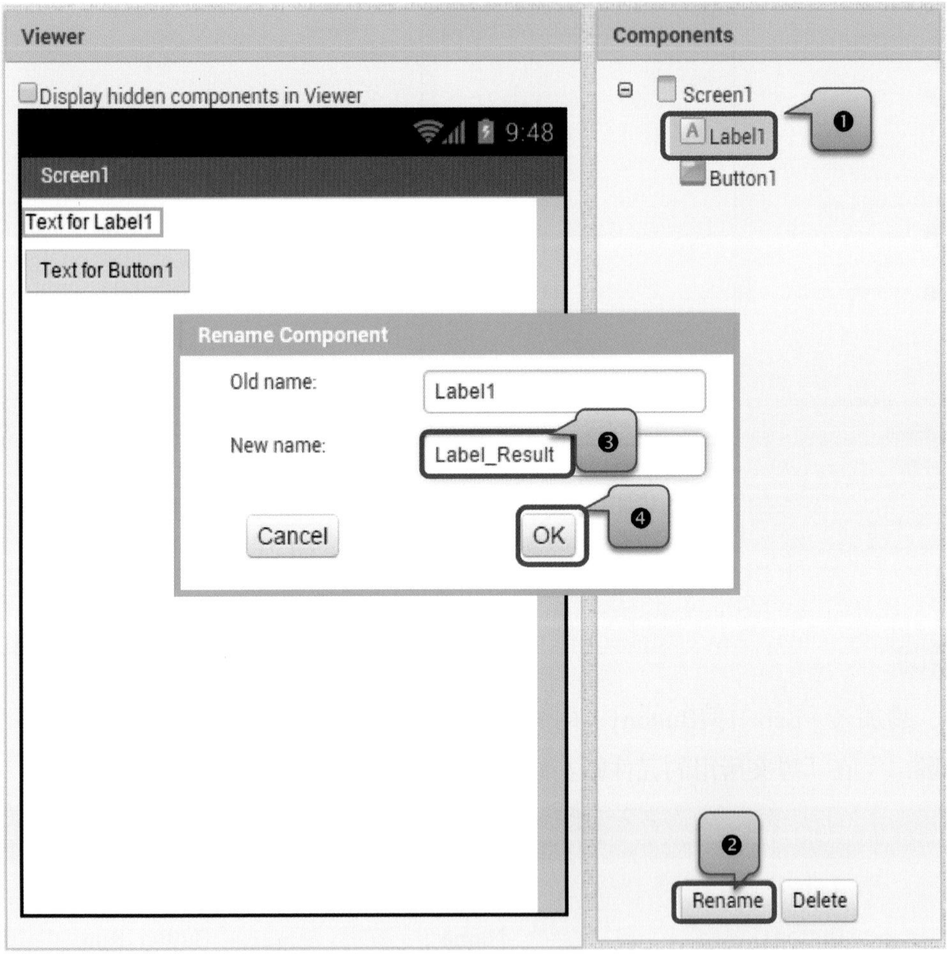

說明

相同的方法，再將Button1更名為「Button_Run」。

步驟三：設定元件的屬性之屬性值

物件名稱	屬性	屬性值
Button_Run	Text	請按我

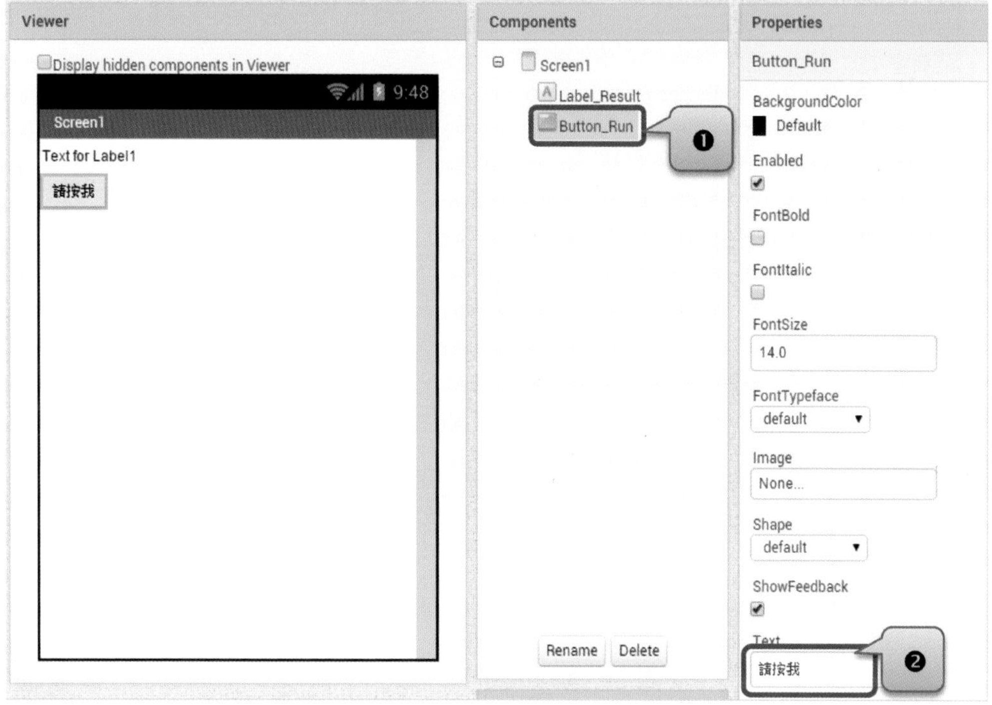

說明

每一個元件的相關屬性的詳細介紹，請參考第二章。

步驟四：撰寫拼圖程式

（一）加入Button_Run元件的程式拼圖

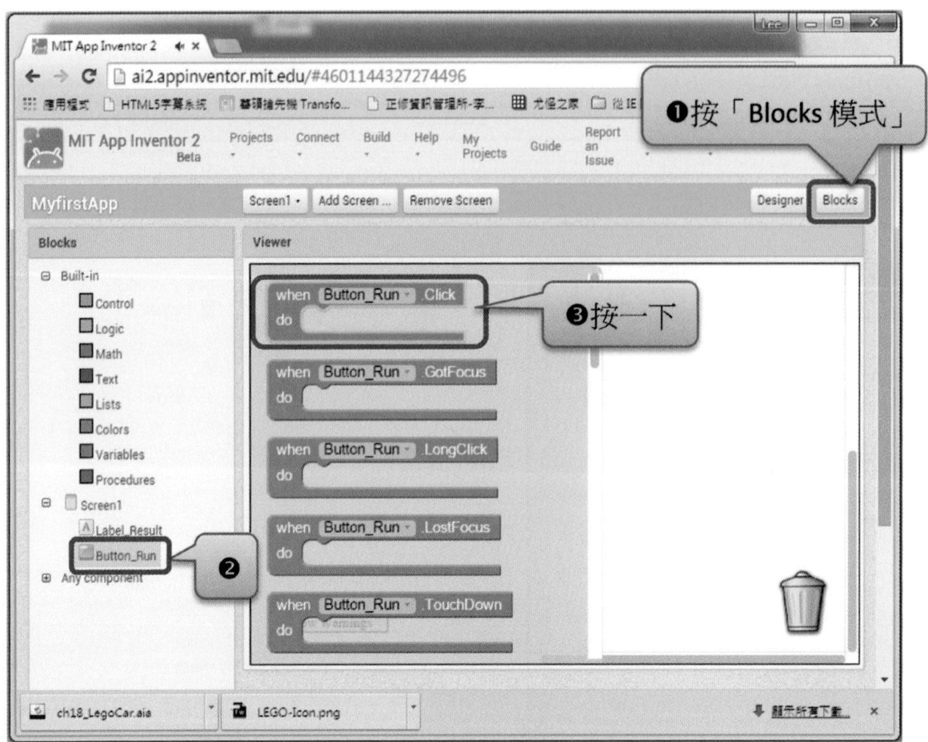

說明

選擇元件需使用的「事件」，在本例子中，使用「Click」事件。

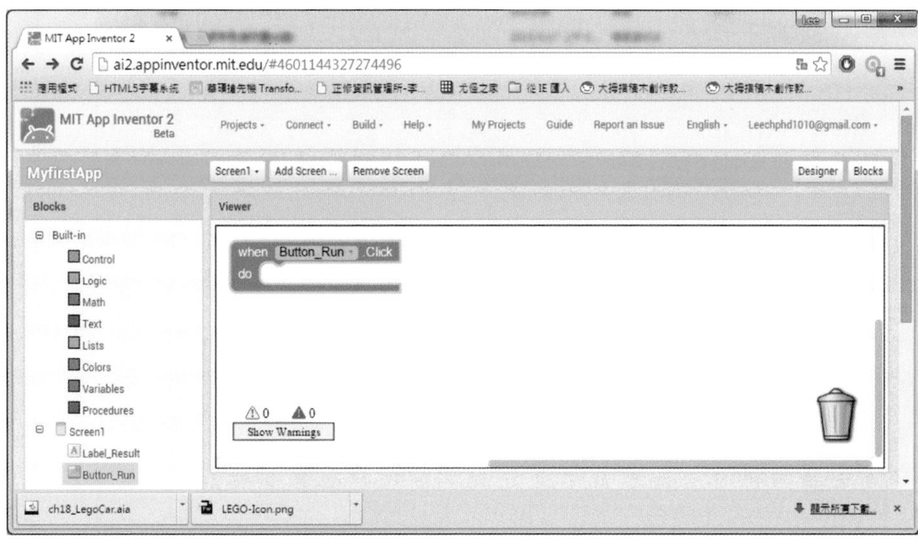

說明

在上圖中，呈現您剛才選擇元件之事件。它代表當「Button_Run」按鈕，被按下時，執行所包含的動作。

（二）加入Label_Result元件的程式拼圖

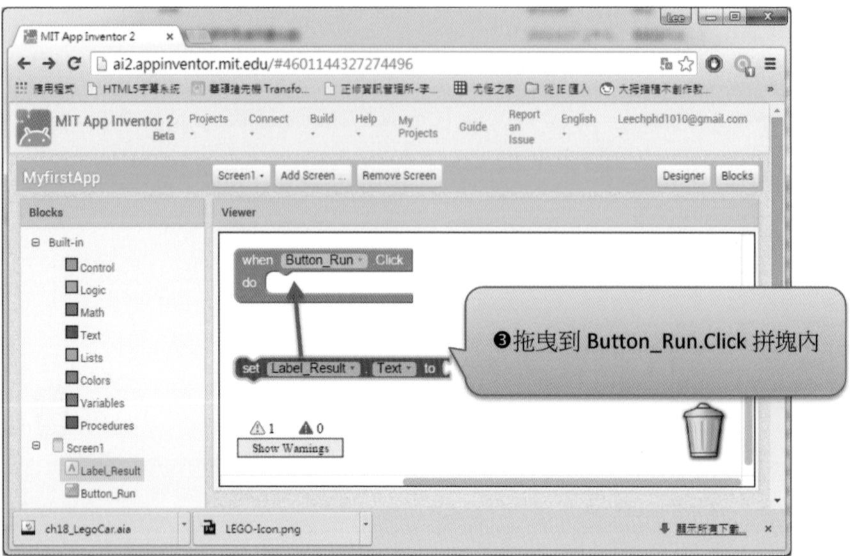

說明

當Label_Result.Text拼塊的凹口與Button_Run.Click拼塊的凸口處有接合時，則會發出「咩」一聲，代表兩個拼塊正確接合。如下圖所示：

說明

代表設定「Label_Result」標籤元件的文字（Text）內容爲本指令右方插槽中的參數。

（三）加入「來源字串資料」的程式拼圖

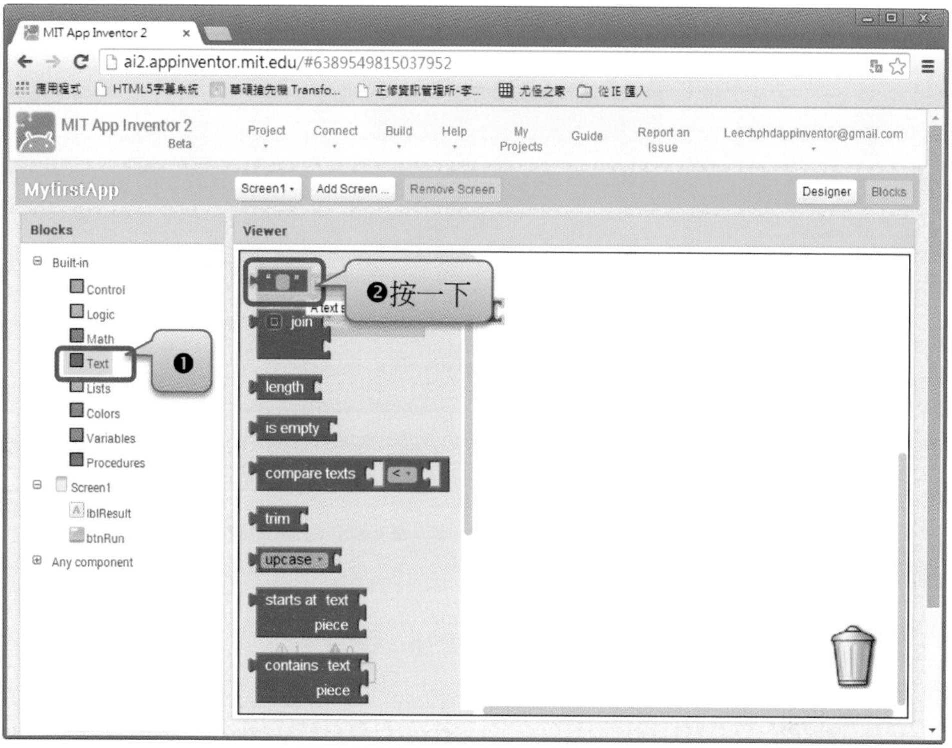

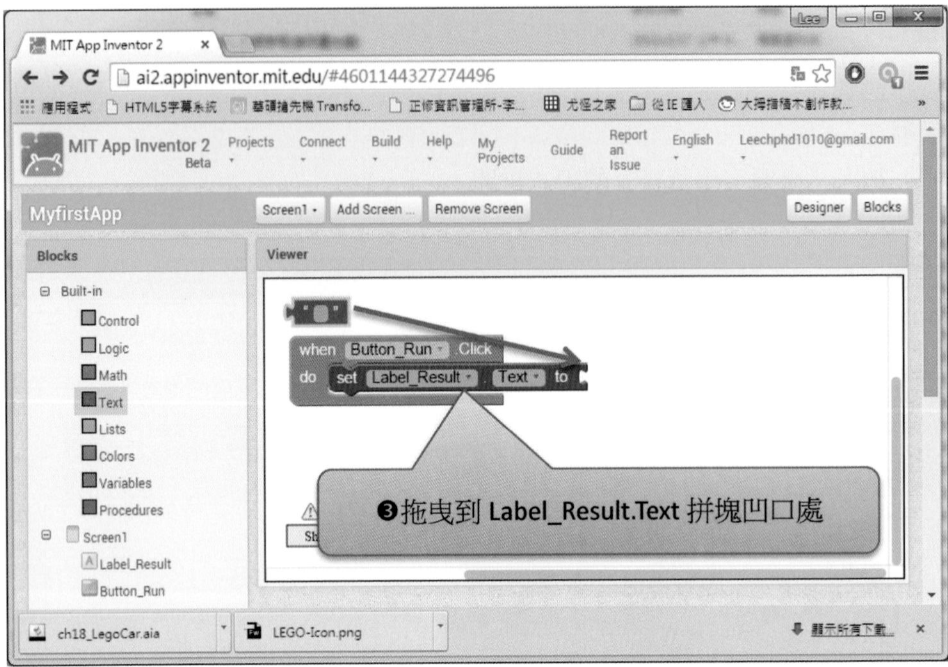
MIT App Inventor 2
ai2.appinventor.mit.edu/#4601144327274496
Projects
Connect
Build
Help
My Projects
Guide
Report an Issue
English
Leechphd1010@gmail.com
MyfirstApp
Screen1
Add Screen ...
Remove Screen
Designer
Blocks
Viewer
Built-in
Control
Logic
Math
Text
Lists
Colors
Variables
Procedures
Screen1
Label_Result
Button_Run
when Button_Run .Click
do set Label_Result . Text to
❸拖曳到 Label_Result.Text 拼塊凹口處
ch18_LegoCar.aia
LEGO-Icon.png

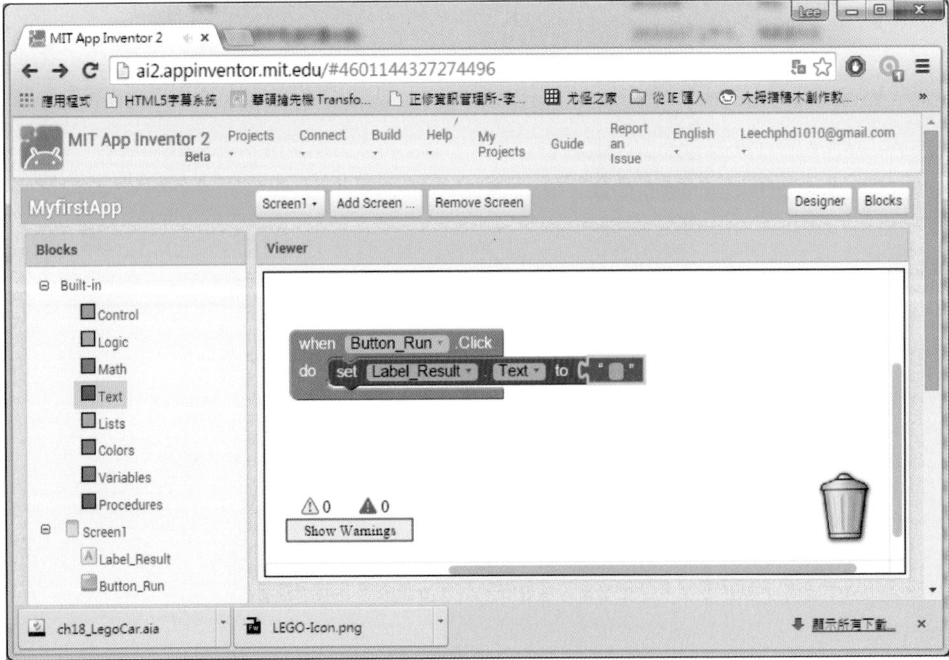
MIT App Inventor 2
ai2.appinventor.mit.edu/#4601144327274496
MyfirstApp
Screen1
Add Screen ...
Remove Screen
Designer
Blocks
Viewer
when Button_Run .Click
do set Label_Result . Text to
Show Warnings
ch18_LegoCar.aia
LEGO-Icon.png

說明

將其內容改為「我的第一支手機App程式」

步驟五：測試執行結果（模擬器測試）

在我們利用App Inventor程式中的「Designer模式（手機介面設計）」及「Blocks模式（拼圖程式設計）」之後，接下來，就可以利用「模擬器」來進行測試。

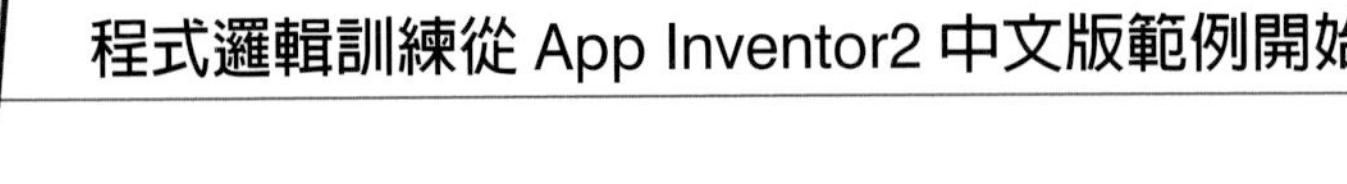

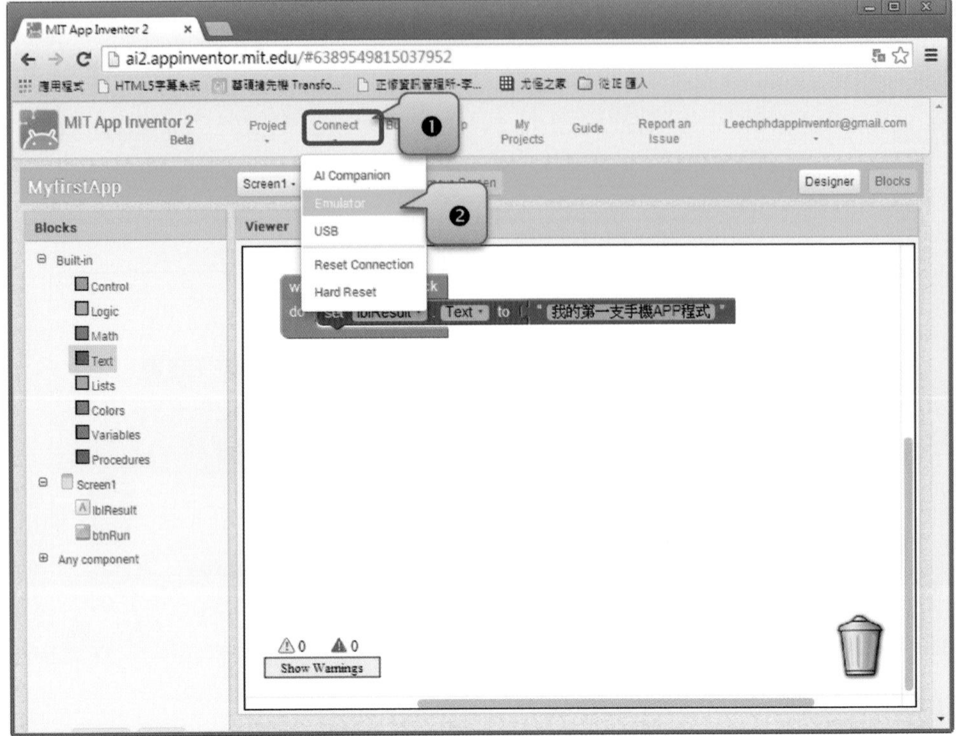

註 在進行「模擬器」測試時，必須要先啓動aiStarter，及在模擬器上安裝MIT AI2 Companion。其程序如下：

（一）啓動aiStarter

【aiStarter儲存目錄】

如果在你啓動「模擬器」時，尚未先啓動aiStarter程式，則會顯示以下的訊息

方塊。此時，請按「OK」鈕即可。

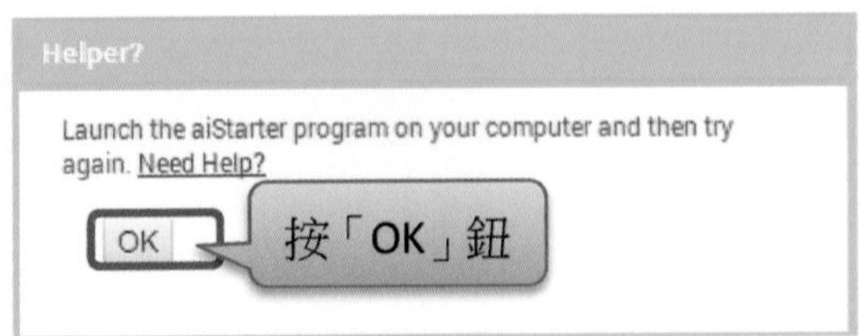

當你啓動aiStarter，並執行「Connect/Emulator（模擬器）」時，此時，畫面上就會出現「模擬器」，請您將鎖頭往右移動，即可解鎖。

在過數十秒後，系統自動啓動「模擬器」，但是，還是無法順利執行App Inventor程式。因此，還必須要在模擬器上安裝MIT AI2 Companion元件程式，則會

顯示以下的訊息方塊。此時，請按「OK」鈕即可。

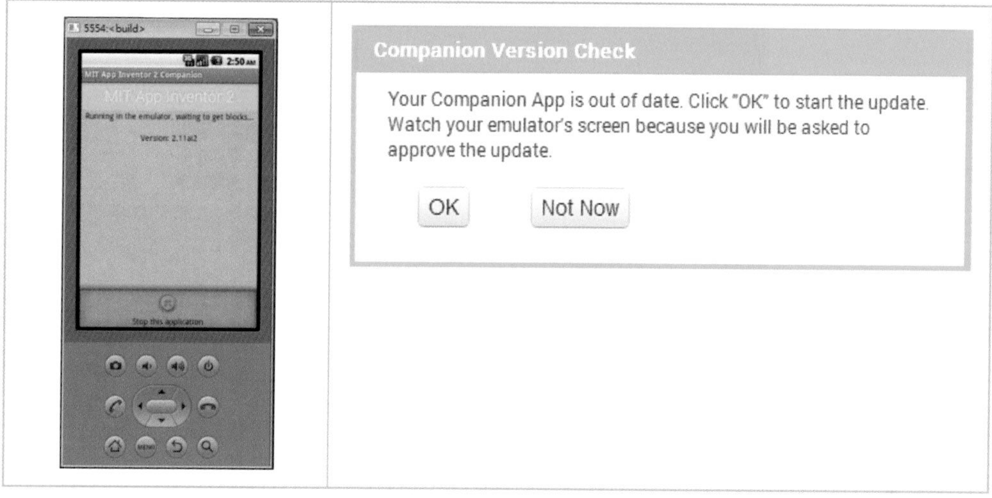

（二）在模擬器上安裝MIT AI2 Companion

在上圖中按下「OK」鈕之後，此時，就會出現「軟體更新」的對話方塊，請您按「Got it」即可。

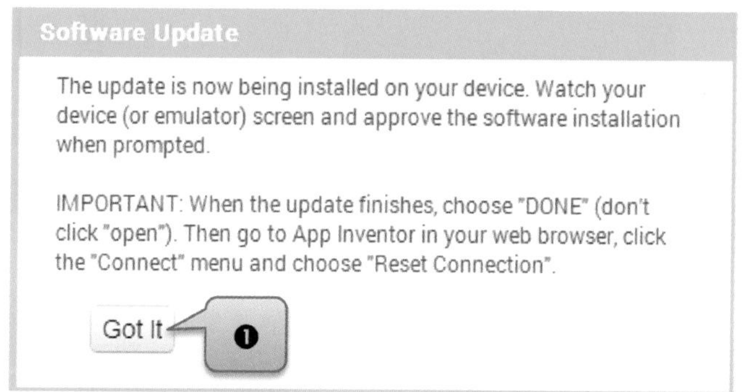

（三）接下來，在「模擬器」上就會出現「Replace application」對話方塊，請按「OK」鈕，再按「Install」鈕。此時，就會開始安裝「MIT AI2 Companion」。

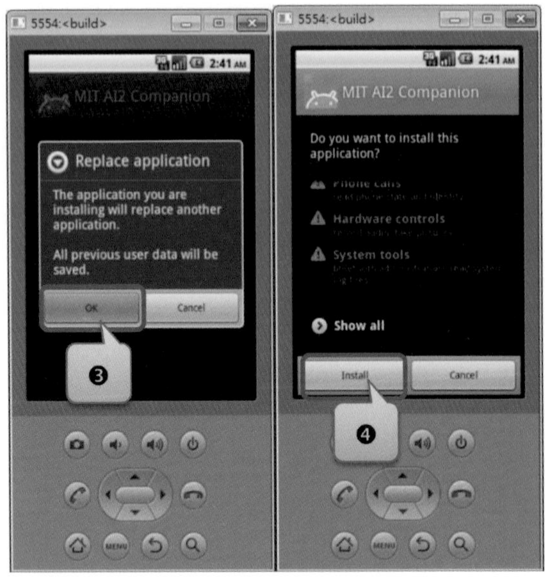

最後，再安裝完成之後，再按「Done」即可。此時，「模擬器」的桌面上就會出現「MIT AI2 Companion」圖示。

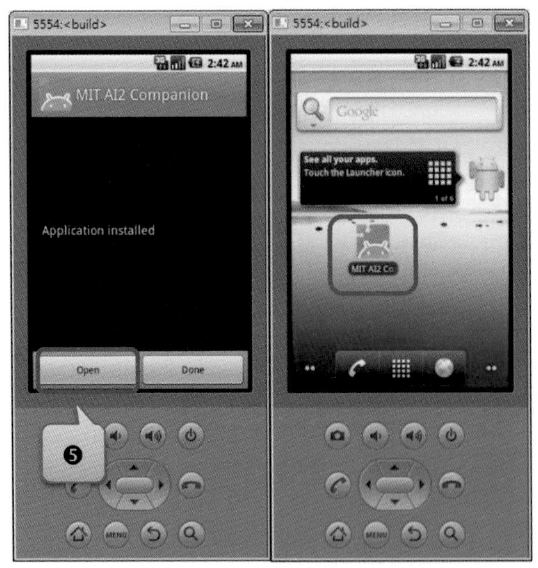

（四）在模擬器測試

此時，請你再重新執行一次「Emulator」，但是，如果無法選擇此項目時，請先按「Reset Connection」來重新連線。

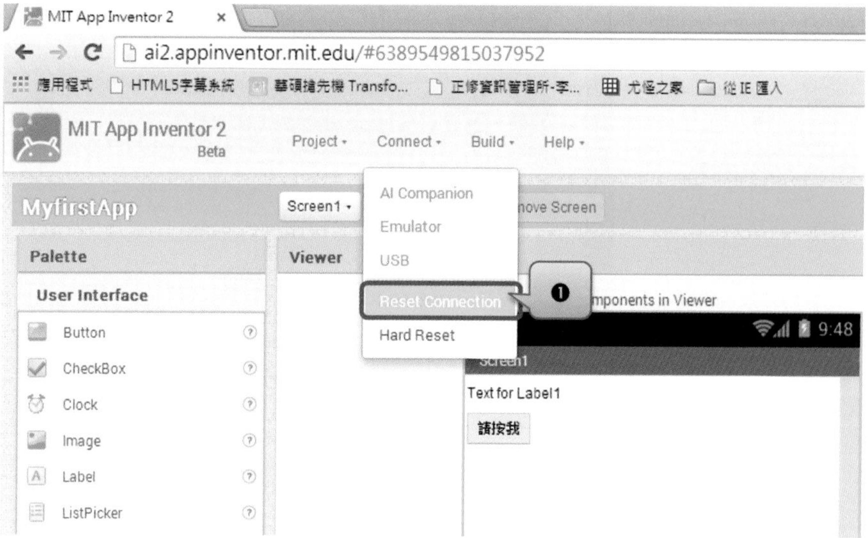

【執行畫面】

模擬器測試	aiStarter程式Emulator-5554
 5554:<build> Screen1 我的第一支手機APP程式 請按我 ❸按一下	aiStarter程式執行設備可以看到「Emulator-5554」

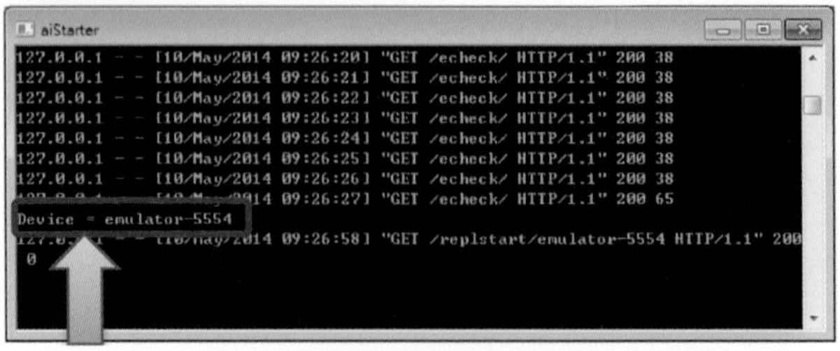

【建議】

盡量使用實機進行測試，因爲模擬器的啓動必須花費較長的時間，並且有些功能無法模擬，例如：照像機、感測器…等

A-5 App Inventor程式的執行模式

1. Emulator（利用模擬器測試）
2. USB（利用USB線來連接到手機測試）
3. AI Companion（利用WiFi連接到手機測試）
4. App (provide QR code for .apk)

利用QuickMark軟體來掃瞄QR Code以取得.apk檔

5. App (save .asp to my computer)

直接儲存到你的電腦之下載目錄中。

 A-5.1 利用模擬器（Emulator）

在前一單元中，我們已經利用「模擬器（Emulator）」來執行「App Inventor 2」程式，但是，你是否發現利用「模擬器（Emulator）」來執行時，等待時間較長，並且它無法模擬感測器（例如：溫度、聲量、亮度…）。

【適用時機】

沒有購買智慧型手機的初學者，亦即沒有實機也可以撰寫Android App。

【優點】

1. 方便
2. 無需購買智慧型手機

【缺點】

1. 執行時，等待時間較長
2. 無法模擬感測器、照相機…

【操作方式】Connect / Emulator

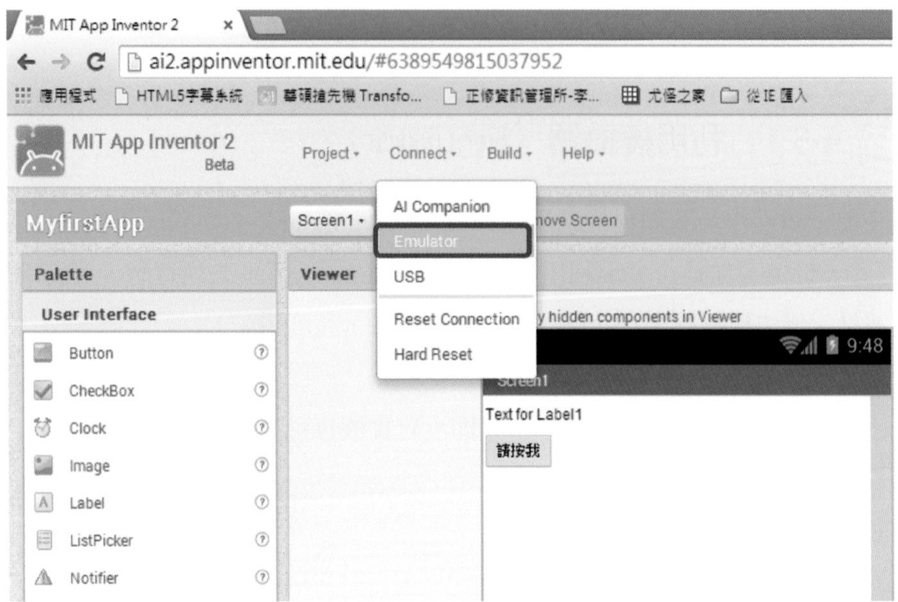

A-5.2　USB連接手機

雖然，利用模擬器（Emulator）可以讓沒有購買智慧型手機的初學者也可以撰寫Android App，但是，當初學者開發App必須要使用感測器時，則無法測試其功能。因此，就必須要購買智慧型手機透過USB與電腦連接進行測試。

【適用時機】

沒有WiFi及3G的環境中。

【優點】

可以眞實模擬感測器、照相機等功能。

【缺點】

1. 必須購買智慧型手機
2. 必須要有手機的驅動程式
3. 必須要有USB傳輸線
4. 必須要在手機上設定安全性及開發人員選項
5. 並非每一台實機（智慧型手機）都可以與電腦連接成功，部份智慧型手機無法順利連線。

【操作方式】Connect / USB

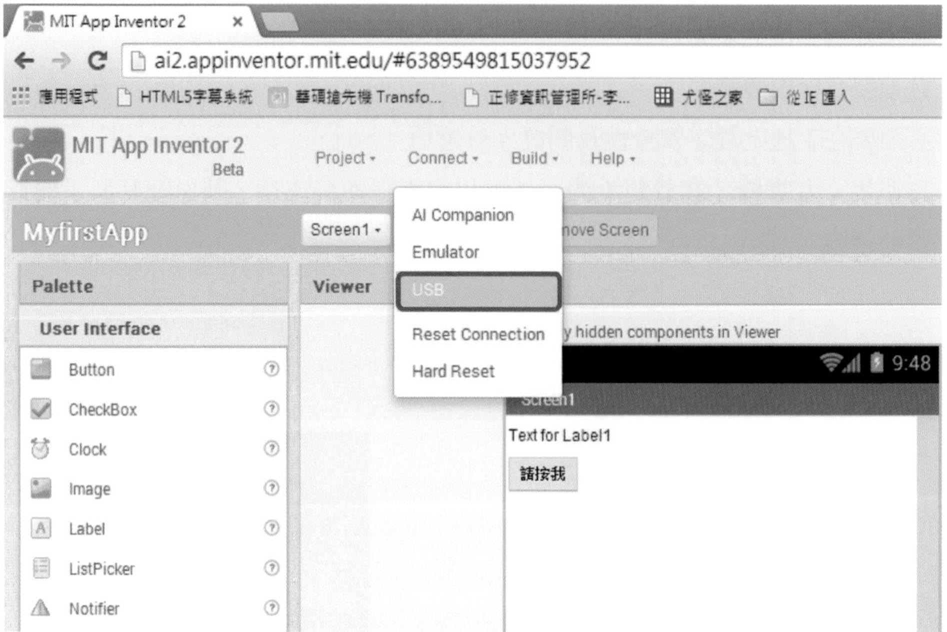

【執行畫面】

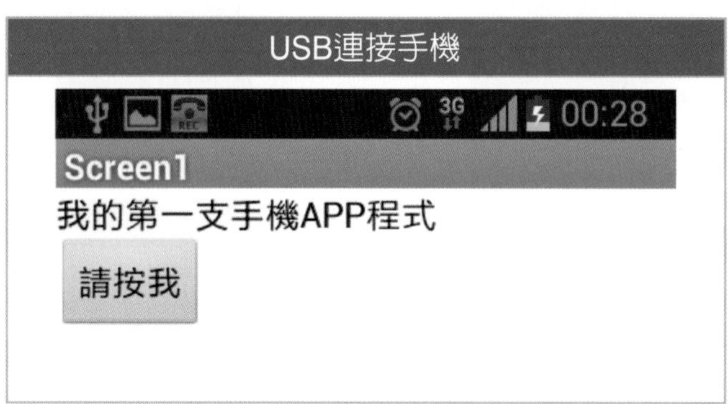

A-5.3　WiFi連接到手機

在前面已經介紹過兩種方法，分別利用「模擬器（Emulator）」及「USB連接的手機」來測試執行結果之外，其實最方便的方法就是利用WiFi連線，也就是說，你的手機可以直接透過WiFi連線就可以測試程式。

【優點】

1. 快速又方便。
2. 無線同步。

【缺點】

1. 在學校的電腦教室中，必須要同一個網段。
2. 如果在WiFi不隱定的環境中，無法順利測試程式。

【注意】

1. 在家中，您的手機與電腦必須要同時連結到同一個WiFi設備，否則，無法順利連線。
2. MIT AI2 Companion軟體建議更新到最新版本。
3. 在學校或公共場所的WiFi環境，可能會有安全性考量，無法順利連線。

【解決方法】

1. 架設可攜式Wifi無線基地台
2. 透過3G無線網路（下一單元A-5.4，取得封裝檔（.apk）安裝到手機）

【方法】MIT AI2 Companion

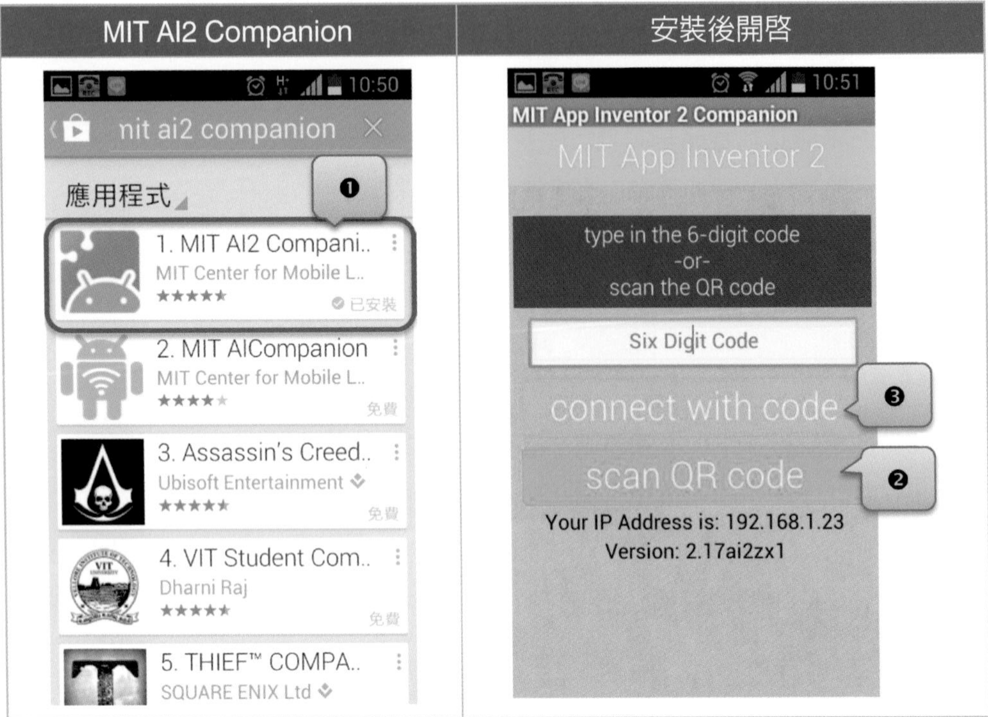

【操作方式】

步驟一：您的手機連上WiFi

步驟二：您的手機開啓MIT AI2 Companion

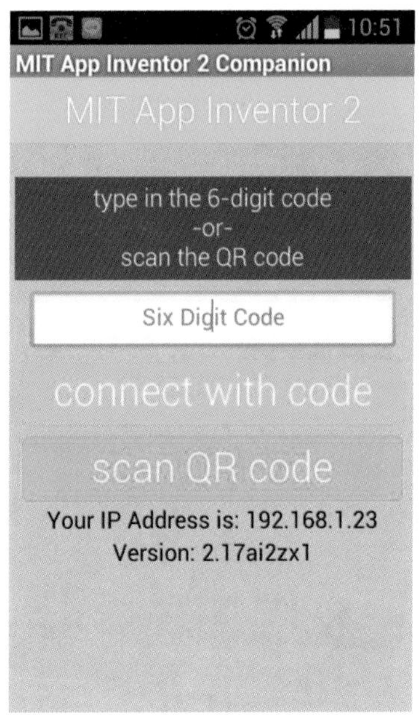

步驟三：Connect / AI Companion

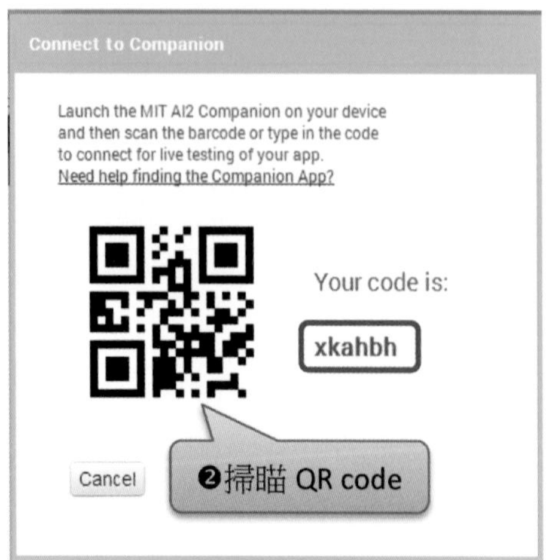

步驟四：利用您的手機「MIT AI2 Companion」程式掃瞄步驟三的QR code。

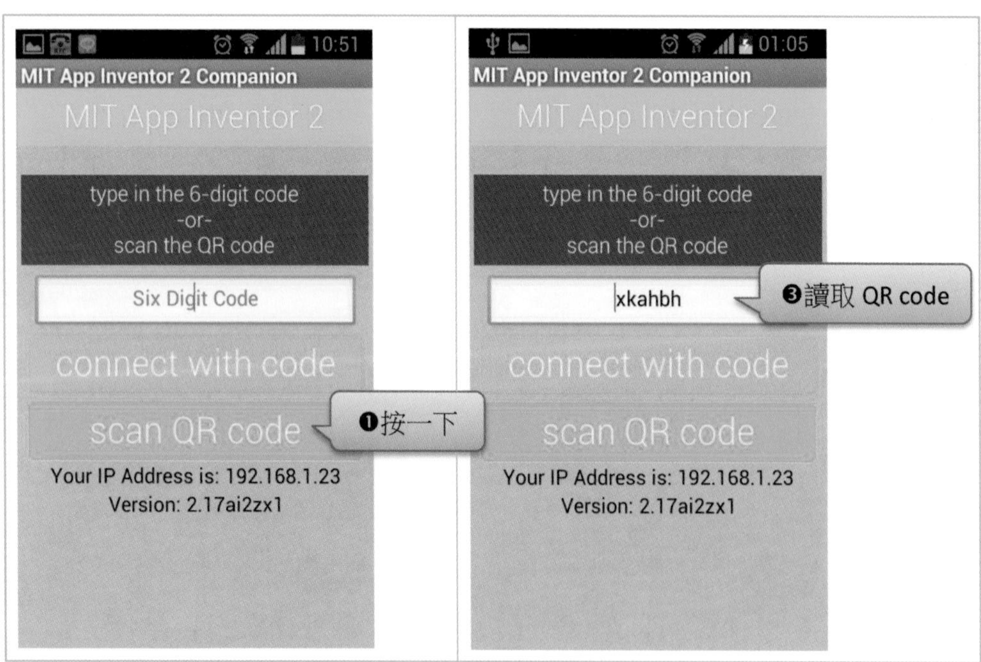

【執行畫面】

 A-5.4 取得封裝檔（.apk）安裝到手機

在前面介紹三種方法中，除了Emulator方法在「模擬器」上執行外，其他兩種WiFi及USB連接手機，皆是把手機當作「顯示器」來顯示執行結果，並沒有眞正將封裝檔（.apk）安裝到手機中，因此，如果想將完成的作品在手機上執行時，則必須要使用此方法（App(provide QR code for .apk)）。

【適用時機】

1. 沒有WiFi，而有3G的環境
2. 完成的作品在手機上執行

【優點】

眞正將封裝檔（.apk）安裝到手機

【缺點】

必須要先下載再安裝，所以，處理時間較「WiFi連接到手機」方式久。

【方法】

利用QuickMark軟體來掃瞄QR Code以取得.apk檔

【操作方式】Build/App（provide QR code for .apk）

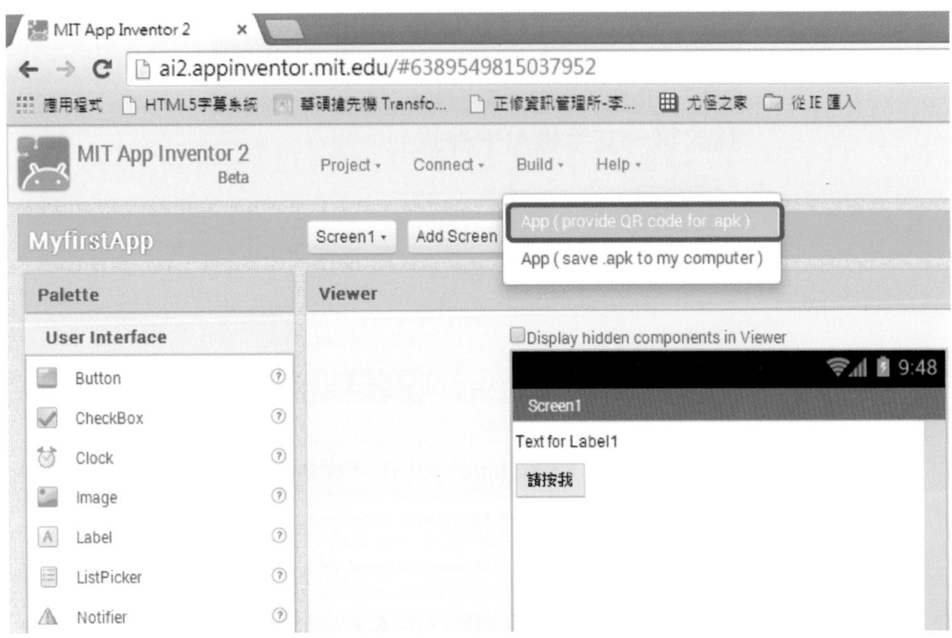

點選網站來取得.apk檔	封裝檔（.apk） 安裝到手機（執行結果）
 09:57 QR Code 網址 http://ai2.appinventor.mit.edu/b/633w 掃描數: 1 點擊率: 0% 顯示條碼原始內容 Clean Master（原獵豹清理大師） 免費 11461525 則評論	 00:28 Screen1 我的第一支手機APP程式 請按我

A-5.5　下載封裝檔（.apk）到電腦

當我們好不容易開發一套非常好用、又好玩的App時，往往都會想分享給好朋友，此時，你可以先利用「下載封裝檔（.apk）到電腦」方式，再轉換給其他人。

【適用時機】

1. 分享App給他人
2. 欲上架到Google Play商店

【優點】

可以讓多人下載、安裝及使用

【方法】

直接儲存到你的電腦之下載目錄中。

【操作方式】Build/App（save .asp to my computer）

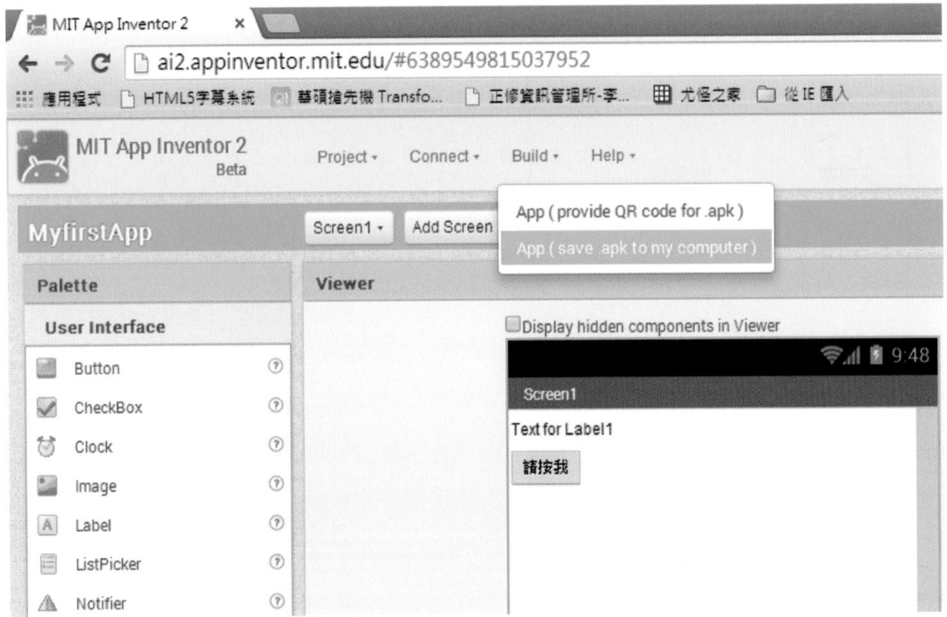

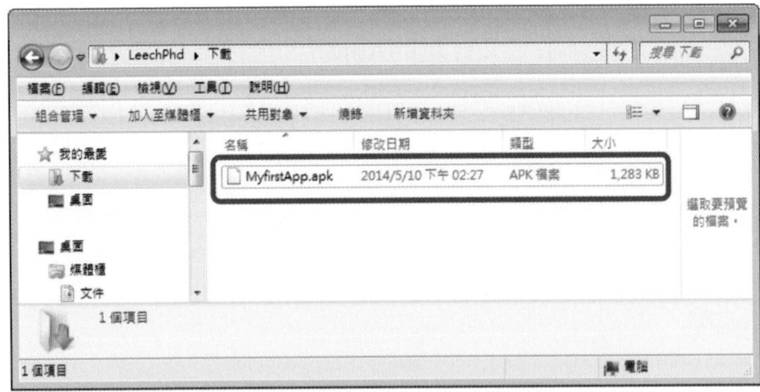

預設的下載路徑：C:\使用者\電腦名稱\下載\目錄下。

A-6 管理自己的App Inventor專案

當我們利用App Inventor程式開發許多Android App時，往往都必須要進行各種管理，例如：「新增」專案、「刪除」專案、「複製」專案、「匯入」原始檔及「匯出」原始檔等。

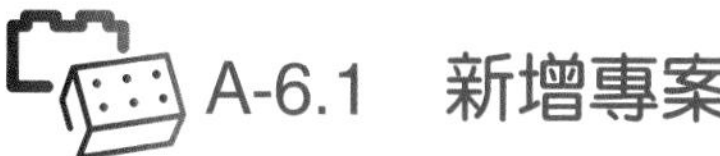

A-6.1 新增專案

在前面的單元中（chA-3）已經學會如何「新增專案」（New Project），其實它的作法有兩種：

第一種作法	第二種作法
MIT App Inventor 2 ai2.appinventor.mit.edu 應用程式 HTML5字幕系統 華碩搶先機 MIT App Inventor 2 Beta Project ▾ New Project Delete Project Projects Name MyFifthApp MyFourthApp MyThirdApp MySecondApp MyfirstApp	Project ▾ Connect ▾ Build ▾ Help ▾ My Projects Start new project ... Import project (.aia) from my computer ... Delete project Save project Save project as ... Checkpoint ... Export selected project (.aia) to my computer Export all projects Import keystore Export keystore Delete keystore

說明

當我們要撰寫每一支App Inventor程式時，第一個工作就是「新增」專案。

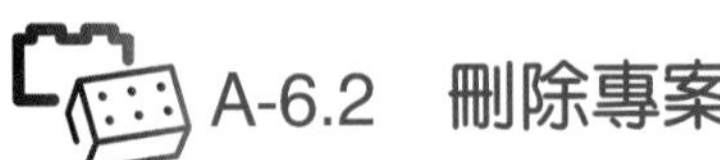

A-6.2 刪除專案

當我們在撰寫一套功能完整的程式時，往往在這個過程中，會製作多個測試版的專案，等真正開發完成（最後一個版本）時，在「My Projects」我的專案畫面中，就可以刪除非必要的測試版本專案。

【操作方式】

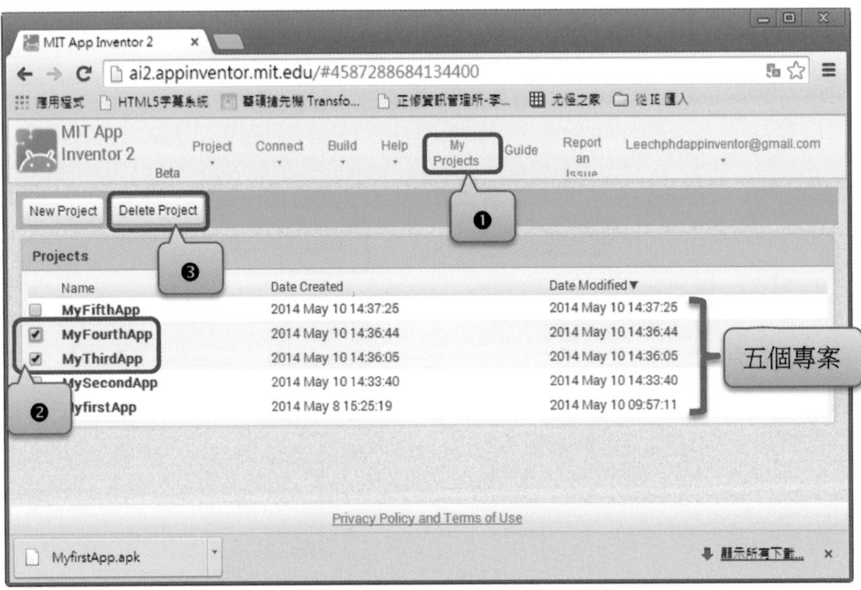

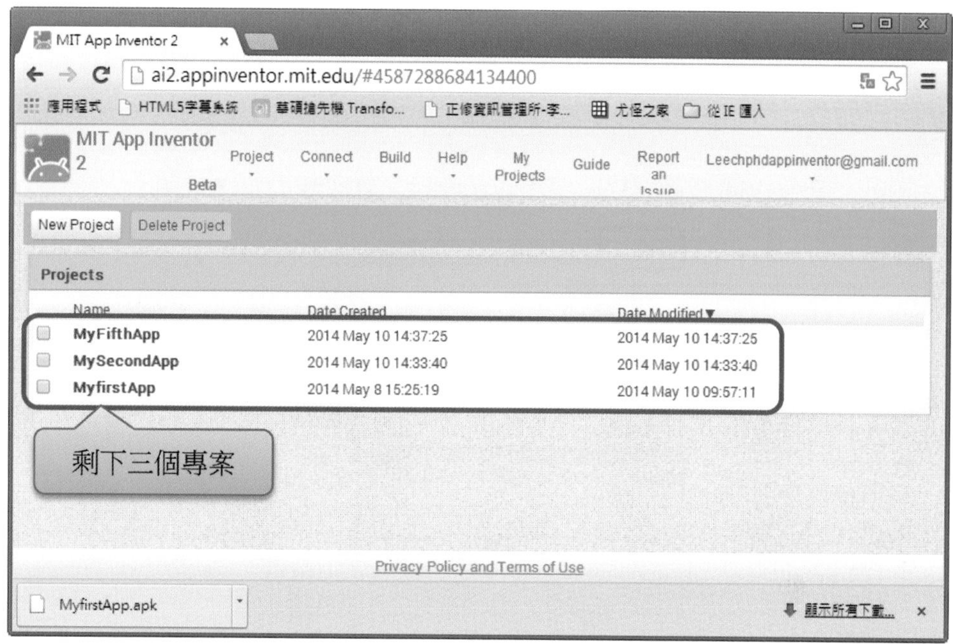

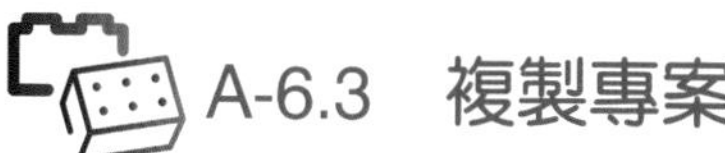

A-6.3 複製專案

當我們在撰寫一套功能完整的程式時，往往要定時備份目前完成的專案，以備不時之需，因此，我們選擇「Project / Save project as…」功能來進行複製專案。

【操作方式】

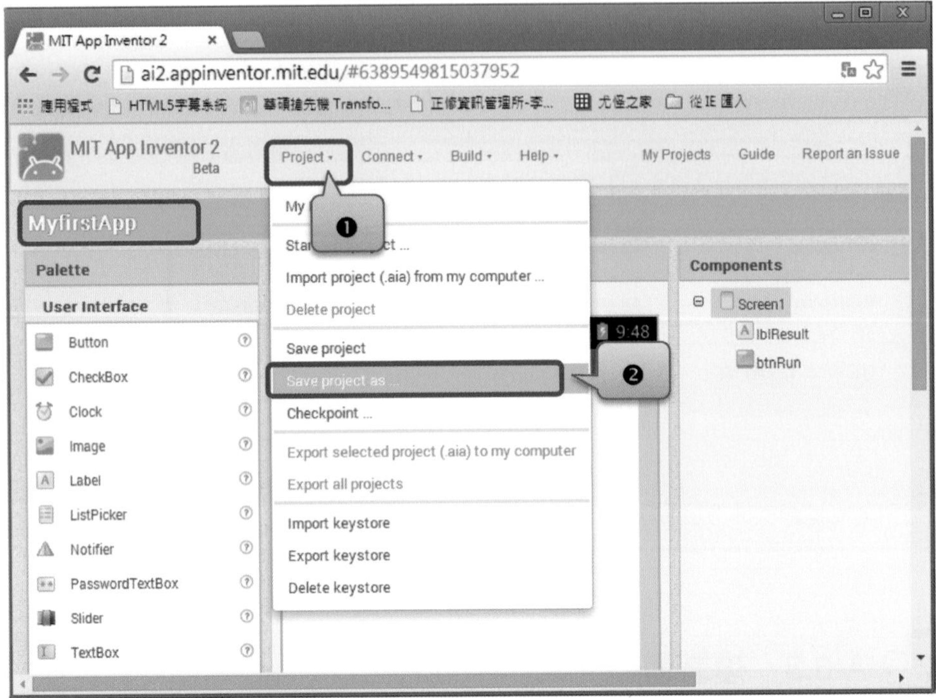

註 在進行「複製專案」時，務必要在「Designer模式」下進行，而不得在「My Projects」的專案畫面。

Save As - MyfirstApp

New name: MyfirstApp_copy

Cancel OK ❸

請再回到「My Projects」我的專案畫面中，此時，就可以看到備份的「MyfirstApp_copy」專案了。

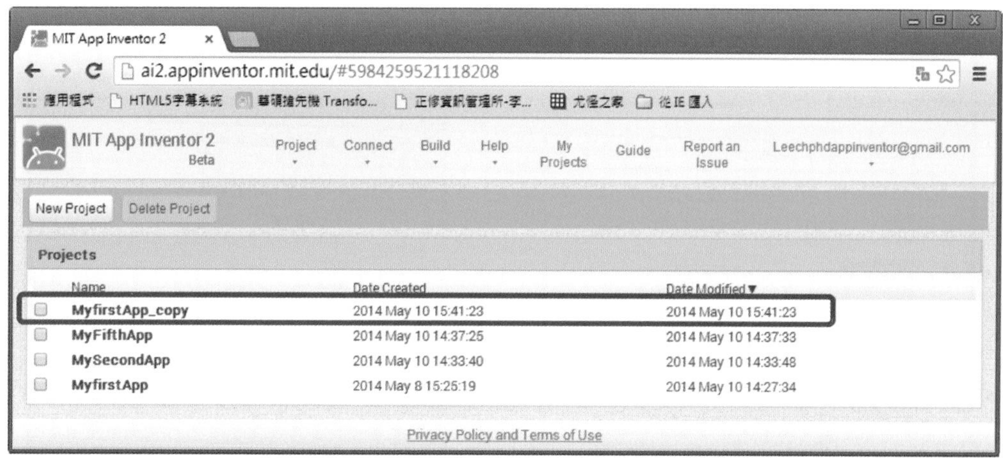

A-6.4 匯出原始檔

當我們利用App Inventor程式開發Android App時，如果想要備份原始檔，或將原始檔提供給其他同學修改時，此時，就必須要「匯出原始檔（.aia）」的功能。

【操作方式】

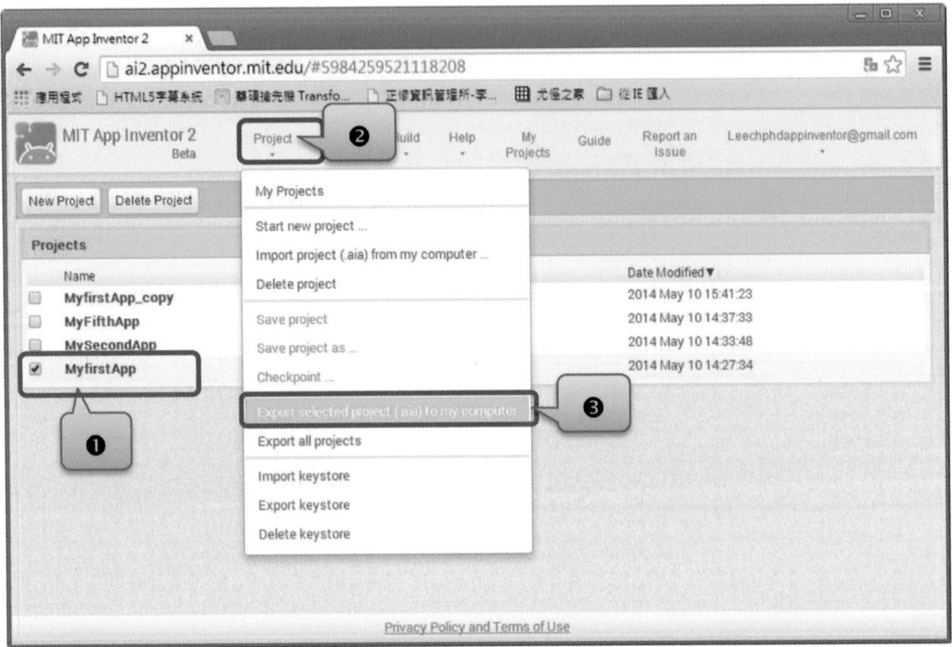

MIT App Inventor 2
ai2.appinventor.mit.edu/#5984259521118208
MIT App Inventor 2
Beta
Project
Build
Help
My Projects
Guide
Report an Issue
Leechphdappinventor@gmail.com
New Project
Delete Project
Projects
Name
MyfirstApp_copy
MyFifthApp
MySecondApp
MyfirstApp
Date Modified
2014 May 10 15:41:23
2014 May 10 14:37:33
2014 May 10 14:33:48
2014 May 10 14:27:34
My Projects
Start new project ...
Import project (.aia) from my computer ...
Delete project
Save project
Save project as ...
Checkpoint ...
Export selected project (.aia) to my computer
Export all projects
Import keystore
Export keystore
Delete keystore
❶
❷
❸
Privacy Policy and Terms of Use

LeechPhd ▸ 下載
匯出原始檔(.aia)
名稱
類型
大小
MyfirstApp.aia
2014/5/10 下午 03:54
AIA 檔案
2 KB
MyfirstApp.apk
2014/5/10 下午 02:27
APK 檔案
1,283 KB
沒有預覽可用
我的最愛
下載
桌面
已選取 1 個項目

A-6.5 匯入原始檔

相同的，當我們想要載入以前備份原始檔，或取得其他同學修改後的原始檔時，此時，就必須要「匯入原始檔（.aia）」的功能。

【操作方式】

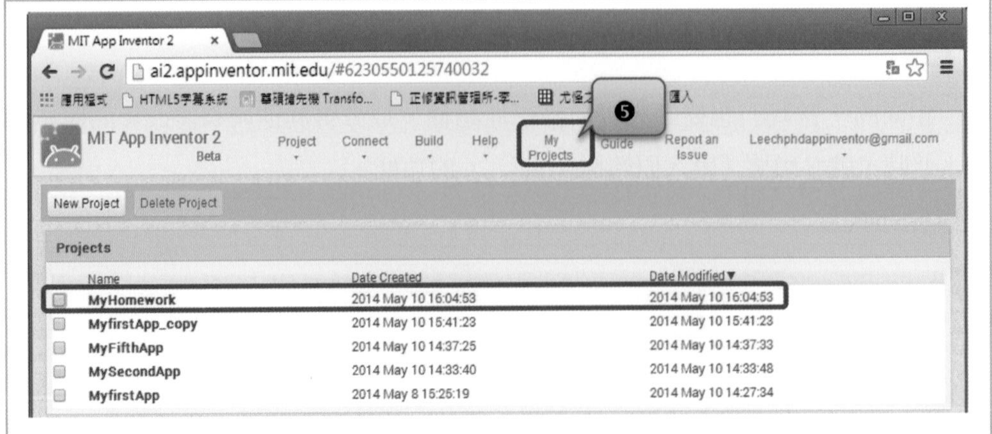

MIT App Inventor 2
ai2.appinventor.mit.edu/#6230550125740032
MIT App Inventor 2
Beta
Project
Connect
Build
Help
My Projects
Guide
Report an Issue
Leechphdappinventor@gmail.com
New Project
Delete Project
Projects
Name
Date Created
Date Modified
MyHomework
2014 May 10 16:04:53
2014 May 10 16:04:53
MyfirstApp_copy
2014 May 10 15:41:23
2014 May 10 15:41:23
MyFifthApp
2014 May 10 14:37:25
2014 May 10 14:37:33
MySecondApp
2014 May 10 14:33:40
2014 May 10 14:33:48
MyfirstApp
2014 May 8 15:25:19
2014 May 10 14:27:34

Appendix 2

手機 App 結合 Firebase 雲端資料庫

由於本書的專題製作App程式可能必須要將資料上傳到雲端，因此，在此再介紹如何利用AI2結合Firebase雲端資料庫。

一、建新Firebase專案

1. 在google中輸入「Firebase」

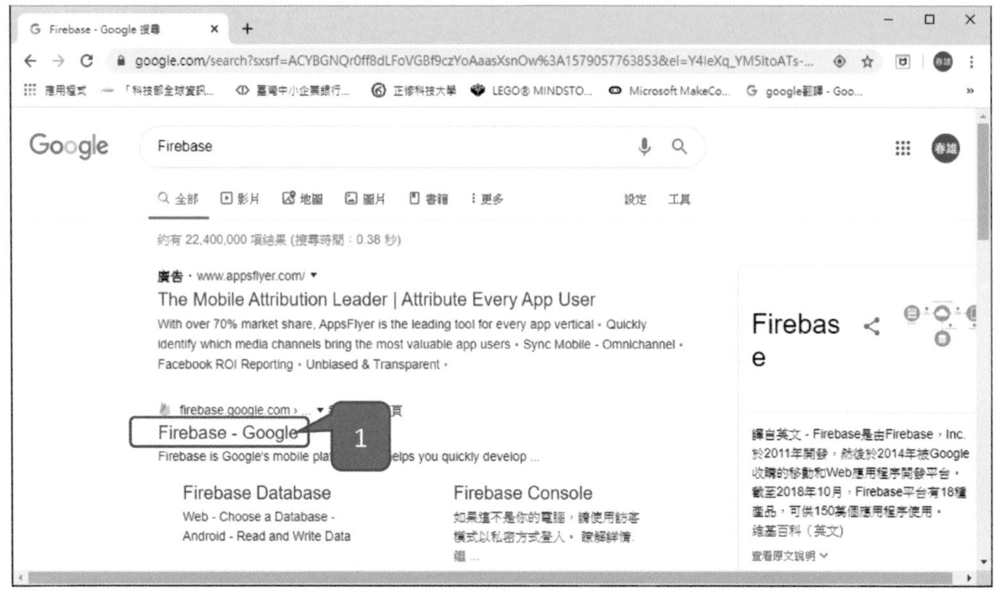

2. 啓動專案

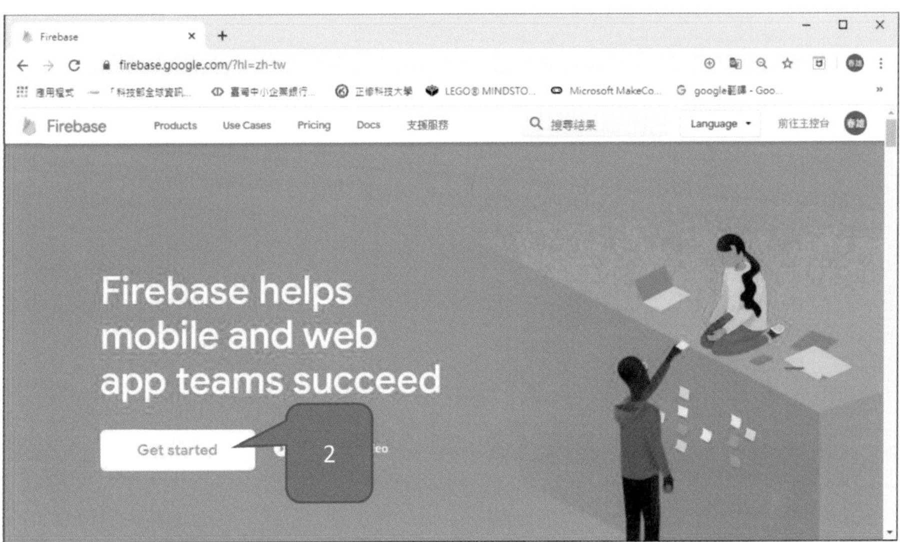
Firebase
firebase.google.com/?hl=zh-tw
Firebase
Products
Use Cases
Pricing
Docs
支援服務
搜尋結果
Language
前往主控台
Firebase helps
mobile and web
app teams succeed
Get started
2

3. 建立專案

Firebase
歡迎使用 Firebase!
建立專案
3
探索範例專案
Firebase 專案是您應用程式的
容器

4. 建立專案名稱

5. 啓動專案的分析功能

6. 勾選兩項「我接受」條款

7. 新專案已準備就緒

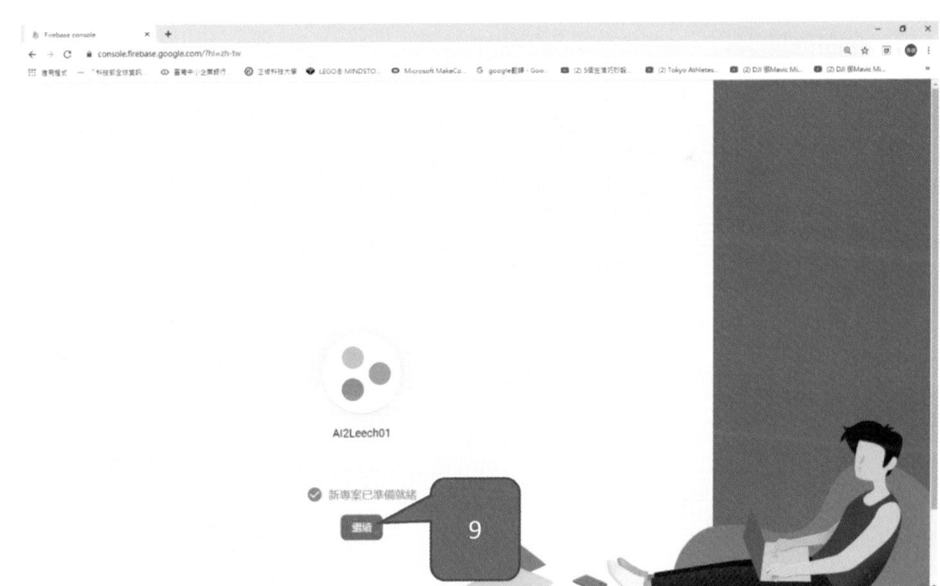

二、建新Firebase資料庫

1. 建立資料庫

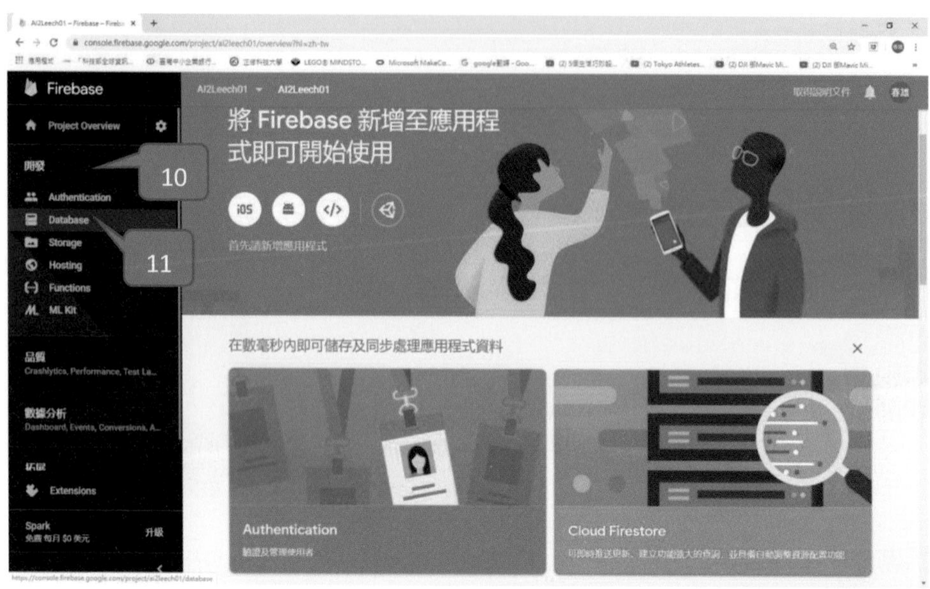

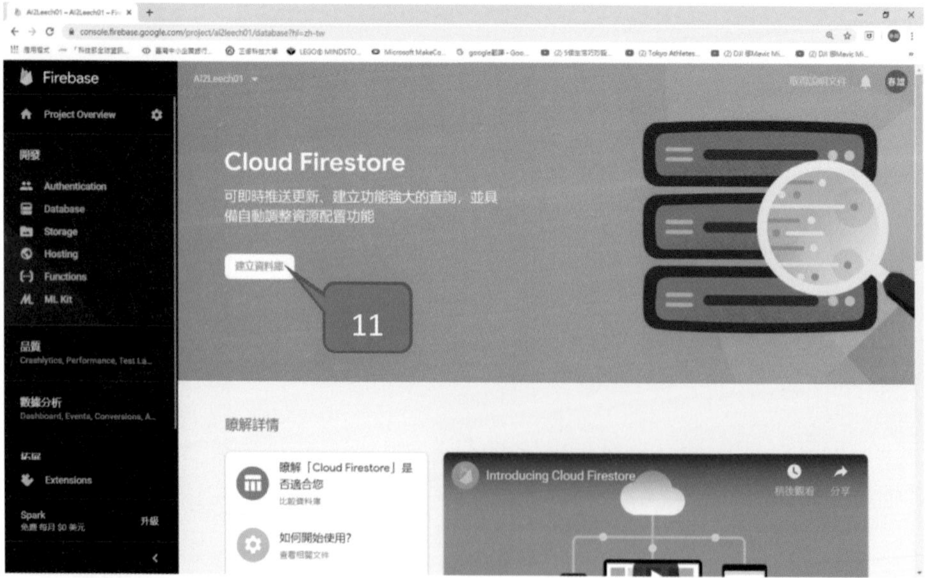

2. 建立Cloud Firestore的安全規則

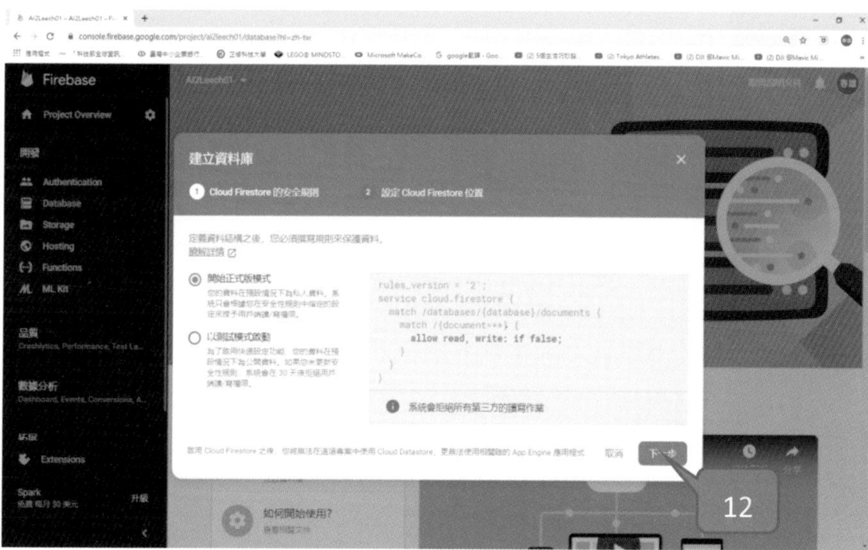

使用Cloud Firestore位置

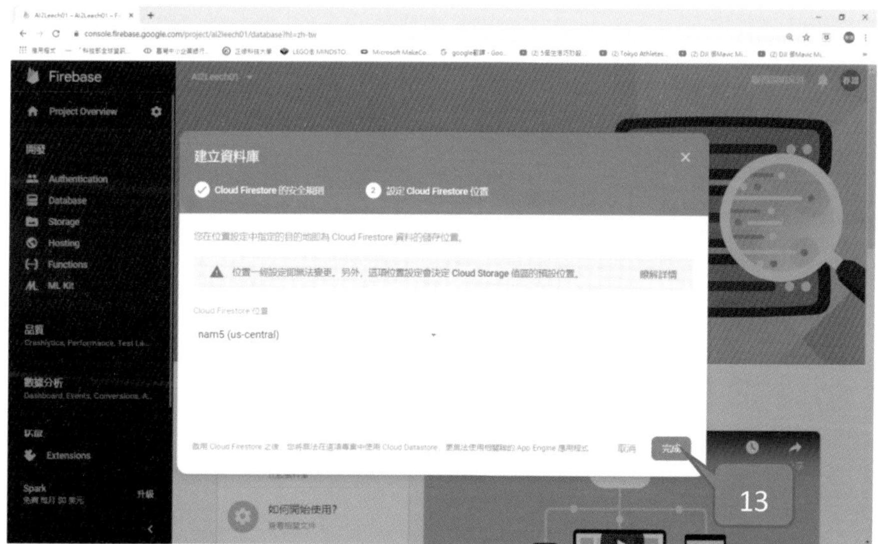

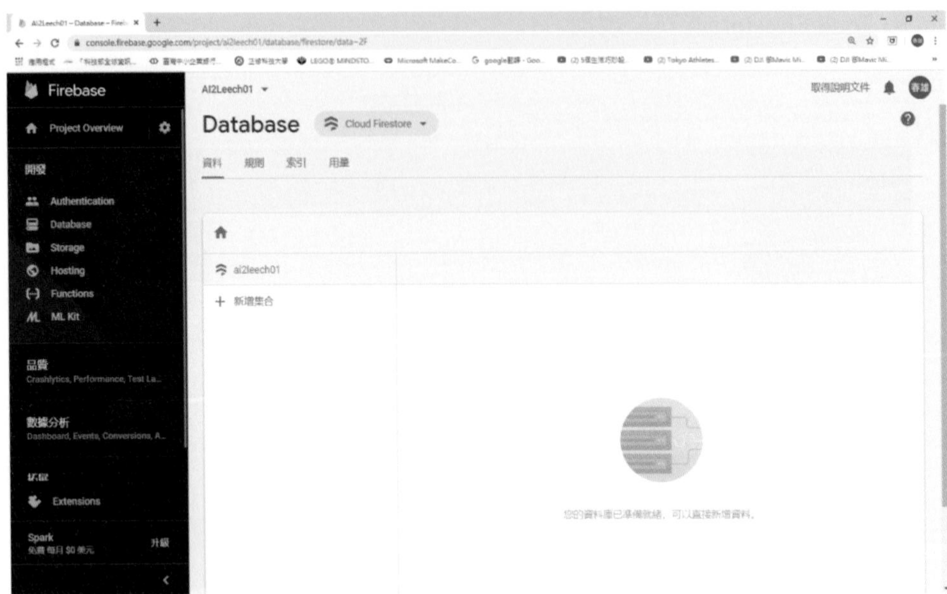

選擇「Realtime Database」即時資料庫

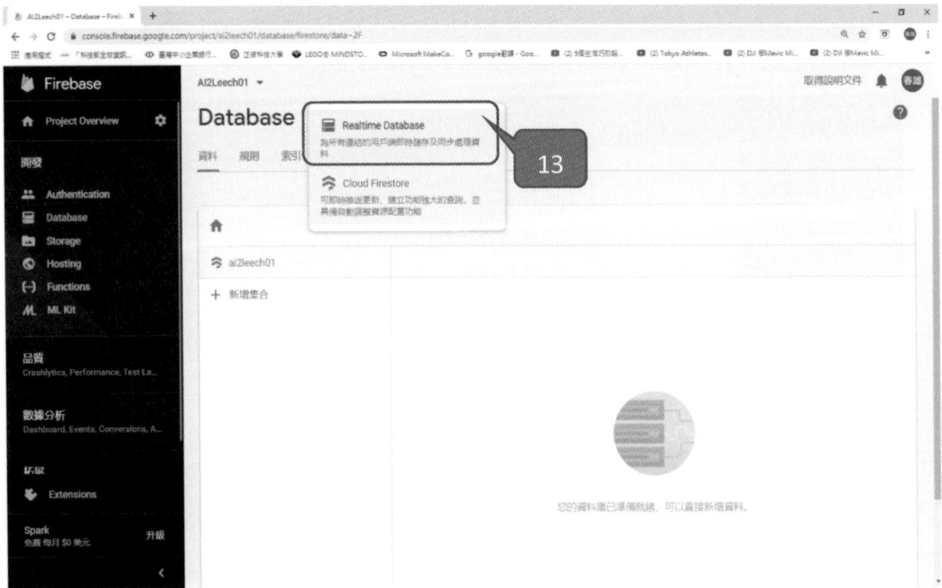

預設爲null空白資料庫，請按「+」號

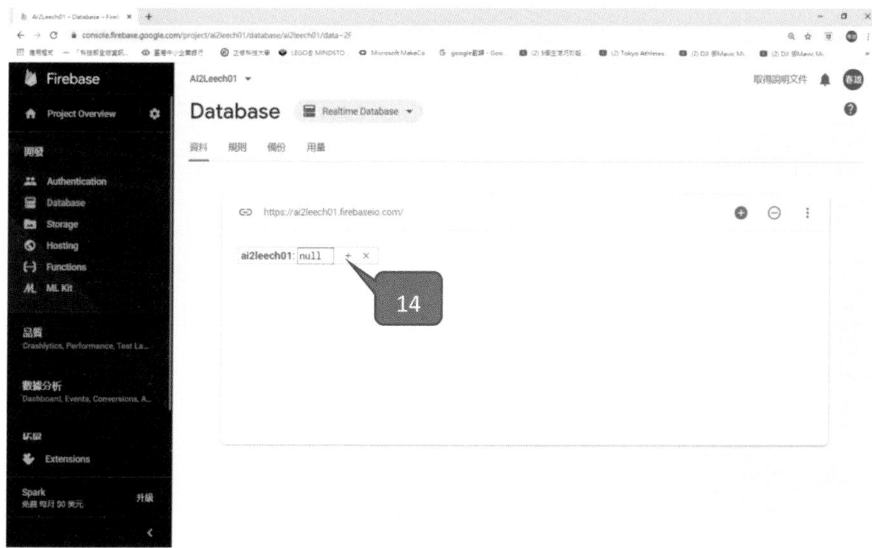

新增名稱爲「IoT」資料庫名稱，「値」保持不用塡入，再按「+」號

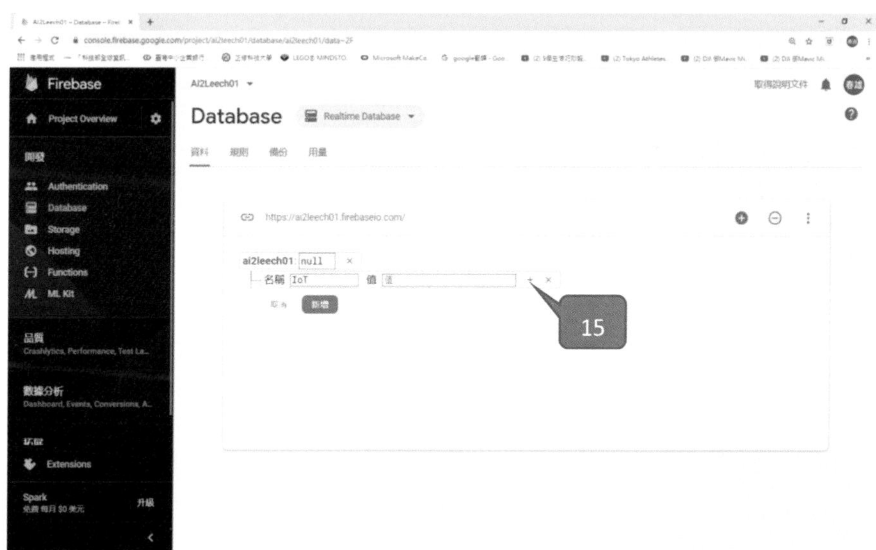

建立「IoT」資料庫名稱內的欄位名稱「Channel_Name」，「值」填入「mBot」，再按「新增」鈕。

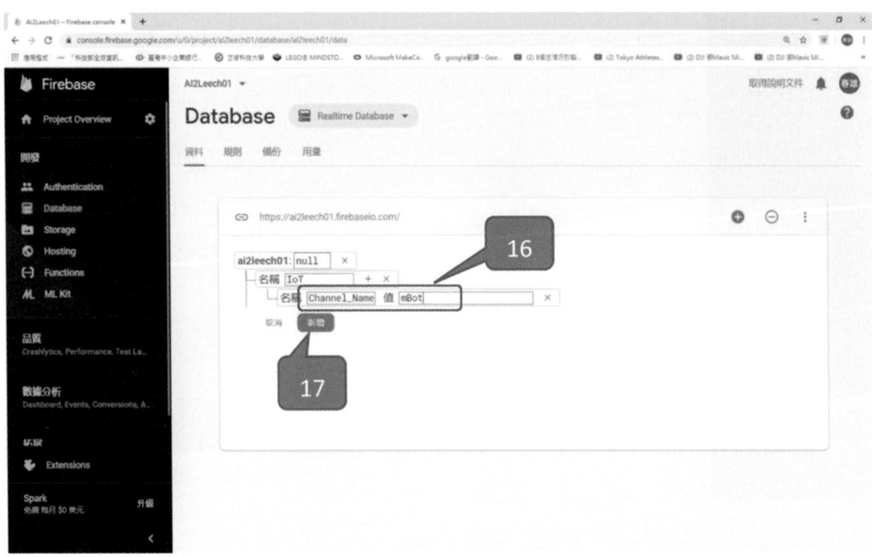

此時，您就可以看到建立第一個欄位名稱為「Channel_Name」

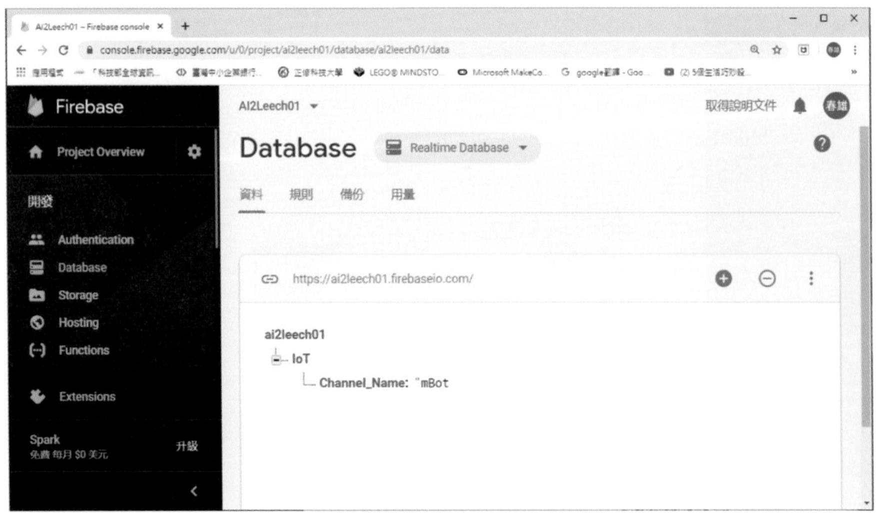

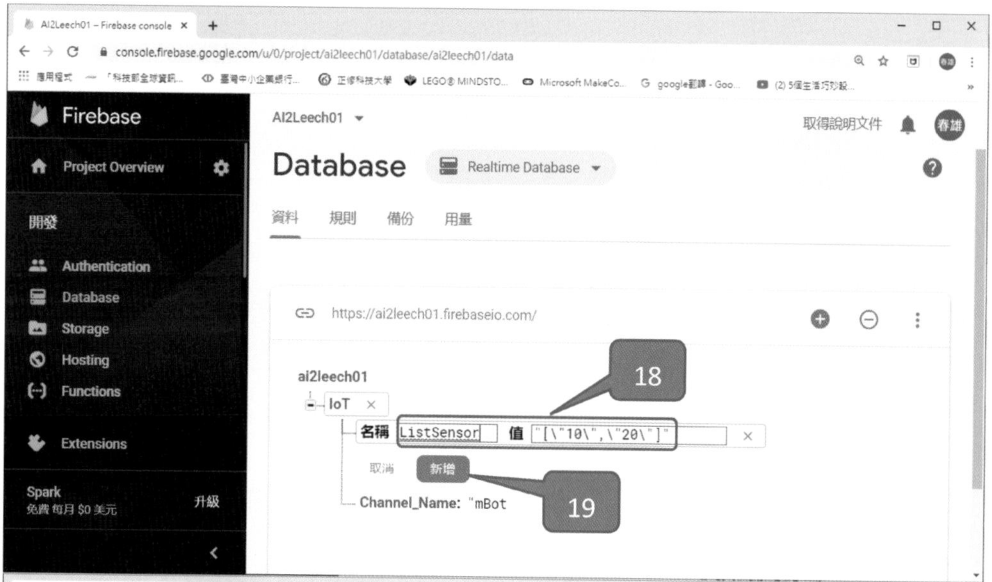

AI2Leech01 – Firebase console
console.firebase.google.com/u/0/project/ai2leech01/database/ai2leech01/data

Firebase
Project Overview
開發
Authentication
Database
Storage
Hosting
Functions
Extensions
Spark
免費 每月 $0 美元
升級

AI2Leech01
取得說明文件
Database
Realtime Database
資料 規則 備份 用量

https://ai2leech01.firebaseio.com/

ai2leech01
IoT
名稱 ListSensor 值 "[\"10\",\"20\"]"
取消 新增
Channel_Name: "mBot

18

19

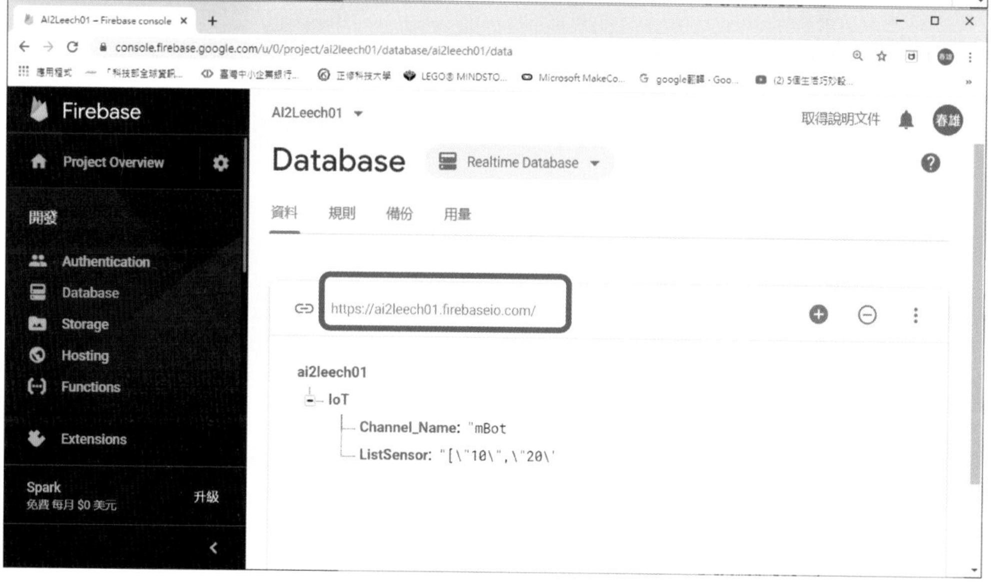

AI2Leech01 – Firebase console
console.firebase.google.com/u/0/project/ai2leech01/database/ai2leech01/data

Firebase
Project Overview
開發
Authentication
Database
Storage
Hosting
Functions
Extensions
Spark
免費 每月 $0 美元
升級

AI2Leech01
取得說明文件
Database
Realtime Database
資料 規則 備份 用量

https://ai2leech01.firebaseio.com/

ai2leech01
IoT
Channel_Name: "mBot
ListSensor: "[\"10\",\"20\'

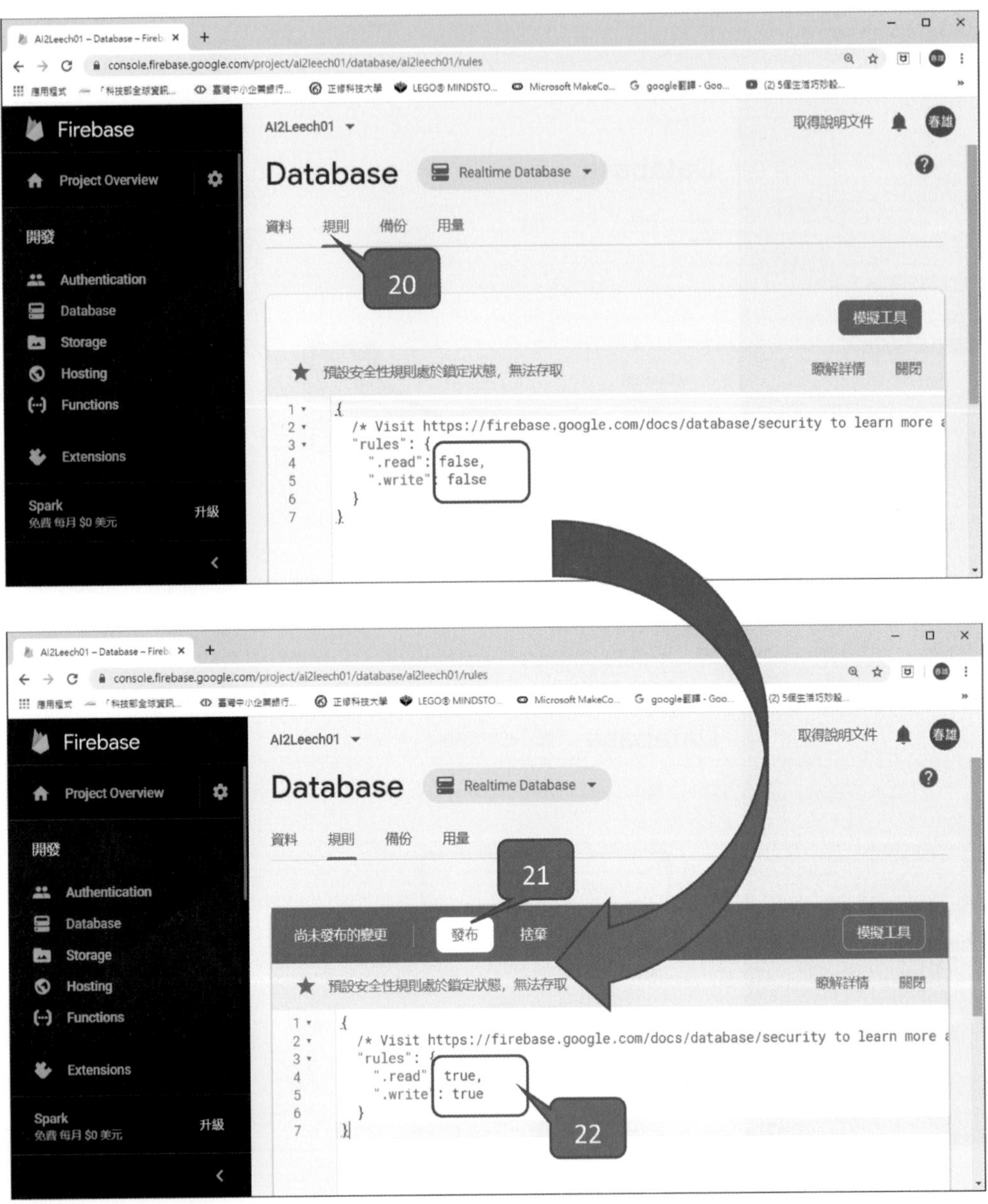
Firebase
Project Overview
開發
Authentication
Database
Storage
Hosting
Functions
Extensions
Spark
免費 每月 $0 美元
升級
AI2Leech01
Database
Realtime Database
取得說明文件
資料
規則
備份
用量
20
模擬工具
預設安全性規則處於鎖定狀態，無法存取
瞭解詳情
關閉
{
/* Visit https://firebase.google.com/docs/database/security to learn more
"rules": {
".read": false,
".write": false
}
}
21
尚未發布的變更
發布
捨棄
".read": true,
".write": true
22

Appendix 3

App結合Google表單（使用Spreadsheet元件）

目的：AppInventor程式來管理Google表單中的資料。

功能：可以讓使用者開發手機App來管理雲端Google資料庫（新增、修改、刪除及查詢）等功能。

優點：具有同步即時更新功能。例如：當雲端Google資料更新時，手機App端資料也會即時更新。

應用：雲端菜單系統

因此，當店家端菜單更新時，客戶端的手機App連接的內容也會同步更新。

【前置作業】

一、我的雲端硬碟 / Google試算表

二、雲端創客教具管理試算表

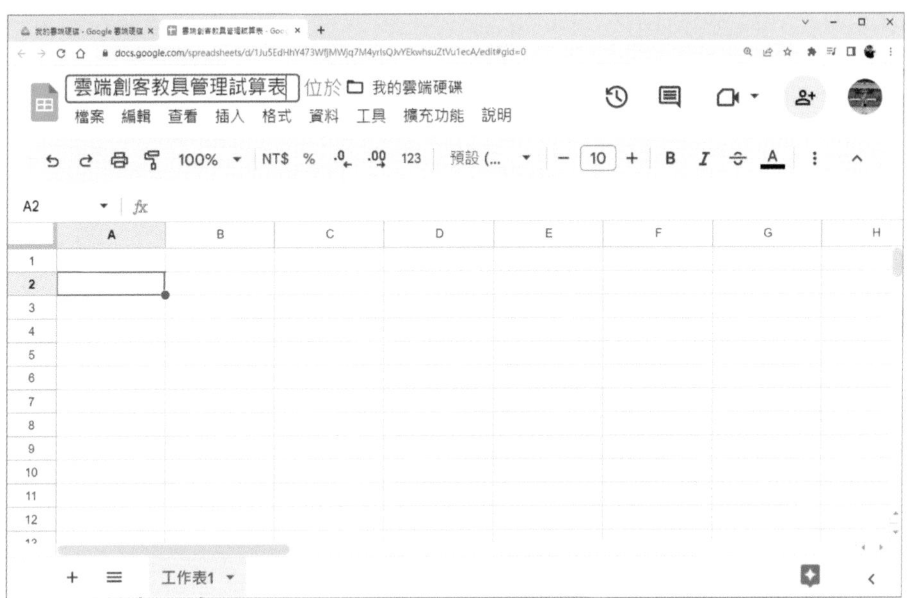

輸入五筆記錄（品名與數量）

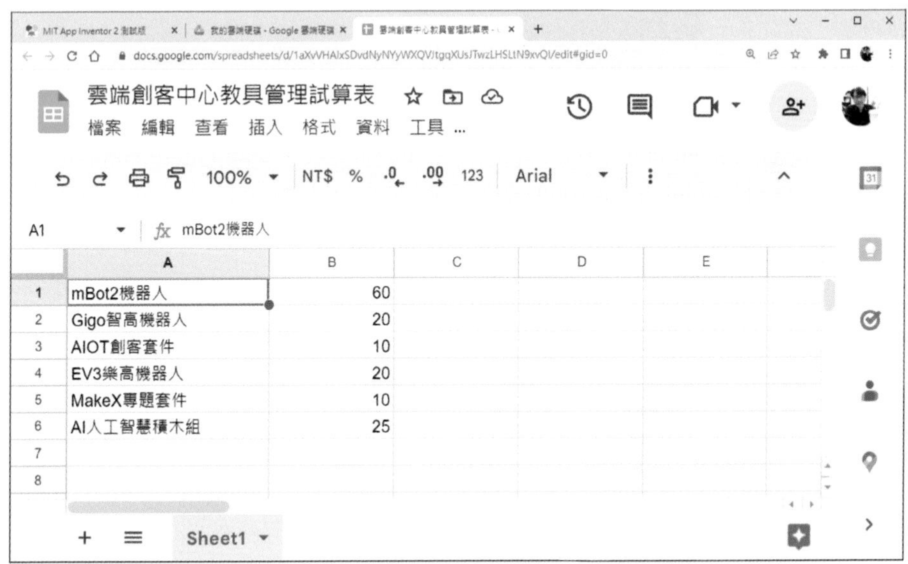

三、設計AppInventor管理介面

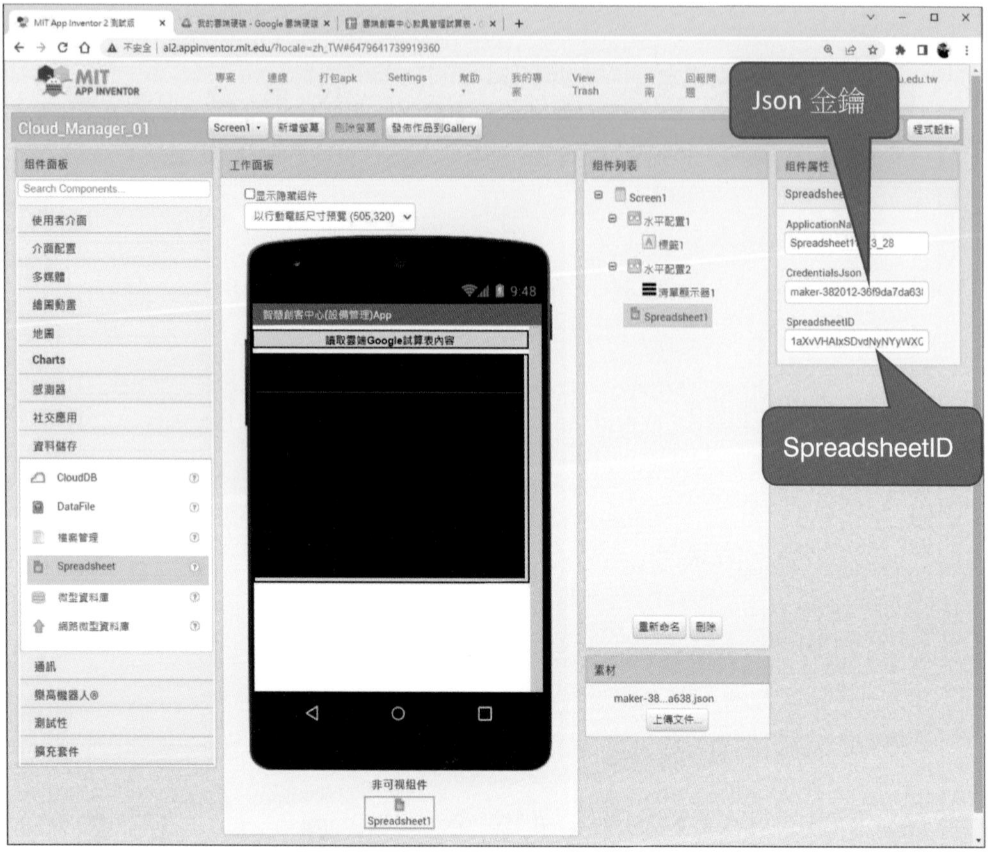

如何取得Json金鑰及SpreadsheetID。這是本單元最重要的技術：

【重要觀念】

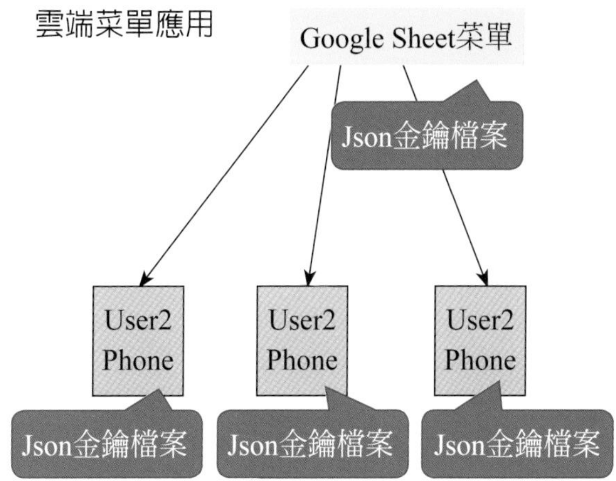

【設定方法】

在Google搜查：Google Developer Console

註 您使用的Google帳號必須與前面設定雲端Google表單一致。

1. 新增專案

console.cloud.google.com/welcome?project=maker-382012
Google Cloud
Maker
1
歡迎使用
目前的工作範圍是： gcloud.csu.edu.tw › Maker
快速存取
API 和服務
IAM 與管理
Compute Engine
Cloud Storage
BigQuery
Kubernetes Engine

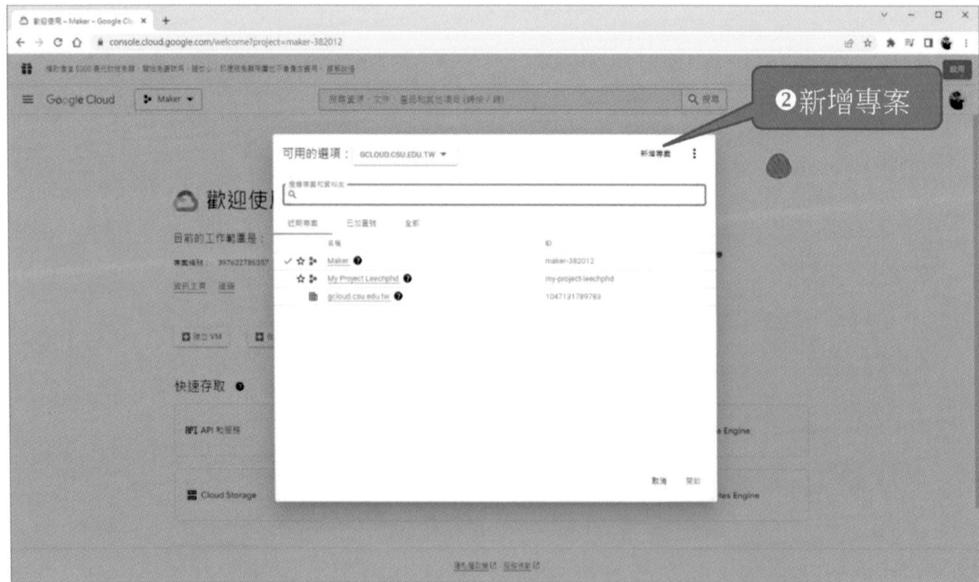
console.cloud.google.com/welcome?project=maker-382012
❷新增專案
可用的選項：
GCLOUD.CSU.EDU.TW
Maker
maker-382012
My Project Leechphd
my-project-leechphd
gcloud.csu.edu.tw
104713178978З

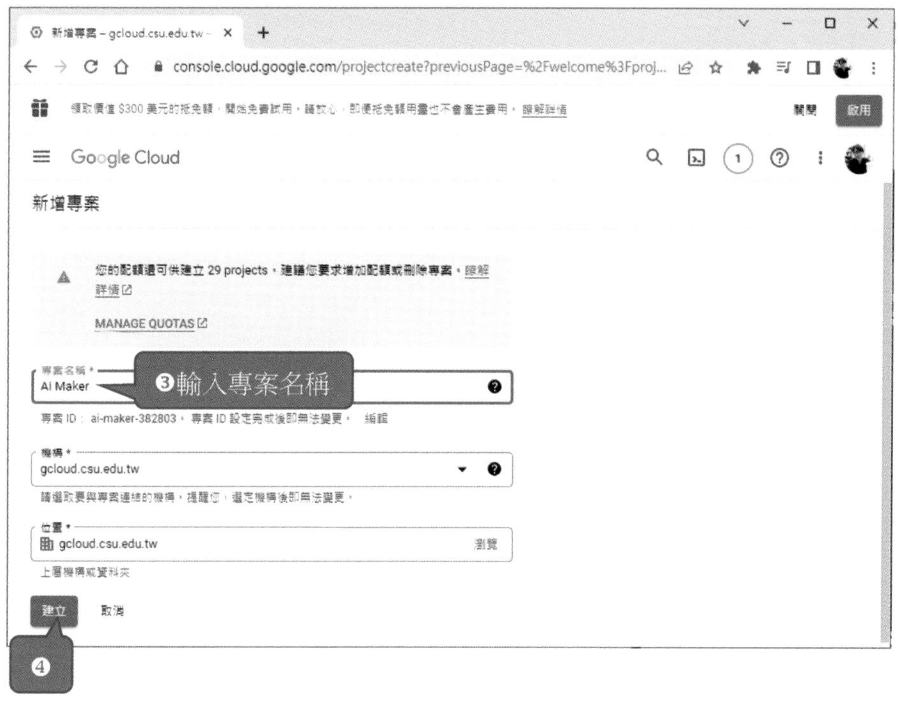

新增專案
您的配額還可供建立 29 projects。建議您要求增加配額或刪除專案。瞭解詳情
MANAGE QUOTAS
專案名稱 *
AI Maker
❸輸入專案名稱
專案 ID：ai-maker-382803。專案 ID 設定完成後即無法變更。 編輯
機構 *
gcloud.csu.edu.tw
位置 *
gcloud.csu.edu.tw
瀏覽
建立
取消
❹

2. 啓用API和服務

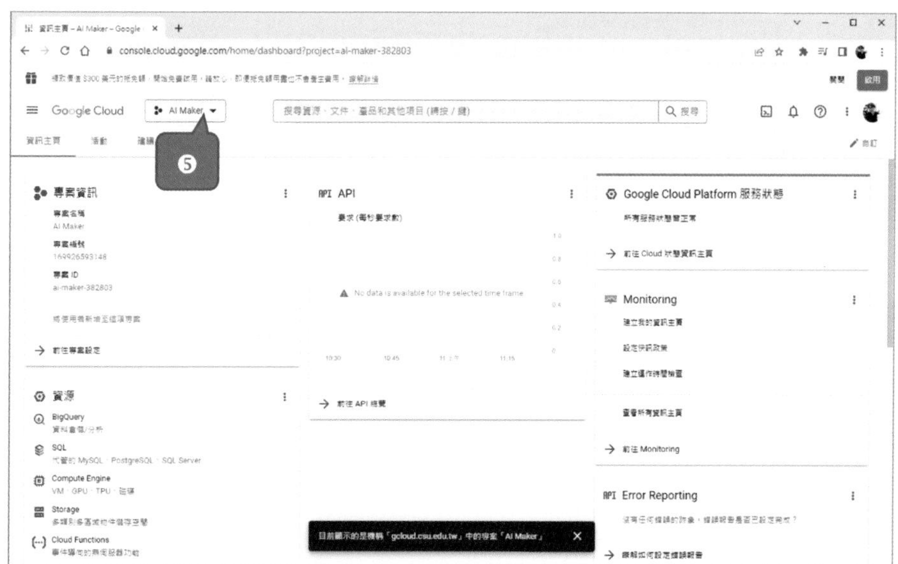

AI Maker
❺
專案資訊
API
Google Cloud Platform 服務狀態
Monitoring
Error Reporting
資源
BigQuery
SQL
Compute Engine
Storage
Cloud Functions

6
7
8已啟用的 API 和服務
API 和服務
Google Cloud Platform 服務狀態
Monitoring
Error Reporting

sheet
9輸入 sheet
10
11
Google Sheets API
Read and write Google Sheets data
Google Sheets Connector by Fivetran
Anaplan

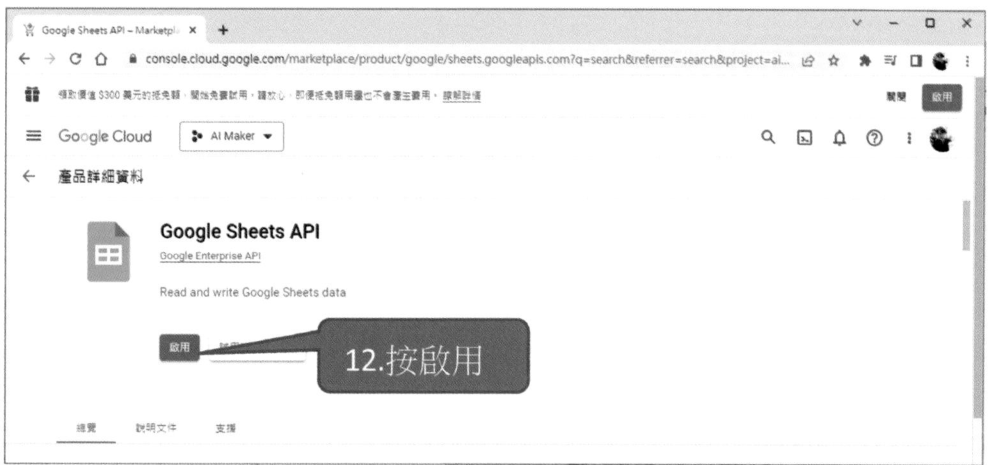

3. 建立憑證

建立憑證
憑證類型
您目前使用哪個 API？
Google Sheets API
使用者資料
應用程式資料
2
您打算將這個 API 與 Compute Engine、Kubernetes Engine、App Engine 或 Cloud Functions 搭配使用嗎？
3
4
您的憑證
完成
取消

4. 建立服務帳戶

IAM 與管理
建立服務帳戶
服務帳戶詳細資料
Leechphd
5您的英文名稱
leechphd
Policy Analyzer
Workload Identity
Identity-Aware Proxy
6
將專案存取權授予 (選用)
將這個服務帳戶的存取權授予使用者 (選用)
完成
取消

Google Cloud
AI Maker
IAM 與管理
建立服務帳戶
服務帳戶詳細資料
將專案存取權授予這個服務帳戶 (選用)
Policy Analyzer
Workload Identity 聯盟
IAM 條件 (選用)
7
將這個服務帳戶的存取權授予使用者 (選用)
完成
取消
已建立服務帳戶

Google Cloud
AI Maker
IAM 與管理
建立服務帳戶
服務帳戶詳細資料
將專案存取權授予這個服務帳戶 (選用)
將這個服務帳戶的存取權授予使用者 (選用)
Grant access to users or groups that need to perform actions as this service account. Learn more
Policy Analyzer
Workload Identity 聯盟
權限
完成
取消
8
已建立服務帳戶

5. 產生金鑰及下載

看到上面的服務帳戶，我們才能產生金鑰。

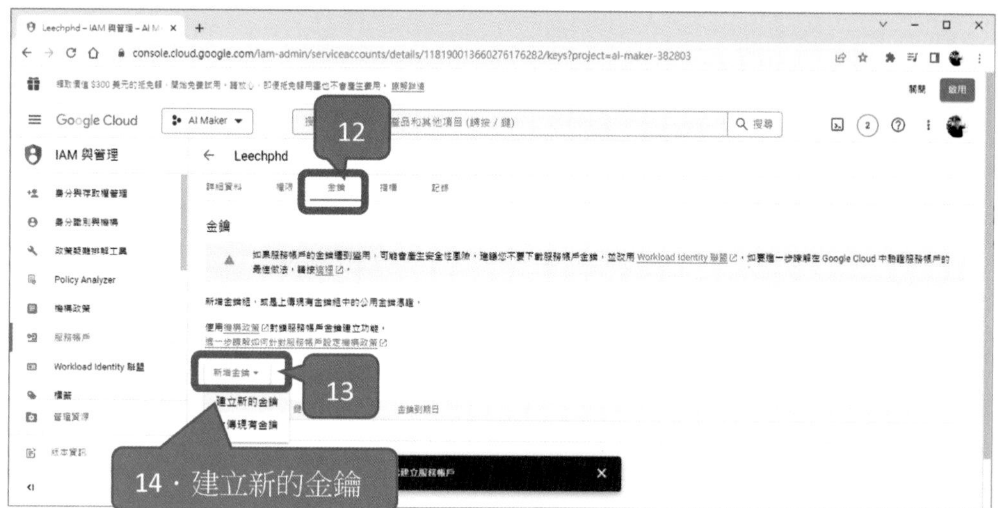
Google Cloud
IAM 與管理
Leechphd
12
13
14．建立新的金鑰

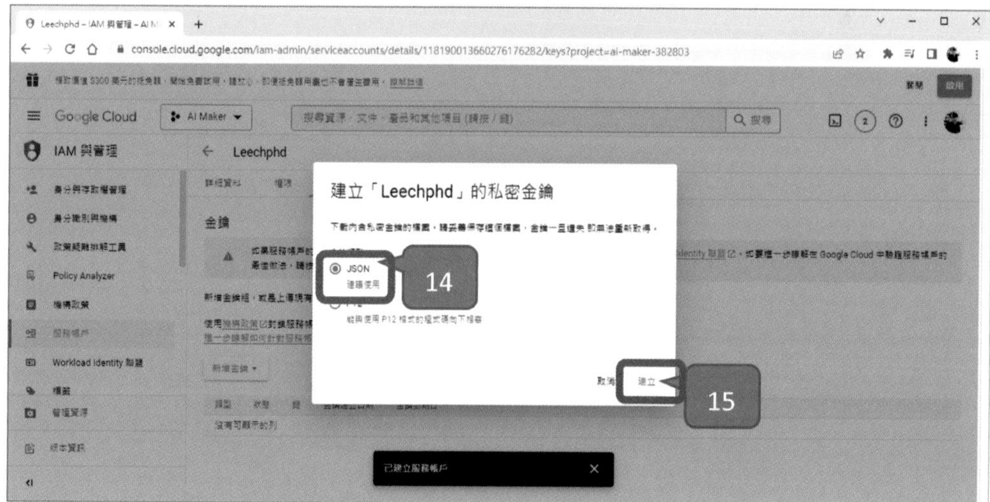
Google Cloud
IAM 與管理
Leechphd
建立「Leechphd」的私密金鑰
14
15

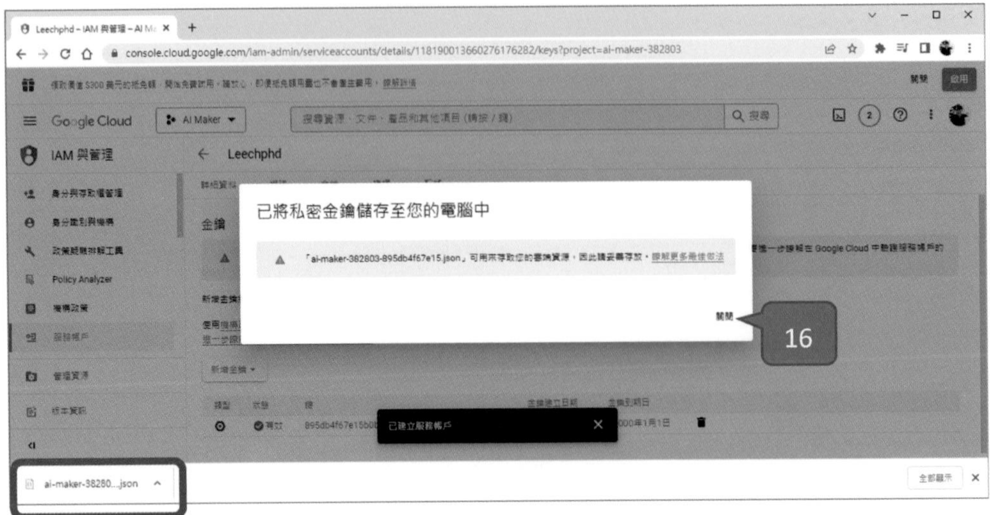
已將私密金鑰儲存至您的電腦中
關閉
16
ai-maker-38280...json

下載
檔案
常用
共用
檢視
本機 › Windows (C:) › 使用者 › 李春雄 › 下載
OneDrive - 正修科技大學
本機
3D 物件
下載
名稱
今天 (1)
ai-maker-382803-895db4f67e15

6. 上傳金鑰檔案到Google雲端

檔案上傳：剛才下載的金鑰檔案

7. 上傳金鑰檔案到AppInventor開發環境

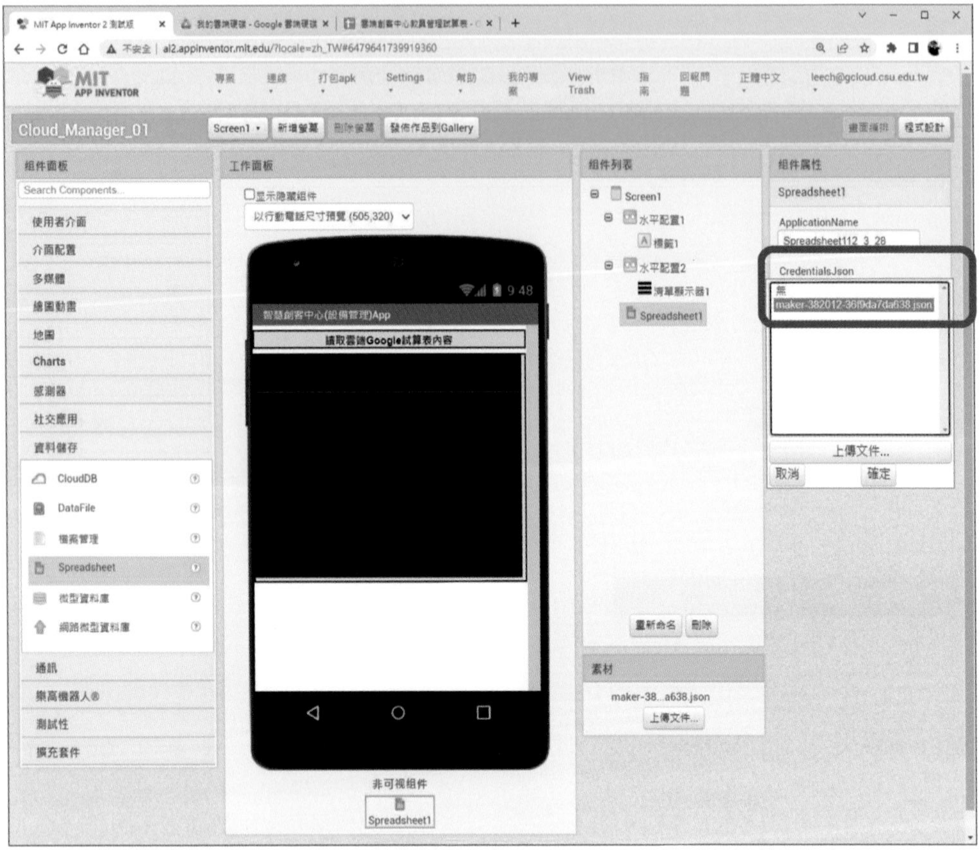

8. 設定SpreadsheetID

(1)設定Google表單爲共用：

❶一般存取權：知道連結的任何人

❷使用者權限：編輯者

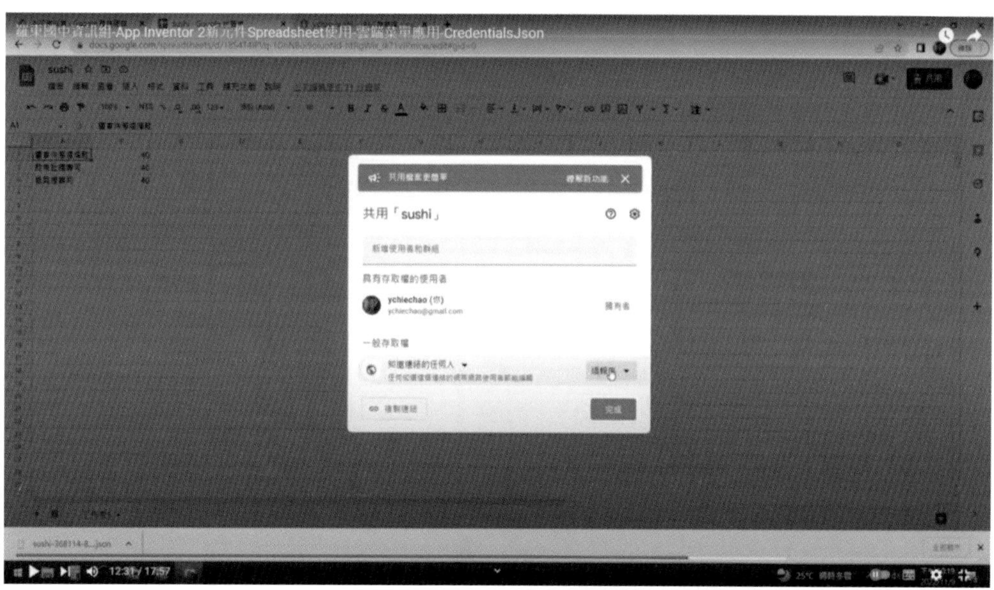

9. 取得SpreadsheetID

https://docs.google.com/spreadsheets/d/1Ju5EdHhY473WfjMWjq7M4yrIsQJvYEkwhsuZtVu1ecA/edit#gid=0

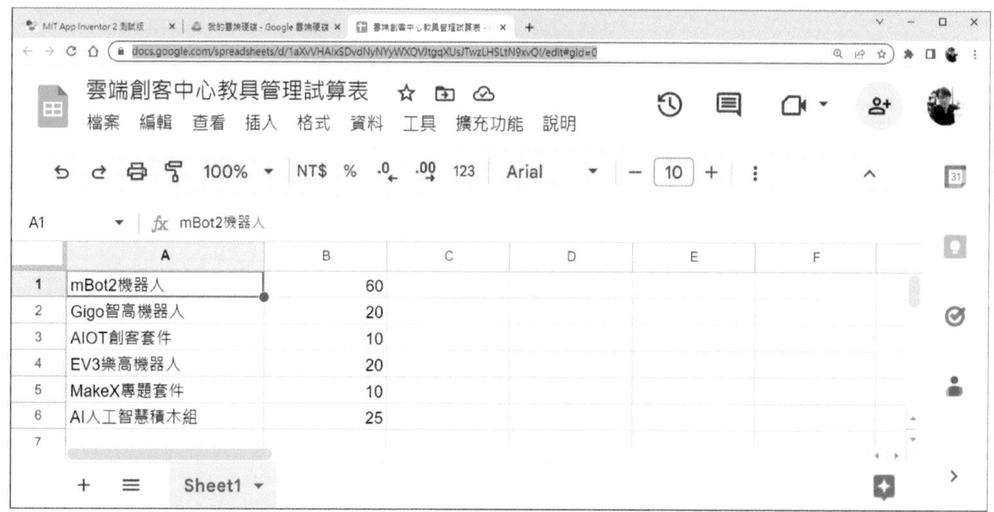

SpreadsheetID：1Ju5EdHhY473WfjMWjq7M4yrIsQJvYEkwhsuZtVu1ecA

10. SpreadsheetID 複製到AppInventor開發環境

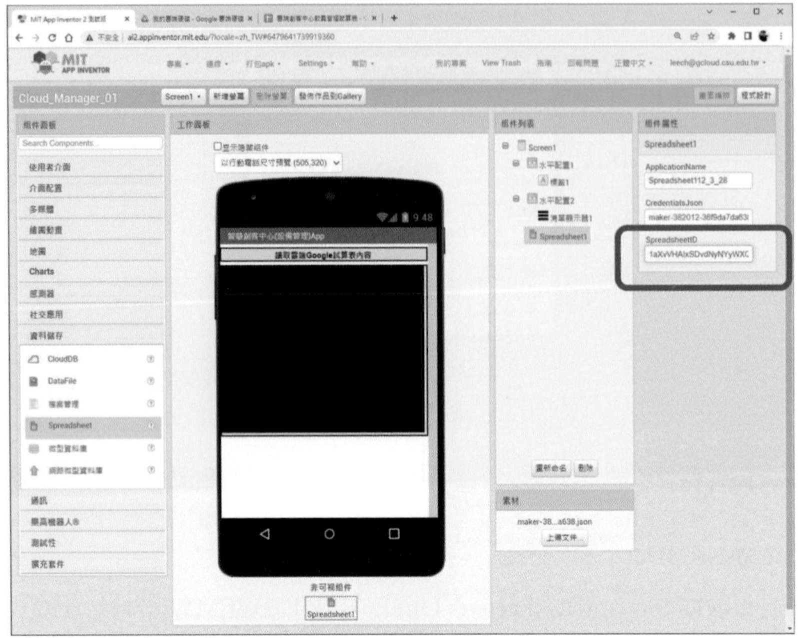

註 請將google表單中的「工作表1」改為「Sheet1」

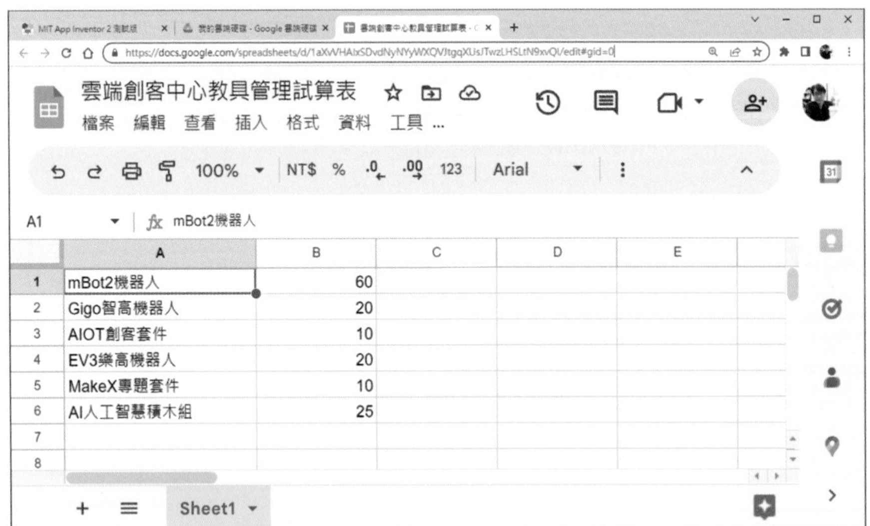

一、讀取雲端Google試算表內容

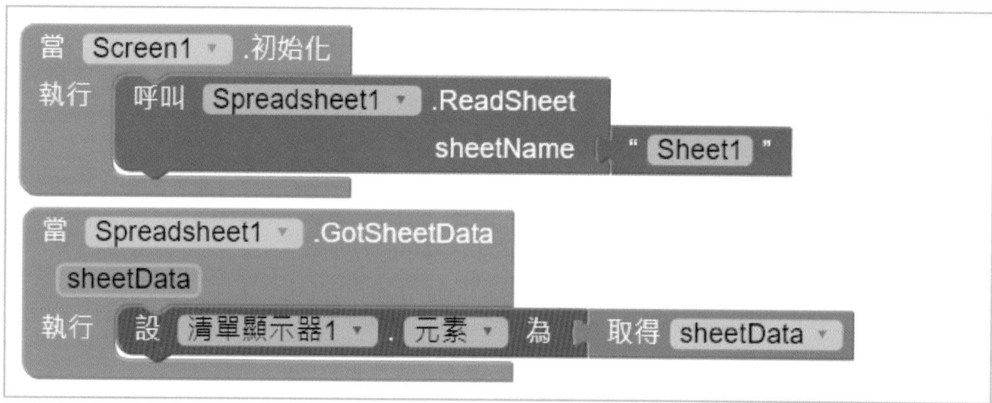

【執行結果】

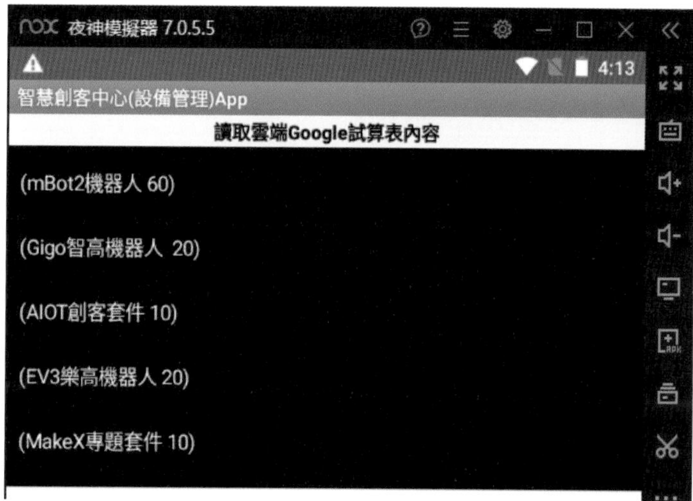

二、Google試算表（欄位標頭及內容）

【介面設計】

【程式設計】

```
初始化全域變數 整理後的清單 為 建立空清單
初始化全域變數 計數器 為 0
當 Screen1 .初始化
執行 呼叫 Spreadsheet1 .ReadSheet
                sheetName " Sheet1 "
```

當 Spreadsheet1 .GotSheetData
sheetData
執行 對於任意 清單項目 清單 取得 sheetData
執行 設置 全域 計數器 為 取得 全域 計數器 + 1
增加清單項目 清單 取得 全域 整理後的清單
item 合併文字 " ("
取得 全域 計數器
") "
選擇清單 取得 清單項目
中索引值為 1
的清單項目
" , "
選擇清單 取得 清單項目
中索引值為 2
的清單項目
設 清單顯示器1 . 元素 為 取得 全域 整理後的清單

【執行結果】

三、Google試算表（新增記錄）

【介面設計】

工作面板

☐显示隐藏組件

以行動電話尺寸預覽 (505,320)

9:48

智慧創客中心(設備管理)App

Google試算表(新增記錄)

新增

品名: AI人工智慧積木組 數量: 25

編號-品名——數量

組件列表

- Screen1
  - 水平配置1
    - 標籤1
  - 水平配置6
    - 按鈕－新增
  - 水平配置5
    - 標籤2
    - 文字輸入盒－品名
    - 標籤3
    - 文字輸入盒－數量
  - 水平配置3
    - 標籤－欄位標頭
  - 水平配置2
    - 清單顯示器1
  - Spreadsheet1
  - 對話框1

重新命名　刪除

【程式設計】

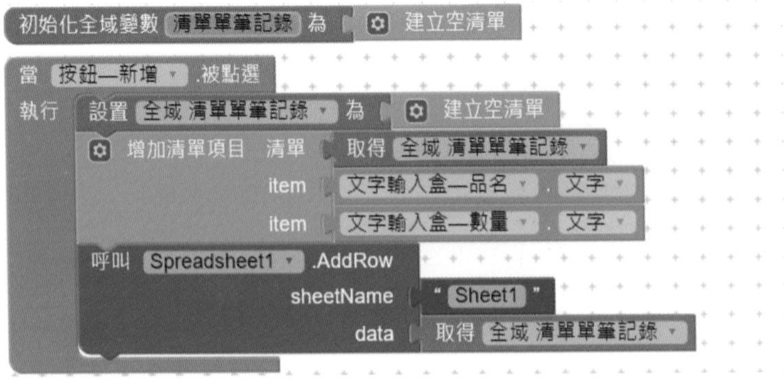

```
初始化全域變數 清單單筆記錄 為 建立空清單

當 按鈕—新增 .被點選
執行 設置 全域 清單單筆記錄 為 建立空清單
     增加清單項目 清單 取得 全域 清單單筆記錄
                 item 文字輸入盒—品名 . 文字
                 item 文字輸入盒—數量 . 文字
     呼叫 Spreadsheet1 .AddRow
                 sheetName "Sheet1"
                 data 取得 全域 清單單筆記錄
```

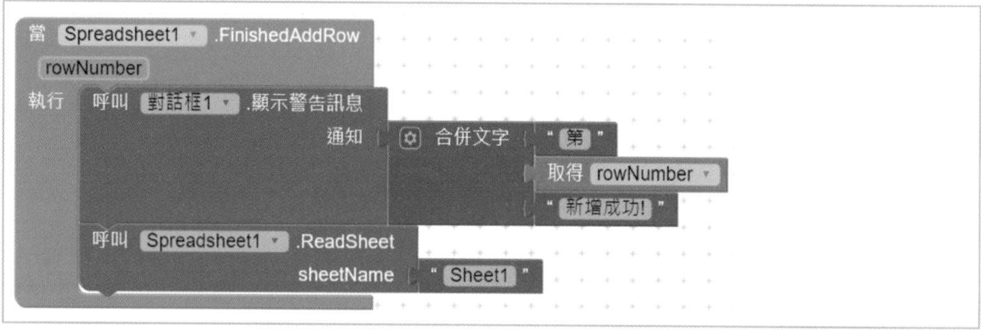
當 Spreadsheet1 .FinishedAddRow
rowNumber
執行 呼叫 對話框1 .顯示警告訊息
通知 合併文字 "第"
取得 rowNumber
"新增成功!"
呼叫 Spreadsheet1 .ReadSheet
sheetName "Sheet1"

【執行結果】

智慧創客中心(設備管理)App
Google試算表(新增記錄)
新增
品名: Microbit控制器
數量: 50
(2) Gigo智高機器人,20
(3) AIOT創客套件,10
(4) EV3樂高機器人,20
(5) MakeX專題套件,10
(6) AI人工智慧積木組,25

Google試算表(新增記錄)
新增
Microbit控制器
數量: 50
編號.品名------------數量
(3) AIOT創客套件,10
(4) EV3樂高機器人,20
(5) MakeX專題套件,10
(6) AI人工智慧積木組,25
(7) Microbit控制器,50
第7新增成功!

四、Google試算表（修改記錄）

【介面設計】

【程式設計】

```
初始化全域變數 rowNumber 為 0
當 清單顯示器1 .選擇完成
執行 設置 全域 rowNumber 為 清單顯示器1 . 選中項索引
     設 Screen1 . 標題 為 取得 全域 rowNumber
     設 文字輸入盒－品名 . 文字 為  從文字 清單顯示器1 . 選中項
                                   的第 8
                                   位置提取長度為 取得片段 "-" 在文字 清單顯示器1 . 選中項 中的起始位置 - 8
                                   的片段
     設 文字輸入盒－數量 . 文字 為  從文字 清單顯示器1 . 選中項
                                   的第 0 取得片段 "-" 在文字 清單顯示器1 . 選中項 中的起始位置 + 1
                                   位置提取長度為 求文字長度 清單顯示器1 . 選中項 - 取得片段 "-" 在文字 清單顯示器1 . 選中項 中的起始位置
                                   的片段
```

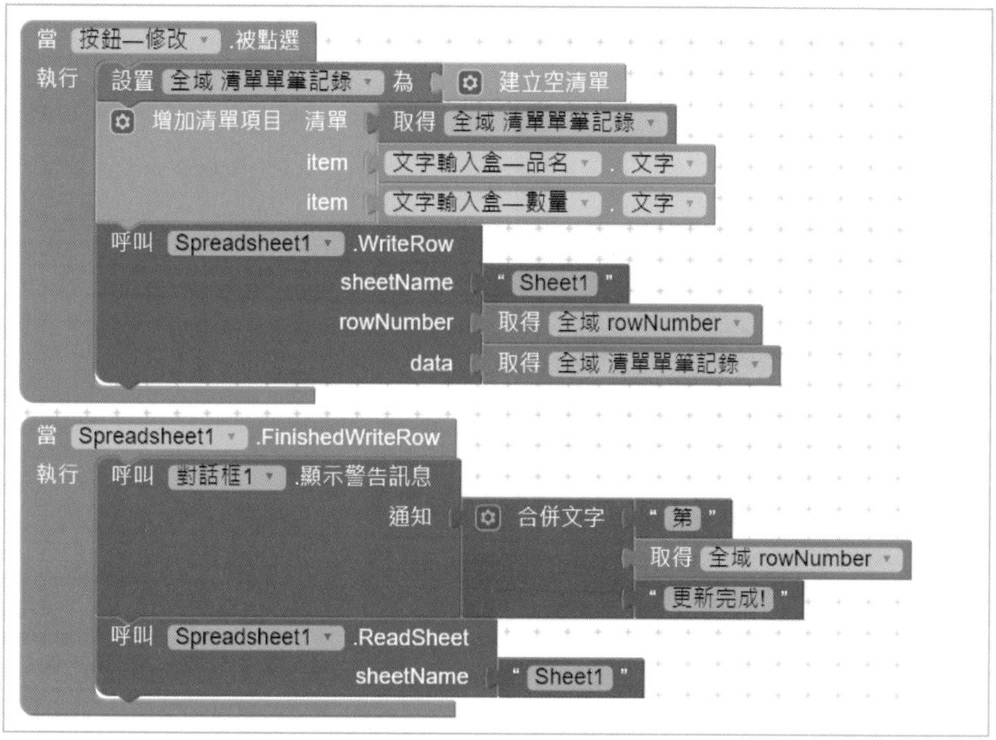

當 按鈕—修改 .被點選
執行 設置 全域 清單單筆記錄 為 建立空清單
增加清單項目 清單 取得 全域 清單單筆記錄
item 文字輸入盒—品名 . 文字
item 文字輸入盒—數量 . 文字
呼叫 Spreadsheet1 .WriteRow
sheetName " Sheet1 "
rowNumber 取得 全域 rowNumber
data 取得 全域 清單單筆記錄
當 Spreadsheet1 .FinishedWriteRow
執行 呼叫 對話框1 .顯示警告訊息
通知 合併文字 " 第 "
取得 全域 rowNumber
" 更新完成! "
呼叫 Spreadsheet1 .ReadSheet
sheetName " Sheet1 "

【執行結果】

夜神模擬器 7.0.5.5
Google試算表(修改記錄)
新增
修改
Microbit控制器
數量:
50
(3) AIOT創客套件,10
(4) EV3樂高機器人,20
(5) MakeX專題套件,10
(6) AI人工智慧積木組,25
(7) Microbit控制器,50
1
2
品名:
Microbit控制器V2
100
編號-品名---------數量

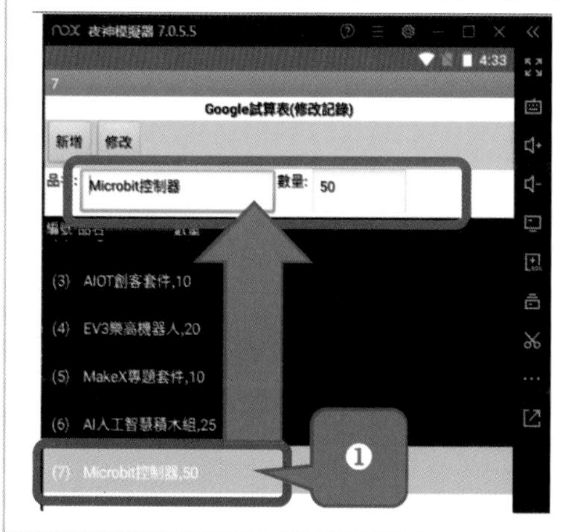

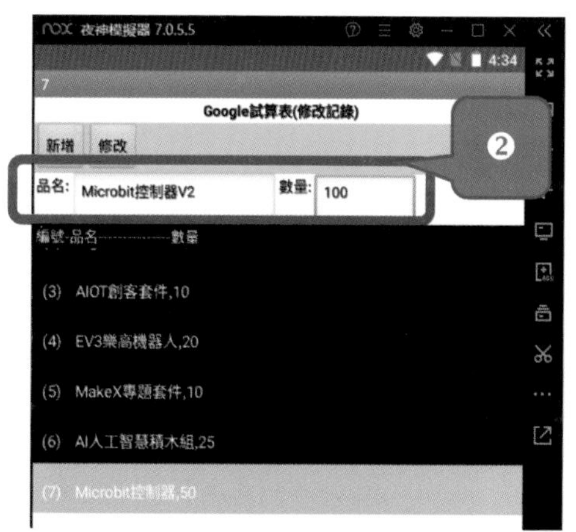

五、Google試算表（刪除記錄）

【介面設計】

【程式設計】

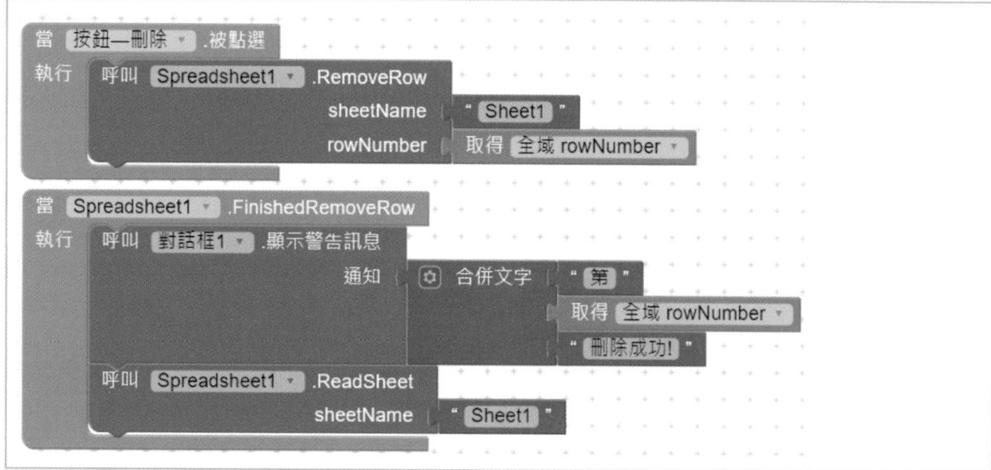
當 按鈕—刪除 .被點選
執行 呼叫 Spreadsheet1 .RemoveRow
sheetName " Sheet1 "
rowNumber 取得 全域 rowNumber
當 Spreadsheet1 .FinishedRemoveRow
執行 呼叫 對話框1 .顯示警告訊息
通知 合併文字 " 第 "
取得 全域 rowNumber
" 刪除成功! "
呼叫 Spreadsheet1 .ReadSheet
sheetName " Sheet1 "

【執行結果】

nox 夜神模擬器 7.0.5.5
4:40
7
Google試算表(刪除記錄)
新增
修改
刪除
品名:
Microbit控制器V2
數量:
100
編號-品名-----------數量
(3) AIOT創客套件,10
(4) EV3樂高機器人,20
(5) MakeX專題套件,10
(6) AI人工智慧積木組,25
(7) Microbit控制器V2,100
❶

nox 夜神模擬器 7.0.5.5
4:41
7
新增
修改
刪除
❷
品名:
Microbit控制器V2
100
編號-品名-----------數量
(1) mBot2機器人,60
(2) Gigo智高機器人,20
(3) AIOT創客套件,10
(4) EV3樂高機器人,20
(5) MakeX專題套件,10
第7刪除成功!

六、Google試算表（查詢記錄）

【介面設計】

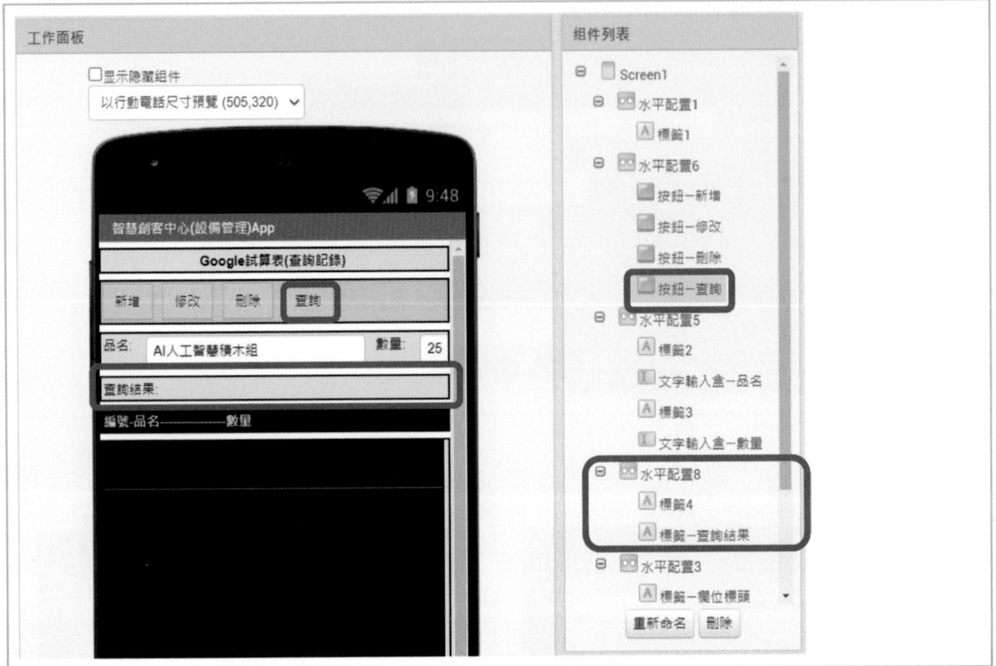

【程式設計】

```
初始化全域變數 查詢結果 為 " "

當 按鈕—查詢 .被點選
執行 呼叫 對話框1 .顯示文字對話框
               訊息 " 請輸入欲查詢的關鍵字 "
               標題 " 查詢 "
           允許取消 假
```

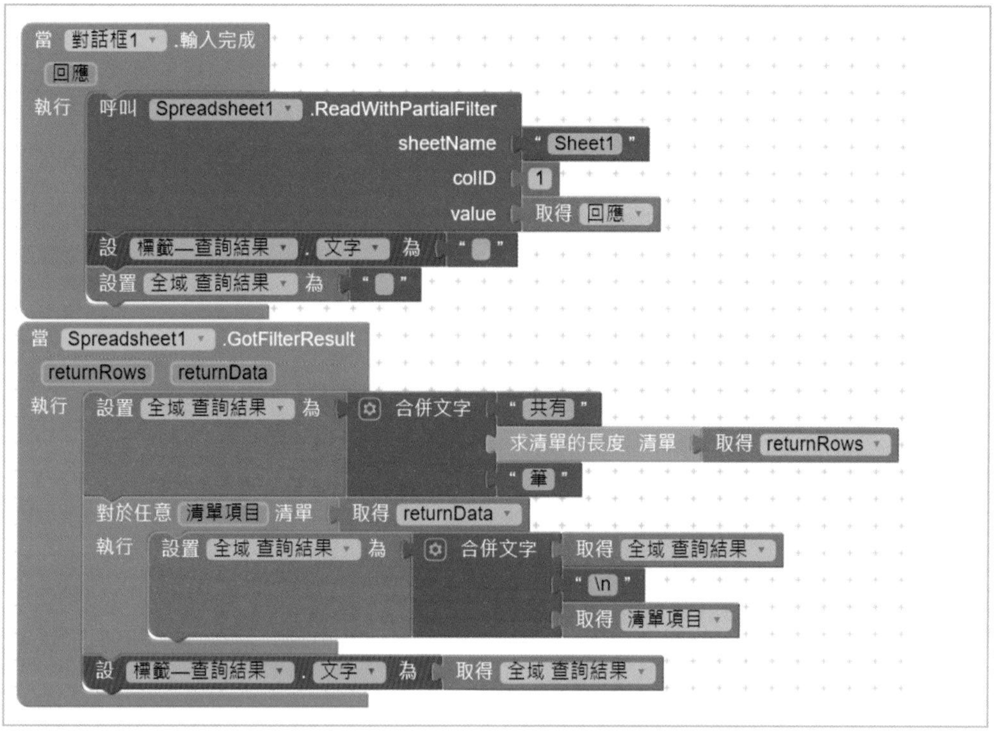

當 對話框1 .輸入完成
回應
執行 呼叫 Spreadsheet1 .ReadWithPartialFilter
sheetName "Sheet1"
colID 1
value 取得 回應
設 標籤—查詢結果 . 文字 為 " "
設置 全域 查詢結果 為 " "
當 Spreadsheet1 .GotFilterResult
returnRows returnData
執行 設置 全域 查詢結果 為 合併文字 "共有"
求清單的長度 清單 取得 returnRows
"筆"
對於任意 清單項目 清單 取得 returnData
執行 設置 全域 查詢結果 為 合併文字 取得 全域 查詢結果
"\n"
取得 清單項目
設 標籤—查詢結果 . 文字 為 取得 全域 查詢結果

【執行結果】

nox 夜神模擬器 7.0.5.5
4:45
智慧創客中心(設備管理)App
新增
修改
刪除
查詢
①
品名: AI人工智慧積木組
數量: 25
查詢結果:
查詢
請輸入欲查詢的關鍵字
②
AI
OK
③

nox 夜神模擬器 7.0.5.5
4:46
智慧創客中心(設備管理)App
Google試算表(查詢記錄)
新增
修改
刪除
查詢
品名: AI人工智慧積木組
數量:
查詢結果: 共有2筆
["AIOT創客套件", "10"]
["AI人工智慧積木組", "25"]
④
(1) mBot2機器人,60
(2) Gigo智高機器人,20
(3) AIOT創客套件,10
(4) EV3樂高機器人,20
(5) MakeX專題套件,10

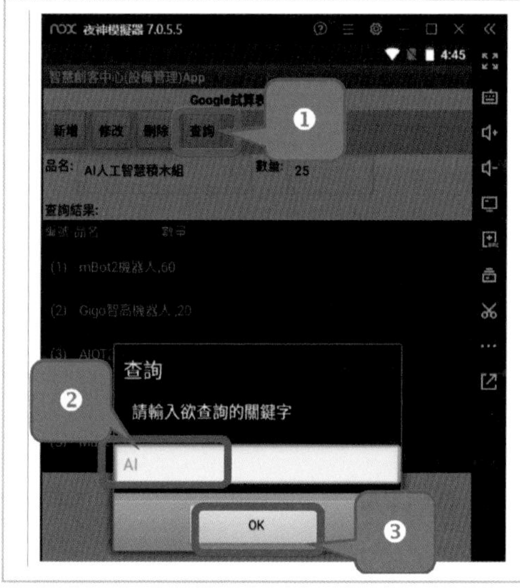

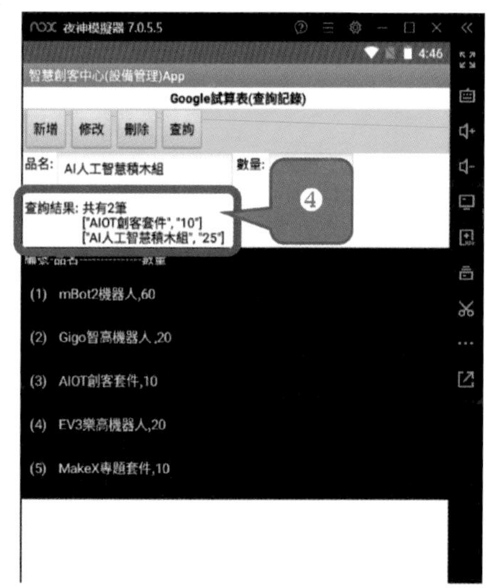

七、Google試算表（查詢記錄）長按取消查詢結果

【介面設計】不變

【程式設計】

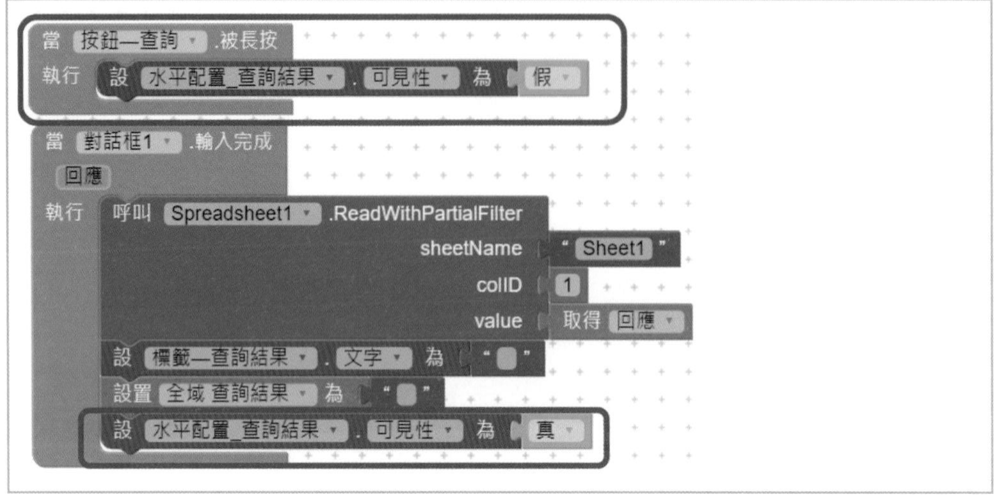

【執行結果】

八、Google試算表（統計總數量）第一種方法

【介面設計】

工作面板

显示隐藏組件

以行動電話尺寸預覽 (505,320)

9:48

智慧創客中心(設備管理)App

查詢結果:

編號-品名——————數量

取得第一筆數量 統計總數量

標籤5文本

非可视组件

Spreadsheet1 對話框1

组件列表

Screen1

水平配置1

水平配置6

水平配置5

水平配置_查詢結果

水平配置3

水平配置2

水平配置8

按鈕—取得第一筆數量

按鈕_統計總數量

水平配置7

標籤_統計結果

Spreadsheet1

對話框1

重新命名 刪除

素材

maker-38...a638.json

上傳文件...

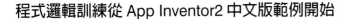

【程式設計】

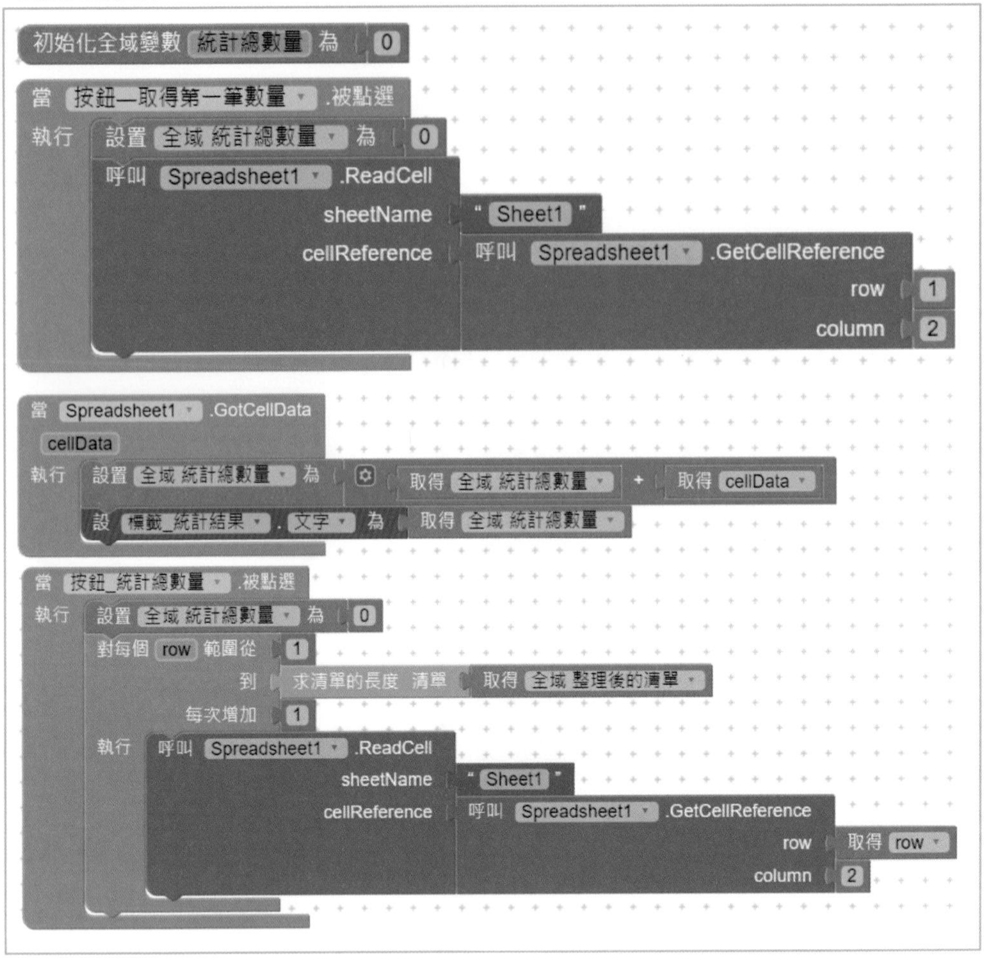

```
初始化全域變數 統計總數量 為 0

當 按鈕—取得第一筆數量 .被點選
執行 設置 全域 統計總數量 為 0
     呼叫 Spreadsheet1 .ReadCell
                  sheetName " Sheet1 "
                  cellReference 呼叫 Spreadsheet1 .GetCellReference
                                                  row 1
                                                  column 2

當 Spreadsheet1 .GotCellData
 cellData
執行 設置 全域 統計總數量 為 取得 全域 統計總數量 + 取得 cellData
     設 標籤_統計結果 . 文字 為 取得 全域 統計總數量

當 按鈕_統計總數量 .被點選
執行 設置 全域 統計總數量 為 0
     對每個 row 範圍從 1
                 到 求清單的長度 清單 取得 全域 整理後的清單
            每次增加 1
     執行 呼叫 Spreadsheet1 .ReadCell
                  sheetName " Sheet1 "
                  cellReference 呼叫 Spreadsheet1 .GetCellReference
                                                  row 取得 row
                                                  column 2
```

【執行結果】

取得第一筆數量
統計總數量
nox 夜神模擬器 7.0.5.5
5:01
智慧創客中心(設備管理)App
Google試算表(統計總數量)
新增
修改
刪除
查詢
品名: AI人工智慧積木組
數量: 25
查詢結果:
編號-品名---------------數量
(1) mBot2機器人,60
(2) Gigo智高機器人,20
(3) AIOT創客套件,10
(4) EV3樂高機器人,20
(5) MakeX專題套件,10
取得第一筆數量
統計總數量
60
nox 夜神模擬器 7.0.5.5
5:02
智慧創客中心(設備管理)App
Google試算表(統計總數量)
新增
修改
刪除
查詢
品名: AI人工智慧積木組
數量: 25
查詢結果:
編號-品名---------------數量
(1) mBot2機器人,60
(2) Gigo智高機器人,20
(3) AIOT創客套件,10
(4) EV3樂高機器人,20
(5) MakeX專題套件,10
取得第一筆數量
統計總數量
145

九、Google試算表（統計總數量 II） 第二種方法

【介面設計】

【程式設計】

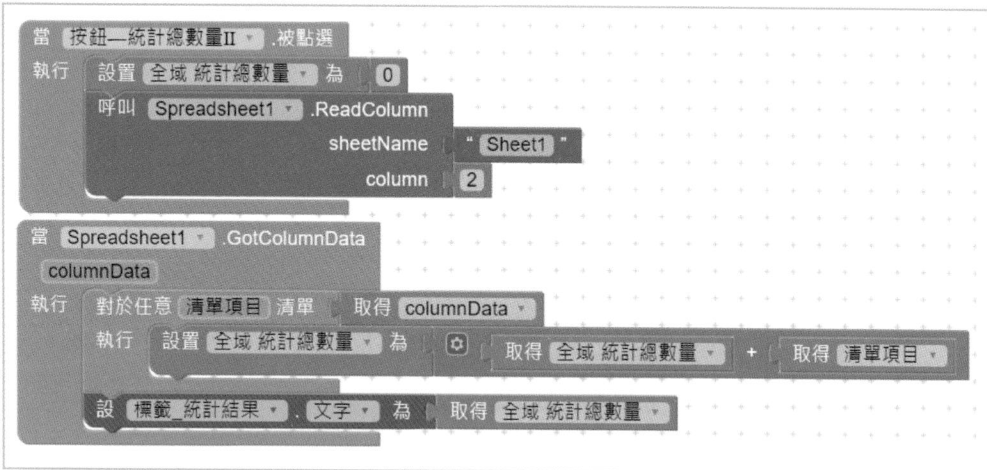

【執行結果】

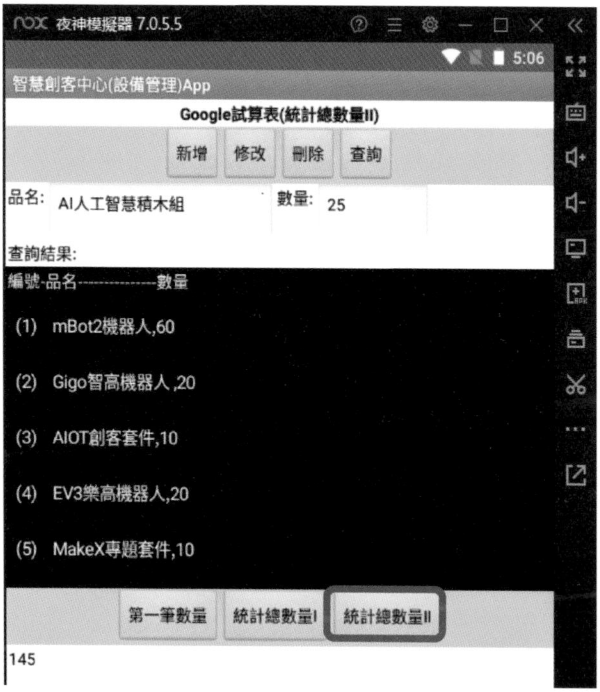

nox 夜神模擬器 7.0.5.5
5:06
智慧創客中心(設備管理)App
Google試算表(統計總數量II)
新增 修改 刪除 查詢
品名: AI人工智慧積木組 數量: 25
查詢結果:
編號-品名-------------數量
(1) mBot2機器人,60
(2) Gigo智高機器人,20
(3) AIOT創客套件,10
(4) EV3樂高機器人,20
(5) MakeX專題套件,10
第一筆數量 統計總數量I 統計總數量II
145

十、Google試算表（瀏覽每一筆記錄）

1. 讀取第一筆記錄之程式

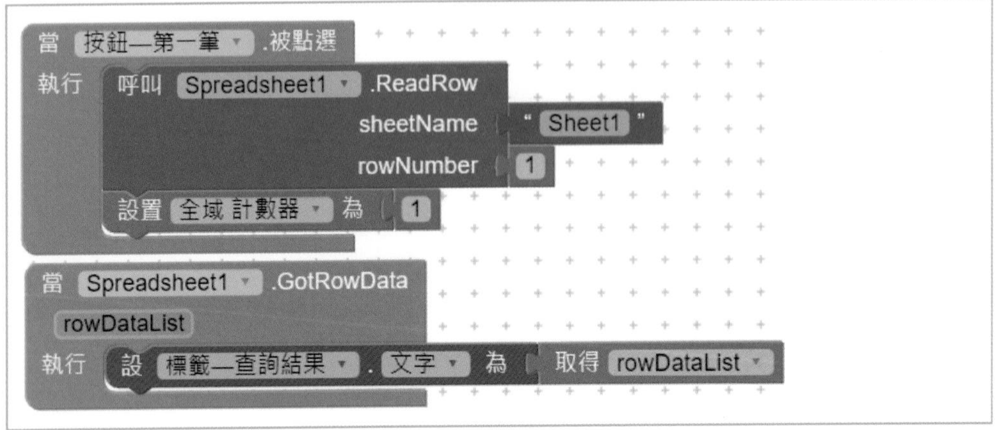

2. 讀取下一筆記錄之程式

```
當 按鈕_下一筆 .被點選
執行 設置 全域 計數器 為 取得 全域 計數器 + 1
     如果 取得 全域 計數器 ≤ 求清單的長度 清單 清單顯示器1 . 元素
     則 呼叫 Spreadsheet1 .ReadRow
            sheetName " Sheet1 "
            rowNumber 取得 全域 計數器
     否則 呼叫 對話框1 .顯示警告訊息
            通知 " 已最後一筆了! "
          設置 全域 計數器 為 求清單的長度 清單 清單顯示器1 . 元素
```

3. 讀取上一筆記錄之程式

```
當 按鈕_上一筆 .被點選
執行 設置 全域 計數器 為 取得 全域 計數器 - 1
     如果 取得 全域 計數器 > 0
     則 呼叫 Spreadsheet1 .ReadRow
              sheetName " Sheet1 "
              rowNumber 取得 全域 計數器
     否則 呼叫 對話框1 .顯示警告訊息
              通知 " 已第一筆了! "
          設置 全域 計數器 為 1
```

4. 讀取最後一筆記錄之程式

```
當 按鈕_最後一筆 .被點選
執行 呼叫 Spreadsheet1 .ReadRow
         sheetName " Sheet1 "
         rowNumber 求清單的長度 清單 清單顯示器1 . 元素
     設置 全域 計數器 為 求清單的長度 清單 清單顯示器1 . 元素
```

國家圖書館出版品預行編目資料

程式邏輯訓練從App Inventor 2中文版範例開始／李春雄著. -- 二版. -- 臺北市：五南圖書出版股份有限公司, 2023.09
面； 公分
ISBN 978-626-366-575-0(平裝)

1.CST: 系統程式 2.CST: 電腦程式設計

312.52 112014662

5R20

程式邏輯訓練從App Inventor2中文版範例開始

作　　者— 李春雄（82.4）
發 行 人— 楊榮川
總 經 理— 楊士清
總 編 輯— 楊秀麗
副總編輯— 王正華
責任編輯— 張維文
封面設計— 白牛奶設計、姚孝慈
出 版 者— 五南圖書出版股份有限公司
地　　址：106台北市大安區和平東路二段339號4樓
電　　話：(02)2705-5066　　傳　　真：(02)2706-6100
網　　址：https://www.wunan.com.tw
電子郵件：wunan@wunan.com.tw
劃撥帳號：01068953
戶　　名：五南圖書出版股份有限公司

法律顧問　林勝安律師

出版日期　2016年8月初版一刷
　　　　　2018年8月初版二刷
　　　　　2023年9月二版一刷

定　　價　新臺幣900元